# Werkzeugspanner

## (Werkzeughalter)

Von

## K. Schreyer

Oberingenieur in Berlin

Mit 865 Bildern und 24 Zahlentafeln
im Text

Springer-Verlag
Berlin Heidelberg GmbH
1951

ISBN 978-3-642-49065-1    ISBN 978-3-642-92561-0 (eBook)
DOI 10.1007/978-3-642-92561-0

# Vorwort.

Die Benennung „Werkzeugspanner" ist bis heute zwar weniger gebräuchlich als die Benennung „Werkzeughalter". In den weitaus meisten Fällen wird das Werkzeug mit der Werkzeugmaschine jedoch kraftschlüssig verbunden, also gespannt, z. B. Drehmeißel, Bohrer, Senker, Fräser, Hobelmeißel, Stoßmeißel und Schleifscheiben. Zudem kennzeichnet die Benennung Werkzeug*spanner* folgerichtig und sinnfällig die Zugehörigkeit dieser Fertigungsmittel zur Gruppe der Spannzeuge.

Für Werk*zeug*spanner gelten grundsätzlich die gleichen Gestaltungsrichtlinien wie für Werk*stück*spanner, denn mit beiden Arten von Spannzeugen sind im wesentlichen dieselben Aufgaben zu erfüllen. Das Bestimmen der Lage und das Spannen von Werkzeugen ist jedoch in der Regel einfacher als das von Werkstücken, da Werkzeuge einfachere und einheitlichere Anschlußformen aufweisen. Andererseits ergeben sich für Werkzeugspanner vielseitige Gestaltungsmöglichkeiten aus der Verschiedenheit der Werkzeugmaschinen, aus Zustellung und Vorschub des Werkzeuges, Ausgleich der Werkzeug-Abnutzung und zum Teil aus der Späneabfuhr.

Werkzeugspanner für spanlose Fertigung wurden in dieses Buch nicht aufgenommen, da diese in jedem Werk über Stanzereitechnik enthalten sind.

Aufbau und Gliederung dieses Buches sind im großen und ganzen gleich dem des Buches „Werkstückspanner", das in demselben Verlag von demselben Verfasser erschienen ist. Allgemeines und Wesentliches sind vorzugsweise im Haupttext enthalten, das übrige ist in den Bildtexten angeführt.

Abweichend von der Sprache des Betriebes wurden folgende Benennungen verwendet: Drehmeißel, Bohrmeißel usw. anstatt Drehstahl, Bohrstahl usw.; Drehmaschine anstatt Drehbank; Tiefbohrmaschine anstatt Tieflochbohrmaschine; Sackbohrung anstatt Sackloch.

Von der Wiedergabe vollständiger DINormen wurde Abstand genommen, denn diese unterliegen Änderungen, und würden außerdem den Umfang des Buches unzulässig vergrößern.

Den vielen Firmen, die für dieses Buch Unterlagen zur Verfügung stellten, sage ich hiermit meinen Dank. Die Namen dieser Firmen sind im Text der betreffenden Bilder angeführt.

Berlin, im April 1951. **Karl Schreyer.**

# Inhaltsverzeichnis.

Inhaltsverzeichnis. V

# I. Allgemeines.

## 1. Begriffsbestimmung und Benennung.

**Werkzeugspanner** sind Fertigungsmittel, zugehörig der Gruppe Spannzeuge. Sie verbinden das Werkzeug mit der Hand oder mit der Werkzeugmaschine und dienen zum Bestimmen der Lage und zum Spannen oder zum Halten des Werkzeuges, in Sonderfällen außerdem zum Führen des Werkzeuges.

Vergleichsweise hierzu dienen

**Werkzeuge** zum Bearbeiten des Werkstückes, wodurch dessen Form, Abmessungen und Oberflächenbeschaffenheit geändert werden,

**Werkstückspanner** zum Bestimmen der Lage und zum Spannen des Werkstückes,

**Meßzeuge** zum Messen und Prüfen,

**Werkzeugmaschinen** zum Vermitteln der Arbeitskraft und zum Ausführen von Bewegungen, die zum Bearbeiten erforderlich sind.

Im Schrifttum werden Werkzeugspanner und Werkzeughalter auch Spannwerkzeuge oder Vorrichtungen benannt. Derartige Benennungen sollten jedoch nach den vorstehenden Begriffsbestimmungen vermieden werden.

Im üblichen Sprachgebrauch wird mit der Benennung Werkzeugspanner (bzw. Werkzeughalter) nicht einheitlich verfahren. Üblich sind z. B. die Benennungen Stahlhalter, Halter für Senker, Reibahlen, Schneideisen, Gewindebohrer und Räumwerkzeuge. Nicht gebräuchlich ist die Benennung „Halter" hingegen z. B. in Verbindung mit Bohrern, Fräsern und Schleifwerkzeugen.

Ein wesentliches Merkmal von Werkzeugspannern bzw. Werkzeughaltern ist, daß sie durch Bearbeitung des Werkstückes nicht oder nicht unmittelbar abgenutzt werden. Wenn zwischen Werkzeugschneide und Werkzeugmaschine eine lösbare Verbindung liegt, ist der Zwischenteil als Werkzeugspanner bzw. Werkzeughalter zu betrachten. Das Werkzeug muß hierbei ohne Beschädigung des Spanners ausgewechselt werden können. Nach dieser Abgrenzung gehören auch Bohrstangen sowie Grundkörper für Messerköpfe oder für Reibahlen mit eingesetzten Messern zur Gruppe der Werkzeugspanner, hingegen die Messer zur Gruppe Werkzeuge.

Maschinenseitig ist die Abgrenzung des Begriffes Werkzeugspanner zum Teil schwieriger, nämlich dann, wenn das werkzeugspannende Fertigungsmittel eine Eigenbewegung aufweist. Der übliche Sprachgebrauch neigt dazu, werkzeugtragende Fertigungsmittel, deren Eigenbewegung eine Vorschubbewegung ist, mit Werkzeugspanner zu benennen, z. B. Werkzeugspanner zum Hinterstechen oder Kegeldrehen. Ist die Eigenbewegung eine Hauptbewegung, werden diese Fertigungsmittel vorzugsweise als Zusatzgeräte zur Werkzeugmaschine bezeichnet, z. B. Mehrspindelbohrköpfe, Mehrspindelfräsköpfe. In beiden Fällen sind dem betreffenden Fertigungsmittel Bewegungen zugeordnet, nämlich die Vorschubbewegung im ersteren Falle, die Hauptbewegung im letzteren Falle, die normalerweise durch die Maschine ausgeführt werden. Das die Maschine in erster Linie Kennzeichnende ist jedoch die Vermittlung der Arbeitskraft. Ein werkzeugtragendes Fertigungsmittel ohne eigenen Motor wird deshalb zweckmäßig der Gruppe Werkzeugspanner zugeordnet, mit Motor der Gruppe Werkzeugmaschinen.

## 2. Verwendungszweck.

Werkzeugspanner werden verwendet, um

> Bearbeitungsaufgaben technisch überhaupt durchführen zu können;
> an Werkstoff und Kosten für das Werkzeug zu sparen;
> an Kosten für Werkzeugspanner, Maschine und Raum zu sparen;
> Arbeitsleistungen zu steigern.

Hiervon sind die Ersparnisse an Werkstoff und Kosten für das Werkzeug am bedeutendsten, weil sie bei Verwendung eines jeden Werkzeugspanners anfallen. Ersparnisse an Werkzeugkosten sind hierbei Ersparnisse an Kosten für Werkstoff sowie für Anfertigung und Instandhaltung des Werkzeuges. Diese Kosten liegen vor allem deshalb niedriger, weil durch Verwendung eines Spanners jedes Werkzeug kleiner und einfacher gehalten werden kann. Werkzeugkosten können außerdem niedriger liegen, wenn durch den Spanner das Werkzeug schwingungsfrei unterstützt und dadurch seine Standzeit erhöht oder Bruchgefahr herabgesetzt wird. Sie können schließlich niedriger liegen, weil Spanner die Verwendung von Werkzeugen aus verschiedenen Werkstoffen ermöglichen, durch die gleichmäßiger Verschleiß verschiedener Schneidstellen erreicht werden kann; z. B. können in demselben Spanner Werkzeuge aus Schnellstahl und aus Hartmetall zugleich angeordnet werden, wovon die Schnellstahlwerkzeuge bei demselben Arbeitsgang an Stellen mit niedriger, die Hartmetallwerkzeuge an Stellen mit höherer Schnittgeschwindigkeit angesetzt sind.

An Maschinenkosten wird durch Werkzeugspanner gespart, wenn durch deren Verwendung weniger Maschinenzeit erforderlich ist oder die Arbeitsleistung so gesteigert werden kann, daß eine andere Maschine eingespart wird. Außerdem kann durch Werkzeugspanner eine Maschine normaler Bauform zu einer Sondermaschine gestaltet und damit die Anschaffung einer Sondermaschine erspart werden. Hierbei kann der Arbeitsbereich der betreffenden Maschine für dasselbe Fertigungsgebiet, für das die Maschine ursprünglich vorgesehen war oder für ein maschinenfremdes Fertigungsgebiet erweitert werden.

Raumkosten können durch Werkzeugspanner eingespart werden, wenn durch deren Verwendung weniger Maschinen erforderlich sind.

Arbeitsleistungen können bei Verwendung von Werkzeugspannern durch Verkürzung der Rüst- und Hauptzeit sowie von Verlust- und Nebenzeiten gesteigert werden.

Rüstzeiten werden vor allem durch Verwendung von Spannern verkürzt, die sämtliche zu einem Arbeitsgang gehörigen Werkzeuge aufnehmen, mit eingerichteten Werkzeugen im Lager abgestellt werden und bei Wiederaufnahme derselben Arbeit sofort einsatzbereit sind.

Hauptzeiten können durch größere Zerspanleistungen verkürzt werden. Größere Zerspanleistungen werden durch Verwendung von Werkzeugspannern ermöglicht, wenn z. B. durch den Spanner Werkzeug und Maschine starr verbunden werden, mehrere Werkzeuge gleichzeitig zum Arbeiten kommen, Schnittgeschwindigkeiten den Bearbeitungsdurchmessern oder dem Werkzeug-Werkstoff angepaßt werden.

Mittels Werkzeugspannern kann Hauptzeit auch durch Verminderung der Anzahl der Arbeitsstufen oder Arbeitsgänge herabgesetzt werden.

Nebenzeiten können durch schnellen Werkzeugwechsel gekürzt werden. Mit einer Einsparung von Arbeitsgängen wird durch weniger häufigen Werkstückwechsel ebenfalls an Nebenzeit gespart.

Längere Standzeit eines Werkzeuges oder ausgeglichenere Standzeit bei mehreren Werkzeugen erfordert weniger häufigen Werkzeugwechsel und damit geringere Verlustzeiten.

Einer Leistungssteigerung kommt es außerdem gleich, wenn durch Verwendung von Werkzeugspannern Ausschußgefahr vermindert wird oder wenn weniger geschulte Arbeitskräfte eingesetzt werden können.

Weitgehend sind genormte oder handelsübliche Werkzeugspanner zu verwenden, Sonderspanner nur dann, wenn mit diesen technische oder wirtschaftliche Vorteile erreichbar sind.

Für die Verwendung von genormten und handelsüblichen Werkzeugspannern bestehen folgende Möglichkeiten:

Verwendung im angelieferten Zustand,

Verwendung nach Anpassung an den Sonderzweck,

nach Einbau zusätzlicher Teile,

nach Anbau zusätzlicher Teile,

durch Einbau in einen Sonderspanner.

Für Sonderspanner ist anzustreben, daß sie für verschiedene Arbeitsgänge desselben Werkstückes oder für mehrere verschiedene Werkstücke verwendbar sind.

### 3. Einteilungen für Werkzeugspanner.

#### a) Nach Art des Werkzeuges.

Spanner für

| | |
|---|---|
| Anreißwerkzeuge | Schleifwerkzeuge |
| Zentrierwerkzeuge | Hobelwerkzeuge |
| Drehwerkzeuge | Stoßwerkzeuge |
| Bohrwerkzeuge | Räumwerkzeuge |
| Gewindeschneidwerkzeuge | Handwerkzeuge |
| Fräs- und Sägewerkzeuge | |

#### b) Nach Art der Werkzeugmaschine.

Spanner für

| | |
|---|---|
| Drehmaschinen | Hobelmaschinen |
| Bohrmaschinen | Stoßmaschinen |
| Fräs- und Sägemaschinen | Räummaschinen |
| Schleifmaschinen | |

#### c) Nach Art des maschinenseitigen Anschlusses.

Aufnahme

| | |
|---|---|
| in Spindelbohrungen | auf Supporten |
| auf Spindelköpfen | übrige Aufnahmen |
| durch Revolverköpfe | |

#### d) Nach Art der Bewegung des Werkzeugspanners.

| | |
|---|---|
| Geradlinig | längs zu einer Achse |
| krummlinig | quer zu einer Achse |
| schwenkbar | ohne Eigenbewegung |
| umlaufend | mit Eigenbewegung |

#### e) Nach Einfach- oder Mehrfachspanner.

#### f) Nach Gemein- oder Sonderspanner.

### 4. Wirtschaftlichkeit[1].

Für die Ermittlung der Wirtschaftlichkeit eines Werkzeugspanners sind in der Hauptsache zu berücksichtigen

Kosten für Fertigung *ohne* Werkzeugspanner,

Kosten für Fertigung *mit* Werkzeugspanner,

Anschaffungskosten für den Werkzeugspanner.

---

[1] „Wirtschaftlichkeit von Vorrichtungen". Herausgegeben vom Ausschuß für wirtschaftliche Fertigung (AWF). 3. Auflage. Leipzig u. Berlin: B. G. Teubner 1941.

Die Mindeststückzahl, von der ab der Einsatz eines Werkzeugspanners wirtschaftlich wird, ist gleich den Anschaffungskosten für den Werkzeugspanner, geteilt durch die Einsparungen an Fertigungskosten je Werkstück.

Bei Werkzeugspannern mit Eigenbewegung ist die Lebensdauer der Spanner zu beachten, insbesondere wenn größere Werkstückzahlen vorliegen.

Außerdem sind für die Beurteilung der Wirtschaftlichkeit eines Spanners verschiedene Punkte zu berücksichtigen, die zum Teil bereits unter Verwendungszweck angeführt sind, wie Verminderung der Ausschußgefahr, Einsatzmöglichkeit für weniger geschulte Arbeitskräfte, gegebenenfalls mehrseitige Verwendungsmöglichkeit, Einsparung von hochwertigem Werkzeug-Werkstoff, Einsparung von Werkzeugmaschinen.

## II. Allgemeine Gestaltungsrichtlinien.

Von der zweckmäßigen Gestaltung eines Werkzeugspanners kann das Arbeitsergebnis in hohem Grade abhängen.

Die Durchbildungsmöglichkeiten für Werkzeugspanner reichen vom Heft für ein Handwerkzeug bis zu Zusatzgeräten für Werkzeugmaschinen mit Antriebs-, Schalt- und Steuerbewegungen.

Der Durchbildungsgrad für Werkzeugspanner ist vor allem abhängig zu halten von

Anzahl der Werkstücke,

Anschaffungswert der Werkstücke,

zulässigen Werkstücktoleranzen,

geforderter Güte für die Bearbeitungsflächen,

Anschaffungskosten und Standzeit für das Werkzeug,

der zur Verfügung stehenden Werkzeugmaschine,

den zur Verfügung stehenden Arbeitskräften,

den voraussichtlichen Anschaffungskosten für den Werkzeugspanner.

### 1. Gestaltungsplan.

Beim Gestalten von Werkzeugspannern sind zu beachten, die *sachlichen* Beziehungen zwischen

Werkzeugspanner und Werkstück,

Werkzeugspanner und Werkzeug,

Werkzeugspanner und Werkstückspanner,

Werkzeugspanner und Werkzeugmaschine,

Werkzeugspanner und Meßzeug,

Werkzeugspanner und den ihn bedienenden Menschen.

Außerdem sind zu beachten die *zeitlichen* Vorgänge

Einlegen und Entfernen des Werkzeuges,

Bestimmen der Lage des Werkzeuges,
Stützen des Werkzeuges,
Spannen und Entspannen des Werkzeuges,
Bearbeiten des Werkstückes.

Sodann sind zu berücksichtigen:

Kühlmittelzufuhr, Späneabfuhr, Schutz gegen Unfall,
Schutz gegen Beschädigung, Wirtschaftlichkeit.

Durch Zuordnung der zeitlichen zu den sachlichen Gliedern entsteht ein Plan nach Zahlentafel 1, S. 7.

Die in den Ordinaten dieses Planes angeführten Beziehungen zuzüglich den allgemeinen Punkten können sämtliche die Werkzeugspanner betreffenden Belange einschließen.

Wenn an Hand dieses Planes die jeweils vorliegende Gestaltungsaufgabe durchgedacht und nach Abschluß der Gestaltung überprüft wird, dürften Gestaltungsfehler weitgehend ausgeschlossen sein.

## 2. Ausgeführte Werkzeugspanner.

Bevor mit dem Gestalten eines Werkzeugspanners begonnen wird, ist festzustellen, ob für den gleichen oder einen ähnlichen Zweck bereits ein Werkzeugspanner gebaut wurde, und wie dieser sich bewährt hat. Außerdem ist zu überprüfen, ob und in welchem Umfange ein genormter bzw. handelsüblicher Spanner verwendbar ist.

## 3. Einfache Wirkungsweise und einfache Bauformen.

Wirkungsweise und Aufbau von Werkzeugspannern sollen so einfach sein, als für den jeweiligen Bearbeitungsfall zureichend ist. Einfachere Wirkungsweise ist in der Regel betriebssicherer als eine schwierigere. Einfachere Bauformen sind mit größerer Genauigkeit und unter geringeren Kosten herstellbar. Einfacher Aufbau nimmt meist auch weniger Raum ein, was bei Raumbeschränkung wichtig sein kann. Die Forderung nach Einfachheit ist zwar eine sehr allgemeine. Sie ist jedoch so wichtig, daß auch wiederholte Hinweise gerechtfertigt sind.

## 4. Werkzeugspanner und Werkzeug.

Die in Spannern aufzunehmenden Werkzeuge sind genormte, handelsübliche oder Sonderwerkzeuge.

Weitgehend sind genormte oder handelsübliche Werkzeuge zu verwenden.

Für Sonderwerkzeuge ist der zugehörige Spanner so zu gestalten, daß die Anschaffungskosten für das Werkzeug möglichst niedrig liegen. Diese Forderung wächst mit der Anzahl der benötigten Werkzeuge.

Zahlentafel 1. *Plan für die Gestaltung von Werkzeugspannern.*

| Allgemeines | Sachliche Gliederung | Zeitliche Gliederung | | | | | |
|---|---|---|---|---|---|---|---|
| | | Einiegen und Herausnehmen | Bestimmen | Stützen | Spannen und Entspannen | Bearbeiten | Schutz gegen Beschädigung und Unfall |
| Werkzeugspannergerechte Gestaltung des Werkzeuges | | | | | | | |
| Werkzeugspannergerechte Gestaltung des Fertigungsplanes | Werkzeugspanner und Werkzeug . . . . | 1a | 1b | 1c | 1d | 1e | 1f |
| Wirtschaftlichkeit. Werkstückzahl und Werkzeugspannerkosten | | | | | | | |
| Berücksichtigung vorhandener Werkzeugspanner | Werkzeugspanner und Werkstück . . . . | 2a | 2b | 2c | 2d | 2e | 2f |
| Berücksichtigung von Gemein-Werkzeugspannern | Werkzeugspanner und Werkstückspanner | 3a | 3b | 3c | 3d | 3e | 3f |
| Fertigungsgerechte Gestaltung des Werkzeugspanners | Werkzeugspanner und Werkzeugmaschine | 4a | 4b | 4c | 4d | 4e | 4f |
| Werkstoff für den Werkzeugspanner | | | | | | | |
| Prüfung | Werkzeugspanner und Meßzeug . . . . . | 5a | 5b | 5c | 5d | 5e | 5f |
| Verwaltung | | | | | | | |
| Normen | Werkzeugspanner und Mensch . . . . . | 6a | 6b | 6c | 6d | 6e | 6f |
| Schrifttum | | | | | | | |

Diese Anzahl ist vom Werkzeugverschleiß und Werkzeugbruch je Werkstück und von der Werkstückzahl abhängig.

In Verfolg der Forderung nach niedrigen Werkzeugkosten sind für das Werkzeug einfache Form, kleine Abmessungen und geringer Aufwand an hochwertigem Werkstoff anzustreben.

Werkzeuge einfacher Form sind außerdem bruchfester als solche mit Ansätzen, Vorsprüngen oder Einschnürungen. Werkzeuge mit schroffem Querschnittsübergang sind bereits durch Härtespannungen und durch Kerbwirkung mehr gefährdet als Werkzeuge mit glatten Begrenzungsflächen.

Durch einfache Werkzeuge können außerdem höhere Arbeitsleistungen erreichbar sein als durch solche mit schwierigerer Form. Zum Beispiel kann die geringere Bruchgefahr höhere Vorschübe zulassen. Für einfache und deshalb billigere Ersatzwerkzeuge kann rascherer Verschleiß in Kauf genommen und deshalb die Schnittleistung gegebenenfalls gesteigert werden.

Um zu weitgehend einfachen Werkzeugen zu kommen, sollen diese möglichst nur zur Durchführung der eigentlichen Bearbeitungsaufgabe, z. B. zum Zerspanen, dienen. Nebenaufgaben sind:

Einstellen, Stützen, Spannen und Führen des Werkzeuges,

Ausgleich der Werkzeugabnutzung,

Begrenzung des Vorschubweges,

Führen des Kühlmittels,

Ableiten der Späne,

Schutz gegen Unfall und Beschädigung.

Diese Nebenaufgaben sind weitgehend der Maschine oder dem Werkzeugspanner zuzuordnen.

## 5. Einrichten des Werkzeuges.

Ein wesentlicher Teil des Einrichtens entfällt auf das Einrichten der Werkzeuge und gegebenenfalls der Werkzeugspanner und umfaßt das Einlegen, Bestimmen, Spannen, Lösen und Herausnehmen zwischen Werkzeug und Spanner bzw. zwischen Werkzeug und Maschine. Diese Vorgänge wiederholen sich teilweise oder vollständig bei jedem Werkzeugwechsel.

Wahl und Durchbildung der zum Einrichten des Werkzeuges dienenden Mittel sind vor allem von Werkstückzahl, Häufigkeit des Einrichtens und Übung des Einrichters abhängig zu halten. Mit der Anzahl der zu je einem Arbeitsgang gehörigen Werkzeuge wächst die Schwierigkeit des Einrichtens. Für größere Stückzahlen mit mehrmals unterbrochener Fertigung ist die Anschaffung von Werkzeugspannern zu erwägen, die im eingerichteten Zustand aus der Maschine entfernt werden können und bei Bedarf voll einsatzbereit zur Verfügung stehen.

## 6. Einlegen des Werkzeuges in den Spanner und Herausnehmen.

Das Werkzeug muß in den Spanner rasch eingelegt bzw. eingesteckt oder aufgesteckt und aus dem Spanner rasch entfernt werden können. Außerdem ist darauf zu achten, daß hierbei weder das Werkstück noch Teile des Werkstückspanners oder der Maschine hinderlich sind.

Werkzeugspanner sind so zu gestalten, daß für den Werkzeugwechsel möglichst keine Umstellungen in der Maschine notwendig sind. So ist z. B. weitgehend zu vermeiden, daß ein Stößelhub verstellt werden muß, um ein Stoßwerkzeug auszuwechseln.

Bei eingespanntem Werkstück kann Einlegen und Herausnehmen des Werkzeuges erforderlich sein, wenn mehrere Werkzeuge zu demselben Arbeitsgang gehören oder wenn ein Werkzeug vor Beendigung der Werkstückbearbeitung wegen Verschleiß oder Bruch gewechselt werden muß.

Das Einlegen, Ein- oder Aufstecken von Werkzeugen kann erleichtert werden durch

kegelige bzw. schräge Einführungsflächen,

aus formschlüssigen Aufnahmen herausragenden Vorführungsflächen,

Stufung bei Zylinderpaarung,

Anordnung der Einführungsöffnung an gut sichtbarer Stelle.

Für das Entfernen des Werkzeuges sind im Spanner erforderlichenfalls Abdrückschraube, Abdrückmutter, Ausstoßöffnungen oder Ausstoßteile vorzusehen. Außerdem ist zu erwägen, wie der Werkzeugschaft entfernt werden kann, wenn das Werkzeug derart abbricht, daß von ihm aus dem Halter kein Teil herausragt.

Wenn Dorne saugend in Sackbohrungen passen, ist ein Luftweg vorzusehen, etwa in Form einer Bohrung, einer Nut oder einer Abflächung des Dornes.

## 7. Bestimmen der Lage des Werkzeuges im Spanner.

„Bestimmen" ist im vorliegenden Sinne die abgekürzte Bezeichnung für „Bestimmen der Lage des Werkzeuges zum Werkstück".

Neben dem Spannen ist das Bestimmen eine der Hauptaufgaben des Werkzeugspanners. Das Werkzeug muß für das Bearbeiten des Werkstückes eindeutig bestimmt sein und unter den einwirkenden Kräften bestimmt bleiben. Einwirkende Kräfte sind:

Spannkraft und Arbeitskraft,

Zentrifugalkräfte bei umlaufenden Werkzeugspannern,

Stöße bei sonstiger betrieblicher Beanspruchung.

Werkzeuge sind verhältnismäßig leicht bestimmbar, da ihre Anschlußformen einfach sind und es sich um nur wenige verschiedene

Formen handelt. In der Hauptsache kommen hierfür Zylinder, Kegel, Gewinde und ebene Flächen in Betracht.

In Sonderfällen ist die Lage des Werkzeuges durch den Spanner bzw. Halter nur ungefähr zu bestimmen, während das genaue Bestimmen durch das Werkstück erfolgen muß, z. B. für manche Reibearbeiten, Ziehschleifarbeiten oder Räumarbeiten.

Für die Genauigkeit des Bestimmens ist wichtig, ob das Werkzeug formschlüssig aufgenommen oder mit dem Grundkörper des Spanners kraftschlüssig verbunden ist. Bei formschlüssiger Aufnahme bleibt das Werkzeug um den Betrag des zwischen Werkzeug und Spanner vorhandenen Spieles unbestimmt. Bei kraftschlüssiger Verbindung wird das Werkzeug eindeutig bestimmt. Hierzu kommt noch der Fall, daß ein Werkzeug mit einem Spannsatz des Spanners zwar kraftschlüssig verbunden, der vollständige Spannsatz samt Werkzeug aber im Grundkörper des Spanners nur formschlüssig gelagert ist. In diesem Falle wird das Werkzeug gegenüber der Maschine bzw. gegenüber dem Werkstück um den Betrag des betreffenden Passungsspieles ungenau bestimmt.

Wenn ein Werkzeug nach dem Bestimmen und Spannen in einem freiliegenden Teil nicht genügend steif ist, ist es zu stützen. Dabei ist darauf zu achten, daß Überbestimmen vermieden wird.

### a) Zylindrische Anschlußform.

Zylindrische Paßflächen sind leichter herstellbar als kegelige Paßflächen. Für zylindrische Anschlußteile kann außerdem gegebenenfalls gezogenes Halbzeug ohne Nacharbeit verwendet werden.

Die Einmittegenauigkeit von Zylindern ist in der Hauptsache vom Spiel zwischen Dorn und Bohrung abhängig.

Zylindrische Anschlußteile sind in Längsrichtung eindeutig bestimmbar; z. B. durch Anlage an Stirnfläche, Ansatz o. ä. können sie fest, z. B. durch Schraube oder Mutter verstellbar, bestimmt werden.

Die zylindrische Anschlußform kommt für Werkzeugspanner im allgemeinen nur auf der Werkzeugseite in Betracht, z. B. zur Aufnahme von runden Drehmeißeln, Kordelrädern, Fräsern, Werkzeugen für die Bohrungsfertigung, Schleifscheiben usw. Futterartige Werkzeugspanner dienen zur Aufnahme des Zylinderschaftes von Spiralbohrern, Bohrstangen, Senkern, Reibahlen, Gewindebohrern, Schaftfräsern usw.

Bohrungen, Nuten und Mitnehmer für Fräser, Senker und Reibahlen sind in DIN 138 festgelegt (Zahlentafel 2 u. 3, S. 11 u. 12).

Maschinenseitig ist für Werkzeugspanner die zylindrische Anschlußform nur in wenigen Fällen üblich, z. B. für Meißelspanner für Revolverköpfe oder für die Aufnahme von Messerköpfen auf ISA-Frässpindelköpfen.

Bei Gestaltung von Werkzeugspannern sind für das Bestimmen und Spannen von Werkzeugen mit zylindrischer Anschlußform die geforderte Einmittegenauigkeit und die erforderliche Spannkraft zu berücksichtigen. Werkzeuge mit zylindrischer *Bohrung* können im allgemeinen auf starrem Dorn oder Zapfen aufgenommen werden. Das hierbei mit wirtschaftlich tragbarem Aufwand einhaltbare Passungs-Größtspiel ist für die meisten Verwendungsfälle zulässig. Werkzeuge mit zylindrischem *Schaft*

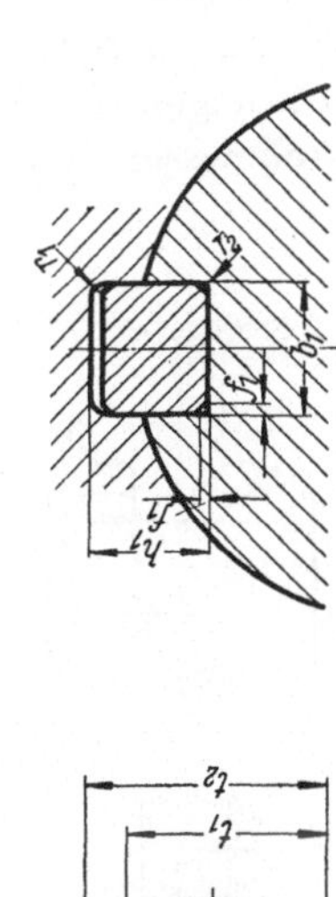

Zahlentafel 2.

*Paßfedern und Nuten für Fräser. Auszug aus DIN 138.*

| Bohrung $d^{H7}$ | 8 | 10 | 13 | 16 | 22 | 27 | 32 | 40 | 50 | 60 | 70 | 80 | 100 |
|---|---|---|---|---|---|---|---|---|---|---|---|---|---|
| $b_1$ Feder Toleranzfeld h9 / Fester Sitz P11 Dornnut / Leichter Sitz N11 Fräsernut / Toleranzfeld C11 | 2 | 3 | 3 | 4 | 6 | 7 | 8 | 10 | 12 | 14 | 16 | 18 | 24 |
| $h_1$* | 2 | 3 | 3 | 4 | 6 | 7 | 7 | 8 | 8 | 9 | 10 | 11 | 14 |
| $t_1$ | $6{,}7_{-0,1}$ | $8{,}2_{-0,1}$ | $11{,}2_{-0,1}$ | $13{,}2_{-0,1}$ | $17{,}6_{-0,2}$ | $22_{-0,2}$ | $27_{-0,2}$ | $34{,}5_{-0,2}$ | $44{,}5_{-0,2}$ | $54_{-0,2}$ | $63{,}5_{-0,2}$ | $73_{-0,2}$ | $91_{-0,2}$ |
| $t_2$ | $8{,}9_{+0,1}$ | $11{,}5_{+0,1}$ | $14{,}6_{+0,1}$ | $17{,}7_{+0,1}$ | $24{,}1_{+0,2}$ | $29{,}8_{+0,2}$ | $34{,}8_{+0,2}$ | $43{,}5_{+0,2}$ | $53{,}5_{+0,2}$ | $64{,}2_{+0,2}$ | $75_{+0,2}$ | $85{,}5_{+0,2}$ | $107_{+0,2}$ |
| $r_1$ | $0{,}4_{-0,1}$ | | $0{,}6_{-0,2}$ | $1_{-0,3}$ | | $1{,}2_{-0,3}$ | | $1{,}6_{-0,5}$ | | $2_{-0,5}$ | | | $2{,}5_{-0,5}$ |
| $r_2$; $f_1$ | $0{,}2_{-0,1}$ | | | $0{,}4_{-0,2}$ | | | | $0{,}6_{-0,2}$ | | | | | |

* Bei quadratischem Querschnitt Toleranzfeld h 9 bei rechteckigem Querschnitt Toleranzfeld h 11. Keilstahl gezogen nach DIN 6880.

Zahlentafel 3. *Stirnmitnehmer und Nuten für Fräser, Senker, Reibahlen. Auszug aus DIN 138.*

| Bohrung $d^{H7}$ | 8 | 10 | 13 | 16 | 22 | 27 | 32 | 40 | 50 | 60 | 70 | 80 | 100 |
|---|---|---|---|---|---|---|---|---|---|---|---|---|---|
| $b_2^{\,h11}$ | 5 | 6 | 8 | 8 | 10 | 12 | 14 | 16 | 18 | 20 | 22 | 24 | 24 |
| $h_2^{\,h11}$ | 3,5 | 4 | 4,5 | 5 | 5,6 | 6,3 | 7 | 8 | 9 | 10 | 11,2 | 12,5 | 14 |
| $b_3^{\,H11}$ | 5,4 | 6,4 | 8,4 | 8,4 | 10,4 | 12,4 | 14,4 | 16,4 | 18,4 | 20,5 | 22,5 | 24,5 | 24,5 |
| $t_3^{\,H12}$ | 4 | 4,5 | 5 | 5,6 | 6,3 | 7 | 8 | 9 | 10 | 11,2 | 12,5 | 14 | 16 |
| $r_3$ | $0,6_{-0,2}$ | $0,8_{-0,2}$ | $1_{-0,2}$ | $1_{-0,3}$ | $1,2_{-0,3}$ | $1,2_{-0,3}$ | $1,6_{-0,4}$ | $2_{-0,5}$ | $2_{-0,5}$ | $2_{-0,5}$ | $2,5_{-0,5}$ | $2,5_{-0,5}$ | $3_{-0,5}$ |
| $f_2$ | $0,4_{-0,1}$ | $0,5_{-0,1}$ | | $0,6_{-0,2}$ | | $0,8_{-0,2}$ | | $1_{-0,3}$ | | | $1,2_{-0,3}$ | | $1,6_{-0,5}$ |
| Zulässige Außermittigkeit von Mitnehmer und Nut in $\mu$ | $\pm100$ | | | | | | | | | $\pm125$ | | | |

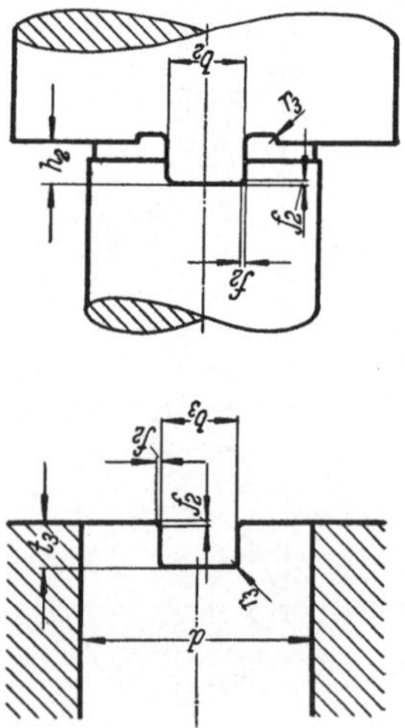

sind durch starre Bohrung, Schrumpffutter, Klemmfutter, Spannzangen oder Backenfutter aufnehmbar. Hiervon mitten Schrumpffutter am genauesten ein und haben Backenfutter den größeren Spannbereich.

Wenn Flächenpressung zum Übertragen eines Drehmomentes nicht ausreicht, ist das Werkzeug bzw. der Spanner unmittelbar mitzunehmen, z. B. durch Mitnahmeflächen, Nutenstein, Paßfeder, Stift oder Gewinde.

Wenn Flächenpressung zur Aufnahme von Achskräften nicht ausreicht, ist das Werkzeug bzw. der Spanner in Längsrichtung anzulegen.

**Dehndorne und Schrumpffutter,** z. B. nach Bild 688, 689, 746 u. 747.

**Klemmbuchsen** dienen in der Regel als Zwischenbuchse, um in Bohrungen von bestimmtem Durchmesser Schäfte mit kleinerem Durchmesser zu spannen. Dabei ist zu berücksichtigen, daß durch Zwischenbuchsen die Einmittegenauigkeit verringert wird.

**Spannzangen** dienen bei Verwendung in Werkzeugspannern vorzugsweise zum Spannen von Bohr- und Fräswerkzeugen.

Für genaues Einmitten ist der Durchmesser der Spannzangenbohrung und der des Werkzeugschaftes möglichst gleich groß zu halten. Spannzangen spannen zwar auch noch bei größeren Durchmesserabweichungen, jedoch nehmen mit diesen Spannkraft und Einmittegenauigkeit ab.

Spannzangen werden in Maschinenspindeln unmittelbar, anderenfalls durch Zwischenbuchse oder mittels Futter aufgenommen. Bei durchbohrter Maschinenspindel, z. B. bei Frässpindeln, können Spannzangen durch Anzugstange gespannt werden. Hierbei kann der Abstand von Spindellager bis Werkzeugschneide in der Regel kürzer gehalten werden als bei Spannen durch Überwurfmutter, die auf der Werkzeugseite angeordnet ist. Die Verwendung von Anzugstangen ist jedoch nachteilig, wenn deren Bedienstelle schwer zugänglich ist.

Spannzangen für Zugspannung sind nach DIN 6341 genormt. Die Normung von Zangen, die unter Druckwirkung spannen, ist geplant.

**Backenfutter** haben einen erheblichen Spannbereich und dienen zum Spannen von Werkzeugen mit verschiedenem Schaftdurchmesser, vorzugsweise zum Spannen von Bohr- und Senkwerkzeugen.

Schlüssellose Backenfutter ermöglichen Spannen und Lösen bei umlaufendem Futter. Zweckmäßig sind außerdem Futter, deren Spannkraft mit dem Widerstandsmoment zunimmt.

### b) Kegelige Anschlußform.

**Bestimmen durch Kegel.** Kegel mitten zwangläufig spielfrei ein. Die Einmittegenauigkeit nimmt mit Verkleinerung des Kegelwinkels zu. Für genaues Einmitten ist jedoch einwandfreier Kegelsitz Voraussetzung. Ein einwandfreier Kegelsitz ist schwieriger zu fertigen als ein einwandfreier zylindrischer Anschluß. Wenn die Kegelwinkel von Dorn und Bohrung nicht genau gleich sind, tragen Kegel nur am kleinen oder nur am großen Durchmesser. Wenn Kegelflächen ballig sind, tragen sie nur an der höchsten Stelle des Ballens. Fehlerhafter Kegelsitz kann außerdem durch beschädigte Kegelflächen oder durch Fremdkörper entstehen und verursacht meist Taumelschlag.

Die Längslage wird durch Kegel nicht genau bestimmt. Diese ist von den Durchmessern von Dorn und Bohrung, außerdem in geringerem Maße von der Einpreßkraft abhängig. Dieses ungenauere Bestimmen in Längsrichtung ist für Werkzeuge im allgemeinen belanglos, da deren Längslage zum Werkstück in der Regel ohnedies eingestellt werden muß. Sie kann jedoch von Belang sein, wenn die Längslage mehrerer

Werkzeuge desselben Spanners übereinstimmen muß. In solchen Fällen kann nur eines dieser Werkzeuge durch Kegel mit dem Spanner fest verbunden werden und müssen die übrigen Werkzeuge diesem ersteren gegenüber einstellbar sein.

**Befestigen und Lösen von Kegeln.** Kegel mit einem Gesamtwinkel von weniger als 5°30′ sind selbsthemmend.

In Sonderfällen genügt reine Kegelreibung zum Übertragen des erforderlichen Drehmomentes. Im allgemeinen sind Kegel in Achsrichtung zu spannen. Dadurch wird der Druck auf die Kegelflächen erhöht, das unbeabsichtigte Lösen der Kegelverbindung vermieden.

In Normalfällen sind Kegel zusätzlich unmittelbar mitzunehmen, von Bohrspindeln in der Regel durch Mitnehmerlappen oder Querkeil, von Frässpindeln durch Mitnahmeflächen an möglichst großem Durchmesser.

Zum Spannen von Kegeln von Bohrwerkzeugen dienen vorzugsweise Querkeil, außerdem Gewindezapfen oder Überwurfmutter; zum Spannen von Fräswerkzeugen vorzugsweise Anzugstange, Überwurfmutter, außerdem Befestigungsschrauben.

Kegelverbindungen können gelöst werden durch

Drehen eines der Teile des Kegelpaares,
Quertreiben eines Keiles oder zweier Keile,
Stoß oder Schlag auf das freie Kegelende,
Druck in Achsrichtung durch Anzugstange oder Abdrückmutter,
Ziehen durch Mutter, z. B. mit zwei Gewinden verschiedener Steigung.

Durch Stöße oder Schläge in Achsrichtung leidet die Längslagerung von Spindeln. Schläge in Querrichtung, auch die gegen Austreiber, wirken ungünstig auf die Querlagerung und auf genaues Rundlaufen von Spindeln, und sind deshalb an Maschinen für Genauigkeitsarbeiten zu vermeiden.

Bei Befestigung durch Überwurfmutter können Dorne krummgezogen werden, wenn Gewinde und Spannflächen nicht genau laufen und der gespannte Dorn entsprechend nachgiebig ist. Bei Befestigung durch Mutter mit Gewinden verschiedener Steigung (mit Sicherungsgewinde Bild 723) ist nachteilig, daß beim Einsetzen des Kegels dessen einwandfreies Tragen nicht erfühlt werden kann, wie es beim Einführen von Hand möglich ist. Für Kegel, die nicht selbsthemmend sind, braucht auf das Lösen keine besondere Rücksicht genommen zu werden.

Beim Befestigen auf Kegelzapfen ist außerdem auf die Keilwirkung des Kegels zu achten. Dünnwandige Teile, namentlich, wenn diese gehärtet sind, also vornehmlich Werkzeuge, können durch diese Keilwirkung auseinandergesprengt werden.

**Werkzeugkegel.** Für die Verbindung von Werkzeugen mit Spannern oder mit der Maschine, wie für die Verbindung von Spannern mit der Maschine kommen Kegel nach DIN 254 in Betracht, außerdem der ISA-Kegel 1 : 3,4286.

Werden Kegel in verkürzter Form verwendet, ist vom Ende mit dem kleineren Kegel ausgehend, zu kürzen. Für Kegelbohrungen, die gerieben werden, ist darauf zu achten, daß die Reibahle entsprechend weit in die Bohrung hineingeführt werden kann.

### c) Gewindeanschlüsse.

Werkzeuge und Werkzeugspanner sind nur dann durch Gewinde aufzunehmen, wenn Zylinder und Kegel als Anschlußform ausscheiden, was in der Regel durch Mangel an Raum für Befestigungsschraube oder Befestigungsmutter begründet ist. Gewinde als Anschlußform baut raumsparend, weil es Aufnahme- und Spannteil zugleich ist. Gewindeanschlüsse haben jedoch folgende Nachteile:

Gewinde mittet nur mangelhaft ein;

die Winkelstellung aufzuschraubender Teile wird nicht eindeutig bestimmt;

unter der Einwirkung von Arbeitskräften kann die Winkelstellung eines aufgeschraubten Teiles während des Bearbeitens geändert werden;

durch Kerbwirkung der Gewindeform ist die Festigkeit von Gewindebolzen geringer als die glatter Bolzen, deren Durchmesser gleich dem Kerndurchmesser des Gewindes ist;

Gewindebolzen sind größeren Härtespannungen ausgesetzt und durch Härtebruch mehr gefährdet als glatte Bolzen;

durch Seitenkräfte, die beim Spannen durch Gewinde auftreten, können dünnwandige Teile auseinandergesprengt werden;

beim Aufschrauben und beim Lösen des Werkzeuges kann dieses beschädigt werden.

Werkzeuge, die genau rundlaufen müssen, sind möglichst durch Zylinder oder Kegel einzumitten.

Werkzeuge, die genau rundlaufen müssen, jedoch nur durch Gewinde aufgenommen werden können, sind im aufgeschraubten Zustand rundzuschleifen.

Für Gewindeaufnahmen ist die Richtung der Gewindesteigung so zu wählen, daß das Werkzeug bzw. der Spanner unter der Arbeitskraft nicht gelöst wird.

Für das Spannen und Lösen von Gewindeanschlüssen sind erforderlichenfalls Schlüsselflächen vorzusehen, und zwar für den zu lösenden Teil, wie für den zu haltenden Teil.

### d) Einstellskalen.

Für leichtes und genaues Ablesen sind Teilstriche und Nullstrich möglichst auf Flächen anzubringen, die in derselben Ebene bzw. auf demselben Durchmesser liegen. Mit zunehmender Abweichung dieser

Flächen vom Winkel 180° wird das Ablesen schwieriger und ungenauer (Bild 1 bis 5).

Teilstrichabstände sind unter Berücksichtigung der Steigung der Einstell-Gewindespindel so zu wählen, daß möglichst einfache Ablesewerte entstehen, z. B. von 0,01/ 0,02/ 0,05 oder 0,1 mm.

Die Richtung, unter der das Werkzeug dem Werkstück zugestellt wird, soll im Uhrzeigersinne liegen. Bei Gewindespindeln ist hierfür auf die Richtung der Gewindesteigung zu achten.

Entsprechend dem Verwendungszweck sind Teilstrichringe mit der Verstellspindel fest zu verbinden oder gegenüber der Einstellspindel verstellbar zu halten. Teilstrichringe können mit Verstellspindeln fest verbunden werden, wenn das Werkzeug um einen jeweils bestimmten Betrag zuzustellen ist. Teilstrichringe werden gegenüber der Verstellspindel zweckmäßig einstellbar gehalten, wenn das Werkzeug nach jedem Arbeitsablauf zurückgezogen und für den nächsten Arbeitsablauf wieder angestellt werden muß. Der Teilstrichring kann hierbei für die Arbeitsstellung auf Null eingestellt werden. Einstellbare Teilringe werden mit der Einstellspindel zweckmäßig durch Federkraft mitgenommen (Bild 1 bis 5).

### e) Einstellehren.

Bei Verwendung von Einstellehren ist darauf zu achten, daß die einzustellende Werkzeugschneide nicht verletzt wird. Bei empfindlicher Schneide sind nicht feste Lehren, sondern Lehren mit federndem Meßteil zu verwenden, z. B. Lehren mit Meßuhr (Bild 387) oder Fühllehren mit federndem Meßbolzen (Bild 386). Sehr empfindliche Schneiden können durch Tastflächen aus Bronze oder Preßstoff oder durch Tastrollen besonders geschont werden. Vollständig unberührt bleiben Werkzeugschneiden bei Verwendung optischer Einstellehren (Bild 388).

Beim Einstellen mittels Endmaßen werden diese zwischen Meßfläche und Schneide des Werkzeuges von Hand gehalten und während des Anstellens hin und her bewegt. Hierdurch ist der Meßdruck kontrollierbar und wird die Schneide geschont.

Anschlußflächen für Einstellehren können am Werkzeugspanner, Werkstückspanner oder an der Maschine vorgesehen werden. Im allgemeinen werden sie zweckmäßig Werkstückspannern angeordnet, da durch diesen auch die Lage des Werkstückes bestimmt wird.

In Sonderfällen ist die Lehre am Werkstück anzulegen, nämlich dann, wenn das Werkzeug zu einer am Werkstück bereits vorhandenen Fläche bestimmt werden muß, diese Fläche aber zum Werkstückspanner nicht in ausreichend genauer Beziehung steht.

Gegebenenfalls ist im Werkstückspanner an Stelle des Werkstückes eine Einstellehre aufzunehmen.

Für geringere Einstellgenauigkeit genügt in manchen Fällen das Einstellen nach einem bereits bearbeiteten Werkstück.

Je nachdem, ob die Auflagerichtung für die Lehre der Einstellrichtung gleich- oder entgegengerichtet ist, kann die Lehre beim Einstellen des Werkzeuges gegen die Auflage gedrückt oder von ihr abgehoben werden.

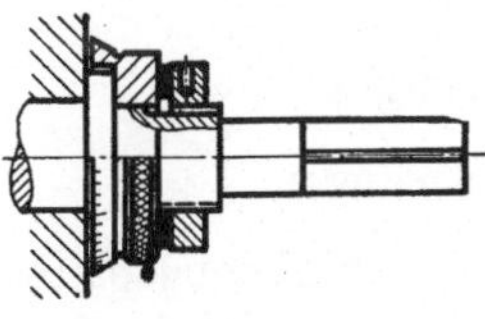

Bild 1.

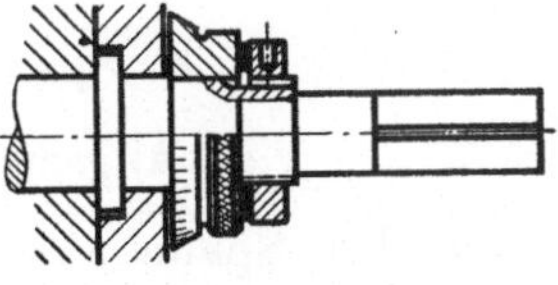

Bild 2.

Bild 1 u. 2. Teilringe für Stellspindeln, durch Mutter in Längsrichtung auf Gleitsitz eingestellt Die durch Paßfeder und Nut festgelegte Zwischenscheibe verhindert, daß die Mutter beim Drehen des Teilringes verstellt wird. (Firma Ludw. Loewe, Berlin.)

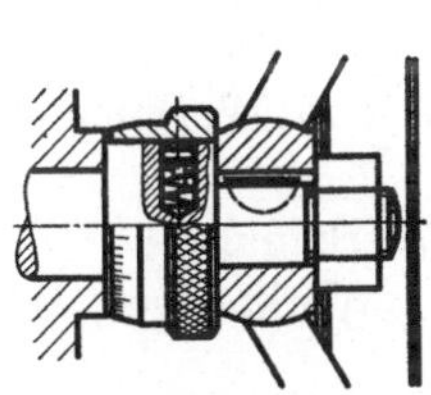

Bild 3. Teilring für Stellspindeln, durch Druckfeder in Teilstellung gehalten.
(Firma Ludw. Loewe, Berlin.)

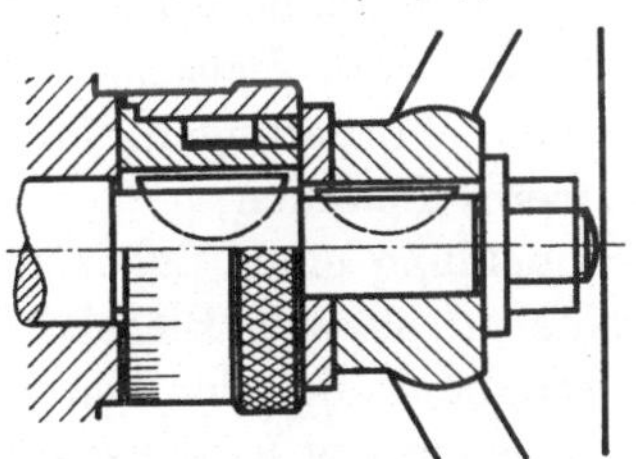

Bild 4.

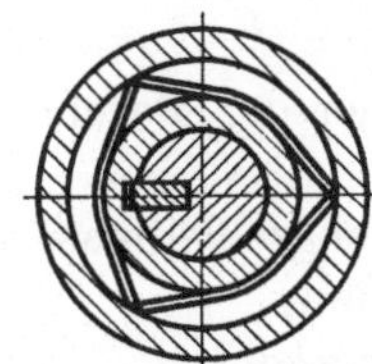

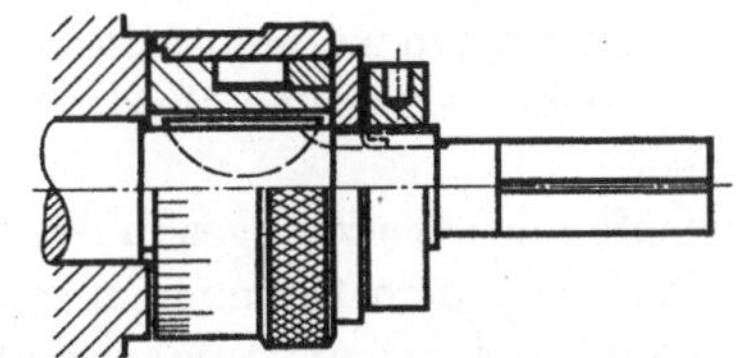

Bild 5.

Bild 4 u. 5. Teilringe mit Zubehör, für Stellspindeln. Der Teilring ist auf Buchse und Ring drehbar gelagert und wird durch 3 Blattfedern gegen unbeabsichtigtes Verstellen gesichert. Das Längsspiel der Spindel ist (am nichtdargestellten Ende) durch Muttern einstellbar.
(Firma Ludw. Loewe, Berlin.)

Wenn starre Lehren durch das einzustellende Werkzeug von ihrer Auflagefläche abgehoben werden, entstehen Einstellfehler. Die Werkzeugschneide wird jedoch kaum beschädigt, da die Lehre nur unter Fingerkraft anliegt (Bild 381 bis 385). Mit starren Lehren, die durch die Einstellkraft gegen ihre Auflagefläche gedrückt werden, sind Fehleinstellungen ausgeschlossen. Bei solchen Lehren besteht jedoch die Gefahr, daß die Werkzeugschneide beim Andrücken gegen die Lehre beschädigt wird.

Für manche Fälle besteht die Möglichkeit, dieselbe Lehre für das Einstellen mehrerer Werkzeuge zu verwenden (Bild 383 bis 385). Hierdurch wird die Einstellarbeit erleichtert und wird an Einstellehren gespart.

In schwierigeren Fällen ist für das Einstellen des Werkzeuges der Werkzeugspanner in einer Lehre aufzunehmen.

## 8. Spannen des Werkzeuges.

### a) Allgemeines und Anforderungen.

Durch das Spannen werden Werkzeug, Werkzeugspanner und Maschine fest miteinander verbunden, um die Antriebskraft auf die Werkzeugschneide zu übertragen.

Für manche Bearbeitungsverfahren ist kein Spannen erforderlich, sondern genügt bloße Mitnahme des Werkzeuges, z. B. zum Nutenziehen, Reiben oder zum Ziehschleifen.

Allgemeine Forderungen für das Spannen von Werkzeugen sind:

Sicheres Spannen;

Vermeidung einer Lageveränderung des Werkzeuges;

keine unzulässige Biegebeanspruchung des Werkzeuges, Werkzeugspanners oder der Maschine;

Anpassung des Kraftbedarfes an die Kraft des Bedienenden, unter Berücksichtigung der Bedienhäufigkeit;

Lösen der Spannung ohne Gefährdung der Werkzeugschneiden oder des Bedienenden.

Besondere Forderungen können sein:

Werkzeugwechsel ohne den Werkzeugspanner der Maschine zu entnehmen;

Nachschleifen des Werkzeuges in der Werkzeugschleifmaschine, ohne das Werkzeug dem Spanner zu entnehmen;

Werkzeugwechsel bei umlaufender Arbeitsspindel;

mit der Arbeitskraft zunehmende Spannkraft.

Sicher spannen heißt so zu spannen, daß das Werkzeug weder unter der Arbeitskraft noch unter sonstigen Einwirkungen aus dem Spanner gelöst wird. Durch unsicheres Spannen wird die Zerspanleistung vermindert, werden Maßgenauigkeit und Oberflächengüte geringer, außerdem Werkzeug, Werkzeugspanner und Maschine zusätzlich beansprucht, unter Umständen gefährdet.

Wird der Werkzeugspanner auf Biegung beansprucht, muß er entsprechend steif gebaut sein. Werden Teile der Maschine auf Biegung beansprucht, kann die Bearbeitungsgenauigkeit beeinträchtigt werden und können die betreffenden Maschinenteile erhöhter Abnutzung unterworfen sein. Biegebeanspruchung des Werkzeuges kann zu Bruch führen.

Die Forderung, das Werkzeug wechseln zu können, während der Spanner in der Maschine eingespannt bleibt, wächst mit der Häufigkeit des Werkzeugwechsels und der Schwierigkeit des Spannerwechsels.

### b) Spannkraftgröße.

Die auf das Werkzeug wirkende Spannkraft ist von der Größe der eingeleiteten Spannkraft, dem Übersetzungsverhältnis und dem Wirkungsgrad des Spanngetriebes abhängig, und durch Festigkeit und Starrheit des Werkzeuges und des Spannzeuges begrenzt.

### c) Spannkraftrichtung.

Die Spannkraft ist unter solcher Richtung anzusetzen, daß das Werkzeug beim Spannen nicht aus der bestimmten Lage gebracht wird.

Die Spannkraft soll möglichst in der gleichen Richtung wie die Arbeitskraft wirken, wobei die Spannkraft genügt, die etwa der zweifachen Arbeitskraft entspricht. Anordnung der Spannkraft entgegen der Arbeitskraft ist möglichst zu vermeiden. Wirkt die Spannkraft senkrecht zur Arbeitskraft, muß diese ausschließlich durch Reibungswiderstand aufgenommen werden. Hierbei ist eine Spannkraft erforderlich, die der etwa fünffachen Arbeitskraft gleichkommt. Die Beanspruchung des Werkzeugspanners nimmt in gleichem Maße zu.

### d) Gestaltung und Anordnung von Spannteilen.

Je höher die Güteanforderungen für das Werkstück und je empfindlicher Werkzeug, Werkzeugspanner und der den Werkzeugspanner aufnehmende Maschinenteil sind, um so mehr ist darauf zu achten, daß das Werkzeug ohne Schlagausübung gewechselt werden kann.

Die Abmessungen von Spannteilen sind nicht nur nach erforderlicher Spannkraft und Arbeitskraft, sondern auch unter Berücksichtigung sonstiger betrieblicher Beanspruchungen zu wählen. Schraubendurchmesser sind weitgehend so groß zu halten, daß die Schrauben beim Anziehen mit normalem Schlüssel nicht abgerissen werden können. Gegebenenfalls sind Spannschrauben aus Vergütungsstahl mit z. B. 100 bis etwa 140 mm² Festigkeit zu verwenden.

Der tragende Gewindeteil an Spannschrauben ist mindestens 1,5 d lang zu halten.

Bei der Anordnung von Spannteilen ist auf die Auswirkung der Spannteilbewegung zu achten, z. B. auf die Drehbewegung von Schrauben. Durch Tangentialkräfte kann beim Spannen die Lage des Werkzeuges verändert werden. Eine solche Auswirkung der Spannteilbewegung kann jedoch sogar angestrebt sein, nämlich dann, wenn das Werkzeug hierbei gegen eine Anlage gedrückt wird.

Durch das Spannteil kann die Spannfläche des Werkzeuges beschädigt werden, wodurch das Bestimmen der Werkzeuglage beeinträchtigt wird, etwa durch Erhebungen über eine Fläche, die zugleich zum Bestimmen dient oder durch Eindrücke, in die das Spannteil greift und das Werkzeug in eine nicht zulässige Lage zieht oder drückt.

Unzulässige Auswirkungen von Spannteilbewegungen oder unzulässige Beschädigungen von Werkzeugflächen sind durch die Spannkraft übertragende Teile zu verhindern. Übertragteile werden zwischen Spannteil und dem zu spannenden Werkzeug angeordnet und dienen zum Verteilen der Spannkraft auf eine größere Fläche sowie zum Umlenken der Spannkraftrichtung. Weitere Richtlinien für die Gestaltung von Spannteilen, Übertragteilen und Bedienteilen sind im Buche „Werk*stück*spanner" enthalten[1].

### 9. Werkzeugspanner und Standzeit des Werkzeuges.

Durch Werkzeugspanner kann die Standzeit von Werkzeugen verlängert und können die Standzeiten mehrerer Werkzeuge aufeinander abgestimmt werden.

Verlängert wird die Standzeit durch Spanner, die das Werkzeug schwingungsfrei stützen. Standzeitverlängerung und Standzeitangleichung sind um so wichtiger, je höher die für eine Bearbeitungsaufgabe eingesetzten Werte sind. Zum Beispiel bei Mehrspindelautomaten liegen während des Einrichtens eine hochwertige Maschine und eine größere Anzahl von Werkzeugen und Werkzeugspannern unbenutzt.

Die für einen Werkzeugsatz jeweils wirtschaftlichste Standzeit ist für jeden Bearbeitungsfall gesondert zu ermitteln.

Für die meisten spangebenden Werkzeugmaschinen gilt im allgemeinen eine Standzeit von rund 8 Stunden als normal.

Mit Hilfe von Werkzeugspannern können Standzeiten aufeinander abgestimmt werden durch

Verwendung verschiedener Werkzeug-Werkstoffe, z. B. von Schnellstahl und Hartmetall;

Unterteilung von Spandicken, z. B. in Mehrfach-Drehmeißelspannern;

Änderung der Drehzahlen, z. B. durch Verwendung eines Bohrkopfes oder einer Plandreheinrichtung.

### 10. Festigkeit und Steifheit von Werkzeugspannern.

Festigkeit und Steifheit von Werkzeugspannern müssen entsprechen

den Spannkräften,

den Arbeitskräften,

---

[1] Schreyer, K.: Werkstückspanner (Vorrichtungen). Berlin-Göttingen-Heidelberg: Springer 1949.

der für das Werkstück geforderten Genauigkeit und Oberflächengüte,
den sonstigen betrieblichen Beanspruchungen.
Bei den Arbeitskräften ist außer auf deren Größe und Richtung zu
achten, ob es sich um gleichmäßige oder um stark wechselnde Beanspruchung handelt.

Werkzeugspanner sind so steif zu halten, daß die durch Antriebskraft
der Maschine und durch Standvermögen der Werkzeugschneide mögliche Leistung nicht beeinträchtigt wird.

Durch unzureichende Steifheit des Spanners wird außer Zerspanleistung, Maßgenauigkeit und Oberflächengüte auch die Standzeit des
Werkzeuges herabgesetzt. Verkürzte Standzeit bedeutet erhöhte Kosten
für Instandsetzung und Ersatz des Werkzeuges, außerdem Verlustzeit
für häufigeren Werkzeugwechsel.

Von der Forderung nach Steifheit sind Spanner bzw. Halter für
jene Werkzeuge ausgenommen, deren genaue Lage nicht durch den
Spanner, sondern durch das Werkstück bestimmt werden muß, z. B.
für manche Reibearbeiten, für Ziehschleifen u. ä. Außerdem werden in
Sonderfällen Spanner für Drehmeißel absichtlich federnd ausgeführt,
um Einhaken zu vermeiden oder um eine nur schabende Wirkung
auszuüben.

## 11. Mehrfachwerkzeugspanner

werden vorzugsweise zur Leistungssteigerung verwendet, außerdem
    um einseitige Auswirkung von Arbeitskräften aufzuheben, z. B. beim
      Drehen, indem Drehmeißel oder Kordelräder gegenüberliegend
      angeordnet werden;
    um günstigere Schneidwirkung zu erreichen, z. B. beim Ausstechen
      von Scheiben durch versetzte Anordnung zweier Stechmeißel;
    um Arbeitszeiten aufeinander abzustimmen;
    um in der Werkzeugaufnahme einer Maschine mehr Werkzeuge
      unterzubringen, als Aufnahmestellen vorhanden sind.
Werkzeuge können in einem Spanner so angeordnet sein, daß sie
    gleichzeitig zum Schnitt kommen (z. B. auf verschiedenen Bearbei-
      tungsflächen oder zur Verkürzung des Arbeitsweges auf derselben
      Bearbeitungsfläche);
    aufeinanderfolgend zum Schnitt kommen und danach gemeinsam
      im Schnitt stehen;
    aufeinanderfolgend zum Schnitt kommen, das zweite Werkzeug
      jedoch erst dann wirksam wird, wenn das erste über die Bearbei-
      tungsfläche hinausgeführt ist.
Die durch Mehrfachspanner mögliche Leistungssteigerung ist am
größten, wenn Werkzeuge gleichzeitig im Schnitt stehen, denn hierbei

wird an Hauptzeit gespart, und zwar an reiner Schnittzeit wie an Zeit für Anlauf und Überlauf des Werkzeuges. An- und Überlauf fallen vor allem beim Fräsen ins Gewicht, namentlich bei Verwendung von Fräsern mit größerem Durchmesser.

Im übrigen wird durch Mehrfachspanner an Griffzeit für Werkzeugwechsel gespart und die Werkzeugmaschine durch Auslastung der Antriebsleistung und Verkürzung von Leerlaufzeiten besser ausgenutzt.

Bei Verwendung von Mehrfachspannern ist für die in demselben Spanner aufgenommenen Werkzeuge möglichst gleiche Standzeit anzustreben.

Werden Schrupp- und Schlichtwerkzeuge in demselben Spanner untergebracht, ist auf die beim Schruppen und Schlichten verschiedenen Schnittbedingungen zu achten. Gegebenenfalls sind diese so weit einander anzugleichen, als für die Zerspanleistung beim Schruppen und zugleich für die Güte- und Genauigkeitsanforderungen beim Schlichten zulässig ist.

Bei aufeinanderfolgendem Angriff von Werkzeugen kann bei Schnittbeginn des zweiten Werkzeuges die Stellung des ersten Werkzeuges geändert werden. In solchen Fällen entsteht auf der Arbeitsfläche eine Markierung. Solche Fehler sind auf die Auswirkung des Spieles von Schlittenführungen sowie auf Nachgiebigkeit der Fertigungsmittel zurückzuführen.

Bei Mehrfachspannern ist außerdem darauf zu achten, daß beim Spannen eines zweiten oder weiteren Werkzeuges ein bereits gespanntes Werkzeug nicht gelöst wird. Um Lösen zu vermeiden, ist der betreffende Spannteilträger entsprechend steif zu halten oder sind die Lager der einzelnen Spannteile so voneinander zu trennen, daß die Spannstellen untereinander unbeeinflußt bleiben.

Zwei oder mehrere gemeinsam zu spannende Werkzeuge sind in der Regel schwieriger einzustellen als ein einzelnes Werkzeug. Das gilt um so mehr, je genauer eingestellt werden muß.

Den Vorteilen von Mehrfachspannern stehen in der Regel höhere Anschaffungskosten gegenüber. Nur in Ausnahmefällen können durch einen Werkzeugspanner, z. B. einen Fräserdorn, ebensogut mehrere Werkzeuge wie nur ein Werkzeug aufgenommen werden. Hingegen sind z. B. Mehrspindelbohrköpfe erheblich teurer als ein Bohrerfutter, das für nur ein Werkzeug bestimmt ist. Einfachspanner sind außerdem meist so allgemein verwendbar, daß deren Kostenanteil bei Wirtschaftlichkeitsberechnungen außer Betracht bleiben kann.

Mehrstückspanner mit größerer Anzahl von Werkzeugen erfordern im allgemeinen erfahrenere Einrichter als Spanner mit nur einem oder nur wenigen Werkzeugen.

Häufiger Stillstand der Maschine für das Nachstellen und den Ersatz von Werkzeugen kann die Wirtschaftlichkeit von Mehrfachspannern in Frage stellen.

## 12. Spanner für Hartmetallwerkzeuge.

Hartmetall ist verhältnismäßig spröde, und beim Auflöten entstehen im Hartmetall Spannungen. Deshalb sind für Hartmetall Biegebeanspruchungen besonders nachteilig. Durch Biegebeanspruchungen können Hartmetallteile rissig werden oder brechen. Die Lötverbindung kann gelöst werden. Durch Schwingungen beim Bearbeiten wird die Schneide vorzeitig stumpf oder bröckelt aus. Hartmetallteile sind außerdem durch mangelhafte Späneabfuhr sowie durch Wärmestauungen gefährdet.

Die Preise für Hartmetall und die Herstellkosten für Hartmetallwerkzeuge liegen hoch. Deshalb sind auch bei Gestaltung von Spannern für Hartmetallwerkzeuge die Eigenheiten des Hartmetalls sorgfältig zu berücksichtigen. Bei Spannern für Hartmetallwerkzeuge ist noch mehr als bei Spannern für Schnellstahlwerkzeuge darauf zu achten, daß das Werkzeug

eindeutig und sicher aufliegt,

möglichst nahe der Schneide unterstützt und von Biegespannungen frei gehalten wird.

Auf Hartmetallteilen ist außerdem größerer Spanndruck je Flächeneinheit zu vermeiden. Falls der Spanndruck auf einem Hartmetallteil unmittelbar angesetzt werden muß, ist dieser auf eine möglichst große Fläche gleichmäßig zu verteilen. Auf keinen Fall darf durch eine Spitze oder gegen eine scharfe Kante gespannt werden.

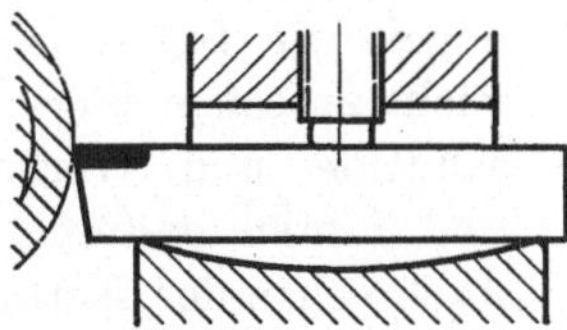

Bild 6. Beim Spannen gegen konkave Auflagefläche wird der Drehmeißel durchgebogen.

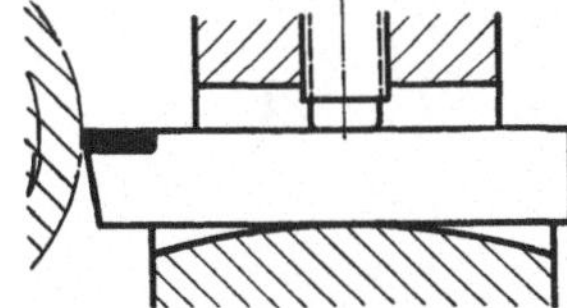

Bild 7. Durch die Arbeitskraft wird der auf konvexer Auflagefläche angeordnete Drehmeißel auf Biegung beansprucht und in Schwingung gebracht.

*Bild 6 u. 7. Drehmeißel mit Hartmetallbestückung auf unebener Auflage, durch die Hartmetall und Lötverbindung gefährdet werden.*

Bei Auflageflächen für Hartmetallwerkzeuge ist im besonderen auf deren Ebenheit zu achten. Bei hohler Auflagefläche (Bild 6) ist das Werkzeug durch das Spannen, bei konvex gekrümmter Auflagefläche (Bild 7) durch die Schnittkraft gefährdet.

Ebene Auflageflächen, die bei ihrer Fertigung offen zugänglich sind, können leichter genau hergestellt werden als Flächen in Durchbrüchen.

Auflageflächen, die nicht schleifbar sind, sollen möglichst nicht gehärtet werden, da durch Härten Flächen uneben werden.

Zur Aufnahme der Hauptschnittkraft sollte der Grundkörper von Hartmetallwerkzeugen mindestens dreimal so hoch sein, als das Hartmetall dick ist (Bild 8). Wenn für diesen Grundkörper der Raum für

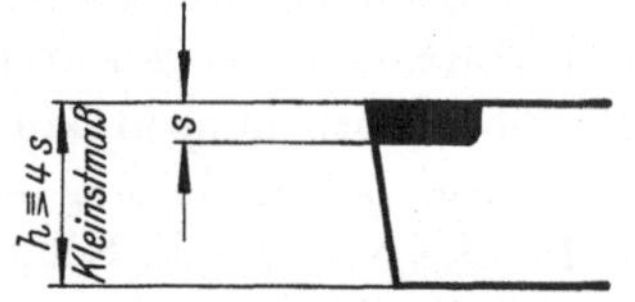

Bild 8. Bauhöhe durch den Meißelschaft eingehalten.

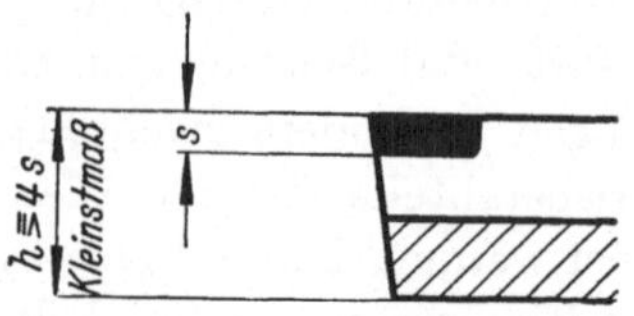

Bild 9. Bauhöhe durch den Meißelschaft, zuzüglich einer Unterlage hergestellt.

Bild 8 u. 9. *Mindestbauhöhe für hartmetallbestückte Drehmeißel.*

eine solche Bauhöhe nicht zur Verfügung steht, sollte diese Höhe zumindest zusammen mit dem unterstützenden Teil des Spanners erreicht werden (Bild 9).

Mit zunehmender Menge des Werkstoffes für Werkzeug und Spanner fließt Zerspannungswärme rascher ab.

Späne sollen von Hartmetallschneiden mit der gleichen Geschwindigkeit abgeführt werden, mit der sie entstehen. Außerdem sind Späne möglichst in derselben Richtung abzuführen, in der sie von der Werkzeugschneide abrollen. Nicht rechtzeitig abgeführte Späne geraten leicht zwischen Werkzeugschneide und Werkstück und führen dadurch zum Ausbrechen der Werkzeugschneide und zur Beschädigung der Bearbeitungsfläche.

Zweckmäßig werden Span-Leitflächen ebenfalls mit Hartmetall bestückt (Bild 10 u. 11).

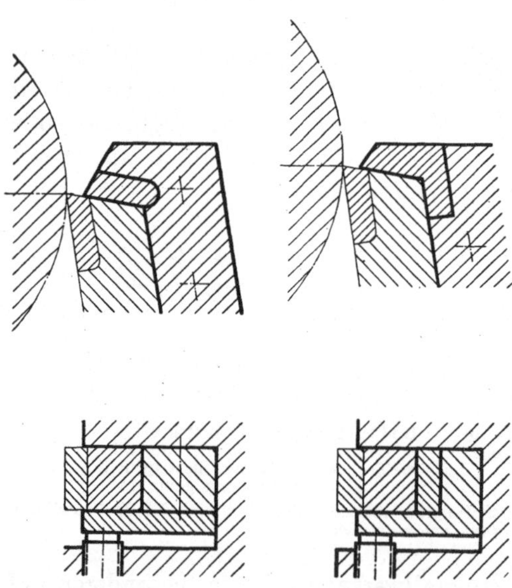

Bild 10.     Bild 11.

Bild 10 u. 11. Spanleitflächen aus Hartmetall. Die hierfür verwendeten Hartmetallteile sind im Meißelspanner angeordnet.

Ausführungsbeispiele von Spannern für Hartmetallwerkzeuge sind unter Spannern für Dreh-, Ausbohr- und Tiefbohrwerkzeuge näher beschrieben.

## 13. Spänebeseitigung.

Bei Gestaltung von Werkzeugspannern ist auf die Auswirkungen der Späne sorgfältig zu achten. Späne müssen von der Werkzeugschneide unbehindert abfließen können. Späne, die sich an der Schneide stauen, die die Schneide umschlingen oder zwischen Schneide und Werkstück geklemmt werden, gefährden Schneide und Bearbeitungsfläche. Unter Umständen kann das Werkzeug zu Bruch gehen. Das gilt in besonderem Maße für Hartmetallwerkzeuge. Durch angesammelte Späne wird Wärme gestaut, durch die die Härte der Schneide vermindert werden kann.

Der Abfluß der Späne ist bei Innenbearbeitung naturgemäß am meisten behindert. Mit zunehmender Tiefe einer Bohrung sind Späne schwieriger zu beseitigen. Bestimmend ist hierbei das Verhältnis der Bohrungstiefe zum Bohrungsdurchmesser.

## 14. Schutz gegen Beschädigungen und Unfall.

Umlaufende Werkzeugspanner sind auszuwuchten, um so sorgfältiger, je höher die Drehzahl ist.

Bei höheren Drehzahlen ist außerdem darauf zu achten, daß die umlaufenden Massen gering, die Durchmesser umlaufender Teile möglichst klein gehalten werden. Vorstehende Teile sind an umlaufenden Spannern zu vermeiden.

Werkzeugspanner sind mit Überlastungssicherung auszuführen, wenn das Werkzeug unter der Antriebskraft zu Bruch gehen kann, z. B. Gewindebohrer bei maschinellem Schneiden.

## 15. Zeichnungen für Werkzeugspanner.

Das Buch „Werkstückspanner"[1] enthält einen 10 Seiten umfassenden Abschnitt über Zeichnungswesen, der sinngemäß für sämtliche Fertigungsmittel und damit auch für Werkzeugspanner gilt.

Zu Zeichnungen für Werkzeugspanner ist außerdem zu bemerken, daß in diesen das Werkzeug angedeutet werden soll, hingegen für die Fertigung des Werkzeuges eine eigene Zeichnung aufzustellen ist, falls mit Nachbestellungen zu rechnen ist, was den Regelfall darstellen dürfte. Liegt für Spanner und Werkzeug nur eine gemeinsame Zeichnung vor, so hat das bei Nachbestellungen von Werkzeugen folgende Nachteile:

Bei Bestellung muß vermerkt werden, daß nur das in der Zeichnung dargestellte *Werkzeug* neu aufzulegen ist, jedoch nicht der Spanner. Unterbleibt dieser Vermerk, wird unter Umständen auch der Spanner nochmals gefertigt. Falls dieser Bestellfehler durch eine nachfolgende Stelle doch noch erkannt wird, sind immerhin erst Rückfragen und Bestellungsänderungen erforderlich;

---

[1] Schreyer, K.: Werkstückspanner (Vorrichtungen). Berlin-Göttingen-Heidelberg: Springer 1949.

die Lichtpausen von Werkzeugzeichnungen einschließlich der Spanner-
zeichnung sind meist mehrfach so groß wie die Werkzeugzeichnung allein;

aus Zeichnungen, die nur für die Nachbestellung von Werkzeugen
verwendet werden, aber zugleich den Spanner umfassen, muß dieser
gestrichen oder herausgeschnitten werden.

Zusammenfassend ist also bei Werkzeug-Nachbestellungen durch
Werkzeug und Spanner umfassende Gesamtzeichnungen mehr Arbeit
erforderlich und besteht die Gefahr, daß Teile bestellt und gefertigt
werden, für die kein Bedarf vorliegt, wonach also die Aufstellung einer
eigenen Werkzeugzeichnung zweckmäßiger ist.

# III. Spanner für Drehwerkzeuge.

## 1. Für die Gestaltung von Spannern für Drehwerkzeuge wichtige Angaben über Drehmaschinen.

### a) Allgemeines.

Für normale *Spitzendrehmaschinen* sind Werkzeugspanner im allgemeinen verhältnismäßig einfach. Drehwerkzeuge werden in denselben
vorzugsweise auf dem Support, Bohrwerkzeuge nötigenfalls im Reitstock aufgenommen. In Sonderfällen werden Werkzeuge oder Werkzeugspanner für die Fertigung von Bohrungen auch in die Arbeitsspindel
eingesetzt. Solche Sonderfälle liegen z. B. vor, wenn

Werkzeug oder Werkzeugspanner durch Reitstock oder Setzstock
zu stützen sind;

das Werkstück für umlaufende Bewegung ungeeignet ist oder die
Arbeitsspindel für den Werkstückwechsel nicht stillgesetzt zu
werden braucht. Das Werkstück wird in diesem Falle auf dem
Support, in Ausnahmefällen im Reitstock aufgenommen.

Für *Vielschnittdrehmaschinen* sind die Werkzeugspanner im wesentlichen dieselben wie für Spitzendrehmaschinen, nur daß entsprechend
viele Werkzeuge bzw. Spanner zugleich angeordnet sind.

Für *Revolverdrehmaschinen* sowie *halb- oder vollautomatische Drehmaschinen* sind Werkzeugspanner sehr vielgestaltig. Diese Vielgestalt
ist in der Hauptsache bedingt durch

die verschiedenen Bauformen der Werkzeugträger dieser Maschinen;

die vielerlei Bearbeitungsaufgaben, die mit diesen Maschinen ausgeführt werden;

durch die Aufnahme mehrerer zum Teil sehr verschiedenartiger Werkzeuge in demselben Spanner.

Werkzeugspanner für Revolverdrehmaschinen und Drehautomaten
werden außerdem in großer Anzahl benötigt, weil in der Mengenfertigung
die meisten Drehteile auf diesen Maschinen gefertigt werden.

An Revolverdrehmaschinen werden Werkzeugspanner im Revolverkopf des Längsschlittens, auf dem Querschlitten oder auf einem zusätzlichen Werkzeugträger aufgenommen. In Halb- oder Vollautomaten werden Werkzeugspanner außer im Revolverkopf z. B. durch einen außermittigen Längssupport oder in Hebeln aufgenommen.

Bei Maschinen mit Revolver wird von diesem aus der größere Teil der spanenden Formung durchgeführt, vorzugsweise die Fertigung von Bohrungen. Quersupporte dieser Maschinen dienen vorzugsweise

zum Langdrehen, Plandrehen und Kegeldrehen über größere Strecken;

zur Aufnahme von Nachformschablonen;

bei Maschinen, deren Revolverkopf keine Querbewegung aufweist, außerdem weitgehend zum Formdrehen, Einstechen und Abstechen.

Für *Mehrspindelautomaten* sind wesentliche Unterschiede der Bauformen durch verschiedene Zuordnung der Haupt-, Vorschub- und Schaltbewegungen gegeben.

Bei der vorzugsweise verwendeten Bauform laufen die Werkstücke um und werden geschaltet; die Vorschubbewegungen sind den Werkzeugen zugeordnet.

Bei der in zweiter Linie verwendeten Bauform laufen die Werkzeuge um; die Vorschub- und Schaltbewegungen sind dem Werkstück zugeordnet.

Plandreh-, Formdreh- und Stecharbeiten werden weitgehend vom Querschlitten aus vorgenommen.

In Mehrspindelautomaten mit umlaufendem Werkstück laufen sämtliche Arbeitsspindeln mit gleichen Drehzahlen um, ausgenommen in Senkrechtautomaten. In diesen können für jede Arbeitsspindel auch verschiedene Drehzahlen vorgesehen werden.

Bei größeren Unterschieden der Bearbeitungsdurchmesser sind für die Werkzeuge verschiedene Werkstoffe vorzusehen, um die Standzeiten der Werkzeuge einander anzugleichen, z. B. für die Bearbeitung an den jeweils kleineren Durchmessern Schnellstahl, für die Bearbeitung an den größeren Durchmessern Hartmetall. Für Mehrspindelautomaten sind in besonderem Maße lange Standzeiten anzustreben, da bei jedem Stillstand mehrere Arbeitsspindeln sowie eine erhebliche Anzahl von Werkzeugen und eine verhältnismäßig teure Maschine außer Betrieb stehen.

Mehrspindelautomaten mit umlaufenden Werkzeugen sind vornehmlich für Bohrarbeiten geeignet. Verhältnismäßig schwierig ist die Gestaltung von umlaufenden Werkzeugspannern mit Planbewegung sowie für Kegel- und Nachformdrehen. Bei Mehrspindelautomaten mit umlaufenden Werkzeugen können die Werkzeugspindeln mit verschiedenen Drehzahlen umlaufen, wodurch es sich meist erübrigt, für die Werkzeuge verschiedene Werkstoffe vorzusehen.

### b) Bauformen von Revolverköpfen.

Revolverköpfe werden gebaut als

    Trommelrevolver (Bild 12 bis 15),
    Sternrevolver (Bild 16 bis 18),
    Schlittenrevolver (Bild 19).

In *Trommelrevolvern* stehen für die Aufnahme der Werkzeuge bis zu 16 Bohrungen zur Verfügung. Dadurch können für die Werkzeuge Stellungen gewählt werden, die dem jeweiligen Bearbeitungsdurchmesser weitgehend entsprechen. Hierdurch und vor allem durch die Planbewegung des Revolverkopfes sind Werkzeugspanner für Trommelrevolver verhältnismäßig einfach. Nachteilig ist an Trommelrevolvern der Umstand, daß beim Vorschieben des Revolvers auch Werkzeuge, die nicht in Arbeitsstellung stehen, in den Bereich des Werkstückes oder des Werkstückspanners gelangen können, was insbesondere bei Werkstücken und Werkstückspannern von größerem Durchmesser zutrifft.

Bei Trommelrevolvern, bei denen nur die jeweils in Arbeitsstellung befindliche Arbeitsspindel vorgeschoben wird (Bild 15), stören die übrigen Werkzeuge nicht, jedoch sind derartige Spindeln erheblich nachgiebiger als eine vollständige Trommel.

Bei *Sternrevolvern* liegen die Werkzeuge, die dem in Arbeitsstellung befindlichen Werkzeug benachbart sind, nur in seltenen Fällen im Bereich von Werkstück und Werkstückspanner.

Bei Sternrevolvern ohne Planbewegung werden Plandrehen, Formdrehen oder Stecharbeiten in der Hauptsache durch den Quersupport ausgeführt, kürzere Wege für vorzugsweise leichtere Plan- und Querarbeiten werden außerdem in den Werkzeugspanner verlegt. Sternrevolver ohne Planbewegung erfordern Werkzeugspanner von zum Teil schwierigerer Bauform, insbesondere, wenn es sich um Spanner mit Querbewegung handelt. Für Sternrevolver ohne Planbewegung fallen Werkzeugspanner aber auch ohne Schwenk- oder Verschiebeeinrichtung meist schwieriger aus als für Trommelrevolver, weil die Aufnahmebohrung von Sternrevolvern ohne Planbewegung auf der Drehmitte liegt. Dadurch müssen Spanner für Drehmeißel oder Bohrmeißel außermittig zur Aufnahmebohrung des Revolverkopfes gestaltet werden. Durch Mehrfach-Meißelspanner wird die Anzahl der Aufnahmestellen erheblich vergrößert und werden auch Einzel-Meißelspanner meist wesentlich vereinfacht.

Schwerere Werkzeugspanner sind zusätzlich zu führen, z. B. durch eine Stange, die am Spindelkasten befestigt ist.

Beim sogenannten *Flachtischrevolver* (Bild 17) sind Werkzeuge und Werkzeugspanner innerhalb eines größeren Bereiches auf verschiedene Bearbeitungsdurchmesser einstellbar. Deshalb sind selbst für Flachtischrevolver ohne Planvorschub auch für größere Durchmesser verhältnismäßig einfache Werkzeugspanner verwendbar. Jede der sechs Revolverseiten kann mit mehreren Drehmeißeln besetzt werden. Für

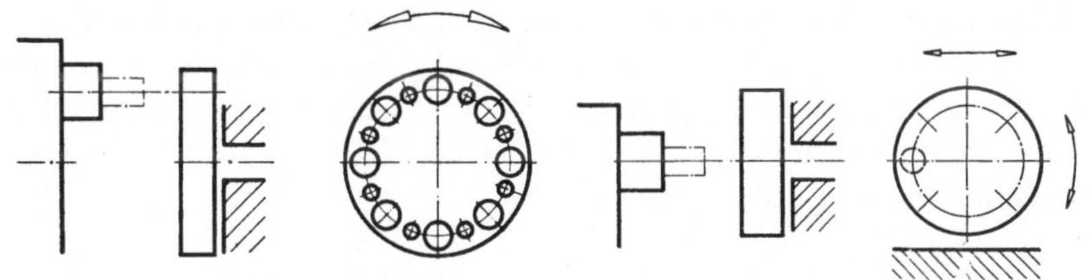

Bild 12. Trommelrevolver. Die Schwenkmitte liegt unter der Drehmitte. Vorzugsweise verwendete Ausführung.

Bild 13. Trommelrevolver. Die Schwenkmitte liegt waagerecht neben der Drehmitte.

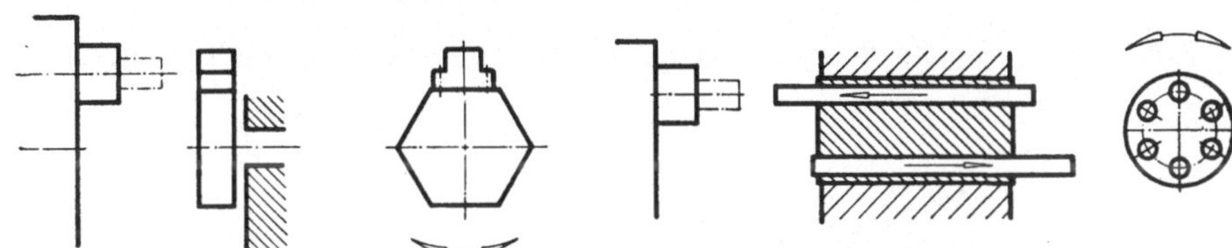

Bild 14. Trommelrevolver mit Werkzeugaufnahmen, die auf der Mantelfläche des Revolvers angeordnet sind.

Bild 15. Trommelrevolver mit Pinolen. Dem Werkzeug jeder Arbeitsstufe ist je eine Pinole zugeordnet, die einzeln in Arbeitsstellung gebracht wird.

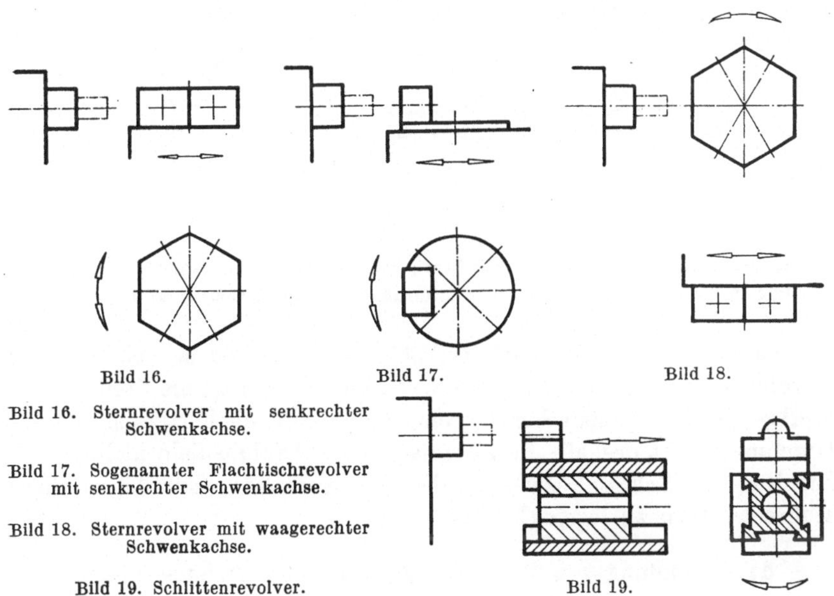

Bild 16.

Bild 17.

Bild 18.

Bild 16. Sternrevolver mit senkrechter Schwenkachse.

Bild 17. Sogenannter Flachtischrevolver mit senkrechter Schwenkachse.

Bild 18. Sternrevolver mit waagerechter Schwenkachse.

Bild 19. Schlittenrevolver.

Bild 19.

Plandreharbeiten können Drehmeißel auf verschiedenen Durchmessern angesetzt und dadurch größere Planflächen in mehrere Schnittstellen unterteilt werden.

## c) Lagefehler von Revolverköpfen.

Durch Abnutzung kann die Achse der Werkzeugaufnahme des Revolverkopfes gegenüber der Drehachse verlagert sein. Solche Abweichungen können durch Abnutzung der Gleitflächen des Maschinenbettes oder des Revolverschlittens sowie der Teileinrichtung des Revolverkopfes entstehen. Sowohl parallele wie Winkelabweichungen sind insbesondere bei Gestaltung von Spannern für Reibahlen im besonderen zu berücksichtigen (Bild 20 bis 22).

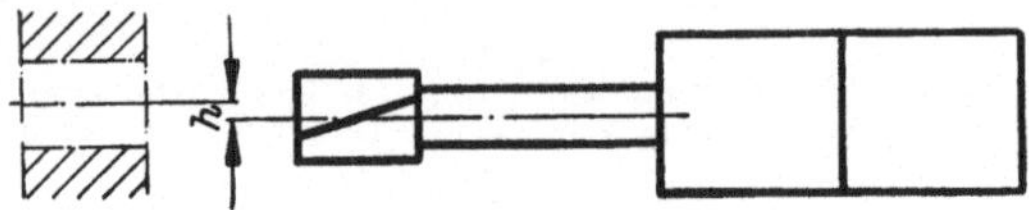

Bild 20. Die Mitte der Werkzeugaufnahme liegt um den Betrag $h$ unter der Drehmitte.

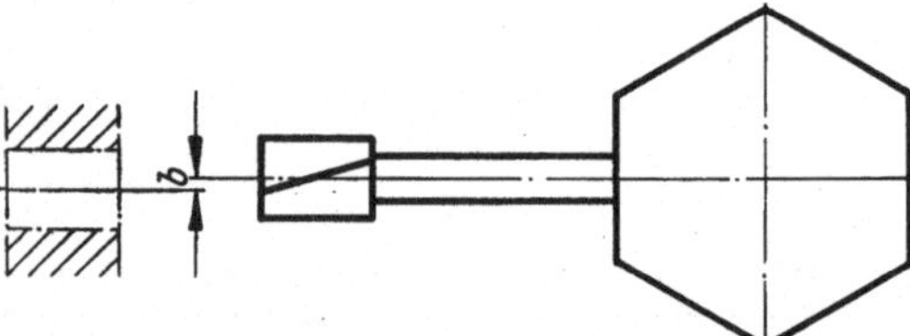

Bild 21. Die Mitte der Werkzeufaufnahme liegt um den Betrag $b$ seitlich neben der Drehmitte.

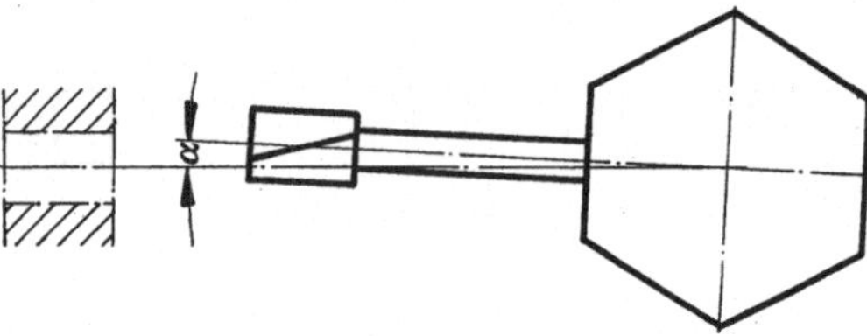

Bild 22. Die Mittenachse der Aufnahmebohrung liegt im Winkel $\alpha$ unparallel zur Drehmitte.
Bild 20 bis 22. *Lagefehler der Werkzeugaufnahme von Revolverköpfen zur Drehachse.*

Besonders nachteilig sind Teilfehler, die bei jedem Schalten des Revolverkopfes verschieden groß ausfallen. Hierbei ist die Stellung des Werkzeuges nach jedem Schalten eine andere. Für die Fertigung genauer Durchmesser ist deshalb die Spanfläche von Drehmeißeln nicht in die Richtung der Schwenkbewegung des Revolverkopfes (Bild 23), sondern senkrecht dazu zu legen (Bild 24).

## d) Verbindung von Werkzeugspannern mit Drehmaschinen.

In Drehmaschinen werden Werkzeuge und Werkzeugspanner vorzugsweise durch Support oder Revolverkopf, außerdem durch Reitstockpinole oder Arbeitsspindel aufgenommen. Dabei kommen etwa folgende Aufnahmemöglichkeiten in Betracht:

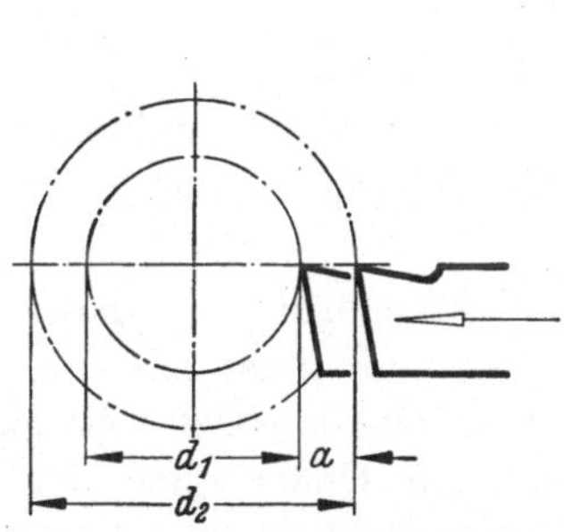

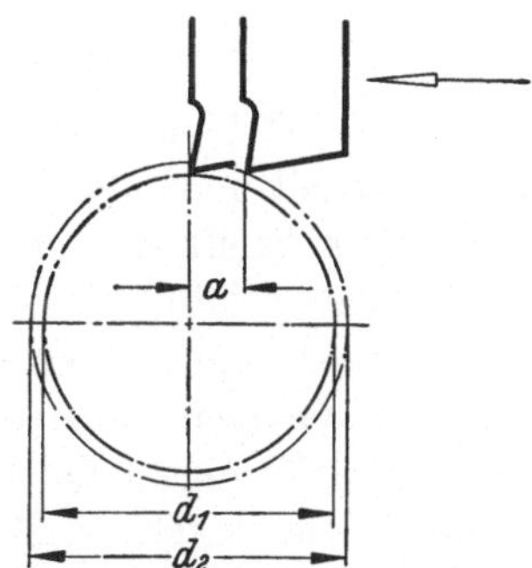

Bild 23. Die Spanfläche des Drehmeißels liegt (grob gesprochen) parallel zur Schwenkebene des Revolverkopfes. Teilfehler $a$ kommen am Werkstück voll zur Auswirkung. Der Drehdurchmesser $d_1$ fällt um den Betrag 2a kleiner aus als der Solldurchmesser $d_2$.

Bild 24. Die Spanfläche des Drehmeißels liegt senkrecht zur Schwenkebene des Revolverkopfes. Teilfehler $a$ kommen am Werkstück nur in geringem Ausmaß zur Auswirkung. Der Drehdurchmesser $d_1$ fällt nur wenig kleiner aus als der Solldurchmesser $d_2$.

Bild 23 u. 24. *Auswirkung von Teilfehlern an Revolverköpfen auf den Drehdurchmesser.*

In der Reitstockpinole durch Kegel;

    auf der Reitstockpinole durch Zylinder, gespannt durch Klemmwirkung;

    in der Arbeitsspindel durch Kegel oder Spannzange, gespannt durch Anzugstange oder Überwurfmutter;

    auf der Arbeitsspindel durch Zylinder, gespannt durch Gewinde (DIN 800);

    auf der Arbeitsspindel durch Kurzkegel und Plananlage, gespannt durch Befestigungsschrauben (DIN 812 bzw. nach amerikanischer Norm ASA B5.9);

    in oder auf der Arbeitsspindel und unterstützt durch Reitstock oder Setzstock;

    im Revolverkopf durch zylindrische Bohrung, gespannt in Querrichtung durch Klemmwirkung oder in Längsrichtung durch Schrauben oder Muttern;

    auf dem Quersupport durch ebene Auflage, gegebenenfalls durch Nutensteine gesichert, gespannt durch Befestigungsschrauben.

Schwerere Werkzeugspanner für Revolverköpfe sind zusätzlich zu stützen, z. B. vorzugsweise durch Stange am Spindelkasten oder am Bett der Drehmaschine, in selteneren Fällen auf dem Quersupport. Durch werkstückseitige Führung des Werkzeuges oder Werkzeugspanners werden außerdem Teilfehler des Revolverkopfes unwirksam gemacht.

Durch das Arbeiten mit Werkzeugen, die durch die Reitstockpinole aufgenommen sind, wird die Genauigkeit der Pinolenführung beeinträchtigt, wodurch die Verwendbarkeit für genaue Spitzenarbeiten herabgemindert wird.

## 2. Drehmeißel.

Drehmeißel sind nach ihrer Grundform in gerade (prismatische) und runde (scheibenförmige) Drehmeißel einteilbar; gerade Meißel außerdem nach ihrer Stellung zum Drehteil in Radialmeißel (Bild 25) und Tangentialmeißel (Bild 26).

Gerade Meißel werden vorzugsweise mit kreisförmigem, quadratischem und rechteckigem Querschnitt verwendet, außerdem mit dreieckigem und trapezförmigem Querschnitt. Darüber hinaus wurden Sonderquerschnitte entwickelt, z. B. doppel-T-förmige Querschnitte für Stechmeißel (Bild 149), sternförmige für Langdreharbeiten.

Für gerade Meißel mit kreisförmigem Querschnitt liegen die Anschaffungskosten niedriger als für Meißel mit den übrigen Querschnittformen. Für kreisförmigen Querschnitt liegen bei geschlossener Werkzeugaufnahme auch die Fertigungskosten auf seiten des Spanners niedriger, weil eine Bohrung leichter herstellbar ist als ein kantiger Durchbruch. Meißel mit kreisförmigem Querschnitt sind außerdem durch Drehen um ihre Achse auf verschiedene Frei- und Spanwinkel einstellbar. Hingegen ist das Widerstandsmoment des kreisförmigen Querschnitts geringer als das des quadratischen Querschnittes. Wenn die Seitenlänge gleich dem Durchmesser ist, hat der quadratische Querschnitt das 1,7fache Widerstandsmoment des kreisförmigen Querschnittes. Das Widerstandsmoment des hochkant beanspruchten rechteckigen Querschnittes beträgt das etwa 3,8fache des Widerstandmomentes eines kreisförmigen Querschnittes, wenn die kurze Seite des Rechteckes gleich dem Durchmesser und die lange Seite 1,5mal dem Durchmesser ist. Diese Werte gelten für den vollen Querschnitt. Für die mit den Schneidflächen versehenen Drehmeißel und mit zunehmendem Abschliff verschieben sich diese Verhältnisse noch mehr zu ungunsten des Meißels mit kreisförmigem Querschnitt (Bild 28 u. 29). Drehmeißel mit quadratischem Querschnitt sind weitgehender ausnutzbar, als ihrem Mehr an Werkstoffaufwand im Vergleich zum Meißel mit kreisförmigem Querschnitt entspricht.

An Drehmeißeln mit dreieckigem, trapezförmigem oder einem Sonderquerschnitt erübrigt sich bei entsprechender Anordnung im Spanner das Anarbeiten von seitlichen Freiflächen oder auch von Spanflächen. Meißel mit solchen Querschnittsformen brauchen in der Hauptsache nur an der stirnseitigen Freifläche nachgeschliffen zu werden. Sie haben außerdem den Vorteil, daß sie bei jedem Einspannen zwangläufig in der vorgesehenen Schnittstellung liegen.

An Stelle abgesetzter oder gekröpfter Drehmeißel sind weitgehend solche mit durchgehend gleichem Querschnitt zu verwenden. Abgesetzte Meißel brechen leichter ab als Meißel, die mit gleichem Querschnitt durchlaufen. Abgesetzte Meißel sind außerdem nach einem gewissen Abschliff in der Schneidzone so geschwächt, daß diese ungenutzt verlorengeht. Abgesetzte und gekröpfte Meißel erfordern außerdem Schmiedearbeit, die zwar zum Verdichten des Werkstoffes zum Teil absichtlich vorgesehen wird.

Abmessungen für quadratische und rechteckige Meißelquerschnitte sind vorzugsweise nach DIN 770 zu wählen. Mit kreisförmigem, dreieckigem, quadratischem, rechteckigem oder trapezförmigem Querschnitt sind Drehlinge in DIN 4964 festgelegt.

### a) Radialmeißel, Tangentialmeißel, Rundmeißel.

Bei *Radial*meißeln (Bild 25) wirkt die Hauptschnittkraft senkrecht zum Werkzeugschaft und dadurch auf diesen biegend.

Zur Aufnahme der Hauptschnittkraft sind Radialmeißel in kleinstmöglichem Abstand von der Schneide zu unterstützen.

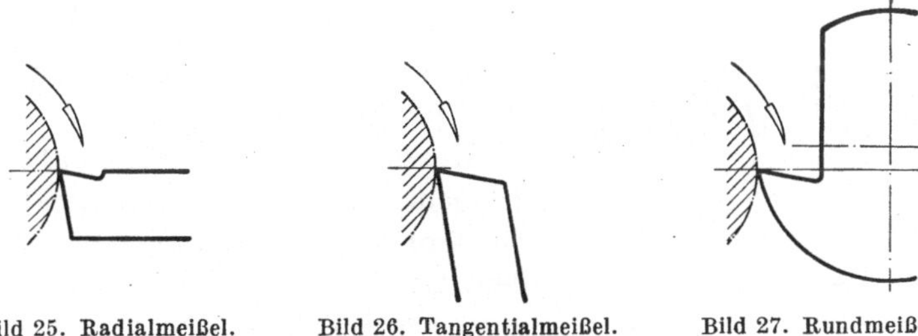

Bild 25. Radialmeißel.    Bild 26. Tangentialmeißel.    Bild 27. Rundmeißel.

Bild 25 bis 27. *Grundformen von Drehmeißeln.*

Radialmeißel sind in der Drehmaschine wie im Werkzeugspanner verhältnismäßig leicht zu befestigen.

Der weitaus größte Teil der Dreharbeiten wird mit Radialmeißeln ausgeführt. Vorzugsweise werden sie zum Langdrehen, Plandrehen, Einstechen und Abstechen, außerdem zum Gewindeschneiden, bei geringeren Stückzahlen auch zum Formdrehen verwendet.

Radialmeißel werden in der Hauptsache auf der Spanfläche, außerdem an der Freifläche der Hauptschneide nachgeschliffen. Nach einem gewissen Nachschliff ist die Schneidzone so viel geschwächt, daß der restliche Teil derselben nicht mehr ausgenutzt werden kann. Danach ist der Schaft mit einer neuen Schneidzone zu versehen. Dieser Nachteil wird bei Radialmeißeln mit z. B. trapezförmigem Querschnitt vermieden, da diese nur an der Freifläche der Hauptschneide nachgeschliffen werden.

Bei *Tangential*meißeln (Bild 26) wirkt die Hauptschnittkraft in Richtung des Werkzeugschaftes, wodurch dieser von Biegebeanspruchungen praktisch frei bleibt.

Tangentialmeißel können in Drehmaschinen nicht ohne weiteres befestigt werden, sondern erfordern in jedem Falle einen eigenen Werkzeugspanner.

Tangentialmeißel werden nur an der Spanfläche nachgeschliffen. Die Freifläche ergibt sich durch entsprechende Anordnung des Meißels im Spanner und ist dadurch gleichbleibend.

Tangentialmeißel werden vorzugsweise verwendet

> wegen ihres hohen Widerstandsmomentes gegen die Hauptschnittkraft: für Schrupparbeiten und bei stärker wechselnden Schnittkräften;
>
> wegen ihrer freiliegenden Schnittfläche: für langspanende Werkstoffe, z. B. für Stahl- und Leichtmetalle;
>
> wegen ihres in Schaftrichtung verlaufenden Querschnittes: für Formmeißel.

*Runde Drehmeißel* (Bild 27) entsprechen im Grunde genommen den Tangentialmeißeln, nur daß die Freifläche nicht geradlinig, sondern um eine Drehachse verläuft. Ihre Form kann deshalb durch Drehen und Rundschleifen gefertigt werden.

Runde Drehmeißel können gleich den Tangentialmeißeln in Drehmaschinen nicht ohne weiteres aufgenommen werden, sondern erfordern ebenfalls entsprechende Werkzeugspanner.

Runde Drehmeißel werden im allgemeinen als Formmeißel, außerdem als Einstech- und Abstechmeißel verwendet.

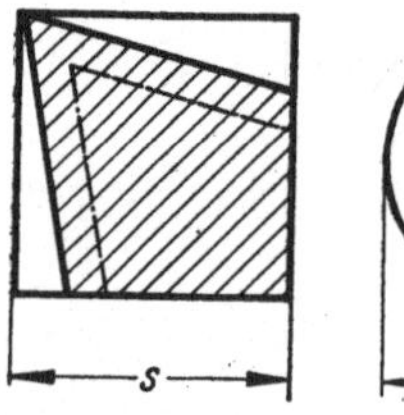

Bild 28.          Bild 29.

Bild 28 u. 29. Gegenüberstellung der Querschnitte der Schneidzone von Drehmeißeln. Die Strichpunktlinien deuten die Schneidzonen nach dem Nachschliff an.

Zahlentafel 4.

*Rundmeißel. Überhöhung h der Meißel-Mitte gegenüber der Meißel-Schneide.*

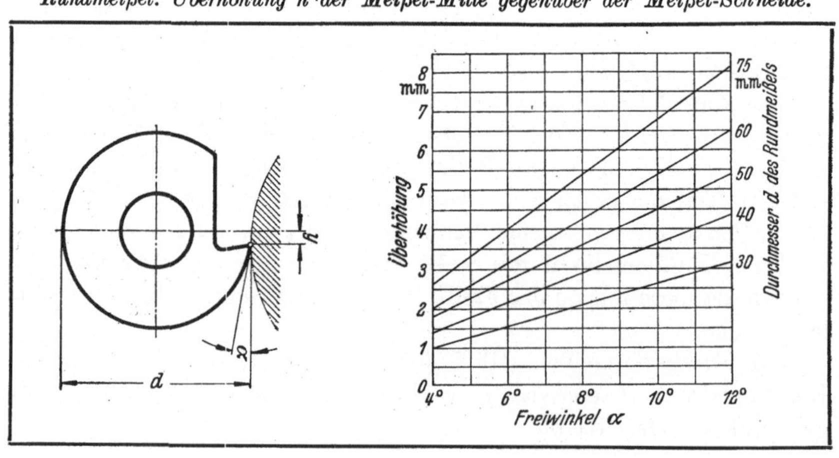

Um Freiwinkel zu erhalten, die größer als 0 Grad sind, ist die Mitte der runden Drehmeißel gegenüber der Mitte des Drehteiles um einen Betrag $h$ zu versetzen (Zahlentafel 4, S. 34). Dadurch kann die Form runder Drehmeißel, ebenso wie die Form von Tangentialmeißeln, nicht gleich der Form des Werkstückes sein, sondern ist, radial gemessen, entsprechend verkürzt zu halten.

Anschlußmaße für runde Drehmeißel sind in DIN 4970 festgelegt.

Für runde Drehmeißel sind die Herstellungskosten für die Form der Schneide geringer als für Radial- oder Tangentialmeißel, weil runde Drehmeißel vollständig durch Rundbearbeitung gefertigt werden können. Die Schneidzone runder Drehmeißel ist weitgehender ausnutzbar als die von Tangentialmeißeln, weil die Schneidzone runder Drehmeißel außerhalb des Bereiches der Spannstelle liegt.

Für schwere Schnitte sind Radialmeißel und Tangentialmeißel geeigneter, da sie bis unmittelbar unter der Schneide unterstützt, außerdem sicherer als runde Drehmeißel gespannt werden können.

Formstähle sind genau auf Drehmitte einzustellen bzw. genau in die Stellung zu bringen, die für die Fertigung der Form des Stahles zugrunde gelegt wurde. Über Mitte werden Formstähle zweckmäßig bei Werkstoffen gestellt, die zum Einhaken neigen.

Zahlentafel 5. *Schneidwinkel für Drehmeißel.*

| | | Weicher Stahl und Stahlguß bis 60 kg mm$^2$ | Stahl und Stahlguß über 60 kg mm$^2$ | Chromnickel-stahl 100 kg mm$^2$ | Gußeisen weich | Gußeisen hart Hartbronze Hartmessing | Cu weiche Bronze | Aluminium und weiche Aluminiumlegierung | Alusil, Silumin | Automaten-Leichtmetalle | Preßstoffe | Glas gehärteter Stahl |
|---|---|---|---|---|---|---|---|---|---|---|---|---|
| Schnellstahl | Freiwinkel α | 8° | 8° | 8° | 6—8° | 6° | bis 14° | bis 10° | 6° | 6—10° | 6—10° | 6—8° |
| | Spanwinkel γ | 15—20° | 14° | 15° | 14° | 0—8° | 15—20° | bis 40° | 10—18° | 0—5° | 18—30° | |
| Hartmetall | Freiwinkel α | 4—6° | 4—6° | 6—8° | 5° | 5° | 10° | 8° | 5° | 6—8° | 6—8° | 4—6° |
| | Spanwinkel γ | 14—18° | 10—12° | 12—14° | 10—12° | 0—5° | 18—20° | 30—35° | 10—15° | 0—5° | 15—25° | —10° |

## b) Schneidwinkel für Drehmeißel.

Richtwerte für Schneidwinkel für Drehmeißel sind in Zahlentafel 5, S. 35, angegeben.

## 3. Richtlinien für die Gestaltung von Spannern für Drehwerkzeuge.

Außer den für Werkzeugspanner allgemein gültigen Gestaltungsrichtlinien (S. 5) sind bei Gestaltung von Spannern für Drehwerkzeuge folgende Punkte zu berücksichtigen.

Werkzeugspanner so gestalten, daß möglichst einfach geformte Drehmeißel verwendbar sind und an diesen möglichst wenig Schleifarbeit erforderlich ist. Eine Fläche des Drehmeißels ist hierfür im Spanner möglichst so anzuordnen, daß diese ohne weitere Formgebung als Spanfläche oder Anstellfläche dienen kann. Durch Verwendung entsprechender Meißelquerschnitte und entsprechende Anordnung der Drehmeißel im Spanner ist anzustreben, daß Radialmeißel möglichst nur an der stirnseitigen Anstellfläche, Tangentialmeißel nur an der Spanfläche nachzuschleifen sind. Hierdurch werden Nachschliffe, die den Schaftquerschnitt vermindern, vermieden.

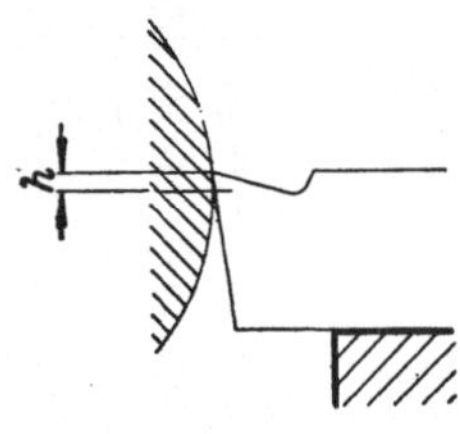

Bild 30. Einstellung der Drehmeißelschneide über Drehmitte.

Drehmeißel sind auf Drehmitte zu stellen für das Schlichten, für genaues Formdrehen und für das Abstechen.

Drehmeißel sind bis zu 2% des Drehdurchmessers über Drehmitte zu stellen (Bild 30) für Schruppen und Einstechen.

Auf die durch Abnutzung und Nachschliff entstehende Lageänderung der Werkzeugschneiden achten und Nachstellmöglichkeiten vorsehen.

Für genaue Werkstückmaße die Lage von Einstellteilen sichern, z. B. Einstellschrauben durch Gegenmutter oder Gegenschraube festlegen.

Beim Einstellen von Drehmeißeln, die im Trommelrevolver untergebracht sind, die Stellung der Schneidflächen bei kleinstem und größtem Durchmesser beachten.

Für Revolverwerkzeuge ist eine Standzeit von 8 Stunden, also für eine Arbeitsschicht, anzustreben.

Auf Spitzendreh-, Karusselldreh- und Revolverdrehmaschinen wird im allgemeinen rechtsumlaufend gearbeitet, auf Drehautomaten vorzugsweise im Linkslauf gedreht und (für Rechtsgewinde) im Rechtsumlauf Gewinde geschnitten.

Drehmeißel möglichst nahe der Schneide unterstützen. Mit zunehmender Länge des freitragenden Drehmeißels nimmt dessen Biegebeanspruchung zu.

Die Arbeitskraft möglichst gegen feste Auflage richten, die Spannkraft der Arbeitskraft möglichst gleichrichten.

Flache, vor allem nicht formschlüssig aufgenommene Drehmeißel möglichst durch 2 Schrauben spannen, anstatt durch nur 1 Schraube. Durch 2 Schrauben wird erheblich sicherer festgehalten (Bild 31 u. 32).

Die Auswirkung der Spannbewegung von Spannteilen auf die Lage des Drehmeißels beachten, z. B. der Drehbewegung von Schrauben.

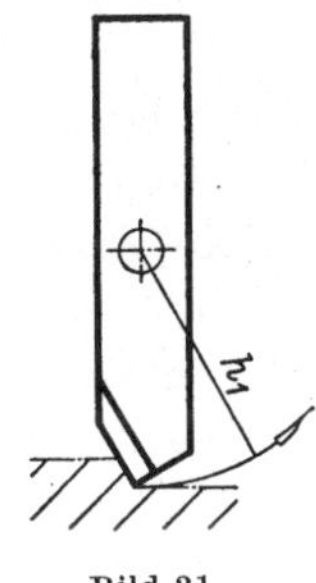

Bild 31. Der Drehmeißel ist nur in einem Punkt gespannt. Die Vorschubkraft wirkt am Hebel $h_1$. Der Meißel kann um den Spannpunkt geschwenkt werden.

Bild 32. Der Drehmeißel ist in zwei Punkten gespannt. Der Vorschubkraft am Hebel $h_2$ wirkt am Hebel $h_3$ die Haltekraft der zweiten Spannschraube entgegen. Durch Spannen in zwei Punkten ist Schwenken des Meißels ausgeschlossen, vorausgesetzt, daß mit genügend großer Kraft gespannt wird.

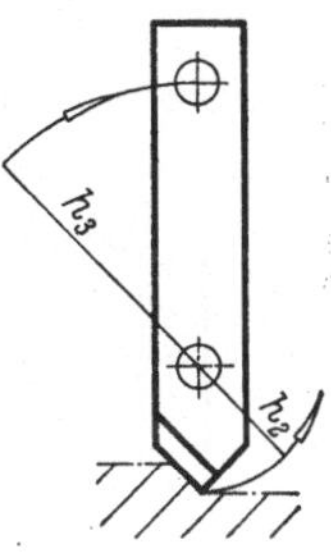

Bild 31 u. 32. *Anzahl der Spannstellen an Drehmeißeln und Sicherheit des Spannens.*

Bild 31.　　　　Bild 32.

Durch Spannbewegungen darf das Werkzeug nicht aus seiner bestimmten Lage gebracht, sondern soll möglichst gegen seine Anlage gedrückt werden.

Nur für untergeordnetere Zwecke das Werkzeug durch dieselbe Schraube spannen, durch die der Werkzeugspanner befestigt wird, weil sonst beim Spannen und Lösen des Drehmeißels der Werkzeugspanner aus seiner Lage gebracht wird. Zumindest für genaues Einstellen wie bei häufigerem Werkzeugwechsel sind Werkzeugspanner und Werkzeug durch je ein Spannteil festzulegen. Bei unveränderter Lage des Spanners kann das Werkzeug erheblich rascher eingestellt werden.

Bedienteile von Werkzeugspannern sollen, von der Bedienseite der Maschine aus gesehen, von vorn oder von oben zugänglich sein.

Die Werkzeuge für Längsdrehen und die für Plandrehen sind im allgemeinen in verschiedenen Spannern anzuordnen, z. B. sind die Werkzeuge für das Längsdrehen auf dem Quersupport vorn, die für das Plandrehen auf dem Support hinten anzuordnen, oder in Schwenk-Meißelspannern an verschiedenen Seiten unterzubringen.

Bei aufeinanderfolgendem Angriff mehrerer Drehmeißel (Bild 33) deren Auswirkung auf die Drehfläche beachten. Siehe hierzu die allgemeinen Ausführungen unter Mehrfachspanner S. 21.

Drehmeißelschneiden, die parallel zur Drehfläche zurückgeführt werden müssen, sind von dieser abzuheben. Das gilt vor allem für längere Schnittwege, für schwerere Schnitte und insbesondere für Werkzeuge mit Hartmetallschneide. Wenn das Werkzeug von der Arbeitsfläche nicht durch den Werkzeugträger der Maschine zurückgezogen werden kann, ist im Spanner eine Rückzugsmöglichkeit vorzusehen. Diese kann von Hand betätigt oder an der Maschine, z. B. durch Anschlag oder Kurve, gesteuert werden.

In Revolverköpfen aufgenommene Werkzeugspanner, die für Stangenarbeiten bestimmt sind, werden in Richtung Drehachse durchbrochen bzw. durchbohrt, damit längere Drehteile in den Spanner hineinragen oder durch den Spanner hindurchragen können. Dabei ist zu berücksichtigen, ob der Spanner in Querrichtung bewegt wird.

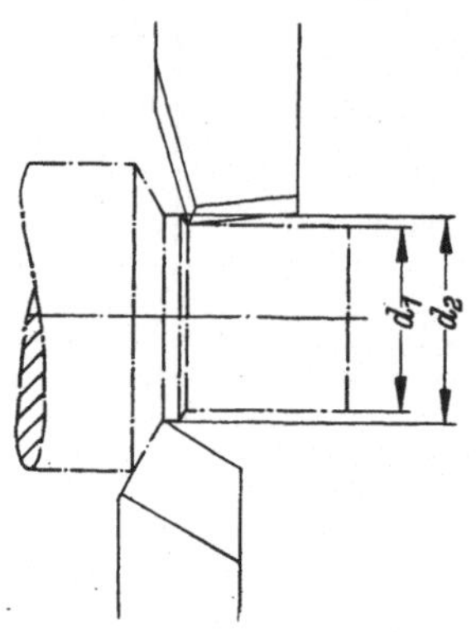

Bild 33. Schruppmeißel und Schlichtmeißel sind an einem Drehteil zugleich angeordnet.

Die zu einem Werkzeugsatz gehörigen Spanner so bemessen, daß die Längswege des Revolverschlittens keine allzu großen Unterschiede aufweisen.

Für die in Revolverköpfen oder schwenkbaren Meißelspannern aufgenommenen Werkzeuge und Spanner ist zu beachten, daß diese geschwenkt werden können, ohne am Werkstück, am Werkstückspanner oder einem anderen Werkzeugträger anzustoßen.

Durch Verwendung von Spanleitern für hartmetallbestückte Werkzeuge wird an Schleifarbeit und an Hartmetall gespart.

Bei Gestaltung von Werkzeugspannern ist anzustreben, daß diese sowohl für Rechts- wie für Linkslauf verwendbar sind.

Spänebeseitigung wird erleichtert, wenn die Spanfläche des Werkzeuges nach unten gerichtet ist. Falls nicht andere Gründe dagegensprechen, sind deshalb bei Anfall größerer Spanmengen die betreffenden Meißel bei Rechtslauf hinten, bei Linkslauf vorn anzuordnen. Für Späneabfuhr im Spanner ausreichend große Durchfallöffnungen vorsehen.

An umlaufenden Werkzeugspannern sind hervorstehende Teile möglichst zu vermeiden, da diese Unfälle verursachen können.

### 4. Längsanschläge und Stützteile für Drehteile.

*Anschläge* nach Bild 34 bis 38 werden in Revolverdrehmaschinen und Drehautomaten verwendet und dienen zum Bestimmen der Längslage von Halbzeugstangen. An sich gehören diese, die Lage des Werkstückes bestimmenden Teile nicht zu den Werk*zeug*spannern, sondern zu den Werk*stück*spannern, wurden jedoch mit Rücksicht auf ihren Zusammenhang mit dem Werkzeugsatz ebenfalls hier mit aufgenommen.

Wenn im Revolverkopf sämtliche Aufnahmebohrungen besetzt sind, kann gegebenenfalls zwischen zwei Aufnahmebohrungen am Revolverkopf angeschlagen werden. Hierzu ist der Revolverkopf zwischen zwei Schaltstellungen anzuhalten (Bild 39).

Durch die in den Werkzeugspanner eingebauten Anschläge nach Bild 284 u. 286 wird die Lage des Werkzeuges zum Werkstück bestimmt.

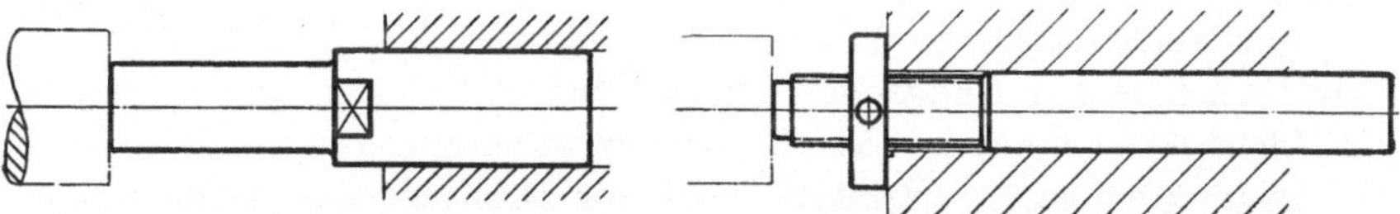

Bild 34. „Fester“ Stangenanschlag für Revolverköpfe. Längseinstellung durch den Anschlag des Revolverschlittens.

Bild 35. Stangenanschlag mit Einstellmutter, verwendet in Trommelrevolvern.

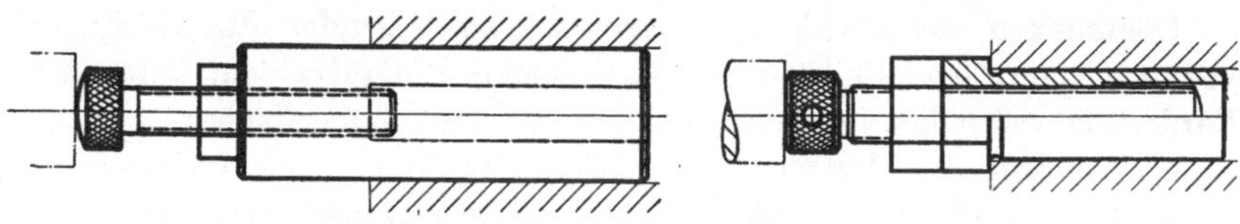

Bild 36.            Bild 37.

Bild 36 u. 37. Stangenanschläge mit Einstellschraube und Gegenmutter.

Beim Anschlagen unmittelbar auf der Bezugsfläche des Werkstückes können Abstände genau eingehalten werden, unabhängig von der Längslage des Werkstückes oder des Werkzeuges innerhalb der Maschine.

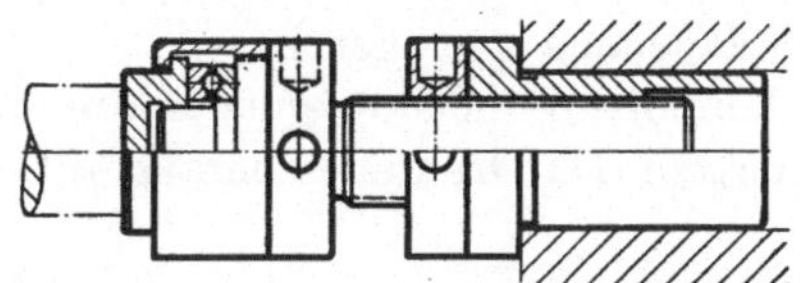

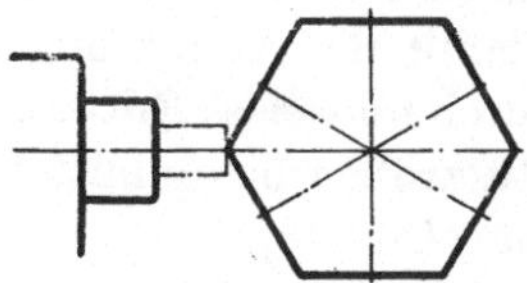

Bild 38. Anschlag mit umlaufendem Anschlagteil, vorzugsweise für Werkstückflächen, die in besonderem Maße geschont werden müssen.

Bild 39. Anschlag der Halbzeugstange zwischen zwei Werkzeugaufnahmen eines Sternrevolvers.

*Stützbacken, Stützrollen und Stützbuchsen* (Bild 40 bis 50) gehören an sich ebenfalls nicht zu den Werk*zeug*spannern, sondern zu den Werk*stück*spannern, da durch sie das Werkstück gestützt wird. Mit Rücksicht auf ihre enge Verbindung mit den Spannern für Drehwerkzeuge werden sie jedoch ebenfalls hier mit angeführt.

Stützbacken, -rollen und -buchsen werden zum Stützen von Drehteilen verwendet, falls diese ohne Stützung unter der Hauptschnittkraft oder der Rückkraft unzulässig nachgeben würden. Die häufig verwendete Benennung „Gegenführung“ kennzeichnet die Aufgabe dieser Teile wenig zutreffend.

Ob Backen, Rollen oder Buchse zu verwenden sind, hängt in der Hauptsache ab

von Werkstoff und Umfangsgeschwindigkeit des Drehteiles,

außerdem
    vom Werkstückgewicht,
    von den Schnittkräften,
    von der erforderlichen Schonung der Werkstückoberfläche
und
    vom verfügbaren Bauraum.
Als Richtlinie kann angenommen werden:
    **Gleitbacken** vorzugsweise für Schlichtarbeiten;
    **Gleitbacken aus gehärtetem Stahl** für Drehteile aus Stahl bei geringen bis mittleren Umfangsgeschwindigkeiten; für Drehteile aus Messing, weicher bis mittelharter Bronze oder Leichtmetall, auch bei höheren Umlaufgeschwindigkeiten;
    **Gleitbacken aus Pockholz, Hartgewebe oder Kupfer** für Drehteile von geringem Gewicht bei zugleich geringen Umlaufzahlen, unter der Forderung weitgehender Schonung der Werkstückoberfläche;
    **Gleitbacken aus Hartmetall** für höhere Umfangsgeschwindigkeiten, wenn Raumbeschränkung die Verwendung von Rollen ausschließt;
    **Stützrollen** vorzugsweise für höhere Umfangsgeschwindigkeiten oder bei größerem Drehteilgewicht oder bei größeren Schnittkräften.

In Werkzeugspannern angeordnete Stützrollen werden mit Rücksicht auf den meist beschränkten Bauraum vorzugsweise mit Gleitlagerung ausgeführt. Der Durchmesser der Rollen ist möglichst groß zu halten, weil mit zunehmendem Rollendurchmesser die Umlaufzahl der Rollen und damit die Abnutzung der Rollenlagerung geringer ist.

Durch teilweises Entfernen der Rollenbolzen und Bolzenlager können die Stützrollen bis unmittelbar an Ansätze des Drehteiles herangeführt werden (Bild 48).

Stützbacken und Stützrollen wirken bei entsprechendem Anpreßdruck auf die Werkstückoberfläche glättend. Bei Verwendung von Backen kann bei zu hoher Umlaufsgeschwindigkeit oder unter zu hohem Anpreßdruck die Stützfläche des Drehteiles durch Kaltschweißen („Fressen") beschädigt werden.

Ob das Drehteil, in Vorschubrichtung gesehen, vor oder hinter der Werkzeugschneide abzustützen ist, hängt vom Anlieferungszustand des Werkstückes ab. Wenn am angelieferten Werkstück ein für das Stützen geeigneter Zylinder vorhanden ist, wird der Setzstock zweckmäßig *vor* die Werkzeugschneide gesetzt (Bild 40). Hierbei ist das Passungsspiel zwischen Werkstück und Setzstock vom jeweils entstehenden Drehdurchmesser unabhängig. Außerdem sind Werkzeug und Prüfstelle zugänglicher. Wenn das angelieferte Werkstück keinen für das Stützen geeigneten Teil aufweist, ist der Setzstock hinter der Werkzeugschneide (Bild 41), also auf der jeweils gefertigten Drehfläche anzuordnen.

Beim Nachformdrehen in Längsrichtung ist möglichst *vor* der Werkzeugschneide zu stützen, weil das Drehteil hinter der Schneide nicht mehr zylindrisch ist.

Bei Anordnung der Stützteile hinter der Werkzeugschneide ist das freie Ende des Drehteiles bei Beginn des Drehens ungestützt. Falls das

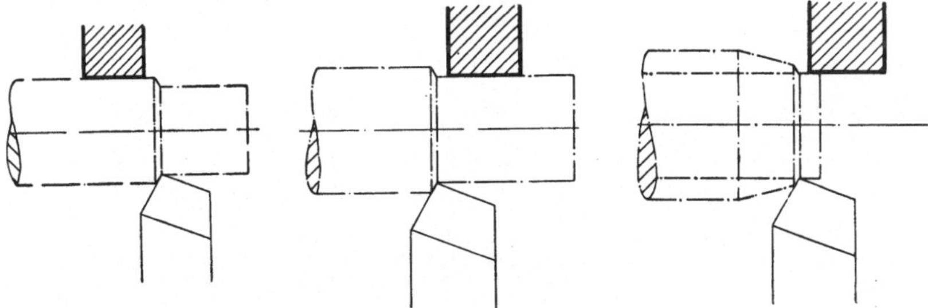

Bild 40. Das Stützteil ist *vor* der Werkzeugschneide angeordnet.

Bild 41. Das Stützteil ist *hinter* der Werkzeugschneide angeordnet.

Bild 40 u. 41. *Anordnung der Stützteile in bezug zur Werkzeugschneide. „Vor" und „hinter" der Werkzeugschneide ist in Vorschubrichtung gesehen.*

Bild 42. Das Ende des Drehteiles ist in einer vorhergehenden Arbeitsstufe kegelig vorgedreht. Dadurch ist die Spanbreite bei Beginn des Drehens gering. Bevor das Werkzeug auf die volle Spanbreite trifft, kann das Drehteil gestützt werden.

Drehteil bei voller Spanbreite unzulässig abgedrängt werden würde, wird es in einer vorhergehenden Arbeitsstufe zweckmäßig kegelig angedreht, „angespitzt" (Bild 42).

In der Regel werden zwei Stützstellen, und zwar unter einem Winkel von etwa 100°, angesetzt (Bild 43).

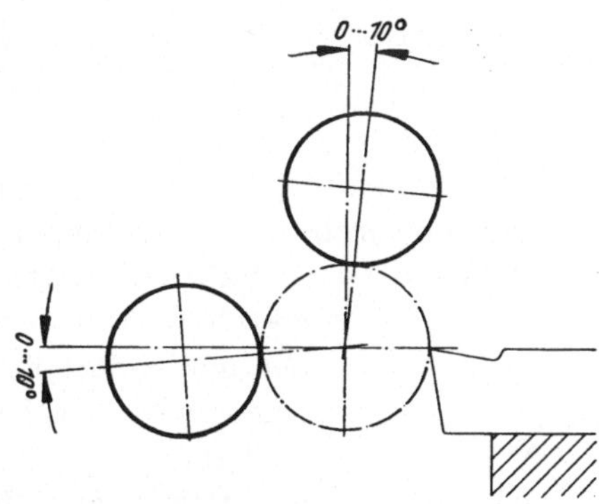


Bild 43. Anordnung der Stützrollen gegenüber Hauptkraft und Rückkraft.

Zum Einstellen auf verschieden große Durchmesser von Drehteilen werden Stützteile als V-Prisma (Bild 44 bis 46), als zwei Hebel (Bild 47) oder als zwei senkrecht zueinander angeordnete Schieber (Bild 48) ausgebildet, wovon die letzteren in einem größeren Bereich verstellbar sind.

Aus *einem* Stück bestehende Stützteile sind auch senkrecht zur Einstellrichtung um einen geringen Betrag einstellbar zu halten, damit beide Stützflächen am Drehteil einwandfrei zur Anlage gebracht werden können.

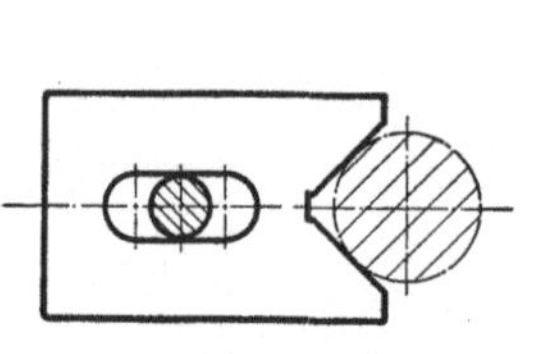

Bild 44. Stützteil mit V-förmigen Stützflächen.

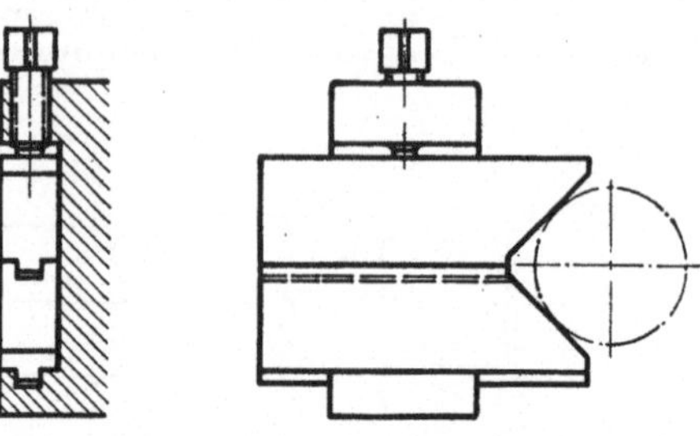

Bild 45. Stützbackenträger zur Verwendung auf dem Quersupport oder zum Anbau an Meißelspanner für Sternrevolver. Zwei gegeneinander verschiebbare Stützbacken sind durch Nut und Paßfeder seitlich geführt und durch Druckschraube gespannt.

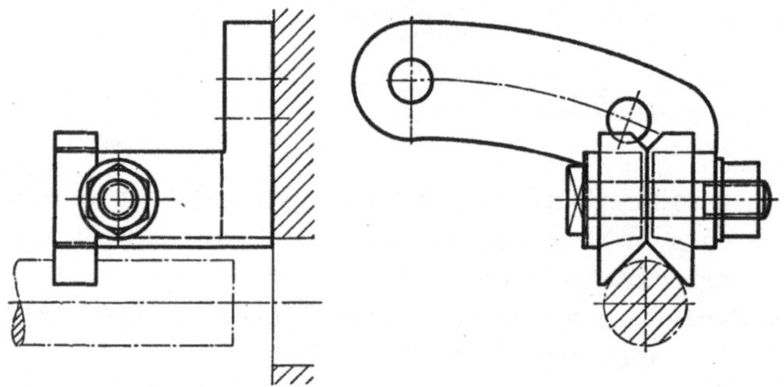

Bild 46. Stützbackenträger zur Verwendung an Trommelrevolvern. Die Stützbacken sind an das Werkstück getrennt anstellbar und werden nach dem Anstellen festgeklemmt. Die im Bild unteren Stützflächen sind für größere, die oberen Stützflächen für kleinere Durchmesser bestimmt. (Firma Pittler, Langen.)

In Trommelrevolvern können Halter für Stützteile vom Stahlspanner in der Regel getrennt sein und im Revolverkopf für sich aufgenommen werden. Dadurch sind die betreffenden Stahlspanner einfacher gestaltet. Außerdem können Spanner und Stützteil unabhängig voneinander verwendet werden.

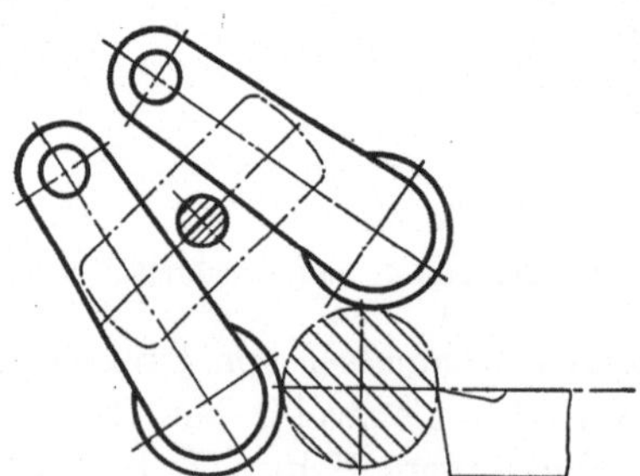

Bild 47. Stützrollen in je einem Schwenkhebel, gespannt durch Schraube ⌐über Spanneisen.

Längere Drehteile werden auch in vollrunden Buchsen geführt (Bild 49 u. 50). Hierbei muß der geführte Drehteil innerhalb engerer Durchmessertoleranzen liegen. Bei zu kleinem Spiel des Drehteiles in der Führungsbuchse läuft das Drehteil fest. Mit zunehmendem Spiel wird die Abstützung ungünstiger als bei eindeutiger Anlage an zwei unter etwa 100° zueinander liegenden Stellen.

Nach Bild 131 wird durch nur eine Fläche gestützt. Es handelt sich hierbei um Arbeiten, die vom Quersupport ausgeführt werden

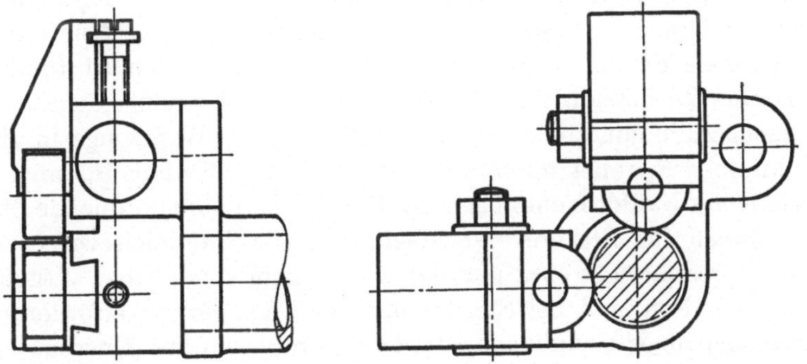

Bild 48. Stützrollenträger zur Verwendung auf Revolverköpfen. Die Stützrollenschlitten sind in V-Nuten geführt, werden durch je eine Schraube eingestellt und durch je eine weitere Schraube festgeklemmt. Rollenbolzen und Rollenträger sind bis auf den halben Durchmesser entfernt, damit die Stützrollen bis an Ansätze des Drehteiles herangeführt werden können.

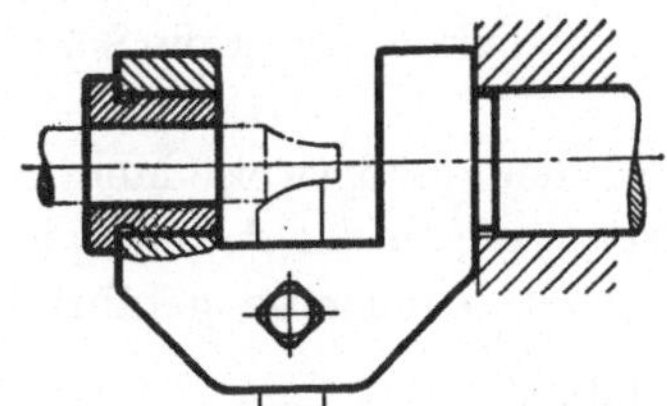

Bild 49. Meißelspanner mit Stützbuchse für Drehteile mit kleinerem Drehdurchmesser.

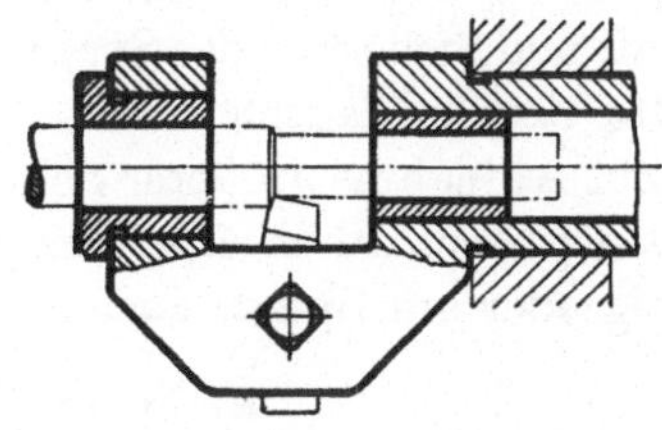

Bild 50. Meißelspanner mit je einer Stützbuchse vor und hinter der Meißelschneide.

und wobei die Möglichkeit, einen Setzstock zu verwenden, ausscheidet. Mit Rücksicht auf den Rückzug des Drehmeißels wird hierbei auf die zweite Stützstelle verzichtet.

## 5. Spanner für Drehmeißel.

Drehmeißelspanner, die in Trommelrevolvern aufgenommen werden, sind in der Regel verhältnismäßig einfach, da eine größere Anzahl von Aufnahmestellen zur Verfügung steht, durch die die Werkzeuge auf verschieden große Durchmesser eingestellt werden können.

Auf Drehmitte werden in Trommelrevolvern aufgenommene Drehmeißel durch Schwenken des Spanners in der Aufnahmebohrung eingestellt.

Drehmeißelspanner für Tischrevolver sind in den meisten Fällen ebenfalls verhältnismäßig einfach, denn auf der Tischfläche des Revolvers können Werkzeugspanner innerhalb eines größeren Bereiches in jedem Abstand zur Drehmitte angeordnet werden.

Für Drehmeißelspanner für Sternrevolver, insbesondere für Sternrevolver ohne Querbewegung, ergeben sich zwangläufig schwierigere Bauformen, denn die Aufnahmestellen für die Spanner liegen hierbei mittig zur Drehachse. Danach sind für verschieden große Durchmesser die Spannstellen für Drehmeißel in verschieden großem Abstand von der Drehmitte anzuordnen. Außerdem zwingt die geringe Anzahl von Werkzeug-Aufnahmestellen häufig dazu, mehrere Werkzeuge in einem gemeinsamen Spanner unterzubringen, wodurch ebenfalls Spanner von schwierigerer Bauform entstehen. Im Revolverkopf anzuordnende Stützteile können für Sternrevolver nicht wie für Trommelrevolver vom Werkzeugspanner getrennt und damit allgemein verwendbar ausgeführt werden, sondern sind bei Sternrevolvern in den jeweils erforderlichen Werkzeugspanner einzubauen. Bei Sternrevolvern ohne Querbewegung müssen Einrichtungen für radiale Meißelbewegung ebenfalls im Werkzeugspanner untergebracht werden.

Mit dem Revolverkopf verbunden werden Meißelspanner für geringere Schnittkräfte durch Schaft, für größere Schnittkräfte durch Schaft und Sicherung des Spanners gegen Schwenken, für große Schnittkräfte durch Flansch.

Zur Aufnahme größerer Seitenkräfte werden vorzugsweise Mehrfach-Meißelspanner durch eine Stange abgestützt, die in der Arbeitsspindel mittig oder am Spindelkasten außermittig zur Drehachse geführt ist.

### a) Spanner für Radialmeißel,

die zum Lang- und Plandrehen dienen und auf dem Support befestigt werden, sind in Bild 51 bis 83 dargestellt.

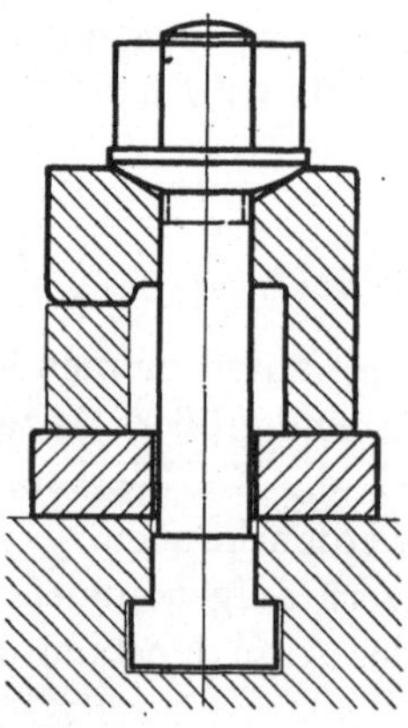

Bild 51. Meißelspanner mit Spanneisen für gleichbleibende Spannhöhe. Drehmeißel und Spanneisen-Widerlager liegen auf gehärteter Platte auf.

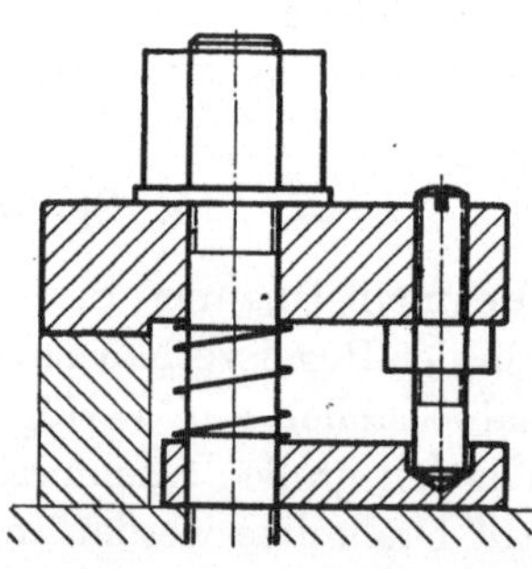

Bild 52. Meißelspanner für den Support einer Spitzendrehmaschine. Für die Widerlagerschraube ist eine schwenkbare Auflageplatte angeordnet, damit die Auflagefläche für den Drehmeißel nicht durch Eindrücke der Widerlagerschraube beschädigt wird. (Firma Heidenreich & Harbeck, Hamburg.)

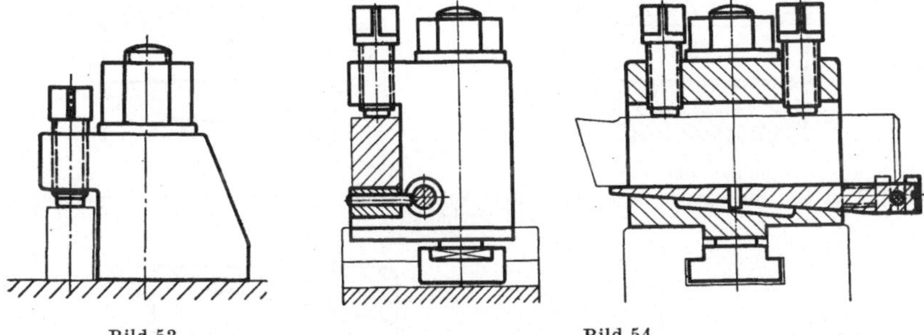

Bild 53.                              Bild 54.

Bild 53 u. 54. Meißelspanner für Support, mit getrennter Spannung für den Grundkörper des Spanners und für den Drehmeißel. Beim Lösen der Spannung für den Drehmeißel bleibt die Stellung des Spanners unverändert.

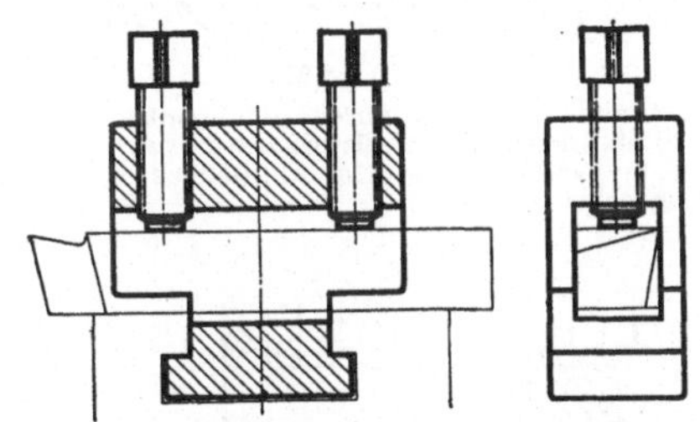

Bild 55. Meißelspanner für Support. Beim Anziehen der Schrauben wird der Spanner gegen die Unterfläche der T-Nut, der Meißel gegen die Auflagefläche des Supports gezogen.

Bild 56. Meißelspanner für die hintere Seite des Supportes einer Vielschnitt-Drehmaschine. Der Meißel ist durch Bundschraube und Keil auf Drehmitte, der gesamte Spanner durch Bundschraube in Längsrichtung einstellbar.
(Firma Ludw. Loewe, Berlin.)

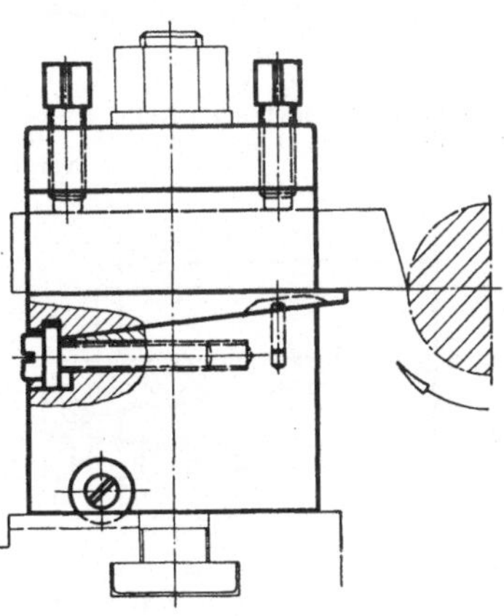

Bild 56.

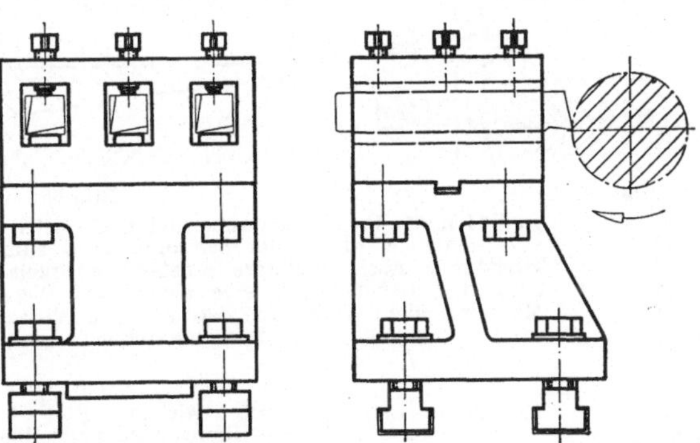

Bild 57. Spanner für drei Drehmeißel, zur Verwendung auf dem hinteren Support einer Vielschnitt-Drehmaschine.

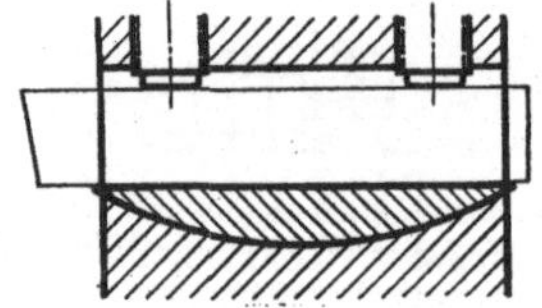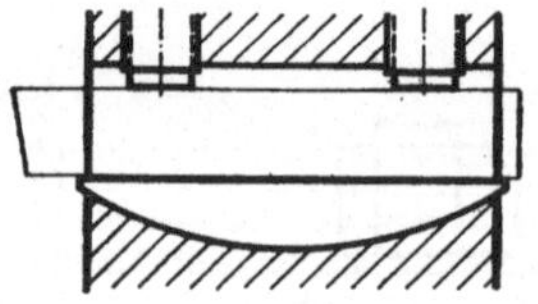

Bild 58.                              Bild 59.

Bild 58 u. 59. Unterlagen mit gekrümmter Auflagefläche zum Einstellen von Drehmeißeln auf Drehmitte.

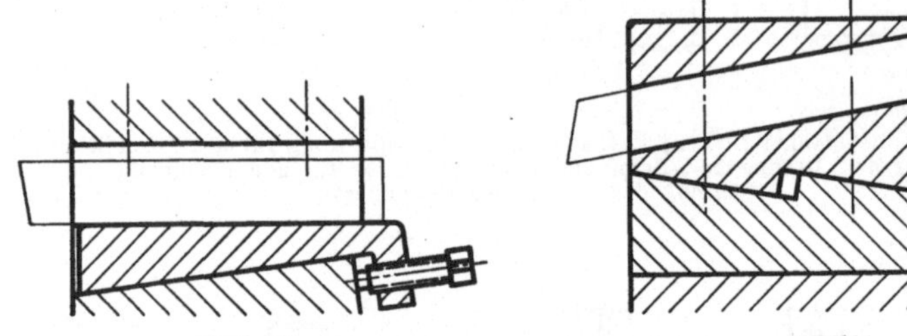

Bild 60.                                Bild 61.

Bild 60 u. 61. Der Keil wird durch die Stellschraube gehoben, durch die Spannschrauben gesenkt. Der Keilwinkel soll hierbei mindestens 10° betragen. Der zweistufige Keil nach Bild 61 ermöglicht eine geringere Bauhöhe. Die einwandfreie Fertigung gestufter Keilflächen ist jedoch verhältnismäßig schwierig.

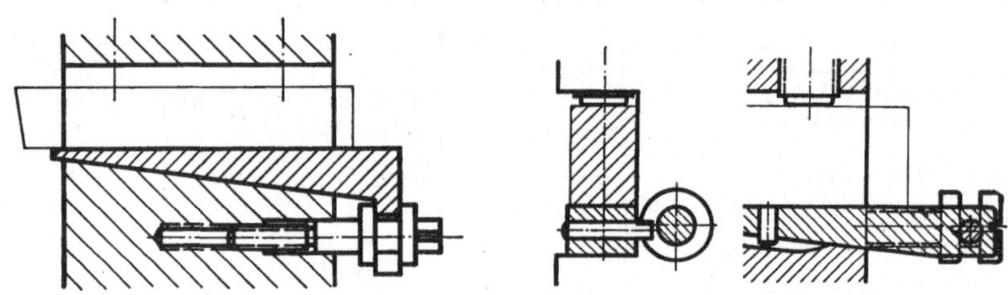

Bild 62.                                Bild 63.

Bild 62 u. 63. Der Keil ist durch die Schraube in zwei Richtungen verstellbar. Der Keilwinkel kann hierbei beliebig klein gewählt werden.

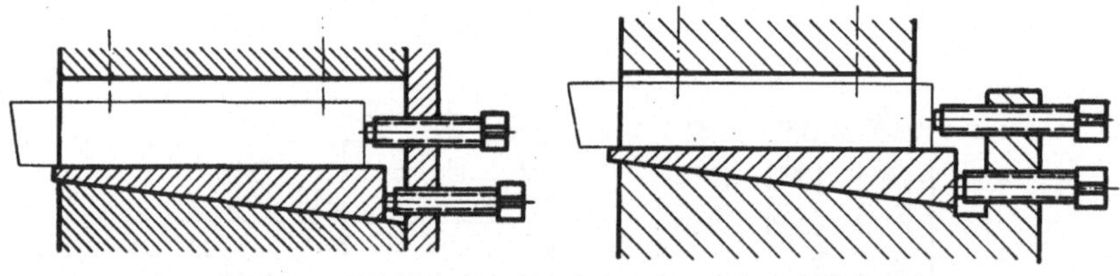

Bild 64.                              Bild 65.

Bild 64 u. 65. Untere Schraube und Keil dienen zum Einstellen auf Drehmitte, die zweite Schraube dient zum Einstellen des Drehdurchmessers. Letztere Einstellmöglichkeit ist vor allem dann vorzusehen, wenn eine solche am Werkzeugträger der Maschine nicht vorhanden ist, z. B. an Vielschnitt- oder an Sonderdrehmaschinen.

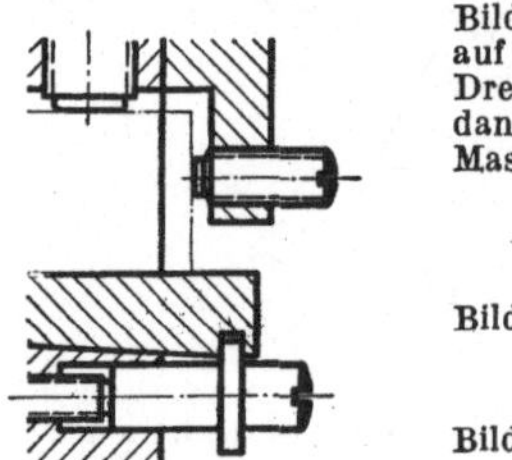

Bild 66. Einstellmöglichkeiten wie nach Bild 64 u. 65, nur daß der Keil in *zwei* Richtungen verstellbar ist.

Bild 66.

Bild 60 bis 66. *Einstellkeile mit Schraube, zum Einstellen von Drehmeißeln auf Drehmitte.*

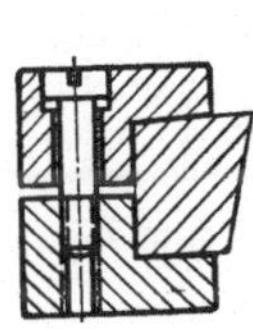

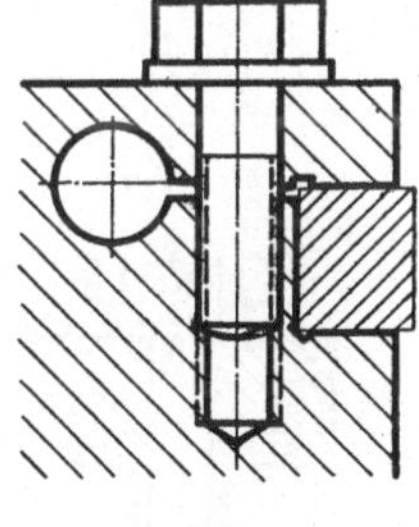

Bild 67.                                                        Bild 68.

Bild 67. Aufnahme für Radialmeißel. Gespannt wird durch Spannteile des Supports.
(Firma Komet, Besigheim/Württ.)

Bild 68. Spanner für kurze Drehmeißel, sog. Einsatzmeißel.

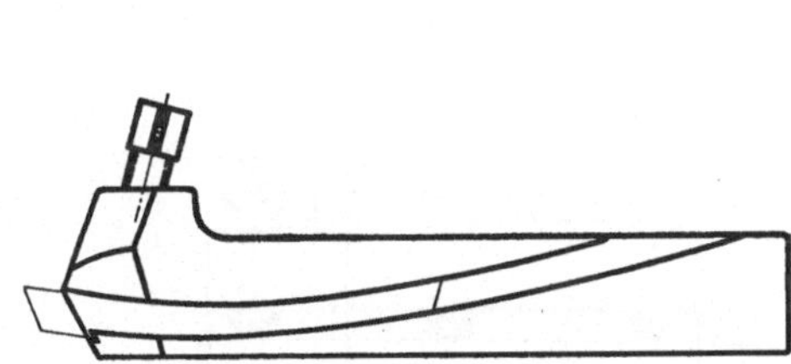

Bild 69.                                                        Bild 70.

Bild 69. Spanner für gekrümmte Radialmeißel. Krümmungshalbmesser und Anordnung des
Meißels sind derart gewählt, daß die Spanfläche zwangläufig in dem für das Zerspanen erforderlichen Winkel liegt, wodurch sich ein Nachschleifen der Spanfläche im großen und ganzen
erübrigt. (Firma Komet, Besigheim/Württ.)

Bild 70. Klemmspannung für Drehmeißel, verwendet in einem Sonder-Meißelspanner.

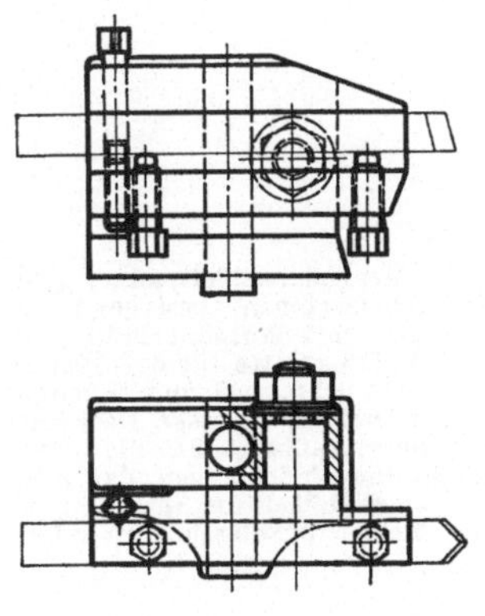

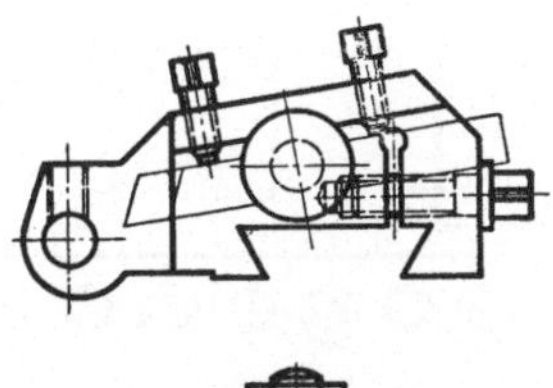

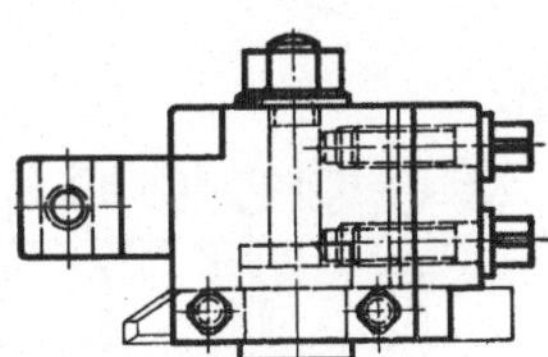

Bild 71.                                                        Bild 72.

Bild 71 u. 72. Meißelspanner für Drehautomaten. Für das Einstellen auf Drehmitte ist der
Meißel schwenkbar aufgenommen. Die Schwenklage wird durch Schrauben bestimmt.
(Firma Steinhäuser, Stuttgart-Feuerbach.)

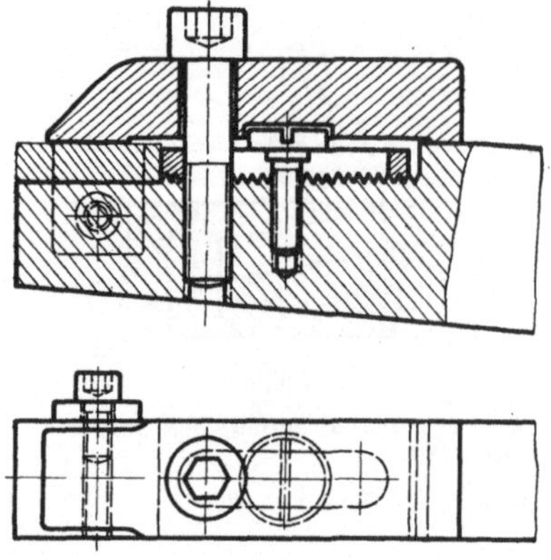

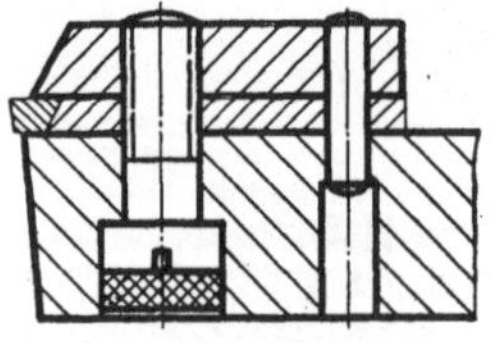

Bild 74.

Bild 73. Spanner für Hartmetall-Breitschlicht-
meißel. Die Hartmetallplatte wird unmittelbar gespannt. Längenunterschiede der Hartmetallplatten werden durch das in Verzahnung
nachsetzbare Anlageteil berücksichtigt.
(Firma Widia-Fabrik, Essen.)

Bild 75.

Bild 74 u. 75.  Spanner für Diamantmeißel.

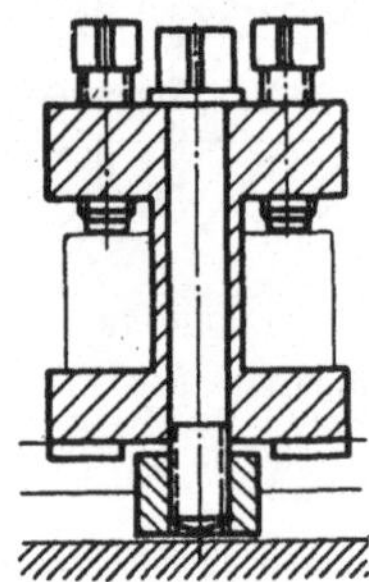

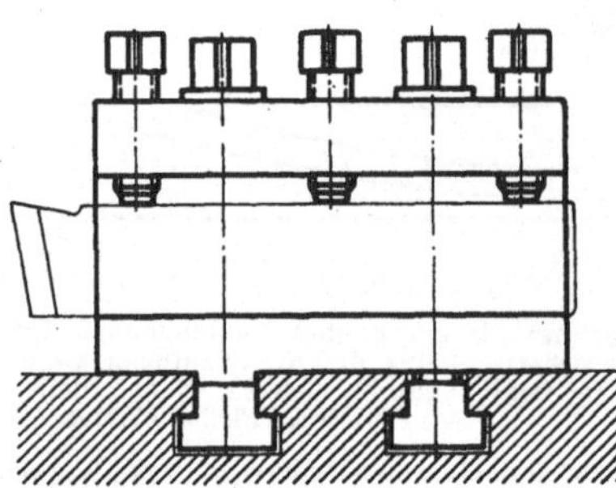

Bild 76. Spanner für zwei Drehmeißel, zur Verwendung auf dem Support von Revolverdrehmaschinen oder Vielschnitt-Drehmaschinen.

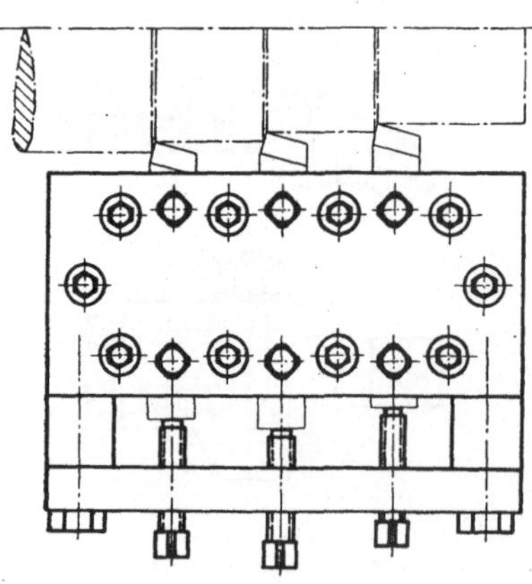

Bild 77. Mehrfachmeißelspanner [für Viel-
schnitt-Drehmaschinen, bestehend aus dem
Grundkörper mit Aufnahmenuten für die
Meißel, mit Deckplatte für die Spannschrau-
ben und mit Schrauben zum Einstellen der
Meißel auf Drehdurchmesser. Deckplatte und
Befestigungsschrauben für die Deckplatte
müssen so unnachgiebig sein, daß nicht beim
Spannen eines Meißels die Spannung für einen
anderen Meißel unzulässig gemindert wird.

Bild 77

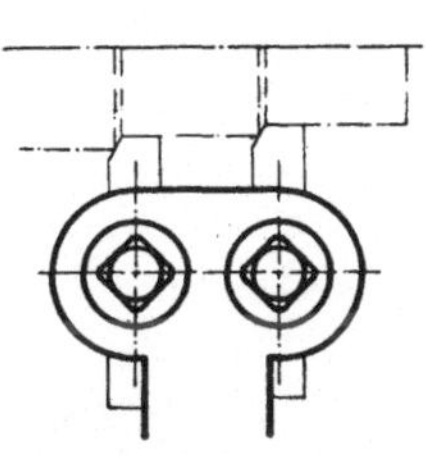

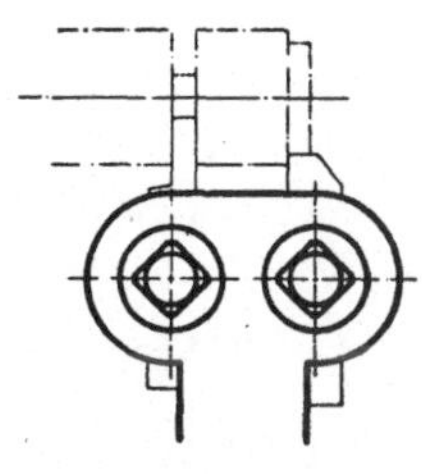

Bild 78. Langdrehen unter zwei verschieden großen Durchmessern.

Bild 79. Einstechen von Nut und Ansatz.

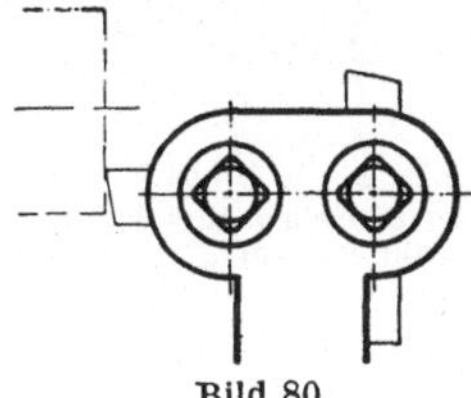

Bild 80.

Bild 80 u. 81. Plandrehen und anschließend Langdrehen.

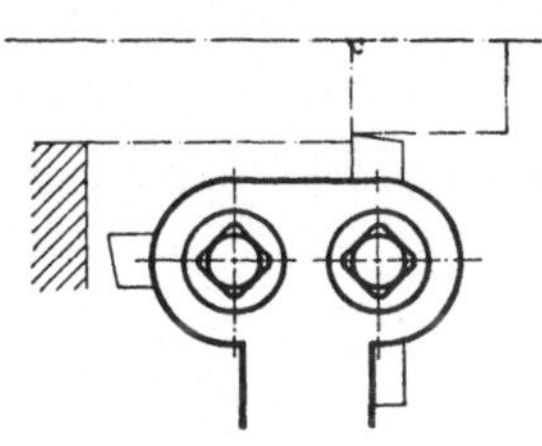

Bild 81.

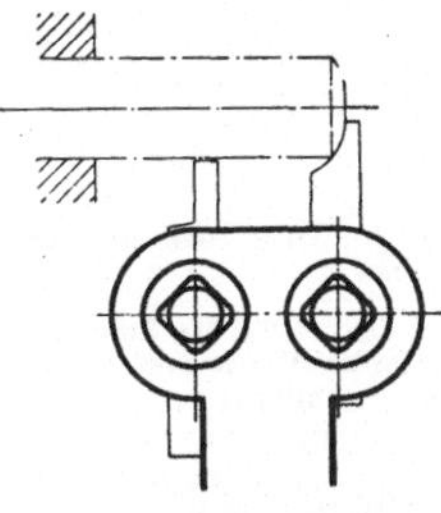

Bild 82.

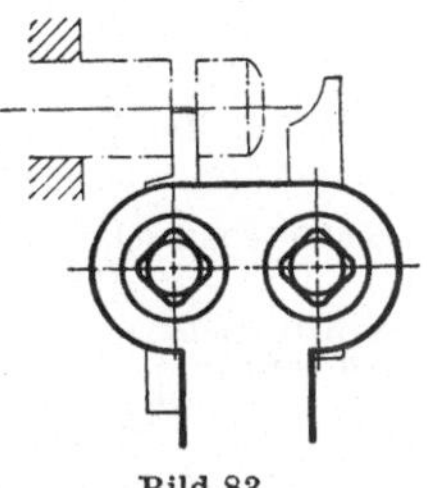

Bild 83.

Bild 82 u. 83. Kante runden und abstechen.

*Bild 78 bis 83. Spanner für zwei Drehmeißel, zur Verwendung auf Spitzendrehmaschinen. Jeder Meißel ist um rund 90° schwenkbar.*

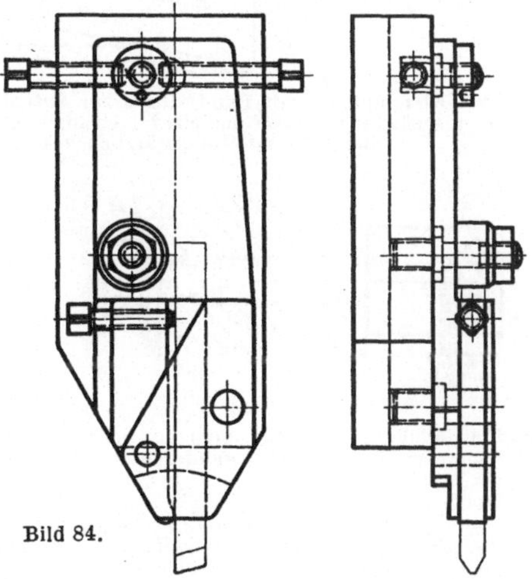

Bild 84. Meißelspanner für den Planschlitten eines Drehautomaten. Der Meißel wird durch Schraube und Spanneisen gespannt, zum Einstellen auf Drehmitte um einen Bolzen geschwenkt. (Firma Steinhäuser, Stuttgart-Feuerbach.)

Bild 84.

Schreyer, Werkzeugspanner.

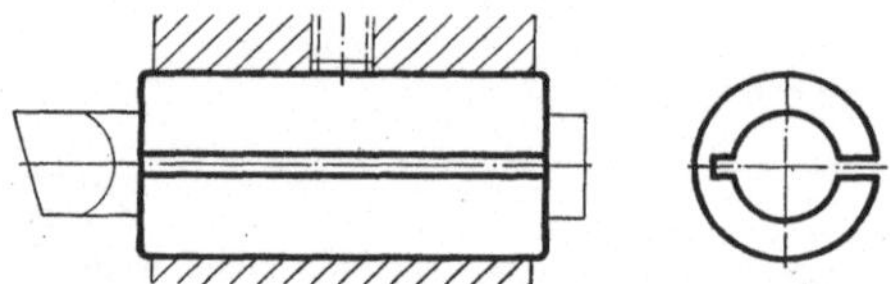

Bild 85. Klemmhülse mit mittiger Aufnahmebohrung.

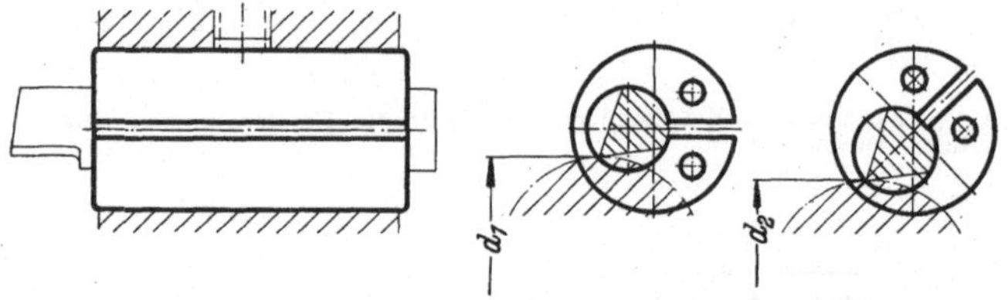

Bild 86.                              Bild 87.

Bild 86 u. 87. Klemmhülse mit exzentrischer Bohrung. Durch Drehen der Hülse Einstellung
auf verschiedene Drehdurchmesser, z. B. auf $d_1$ nach Bild 86, auf $d_2$ nach Bild 87.

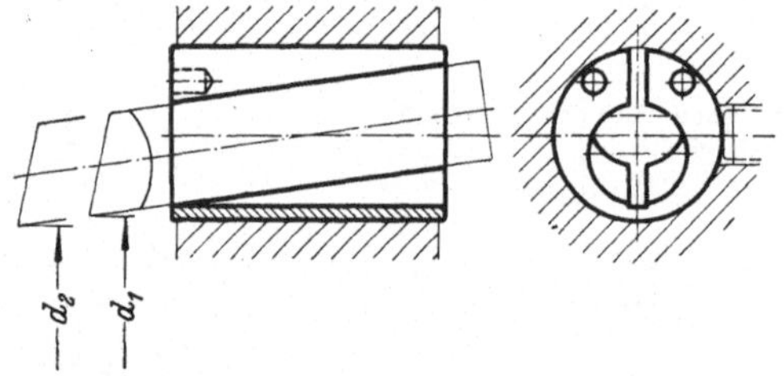

Bild 88. Klemmhülse mit schräg liegender Aufnahmebohrung. Der Drehdurchmesser wird durch
Verschieben des Drehmeißels eingestellt.

Bild 85 bis 88. *Klemmhülsen zur Verwendung auf Trommelrevolvern, zur Aufnahme von Plandreh-,
Fase- und Einstechmeißeln. Durch Drehen des Meißels können Spanwinkel und seitlicher Anstell-
winkel geändert werden.* (Firma Pittler, Langen.)

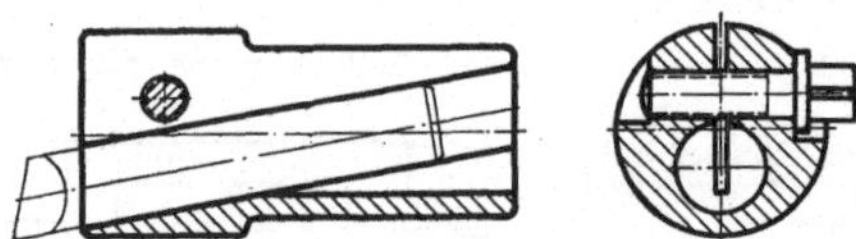

Bild 89. Klemmhülsen mit Bund dienen zur Aufnahme von Drehmeißeln, deren Schneide unter
größerer Ausladung vom Trommelrevolver anzuordnen ist. Der Meißel wird durch die Schraube
der Klemmhülse zusätzlich gespannt. (Firma Pittler, Langen.)

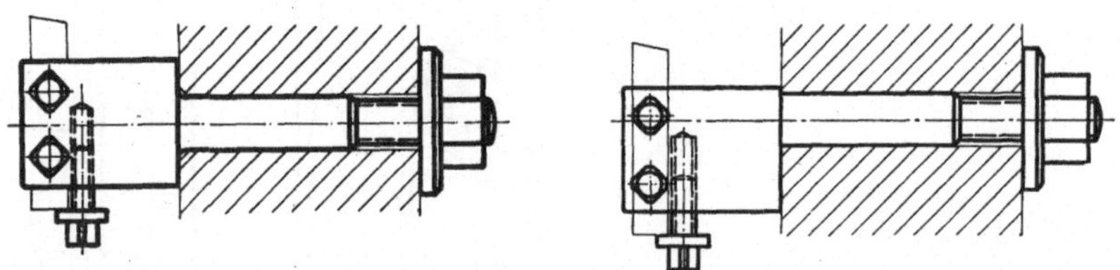

Bild 90. Meißelspanner mit mittigem Schaft,
vorzugsweise für kleinere Drehdurchmesser.

Bild 91. Meißelspanner mit außermittigem
Schaft, vorzugsweise für Drehdurchmesser, für
die der Spanner nach Bild 90 nicht ausreicht.
(Firma Pittler, Langen.)

Bild 90 u. 91. *Meißelspanner für Andrehen, kürzeres Langdrehen und Stechen. Feineinstellung auf
den Drehdurchmesser durch Bundschraube. Im Trommelrevolver wird dieser Spanner durch Mutter
in Längsrichtung und durch Druckschraube in Querrichtung gespannt.* (Firma Pittler, Langen.)

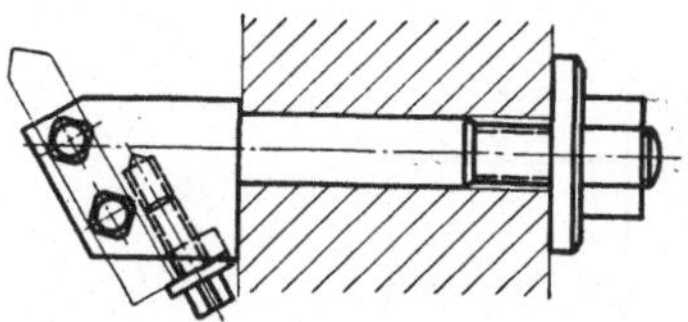

Bild 92. Meißelspanner für Trommelrevolver. Mit dem schräg zur Drehachse angeordneten Drehmeißel kann bis unmittelbar an größere Ansätze heran und außerdem sowohl lang- wie plangedreht werden. (Firma Pittler, Langen.)

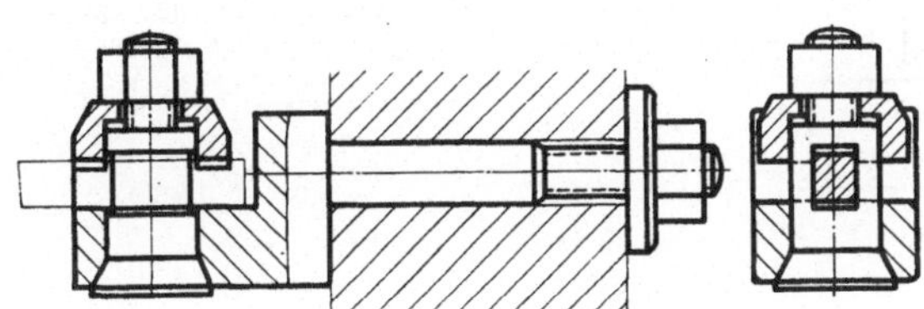

Bild 93. Meißelspanner für Trommelrevolver. In diesem Spanner kann der Meißel in einem Bereich von etwa 220° unter beliebigem Winkel angeordnet werden, wodurch dieser Spanner für Außen-, Innen- und Planbearbeitung verwendbar ist. (Firma Pittler, Langen.)

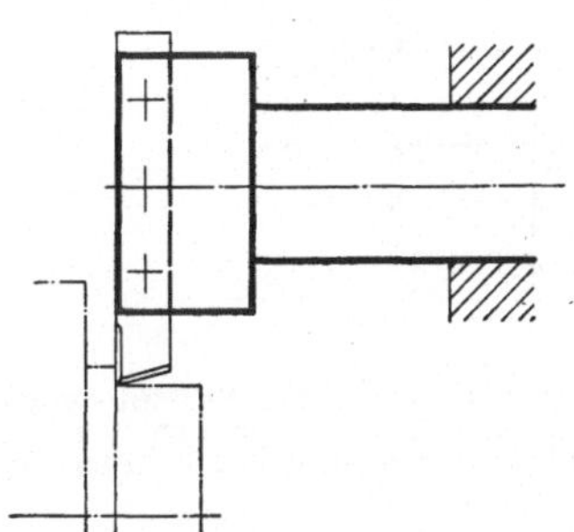

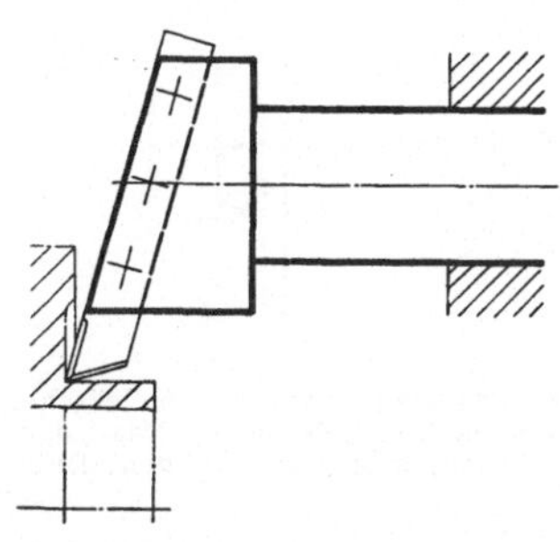

Bild 94. Der Drehmeißel liegt senkrecht zur Drehachse. Diese Ausführung wird vorzugsweise verwendet.

Bild 95. Der Drehmeißel liegt schräg zur Drehachse und ermöglicht Bearbeitung bis unmittelbar an die Stirnfläche größerer Ansätze heran.

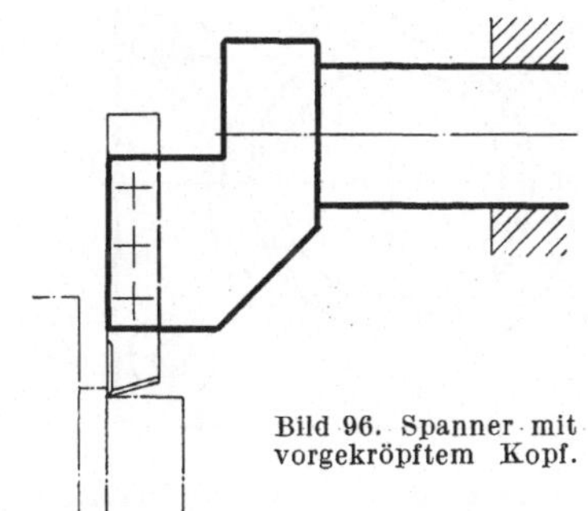

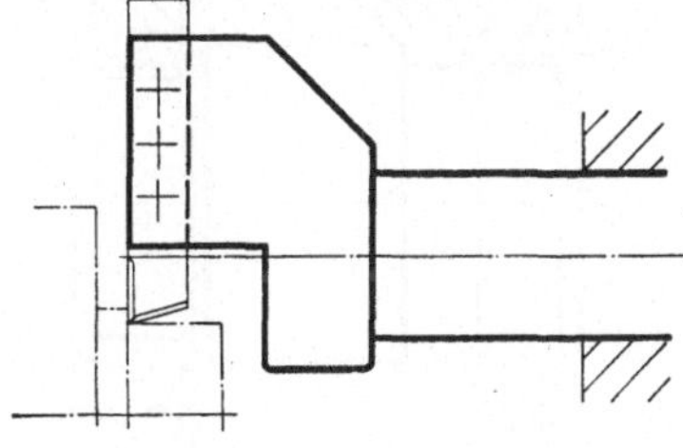

Bild 96. Spanner mit vorgekröpftem Kopf.

Bild 97. Spanner mit zurückgekröpftem Kopf.

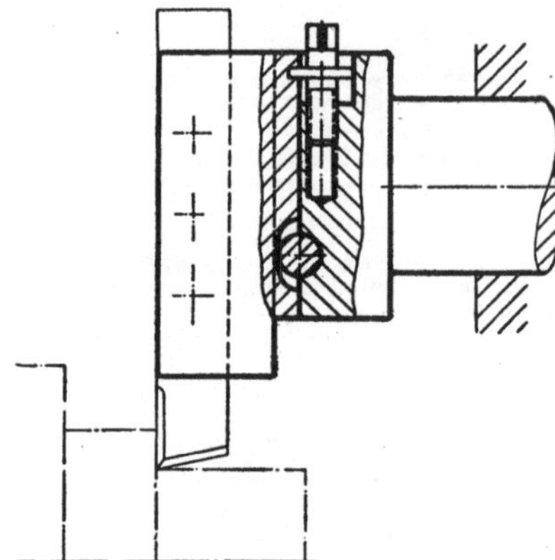

Bild 98. Der Spanner mit einstellbarem Schlitten
dient vorzugsweise für Schlichtarbeiten.

Bild 94 bis 98. *Meißelspanner mit rundem Schaft,
vorzugsweise zur Anordnung in Zwischenplatten
nach Bild 101 u. 102, die auf größeren Sternrevolvern verwendet werden.*

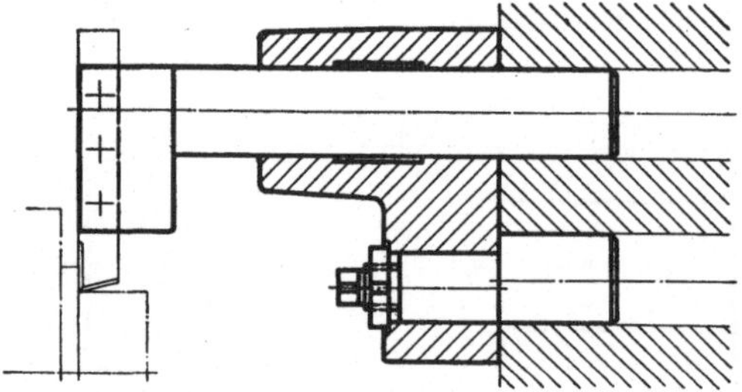

Bild 99. Stützteil verwendet an Zwischenplatten nach Bild 101 u. 102, zum Stützen von Meißelspannern nach Bild 94 bis 98. Das Stützteil wird durch einen Bolzen in einer zweiten Bohrung
der Zwischenplatte aufgenommen. Dieser Bolzen ist für verschieden großen Bohrungsabstand
exzentrisch ausgeführt.

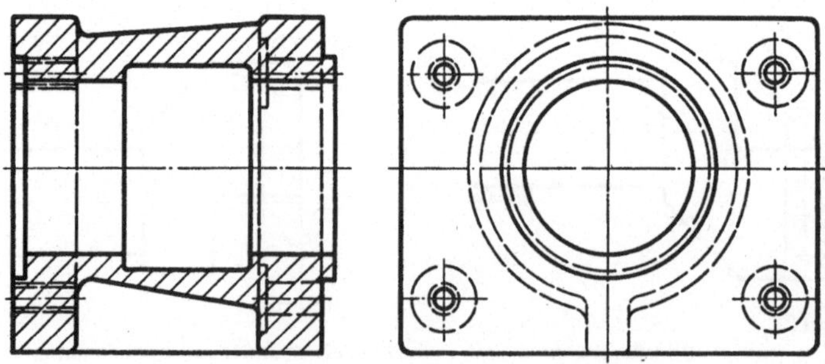

Bild 100. Zwischenstück für Werkzeugspanner, die in größerem Abstand vom Revolverkopf
anzuordnen sind, z. B. um über den Querschlitten der Maschine hinwegzuragen.

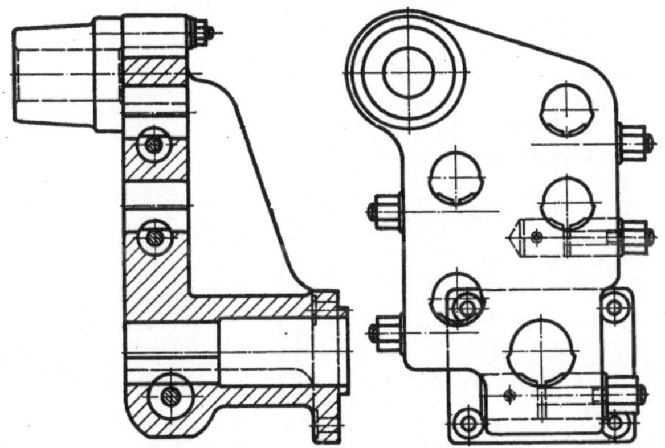

Bild 101. Zwischenplatte mit mehreren Aufnahmen für Meißelspanner.

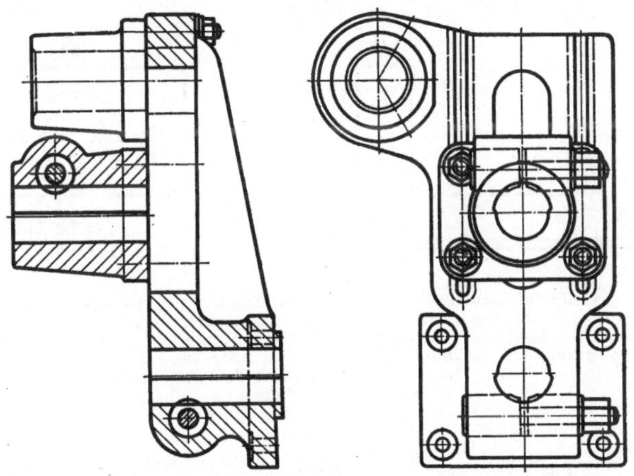

Bild 102. Zwischenplatte mit einer radial verstellbaren Aufnahme für Meißelspanner.

Bild 101 u. 102. *Zwischenplatten zur Verwendung an Sternrevolvern, mit Aufnahmen für Bohr-werkzeug und Meißelspanner, und mit Buchse zur Oberführung.*
(Firma Magdeburger Werkzeugmaschinenfabrik.)

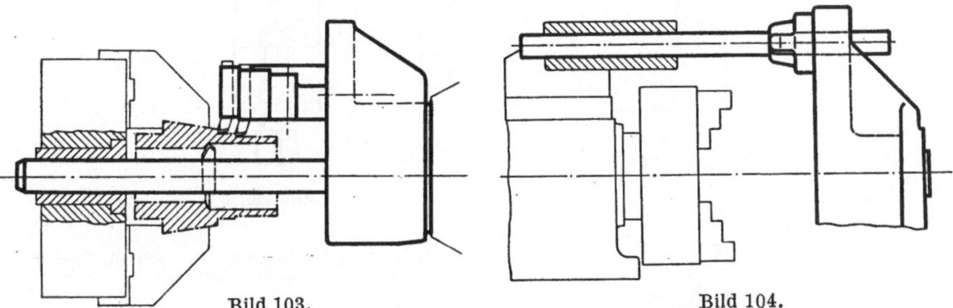

Bild 103.        Bild 104.

Bild 103. Zwischenstück mit zwei Meißelspannern, durch Stange im Spannfutter mittig geführt.
(Firma Boehringer, Göppingen.)

Bild 104. Zwischenstück mit Oberführung. Sogenannte Oberführungsstangen dienen zum Stützen von Meißelspannern, die im Revolverkopf aufgenommen sind. Diese Stangen können im Zwischen-stück oder am Spindelkasten befestigt sein und werden auf der jeweiligen Gegenseite geführt. Oberführungsstangen dienen außerdem zur Aufnahme von Meißelspannern und Supporten. In solchen Fällen ist die Stange fest mit dem Zwischenstück zu verbinden, damit Spanner bzw. Support durch den Revolverkopf vorgeschoben werden.

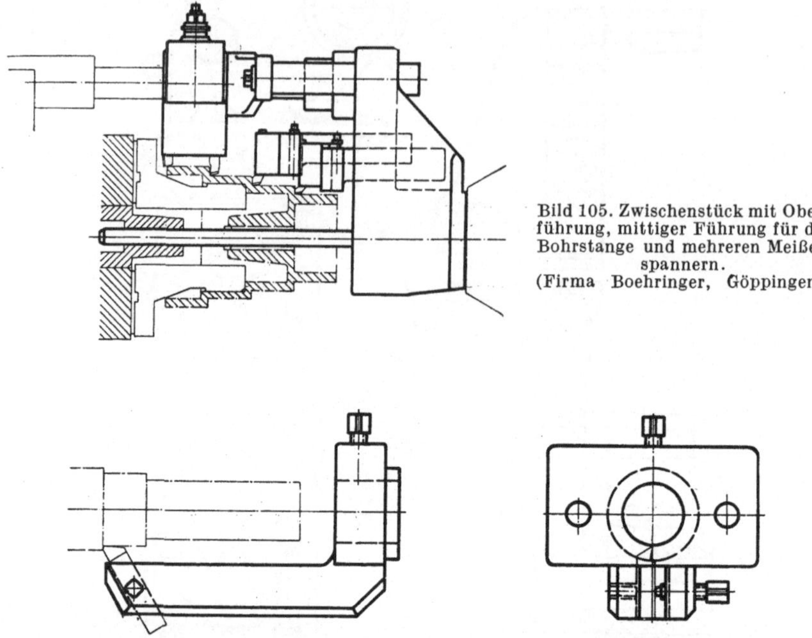

Bild 105. Zwischenstück mit Oberführung, mittiger Führung für die Bohrstange und mehreren Meißelspannern.
(Firma Boehringer, Göppingen.)

Bild 106. Meißelspanner für Langdrehen, zur Verwendung auf Sternrevolvern. Die Bohrung im Schaft dient zur Aufnahme eines Bohrers. Bohrer von kleinerem Durchmesser können durch Verwendung einer Zwischenhülse gespannt werden. Wenn ohne Bohrer gearbeitet wird, können längere Drehteile durch den Spannerschaft hindurch oder im Schaft durch Buchse geführt werden. Bei Bearbeitung vom Quersupport aus kann der Spanner auch zur Aufnahme von Stützbacken dienen.

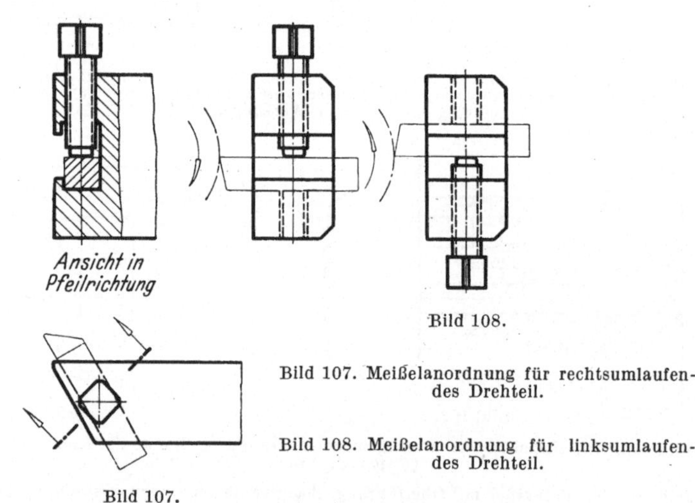


Bild 108.

Bild 107.

Bild 107. Meißelanordnung für rechtsumlaufendes Drehteil.

Bild 108. Meißelanordnung für linksumlaufendes Drehteil.

Bild 107 u. 108. *Meißelaufnahme durch einen Spanner, der zur wahlweisen Verwendung für rechtsoder linksumlaufendes Drehteil geeignet ist. Die Aufnahmenut für den Drehmeißel ist hierfür gleich der doppelten Meißelhöhe. (Firma Ludw. Loewe, Berlin.)*

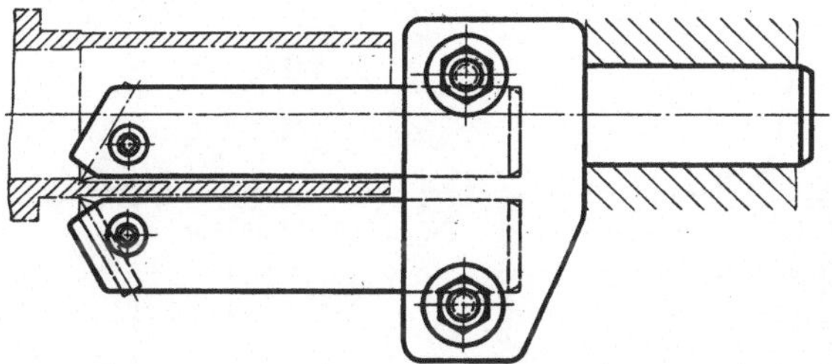

Bild 109. Meißelspanner für gleichzeitiges Innen- und Außendrehen.

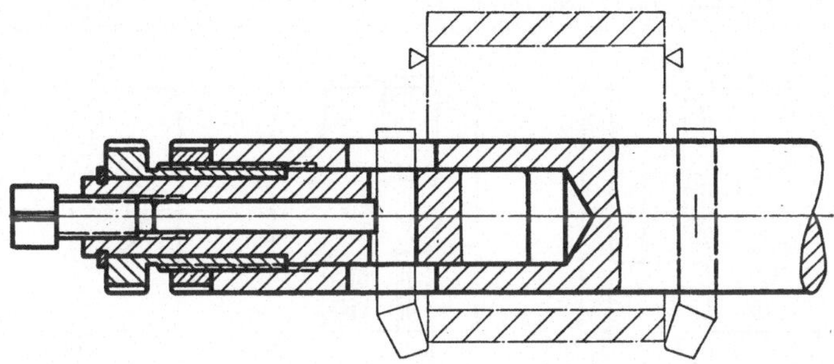

Bild 110. Meißelspanner für gleichzeitiges Plandrehen zweier entgegengesetzt liegender Stirnflächen. Der am äußeren Ende angeordnete Meißel ist für das Einhalten der Werkstückbreite in
Richtung Drehachse verstellbar.

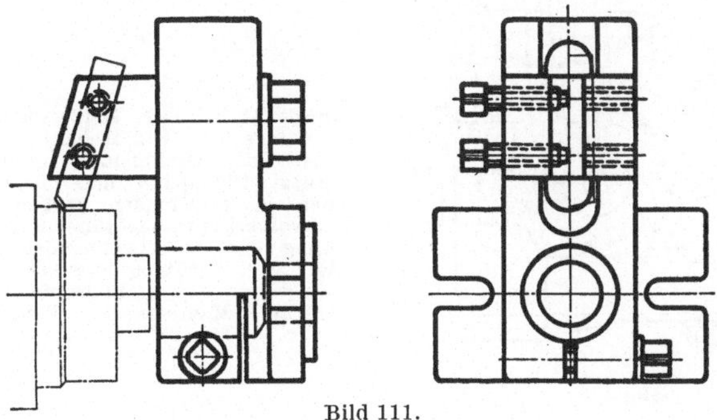

Bild 111.

Bild 111. Meißelspanner für Sternrevolver mit radial verstellbarer Meißelaufnahme. In der Mittelbohrung können Bohrwerkzeuge gespannt werden.

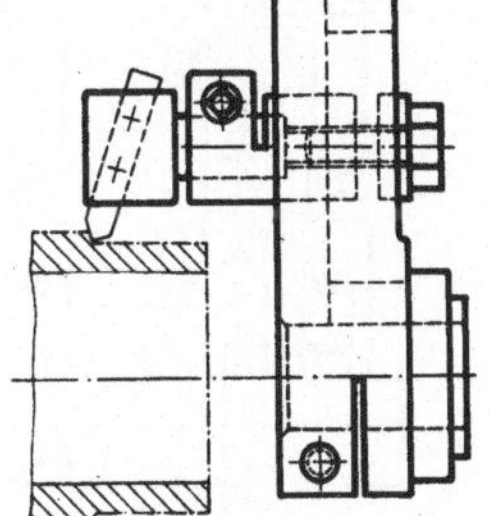

Bild 112. Meißelspanner für Sternrevolver mit Meißelaufnahme,
die radial und axial verstellbar ist.

Bild 112.

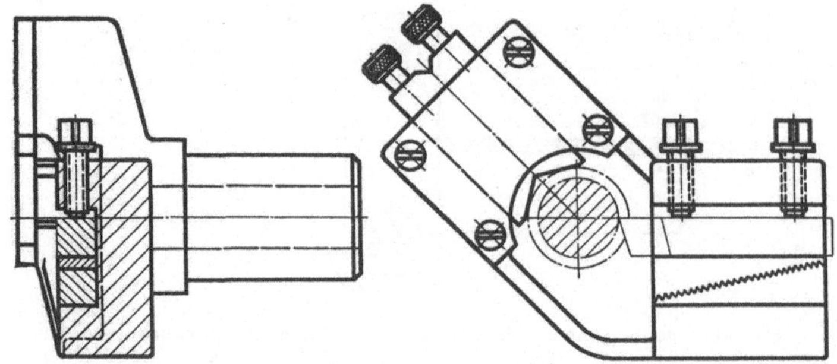

Bild 113. Meißelspanner für Sternrevolver, vorzugsweise für leichtere Arbeiten, z. B. zum Drehen von Stirnflächen und Fasen. (Firma Magdeburger Werkzeugmaschinenfabrik.)

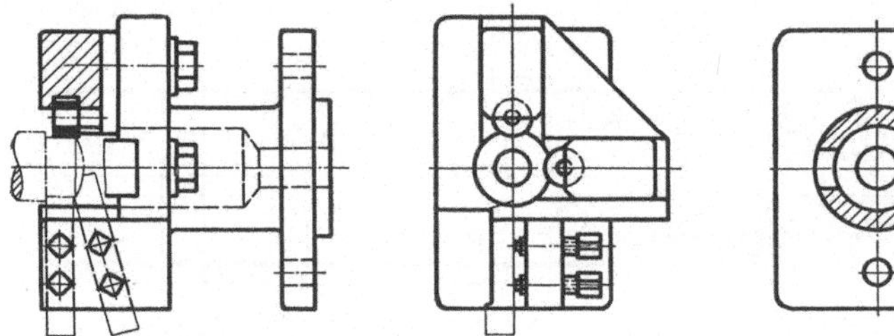

Bild 114. Meißelspanner für Sternrevolver, mit je einem Meißel zum Andrehen und Abrunden, mit Stützrollen.
(Firma Ludw. Loewe, Berlin.)

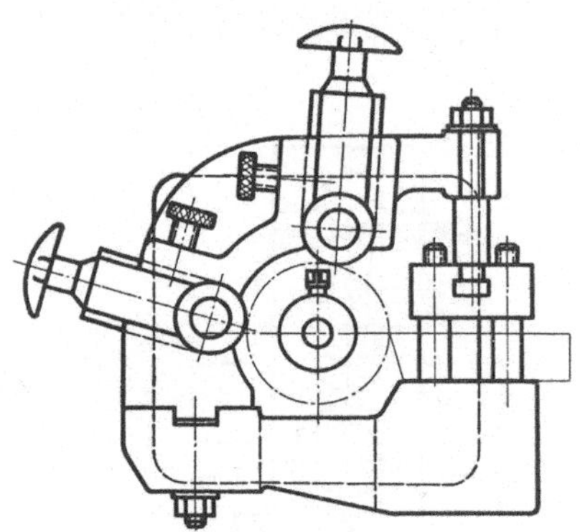

Bild 115 u. 116. Meißelspanner für Sternrevolver. Die Stützrollenhalter sind auf der Seite der Drehmeißel durch Schraube gestützt. Die Spann- und Führungsstellen können in verschieden großem Abstand vom Revolverkopf angeordnet werden. Bei Anordnung von zwei Drehmeißeln können Wellen mit zwei Absätzen in *einem* Arbeitsgang gedreht werden.
(Firma Magdeburger Werkzeugmaschinenfabrik.)

Bild 115.

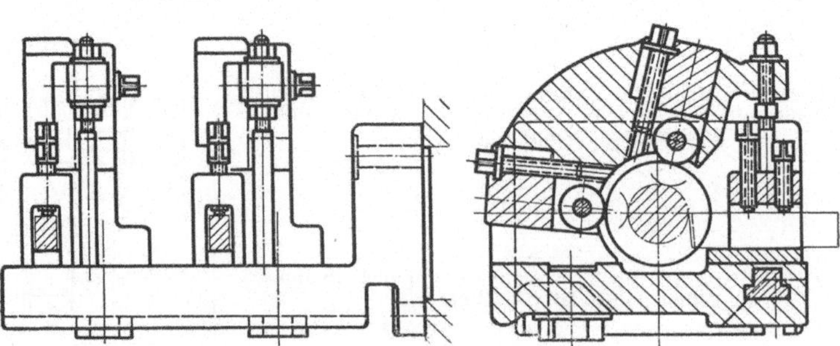

Bild 116.

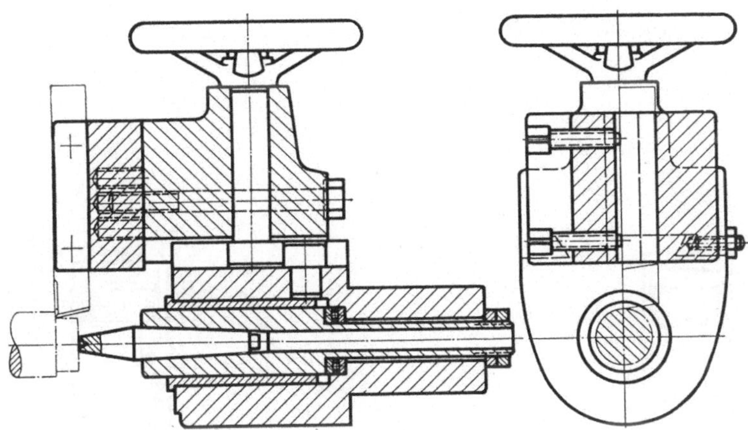

Bild 117. Meißelspanner für Sternrevolver, zum Andrehen ungerichteter Stangen. Der Stangenanschlag läuft um, der Schlitten mit den Drehmeißel wird durch Drehen des Handrades mittels Exzenter etwa 10 mm vorgeschoben, danach durch Federkraft in Ausgangsstellung zurückgedrückt. (Firma Magdeburger Werkzeugmaschinenfabrik.)

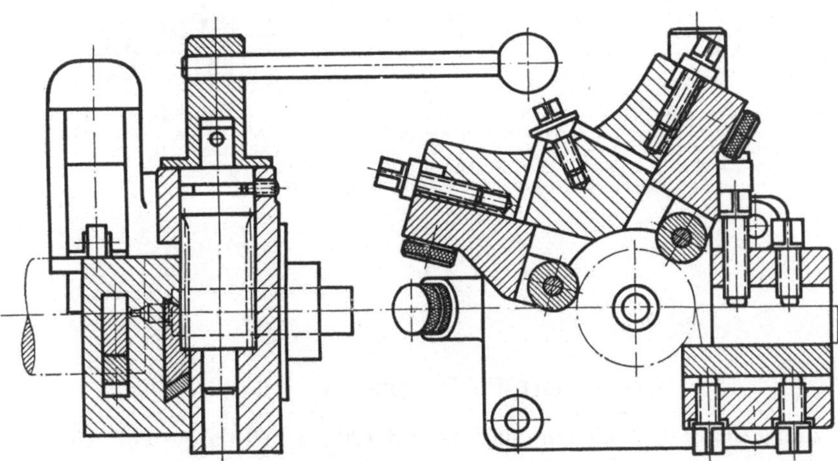

Bild 118. Werkzeugspanner für Sternrevolver, zum Zentrieren und Andrehen schlagfreier Stangenenden. Hierbei sind die Stützrollen *vor* der Meißelschneide angesetzt. Durch Schwenken des Handhebels wird zuerst die Pinole mit dem Zentrierbohrer vorgeschoben, danach durch Schwenken in entgegengesetzter Richtung der Andrehmeißel zum Schnitt gebracht. Der auf der Rückseite des Spanners angeordnete Anschlag wird erforderlichenfalls verwendet, wenn sämtliche sechs Aufnahmen des Revolverkopfes anderweitig besetzt sind. Der Revolverkopf ist hierfür in der vorhergehenden Zwischenstellung anzuhalten.
(Firma Magdeburger Werkzeugmaschinenfabrik.)

Spanner für Radialmeißel, die zum Lang- und Plandrehen dienen und im Revolverkopf befestigt werden, sind in Bild 84 bis 119 dargestellt.

Über Radialmeißel ist Eingehendes auf S. 33 angeführt.

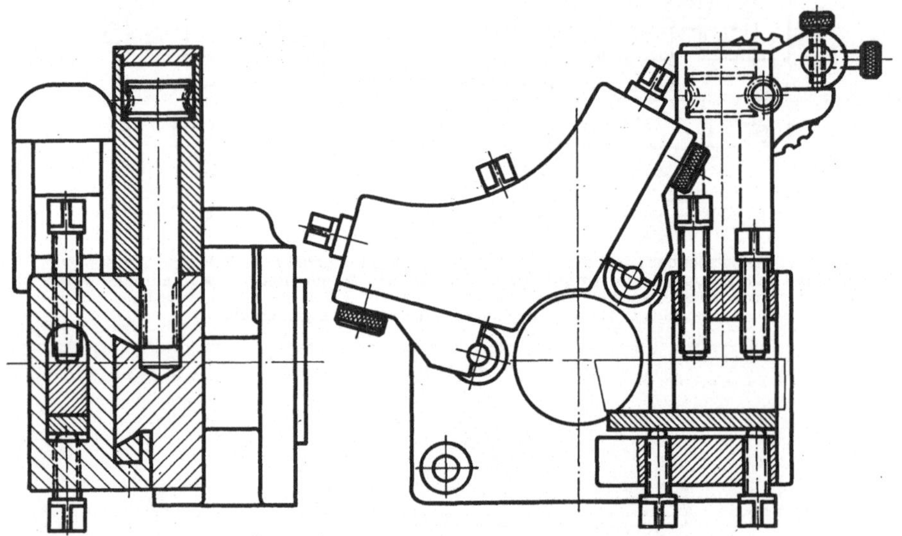

Bild 119. Meißelspanner für Sternrevolver. Um auf der Drehfläche Rücklaufmarken zu vermeiden, kann der Drehmeißel von derselben abgehoben werden. Abgehoben und zugestellt wird durch Handrad über Schnecke, Schneckenrad, Zahnrad und Zahnstange. Der Zustellweg für den jeweils nächsten Schnitt wird durch Anschlag begrenzt.
(Firma Magdeburger Werkzeugmaschinenfabrik.)

## b) Spanner für Tangentialmeißel,

die zum Langdrehen dienen, sind in Bild 120 bis 126 dargestellt. Über Tangentialmeißel ist Eingehendes auf Seite 33 angeführt.

Auf Drehmitte werden zum Langdrehen dienende Tangentialmeißel im allgemeinen frei, sonst durch Stellschrauben eingestellt (Bild 120 u. 121).

In Spannern für Tangentialmeißel dienen zum Einstellen auf Drehdurchmesser

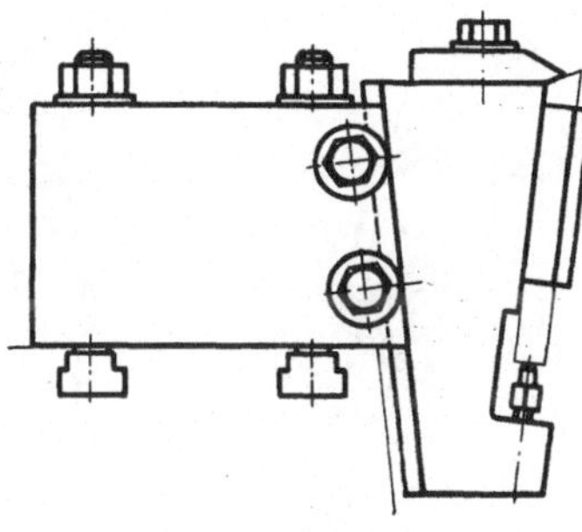
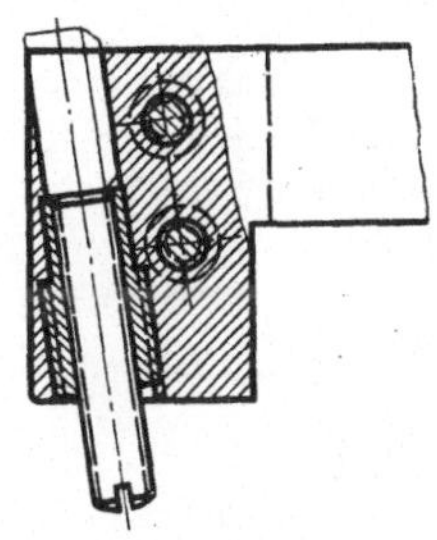

Bild 120.                        Bild 121.

Bild 120. Spanner für Tangentialmeißel, für schwerere Arbeiten, zur Verwendung auf dem Support von Vielschnitt-Drehmaschinen. Grobeinstellung auf Drehmitte durch Verschiebung des Meißelträgers in V-Nut, Feineinstellung durch Schraube, auf der der Meißel aufliegt. Durch den schrägen Verlauf der V-Nut kann in geringem Ausmaße auch der Drehdurchmesser berichtigt werden. Das auf der Spannfläche des Drehmeißels angeordnete Spanneisen dient vorzugsweise zum Ableiten der Späne. (Firma Gebr. Heinemann, St. Georgen/Schwarzwald.)

Bild 121. Spanner für Tangentialmeißel, zur Verwendung auf Supporten. Der Drehmeißel besteht aus einem Stück Hartmetall, das im Spanner unmittelbar aufgenommen wird. (Firma Widia-Fabrik, Essen.)

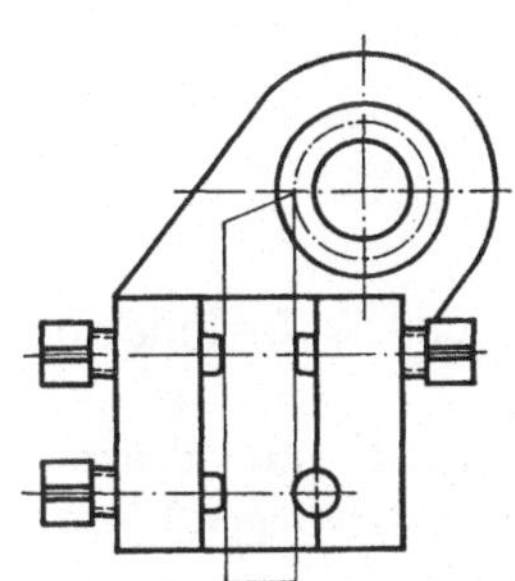
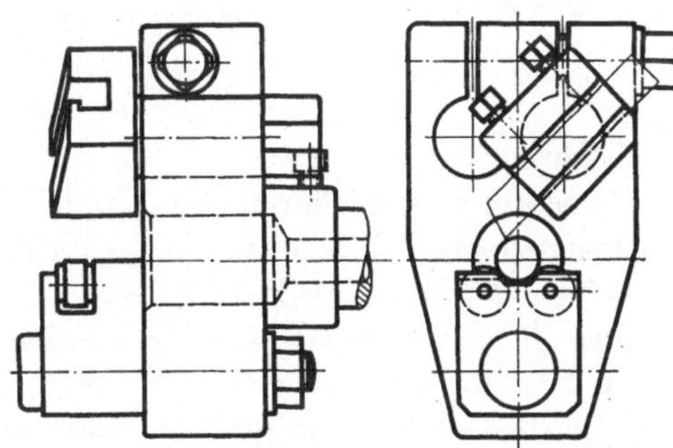

Bild 122.                        Bild 123.

Bild 122. Spanner für Tangentialmeißel, verwendet im Revolverkopf. Der Drehdurchmesser wird durch Schraube eingestellt, auf der der Meißel aufliegt. Als zweites Auflageteil dient ein Zylinderstift, damit der Meißel bei Schräglage nicht verspannt wird.

Bild 123. Spanner für Tangentialmeißel für Revolverkopf. Die in Längsrichtung kurze Bauform macht diesen Spanner auch für Drehautomaten geeignet. Auf Drehdurchmesser wird der Meißelträger durch Schwenken, der Stützrollenhalter durch Verschieben eingestellt. Meißelspanner und Stützrollenträger sind auswechselbar. (Firma Ludw. Loewe, Berlin.)

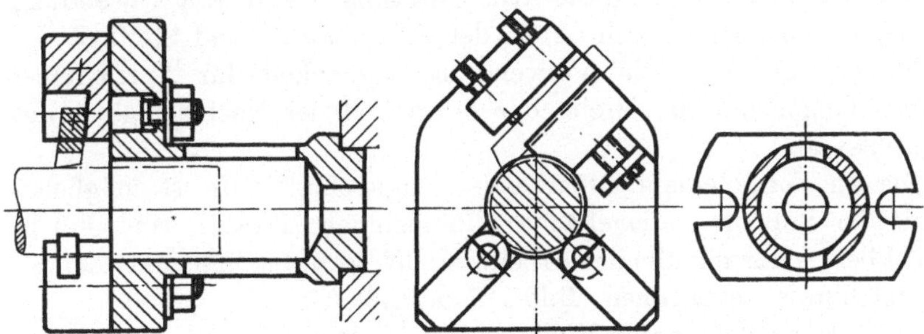

Bild 124. Spanner für Tangentialmeißel, für Revolverkopf. Zum Einstellen auf Drehdurchmesser ist der Meißelträger verschiebbar. Zum Feineinstellen des Meißelträgers dient eine Bundschraube, zum Festspannen am Grundkörper dienen zwei Muttern. (Firma Ludw. Loewe, Berlin.)

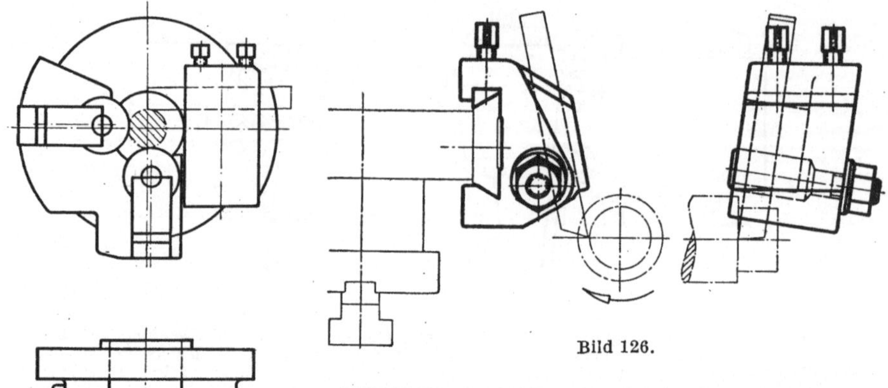

Bild 126.

Bild 125. Spanner für Tangentialmeißel, für Revolverkopf.
Dieser Meißel dient zum Längsdrehen, bei einer Spanbreite, die nahezu der Breite der Meißelschneide sein kann;
d. h. er dient zum sog. Schälen.

Bild 126. Spanner für Tangentialmeißel, verwendet auf
der Form- und Langdreheinrichtung von Drehautomaten.
(Firma Index-Werke.)

Bild 125.

Stellschraube (Bild 122),
schwenkbare Meißelaufnahme (Bild 123),
verschiebbare Meißelaufnahme (Bild 124 u. 125) und Aufnahme in
   einem Schlitten (Bild 126).
Spanner für Tangential-Langdrehmeißel werden meist mit Stützbacken oder Stützrollen versehen, da es sich hierbei vorwiegend um
Schrupparbeiten, also um größere Schnittkräfte, handelt.

### c) Spanner für Formdrehmeißel.

Mit Formdrehmeißeln wird im Stechverfahren gearbeitet, in den
meisten Bearbeitungsfällen senkrecht zur Drehachse. Die Form der
Drehfläche entspricht dabei der Form der Werkzeugschneide.

Durch Formmeißel wird die Arbeitsleistung erhöht. Die Anwendung
von Formmeißeln ist durch Größe der Schnittkräfte und Steifheit des
Drehteiles begrenzt. Die Verwendungsmöglichkeit für Formmeißel
nimmt danach mit der Breite der Form und der Nachgiebigkeit des
Drehteiles ab.

Die an Formmeißeln auftretende Hauptschnittkraft ist möglichst
durch die Support-Auflagefläche aufzunehmen. Danach sind Formmeißel bei rechtsumlaufender Arbeitsspindel vorn, bei linksumlaufender
Spindel hinten anzuordnen (Bild 127 u. 128).

Als Formmeißel werden Radialmeißel, Tangentialmeißel und Rundmeißel verwendet. Grundsätzliches über diese Meißelarten ist auf S. 33
angeführt.

**Spanner für Radial-Formmeißel** entsprechen den üblichen Spannern für Radialmeißel. Zum Einstellen auf Drehmitte wird zweckmäßig Feineinstellung vorgesehen. Bild 129 zeigt einen Spanner für ein breiteres radiales Formmesser.

**Spanner für Tangential-Formmeißel.** In diesen Spannern werden Tangentialmeißel unter einem Freiwinkel von etwa 10° angeordnet.

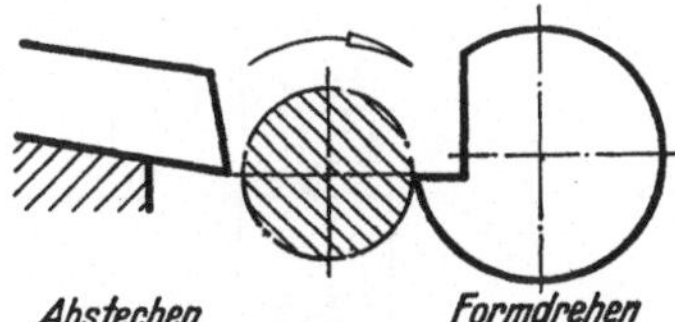


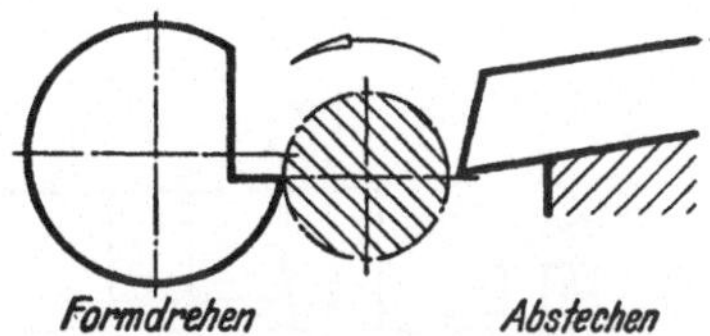


Bild 127. Bei Rechtsumlauf der Arbeitsspindel ist der Formmeißel vorn, d. h. auf der Bedienungsseite der Maschine, anzuordnen.

Bild 128. Bei Linksumlauf der Arbeitsspindel ist der Formmeißel hinten, d. h. auf der der Bedienungsseite entgegengesetzten Seite, anzuordnen.

Bild 127 u. 128. *Anordnung von Form- und Abstechmeißeln. Die größere Hauptschnittkraft ist gegen die Supportauflage zu richten. Im Normalfall ist diese größere Kraft am Formmeißel wirksam. Dieser Fall ist auch für diese Bilder angenommen.*

Tangential-Formmeißel werden in Spannern vorzugsweise durch U-Nut oder V-Nut aufgenommen und geklemmt (Bild 130) oder durch Hakenschraube oder Spanneisen (Bild 611 bis 614) gespannt.

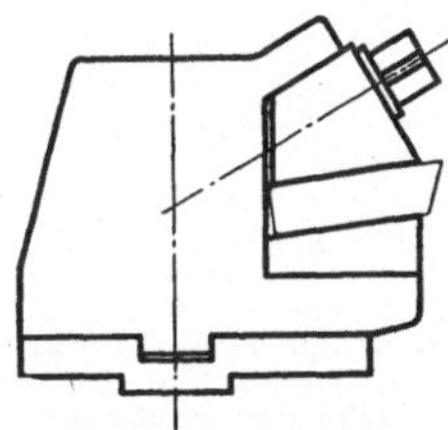

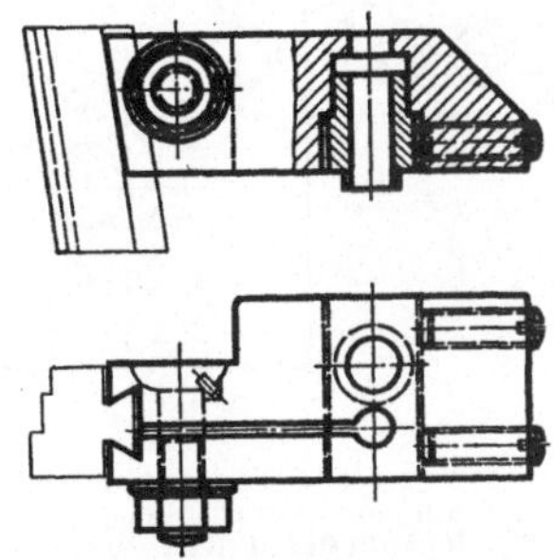

Bild 129. Spanner für „flache", d. h. für Radialformmeißel, zur Verwendung auf dem Support. Durch Unterlegplatten verschiedener Dicke ist der Spanner für verschieden große Abstände von Supportauflage bis Drehmitte verwendbar. (Nach FINKELNBURG: „Werkzeuge für spanabhebendes Formen". Leipzig: B. G. Teubner.)

Bild 130. Spanner für Tangential-Formmeißel, zur Verwendung auf Drehautomaten. Der Meißel ist in V-Nut aufgenommen und wird durch Klemmspannung gehalten. Spanner mit Meißel ist um einen Zapfen einen geringen Betrag schwenkbar, um die Form der Schneide zur Drehachse erforderlichenfalls einstellen zu können.
(Firma Steinhäuser, Stuttgart-Feuerbach.)

Formdrehteile auf der Formfläche zu stützen, ist verhältnismäßig schwierig (Bild 131). Durch Stützteile, die mit dem Formmeißel vorgeschoben werden, kann nur die Rückkraft, jedoch nicht die Hauptkraft aufgenommen werden.

**Spanner für runde Formmeißel.** Runde Formmeißel werden im Spanner in ihrer Bohrung durch einen Bolzen aufgenommen und durch

Schwenken auf Drehmitte eingestellt (Bild 132 bis 140). Zum Grob-
verstellen dienen Lochscheibe und Feststellstift (Bild 133 u. 135) sowie
Stirnverzahnung (Bild 136); zum Feinverstellen und als Sicherung gegen
Drehen Schnecke und Schneckenrad (Bild 136) oder Stellschraube an
einarmigem Hebel (Bild 137 bis 139). Gespannt wird in Achsrichtung
des Formmeißels durch möglichst kräftige Schraube.

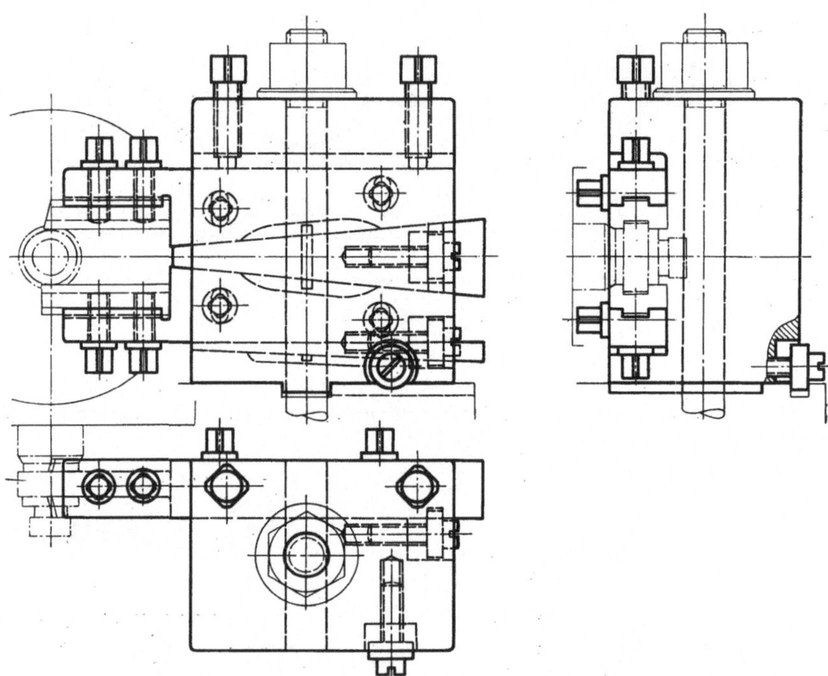

Bild 131. Spanner für Tangential-Formmeißel, zur Verwendung auf dem Quersupport. Das
Drehteil ist auf der Formfläche gestützt. Der Abstand zwischen Drehmeißel und Stützbacke
wird durch den mittleren Keil eingestellt. Die Stellung von Meißel und Backe um die Drehmitte wird durch den unteren Keil berichtigt. Die Vorschubrichtung läßt nur ein Stützen gegen-
über der Rückkraft zu. Gegenüber der Hauptschnittkraft bleibt das Drehteil ungestützt. Die
Stützbacke kommt kurz nach dem Angriff des Formmeißels am Drehteil zum Anliegen. Die
Form der Stützbacke muß der während des Meißelvorschubes veränderlichen Form des Drehteiles angepaßt sein und entspricht in der Endstellung vollständig oder in Abschnitten der
Drehteilform. Dieser, gemessen an Verwendungszweck und Wirksamkeit verhältnismäßig teure
Spanner sollte nur dann in Betracht kommen, wenn die übliche Anordnung von zwei Stütz-
stellen ausscheidet und das Drehteil auf der Formfläche gestützt werden soll.

Durch Zwischenplatte kann derselbe Spanner sowohl für rechts-
laufende wie für linkslaufende Drehspindeln verwendet werden (Bild 133
u. 134). Die Anordnung nach Bild 134, nach der die Hauptschnittkraft
entgegen der Supportauflage gerichtet ist, sollte jedoch nur für leichtere
Schnitte vorgesehen werden.

Durch Lehre (Bild 142) oder Anschlag (Bild 143) wird das Einstellen
runder Formmeißel erleichtert.

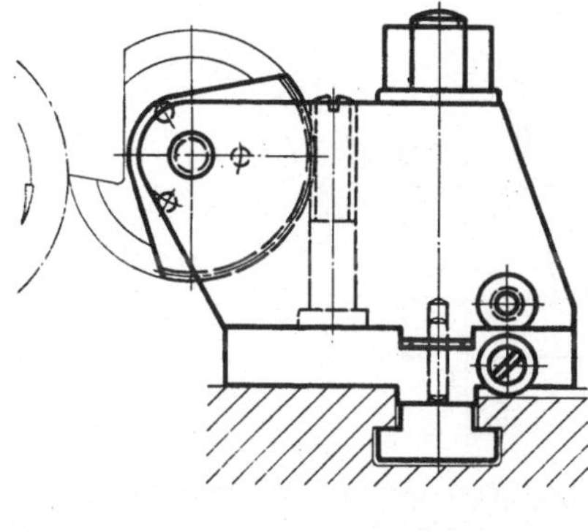

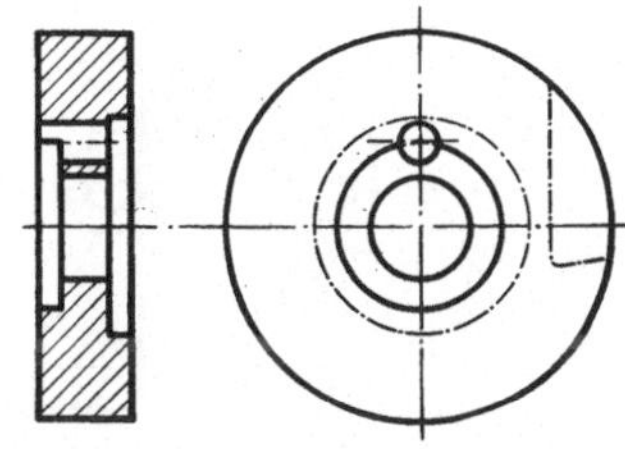

Bild 132. Scheibenformstahl (runder Form-meißel) nach DIN 4970, mit Bohrung für Zahn-scheibe mit Stift.

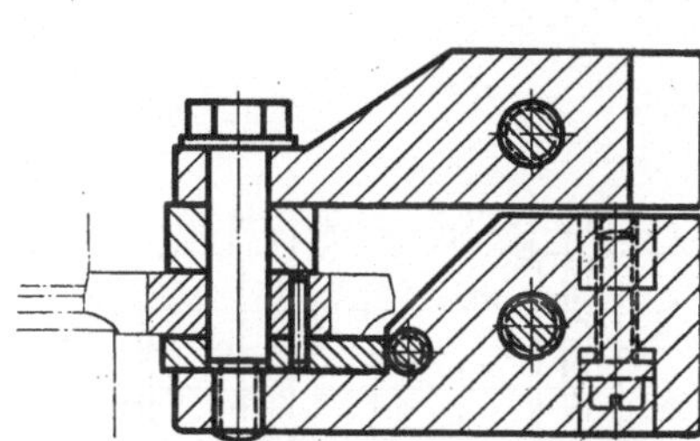

Bild 133.

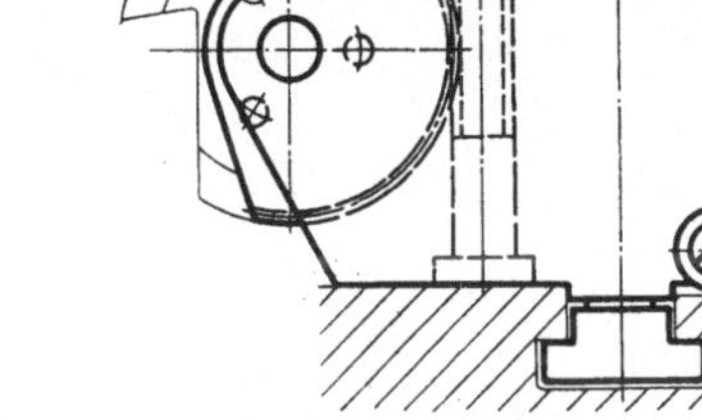

Bild 134.

Bild 133. Spanner auf Zwischenplatte, für Rechtsumlauf der Arbeitsspindel. Die Hauptschnitt-kraft ist gegen die Supportauflage gerichtet.

Bild 134. Spanner ohne Zwischenplatte, für Linksumlauf der Arbeitsspindel. Die Hauptschnittkraft wirkt entgegen der Supportauflage, weshalb diese Anordnung nur für leichtere Schnitte geeignet ist.

Bild 133 u. 134. *Spanner für runden Formmeißel, unter wahlweiser Verwendung einer Zwischenplatte.*

Bild 135. Spanner für runden Formmeißel, verwendet auf der Formdreheinrichtung eines Dreh-automaten. Zur Drehmitte wird der Rundmeißel durch Zahnscheibenpaar grob, durch zwei Druck-schrauben fein eingestellt. Durch Schwenken um einen Zapfen am Nutenstein kann außerdem die Stellung der Schneidenform zur Drehachse berichtigt werden.
(Firma Steinhäuser, Stuttgart-Feuerbach.)

Bild 136. Spanner für runden Formmeißel. Die Bau-höhe dieses Spanners ist besonders niedrig gehalten. Feineinstellung des Meißels zur Drehmitte durch Schraube mit Trapezgewinde über Zahnsegment.

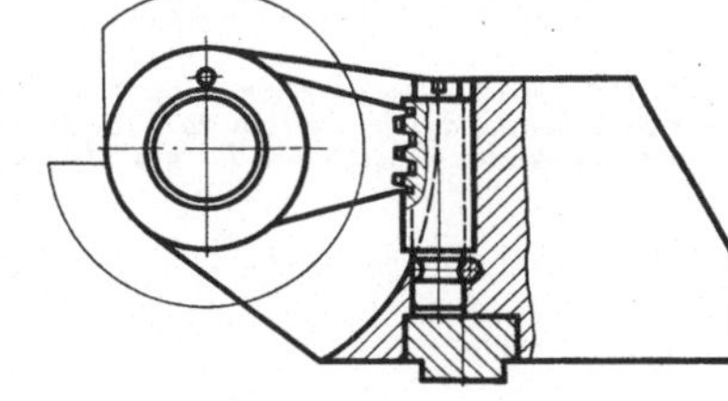

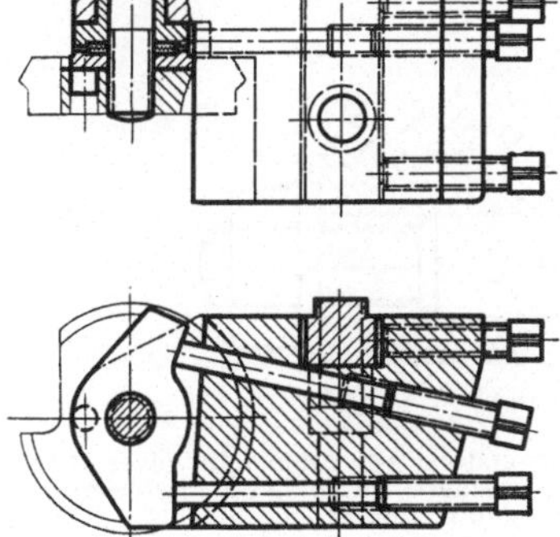

Bild 135.

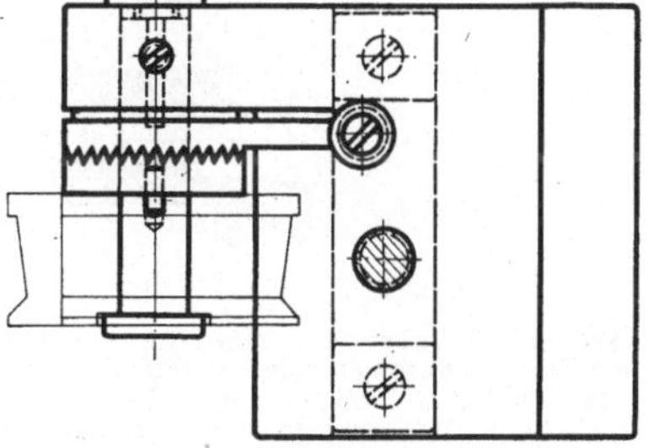

Bild 136.

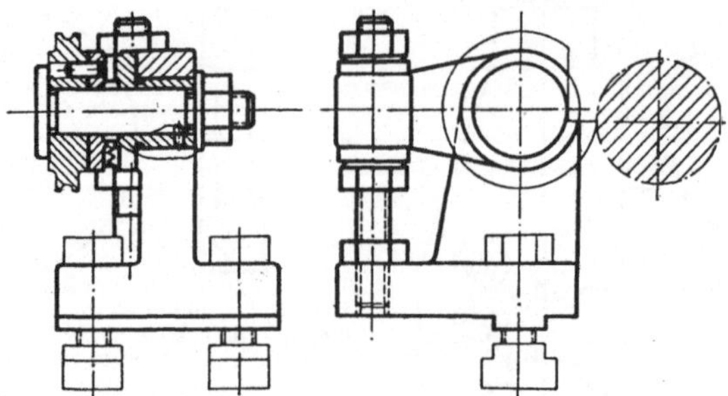

Bild 137. Spanner für leichtere Schnitte, mit einseitiger Lagerung des Formmeißels.

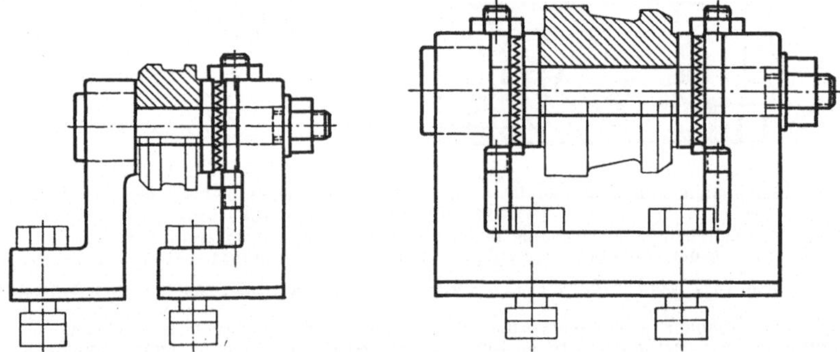

Bild 138. Spanner für schwerere Schnitte,
bestehend aus zwei Böcken für doppelseitige
Lagerung des Formmeißels.

Bild 139. Spanner für schwerere Schnitte,
bestehend aus einem Bock mit je einer Halte-
bzw. Einstelleinrichtung.

Bild 137 bis 139. *Spanner für runde Formmeißel für größere Drehmaschinen. Auf Drehmitte wird
der Rundmeißel durch Muttern über Hebel mit seitlich verzahnter Nabe eingestellt. Dieselben Teile
dienen auch zum Übertragen des am Meißel wirksamen Drehmomentes auf den Grundkörper des
Spanners.*

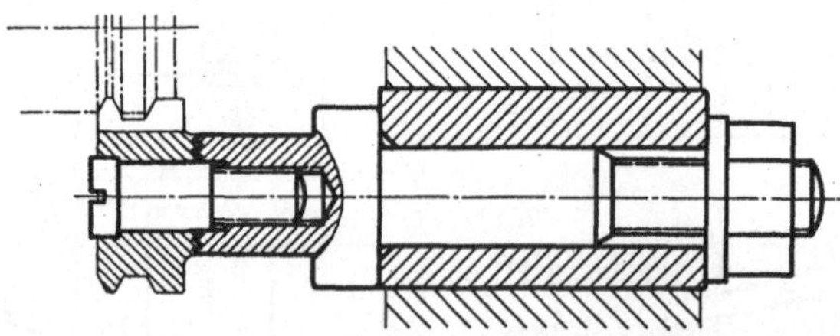

Bild 140. Spanner für runden Formmeißel, zur Verwendung auf Trommelrevolver. Der Rundmeißel wird durch radiale Verzahnung gegen Drehen gesichert. Da durch die hierfür erforderliche
Fräsarbeit das Werkzeug erheblich verteuert wird, ist die Verwendung einer Zahnscheibe mit
Stift (z. B. Bild 133) zweckmäßiger. Auf Drehmitte wird dieser Meißel durch Drehen der mit
exzentrischer Bohrung versehenen Aufnahmebuchse eingestellt.

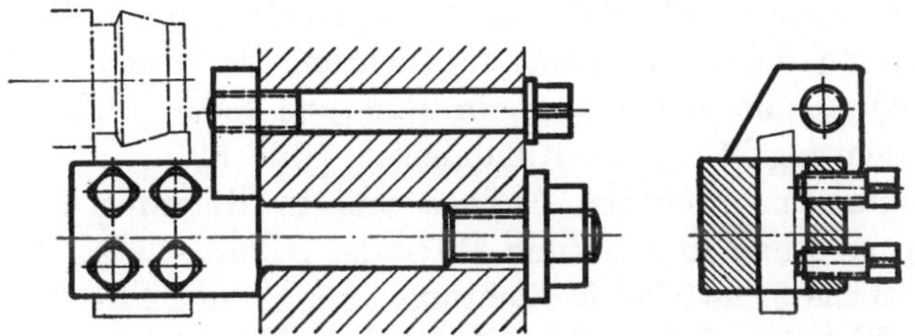

Bild 141. Spanner für Radialformmeißel („Flachmeißel") zur Verwendung auf Trommelrevolvern.
Der Spanner wird durch Mutter gespannt, durch Scheibe gegen Schwenken gesichert.

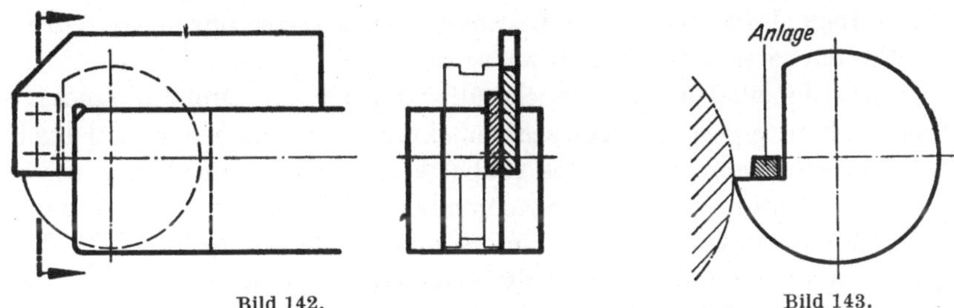


Bild 142.         Bild 143.

Bild 142. Prüf- und Einstellehre für runde Formmeißel.

Bild 143. Anschlag für runde Formmeißel. Durch Anliegen an der Spanfläche kommt der Meißel
zwangläufig in die vorbestimmte Stellung zur Drehmitte. Ein derartiger Anschlag ist jedoch nur
verwendbar, wenn dadurch das Abfließen der Späne nicht behindert wird.

### d) Spanner für Stechmeißel.

Stechmeißel dienen zum Einstechen von Nuten, Ausstechen von
Scheiben, Abstechen von Drehteilen.

Einstechmeißel werden als Radialmeißel, Tangentialmeißel oder als
Rundmeißel ausgeführt, Abstechmeißel vorzugsweise als Radialmeißel.

Genormt sind nach:

DIN 4961 gerade und gekröpfte Stechmeißel,

DIN 4962 gebogene Stechmeißel (unter 30° nach rechts oder nach links
        gebogen),

DIN 4963 rechtwinklig gebogene Stechmeißel („Hakenstähle").

Diese genormten Stechmeißel sind zur unmittelbaren Aufnahme im
Support bestimmt. Ihr Schaft ist breiter als die Breite des Einstiches.
Bei diesen abgesetzten Stechmeißeln wird der Schneidwerkstoff jedoch
nur ungünstig ausgenutzt. Deshalb werden namentlich in der Mengen-
fertigung radiale und tangentiale Stechmeißel, sogenannte Flachmeißel
verwendet, deren Breite durchgehend gleich der Stechbreite ist, oder
Rundmeißel verwendet, weil diese über nahezu den ganzen Umfang
ausnutzbar sind. Bei beiden Meißelformen ist die Schleifarbeit auf ein
Mindestmaß herabgesetzt und erübrigt sich das Anarbeiten einer neuen
Schneidzone.

Für die seitlichen Freiflächen von Stechmeißeln kommen in Betracht:

Verjüngung der Schneidzone in Richtung der Auflage (Bild 144),

Verjüngung der Schneidzone in Richtung Schaft-Ende (Bild 145) bzw. in Richtung Mitte des Rundmeißels (Bild 147),

Verjüngung in Richtung Auflage und in Richtung Schaft-Ende (Bild 146) bzw. und in Richtung Mitte des Rundmeißels (Bild 148).

Der seitliche Freiwinkel in Richtung Auflage wird 2 bis 3°, der Freiwinkel in Richtung Schaft-Ende 1 bis 2° gehalten.

Radiale Stechmeißel mit durchgehend gleichem Querschnitt sind im Spanner möglichst unter dem jeweils erforderlichen Spanwinkel anzuordnen (Bild 149). Danach braucht vorzugsweise nur an der vorderen Freifläche nachgeschliffen zu werden.

Einstechmeißel werden zweckmäßig um 2% des Drehdurchmessers über Drehmitte gestellt. Abstechmeißel müssen genau, jedoch auf Drehmitte stehen, wenn ein restlos sauberes Abstechen gefordert wird.

Die sogenannten flachen Stechmeißel werden in ein Aufnahmeteil (Bild 150) gesteckt und z. B. im Support oder im Schwenk-Meißelspanner aufgenommen oder erhalten eigene Spannteile (Bild 151 u. 152). Flache Stechmeißel sind gegen ihre Anlage zu spannen, entweder unmittelbar durch ein Spannteil oder Übertragteil oder bei Aufnahme in V-Nut durch Umlenken der auf die Schmalflächen wirkenden Spannkraft. Auf Schmalflächen angesetzte Spannkraft ist auf eine größere Länge zu verteilen.

Um Rattern, Auflaufen des Drehteiles auf den Stechmeißel sowie Einhaken des Meißels weitgehend zu vermeiden, werden Stechmeißel auch mit gekröpftem Schaft (DIN 4961) ausgeführt oder im Spanner nachgiebig gehalten (Bild 164, 614 u. 615). Erfahrungsgemäß geht Abstechen mit „über Kopf" angeordnetem Stahl ruhiger und unter geringerer Gefährdung des Werkzeuges vor sich, was zum Teil ebenfalls auf Federung des Werkzeuges und der Spannteile zurückzuführen ist.

Aus Rechtsumlauf und Linksumlauf der Arbeitsspindel, außerdem aus Anordnung vorn oder hinten auf dem Support ergeben sich verschiedene Ausführungen von Spannern für Stechmeißel (Bild 153 bis 156).

Einstiche, für die genauere Breite oder höhere Oberflächengüte vorgeschrieben ist, sind gegebenenfalls vorzustechen und mit einem breiteren Meißel fertigzustechen, unter Schlichtzugabe von 0,2 bis 0,3 mm je Fläche.

Für schmalere, abzustechende Drehteile können mehrere Stechmeißel nebeneinander angeordnet werden (Bild 166 bis 169), wodurch an Hauptzeit und an Nebenzeit gespart wird. Die Abstechmeißel sind hierbei nacheinander zum Angriff zu bringen. Hierbei ist das jeweils am äußeren Stangenende liegende Drehteil zuerst abzustechen. Die Anzahl der zugleich in Arbeit zu bringenden Meißel ist von der Steifheit der Werkstoffstange und der verfügbaren Vorschubkraft abhängig zu halten.

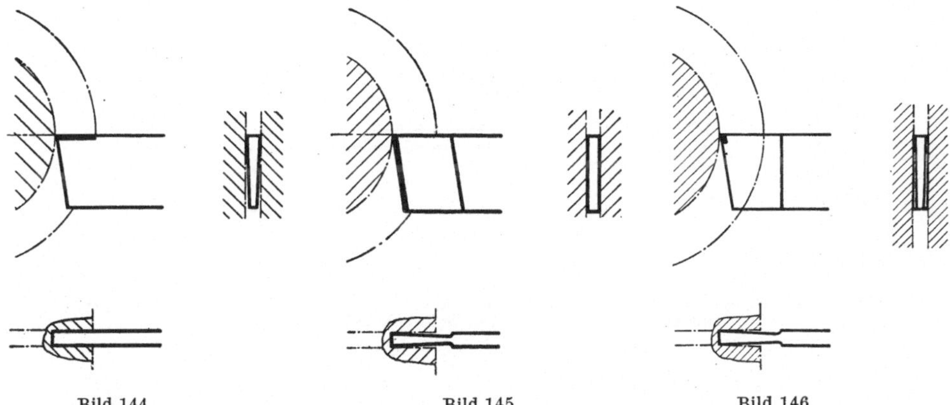

Bild 144.          Bild 145.          Bild 146.

Bild 144. Der radiale Stechmeißel mit Verjüngung der Freiflächen in Richtung Meißel-Auflage reibt an den radialen Kanten. Die Länge dieser reibenden Kanten nimmt mit der Einstechtiefe zu. Nachschliff an der vorderen Stirnfläche.

Bild 145. Der radiale Stechmeißel mit Verjüngung der Freiflächen in Richtung Schaft-Ende reibt mit den Stirnkanten. Die Länge der reibenden Kanten ist von der Einstechtiefe unabhängig, sobald diese Kanten in ihrer ganzen Länge in das Werkstück eingeführt sind. Diese Meißel sind vorzugsweise an der Spanfläche nachzuschleifen, wodurch die Schneidzone zunehmend schwächer wird und schließlich ein Rest derselben für die Schneidarbeit unausgenutzt bleibt. Außerdem ist der Meißel nach jedem größeren Abschliff von neuem auf Höhe einzustellen.

Bild 146. Der radiale Stechmeißel mit Verjüngung der Freiflächen in Richtung Auflage und in Richtung Schaft-Ende reibt an den seitlichen Stechflächen nur mit den äußeren Spitzen. Nachschliff vorzugsweise an der Spanfläche, mit den bei Bild 145 angeführten Nachteilen.

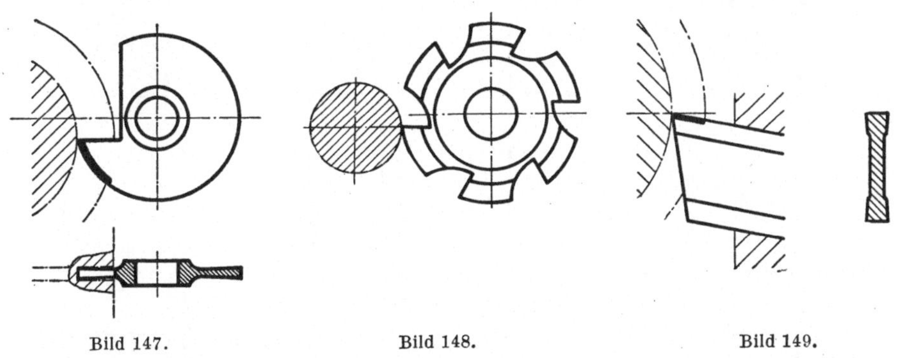

Bild 147.          Bild 148.          Bild 149.

Bild 147. Der runde Stechmeißel mit seitlich hohlgedrehten Flächen reibt ebenfalls nur mit den Außenkanten. Die Länge der reibenden Kanten nimmt mit der Einstechtiefe zu. Der Meißel wird auf der Spanfläche nachgeschliffen und ist bis auf etwa 30° seines Umfanges ausnutzbar.

Bild 148. Der runde Stechmeißel mit radialer und beiderseitig axialer Hinterdrehung reibt ebenfalls nur an den äußersten Punkten. Nachschliff an der Spanfläche. Die Anschaffungskosten für diesen, einem hinterdrehten Fräser entsprechenden Stechstahl liegen verhältnismäßig hoch und seine Ausnutzbarkeit ist verhältnismäßig gering, da von jedem Zahn rund ein Drittel unausgenutzt bleibt.

Bild 149. Der doppel-T-förmige Querschnitt dieses Stechmeißels läßt größere seitliche Freiwinkel zu, ohne daß der Meißel in stärkerem Maße geschwächt wird.

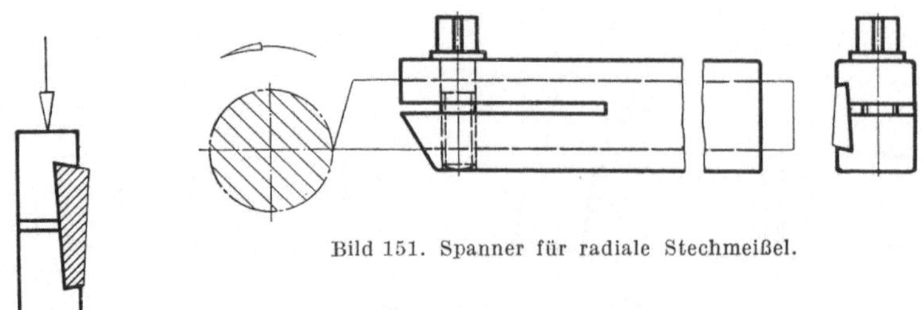

Bild 151. Spanner für radiale Stechmeißel.

Bild 150. Geteilte Aufnahmeleiste für flache Stechmeißel. Gespannt wird z. B. durch das Spannteil des Supports oder eines Schwenk-Meißelspanners.

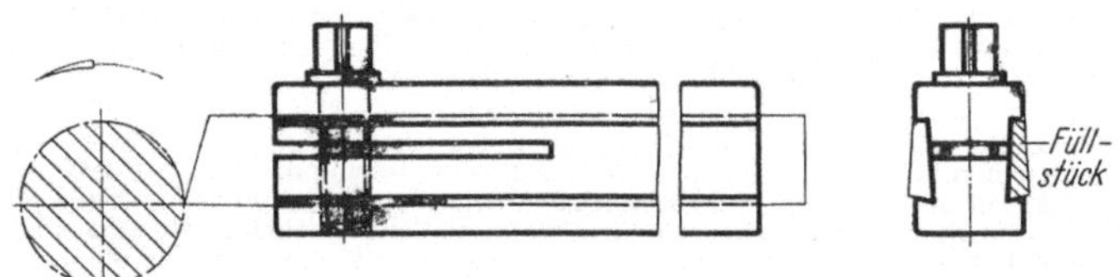


Bild 152. Spanner für wahlweise Anordnung von zwei verschiedenen Stechmeißeln. In die jeweils unbenutzte Meißelaufnahme wird ein Füllstück gesetzt.

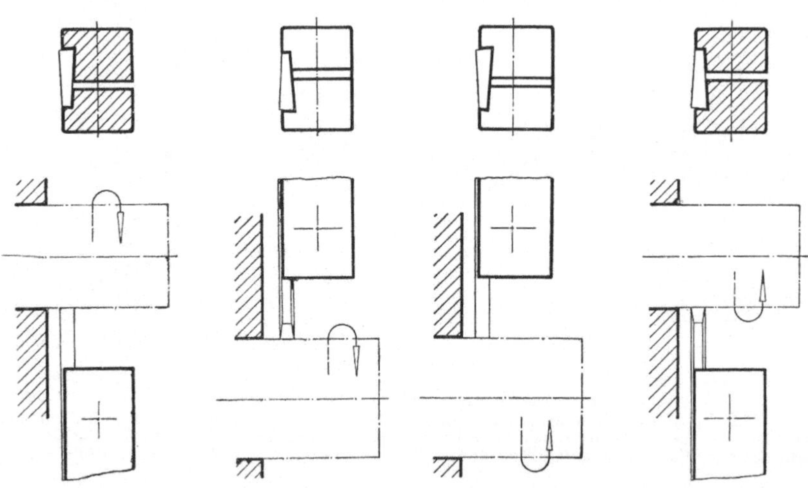

Bild 153. Spanner am        Bild 154. Spanner am        Bild 155. Spanner am        Bild 156. Spanner am
    Quersupport                  Quersupport                  Quersupport                  Quersupport
vorn angeordnet.            hinten angeordnet.          hinten angeordnet.           vorn angeordnet.
                           Arbeiten „über Kopf".                                    Arbeiten „über Kopf".

Bild 153 u. 154. *Spanner für radiale Stech-*        Bild 155 u. 156. *Spanner für radiale Stech-*
*meißel, für Rechtsumlauf der Arbeitsspindel.*        *meißel, für Linksumlauf der Arbeitsspinde.*

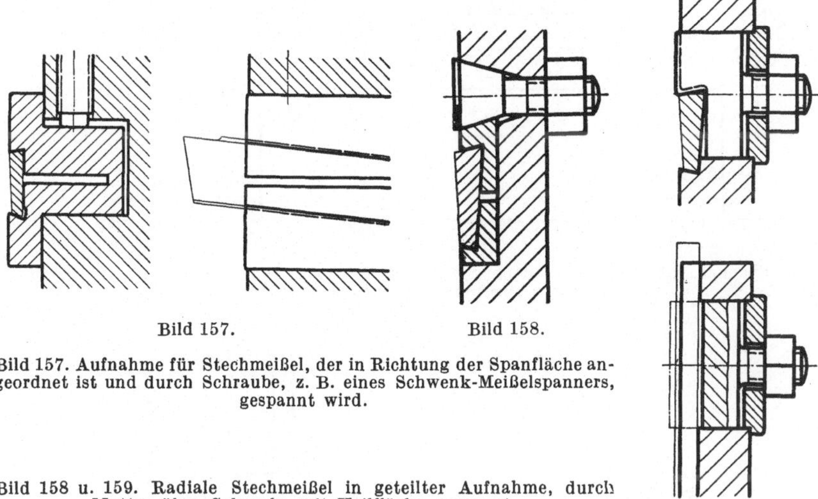

Bild 157.                              Bild 158.

Bild 157. Aufnahme für Stechmeißel, der in Richtung der Spanfläche angeordnet ist und durch Schraube, z. B. eines Schwenk-Meißelspanners,
gespannt wird.

Bild 158 u. 159. Radiale Stechmeißel in geteilter Aufnahme, durch
Mutter über Schraube mit Keilfläche gespannt.

Bild 159.

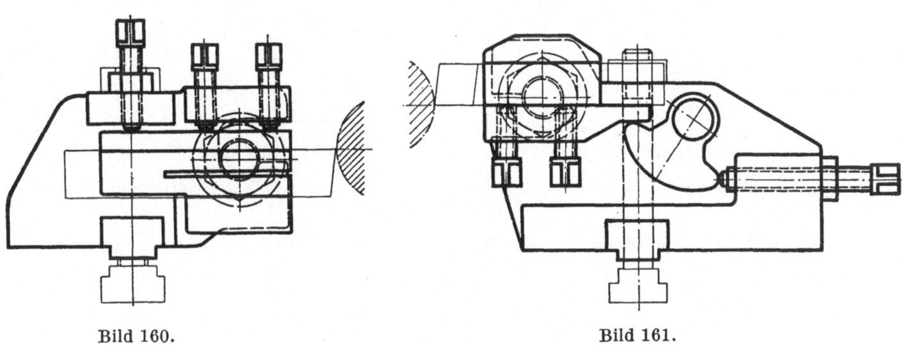

Bild 160.                              Bild 161.

Bild 160 u. 161. Stechmeißelspanner für Drehautomaten. Die Meißelaufnahme ist zum Einstellen auf Drehmitte schwenkbar.

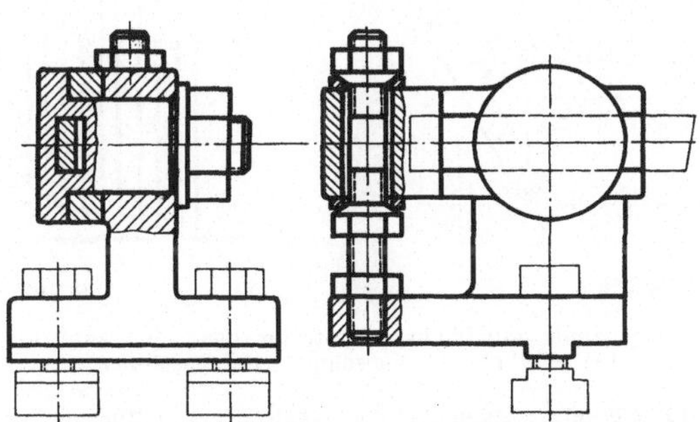

Bild 162. Stechmeißelspanner für größere Drehmaschinen, z. B. für Vielschnitt-Drehmaschinen,
mit Einstellung auf Drehmitte durch Stellmuttern an längerem Hebel.

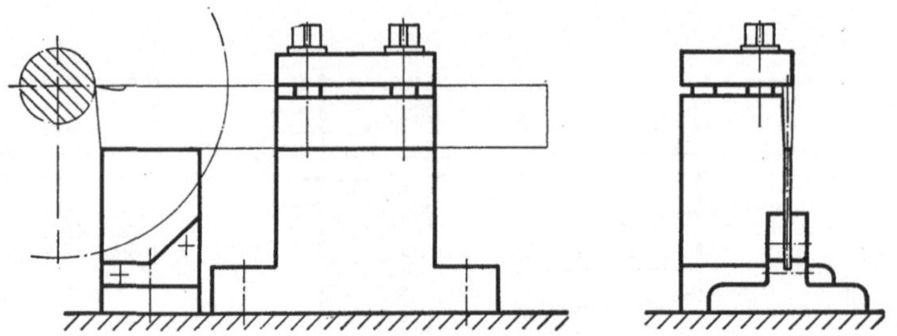

Bild 163. Spanner und Stütze für Stechmeißel zum Abstechen von Werkstücken größeren Durchmessers.

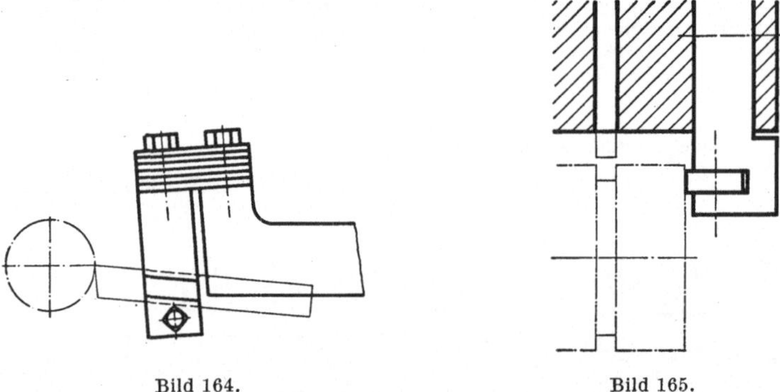

Bild 164.                            Bild 165.

Bild 164. Federnder Stechmeißelspanner. Die Federung kann durch Vergrößern oder Verkleinern des Federpaketes geändert werden.

Bild 165. Stechmeißelspanner mit Längsanschlag zum Einhalten eines bestimmten Nutabstandes.

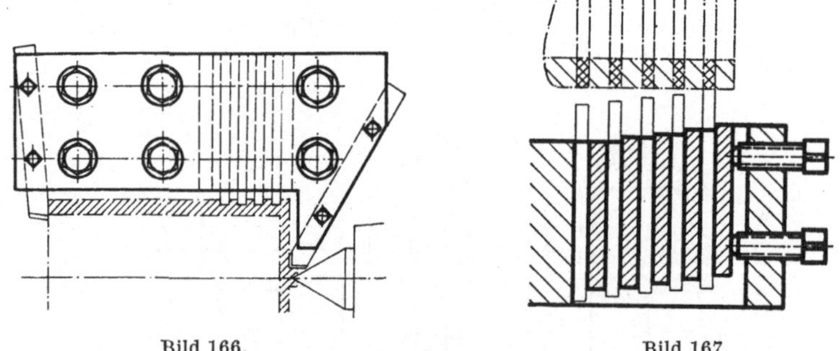

Bild 166.                            Bild 167.

Bild 166. Sondermeißelspanner mit [mehreren Stechmeißeln und zwei Plandrehmeißeln, zur Verwendung auf Vielschnitt-Drehmaschinen.

Bild 167. Spanner für mehrere Stechmeißel zum Abstechen von Ringen. Der Abstand zwischen den Meißeln ist durch lose Leisten bestimmt. Die Meißel sind in Richtung Spannfutter auf zunehmend größerem Durchmesser eingestellt, damit der jeweils am äußeren Ende liegende Ring zuerst abgestochen wird.

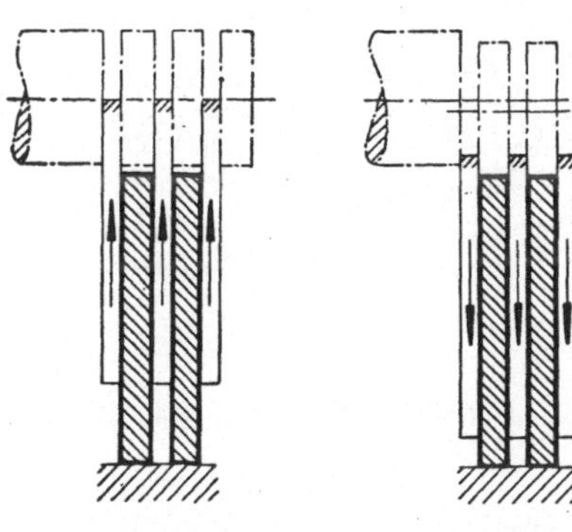

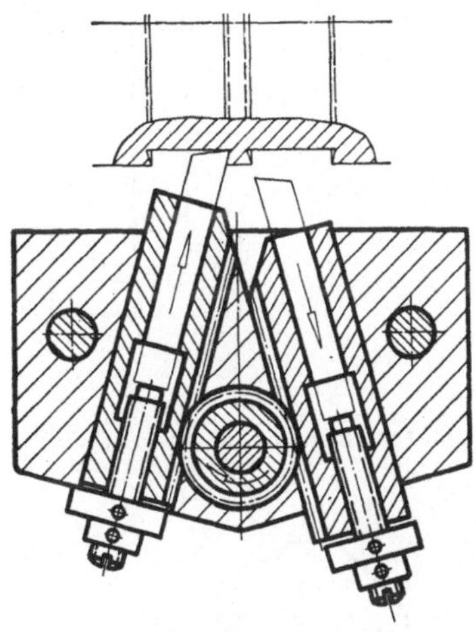

Bild 168. Stechmeißel in
Arbeitsstellung.

Bild 169. Stechmeißel
in Rückzugstellung.

Bild 168 u. 169. *Spanner für mehrere Abstechmeißel mit Abstreifer für die abgestochenen Teile. Die Abstreifer sind in geringem Abstand vom Werkstück angeordnet und in Querrichtung unbeweglich. Beim Rückzug stoßen abgestoßene Werkstücke, die zwischen zwei Meißeln geklemmt sind, an den Abstreifern an und werden freigegeben.*

Bild 170. Stechmeißelspanner mit zwei Meißeln für beiderseitiges schräges Hinterstechen. Durch Hin- und Herdrehen des Zahnrades wird abwechselnd ein Meißel vorgeschoben und der zweite zurückgezogen.

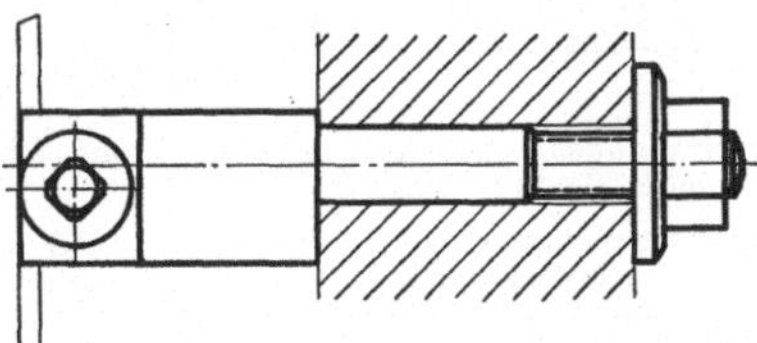

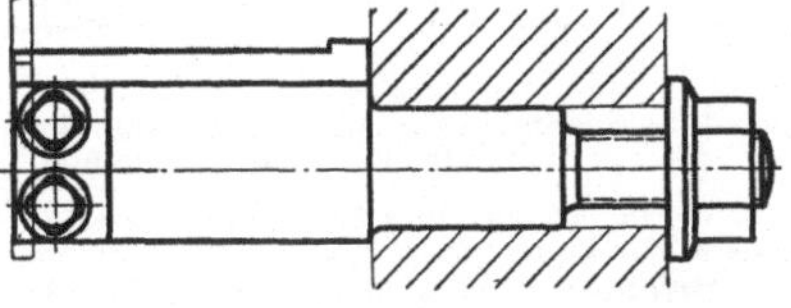

Bild 171. Spanner für leichtere Stecharbeiten.

Bild 172. Spanner für etwas schwerere Stecharbeiten.

Bild 171 u. 172. *Spanner für Stechmeißel, zur Verwendung auf Trommelrevolvern.*
(Firma Pittler, Langen.)

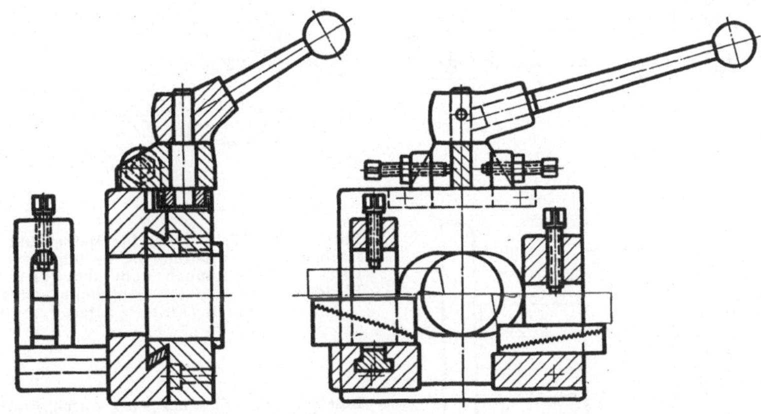

Bild 173. Stechmeißelspanner zur Verwendung auf Sternrevolvern. Durch Handhebel wird über Zahnrad und Zahnstange der Stechschlitten bewegt. Für längere Drehteile ist der Spanner mit Mittelbohrung versehen. (Firma Magdeburger Werkzeugmaschinenfabrik.)

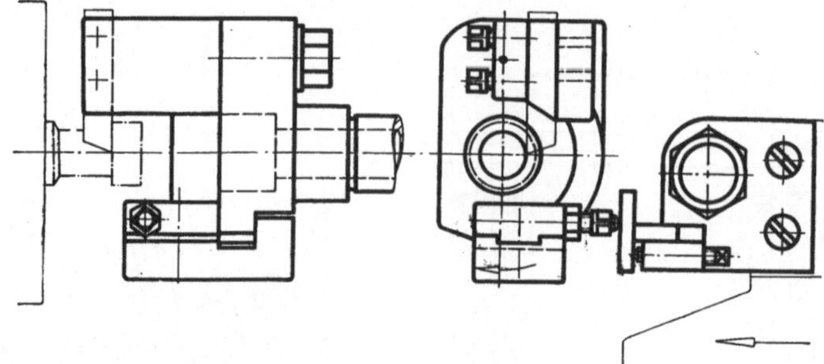

**Bild 174. Spanner für Tangentialmeißel für linksumlaufendes Drehteil. Der Meißelträger ist schwenkbar ausgeführt. (Firma Index-Werke, Eßlingen.)**

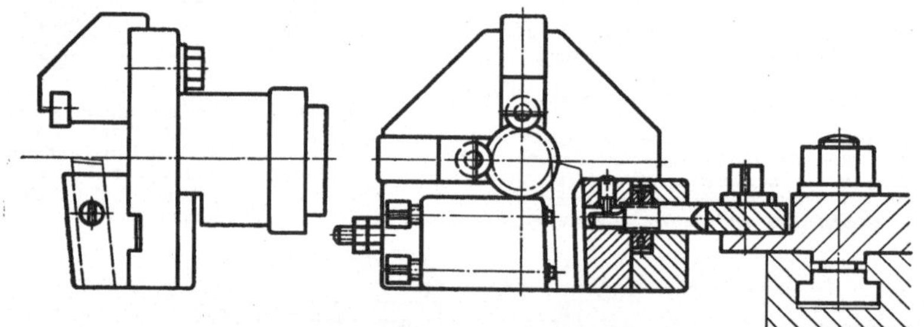

**Bild 175. Spanner für Tangentialmeißel für rechtsumlaufendes Drehteil. Der Meißelträger ist als Schlitten ausgebildet. (Firma Ludw. Loewe, Berlin.)**

Bild 174 u. 175. *Spanner für Tangentialmeißel zum Hinterstechen bzw. zum Plandrehen von Stirnflächen, die hinter einem Bund liegen, verwendet auf Revolverdrehmaschinen und Drehautomaten. Der Meißelträger wird durch den auf dem Quersupport befestigten Andrückwinkel vorgeschoben, durch Federkraft in Ausgangsstellung zurückgebracht.*

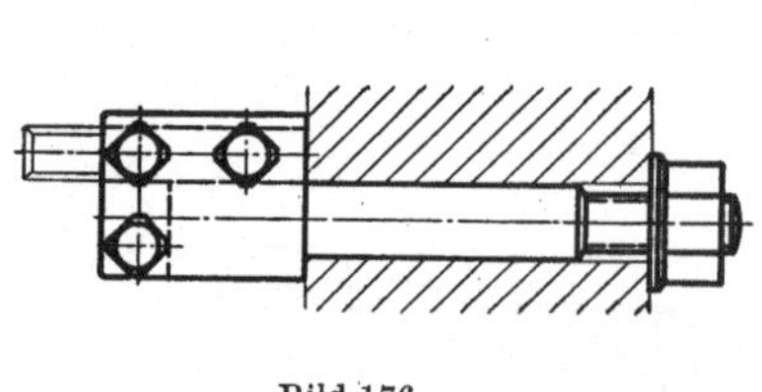

Bild 176.

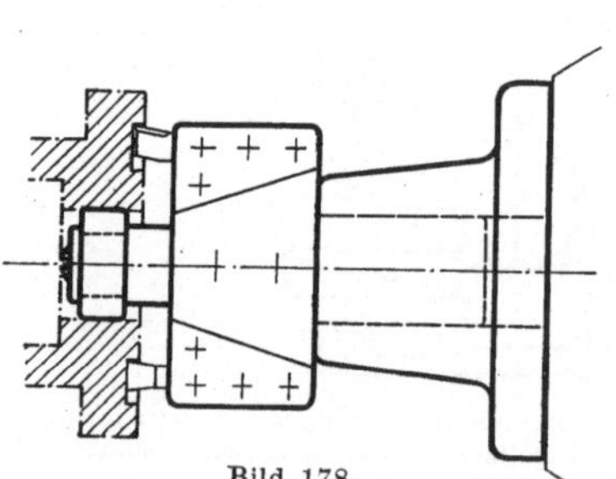

Bild 178.

Bild 177.

Bild 176 u. 177. Spanner für Meißel zum Planstechen, zur Verwendung auf Trommelrevolvern. Diese Spanner können außerdem für sonstige Plandreh- und kürzere Langdreharbeiten verwendet werden (Firma Pittler, Langen.)

Bild 178. Der Spanner wird durch Führungsrolle in der Werkstückbohrung gestützt. (Firma Boehringer, Göppingen.)

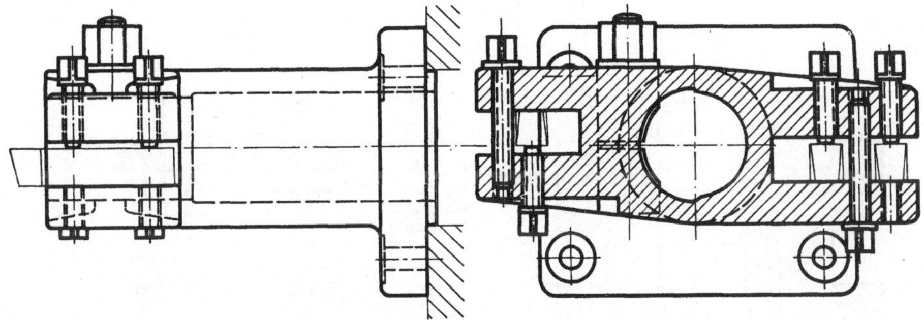

Bild 179. Durch die vier Meißel wird ohne Querverschiebung ein breiter Planeinstich gefertigt.
(Firma Magdeburger Werkzeugmaschinenfabrik.)

*Bild 178 u. 179. Meißelspanner zum Einstechen von Nuten in Planflächen, zum Ausdrehen von Bohrungen usw., verwendet auf Sternrevolvern. Die Mittelbohrung dient zur Aufnahme von Bohrwerkzeugen oder von Führungsteilen.*

## e) Spanner für Innendrehmeißel

sind unter „Spanner für Ausbohrwerkzeuge" S. 115 angeführt.

## f) Spanner für Gewinde-Drehmeißel

sind unter „Spanner für Gewindeschneidwerkzeuge" S. 228 angeführt.

## g) Schwenk-Meißelspanner

dienen zur Aufnahme mehrerer einzelner Drehmeißel, die durch Schwenken des Spanners nacheinander für verschiedene Arbeitsstufen in Arbeitsstellung gebracht werden.

Schwenk-Meißelspanner werden auf dem Support von Spitzendrehmaschinen bzw. auf dem Quersupport von Revolverdrehmaschinen befestigt. Sie werden meist mit quadratischer (Bild 180), außerdem mit runder (Bild 183 u. 184) Außenform ausgeführt, und haben fast ohne Ausnahme vier Aufnahmestellen für die Werkzeuge. Unter Verwendung geeigneter Aufnahmeteile können auch Bohrer, Bohrstangen u. ä. aufgenommen werden. Auf dem Schwenktisch runder Meißelspanner sind in der Schwenkebene allseitig bewegliche Spanner („Stichelhäuser") angeordnet, durch die Drehmeißel unter verschiedenen Winkeln zur Drehachse eingespannt werden können.

Um durch Schwenk-Meißelspanner das jeweils nächstfolgende Werkzeug in Arbeitsstellung zu bringen, sind folgende Vorgänge und Bewegungen erforderlich:

a) Lösen der Spannung des Schwenkkopfes,
b) Entriegeln,
c) Schwenken,
d) Verriegeln,
e) Spannen des Schwenkkopfes gegen die Supportauflage.

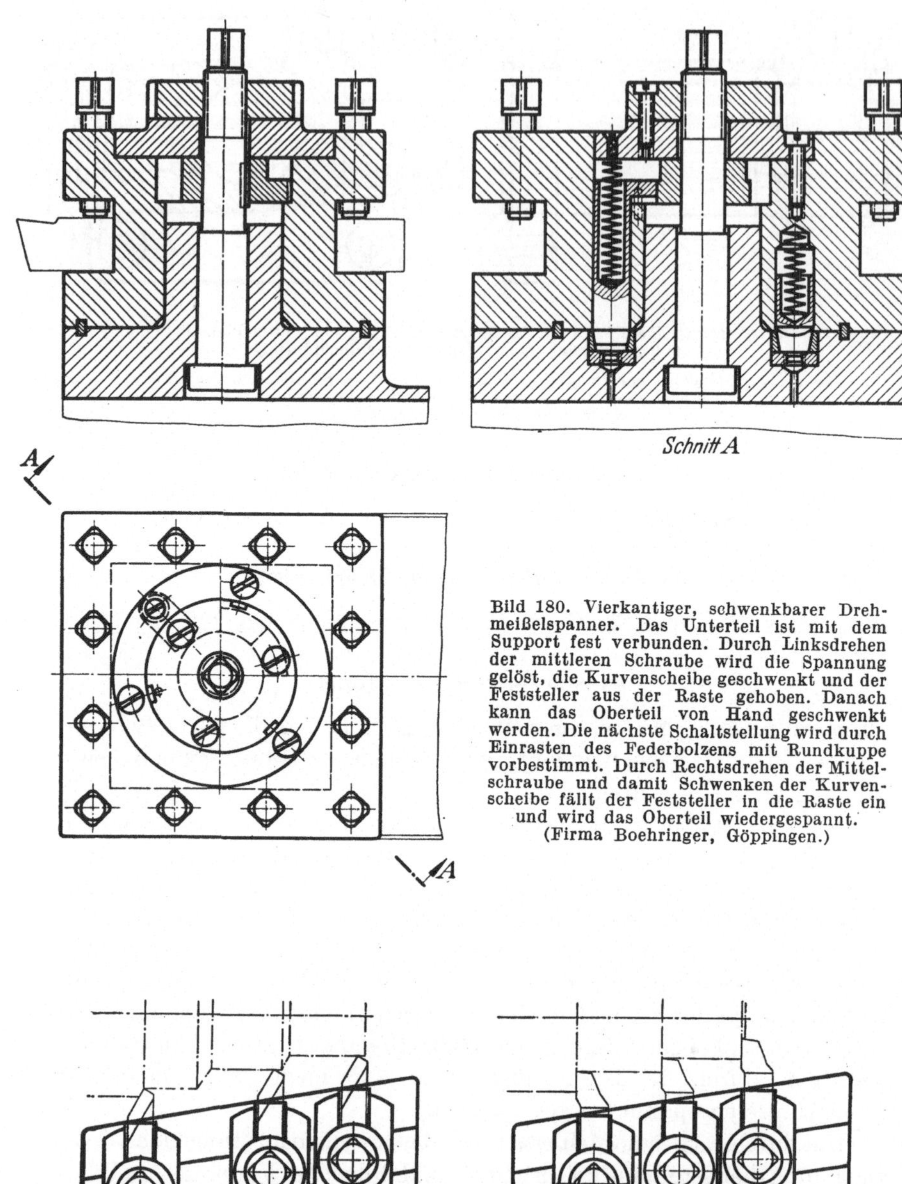



Bild 180. Vierkantiger, schwenkbarer Drehmeißelspanner. Das Unterteil ist mit dem Support fest verbunden. Durch Linksdrehen der mittleren Schraube wird die Spannung gelöst, die Kurvenscheibe geschwenkt und der Feststeller aus der Raste gehoben. Danach kann das Oberteil von Hand geschwenkt werden. Die nächste Schaltstellung wird durch Einrasten des Federbolzens mit Rundkuppe vorbestimmt. Durch Rechtsdrehen der Mittelschraube und damit Schwenken der Kurvenscheibe fällt der Feststeller in die Raste ein und wird das Oberteil wiedergespannt. (Firma Boehringer, Göppingen.)

Bild 181. Anordnung der Meißel zum Langdrehen.

Bild 182. Anordnung der Meißel zum Plandrehen.

Bild 181 u. 182. *Schwenk-Meißelspanner mit mehreren Meißeln.*

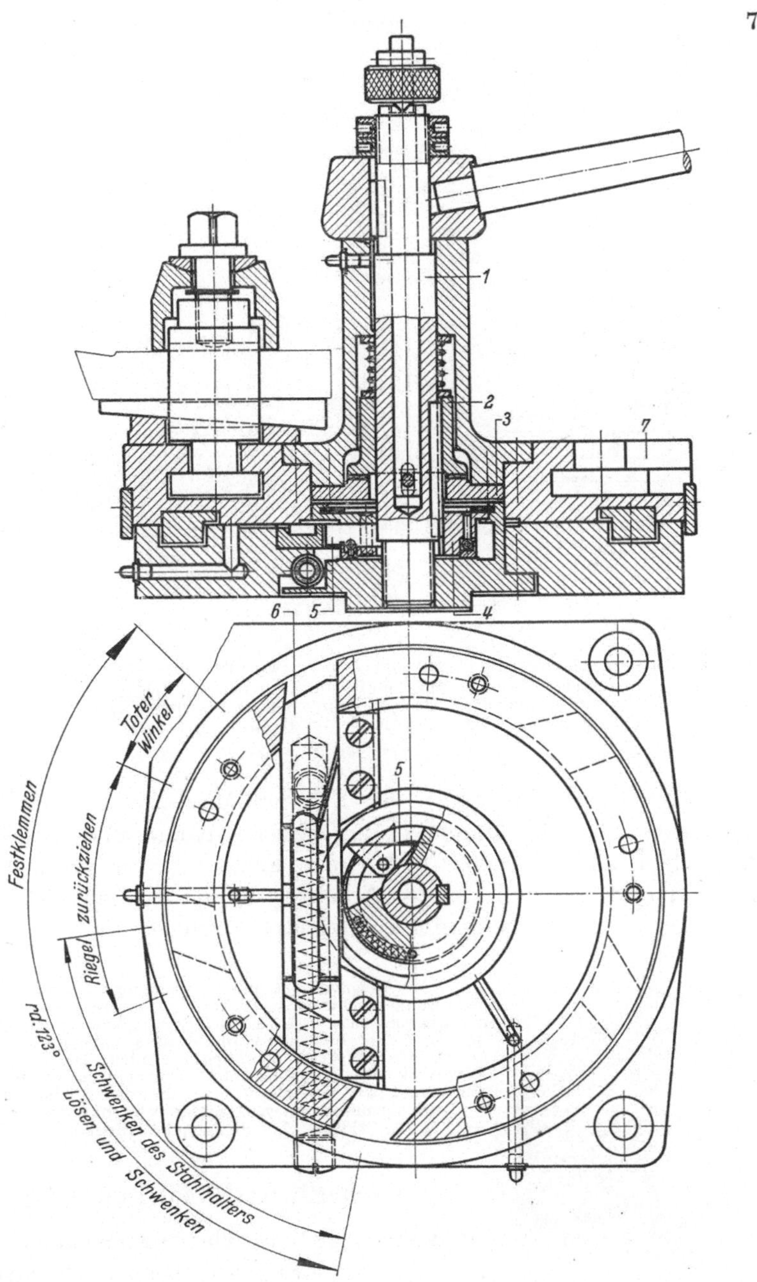



Bild 183. Runder, schwenkbarer Drehmeißelspanner mit Einhebelbedienung. Durch Linksschwenken des Bedienhebels wird Spannschraube *1* gelöst, Ring *4* mit Mitnehmerhebel *5* geschwenkt und dabei Riegel *6* aus der Raste der Teilscheibe gezogen. Hülse *2* gleitet dabei mit ihren Sperrzähnen über die Zähne der Scheibe *3* leer hinweg. Beim Rechtsschwenken des Bedienhebels nimmt die Zahnhülse *2* die Zahnscheibe *3* und dabei den gesamten Schwenktisch mit, bis der Flachriegel in die nächstfolgende Raste des Teilringes einfällt. In Fortsetzung der Schwenkbewegung wird gespannt. (Firma Ludw. Loewe, Berlin.)

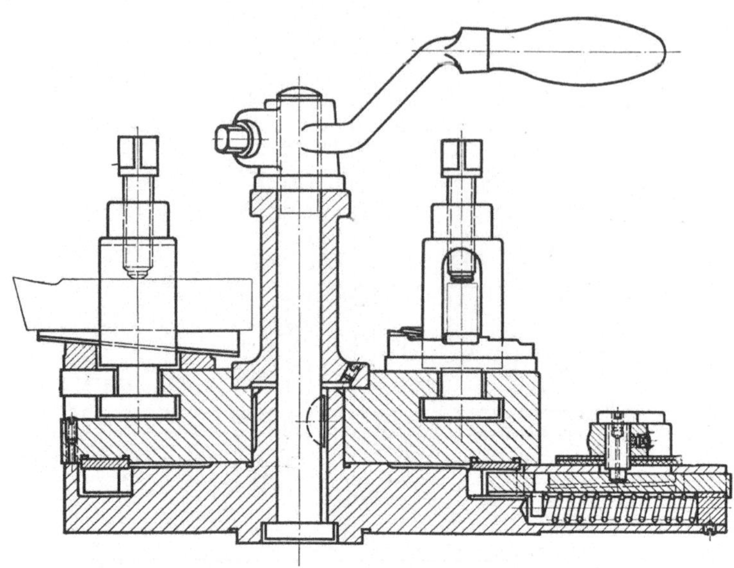

Bild 184. Runder, schwenkbarer Drehmeißelspanner. Für das Bedienen sind erforderlich:
1. Schwenken der Spannmutter durch mittleren Hebel;
2. Entriegeln der Teilscheibe durch den rechtsseitigen Hebel;
3. Schwenken des Drehtisches von Hand.
(Firma Ludw. Loewe, Berlin.)

Je nach Durchbildungsgrad des Schwenk-Meißelspanners muß der Bedienende für die Durchführung dieser Spann- und Schwenkbewegungen an drei oder zwei oder auch nur an einer Stelle Hand anlegen. Für leichtere Arbeiten kann gegebenenfalls auf das Spannen des Schwenkkopfes verzichtet werden.

Bild 185.

Bild 185. Revolverkopf zur Verwendung auf dem Support von Spitzendrehmaschinen. Durch waagerechte Anordnung der Schwenkachse dieses Revolverkopfes kann zum Anstellen des jeweils nachfolgenden Drehmeißels ohne größeres Verstellen des Supportes geschwenkt werden. Der dargestellte Revolverkopf erfordert nur einen Bruchteil des Vorstellweges und damit der Vorstellzeit eines üblichen Schwenk-Meißelspanners mit senkrechter Schwenkachse.
(Firma Max Simmel, Pforzheim.)

### h) Schnellwechsler für Drehmeißel

(Bild 186 u. 187) bestehen aus einem auf dem Drehmaschinen-Support befestigten Grundkörper und mehreren Werkzeugaufnahmen, die für die verschiedenen Arbeitsstufen gewechselt werden. Außer Drehmeißeln können auch Bohrer, Bohrstangen und ähnliche Werkzeuge aufgenommen werden.

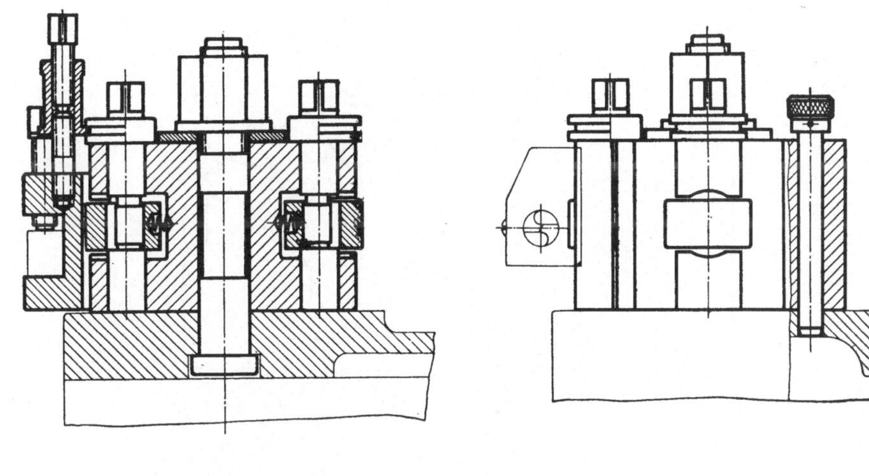

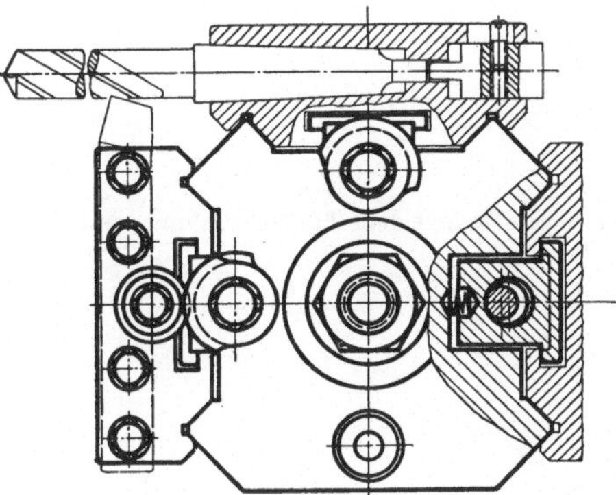

Bild 186.

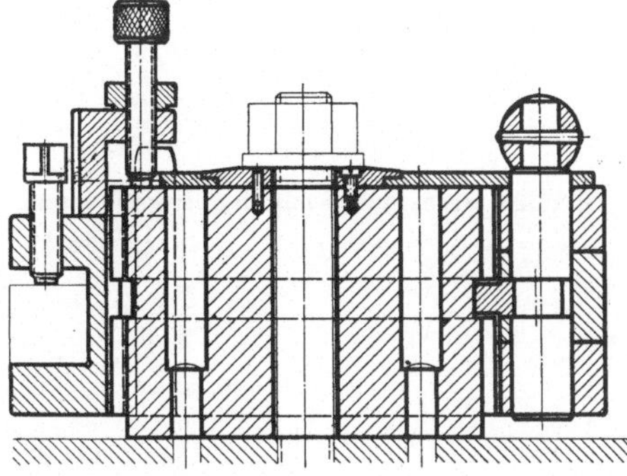

Bild 186. Der vierkantige Grundkörper
wird durch Steckstift und Spannschraube
festgelegt. Die Werkzeugaufnahmen werden durch Schraube auf Drehmitte eingestellt und durch Exzenter über T-Stück
gespannt. (Firma Boehringer, Göppingen.)

Bild 187. Der runde Grundkörper hat
40 Zähne, durch die die Werkzeugaufnahmen in ebenso vielen Winkelstellungen
angeordnet werden können. Die durch
Schraube auf Drehmitte einstellbaren
Werkzeugaufnahmen werden durch Exzenter über Zuglaschen gespannt.
(Firma V. F. Minder, Genf.)

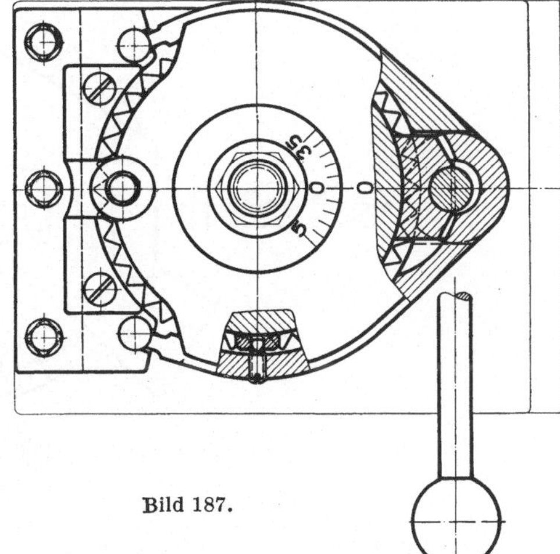

Bild 187.

Bild 186 u. 187. *Schnellwechsler für Drehmeißel mit auf Drehmitte einstellbaren
Meißelaufnahmen.*

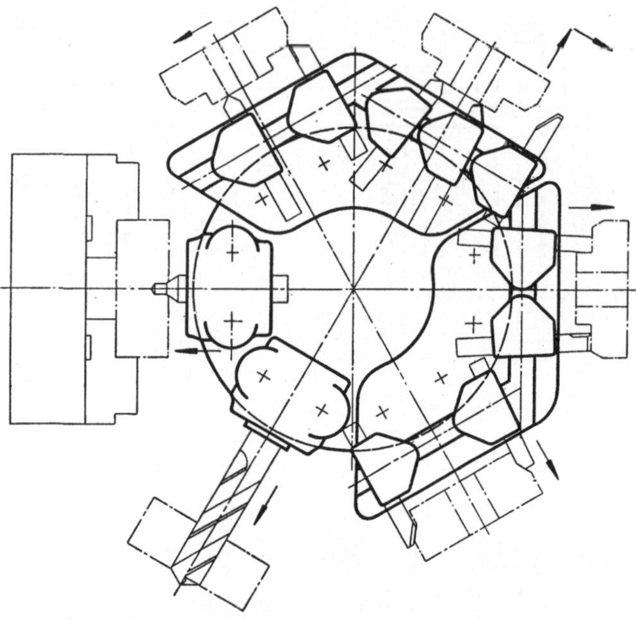

Bild 188. Wechselplatte mit gruppenweise zusammengefaßten Drehmeißeln für Flachtischrevolver.
(Firma Scheu, Berlin.)

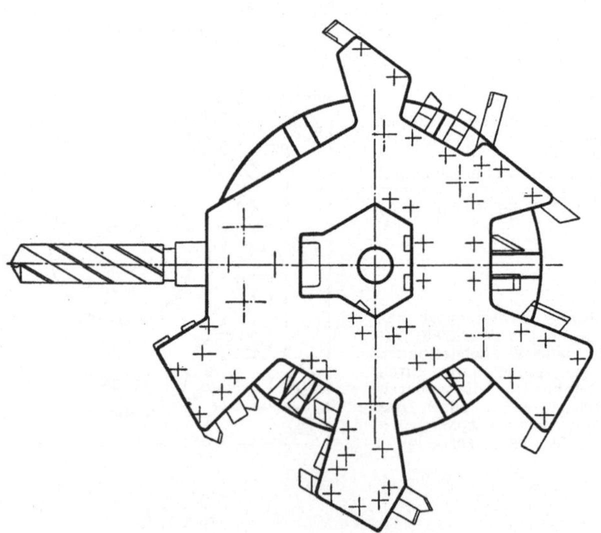

Bild 189. Aus *einem* Stück bestehende Wechselplatte für Flachtischrevolver.
(Firma Scheu, Berlin.)

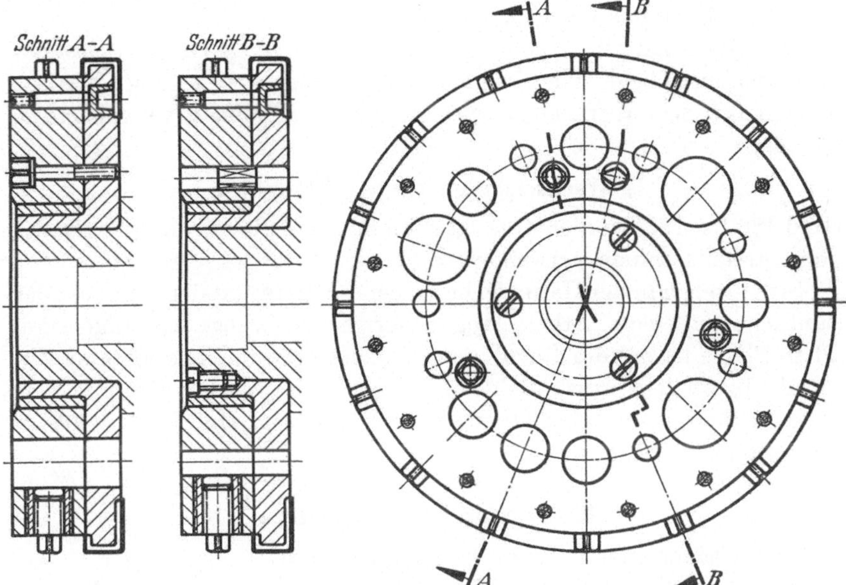

Bild 190. Wechselplatte auf Trommelrevolver. (Firma Pittler, Langen.)

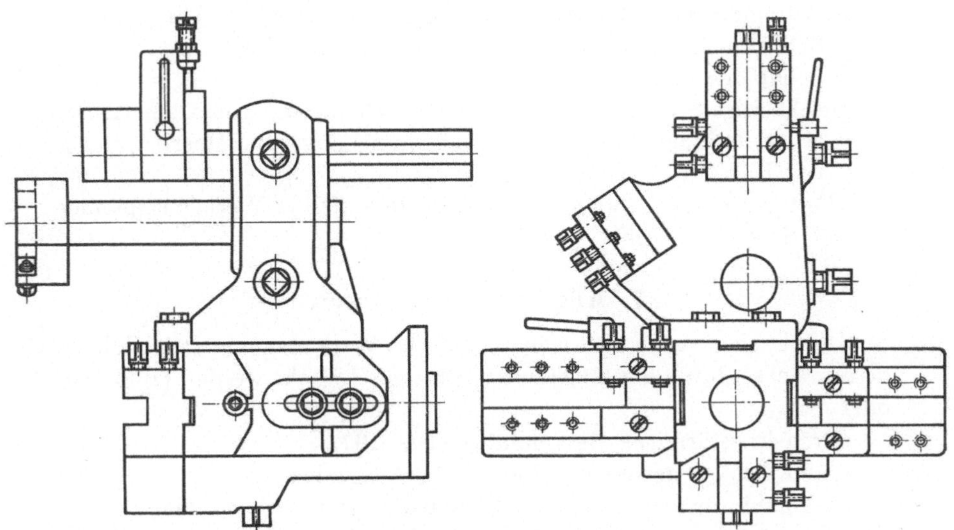

Bild 191. Mehrfachspanner für Drehmeißel, zur Verwendung auf Revolverdrehmaschinen und Halbautomaten.

Diese Werkzeugaufnahmen sind rasch auswechselbar. Jeder Werkzeugaufnahme ist eine Stellschraube zugeordnet, durch die das Werkzeug auf Drehmitte eingestellt wird.

Der Hauptvorteil solcher Schnellwechsler gegenüber Schwenk-Meißelspannern liegt in der Möglichkeit, für einen Arbeitsgang praktisch unbegrenzt viele Werkzeuge bzw. Werkzeugaufnahmen verwenden zu können.

### i) Wechselplatten für Werkzeugsätze

(Bild 188 bis 191) werden vorzugsweise auf dem Revolverkopf von Revolverdrehmaschinen verwendet.

Sie bestehen in der Hauptsache aus einer Platte, auf der mehrere oder sämtliche zu einem Arbeitsgang gehörige Werkzeuge befestigt sind. Diese Platte kann vom Revolverkopf gelöst und im eingerichteten Zustand abgestellt werden und steht danach bei Wiederaufnahme derselben Arbeit sofort einsatzbereit zur Verfügung. Hierdurch wird an Rüstzeit erheblich gespart.

## 6. Kegeldreheinrichtungen.

Im Drehverfahren sind Kegel herstellbar durch

 Formdrehen, wobei das Werkzeug im Stechverfahren senkrecht oder parallel zur Drehachse oder senkrecht zur Kegel-Mantellinie zugestellt wird;

 Winkelverlagerung der Werkstückachse, wozu die Reitstockspitze um den halben Kegelwinkel außer Drehmitte gesetzt wird;

 Führung des Werkzeuges in Richtung der Kegel-Mantellinie, mittels Schlitten (Bild 192 bis 195) oder im Nachformverfahren mittels Schablone (Bild 210 bis 212);

 gleichzeitige Steuerung zweier Werkzeugschlitten, wobei die Kegel-Mantellinie gleich der Resultierenden aus Längs- und Querbewegung ist (Bild 421).

Die Fertigung von Innenkegeln durch umlaufende Werkzeugspanner ist auf S. 148 angeführt.

## 7. Kugeldreheinrichtungen.

Zum Drehen von Kugelflächen kann das Werkzeug um einen Bolzen, dessen Achse durch die Kugelmitte geht, geschwenkt werden (Bild 196) oder

 durch kreisförmiges Bett geführt (Bild 197),

 durch Lenker gesteuert (Bild 198 u. 199) oder

 im Nachformverfahren durch Schablone gesteuert werden.

Die Fertigung von hohlkugeligen Flächen durch umlaufende Werkzeuge ist unter Kugelbohren S. 151 angeführt.

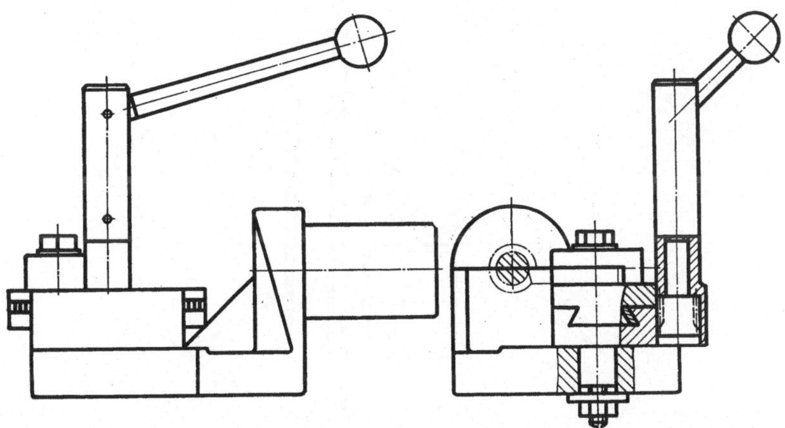

Bild 192. Meißelspanner für Sternrevolver mit Einrichtung zum Drehen von Kegeln. Hierfür ist der Drehmeißel in einem Schlitten angeordnet, der durch Handhebel über Zahnrad und Zahnstange bewegt wird. Die Schlittenführung ist nach Skala von 0 bis 90° zur Drehachse einstellbar. (Firma Magdeburger Werkzeugmaschinenfabrik.)

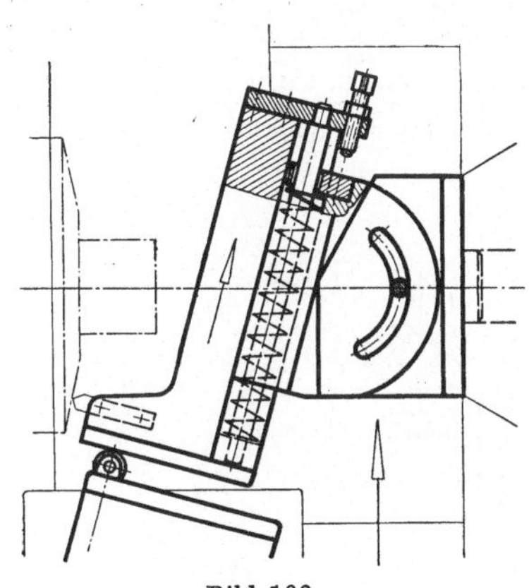

Bild 193.

Bild 193. Kegeldreheinrichtung für Sternrevolver mit Betätigung der Vorschubbewegung durch den Querschlitten, geeignet für stumpfe Kegel mit halben Kegelwinkeln zwischen 45 und 90°. (Firma Magdeburger Werkzeugmaschinenfabrik.)

Bild 194. Kegeldreheinrichtung für Sternrevolver, mit Betätigung der Vorschubbewegung durch den Revolverkopf, geeignet für schlanke Kegel mit halben Kegelwinkeln zwischen 0 und 45°. (Firma Magdeburger Werkzeugmaschinenfabrik.)

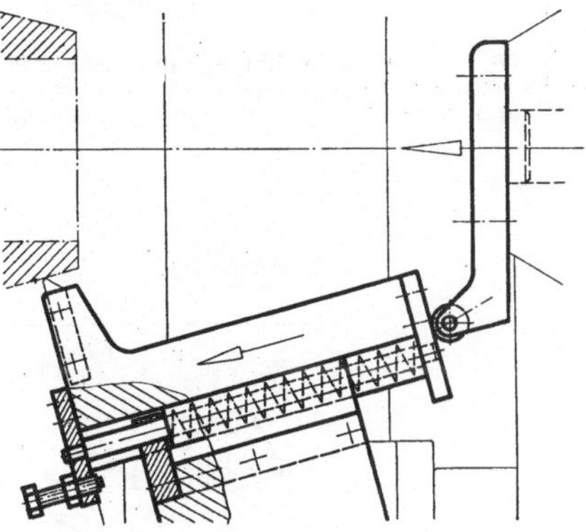

Bild 194.

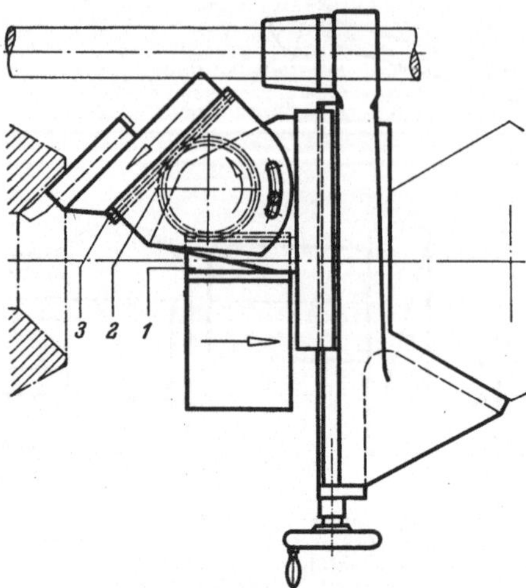

Bild 195. Kegeldreheinrichtung für Revolverdrehmaschinen. Beim Verschieben des Quer-
supportes in Pfeilrichtung bzw. beim Vorschieben des Revolverschlittens wird durch Zahnstange *1* über Zahnrad *2* und Zahnstange *3* der Werkzeugschlitten *4* in Richtung des Kegel-
mantels bewegt. Erfolgt der Vorschub durch den Revolverschlitten, kommt dessen Längsweg
zum Längsweg des Werkzeugschlittens hinzu, wodurch ein entsprechend schlankerer Kegel
entsteht. (Firma Magdeburger Werkzeugmaschinenfabrik.)

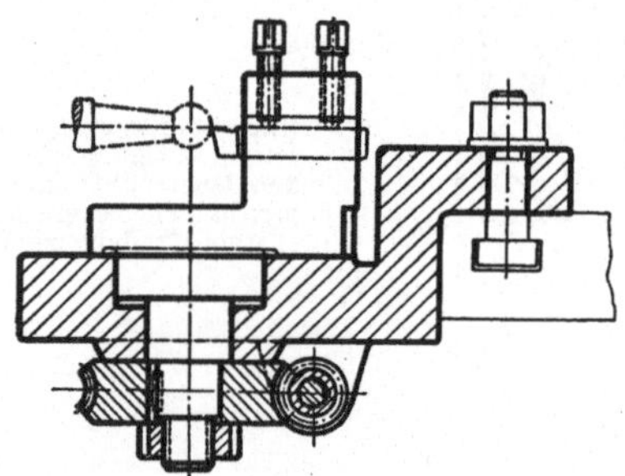

Bild 196. Kugeldreheinrichtung mit schwenkbarem Werkzeugträger, der von Hand durch
Schnecke über Schneckenrad angetrieben wird. Der Kugelhalbmesser wird durch den Abstand
der Meißelschneide von der Schwenkmitte bestimmt. (H. E. Scheibe, München.)

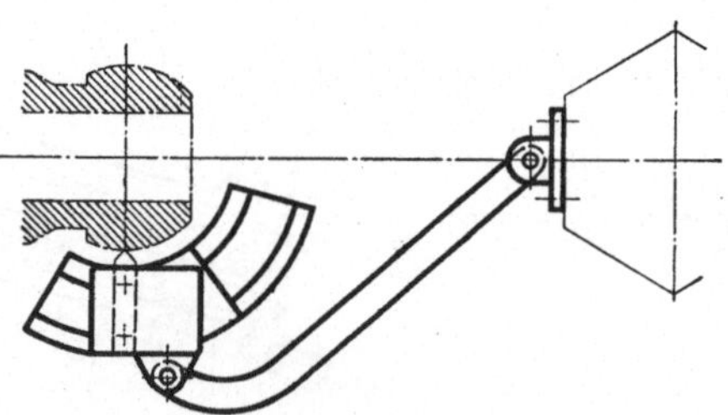

Bild 197. Kugeldreheinrichtung mit kreisförmiger Führungsbahn. Der Werkzeugschlitten wird
durch den Revolverkopf über Gelenkstange vorgeschoben.

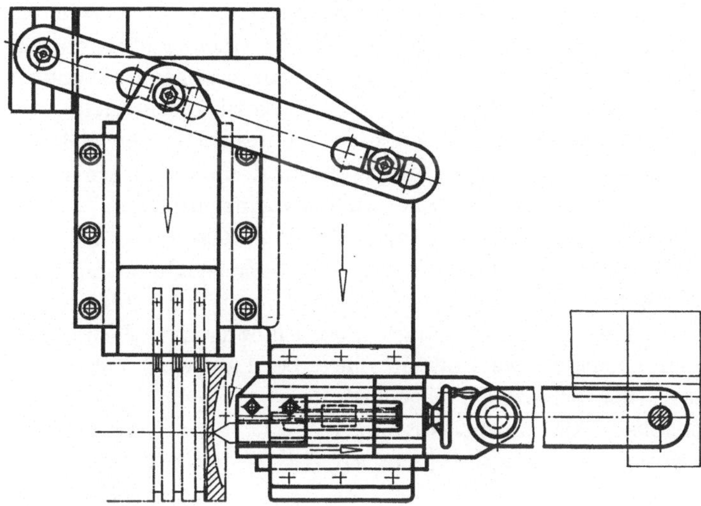

Bild 198. Dreheinrichtung für konkave Kugelflächen.

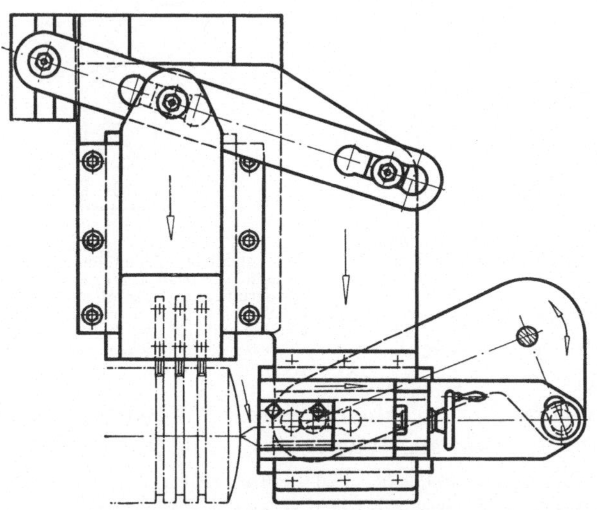

Bild 199. Dreheinrichtung für konvexe Kugelflächen.

*Bild 198 u. 199. Kugeldreheinrichtungen für Kugelflächen, mit Steuerung durch Lenker. Der Planschlitten wird von Hand oder maschinell und dabei der gesamte Support mit dem Drehmeißel im Kugelhalbmesser bewegt. Der Längsschlitten ist in Richtung der Drehachse frei beweglich.*
(Firma Gebr. Heinemann, St. Georgen/Schwarzwald.)

## 8. Nachformdreheinrichtungen.

Beim Nachformdrehen (Kopierdrehen) wird der Drehmeißel nach einer vorgegebenen Form gesteuert (Bild 200 bis 213). Hierbei wird diese Form abgetastet und werden die Bewegungen des Tastteiles auf den Drehmeißel mechanisch, hydraulisch oder elektrisch übertragen.

6*

Die Anschaffungskosten für Einrichtungen für mechanische Übertragung liegen niedriger als für Nachformeinrichtungen mit hydraulischer oder elektrischer Übertragung. Für häufiger anfallende Nachformarbeiten, für die verschiedene Formen vorliegen, ist jedoch zu berücksichtigen, daß Formschablonen für hydraulische und elektrische Nachformeinrichtungen unter geringerem Kostenaufwand herstellbar sind als Schablonen für mechanische Nachformeinrichtungen.

Beim Nachformdrehen entsteht die Drehteilform aus einer Haupt-Vorschubbewegung und der von der Formschablone über Tastteil gesteuerten Zusatzbewegung. Für die Haupt-Vorschubbewegung stehen an der Drehmaschine Längs- und Planzug zur Verfügung. Die Bewegungsrichtung des Tastteiles liegt bei Längszug senkrecht zur Drehachse, bei Planzug längs zur Drehachse. Als Haupt-Vorschubbewegung ist jeweils jene zu wählen, bei der vom Tastteil an der Formschablone die geringeren Steigungen zu überwinden sind.

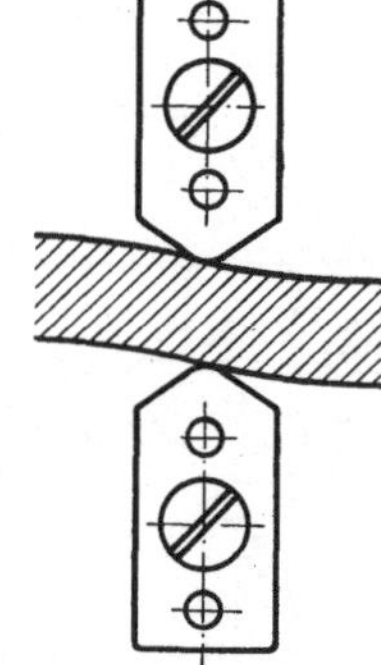

Bild 200. Nachformschablone mit innenliegenden, parallelen Formflächen, mit Tastrolle.

Bild 201. Nachformschablone mit außenliegenden, parallelen Formflächen, mit zwei Taststeinen. Vorzugsweise für Formen mit kleineren Innenrundungen, für die eine Rolle nicht ausführbar ist. Falls einer der Taststeine nachstellbar gehalten wird, kann Abnutzung ausgeglichen werden.

Zum Nachformen wird das Tastteil durch Feder, Gewicht, hydraulisch oder durch Magnetkraft an die Formfläche der Schablone einseitig angedrückt oder durch parallele Formflächen zwangläufig geführt (Bild 200 u. 201).

Die Formfläche einseitiger Formschablonen ist verhältnismäßig leicht herstellbar, denn es ist dabei nur auf die geometrische und maßliche Richtigkeit dieser einen Fläche zu achten. Einseitige Anlage gewährleistet jedoch nicht in allen Fällen genaues Nachformen, z. B. nicht bei schwereren oder unterbrochenen Schnitten. Außerdem sind Gewicht, Feder usw. in manchen Fällen baulich schwierig unterzubringen.

Bei einseitiger, d. h. nur *einer* Formfläche der Schablone ist diese so anzuordnen, daß bei einem Abheben des Tastteiles von der Formfläche das Werkstück nicht Ausschuß wird (Bild 202 bis 205).

Durch parallele Formflächen wird ein Abheben vermieden. Für diese liegen die Herstellungskosten jedoch erheblich höher als für einseitige

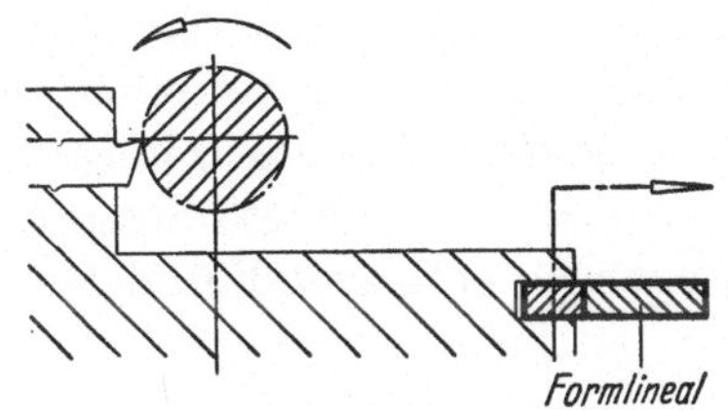



Bild 202. Außendrehen mit vorn angeordnetem Drehmeißel.

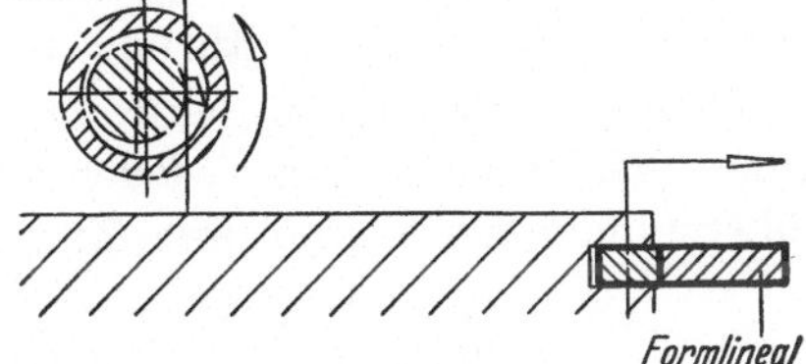



Bild 203. Innendrehen (Ausbohren) mit hinten angeordnetem Drehmeißel.

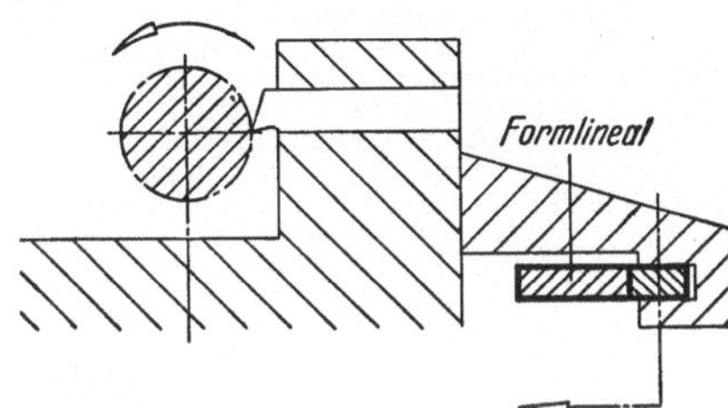



Bild 204. Außendrehen mit hinten angeordnetem Drehmeißel.

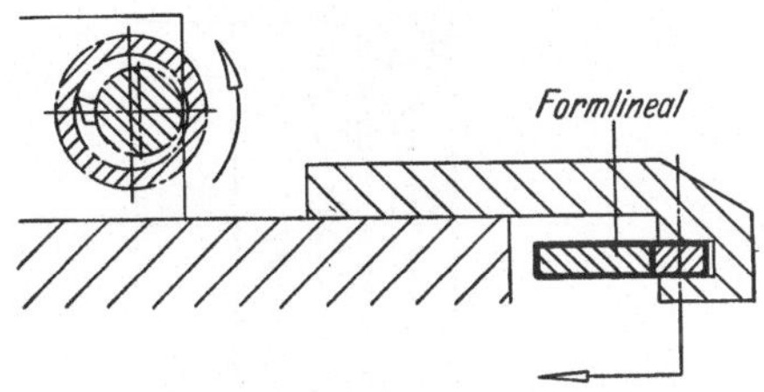



Bild 205. Innendrehen (Ausbohren) mit vorn angeordnetem Drehmeißel.

*Bild 202 bis 205. Anordnung der Tastrolle beim Nachformdrehen. Das Drehteil läuft rechtsum. Die Tastrolle liegt an der Schablone auf derselben Seite wie das Werkzeug am Werkstück. Bei einem Abheben der Tastrolle von der Schablone wird auch der Drehmeißel von der Bearbeitungsfläche abgehoben. Am Werkstück verbleibt dadurch eine Bearbeitungszugabe, die durch Nacharbeit entfernt werden kann, das Werkstück wird also auf keinen Fall Ausschuß.*

Formflächen, falls es sich nicht um geradlinige oder kreisförmige Formen handelt.

Der Halbmesser der Taststelle von Tastteilen ist kleiner zu halten als die kleinste Innenrundung der Formschablone. Wenn der Rundungshalbmesser groß genug ist, sind Tastteile als Rolle auszubilden, da deren Reibung geringer ist als die von festen Taststeinen. Die Formfläche der Schablone wird durch Rollen erheblich weniger abgenutzt.

Bei mechanischem Übertragen der Nachformbewegung sollen Steigungen an der Formschablone möglichst nicht größer als 30° sein, denn mit dem Steigungswinkel wachsen die auf Tastteil, Tastteilhalter und Werkzeugschlitten wirkenden Seitenkräfte. Für das Überwinden von Steigungen spielt auch die Lage der Taststelle zur Führung des Werkzeugschlittens eine Rolle. Je weiter die Taststelle außerhalb der Mitte der Führungsflächen

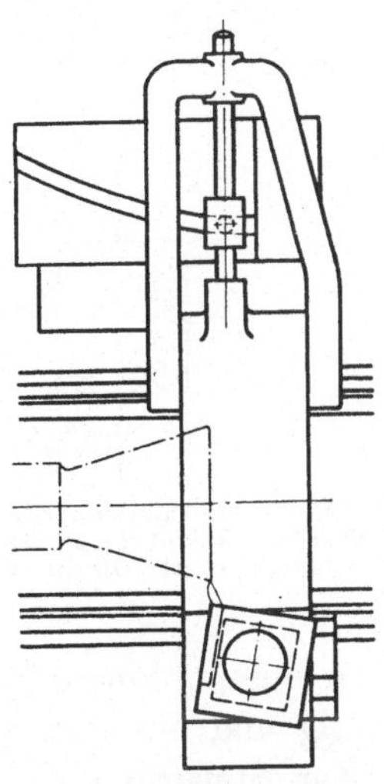

Bild 206. Nachformdreheinrichtung für Spitzendrehmaschinen. Die Tastrolle ist durch die Nachformschablone doppelseitig und damit zwangsläufig geführt, der Tastrollenhalter doppelseitig gelagert.

liegt, um so mehr wird der Schlitten unter der Seitenkraft verkantet. Soweit Spiel in der Führung und Nachgiebigkeit des betreffenden Schlittens es zulassen, wird dann die Taststelle einseitig verlagert. Diese Verlagerung geht wieder zurück, sobald die größere Steigung überwunden ist. Durch diese Zusatzbewegungen entstehen Formfehler.

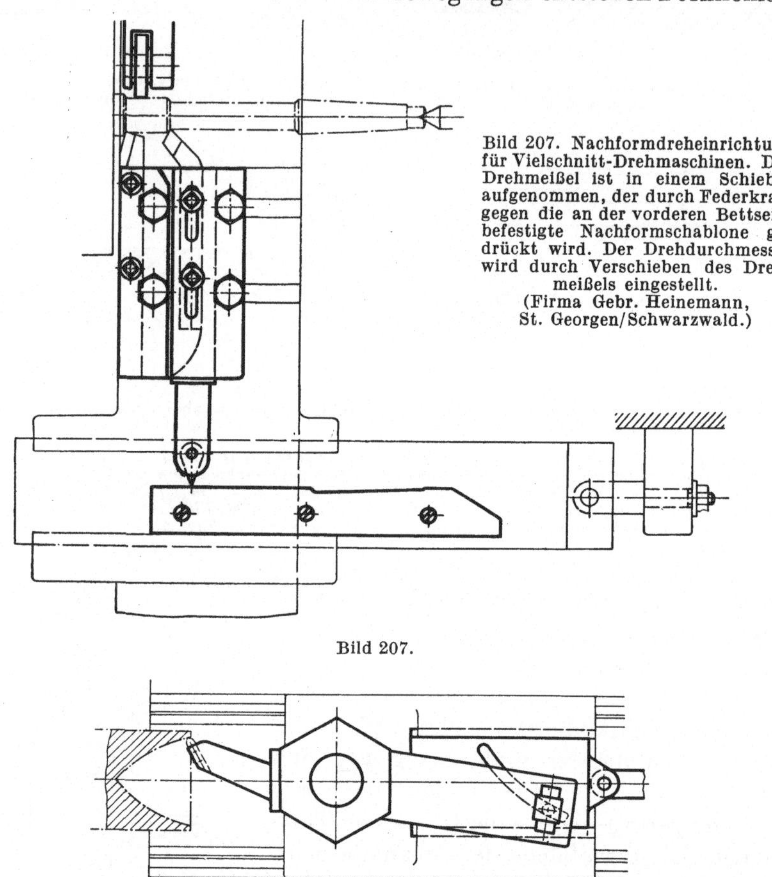

Bild 207. Nachformdreheinrichtung für Vielschnitt-Drehmaschinen. Der Drehmeißel ist in einem Schieber aufgenommen, der durch Federkraft gegen die an der vorderen Bettseite befestigte Nachformschablone gedrückt wird. Der Drehdurchmesser wird durch Verschieben des Drehmeißels eingestellt. (Firma Gebr. Heinemann, St. Georgen/Schwarzwald.)

Bild 207.

Bild 208. Nachformdreheinrichtung zur Verwendung auf Revolverdrehmaschinen. Beim Verschieben des Revolverschlittens werden Revolverkopf und Drehmeißel durch die Nachformschablone gesteuert. Die Schablone ist durch Stange in Längsrichtung festgehalten und auf dem Revolverschlitten geführt.

Formschablonen für mechanische Übertragung sind entsprechend kräftig und mit hoher Oberflächenhärte auszuführen.

Zur Steuerung von Supportwerkzeugen dienende Formschablonen werden in der Regel am Bett der Maschine befestigt; zur Steuerung von Revolverkopfwerkzeugen dienende Formschablonen vorzugsweise auf dem Quersupport, an der Oberführungsstange oder ebenfalls am Maschinenbett befestigt.

Falls der Träger des Tastteiles nicht als Schieber, sondern als Hebel ausgebildet ist, ist zu beachten, daß durch die Schwenkbewegung des Hebels Formverzerrungen entstehen können.

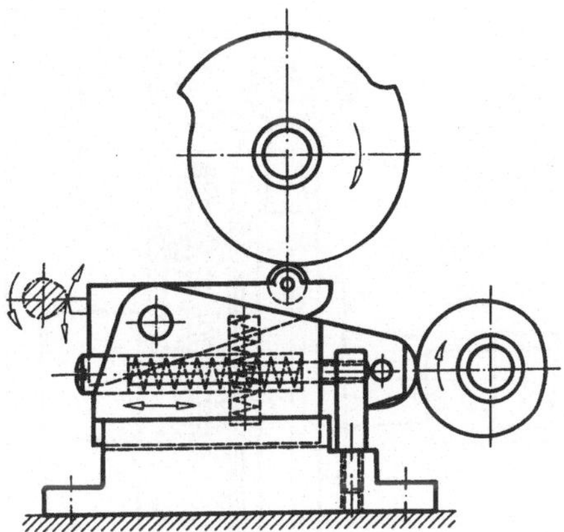

Bild 209. Einrichtung zum Nachformdrehen senkrecht zur Drehachse, verwendet auf Nockenformdrehmaschinen. Die Nachformschablone steuert den Querschlitten. Durch Kurvenscheibe wird der um den Bolzen schwingende Werkzeugträger außerdem derart gesteuert, daß der Drehmeißel am ganzen Umfang der zu drehenden Nocken unter gleich großem Spanwinkel zum Angriff kommt. (Firma Ludw. Loewe, Berlin.)

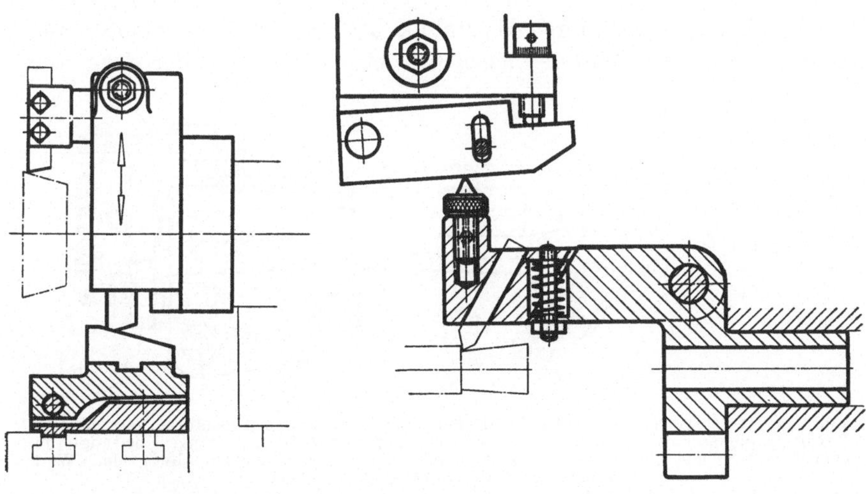

Bild 210. Bild 211.

Bild 210. Nachformdreheinrichtung zur Verwendung auf Revolverdrehmaschinen. Der im Revolverkopf angeordnete Werkzeugschlitten ist senkrecht verschiebbar und wird durch die Nachformschablone gesteuert. Die Nachformschablone ist auf dem Quersupport befestigt und durch Schwenken, z. B. auf verschieden große Kegelwinkel, einstellbar.

Bild 211. Nachformdreheinrichtung, verwendet auf Revolverdrehmaschinen. Der Drehmeißelspanner ist im Revolverkopf aufgenommen. Der schwenkbare Teil des Spanners mit dem Werkzeug wird durch die Nachformschablone gesteuert, die am Quersupport befestigt ist. Einstellung auf Drehdurchmesser durch Schraube mit Feingewinde. (Firma Ludw. Loewe, Berlin.)

Bei hydraulisch gesteuerten Nachformeinrichtungen dient das Tastteil nur zum Steuern der Hydraulik, bei elektrisch gesteuerten Einrichtungen nur zum Steuern der Relais, während die Nachformbewegung

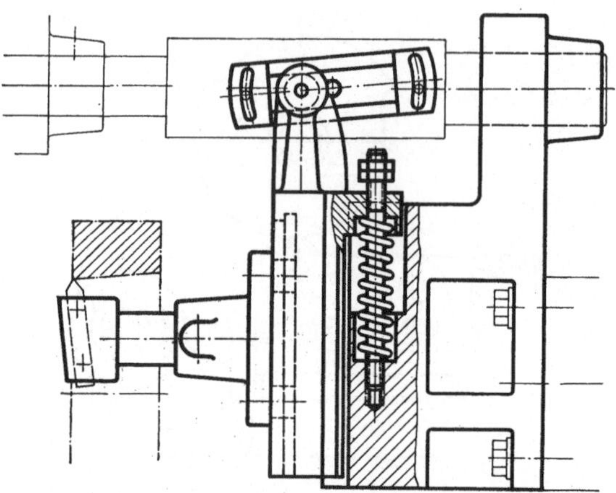

Bild 212. Nachformdreheinrichtung für Revolverdrehmaschinen. Der Werkzeugschlitten wird durch eine Schablone gesteuert, die an der Oberführungsstange befestigt ist. Für die Fertigung von Kegeln kann die Tastrolle durch einen Schieber ersetzt werden Dieser führt genauer als Rolle, und die Formflächen werden weniger abgenutzt.
(Firma Magdeburger Werkzeugmaschinenfabrik.)

des Werkzeugträgers durch Hydraulik bzw. durch Elektromotor ausgeführt wird. Die Tastteile liegen hierbei an der Form der Schablone

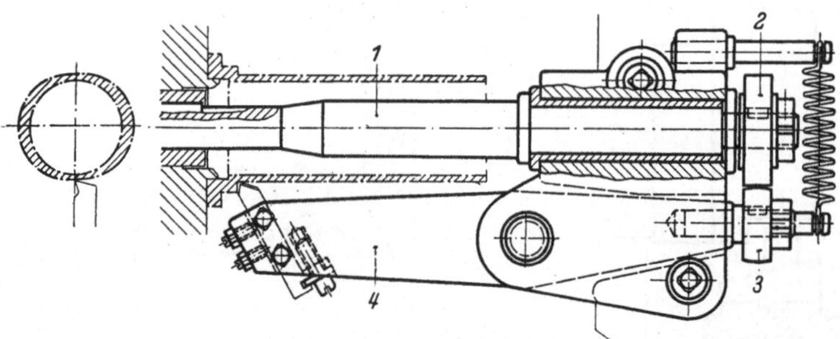

Bild 213. Nachformdreheinrichtung für die Fertigung einer ovalen Außenform, verwendet auf Revolverdrehmaschine, befestigt auf einem Flachtischrevolver. Die auf Stange 1 befestigte, mit dem Werkstück umlaufende Nachformschablone 2 steuert über Rolle 3 den schwingenden Werkzeugträger 4. (H. E. Scheibe, München.)

mit nur ganz geringem Druck an. Die zugehörigen Formschablonen können deshalb z. B. aus 2 mm dickem Blech gefertigt und ungehärtet sein.

Bei hydraulischer und bei elektrischer Steuerung können auch senkrecht zur Drehachse stehende Flächen nachgeformt werden.

## 9. Halter für Rändel- und Kordelräder.

Gerändelt oder gekordelt werden vorwiegend zylindrische Außenflächen, außerdem Kegelflächen, Planflächen und auch Bohrungsflächen.

Rändel- und Kordelräder sind nach DIN 403 genormt (Bild 214). Rändel- und Kordelteilungen sind in DIN 82 festgelegt.

Für das Kordeln werden zweckmäßig zwei Räder mit drallförmigem Rändel verwendet, anstatt nur eines Rades mit dem vollständigen Kordel.

Beim Rändeln wie beim Kordeln kann unter Quervorschub oder unter Längsvorschub gearbeitet werden. Beim Verschieben quer zur

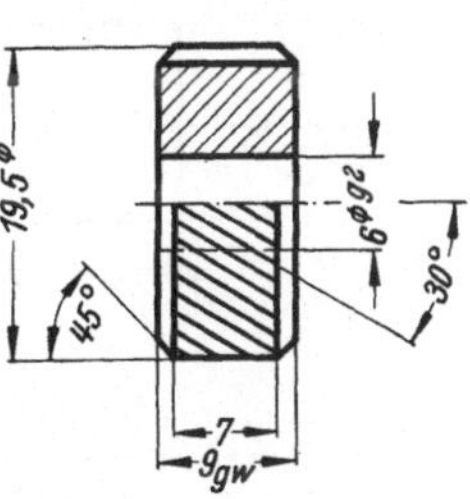

Bild 214. Abmessungen der Rändel- und Kordelräder nach DIN 403.

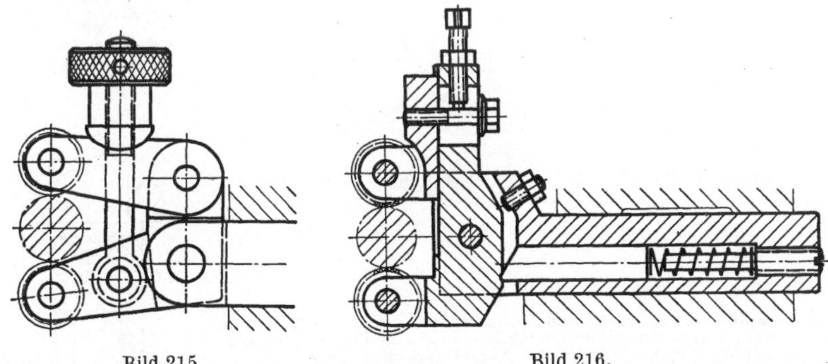

Bild 215.                    Bild 216.

Bild 215 u. 216. Halter für Rändel- und Kordelräder, zur Aufnahme auf dem Support. Durch zwei gegenüberliegend angeordnete Räder werden die auf das Werkstück wirkenden Arbeitskräfte aufgehoben. Durch Pendeln des Werkzeugträgers kommen beide Räder außerdem gleichmäßig zum Angriff. Dadurch bleiben Werkstück, Spannfutter, Körnerspitzen und Spindellager frei von Biegebeanspruchungen.

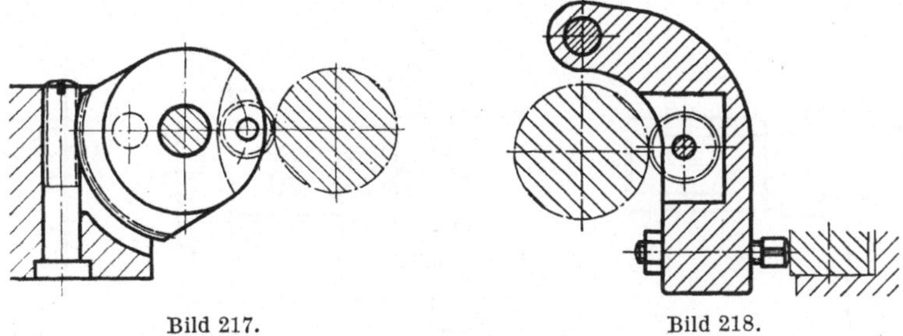

Bild 217.                    Bild 218.

Bild 217. Rändelradhalter, passend zum Spanner für runde Formmeißel, zur Verwendung auf Drehautomaten.

Bild 218. Rändelradhalter zur Aufnahme in Sternrevolvern. Halter mit Rändelrad werden durch Lineal bzw. Winkel angedrückt, die auf dem Quersupport oder auf dem Maschinenbett befestigt sind. Diese Anordnung dient vorzugsweise zum Rändeln von Flächen, die, vom Revolverkopf aus gesehen, hinter einem Bund liegen.

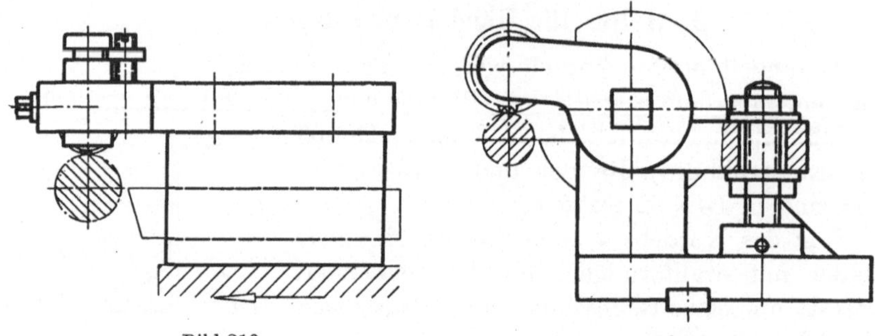

Bild 219.          Bild 220.

Bild 219. u. 220. Rändelradhalter, verbunden mit einem Drehmeißelspanner. Das Rändelrad wird tangential über das Drehteil weggeführt.

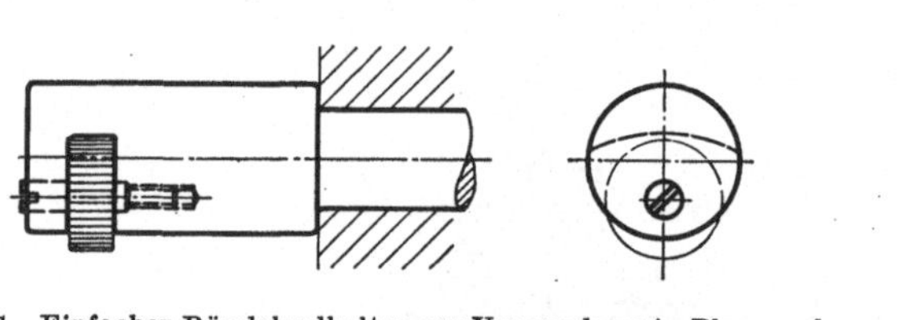

Bild 221. Einfacher Rändelradhalter zur Verwendung in Planrevolvern.
(Firma Pittler, Langen.)

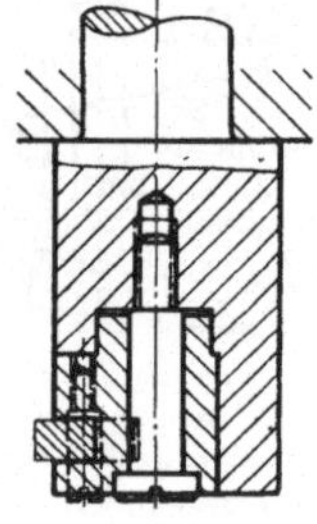

Bild 222. Halter für Rändel- und Kordelräder, zur Verwendung in Planrevolvern. Durch Anordnung der Räder in einem Pendelstück können diese sich nach dem Werkstück frei einstellen.
(Firma Pittler, Langen.)

Bild 222.

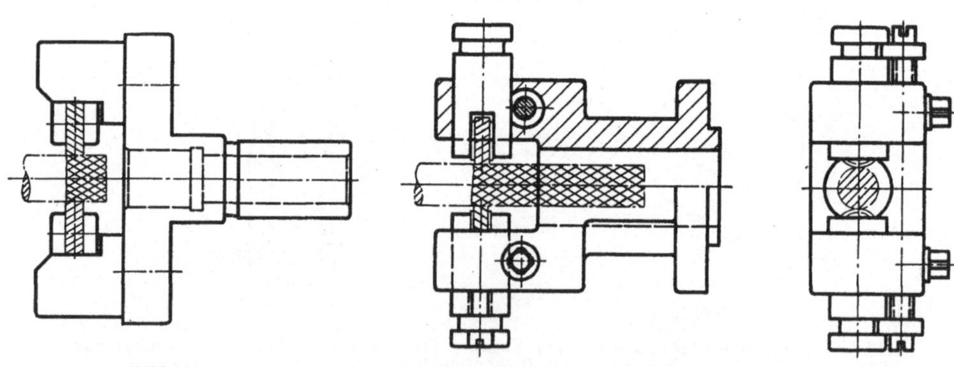

Bild 223.          Bild 224.

Bild 223 u. 224. Halter für Rändel- und Kordelräder zur Verwendung auf Sternrevolvern. Die Räder sind für einen größeren Durchmesserbereich einstellbar. Durch gegenüberliegende Anordnung der Räder wird das Werkstück nicht auf Biegung beansprucht, vorausgesetzt, daß die Räder auf genau gleichem Abstand zur Drehmitte eingestellt sind.

Drehachse kann gegen das Werkstück radial gedrückt oder über das Werkstück tangential weggefahren werden. Einseitiges Andrücken setzt voraus, daß das Werkstück ausreichend steif ist oder auf der Gegenseite gestützt wird. Zweckmäßig werden zum Druckausgleich zwei Rändel- bzw. Kordelräder um die Drehmitte gegenüberliegend angeordnet. Völliger Druckausgleich kann durch zwei Räder in pendelndem Halter erreicht werden, weil hierbei jedes Überbestimmen vermieden wird.

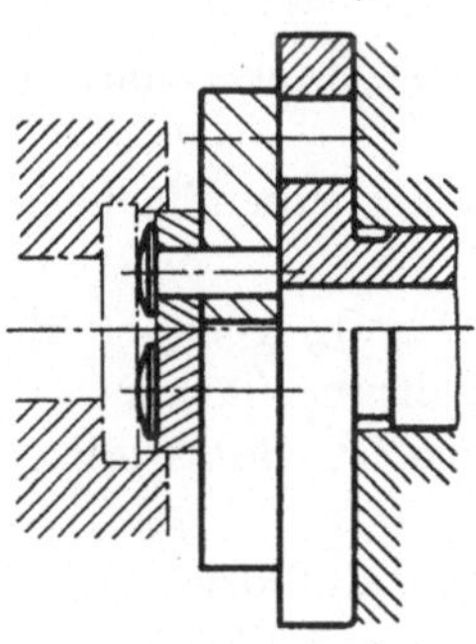

Bild 225. Kordelradhalter für das Kordeln einer Bohrungsfläche.

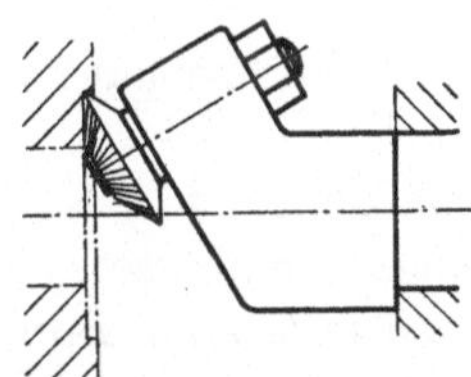

Bild 226. Rändelradhalter für das Rändeln einer Planfläche.

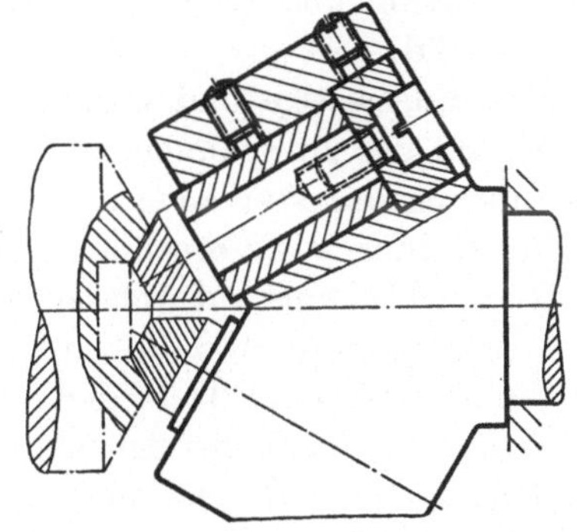

Bild 227. Kordelradhalter für das Kordeln einer Innenkegelfläche.

Halter für Rändel- und Kordelräder werden auf dem Quersupport (Bild 215 bis 220) oder im Revolverkopf (Bild 221 bis 227) aufgenommen.

Namentlich in Drehautomaten werden Halter für Rändel- und Kordelräder auch in Spannern für runde Formmeißel, anstatt dieser Meißel, aufgenommen (Bild 217).

In Sonderfällen werden Rändel- und Kordelräderhalter in Spannern für Abstechmeißel verwendet (Bild 219 u. 220).

# IV. Spanner für Werkzeuge für Bohrungsfertigung.

## 1. Allgemeines und allgemein verwendbare Spanner.

An Stelle der Benennung „Spanner für Werkzeuge für Bohrungsfertigung" ist nachfolgend der Einfachheit halber „Spanner für Bohrwerkzeuge" gesetzt. Entsprechend dem Werkstattgebrauch sind darunter Spanner für Werkzeuge zum Bohren, Ausbohren, Aufbohren, Senken, Reiben und Hinterstechen zusammengefaßt. Spanner für Werkzeuge, die zum Schleifen usw. von Bohrungen dienen, sind unter Spannern für Schleifwerkzeuge aufgeführt.

Im vorliegenden Buchabschnitt sind Spanner für Bohrwerkzeuge nach dem vorzugsweisen Verwendungszweck der zugehörigen Werkzeuge gegliedert. Hierbei wurden diesen Werkzeugen folgende Verwendungszwecke zugeordnet:

*Bohrer* dienen zum Bohren ins Volle;

*Ausbohr-* und *Aufbohrwerkzeuge* dienen vorzugsweise zum Vergrößern des Bohrungsdurchmessers;

*Senker* dienen vorzugsweise zur Fertigung von Flächen, die an Bohrungen anliegen;

*Reibahlen* dienen vorzugsweise zur Fertigung genauer Bohrungsdurchmesser und zum Glätten von Bohrungsflächen.

Für die Wahl und Gestaltung von Spannern für Bohrwerkzeuge sind bestimmend:

Maschinenseitige und werkzeugseitige Anschlußform,

Anzahl der zu spannenden bzw. zu haltenden Werkzeuge,

Führung des Werkzeuges,

Begrenzung des Vorschubweges,

Rücksichtnahme auf Achslagefehler zwischen Werkzeugaufnahme in der Maschine und Bohrung im Werkstück,

Durchmesser und Tiefe der zu fertigenden Bohrung,

Verhältnis der Bohrungstiefe zum Bohrungsdurchmesser,

Genauigkeit und Oberflächengüte für die zu fertigende Bohrung,

Schnittkräfte,

Rücksichtnahme auf das Einlegen des Werkstückes,

Kühlmittelführung und Späneabfuhr,

Wirtschaftlichkeit.

Von der zweckmäßigen Gestaltung, vor allem von der Steifheit des Spanners, werden beeinflußt:

Rundheit der Bohrung,

Genauigkeit des Bohrungsdurchmessers,

zulässige Mittenabweichung,

Richtungsgenauigkeit der Bohrungsachse,

Oberflächengüte der Bohrungsfläche.

Spanner für Bohrwerkzeuge werden außer auf sämtlichen Bohrmaschinen auch auf Drehmaschinen verwendet.

### a) Anschlußformen von Maschinenspindeln für die Aufnahme von Bohrwerkzeugen.

**Anschlußformen von Bohrspindeln.** Bohrspindeln sind zur Aufnahme von Bohrwerkzeugen mit wenigen Ausnahmen mit Kegelbohrung nach DIN 228 versehen. Durch Langloch in der Bohrspindel und Lappen am Kegelschaft wird die Mitnahme gesichert (Bild 228 u. 229). Größere Bohrspindeln haben außerdem ein zweites Langloch zur Aufnahme eines

Querkeiles (DIN 1806/07/08, Bild 230 u. 231). Durch Querkeil werden Kegel fester eingepreßt und gegen Lösen gesichert. Sicherung durch Querkeil ist für schwerere Arbeiten zweckmäßig, bei unruhigem Schnitt oder bei Vorschubrichtung entgegen dem Spannschaft dringend erforderlich. Spindeln von Bohrwerken haben in manchen Fällen Mitnahmeflächen am größeren Kegeldurchmesser (Bild 232 u. 233) oder

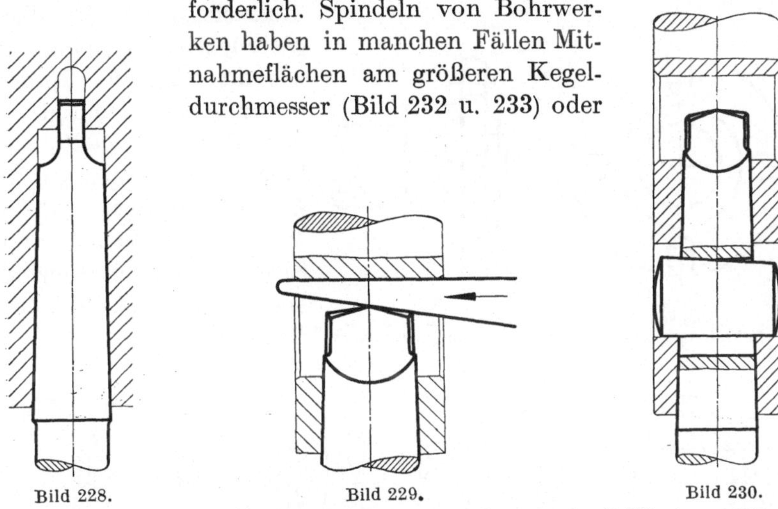

Bild 228.       Bild 229.       Bild 230.

Bild 228. Kegelschaft mit Lappen für Werkzeuge, und Innenkegel mit Mitnehmerschlitz für Werkzeugmaschinen. Beide nach DIN 228.

Bild 229. Kegelschaftende mit Mitnehmerlappen, und Austreiber für Werkzeugkegel. Austreiber nach DIN 317.

Bild 230. Querkeilbefestigung. Kegelschaft DIN 1806, Bohrspindel DIN 1807.

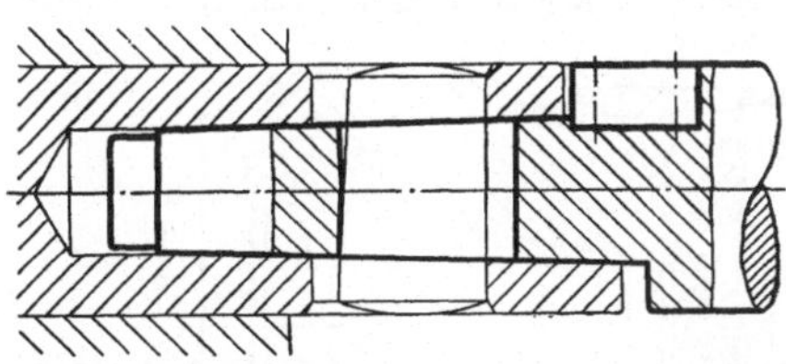

Bild 232. Kegel durch Querkeil gespannt. Durch Wegfall des Langloches für Mitnehmerlappen und Austreiber ist die Bohrspindel auf geringere Länge freistehend als bei Ausführung nach DIN 228 (Bild 228).

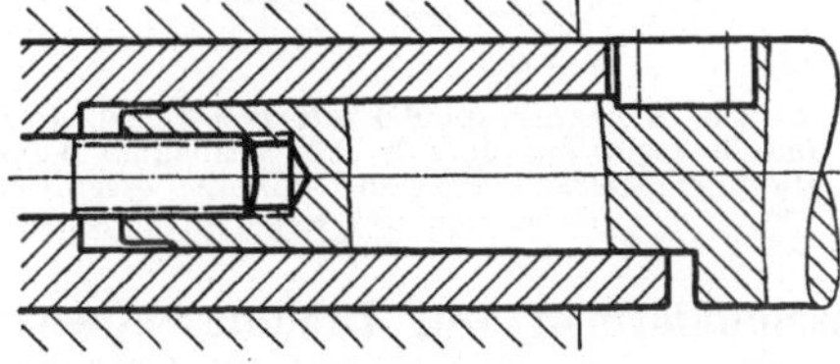

Bild 231. Querkeilbefestigung unter Verwendung einer Einsatzhülse DIN 1808.

Bild 233. Kegel durch Anzugdorn gespannt. Spannen und Lösen ohne Schläge gegen die Bohrspindel. Durch Wegfall von Langlöchern für Mitnehmerlappen, Austreiber und Querkeil kann die Spindellagerung bis nahe an das Spindelende geführt werden.

*Bild 232 u. 233. Kegelmitnahme durch Nut und Paßfeder am großen Kegeldurchmesser, verwendet für Bohrwerksspindeln.*

einen Spannflansch (Bild 234). Durch den größeren Hebelarm sind hierbei die Mitnahmeverhältnisse günstiger.

An Bohrspindeln für hohe Genauigkeitsansprüche wird Befestigung durch Querkeil und Lösen durch Austreiber vermieden, weil durch Querschläge die Rundlaufgenauigkeit der Spindel sowie die Güte der Spindellagerung beeinträchtigt werden. Für derartige Spindeln kommen zum Spannen und Lösen Anzugdorn (Bild 233), Mutter (Bild 235 u. 236) oder Spannbacken mit Gewindespindel (Bild 237 u. 238) in Betracht.

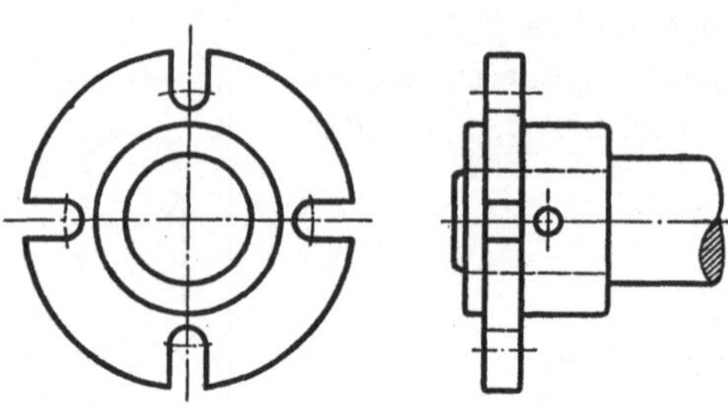

Bild 234. Flansch für Bohrwerkzeugspanner, z. B. für Bohrstange, für schwerere Zerspanleistungen.

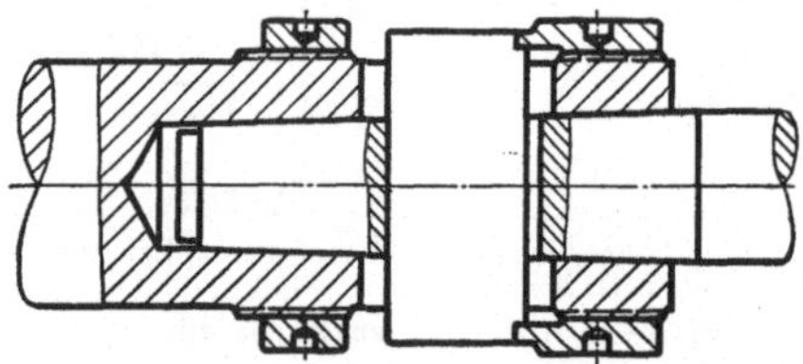

Bild 235. Der Kegelschaft wird durch Mutter über Querkeil gespannt, durch eine 2. Mutter gelöst. Geeignet für Kegelschäfte ohne Ansatz.

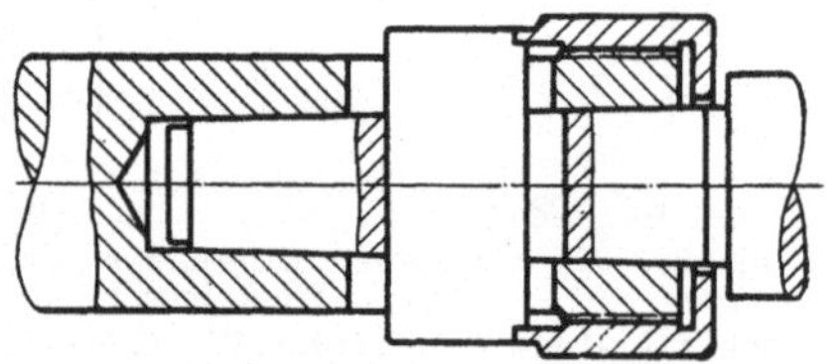

Bild 236. Der Kegelschaft wird durch Mutter über Querkeil gespannt, durch dieselbe Mutter gelöst. Geeignet für Kegelschäfte mit Ansatz.

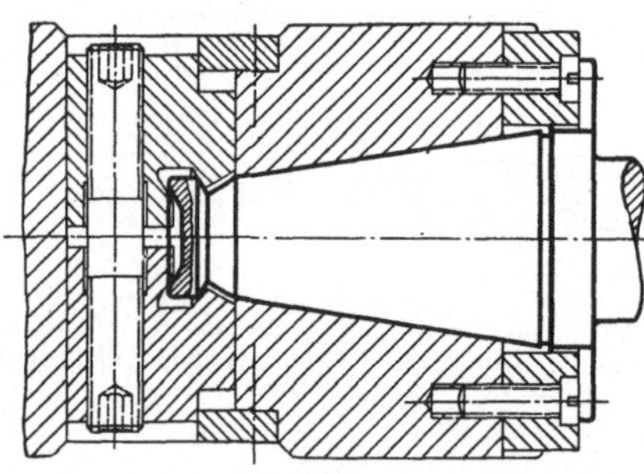

Bild 237.

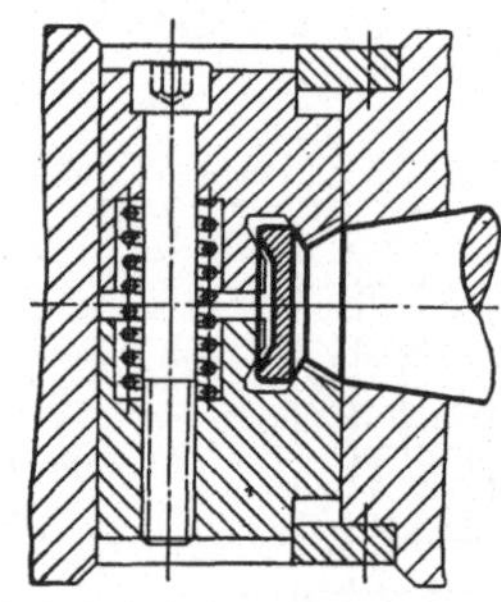

Bild 238.

Bild 237 u. 238. Bohrwerksspindel mit ISA-Kegel. Der Kegelschaft wird durch Spindel mit Rechts- und Linksgewinde über Backen gespannt. Beim Öffnen dieser Spannbacken wird der Kegelschaft durch Keilwirkung gelöst. (Diese Löseeinrichtung ist nicht unbedingt erforderlich, da der ISA-Kegel nicht selbsthemmend ist.)

**Anschlußformen von Drehmaschinenspindeln.** In Drehmaschinen werden Bohrwerkzeuge in der Regel nichtumlaufend verwendet.

Bohrwerkzeuge und Bohrwerkzeugspanner werden in Drehmaschinen vorzugsweise im Revolverkopf, nötigenfalls im Reitstock, in Sonderfällen auf dem Quersupport oder in einem Schwenkarm aufgenommen.

Die Aufnahmebohrungen für Revolverköpfe sind unter DIN 1815 genormt.

Bei Aufnahme auf dem Support können Bohrwerkzeuge gegebenenfalls maschinell vorgeschoben werden, während bei Aufnahme im Reitstock nur Handvorschub zur Verfügung steht. Bei Aufnahme auf dem Support ist sorgfältig darauf zu achten, daß die Achse des Bohrwerkzeuges mit der Bohrungsachse zusammenfällt.

Schwenkbare, mit dem Spindelstock verbundene Bohrerspanner werden auf Revolverdrehmaschinen verwendet, wenn die Werkzeugaufnahmen des Revolverkopfes durch andere Werkzeuge besetzt sind. Diese schwenkbaren Spanner werden durch den Revolverschlitten vorgeschoben.

### b) Dorne und Hülsen für Bohrwerkzeuge mit Kegelschaft.

Kegeldorne nach Bild 239 u. 240 sind vorzugsweise zur Aufnahme von Bohrerfuttern bestimmt.

Einsatzhülsen mit Innen- und Außenkegel werden verwendet, wenn die Anschlußkegel von Werkzeugschaft und Maschinenspindel verschieden sind (DIN 2185, Bild 241), oder wenn der Abstand zwischen Spindel und Werkzeug zu vergrößern ist (DIN 2187, Bild 242 u. 243).

Werden mehrere Einsatzhülsen ineinandergesteckt, ist zu beachten, daß mit jeder Hülse die Einmittegenauigkeit geringer wird.

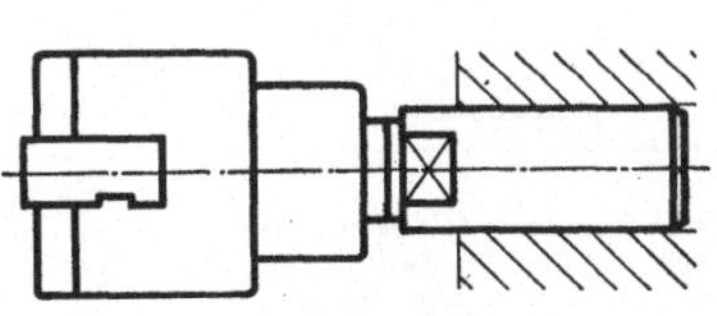

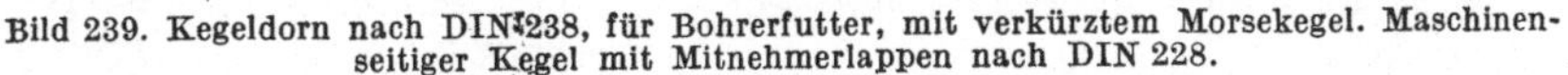

| Bild 239. | Bild 240. | Bild 241. |
|---|---|---|

Bild 239. Kegeldorn nach DIN 238, für Bohrerfutter, mit verkürztem Morsekegel. Maschinenseitiger Kegel mit Mitnehmerlappen nach DIN 228.

Bild 240. Kegeldorn für Bohrerfutter zur Verwendung in Revolverköpfen. Kegel für die Aufnahme des Futters nach DIN 238, Zylinderschaft nach DIN 1815.

Bild 241. Kegelschaft mit Lappen und kurze Einsatzhülse mit Lappen. Einsatzhülse nach DIN 2185.

Bei häufigerem Werkzeugwechsel können die Kegelflächen von Einsatzhülsen beschädigt werden, namentlich die Außenflächen von Hülsen, bei denen der Schlitz für den Austreiber im Bereich der Kegelfläche liegt.

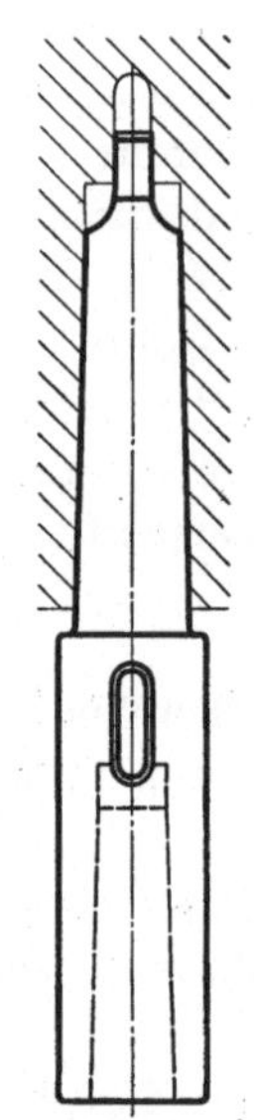

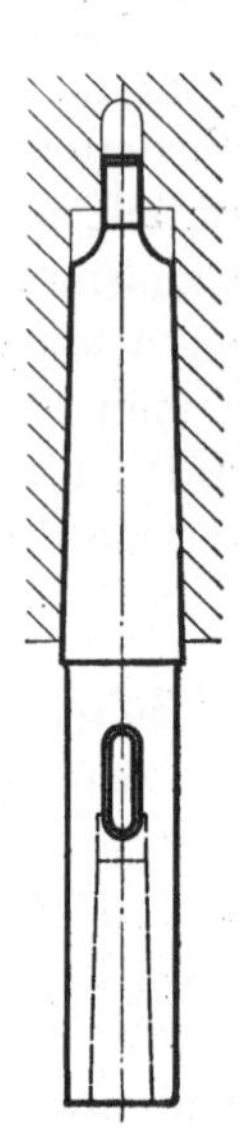

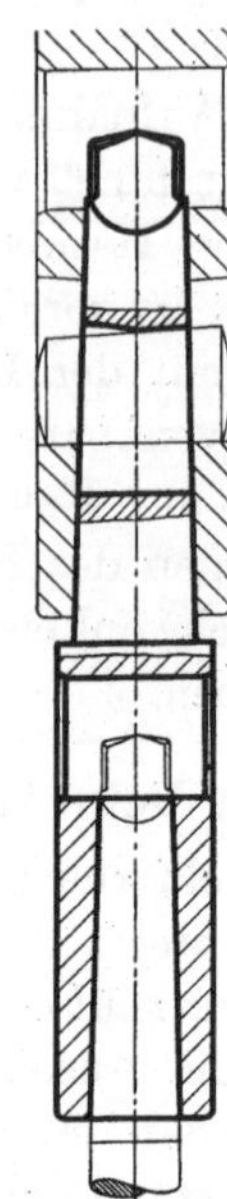

Bild 242. Form A. Der Außendurchmesser des werkzeugseitigen Teiles ist größer als der des Kegelschaftes.

Bild 243. Form B. Der Außendurchmesser des werkzeugseitigen Teiles ist kleiner als der des Kegelschaftes.

Bild 244. Verlängerte Einsatzhülse mit Lappen, mit Querkeilbefestigung in der Bohrspindel und mit Langloch für den Lappen des Werkzeugschaftes.

Bild 242 u. 243. *Verlängerte Einsatzhülsen mit Lappen, nach DIN 2187.*

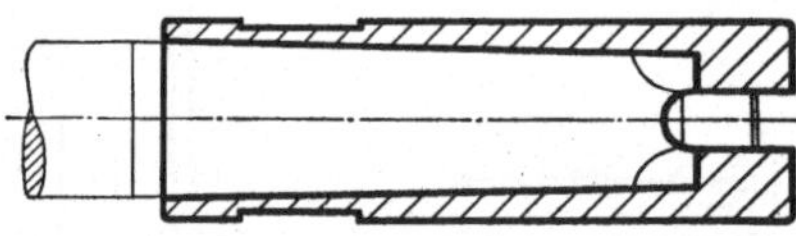

Bild 245. Zur Mitnahme des Kegelschaftlappens ist die Einsatzhülse am hinteren Ende geschlitzt. Die Fertigung dieses Schlitzes ist einfacher als die eines entsprechenden Langloches. Für das Herausdrehen der Hülse aus der Aufnahmebohrung des Revolverkopfes ist die Hülse mit Schlüsselflächen versehen.

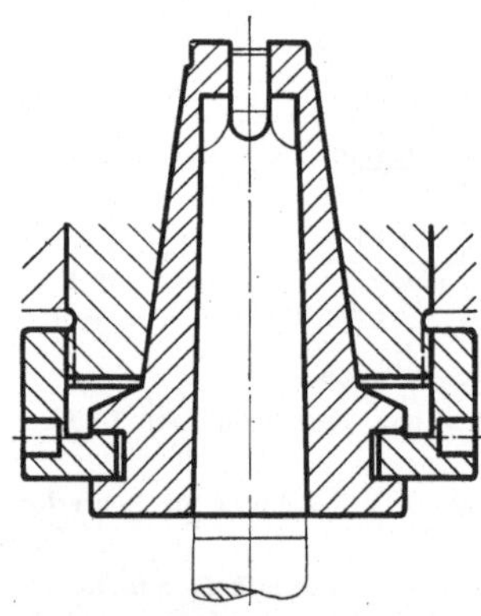

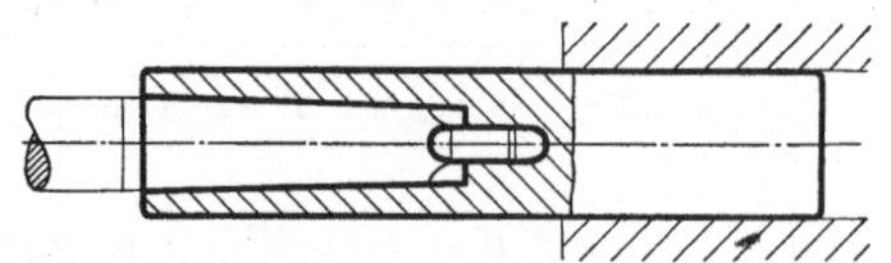

Bild 246. Verlängerte Einsatzhülse mit Langloch für den Mitnehmerlappen.

Bild 245 u. 246. *Einsatzhülsen zur Verwendung in Revolverköpfen, für Werkzeugschäfte mit Lappen.*

Bild 247. Schnellspannmutter für das Spannen und Lösen einer Kegelverbindung, vorzugsweise für Koordinatenbohrmaschinen. Die Spannflächen von Dorn und Mutter müssen frei von Stirnschlag sein, damit die Hülse durch das Spannen nicht krummgezogen wird.
(Firma Lindner, Berlin.)

Zahlentafel 6. *Kurze Werkzeugkegel 1 : 5 mit Gewinde.*

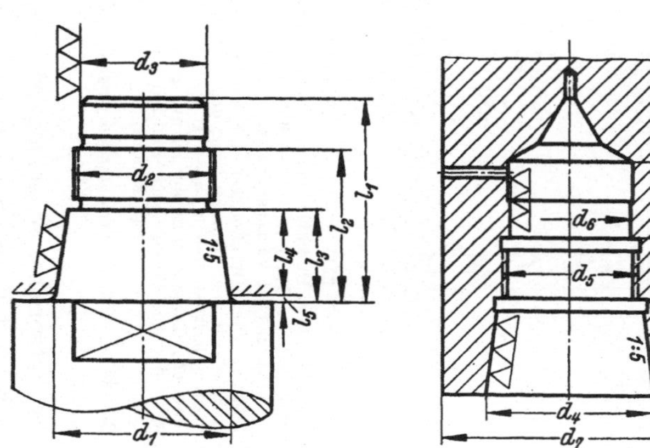

Bild 248. Kurzkegelschaft mit Kegel 1 : 5, mit Zylinderzapfen und Befestigungsgewinde. Abmessungen für Schäfte und Bohrungen nach Zahlentafel 6.

| Schaft | | | | | | | | Hülse | | | | | | |
|---|---|---|---|---|---|---|---|---|---|---|---|---|---|---|
| $d_1$ | $d_2$ | $d_3$ | $l_1$ | $l_2$ | $l_3$ | $l_4$ | $l_5$ | $d_4$ | $d_5$ | $d_6$ | $d_7$ | $l_6$ | $l_7$ | $l_8$ |
| 15 | M 12×1,5 | 9 | 24 | 18 | 10 | 8 | 2 | 15 | M 12×1,5 | 9 | bis 25 | 25 | 19 | 12 |
| 20 | M 16×1,5 | 12 | 30 | 22 | 12 | 10 | 2 | 20 | M 16×1,5 | 12 | 25···40 | 32 | 24 | 14 |
| 30 | M 24×1,5 | 18 | 38 | 28 | 16 | 14 | 2 | 30 | M 24×1,5 | 18 | 40···50 | 40 | 30 | 18 |
| 40 | M 32×1,5 | 27 | 48 | 36 | 20 | 18 | 2 | 40 | M 32×1,5 | 27 | 50···70 | 50 | 38 | 22 |
| 50 | M 40×1,5 | 36 | 61 | 45 | 25 | 23 | 2 | 50 | M 40×1,5 | 36 | 70···100 | 63 | 47 | 28 |

Die Zwischenhülsen nach Bild 245 u. 246 dienen zur Aufnahme von Werkzeugen mit Kegelschaft, in der zylindrischen Bohrung von Revolverköpfen.

Einsatzhülsen nach Bild 249 u. 250 sind für längere Bohrungen in Längsrichtung verstellbar gehalten.

### c) Spanner für Bohrwerkzeuge mit Zylinderschaft.

**Bohrerfutter.** In den Bohrerverlängerungen nach Bild 251 u. 252 sind Bohrer mit Zylinderschaft weich eingelötet. Für das Lot genügt ein Ringspalt, der

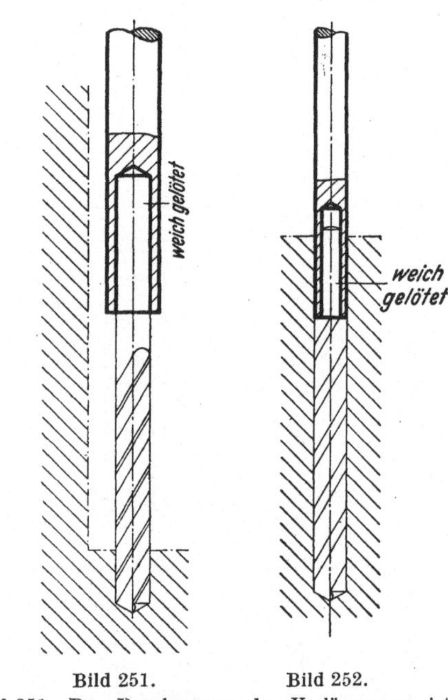


Bild 249. Arbeiten mit eingezogene Einsatzhülse.

Bild 249 u. 250. *Für längere Bohrungen verstellbar gehaltene Einsatzhülse. Um Durchfedern der ungewöhnlich langen Hülse weitgehend zu vermeiden, wird die erste Hälfte der Bohrung mit eingezogener Einsatzhülse gefertigt.*
(E. STEPHAN: „Das Radialbohren". Berlin: Springer 1941.)

Bild 250. Arbeiten mit ausgezogener Einsatzhülse.

Bild 251.

Bild 252.

Bild 251. Der Durchmesser der Verlängerung ist größer als der Durchmesser des Bohrers. Diese Ausführung ist vorzugsweise zu verwenden.

Bild 252. Der Durchmesser der Verlängerung ist etwa gleich dem Durchmesser des Bohrers. Der Bohrerschaft ist hierfür abgesetzt und dadurch geschwächt. Diese Ausführung ist nur zu verwenden, wenn die Ausführung nach Bild 251 nicht in Betracht kommt.

Bild 251 u. 252. *In Verlängerung eingelötete Spiralbohrer.*

etwa dem Spiel eines Laufsitzes entspricht. Weichlotverbindungen reichen zum Übertragen der Antriebskraft in der Regel aus und haben den Vorteil, daß bei Werkzeugwechsel die Verlängerung vollständig unbeschädigt bleibt. Bei Verbindung durch Hartlöten oder Schweißen muß die Verlängerung beim Werkzeugwechsel gekürzt oder nachgearbeitet werden. Durch höhere Löt- bzw. Schweißtemperaturen ist außerdem das Werkzeug gefährdet.

Durch Schrumpffutter (Bild 253) sind besonders hohe Genauigkeitsansprüche erfüllbar.

Kegelige *Klemmhülsen* nach DIN 6329 dienen zur Aufnahme von Werkzeugen mit Zylinderschaft und Mitnehmerlappen (Bild 254 u. 255). Sie werden vorzugsweise in Mehrspindelköpfen verwendet, da sie verhältnismäßig geringen Spindelabstand zulassen. Sie werden außerdem verwendet, weil der Bohrerschaft mehr geschont bleibt als durch Spannen in Backenfuttern. Nachteilig ist der Umstand, daß für jeden Schaft-Spanndurchmesser eine eigene Klemmhülse erforderlich ist. Auf ganze Kegellänge

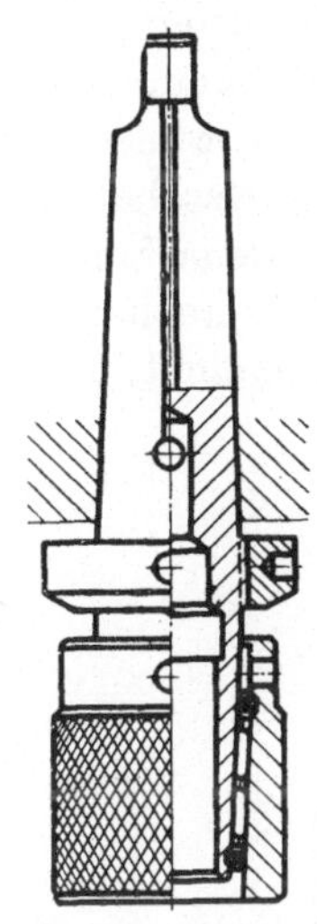

Bild 253. Mechanisches Dehnfutter mit Rollkupplung, als Bohrerfutter, mit Abdrückmutter zum Lösen des Kegelschaftes aus der Bohrspindel. Handelsüblich für Spanndurchmesser von 12 bis 40 mm. Verwendbar für zylindrische Spannschäfte mit Durchmesserabweichungen bis IT 8.
(Firma Stieber-Rollkupplung, München.)

kann die Klemmhülse im Aufnahmekegel außerdem nur anliegen, wenn zwischen der zylindrischen Aufnahmebohrung und dem zylindrischen Werkzeugschaft weder Spiel noch Übermaß vorhanden ist. Jede Abweichung von diesem Sollsitz führt dazu, daß der Kegel dieser Klemmhülsen nur teilweise zum Anliegen kommt. In der Praxis werden durch Klemmhülsen Werkzeugschäfte gespannt, die Abweichungen bis zur ISA-Toleranz h 8 aufweisen, also entsprechend der Toleranz für Werkzeugschäfte nach DIN 365.

Bohrerfutter mit *Spannzange* (Bild 256 bis 259) mitten gut ein und sind verhältnismäßig einfach.

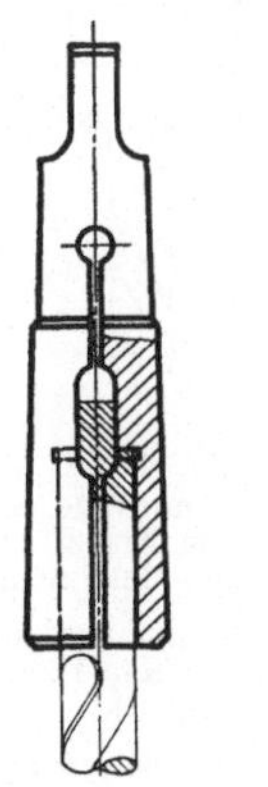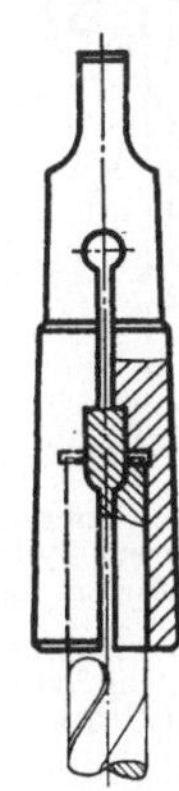

Bild 254. Bei Form A liegt das Werkzeug mit der Lappenschulter an.

Bild 255. Bei Form B liegt das Werkzeug mit der Stirnfläche an.

Bild 254 u. 255. *Kegelige Klemmhülsen für Werkzeuge mit Zylinderschaft und Mitnehmerlappen, nach DIN 6329.*

7*

Zangenfutter können ebenfalls mit verhältnismäßig kleinem Außendurchmesser gebaut werden (Bild 258 u. 259).

Bohrerfutter mit *Spannbacken* (Bild 260 bis 270) haben einen ungleich größeren Spannbereich als Klemm-, Schrumpf- oder Zangenfutter. Obgleich Backenfutter aus mehr Teilen bestehen als die übrigen Futter, liegen die Anschaffungskosten trotzdem verhältnismäßig niedrig, weil der große Bedarf an Backenfuttern eine ausgesprochene Mengenfertigung ermöglicht.

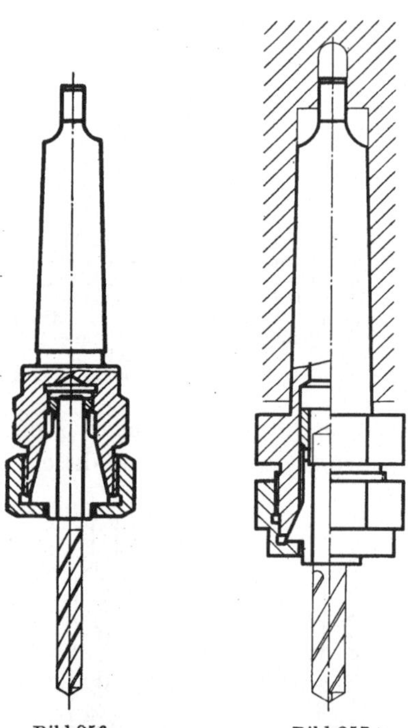

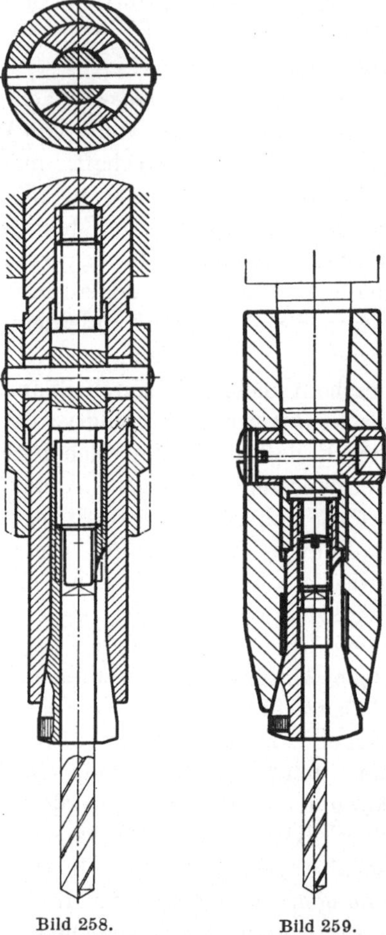

Bild 256.        Bild 257.

Bild 256. Bohrerfutter mit Spannzange mit
kurzem Zylinder und langem Kegel.
(Firma Eugen Fahrion, Eßlingen-Mettingen.)

Bild 257. Bohrerfutter mit Spannzange mit
langem Zylinder und kurzem Kegel.
(Firma Ludw. Loewe, Berlin.)

*Bild 256 u. 257. Bohrerfutter mit Spannzange;
vorzugsweise für Arbeiten, bei denen Werkzeuge
mit gleichem Spanndurchmesser vorliegen, denn
für jeden Spanndurchmesser ist eine eigene
Spannzange erforderlich. Zum Spannen und
Lösen sind zwei Schlüssel erforderlich, von
denen einer zum Festhalten der Bohrspindel
dient. Handelsüblich für Spanndurchmesser von
2 bis etwa 25 mm.*

Bild 258.        Bild 259.

Bild 258. Zangenfutter mit Spannung durch
Spindel mit Rechts- und Linksgewinde.

Bild 259. Zangenfutter mit Exzenterspannung.

Bild 258 u. 259. *Bohrerfutter mit Spannzange.
Der Außendurchmesser dieser Futter ist verhältnismäßig klein. Hierdurch ist die Sicht auf
die Bohrerspitze nicht behindert und sind diese
Futter für kleinere Bohrspindelabstände und
höhere Umlaufzahlen geeignet.*
(Firma Eugen Fahrion, Eßlingen-Mettingen.)

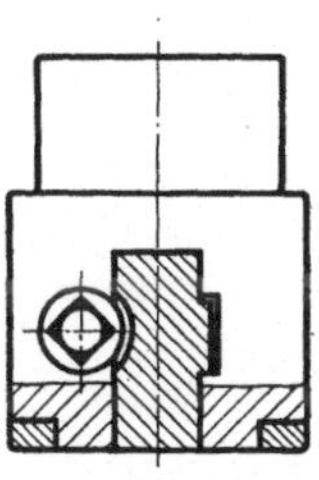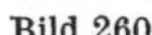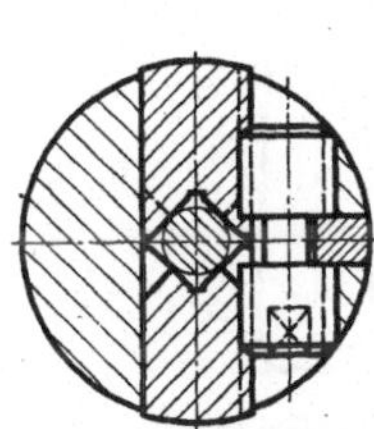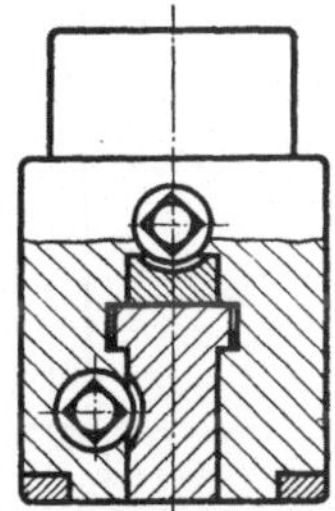

Bild 260.                     Bild 261.                     Bild 262.

Bild 260. Bohrerfutter mit *zwei* Spannbacken. Gespannt wird mittels Schlüssel durch Spindel mit Rechts- und Linksgewinde. Diese Futter werden in großer Anzahl verwendet. Für hohe Drehzahlen sind sie jedoch weniger geeignet, denn die außermittig angeordnete Spindel verursacht Unwucht. Für häufigen Werkzeugwechsel ist außerdem die durch den Spannschlüssel längere Spannzeit nachteilig.

Bild 261. Querschnitt durch ein Zweibacken-Bohrerfutter. Die Spannflächen der Backen sind für das Einmitten des Werkzeugschaftes V-förmig. Längs zur Bohrachse sind die Spannbacken kammartig gestaltet, wobei die Zähne der einen Backe in die Lücken der anderen Backe einstehen. Hierdurch können die Backen für das Spannen kleinerer Schaftdurchmesser entsprechend nahe zur Mitte bewegt werden.

Bild 262. Zweibacken-Bohrerfutter mit zwangläufiger Mitnahme von zylindrischen Werkzeugschäften mit Mitnehmerlappen. Zur Mitnahme dient ein zweites Backenpaar, das getrennt von den Spannbacken betätigt wird. Um Überbestimmen zu vermeiden, ist das zweite Backenpaar um einen geringen Betrag radial beweglich.

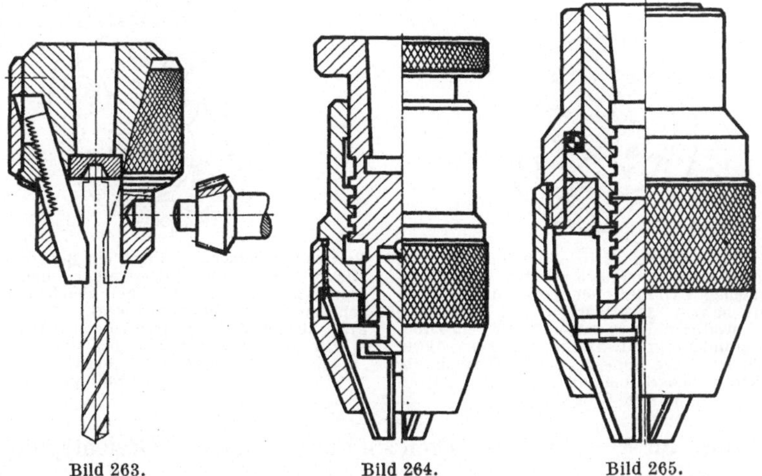

Bild 263.                     Bild 264.                     Bild 265.

Bild 263. Dreibacken-Bohrerfutter. Gespannt wird mittels Schlüssel über Kegelräderpaar und Gewinde sowie unter Keilwirkung der schräg zur Bohrachse geführten Backen. Diese Spannfutter sind frei von Unwucht, haben im Verhältnis zum Spanndurchmesser ein geringes Gewicht und sind deshalb auch für höhere Drehzahlen geeignet.

Bild 264 u. 265. Dreibacken-Bohrerfutter mit Spannung ohne Schlüssel. Gespannt wird durch Drehen der gekordelten Hülse, durch Gewindespindel unter Keilwirkung der Backenführung. Die Spannkraft wächst mit dem Drehwiderstand. Deshalb genügt für das Spannen geringer Kraftaufwand. Für das Lösen ist ebenfalls nur geringe Kraft erforderlich, da für das Spanngewinde eine günstige Gewindesteigung gewählt ist und die Spannkraft durch Kugel bzw. Wälzlager aufgenommen wird. Bei einiger Übung kann auch bei umlaufendem Futter entspannt und das Werkzeug gewechselt werden. (Bauart KUPKE.)

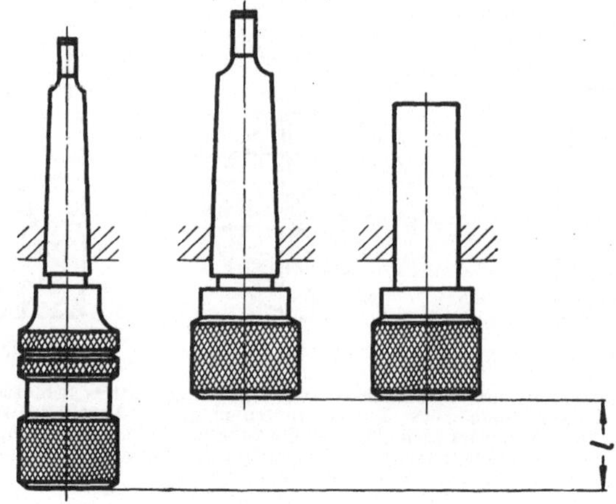

Bild 266.         Bild 267.         Bild 268.

Bild 266. Kupke-Futter üblicher Baulänge.

Bild 267. Kupke-Futter kürzerer Baulänge mit Kegelschaft zur Verwendung in Bohrmaschinen.

Bild 268. Kupke-Futter kürzerer Baulänge mit Zylinderschaft zur Verwendung in Revolverköpfen.

Bild 266 bis 268. *Für Raummangel in Achsrichtung wurden Kupke-Bohrerfutter entwickelt, die
bei gleichem Spanndurchmesser erheblich kürzer bauen. Hierzu ist ein Teil des Spanngetriebes
in den Schaft des Futters verlegt.*

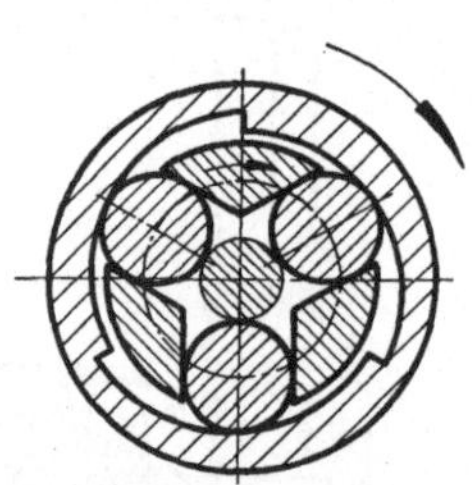

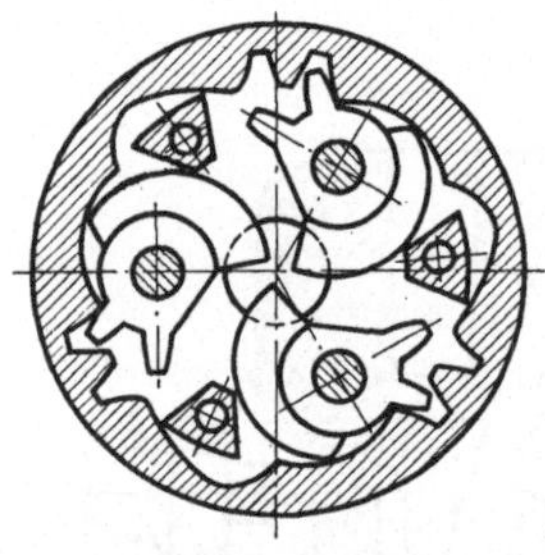

Bild 269. Querschnitt durch ein Bohrerfutter.
Durch Drehen der Hülse werden durch Kurvenflächen Zylinderrollen gegen den Bohrerschaft bewegt. Die Kurven sind selbsthemmend, wodurch die Spannkraft mit dem Drehwiderstand zunimmt. Der Spannbereich dieser
Futter ist gleich dem doppelten Kurvenhub.
Werkzeugwechsel bei umlaufendem Futter.
Bauart Grönkveest.

Bild 270. Querschnitt durch ein Bohrerfutter.
Durch Drehen der Hülse werden über Zahn-
segmente drei Kurvenflächen gleichzeitig ge-
gen den Spannschaft geschwenkt. Die Spann-
kraft nimmt mit dem Drehwiderstand zu. Das
Werkzeug kann ebenfalls bei umlaufendem
Futter gewechselt werden.
(Firma Josef Albrecht, Eßlingen a. N.)

Bohrerfutter mit Spannbacken sind nach folgenden Gesichtspunkten
zu beurteilen:

Größe des Außendurchmessers;

Bauhöhe;

Einmittegenauigkeit;

Haltekraft und Sicherheit des Festhaltens;

Spannkraftzunahme bei Zunahme des Schnittwiderstandes;

Dauer des Werkzeugwechsels (Spannen mit oder ohne Schlüssel oder
Werkzeugwechsel bei umlaufendem Futter);

Eignung für hohe Umlaufzahlen;

Sicht auf die Bohrerspitze;

Unfallsicherheit;

Schwierigkeit des Auseinander- und Zusammenbaues für Reinigungszwecke;

Anschaffungskosten.

Bohrerfutter werden als Zwei- oder Dreibackenfutter ausgeführt.

Bild 271. Klemmbuchse ᵣzur Aufnahme von Zylinderschäften in Revolverköpfen. Die Buchse ist von beiden Stirnseiten ausgehend, geschlitzt. Bei Kühlmittelführung durch den Spannschaft muß in Verbindung mit diesem der Kühlmittelzuführungsraum in sich geschlossen bleiben, damit neben dem Spannschaft kein Kühlmittel ausfließen kann. Dasᵢ Querloch dient zum Entfernen der Buchse aus der Aufnahmebohrung des Revolverkopfes.

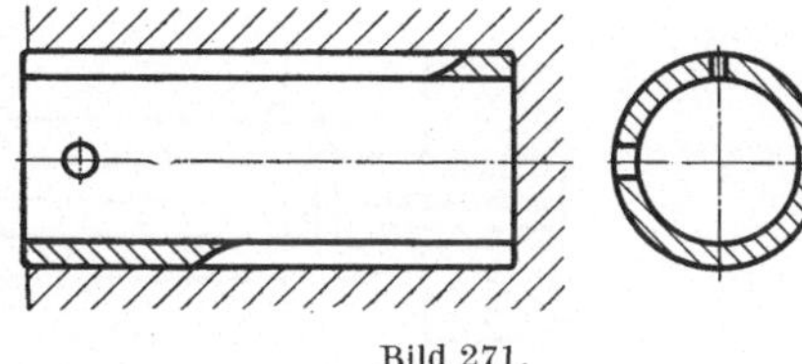

Bild 271.

Bild 272. Klemmbuchse mit Bund, verwendet in Revolverköpfen. Die Abflachung des Bundes ermöglicht die Anordnung von Stützrollen oder Drehmeißeln in geringem Abstand vom Bohrwerkzeug. Der Ansatz an der inneren Bundfläche dient zum Ansetzen, z. B. eines Schraubenziehers, beim Herausziehen der Buchse aus der Aufnahmebohrung des Revolverkopfes.

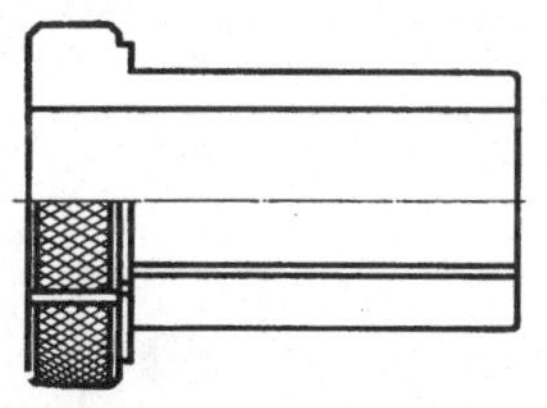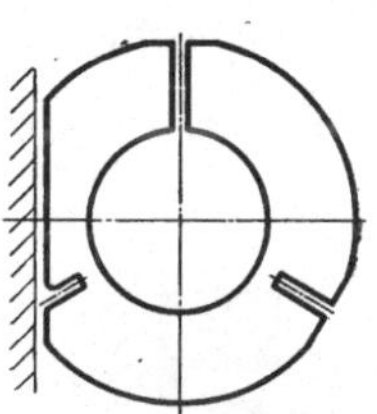

Bild 272.

Bild 273. Der Werkzeugschaft wird durch Schraube gespannt, die im Bund der Buchse angeordnet ist. Der Bund der Buchse ist abgeflacht, damit z. B. Drehmeißel in der Nähe des Bohrers angeordnet werden können.

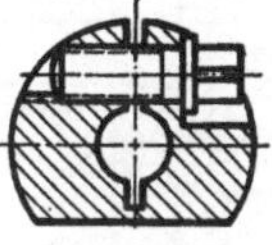

Bild 273.

Bild 274. Der Werkzeugschaft wird durch Schraube gespannt, die in einem Ring angeordnet ist.

*Bild 273 u. 274. Verlängerte Klemmbuchsen, verwendet in Revolverköpfen.*

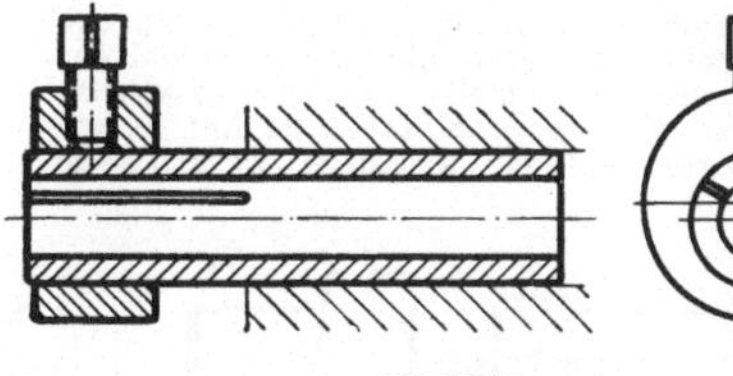

Bild 274.

**Spannbuchsen und Bohrerfutter für Revolverdrehmaschinen und Drehautomaten.** In Revolverköpfen werden Werkzeuge mit Zylinderschaft gespannt durch

geschlitzte oder geteilte Klemmbuchsen (Bild 271 bis 277),

unmittelbar wirkende Druckschrauben (Bild 278 u. 279),

Zangenfutter (Bild 280 bis 283),

Backenfutter (Bild 260, 263 u. 268).

Bohrerspanner werden radial verstellbar gehalten (Bild 277), wenn Aufnahmebohrung des Revolverkopfes und Arbeitsspindel nicht mehr genau genug fluchten.

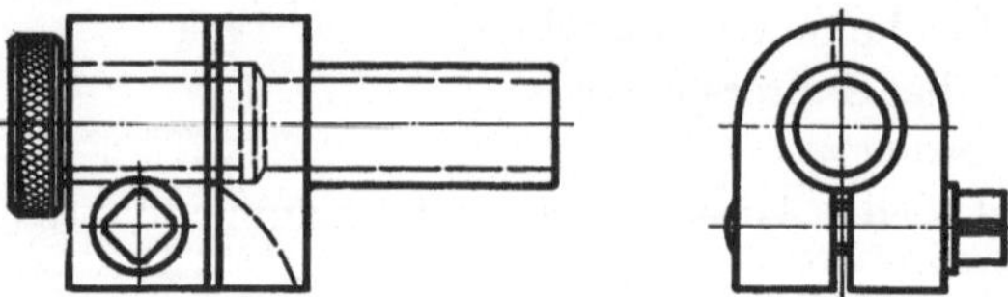

Bild 275. Die Zwischenbuchse wird durch Schraube über den geschlitzten Kopf des Spanner-
körpers geklemmt. (Firma Ludw. Loewe, Berlin.)

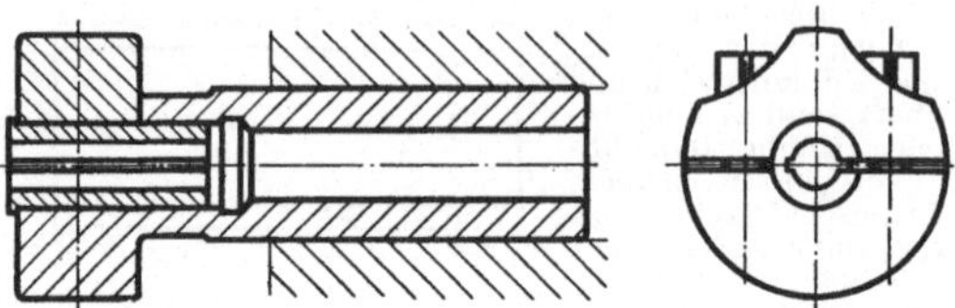

Bild 276. Die Zwischenbuchse wird durch Schrauben über Spannbrücke zusammengedrückt.
(Firma Pittler, Langen.)

Bild 275 u. 276. *Bohrerspanner für Revolverköpfe. Zur Aufnahme von Bohrern mit verschie den
großem Schaftdurchmesser dienen Zwischenbuchsen.*

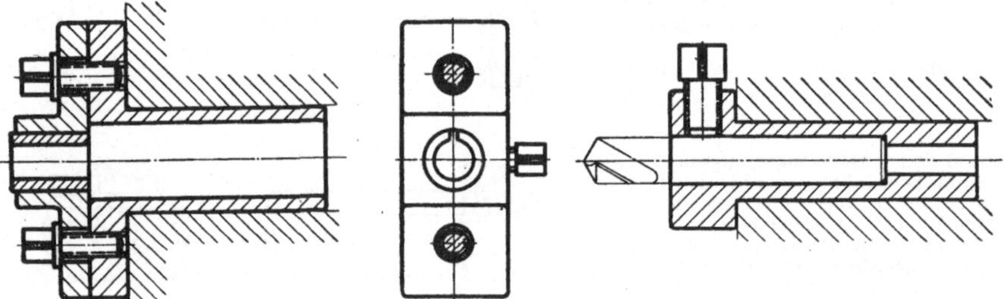

Bild 277. Bohrerspanner in geteilter Ausführung.
Der den Bohrer aufnehmende Teil ist radial verstellbar, damit bei Fluchtfehlern zwischen Arbeitsspindel und Revolverkopfaufnahme der Bohrer
nach der Arbeitsspindel eingemittet werden kann.

Bild 278. Aufnahmebuchse mit Spannschraube, die auf den Bohrer unmittelbar
drückt. Verwendet in Revolverköpfen,
vorzugsweise für untergeordnetere Zwecke.

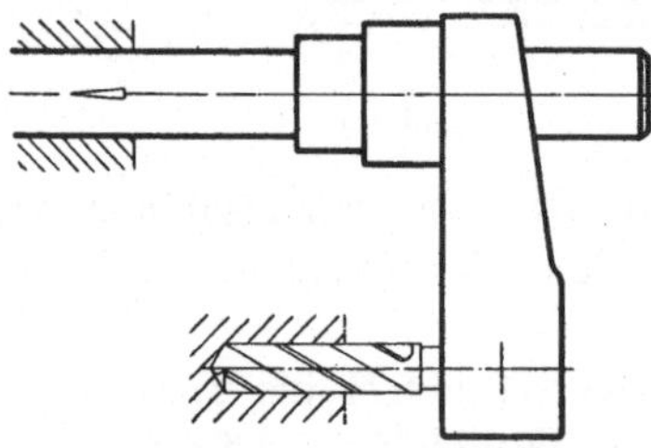

Bild 279. Bohrerspanner, der auf der
Oberführungsstange einer Revolverdreh-
maschine befestigt ist und der durch den
Revolverkopf vorgeschoben wird.

Mit Bohrerspannern können Anschläge verbunden werden, durch die
die Einspannlänge für das Werkstück
bestimmt (Bild 284 bis 286) oder die
Tiefe einer Bohrung oder Länge einer
Andrehung begrenzt wird. Die Verbindung eines Anschlages für das
Werkstück mit einem Bohrerspanner
ist vor allem angebracht, wenn die
übrigen Aufnahmebohrungen eines
Revolverkopfes mit anderen Werkzeugen besetzt sind. Mit Anschlag
für die Bohrtiefe werden Bohrerspanner zweckmäßig dann versehen,

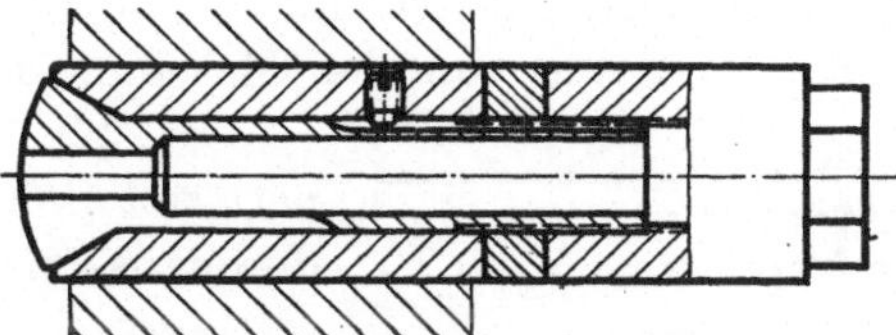

Bild 280. Bohrerfutter mit Spannzange, verwendet auf Trommelrevolvern. Durch Anordnung der Spannmutter am hinteren Ende des Futters kann die Zangenspannung bedient werden, ohne die Zangenhülse dem Revolverkopf zu entnehmen. (Firma Pittler, Langen.)

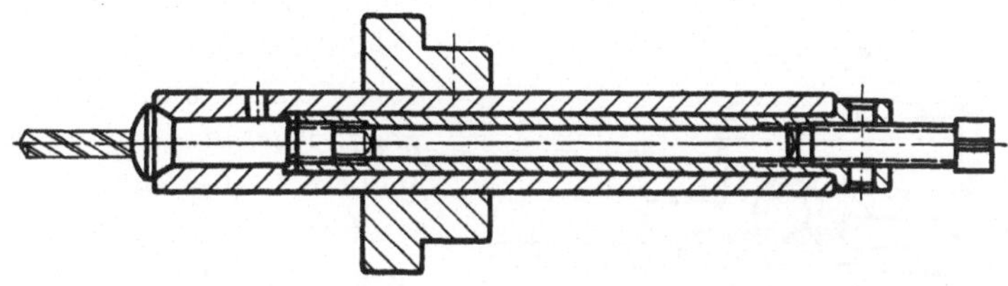

Bild 281. Bohrerfutter mit Spannzange, verwendet auf Trommelrevolvern. Bei kleineren Bohrerdurchmessern wird der gesamte Spanner von Hand vorgeschoben. Zur sicheren Aufnahme der Vorschubkraft ist der Bohrer gegen eine Stellschraube gelegt. (Firma Pittler, Langen.)

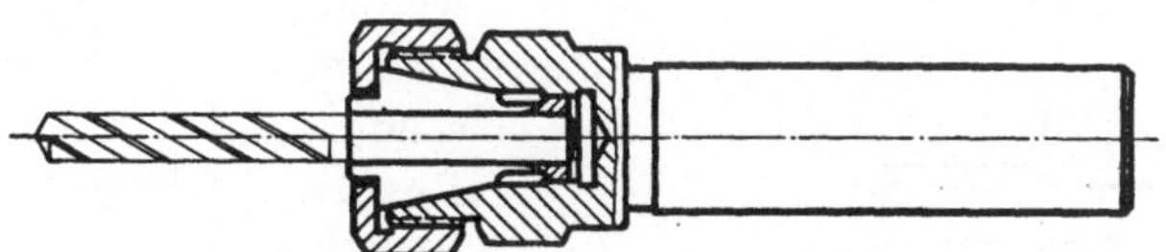

Bild 282. Spannzange mit kurzem Zylinder und langem Kegel.
(Firma Eugen Fahrion, Eßlingen-Mettingen.)

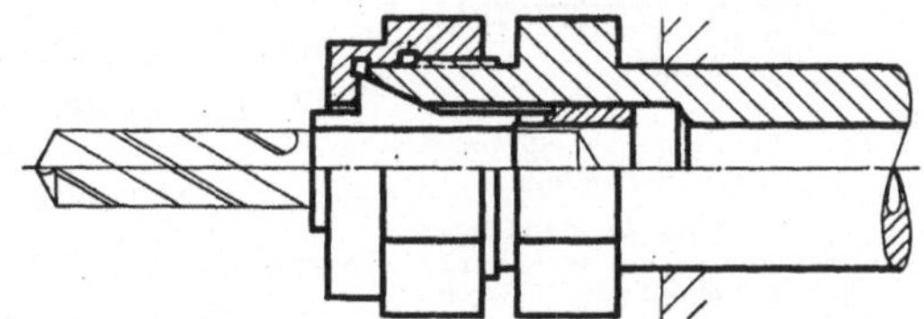

Bild 283. Spannzange mit langem Zylinder und kurzem Kegel. (Firma Ludw. Loewe, Berlin.)

Bild 282 u. 283. *Bohrerfutter mit Spannzange, mit zylindrischem Spannschaft für Revolverköpfe.*

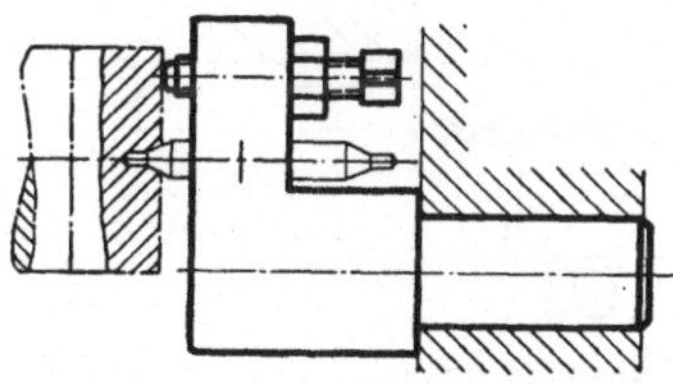

Bild 284. Spanner für Zentrierbohrer mit Anschlagschraube zur Begrenzung der Bohrtiefe.

wenn diese öfter einzustellen ist und vom Spanner aus leichter eingestellt werden kann als von der Maschine aus.

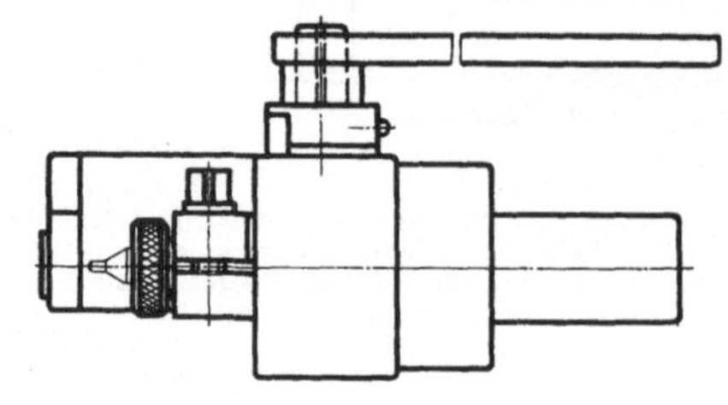

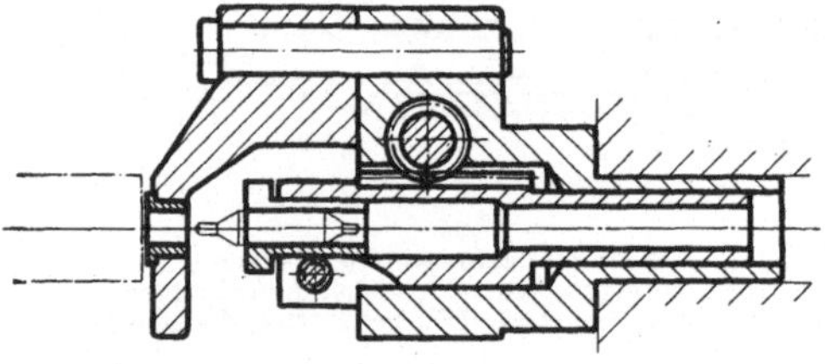

Bild 285. Die Werkstückstange ist am Anschlag angeschlagen.

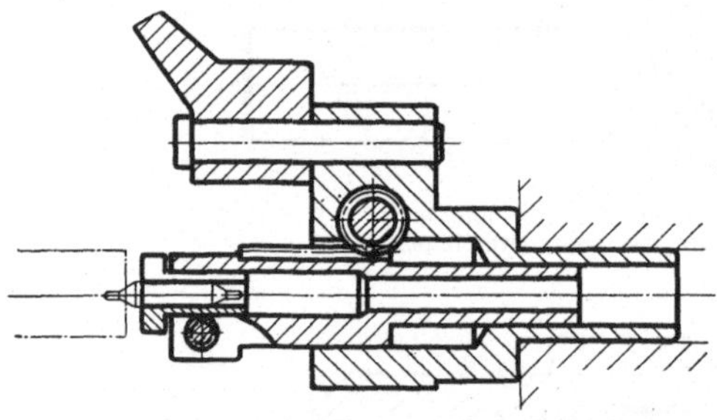

Bild 286. Der Anschlag ist ausgeschwenkt, der Zentrierbohrer in Arbeits-Endstellung.

Bild 285 u. 286. *Bohrerspanner für Revolverköpfe, mit schwenkbarem Anschlag für das Werkstück. Der Zentrierbohrer wird von Hand über Zahnrad und Zahnstange vorgeschoben.*

Der Arbeitsbereich von Spannern mit Bohrer kann außerdem durch zusätzliche Aufnahme anderer Werkzeuge erweitert werden. In Betracht kommen hierfür vor allem Drehmeißel zum Andrehen oder Längsdrehen (Bild 287 bis 290). Durch gleichzeitig arbeitende Werkzeuge wird an Hauptzeit gespart und werden Werkzeugaufnahmen der Maschine mehrfach ausgenutzt.

Für Bohrer, die auf Drehmaschinen verwendet werden, kann außer maschinellem Vorschub auch Handvorschub in Betracht kommen. Von Hand werden vor allem Bohrer von kleinerem Durchmesser vorgeschoben, wenn bei Vorschub durch Revolverschlitten die zulässige Vorschubkraft nicht erfühlbar ist. Für sehr kleine Vorschubkraft genügt unmittelbarer Handvorschub (Bild 281), für größere Vorschubkräfte ist Hebelübersetzung vorzusehen.

### d) Schnellwechselfutter

werden verwendet, wenn für einen Arbeitsgang mehr Werk-

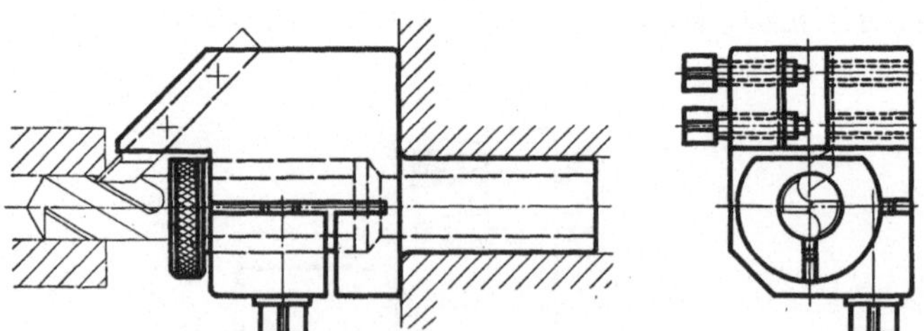

Bild 287. Werkzeugspanner für Revolverköpfe mit Bohrer und Fasenmeißel.
(Firma Ludw. Loewe, Berlin.)

zeuge erforderlich sind, als Werkzeug-Aufnahmestellen in der Maschine zur Verfügung stehen.

Durch Verwendung von Schnellwechselfuttern wird an Zeit für den Werkzeugwechsel erheblich gespart.

Schnellwechsler für Bohrwerkzeuge bestehen aus einem Futter, das mit der Maschinenspindel verbunden ist, und aus Einsätzen, die mit

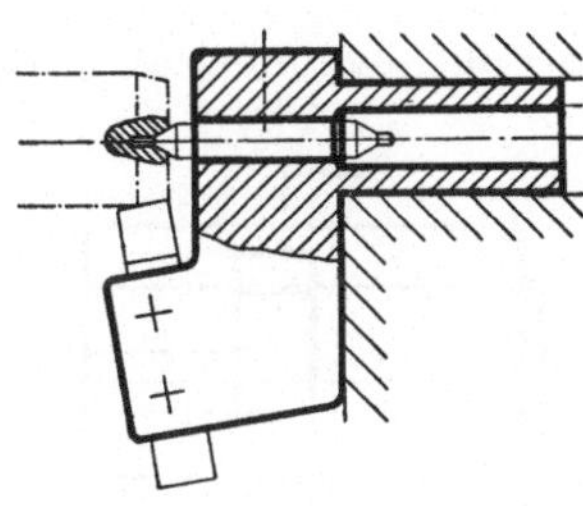

Bild 288. Werkzeugspanner für Revolverköpfe mit Zentrierbohrer und Meißel für das Andrehen eines Kegels für die nachfolgende Verwendung von Stützrollen.

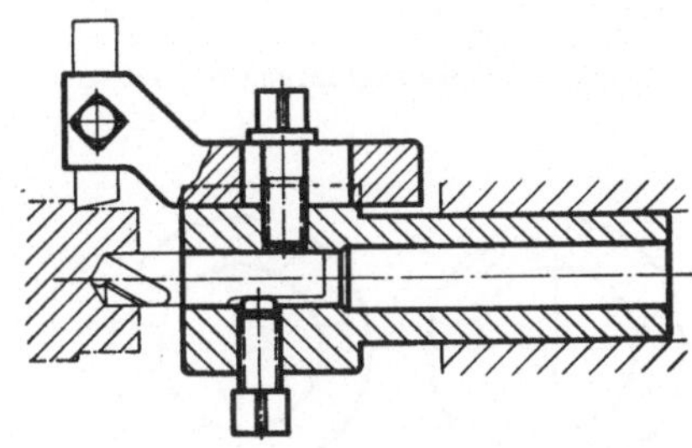

Bild 289. Werkzeugspanner für Revolverköpfe mit Bohrer und längsverstellbarem Teil für einen Langdrehmeißel.

den zu wechselnden Werkzeugen verbunden sind. Futter und Einsätze haben zueinander jene Anschlußformen, die einen schnellen Werkzeugwechsel ermöglichen.

An Stelle der mit dem Werkzeug zu verbindenden Wechselhülsen und Wechseldorne kann der Schaft des Werkzeuges bzw. eines Werkzeug-Aufnahmedornes mit der entsprechenden Anschlußform versehen werden. Hierdurch kann die Baulänge von Werkzeug-Aufnahmestelle bis Werkzeug-Schneide meist kürzer gehalten werden. Bei einfachen Anschlußformen können hierbei außerdem die Kosten niedriger liegen als bei Anschaffung eines besonderen Wechselteiles.

Schnellwechselfutter werden umlaufend und nichtumlaufend

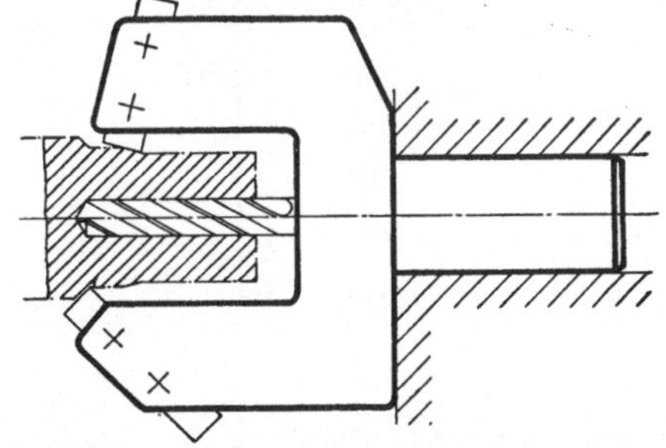

Bild 290. Werkzeugspanner für Revolverköpfe mit Bohrer und zwei Langdrehmeißeln, davon je einer zum Schruppen und Schlichten.

verwendet, woraus sich zwei verschiedene Bauformen ergeben.

**Umlaufende Schnellwechselfutter** (Bild 291 bis 304) kommen vorzugsweise auf Bohrmaschinen zur Verwendung.

Bei Schnellwechselfuttern nach Bild 293 bis 304 kann der Werkzeugwechsel bei umlaufender Bohrspindel vorgenommen werden. Hierbei sind erhebliche Ersparnisse an Nebenzeit möglich, die durch folgende Gegenüberstellung veranschaulicht werden.

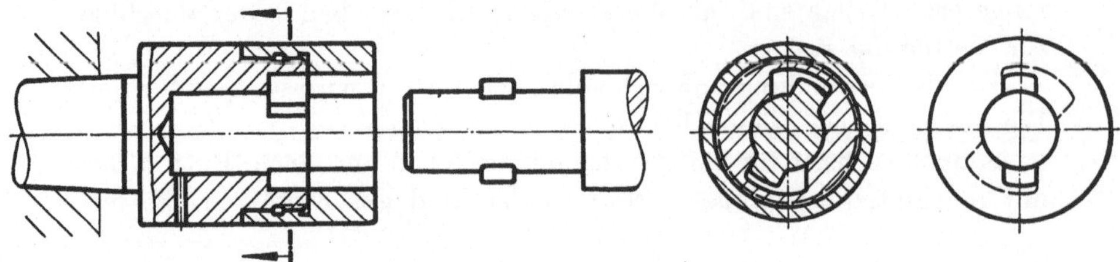

Bild 291. Die leichtere Ausführung des Futters ist aus fertigungstechnischen Gründen geteilt.

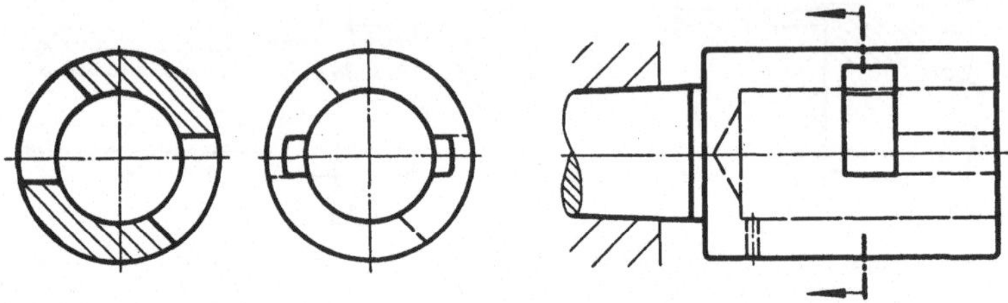

Bild 292. Die schwerere Ausführung des Futters ist aus einem Stück gearbeitet.

Bild 291 u. 292. *Schnellwechselfutter mit Bajonettverschluß, zur Verwendung auf Bohrwerken.*

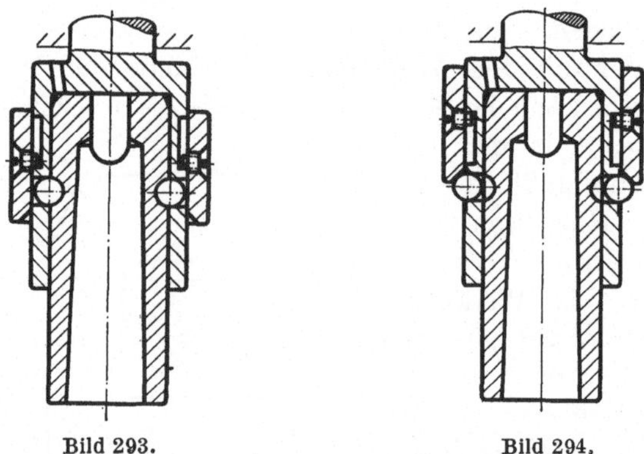

Bild 293.                    Bild 294.

Bild 293 u. 294. Schnellwechselfutter für Werkzeugwechsel bei umlaufender Bohrspindel. Der Schnellwechseleinsatz wird durch zwei Kugeln mitgenommen, die in Nuten der Einsatzhülse eingreifen. Hierzu sind die Kugeln durch die Griffbuchse nach innen geschoben (Bild 293). Nach Anheben der Griffbuchse werden die Kugeln nach außen in die Ausdrehung der Griffbuchse geschleudert, wonach die Aufnahmebohrung für den Werkzeugwechsel freiliegt.

Bei Verbindung von Werkzeugen mit der Bohrspindel durch Morsekegel ergeben sich an Griffen und Nebenzeiten:

Maschine abschalten,

Bohrspindel-Auslauf abwarten,

Austreiber und Hammer ergreifen,

Kegelschaft herausschlagen,

Werkzeug beiseite legen,

nächstes Werkzeug ergreifen,

Werkzeug in die Bohrspindel einsetzen,

Maschinenspindel einschalten,

abwarten, bis die Maschinenspindel die Arbeitsdrehzahl erreicht hat.
Hierfür sind insgesamt z. B. 20 Sekunden erforderlich.

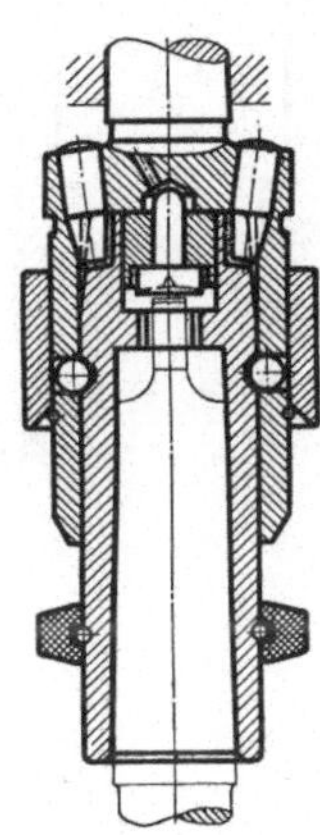
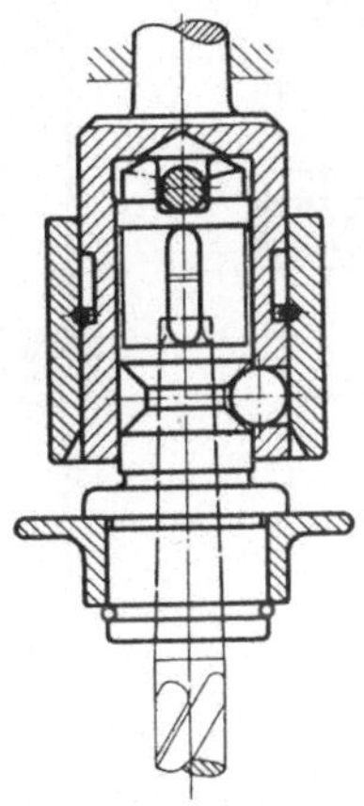

Bild 295. Schnellwechselfutter für Werkzeugwechsel bei umlaufender Bohrspindel. Der
Schnellwechseleinsatz wird durch zwei Stifte
mitgenommen, durch die Kugeln gegen Herausfallen gesichert. Ein Schlagbolzen dient zum
Lösen des Werkzeuges aus der Einsatzhülse.
(Firma Eugen Fahrion, Eßlingen-Mettingen.)

Bild 296. Schnellwechselfutter für Werkzeug-
wechsel bei umlaufender Bohrspindel. Der
Schnellwechseleinsatz wird durch einen Quer-
stift mitgenommen, durch Kugeln gegen
Herausfallen gesichert.
(Firma Fritz Werner, Berlin.)

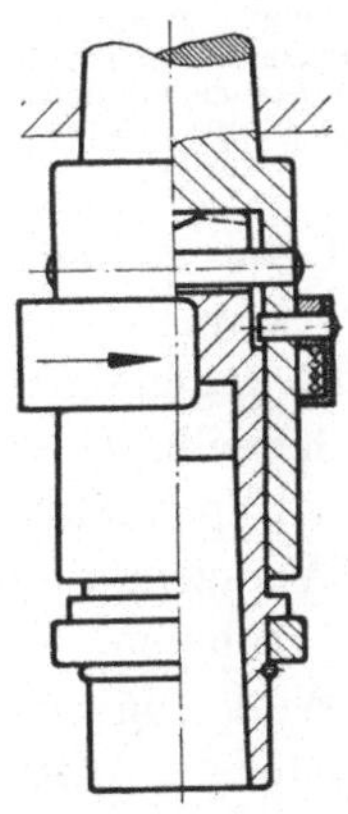
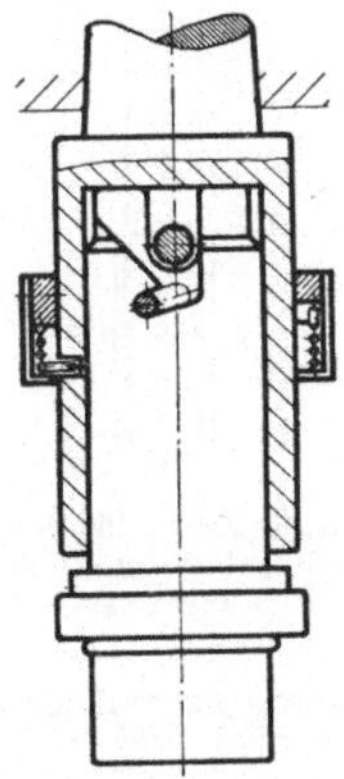

Bild 297. Schnellwechselfutter für Werkzeugwechsel bei umlaufender Bohrspindel. Die Einsatzhülse wird durch Querstift mitgenommen, durch zwei Haltestifte gegen Herausfallen gesichert.
Für das Einsetzen der Werkzeuge ist nur *eine* Hand erforderlich. Beim Einsetzen der Hülse
gleitet der Mitnehmerstift des Futters über die schraubenförmigen Stirnflächen der Hülse in den
Hülsenschlitz ein. Beim Einführen der Hülse werden durch Schrägflächen derselben zugleich die
Haltestifte samt der Griffbuchse in Drehrichtung geschwenkt, bis sie in die Bajonettnute ein-
fallen. Hierfür steht die Griffbuchse unter der Spannung einer Verdrehungsfeder. Zum Lösen
wird die Griffhülse angefaßt, dadurch die Haltewirkung der Stifte aufgehoben und danach Einsatzhülse samt Werkzeug dem Futter entnommen. (Firma Ludw. Loewe, Berlin.)

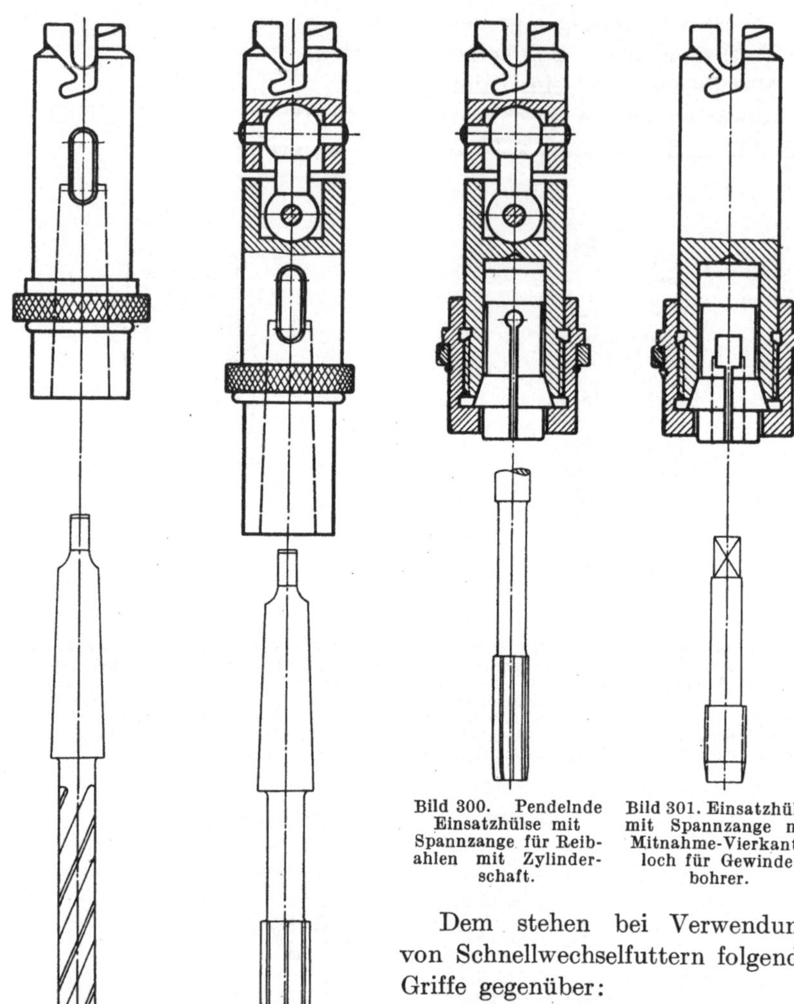

Bild 300.    Pendelnde
Einsatzhülse mit
Spannzange für Reib-
ahlen mit Zylinder-
schaft.

Bild 301. Einsatzhülse
mit Spannzange mit
Mitnahme-Vierkant-
loch für Gewinde-
bohrer.

Bild 298. Einsatzhülse
für Werkzeuge mit
Kegelschaft, vor allem
für Bohrer und Senker.

Bild 299.    Pendelnde
Einsatzhülse für Reib-
ahlen mit Kegelschaft.

Bild 298 bis 301. *Einsätze für umlaufende
Schnellwechselfutter nach Bild 297.*

Dem stehen bei Verwendung
von Schnellwechselfuttern folgende
Griffe gegenüber:

Schnellwechselfutter am Haltering anfassen,

Werkzeug dem Futter ent-
nehmen,

Werkzeug beiseite legen,

nächstes Werkzeug ergreifen,

Werkzeug in das Futter einführen.

Hierfür sind z. B. etwa 5 Sekunden erforderlich. Bei entsprechender
Übung kann mit einer Hand der Haltering des Schnellwechselfutters
gebremst und das Werkzeug dem Futter entnommen, danach mit der
anderen Hand das nächstfolgende Werkzeug in das Futter hineingestoßen
werden.

**Nichtumlaufende Schnellwechselfutter** (Bild 305 bis 311) werden im Reitstock von Spitzendrehmaschinen oder im Revolverkopf von Revolverdrehmaschinen aufgenommen. Aufnahme im Revolverkopf kommt in Betracht, wenn die Aufnahmestellen des Revolverkopfes für die Anzahl der zu einem Arbeitsgange erforderlichen Werkzeuge nicht ausreicht oder wenn zur Erreichung

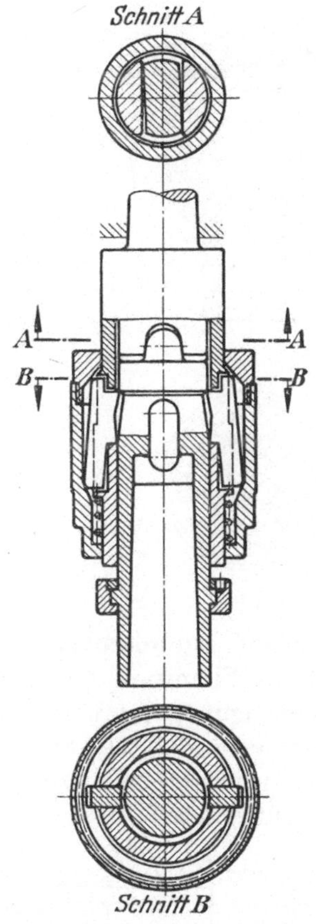


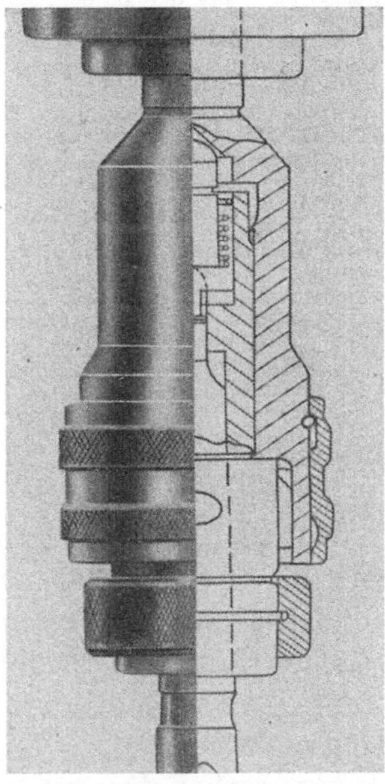

Bild 302. Schnellwechselfutter für Werkzeugwechsel bei umlaufendem Werkzeug. Die Einsatzhülse wird an verhältnismäßig großem Durchmesser an zwei Nasenkeilen mitgenommen. Die Verbindung des Einsatzes mit dem Futter wird durch Anheben der Griffhülse gelöst. Für das Anheben dieser Hülse reicht bereits die Daumenkraft aus. Einsetzen und Entfernen des Einsatzes durch nur *eine* Hand. Durch Aufstoßen mit dem Schlagbolzen kann das Werkzeug aus dem Einsatz gelöst oder nach Drehen des Schlagbolzens um 90° in den Einsatz eingetrieben werden.
(Bauart May,
Hersteller Firma Rohde & Dörrenberg.)

Bild 303. Schnellwechselfutter für Werkzeugwechsel bei umlaufender Bohrspindel. Die Einsatzhülse ist an der Stirnfläche mit einem Querlappen versehen und wird an dieser durch Nut im Futter mitgenommen. Als Sicherung gegen Herausfallen dienen zwei lose Flachstücke. Diese stehen unter Federdruck. Durch diesen und durch die obere Kegelfläche der Griffhülse werden die oberen Nasen der Flachstücke nach innen gedrückt und stehen in die Aufnahmebohrung des Futters ein. Beim Einführen der Einsatzhülse oder durch Anheben der Griffhülse werden diese Haltenasen nach außen geschoben. Einsetzen der Einsatzhülse durch *eine* Hand. Bei einiger Geschicklichkeit auch Lösen durch nur eine Hand.
(Firma Hässner, München.)

höherer Arbeitsgenauigkeit zweckmäßiger von nur einer Aufnahmestelle ausgehend gearbeitet wird. Hierdurch wird die Auswirkung von Teilfehlern, z. B. an älteren Revolverköpfen, vermieden.

Nichtumlaufende Schnellwechselfutter haben einfachere Anschlußformen als umlaufende, die bei umlaufender Spindel bedienbar sind.

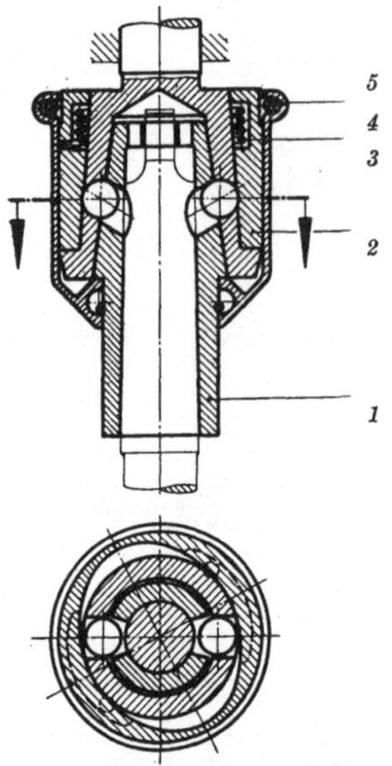


Bild 304. Schnellwechselfutter für Werkzeugwechsel bei
umlaufender Bohrspindel. Aufnahme der Einsatzhülse durch
ISA-Kegel (Verjüngung 1 : 3, 4286). Der Einsatz *1* wird
durch Kugeln mitgenommen, die außerdem durch Verdrehungsfeder *3* über Spiralflächen und Schrägflächen den
Einsatz in die Kegelbohrung .hineindrücken. Beim Einführen des Einsatzes *1* wird die Schaltbuchse *2* des Futters
abgebremst. Zum Abbremsen dient der in der Griffhülse
des Einsatzes angeordnete Federring *4*. Durch das Abbremsen
wird die Schaltbuchse *2* gegenüber dem Futterkörper geschwenkt, bis die Kugeln so weit nach außen geschleudert
werden können, daß die Aufnahmebohrung freiliegt. Kurz
bevor der Einsatz vollständig eingeführt ist, wird das Abbremsen beendet und die Schaltbuchse *2* schwenkt unter der
Wirkung der Verdrehungsfeder in ihre Spannstellung zurück.
Das Futter selbst ist weder beim Einsetzen noch beim
Herausnehmen des Einsatzes von Hand anzufassen. Die
Hand bzw. beide Hände stehen für Einsatz mit Werkzeug
zur Verfügung.
(Bauart Seitter, Hersteller Firma J. Gottlieb Peiseler,
Remscheid-Hattenbach.)

Bild 304.

## Allgemeine Anforderungen an Schnellwechselfutter sind:

Gutes Einmitten des Werkzeuges;

schwingungsfreie Verbindung zwischen Werkzeug und Maschine;

rascher, unfallsicherer Werkzeugwechsel;

für schwerere Werkzeuge Wechsel möglichst ohne Anfassen des
Futters, weil hierdurch beide Hände für das Halten und Einführen
des Werkzeuges zur Ver-
fügung stehen;

Verwendbarkeit für senkrechte
und waagerechte Bohrspindel;

Verwendbarkeit für beide Dreh-
richtungen;

Werkzeugwechsel ohne Ver-
wendung eines Austreibers;

kurze Bauform;

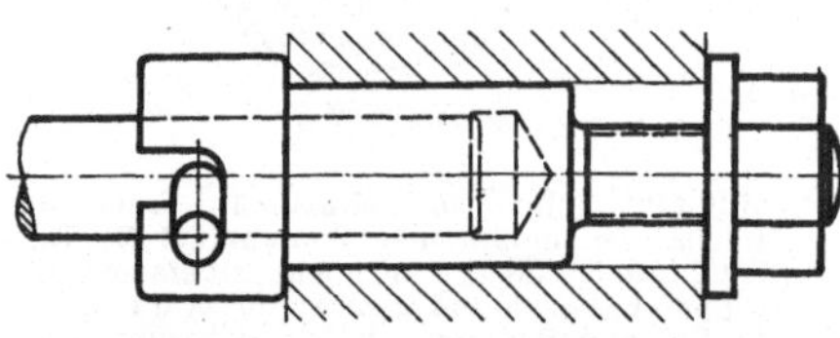

Bild 305. Schnellwechselfutter, verwendet auf Revolverköpfen, vorzugsweise für die pendelnde Aufnahme von Einsatzhülsen oder Einsatzdornen von
Reibahlen. (Firma Pittler, Langen.)

robuste, durch Späne möglichst wenig gefährdete Anschlußform für
die Wechselverbindung;

niedrige Anschaffungskosten für Futter und Einsätze;

lange Gebrauchsfähigkeit.

Die Vielzahl der Ausführungen handelsüblicher Schnellwechselfutter
beweist, wie schwierig sämtliche der angeführten Forderungen durch
nur eine Futterausführung erfüllbar sind.

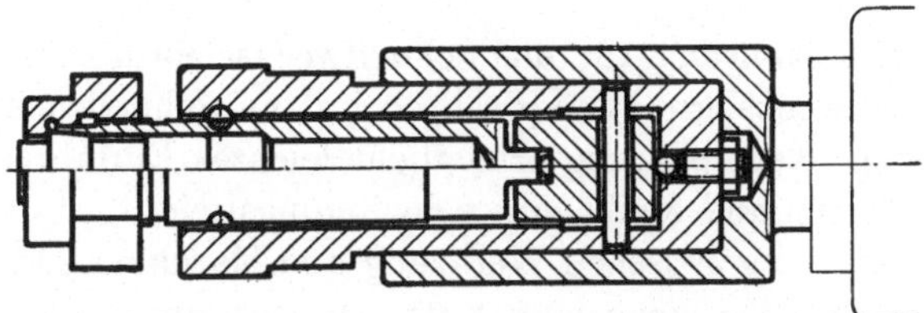

**Bild 306.** Schnellwechselfutter, durch Zwischenhülse mit Kegelschaft in der Reitstockpinole einer Spitzendrehmaschine aufgenommen; ohne Zwischenhülse zur Aufnahme in Revolverköpfen geeignet. Der mit Lappen versehene Schnellwechseleinsatz greift in den Schlitz eines Pendelstückes des Schnellwechselfutters. Das Pendelstück ist gegen Drehen durch Querstift gesichert. Durch das Pendelstück können mit etwa 0,3 mm Spiel aufgenommene Reibahleneinsätze nach der Werkstückbohrung frei einpendeln. Als Sicherung gegen Herausziehen dient ein angeflächter Zylinderstift, der durch Drehen in Sicherungsstellung oder in Freistellung gebracht wird. (Firma Ludw. Loewe, Berlin.)

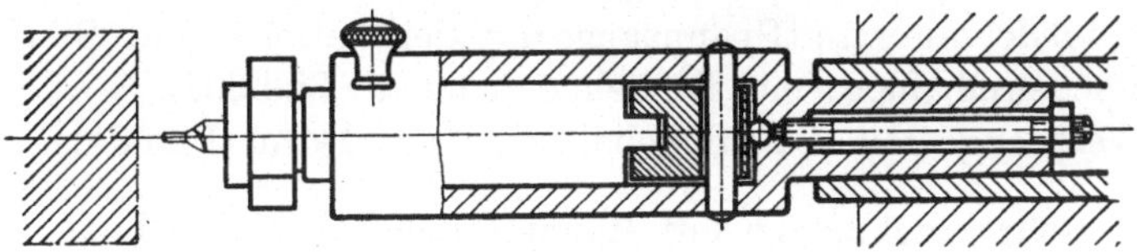

Bild 307. Einsatzhülse mit Spannzange für Zentrierbohrer.

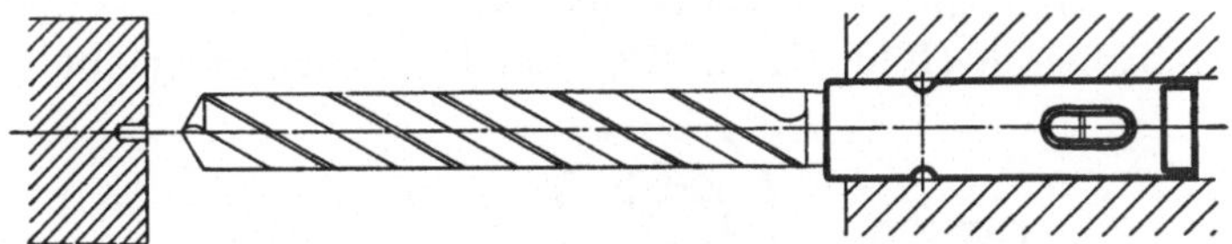

Bild 308. Einsatzhülse mit Kegelbohrung für Spiralbohrer.

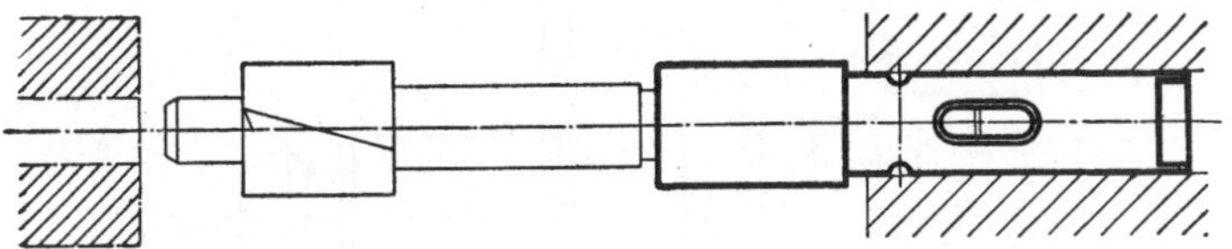

Bild 309. Einsatzhülse mit Kegelbohrung für Zapfensenker.

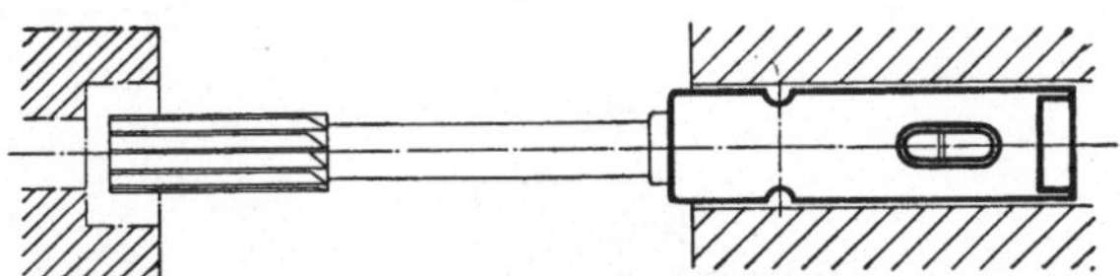

Bild 310. Pendelnde Einsatzhülse mit Kegelbohrung für Reibahle.

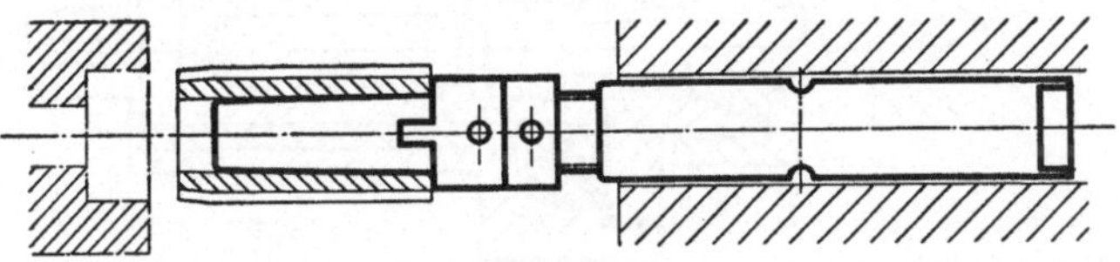

Bild 311. Pendelnder Einsatzdorn mit Kegelbohrung für Aufsteckreibahle.

Bild 307 bis 311. *Anwendungsbeispiele für das Schnellwechselfutter entsprechend Bild 306. Der Futterkörper ist hierbei mit Kegelschaft versehen, wodurch sich die Zwischenhülse nach Bild 306 erübrigt.*

Weitere Ausführungsbeispiele von Einsätzen für dieses Schnellwechselfutter sind im Abschnitt „Halter und Spanner für Reibwerkzeuge" als Bild 486 bis 488 wiedergegeben.

**Die Aufnahmebohrung für die Schnellwec'seleinsätze** ist bei den meisten Schnellwechslern zylindrisch, bei dem Schnellwechsler nach Bild 304 kegelig. Kegelpaarung ermöglicht leichtes Einführen der Einsätze in das Futter und ergibt eine schwingungsfreie, form- und kraftschlüssige Verbindung zwischen Werkzeug und Maschine. Durch Kegelpaarung kann das Werkzeug vom Futter bereits unter gleichen Drehzahlen mitgenommen (synchronisiert) werden, bevor mit dem Schalten der Kupplungsteile begonnen wird.

Schnellwechseleinsätze werden auf seiten des Werkzeuges ausgeführt:
Für Kegelschäfte: mit Kegelbohrung (Bild 298 u. 299),
für Zylinderschäfte: mit Spannzange (Bild 300),
für Gewindebohrer: mit Spannzange mit Vierkantmitnahme (Bild 301),
für Pendelreibahlen: mit Pendelmöglichkeit (Bild 306),
für Werkzeuge mit Aufnahmebohrung: mit Dorn (Bild 311).

### e) Bohreinrichtungen mit Hauptantrieb zur Verwendung auf Revolverköpfen.

Bohrerspanner mit Hauptbewegung werden zum Erhöhen von Schnittgeschwindigkeiten (Bild 312 u. 313) und für außermittige Bohrungen

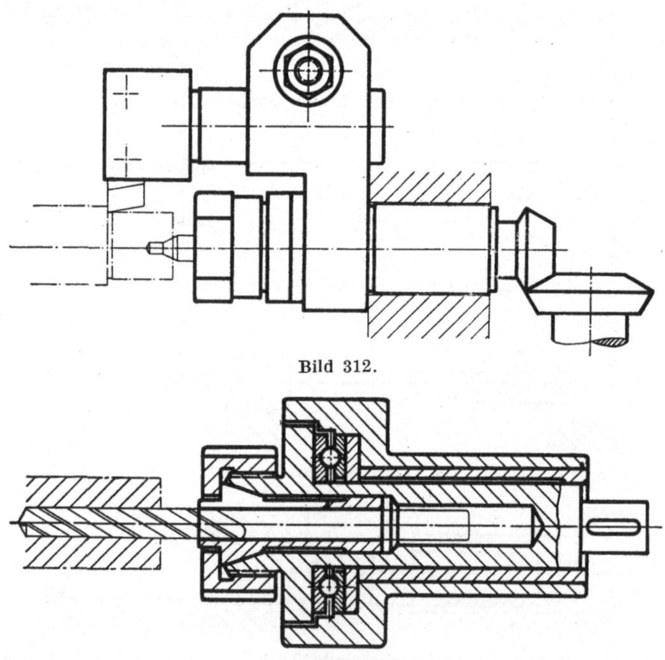

Bild 312.

Bild 313.

Bild 312 u. 313. Bohreinrichtungen für Revolverköpfe mit Hauptantrieb des Bohrers. Diese Einrichtungen werden verwendet, um die Schnittgeschwindigkeit für Bohrer zu erhöhen, falls die Drehzahl des Werkstückes für ein wirtschaftliches Arbeiten zu niedrig liegt. Der Antrieb für den Bohrer wird in der Revolverdrehmaschine abgeleitet.

verwendet, falls Werkstücke bei gleicher Einspannung mittig und außermittig zu bearbeiten sind (Bild 478). Wenn das außermittig angeordnete Werkzeug nur um die eigene Achse umläuft, muß das Werkstück für die außermittige Bearbeitung stillgesetzt werden. Ist die außermittige Bearbeitung bei umlaufendem Werkstück vorzunehmen, muß das Werkzeug nicht nur die Hauptbewegung aufweisen, sondern mit dem Werkstück um dessen Drehachse synchron laufen.

## 2. Spanner für Ausbohrwerkzeuge.

In diesem Abschnitt sind jene Spanner zusammengefaßt, die in einer zur Bohrungsachse senkrechten Ebene nur *eine* Werkzeugschneide aufweisen. In diese Spanner wird meist nur *ein* Werkzeug eingesetzt, doch können, in Vorschubrichtung gesehen, auch zwei oder mehrere Werkzeuge angeordnet sein.

Durch Ausbohren können außer zylindrischen Bohrungen auch Kegelbohrungen, Kugelbohrungen sowie Freistiche und Einstiche gefertigt werden.

Durch Ausbohren ist hohe Lage- und Richtungsgenauigkeit erreichbar.

Erreichbare Zerspanleistung und Werkzeug-Standzeit liegen für einschneidige Ausbohrwerkzeuge jedoch niedriger als für die zwei- oder mehrschneidigen Aufbohrwerkzeuge.

Ausbohrwerkzeuge sind einfach gestaltet, leicht instand zu setzen und mit geringen Kosten ersetzbar. Spanner für Ausbohrwerkzeuge werden vorzugsweise als Bohrstangen, außerdem als Ausbohrköpfe ausgeführt.

### a) Bohrstangen.

Bohrstangen können unterschieden werden nach Art der Einspannung in:

    freitragende („fliegende") Bohrstangen und gestützte bzw. geführte
      Bohrstangen;

nach Zuordnung der Hauptbewegung in

    umlaufende Bohrstangen (vorzugsweise für Bohrmaschinen),

    nichtumlaufende Bohrstangen (vorzugsweise für Drehmaschinen),

nach Verwendungszweck in:

    Bohrstangen für durchgehende Bohrungen,

    für Sackbohrungen,

    für Feinstbohrungen.

Die Vorschubbewegung kann bei umlaufenden wie bei nichtumlaufenden Bohrstangen dem Werkstück oder der Bohrstange zugeordnet sein.

**Schnittkräfte an Bohrstangen.** Bei Verwendung von Bohrstangen können durch die Auswirkung der Rückkraft $R$ (Bild 314) Zerspanleistung und Bohrergebnis ungünstig beeinflußt werden. Durch Bohrstangen, die unter der Rückkraft nachgeben, entstehen Bohrungen mit Durchmesserfehlern, mit welliger Oberfläche und, bei ungleichmäßiger Bearbeitungszugabe, mit Richtungsfehlern. Durchmesserverkleinerungen nehmen mit der Ausbohrtiefe zu, wodurch Bohrungen, die zylindrisch sein sollen, kegelig ausfallen.

Die Größe der Rückkraft $R$ ist in der Hauptsache abhängig von:

Festigkeit des zu bearbeitenden Werkstoffes,

Größe des Einstellwinkels $\varepsilon$,

Schärfe der Schneide, Spantiefe,

Schnittgeschwindigkeit und Vorschub.

Bei Einstellwinkel $\varepsilon = 30°$ und scharfer Schneide beträgt die Rückkraft $R$ etwa 20% der Hauptkraft $H$.

Bei Einstellwinkel $\varepsilon = 0°$ sinkt die Rückkraft bis auf einen Wert, der nur mehr der Auswirkung der gerundeten Schneidenspitze entspricht.

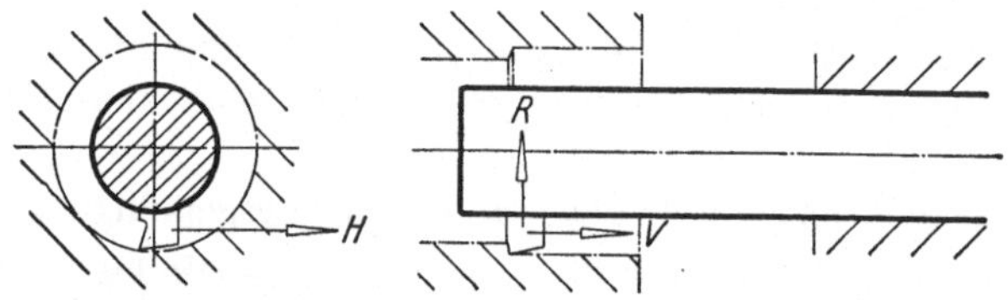

Bild 314. Schnittkräfte an Bohrstangen. Hauptschnittkraft $H$ wirkt auf die Bohrstange drehend. Vorschubkraft $V$ in Achsrichtung schiebend. Rückkraft $R$ in Querrichtung drückend.

Mit Verkleinerung des Einstellwinkels nimmt außerdem die Richtungsgenauigkeit der Bohrung zu, sinkt hingegen die Standzeit der Schneide ab.

**Allgemeine Richtlinien für die Gestaltung von Bohrstangen.** Um den ungünstigen Auswirkungen der Rückkraft weitgehend zu begegnen, sind Bohrstangen möglichst steif zu gestalten, also der Bohrstangenquerschnitt möglichst groß, der Abstand der Werkzeugschneide von der Einspannstelle der Bohrstange möglichst klein zu halten. Die Auswirkungen der Rückkraft können außerdem durch Stützen bzw. Führen der Bohrstange wie durch einen Bohrstangen-Werkstoff hoher Festigkeit vermindert werden.

Die freitragende Mindestlänge von Bohrstangen wird durch die Länge der zu fertigenden Bohrung bestimmt, außerdem durch die Lage der Bohrung im Werkstück sowie der Ausladung des Werkstückspanners und der anliegenden Maschinenteile.

Jener Teil der Bohrstange, der in die zu fertigende Bohrung nicht eingeführt wird, kann steifer gehalten werden, z. B. durch verstärkten Bohrstangenschaft, durch auskragenden Bohrstangenspanner (Bild 402) oder durch Zwischenstück (Bild 403).

Der Forderung nach großem Bohrstangenquerschnitt steht die Forderung nach ausreichendem Spanraum entgegen. Von der einwandfreien Späneabfuhr sind aber der störungsfreie Ablauf und das Ergebnis von

Ausbohrarbeiten in hohem Grade abhängig. Störungen entstehen vor allem durch längere, lockenförmige Späne, z. B. Stahlspäne. Hingegen nehmen die kurzen, bröckeligen Gußspäne weniger Raum ein und können leichter abgeführt werden.

Bei gleichem Bohrungsdurchmesser und gleich großem Überstand des Bohrmeißels kann der Querschnitt nichtumlaufender Bohrstangen größer gehalten werden als der Querschnitt umlaufender Bohrstangen (Bild 315 u. 316).

Durch Buchse geführte Bohrstangen sind mit Schmiernute zu versehen. Die Drallrichtung dieser Schmiernuten ist entgegen der Umlaufrichtung der Hauptbewegung zu halten (Bild 355), also bei Rechtsumlauf Schmiernuten im Linksdrall, bei Linksumlauf Schmiernuten im Rechtsdrall. Hierdurch verbleibt die Schmierflüssigkeit für längere Dauer in den Nuten, als wenn die Drallrichtung der Umlaufrichtung gleich ist.

Bei umlaufenden, geführten Bohrstangen, die auf Waagerecht-Bohrmaschinen, Waagerecht-Bohrwerken oder in Sonderfällen auf Spitzendrehmaschinen oder Karussell-Drehmaschinen verwendet werden, ist auf das Fluchten der Bohrspindelachse mit der Achse der Bohrstangenführung zu achten. Durch Anordnung eines Kreuzgelenkes (DIN 7551 oder Bild 496) zwischen Bohrspindel und Bohrstange haben kleinere Fluchtfehler keine ungünstige Auswirkung auf Spindellagerung sowie auf Bohrstangenführung. Zugleich wird an Zeit für das Einrichten gespart.

Für die Gestaltung der Bohrstangen wird in der Zeichnung zweckmäßig außer der zu fertigenden Bohrung auch die Bohrung im Anlieferungszustand dargestellt. Dabei sind Kleinstdurchmesser, Unrundheit, Außermittigkeit und Richtungsfehler der Bohrung im Anlieferungszustand zu berücksichtigen. Das gilt insbesondere für vorgegossene, vorgeschmiedete und vorgepreßte Bohrungen. Durch solche Darstellung kann vermieden werden, daß der Bohrstangendurchmesser auf der Einführungsseite zu groß oder das freie Bohrstangenende zu lang bemessen wird.

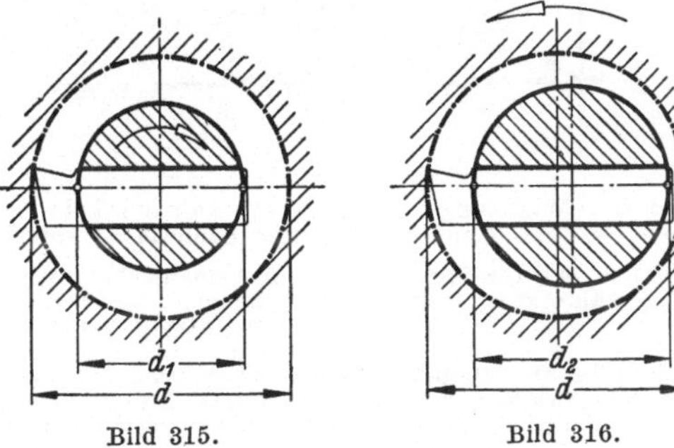

Bild 315.    Bild 316.

Bild 315. Für umlaufende Bohrstangen ergibt sich der Durchmesser $d_1$ aus Bohrungsdurchmesser $d$ abzüglich zweimal dem Überstand des Bohrmeißels.

Bild 316. Für nichtumlaufende Bohrstangen ergibt sich der Durchmesser $d_2$ aus Bohrstangendurchmesser $d$ abzüglich einmal dem Überstand des Bohrmeißels und eines geringen Betrages von z. B. 2 mm.

Bild 315 u. 316. *Der Durchmesser nichtumlaufender Bohrstangen kann größer gehalten werden als der Durchmesser umlaufender Bohrstangen.*

Gestaltungsrichtlinien für Anordnung, Einstellen und Spannen von Ausbohrwerkzeugen in Bohrstangen sowie Gestaltungsrichtlinien für Bohrstangen zum Feinstbohren sind unter den gleichnamigen Abschnitten angeführt.

**Bohrmeißelquerschnitte.** Für Bohrmeißel kommen kreisförmige, dreikantige, quadratische, rechteckige und trapezförmige Querschnitte in

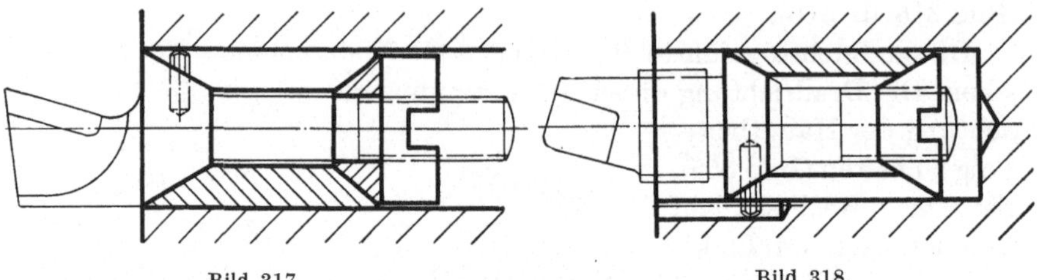

Bild 317.                                    Bild 318.

Bild 317. WINTER-Spreizfassung für Aufnahmebohrungen, die als Durchgangsbohrung ausgeführt sind. Diese Bauform ist vorzugsweise zu verwenden.

Bild 318. WINTER-Spreizfassung für Aufnahmebohrungen, die als Sackbohrung ausgeführt sind. Diese Bauform ist möglichst zu vermeiden, weil der Abstand zwischen Werkzeugschneide und Werkzeugunterstützung verhältnismäßig groß ist.

Bild 317 u. 318. *Diamant- oder hartmetallbestückte Ausbohrwerkzeuge in* WINTER-*Spreizfassung. Gespannt wird mittels Mutter über Kegelbuchse durch Spreizen der Fassung. Baumaße für* WINTER-*Spreizfassungen nach Zahlentafel 7, S. 121.*

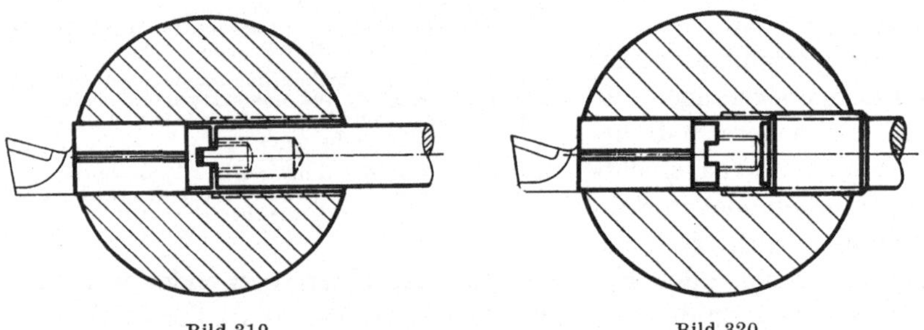

Bild 319.                                    Bild 320.

Bild 319. WINTER-Spreizfassung mit Schlüssel für die Mutter zum Spannen der Fassung.

Bild 320. WINTER-Spreizfassung mit Schlüssel zum Einstellen der gespannten Fassung. Der Schlüssel wird in die Bohrstange eingeschraubt, die Spreizfassung zum Einstellen nach außen geschoben. Vorzugsweise für Bohrstangen von mittelgroßem Durchmesser.

Betracht. Hiervon wird vorzugsweise der kreisförmige („runde") und vor allem der quadratische („vierkantige") Querschnitt verwendet. Vor- und Nachteile der Meißel mit kreisförmigem oder quadratischem Querschnitt sind bereits im Abschnitt „Drehmeißel" S. 34 erwähnt.

Abmessungen für runde, quadratische und rechteckige Bohrmeißel sind in DIN 770 festgelegt. Abmessungen für dreieckige und trapezförmige Meißelquerschnitte sind außerdem in DIN 4964 enthalten. Andere, als diese genormten Abmessungen sind weitgehend zu vermeiden.

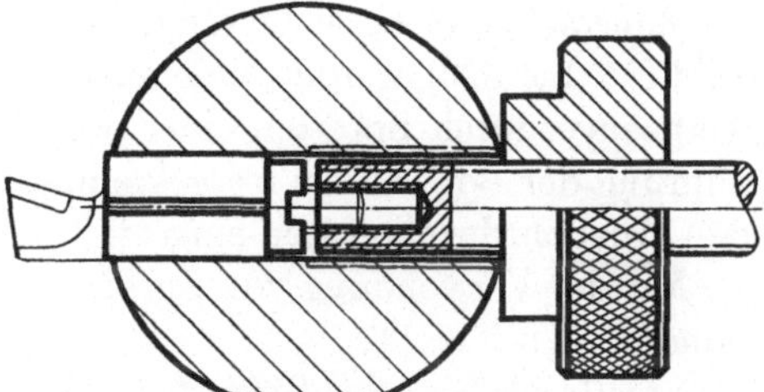

Bild 321. Winter-Spreizfassung mit
Schlüssel zum Zurückziehen der gespannten Fassung. Der Schlüssel wird
auf den Gewindezapfen des Werkzeugschaftes geschraubt, danach durch
Kordelmutter die Fassung zurückgezogen.

Bild 321.

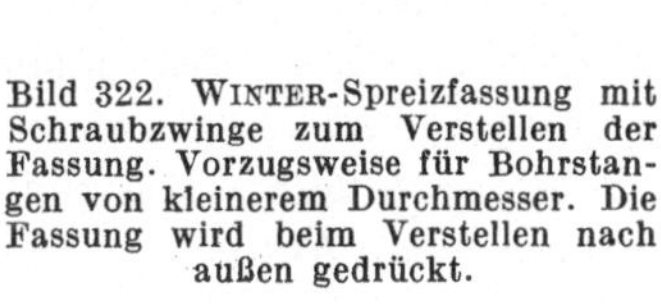

Bild 322. Winter-Spreizfassung mit
Schraubzwinge zum Verstellen der
Fassung. Vorzugsweise für Bohrstan-
gen von kleinerem Durchmesser. Die
Fassung wird beim Verstellen nach
außen gedrückt.

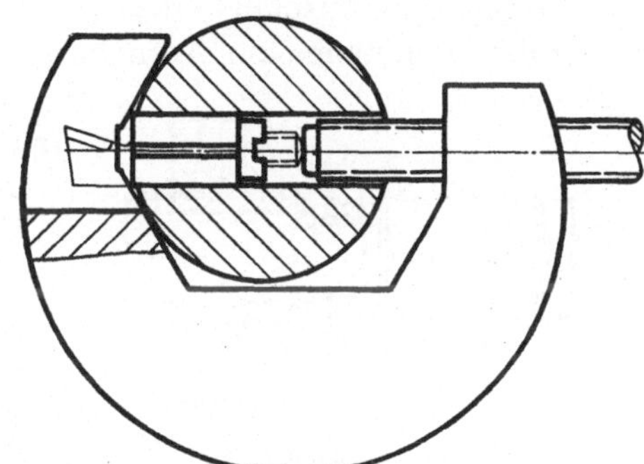

Bild 322.

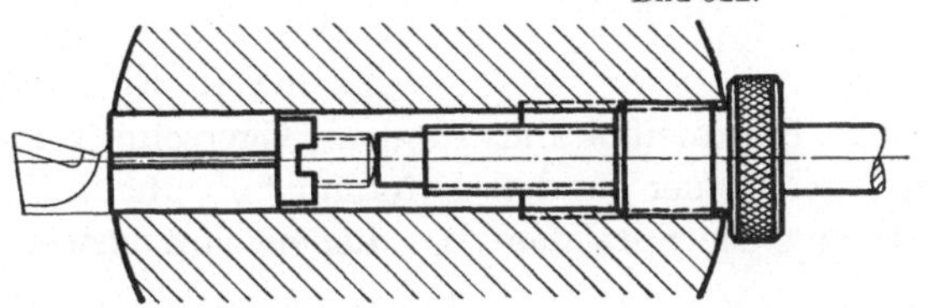

Bild 323. Winter-Spreizfassung mit Schlüssel zum Verstellen der Fassung, in Bohrstangen von
größerem Durchmesser.

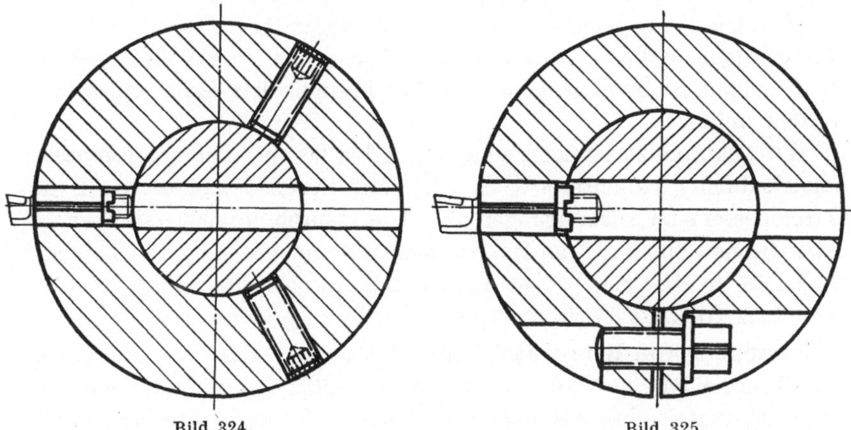

Bild 324.　　　　　　　　　　Bild 325.

Bild 324 u. 325. Winter-Spreizfassungen durch Ring aufgenommen, für Bohrstangen von
größerem Durchmesser. Die Bohrstangen sind für den Stellschlüssel durchbohrt.

**Bohrmeißel in Spreizfassung.** In Spreizfassung (nach WINTER, DRP., Bild 317 bis 326) werden diamant- oder hartmetallbestückte Ausbohrwerkzeuge durch Spreizen einer geschlitzten Buchse in der Aufnahmebohrung der Bohrstange festgeklemmt und im geklemmten Zustand auf den Ausbohrdurchmesser eingestellt.

Mit der Verwendung von Spreizfassungen sind folgende Vorteile verbunden:

    Spielfreier Sitz der Spreizfassung und dadurch sicheres Stützen des Werkzeuges;

    Spannen des Ausbohrwerkzeuges ohne Verzug der Bohrstange;

    in der Bohrstange zur Aufnahme der Spreizfassung nur eine glatte Bohrung;

    in der Bohrstange für das Einstellen des Werkzeuges kein zusätzlicher Teil;

    in der Bohrstange keine zusätzliche Schwächung zur Aufnahme eines Einstellteiles;

    durch Feineinstellen im gespannten Zustand der Spreizfassung hohe Einstellgenauigkeit, außerdem einfaches Einstellen und damit Ersparnis an Einrichtezeit.

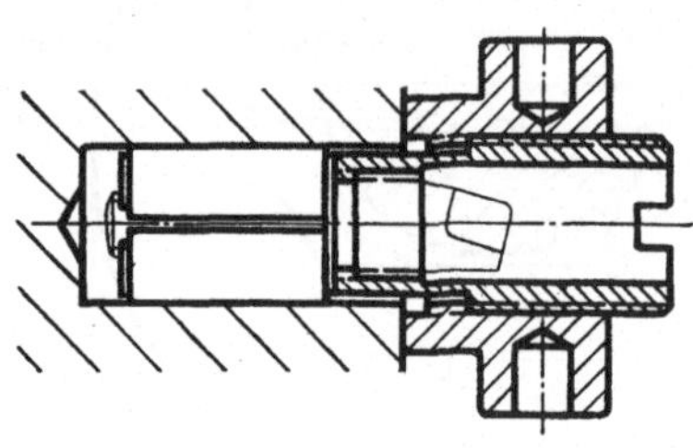

Bild 326. WINTER-Spreizfassung für Sackbohrungen, mit Gewindebuchse und Kordelmutter zum Einstellen des Werkzeuges. Die Fassung wird dabei aus der Bohrstange herausgezogen.

Gleich dem Bohrmeißel mit rundem Querschnitt hat die Spreizfassung den Vorteil einer runden Aufnahmebohrung in der Bohrstange. Ausbohrwerkzeuge in Spreizfassung dienen vorzugsweise für Feinstbearbeitung.

Der Kostenersparnis durch einfachere Gestaltung der Bohrstange stehen die höheren Anschaffungskosten für die Spreizfassung und des zur Spreizfassung gehörigen Werkzeuges gegenüber. Dabei ist zu berücksichtigen, daß die Bohrstange zunächst nur einmal, hingegen die zu derselben Bohrstange gehörigen Werkzeuge viele Male angeschafft werden müssen.

WINTER-Spreizfassungen sind mit 2 bis 20 mm Außendurchmesser handelsüblich (Zahlentafel 7, S. 121). Mit Spreizfassungen von 2 mm Durchmesser sind Ausbohrungen ab 6,5 mm Durchmesser herstellbar. Im zylindrischen Zustande hat die Spreizbuchse der Fassung eine Toleranz nach ISA h6. Die zugehörige Aufnahmebohrung in der Bohrstange ist nach ISA-Toleranz h7 zu fertigen.

**Zuordnung von Bohrmeißeln zu Bohrstangen.** Für die Zuordnung von Bohrmeißeln zu Bohrstangen sind Größe des Bohrstangenquerschnittes, angestrebte Zerspanleistung und geforderte Oberflächengüte bestimmend.

Für Bohrstangen von größerem Durchmesser ist die Schwächung durch den für die Aufnahme des Werkzeuges erforderlichen Durchbruch belanglos. Bei kleineren Bohrstangendurchmessern steht der Forderung nach möglichst großem Bohrmeißelquerschnitt die Forderung nach möglichst geringer Bohrstangenschwächung gegenüber.

Richtwerte für die Zuordnung von Bohrmeißeln zu Bohrstangen sind in der Zahlentafel 8 (S. 130), 9 (S. 131), 10 (S. 161) und 11 (S. 162) angeführt. Danach beträgt der Durchmesser bzw. die Seitenlänge des Bohrmeißels etwa 25 bis 40 % des Bohrstangendurchmessers.

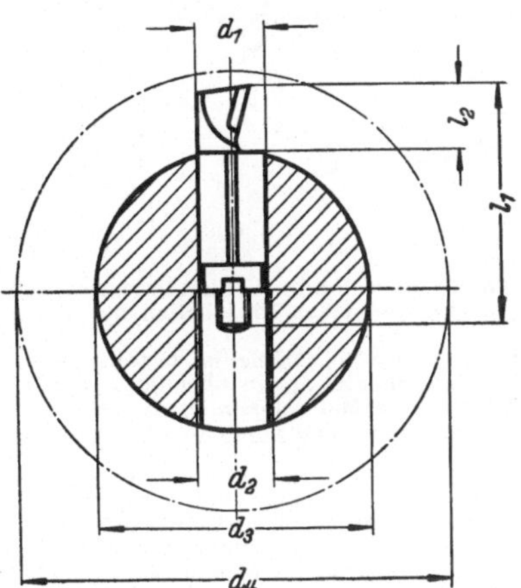

Zahlentafel 7.
*Baumaße von* WINTER-*Spreizfassungen.*

| $d_1$ | $d_2$ | $d_3$ | $d_4$ | $l_1$ | $l_2$ |
|---|---|---|---|---|---|
| (2) | — | 6 | 11,5 | 5 | 1,8 |
| 2,5 | — | 8 | 14,5 | 7 | 2,5 |
| (3) | — | 10 | 18 | 8,5 | 3,5 |
| 4 | — | 12 | 23 | 11 | 4 |
| 5 | 6×1 | 16 | 29 | 15 | 5 |
| 6 | 7×1 | 22 | 36 | 20,5 | 6 |
| 7 | 8×1 | 26 | 43 | 24,5 | 7 |
| 8 | 10×1 | 30 | 49 | 28 | 8 |
| 10 | 12×1,5 | 35 | 58 | 34 | 10 |
| 12 | 14×1,5 | 45 | 72 | 40 | 12 |
| 16 | 18×1,5 | 65 | 100 | 54 | 16 |
| 20 | 22×1,5 | 85 | 130 | 66 | 20 |
| 25 | 28×1,5 | 110 | 165 | 82 | 25 |
| 30 | 32×1,5 | 140 | 205 | 98 | 30 |

Eingeklammerte Größen möglichst vermeiden.

**Anordnung von Bohrmeißeln in Bohrstangen.** Für die Anordnung von Bohrmeißeln in Bohrstangen sind bestimmend:

die Forderung nach möglichst einfacher Form des Bohrmeißels;

die Forderung nach möglichst geringer Schwächung des Bohrmeißels durch Zuschliff und durch Nachschliff (Bild 327 bis 329);

die Forderung nach weitgehender Ausnutzbarkeit des Bohrmeißels;

Art der zu fertigenden Bohrung, wie Durchgangsbohrung oder Sackbohrung;

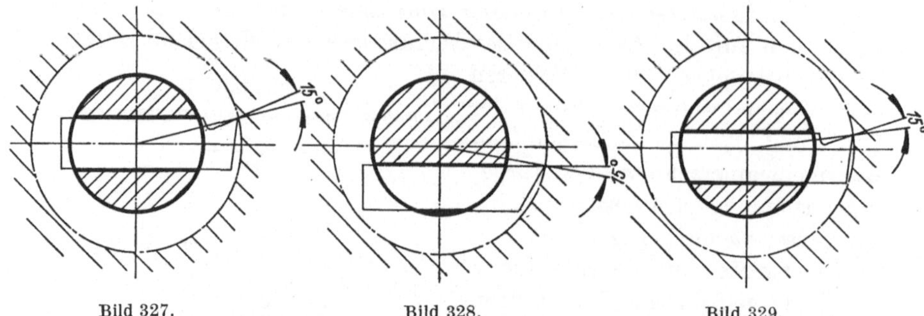

Bild 327.               Bild 328.               Bild 329.

Bild 327. Der Bohrmeißel liegt symmetrisch zur Bohrstangenmitte. Der Bohrmeißelquerschnitt wird durch das Einarbeiten der Spanfläche um einen größeren Betrag geschwächt.

Bild 328. Der Bohrmeißel ist so weit aus der Bohrstangenmitte gesetzt, daß seine obere Fläche im erforderlichen Spanwinkel liegt. Der Bohrmeißelquerschnitt bleibt hierbei vollständig erhalten. Diese Meißelspannung ist jedoch nicht brauchbar, wenn hierdurch der untere Bohrstangenteil unzulässig geschwächt wird, wie in der Darstellung übertrieben angedeutet ist.

Bild 329. Der Bohrmeißel liegt zu etwa einem Drittel seiner Höhe über, zu etwa zwei Drittel unter der Bohrstangenmitte. Bei dieser Anordnung wird der Meißel bei gleichem Spanwinkel weniger geschwächt als nach Bild 327 und bleibt die Schwächung des unteren Bohrstangenteiles in engeren Grenzen. Für Bohrstangen für Feinstbearbeitung, also bei Bohrstangen, an die höchste Ansprüche an Rundlaufgenauigkeit gestellt werden, ist diese einseitige Anordnung jedoch zu vermeiden, wenn dadurch beim Spannen des Bohrmeißels die Bohrstange verzogen wird.

Bild 327 bis 329. *Auswirkung der Anordnung des Bohrmeißels auf den Querschnitt der Schneidzone.*

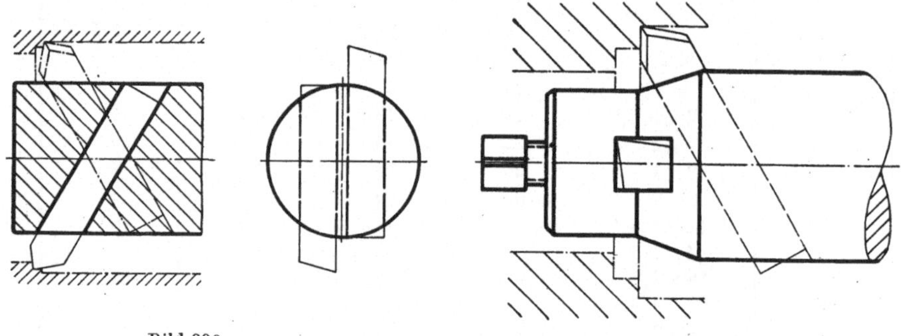

Bild 330.                         Bild 331.

Bild 330. Die beiden Bohrmeißel sind kreuzweise angeordnet, dadurch können die Meißelschneiden auf dem gleichen Bohrkreis oder z. B. zum Schruppen und Schlichten, in geringem Abstand hintereinander liegen.

Bild 331. Bohrstange mit je einem Bohrmeißel für das Fertigen gestufter Bohrungen. Die geringe Stufenhöhe wird durch schräge Anordnung des oberen Meißels erreicht.

Anzahl der aufzunehmenden Bohrmeißel (Bild 330 u. 331);
bei Verwendung auf Revolverköpfen oder in Schwenk-Meißelspannern Berücksichtigung der Auswirkung von Teilfehlern auf den Bohrdurchmesser (Bild 23 u. 24);
bei nichtumlaufenden Bohrstangen Rücksichtnahme auf Erwärmung der Stahlschneide durch Späne, die in der Bohrung liegen (Bild 332 bis 335).

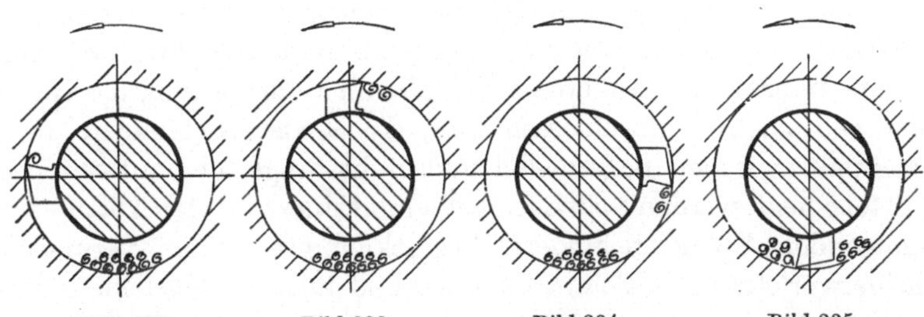

Bild 332.          Bild 333.          Bild 334.          Bild 335.

Bild 332. Der Bohrmeißel liegt waagerecht, die Schneide ist dem Bedienenden zugekehrt, kann gut beobachtet werden und liegt günstig für das Handhaben eines Abziehsteines. Diese Anordnung wird vorzugsweise verwendet, falls sich nicht Teilungsfehler von Revolverköpfen oder Schwenkmeißelspannern ungünstig auswirken (Bild 23 u. 24).

Bild 333. Der Bohrmeißel liegt senkrecht, die Schneide oben. Vorzugsweise Anordnung in Revolverköpfen und Schwenkmeißelspannern für höhere Durchmessergenauigkeiten bei nicht ausreichender Schaltgenauigkeit des Revolverkopfes.

Bild 334. Der Bohrmeißel ist waagerecht, die Schneide entgegen der Bedienungsseite angeordnet. Der Vorzug dieser Anordnung liegt in dem freien Spänefall. Das Beobachten und Abziehen der Schneide sind jedoch sehr erschwert.

Bild 335. Die Bohrmeißelschneide ist nach unten gerichtet. Durch Späne, die im unteren Teil der Bohrung liegen, kann die Schneide beschädigt werden. Außerdem staut sich in angesammelten Spänen Wärme an und wird die Wärmeabfuhr verzögert, wodurch die Standzeit von Schneiden beeinträchtigt werden kann.

Bild 332 bis 335. *Anordnung des Bohrmeißels unter Berücksichtigung der Späne. Die Bohrstange ist nicht umlaufend.*

## Aufnehmen und Spannen von Bohrmeißeln in Bohrstangen (Bild 336 bis 361).

Bohrmeißel werden in Bohrstangen zweckmäßig mit Gleitsitzpassung aufgenommen. Vorzugsweise wird hierzu Feingleitsitz ver-

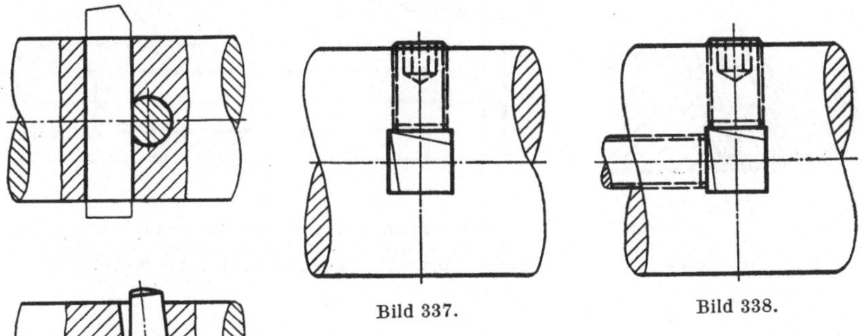

Bild 337.          Bild 338.

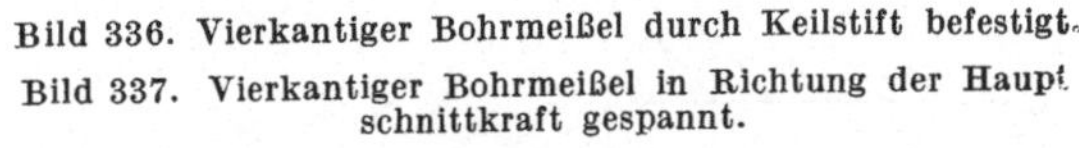

Bild 336. Vierkantiger Bohrmeißel durch Keilstift befestigt.

Bild 337. Vierkantiger Bohrmeißel in Richtung der Hauptschnittkraft gespannt.

Bild 338. Vierkantiger Bohrmeißel in Richtung der Hauptschnittkraft und der Vorschubkraft gespannt.

Bild 336.

wendet und dementsprechend die Aufnahmebohrung der Bohrstange nach ISA-Toleranz h7, der Bohrmeißelschaft nach ISA-Toleranz h6 gefertigt.

Diese Genauigkeitsansprüche erscheinen für den vorliegenden Verwendungszweck sehr hoch. Sie haben sich jedoch als wirtschaftlich tragbar erwiesen, weil gut passend aufgenommene Bohrmeißel gegen Bruch gesicherter sind als nur einseitig anliegende oder nur durch Schraube befestigte Bohrmeißel. Außerdem fließen von Bohrmeißeln, die von der Bohrstange spielfrei umschlossen sind, die Späne unbehindert ab. In einem Spalt zwischen Bohrmeißel und Bohrstange, der auf seiten der Spanfläche liegt, werden Späne festgeklemmt und wird das Ablaufen der nachfolgenden Späne behindert. Festgeklemmte Späne verursachen Schneidenverletzungen, Schneidenbruch und Bearbeitungsfehler.

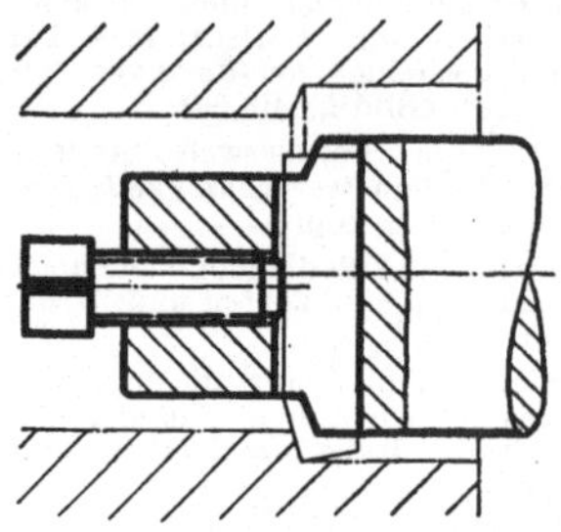

Bild 339. Bohrstangenende für durchgehende Bohrungen. Der Bohrmeißel ist in Achsrichtung gespannt.

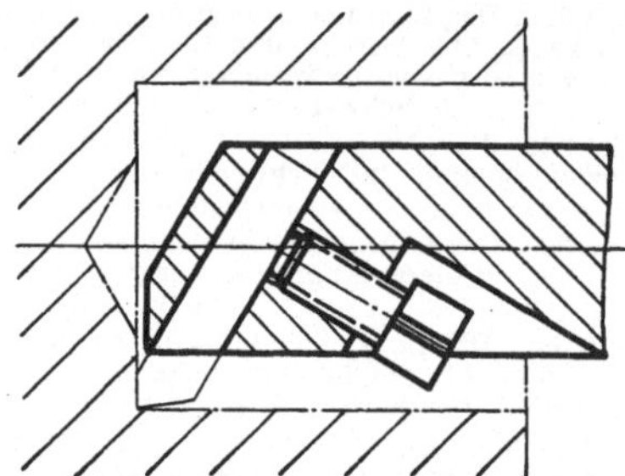

Bild 340. Bohrstangenende für Sackbohrungen. Der Bohrmeißel ist schräg zur Bohrachse gespannt.

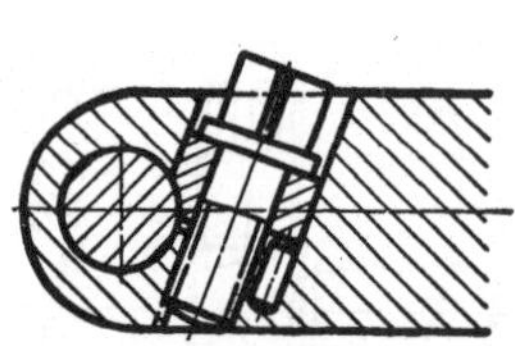

Bild 341. Bohrmeißel mit kreisförmigem Querschnitt durch Schraube über Druckbuchse gespannt.

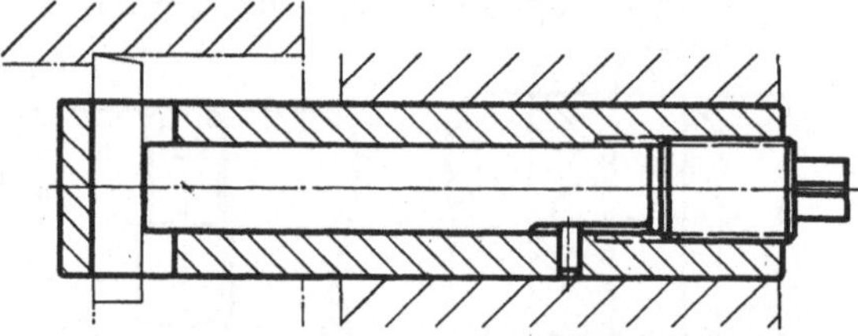

Bild 342. Bohrstange zur Verwendung auf Trommelrevolvern. Bohrmeißel durch Schraube über Druckstange gespannt. Druckstange gegen Drehen durch Stift gesichert.

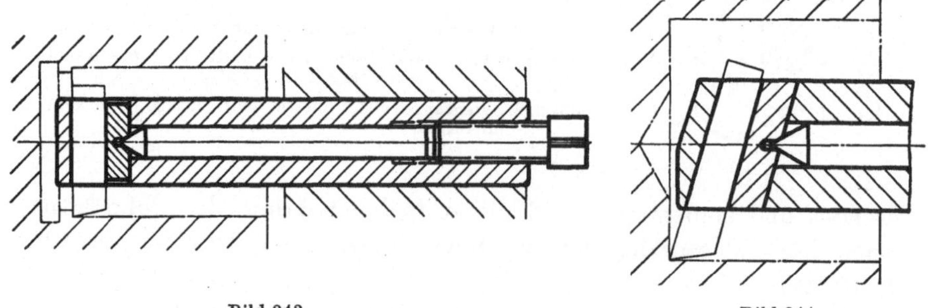

Bild 343.                    Bild 344.

Bild 343 u. 344. Bohrstange für Trommelrevolver, mit Bohrmeißelanordnung für Sackbohrungen.

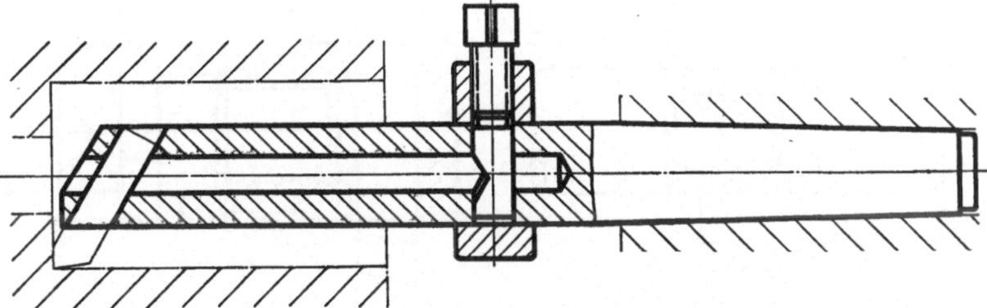

Bild 345. Bohrstange für Sackbohrungen, mit Kegelschaft zur Aufnahme im Reitstock. Bohrmeißel durch Schraube über Druckbolzen und Druckstange gespannt. Die verhältnismäßig lange Bohrung für die Druckstange ist fertigungstechnisch ungünstig.

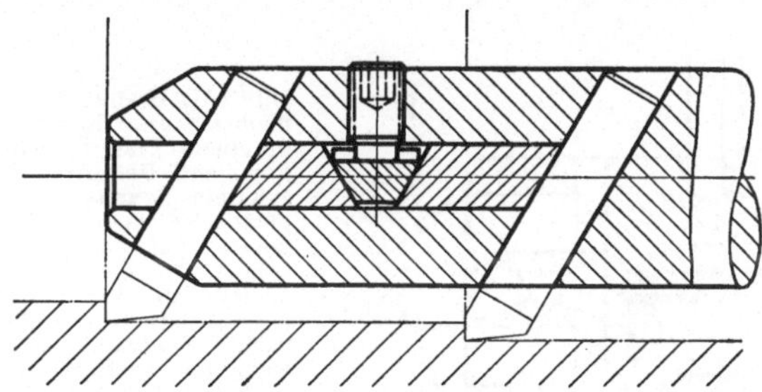

Bild 346. Bohrstange mit zwei Bohrmeißeln, gespannt durch Schraube und Keil über Zwischenstücke.

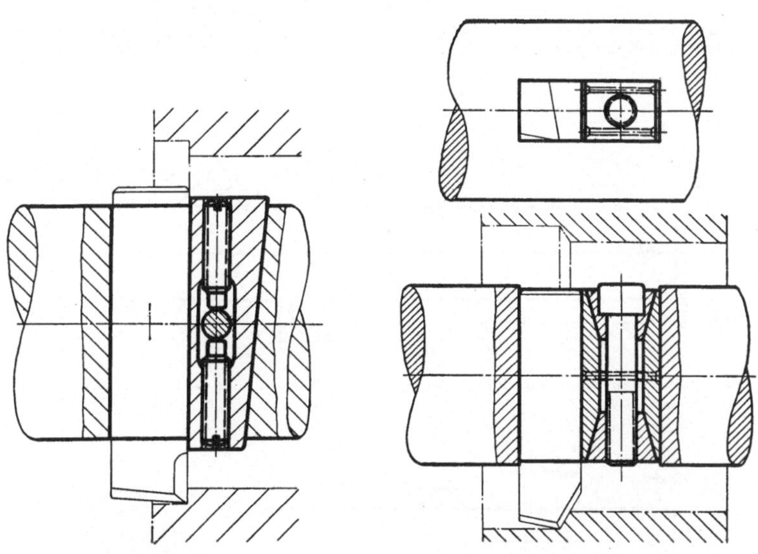

Bild 347.          Bild 348.

Bild 347. Bohrstange mit Bohrmeißel, der durch Schraube über Keil in Richtung Bohrachse gespannt wird. Die Gegenschraube dient zum Lösen der Spannung.

Bild 348. Der Bohrmeißel wird durch ein sog. Klemmstück gespannt. Die mit der Schraube ausgeübte Spannkraft wird durch vier Keilstücke gleichmäßig verteilt und wirkt ausschließlich in Achsrichtung der Bohrstange. Dadurch wird Verzug der Bohrstange vermieden. Außerdem wird der Bohrmeißel gegen die Schnittkräfte in besonderem Maße schwingungsfrei gespannt. Baumaße für Klemmstücke sind in Tafel 9 angeführt.

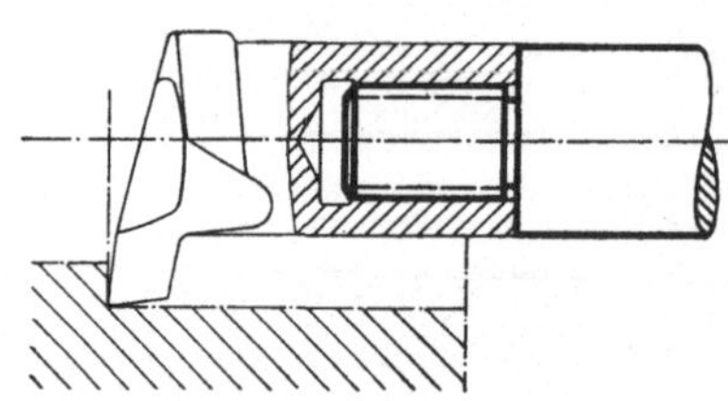

Bild 349. Bohrstangenende mit Befestigungsgewinde für aufschraubbaren runden Ausbohrmeißel. (Firma Komet, Besigheim/Württ.)

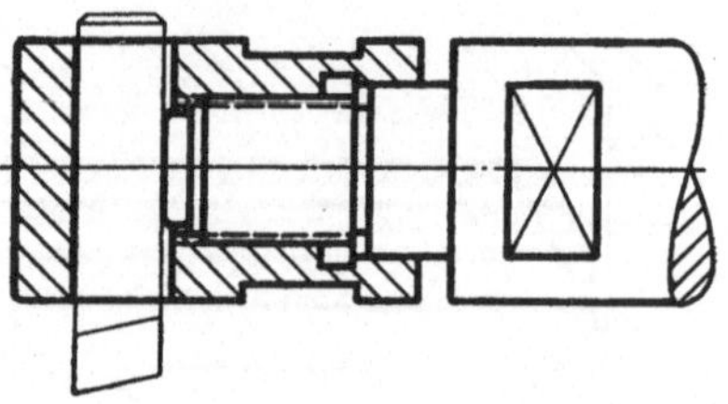

Bild 350. Bohrstangenende mit Überwurfmutter zum Aufnehmen und Spannen des Bohrmeißels.

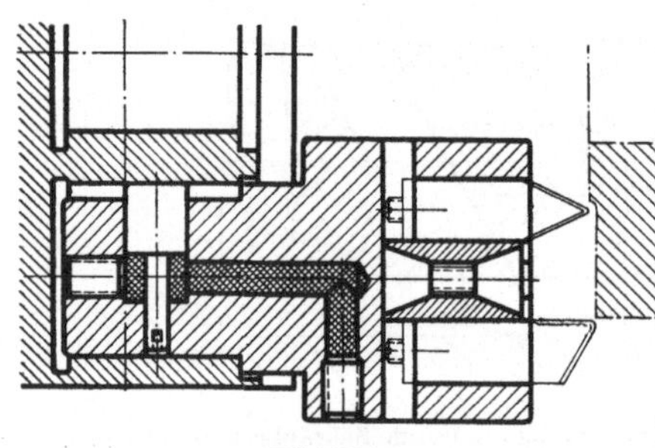

Bild 351.

Bild 351. Hydraulisch gespannter Bohrmeißelspanner (im vorliegenden Beispiel in einem Planbearbeitungskopf aufgenommen). Die durch die Schraube eingeleitete Spannkraft wird durch eine plastische Masse, z. B. Igelit oder Mypolam, auf einen Druckkolben übertragen, der durch Eingriff in eine Nut zugleich die Winkelstellung des Spanners sichert. Die Verwendung hydraulischer Spannung ist z. B. angebracht, wenn für mechanische Spannteile kein geeigneter Bauraum vorhanden ist oder durch mechanische Teile die Spannkraft nicht ausreichend oder sehr viel größeren Bauaufwand erfordert. Nachteilig ist bei hydraulischen Spannern, daß ihre Spannkraft, je nach Güte der Abdichtung, mit der Zeit nachlassen kann. Danach wird erforderlich, daß die Spannung sicherheitshalber z. B. täglich einmal nachgeprüft wird.

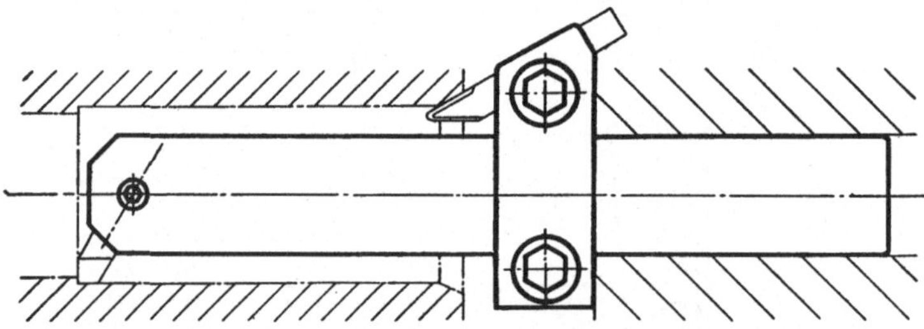

Bild 352. Bohrstange mit zwei Bohrmeißeln, zur Verwendung in Revolverköpfen.

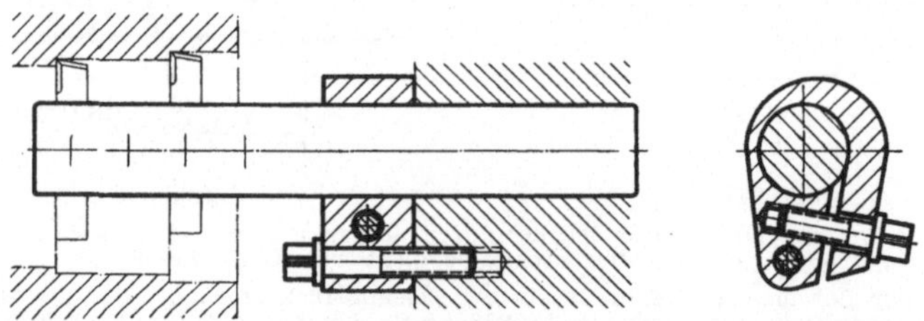

Bild 353. Bohrstange mit zwei Bohrmeißeln. Durch Klemmstück an der Bohrstange und Vierkantschraube im Revolverkopf wird die Bohrstange gegen Verdrehen zusätzlich gesichert. (Firma Pittler, Langen.)

Bild 354. Mehrfach-Meißelspanner für Innenbearbeitung, verwendet auf Trommelrevolver. (H. E. Scheibe, München.)

Bild 355. Durch Buchse geführte Bohrstange. Die Drallrichtung der Schmiernut ist entgegengesetzt der Schnittrichtung zu wählen, damit das Schmiermittel möglichst lange in der Nute verbleibt. Falls Drallrichtung und Umlaufrichtung gleich sind, wird das Schmiermittel unter Schraubwirkung aus der Schmiernut sofort hinausbefördert.

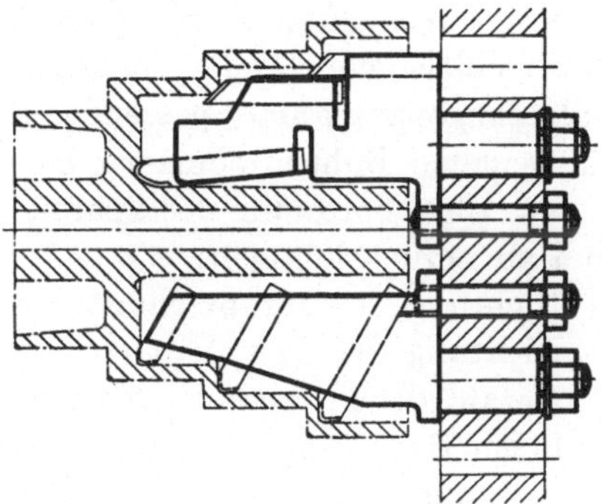

Bild 354.

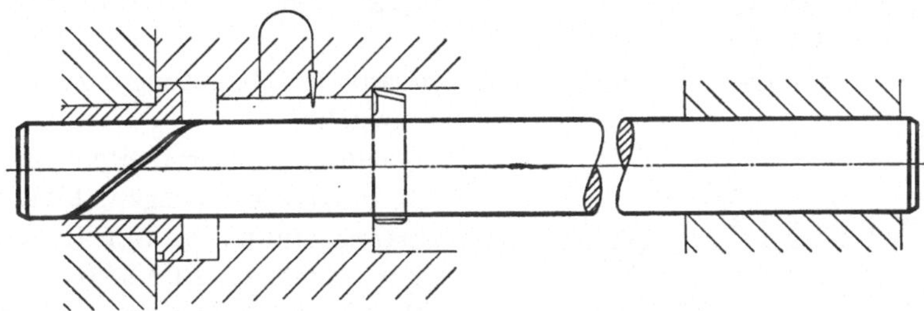

Bild 355.

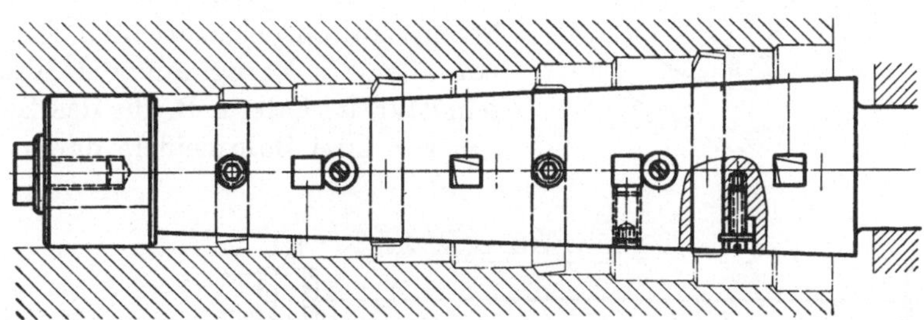

Bild 356. Bohrstange mit mehreren Bohrmeißeln zum Vorarbeiten längerer Kegelbohrungen. Kühlmittelzufuhr durch den Schaft, mit (nicht dargestellten) Kühlmittel-Austrittsbohrungen vor jeder Meißelschneide.

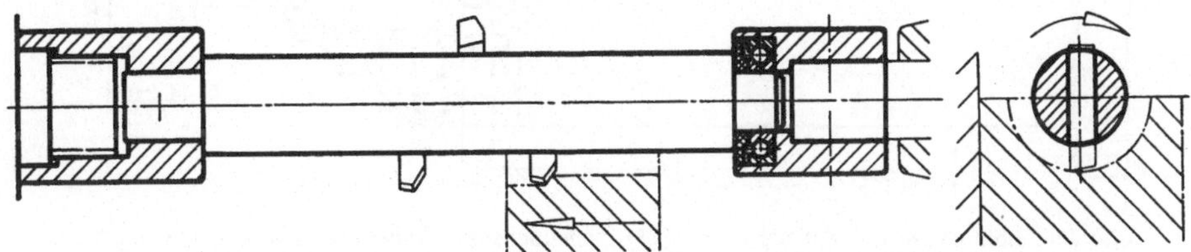

Bild 357. Bohrstange mit Schrupp- und Schlichtmeißeln zum Ausschlagen einer Halbkreisform, verwendet auf Spitzendrehmaschine. Der Bohrungshalbmesser betrug etwa 80 mm. Mit hartmetallbestückten Meißeln wurden Späne von etwa 6 mm Breite abgenommen, mit dem Schlichtmeißel spiegelglatte Flächen erreicht.

Zur Vermeidung einer Spaltbildung soll auch die Spanfläche des Bohrmeißels vollständig außerhalb der Bohrstange liegen. In die Bohrstangenaufnahme passende Bohrmeißel sind außerdem leichter auf genauen Bohrdurchmesser einstellbar.

Für die Anordnung des Spannteiles zum Spannen von Bohrmeißeln sind zu berücksichtigen:

Richtung der Hauptschnittkraft;

Richtung der Vorschubkraft;

Anzahl der zu spannenden Bohrmeißel (Bild 346 u. 354);

in der Bohrstange für das Unterbringen von Spannteilen verfügbarer Raum;

Zugänglichkeit für das Bedienen des Spannteiles;

Bedienbarkeit der Bohrmeißelspannung, ohne die Bohrstange aus der Maschine zu entfernen;

Genauigkeitsansprüche an den Rundlauf der Bohrstange; zulässige Unwucht;

Herstellungsschwierigkeiten z. B. für längere Bohrungen, falls die Spannschraube in Achsrichtung angeordnet ist (Bild 345).

Schnittkräfte sind möglichst von festen Auflage- und Anlageflächen aufzunehmen, die Spannkräfte also den Schnittkräften gleichzurichten. Das gilt vor allem in bezug auf die Hauptschnittkraft. Falls z. B. für das Spannen von zwei Bohrmeißeln durch nur

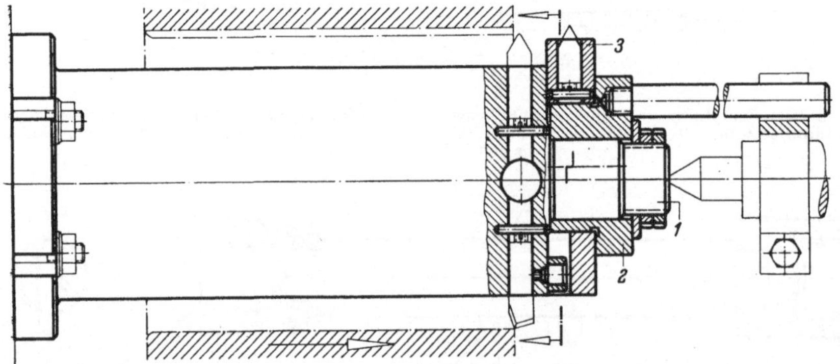

Bild 358. Bohrstange mit Schrupp- und Schlichtmeißel für zylindrische Bohrung und mit Einrichtung für die Fertigung einer exzentrischen Anbohrung. Diese Bohrstange besteht aus dem Grundkörper *1*, der Exzenterbuchse *2*, mit Haltestange und dem ringförmigen Meißelspanner *3*. Die Exzenterbuchse ist auf dem mittigen Zapfen des umlaufenden Grundkörpers angeordnet und am Gegenhalter gegen Drehen gesichert. Der Meißelspanner ist auf dem Exzenter gelagert und wird durch Rolle und Zapfen von der umlaufenden Bohrstange mitgenommen.

*eine* Schraube ein Arbeiten gegen das Spannteil nicht vermeidbar ist, sollte die Spannkraft nicht unmittelbar durch die Schraube, sondern durch ein auf eine größere Fläche wirkendes Druckstück übertragen werden (Bild 343 u. 344).

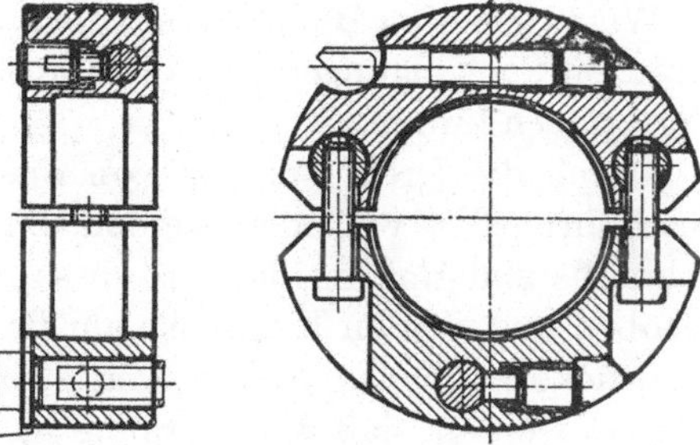

Bild 359.

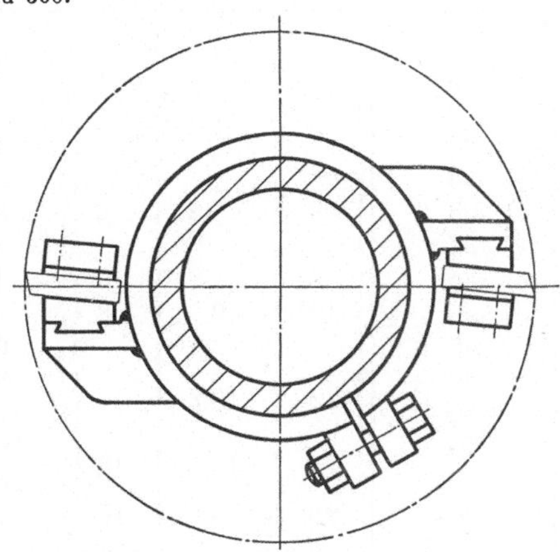

Bild 360.

Bei umlaufenden Bohrstangen sind mit Rücksicht auf Unfallgefahr aus der Bohrstange hervorragende Spannteile zu vermeiden.

Verzug der Bohrstange ist für nichtumlaufende, ungeführte Bohrstangen belanglos, wenn der Bohrdurchmesser durch Querbewegen der Bohrstange eingestellt wird. Verzug ist hingegen bei sämtlichen geführten Bohrstangen zu vermeiden, insbesondere wenn diese zum Feinstbohren dienen.

Bild 361.

Bild 359 bis 361. Spanner für Bohrmeißel in Form geteilter Ringe, die in jeweils erforderlicher Längsstellung auf der Bohrstange festgeklemmt werden.

* Schreyer, Werkzeugspanner.

9

Wuchtfehler an Bohrstangen, die mit hoher Drehzahl umlaufen, verursachen Schwingungen, die bei Feinstbohrarbeiten zu unbrauchbaren Ergebnissen führen.

Durch die Drehbewegung von Spannschrauben kann die Stellung des Bohrmeißels verändert werden. Durch einen Druckbutzen zwischen Schraube und Bohrmeißel wird diese Nebenwirkung der Schraube aufgehoben und werden Eindrücke am Bohrstahl vermieden. Durch solche Eindrücke kann das genaue Einstellen von Bohrmeißeln dadurch erschwert werden, daß die Schraube in den Eindruck eingreift und den Meißel verschiebt. Durch Aufstauchung am Bohrstahl kann außerdem der Bohrstangendurchbruch beschädigt werden.

Runde Bohrmeißel werden einfach und sicher durch keilförmig angeflächte Zylinderstifte befestigt (Zahlentafel 8). Für viele Bearbeitungsfälle, auch in der Mengenfertigung, erfüllt diese Befestigungsart ihren Zweck. Jedoch wird durch Querschläge gegen die Bohrstange deren Genauigkeit beeinträchtigt.

Zahlentafel 8. *Befestigung von Bohrmeißeln mit rundem Querschnitt durch Zylinder-Keilstift.*

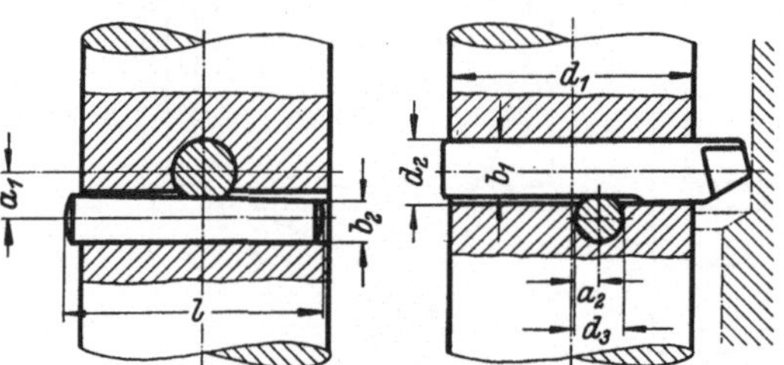

| Bohrstange | Bohrmeißel | | Keilstift | | | | |
|---|---|---|---|---|---|---|---|
| $d_1$ | $d_2$ | $b_1$ | $d_3$ | $a_1$ | $a_2$ | $b_2$ | $l$ |
| 12 | 4 | 3,7 | 3 | 2,9 | 1 | 2,5 | 10 |
| 15 | | | | 2,8 | 1 | 2,35 | 13 |
| 18 | 6 | 5,5 | 5 | 4,7 | 1,5 | 4,25 | 15 |
| 20 | | | | 4,5 | 1,5 | 4,10 | 18 |
| 25 | 8 | 7,2 | 6 | 5,6 | 2 | 4,9 | 22 |
| 28 | | | | 5,5 | 2 | 4,75 | 25 |
| 32 | | | | 5,4 | 3 | 4,60 | 28 |
| 35 | 10 | 9 | 8 | 7,2 | 3 | 6,40 | 32 |
| 40 | | | | 7,1 | 3,5 | 6,15 | 37 |
| 45 | | | | 6,95 | 3,5 | 5,90 | 42 |
| 50 | 12 | 10,8 | 10 | 8,7 | 4 | 8,75 | 45 |
| 60 | | | | 8,4 | 4 | 8,25 | 55 |
| 70 | 16 | 14,5 | 12 | 10,9 | 5 | 8,9 | 62 |
| 80 | | | | 10,7 | 6 | 8,4 | 72 |
| 90 | 20 | 18 | 16 | 14 | 8 | 12 | 80 |

Durch Keil, der durch Schraube betätigt wird (Bild 347), bleibt ein Verzug der Bohrstange in engeren Grenzen. Für hohe Anforderungen an Rundlaufgenauigkeit von Bohrstangen, z. B. für geführte Bohrstangen oder für Feinstbohrarbeiten kann hingegen bereits die Auswirkung einer radial wirkenden Schraube einen unzulässigen Verzug der Bohrstange verursachen.

Verzugfrei spannen in Achsrichtung wirkende Spannteile, Klemmstücke mit doppelseitigem Keil (Bild 348, Zahlentafel 9) und Spreizfassungen nach WINTER (Bild 317 bis 326).

**Zahlentafel 9.**

*Klemmstücke für vierkantige Bohrmeißel.*

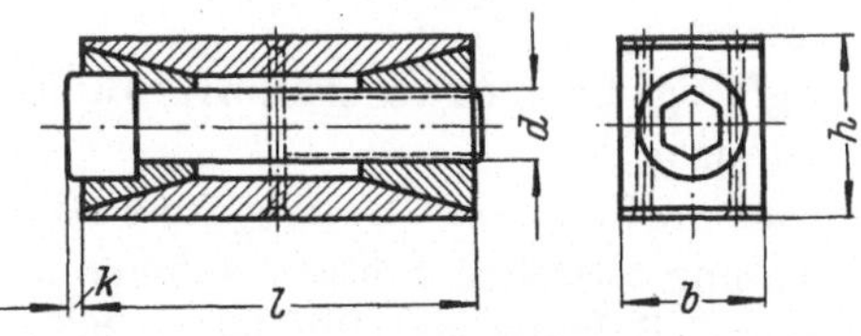

| $h$ | $d$ | $b$ | $k$ | $l$ | | | | | | | | | | |
|---|---|---|---|---|---|---|---|---|---|---|---|---|---|---|
| 16 | M 6 | 12 | 6 | 30 | 35 | 40 | 45 | 50 | | | | | | |
| 20 | M 8 | 16 | 5 | | 35 | 40 | 45 | 50 | 60 | 70 | | | | |
| 24 | M 8 | 20 | 1 | | | | | 50 | 60 | 70 | 80 | | | |
| 30 | M 10 | 25 | 2 | | | | | | 60 | 70 | 80 | 90 | 100 | |
| 35 | M 12 | 32 | 3 | | | | | | 60 | 70 | 80 | 90 | | 110 |

**Bohrstangen für Feinstbohren.** Für das Gestalten von Bohrstangen für das Feinstbohren sind grundsätzlich dieselben Gesichtspunkte maßgebend wie für die üblichen Bohrstangen, nur liegen hierfür die Anforderungen in der Richtung hoher Güte. Denn Feinstbohren ist gleichbedeutend mit Fertigbohren, weshalb Fehlbohrungen hierbei meist gleichbedeutend sind mit Werkstückausschuß.

Die Durchmessertoleranzen von Bohrungen, die durch Feinstbohren zu fertigen sind, liegen meist im Bereich der Edelpassung bzw. der ISA-Qualitäten 5 und 6.

Feinstbohrarbeiten werden auf Waagerecht- oder Senkrecht-Feinstbohrwerken, den Koordinatenbohrwerken, außerdem auf dafür umgebauten Dreh- und Schleifmaschinen ausgeführt. Gearbeitet wird mit Diamant- oder mit Hartmetallwerkzeugen.

Die Hauptbewegung kann dem Werkstück (Bild 362) oder der Bohrstange (Bild 363 bis 365) zugeordnet sein. Normalerweise wird die Bohrstange umlaufend gehalten, weil diese in der Regel freier von Unwucht gestaltet werden kann als das Werkstück, und die umlaufenden Massen der Bohrstange geringer sind als die umlaufenden Massen des Werkstückes mit dem Werkstückspanner.

Die für Bohrstangen für Feinstbohren zu stellenden Anforderungen lassen sich etwa wie folgt zusammenfassen:

Möglichst schwingungsfreie, d. h. möglichst steife und wuchtfehlerfreie Bohrstangen;

sichere Unterstützung des Ausbohrwerkzeuges (Bild 365);

verzugfreies Spannen des Ausbohrwerkzeuges (Bild 366 u. 367);

Ausschaltung der Auswirkung der Spannbewegung des Spannteiles auf die Stellung des Ausbohrwerkzeuges (Bild 366 bis 368);

Feineinstellung für das Ausbohrwerkzeug;

einwandfreie Lagerung geführter Bohrstangen;

sorgfältige Schmierung geführter Bohrstangen;

genau mittige, von Unwucht freie Mitnahme zwischen Spitzen aufgenommener Bohrstangen (Bild 364 u. 365);

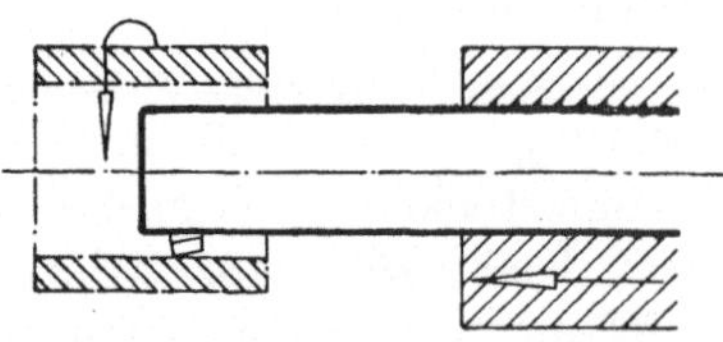

Bild 362. Feinstbohren bei umlaufendem Werkstück. Die Vorschubbewegung ist der Bohrstange zugeordnet. Angewendet auf Drehmaschinen, die zum Feinstbohren umgebaut sind.

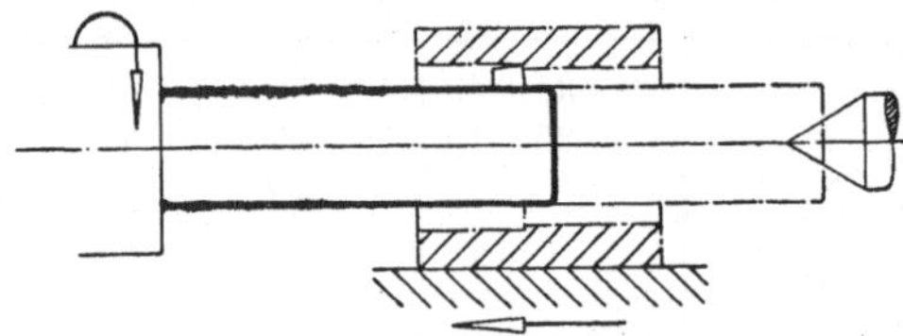

Bild 363. Feinstbohren mit freitragender umlaufender Bohrstange. Die Vorschubbewegung ist dem Werkstück zugeordnet. Angewendet auf Feinstbohrwerken, außerdem auf Drehmaschinen, die zum Feinstbohren umgebaut sind.

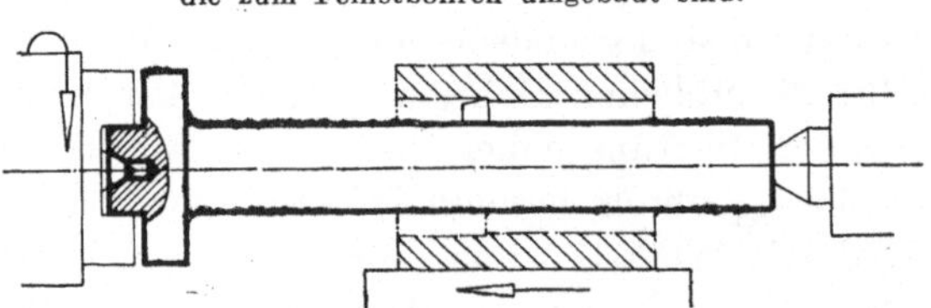

Bild 364. Feinstbohren mit umlaufender Bohrstange, die zwischen Spitzen aufgenommen ist. Der Mitnehmer ist kreisförmig gehalten, damit Unwucht vermieden wird. Die Bohrstangenlänge ist gleich der doppelten Werkstücklänge zuzüglich einem Zuschlag für An- und Überlauf des Werkstückes. Auf dieselbe Länge ist die Bohrstange ungestützt. Die Vorschubbewegung ist bei Drehmaschinen dem Werkstück, bei Schleifmaschinen, die zum Feinstbohren umgebaut sind, der Bohrstange zugeordnet.

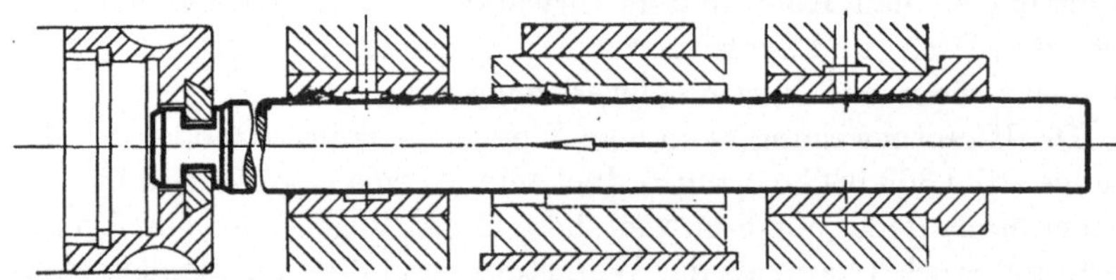

Bild 365. Feinstbohren mit umlaufender Bohrstange, die im Werkstückspanner unmittelbar vor und hinter dem Werkstück geführt ist.

sichere Späneabfuhr, erforderlichenfalls durch Preßluft oder Preßflüssigkeit, die durch die Bohrstange der Bearbeitungsstelle zugeführt wird.

**Einstellen von Bohrmeißeln.** Für das Einstellen von Bohrmeißeln auf den Ausbohrdurchmesser muß entweder der Bohrmeißel in der Bohrstange oder die Bohrstange samt dem Bohrmeißel verstellbar sein.

Bei sämtlichen Bohrstangen, die radial nicht verstellbar sind, wird der Ausbohrdurchmesser durch Verschieben des Bohrmeißels in der Bohrstange eingestellt.

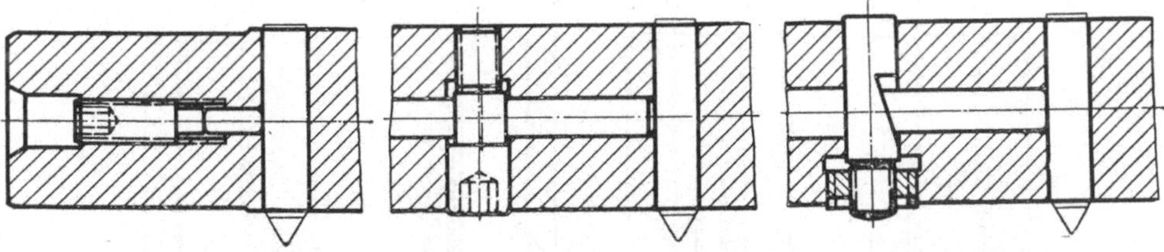

Bild 366.Bild 367.Bild 368.

Bild 366. Spannen durch mittig angeordnete Druckschraube. Der Druckbolzen verhindert, daß die Stellung des Bohrmeißels durch die Drehbewegung der Schraube verändert wird.

Bild 367. Spannen des Bohrmeißels durch Exzenter über Druckstange. Die Bedienstelle für das Spannteil ist hierbei zugänglich, ohne die Bohrstange aus der Maschine zu entfernen.

Bild 368. Spannen des Bohrmeißels durch Schraube über Keilfläche und Druckstange. Ebenfalls dieses Spannteil ist zugänglich, ohne daß die Bohrstange aus der Maschine entfernt wird.

Bild 366 bis 368. *Spannteile und deren Anordnung für Meißel zum Feinstbohren. Das Bohrstangenende liegt hierbei zur Aufnahme einer Körnerspitze frei.*

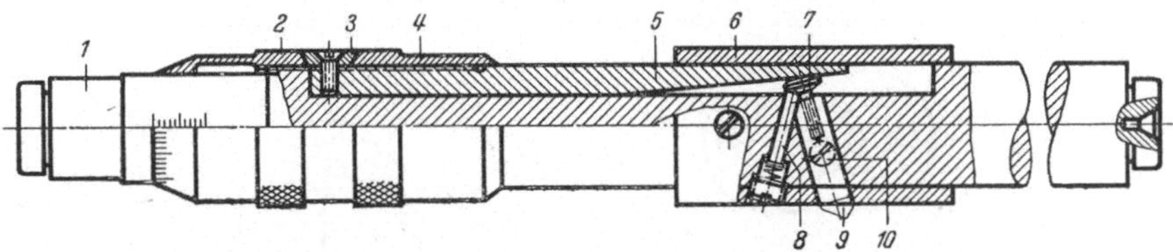

Bild 369. Feinstbohrstange mit Feinverstellung des Bohrmeißels durch Muttern über Keil, in der Hauptsache bestehend aus Bohrstange *1* mit nitrierten Zentrierbohrungen, Stellmuttern *2* und *4*, Mitnehmer *3*, Stellkeil *5*, Buchse *6*, Schraube für Grobeinstellung *7*, Federbolzen *8*, Bohrmeißel *9* und Feststellschraube *10*. (Bauart Prof. KARGINSKI, Verkauf durch Hahn & Kolb, Stuttgart.)

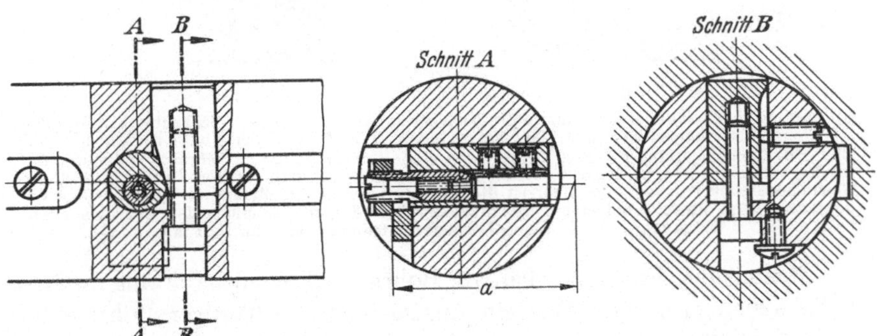

Bild 370. Ausschnitt aus einer Bohrstange mit Aufnahme- und Spannteilen für Feinstbohrmeißel. Die Bohrmeißelaufnahme liegt mit ihrer Einstellmutter an einem gehärteten Teil an. Das den Ausbohrdurchmesser bestimmende Maß *a* wird außerhalb der Bohrstange nach Lehre eingestellt. (Firma MAN, Maschinenfabrik, Augsburg-Nürnberg.)

Durch Einstellteile, an denen der Bohrmeißel in Richtung der Rückkraft anliegt, wird der Bohrmeißel außerdem gegen unbeabsichtigtes Verschieben gesichert.

Zum Einstellen werden Bohrmeißel von Hand, vorzugsweise durch Schraube (Bild 371 bis 377), außerdem durch Keil (Bild 378) oder Exzenter verschoben.

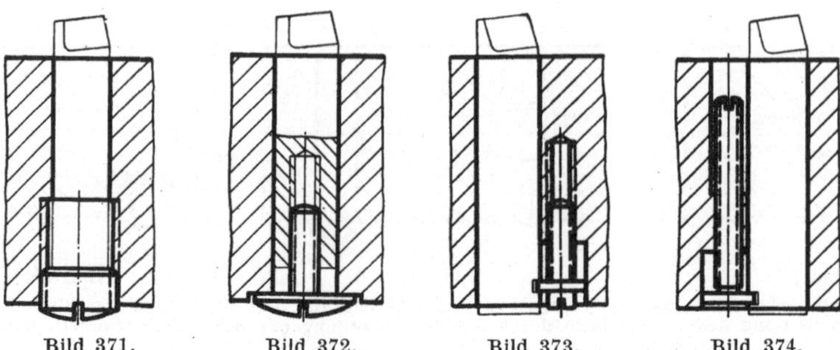

Bild 371.Bild 372.Bild 373.Bild 374.

Bild 371. Zustellung des Bohrmeißels durch Gewindestift. Der Gewindedurchmesser ist so groß zu halten, daß der Stoßmeißel freien Auslauf hat bzw. ein Räumwerkzeug verwendet werden kann. Falls kein geeigneter Gewindebohrer zur Verfügung steht, ist zu prüfen, ob die Bohrstange nicht zu lang ist, um auf der Drehmaschine aufgenommen zu werden.

Bild 372. Rückzug des Bohrmeißels durch Kopfschraube. Fertigungstechnisch ist hierbei nachteilig, daß jeder Bohrmeißel mit Gewinde zu versehen ist.

Bild 373 u. 374. Zustellung und Rückzug von Bohrmeißeln durch Schraube mit Bund, die in einen Schlitz des Bohrmeißels eingreift. Hierbei ist jeder Bohrmeißel mit einem Gewinde zu versehen.

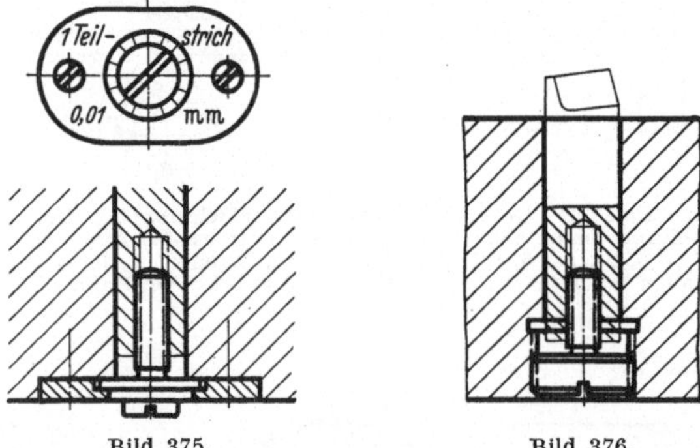


Bild 375.Bild 376.

Bild 375. Feineinstellung für Bohrmeißel nach zwei Richtungen durch Schraube mit Gewinde geringerer Steigung. Das Verstellmaß ist an Teilstrichen ablesbar.

Bild 376. Feineinstellung für Bohrmeißel nach zwei Richtungen durch Schraube mit zwei Gewinden verschiedener Steigung („Differentialgewinde"). Je geringer der Unterschied dieser Gewindesteigung ist, um so geringer ist die Längsverstellung des Meißels je Verstellwinkel der Schraube. Zum Beispiel bei einem Steigungsunterschied von 0,25 mm entspricht eine Drehbewegung von 15° einer Längsverschiebung von rund 0,01 mm.

Einstelleinrichtungen sollen am Bohrmeißel möglichst wenig zusätzliche Arbeit erfordern. Das gilt um so mehr, je häufiger Bohrmeißel ersetzt werden müssen.

Durch Einbau eines Einstellteiles sollen Bohrstangen möglichst wenig geschwächt, Bohrmeißel in der Nähe der Schneidzone nicht geschwächt und soll die Späneabfuhr nicht behindert werden.

Aus den beiden letzteren Forderungen ergibt sich, daß Einstellschrauben zweckmäßig am hinteren Ende des Bohrmeißelschaftes angeordnet werden (Bild 371 bis 377).

Bei umlaufenden, zum Feinstbohren dienende Bohrstangen ist darauf zu achten, daß durch den Einbau von Einstellteilen keine Unwucht entsteht.

Der Bedienweg für Einstellteile soll in einem geeigneten Verhältnis zur jeweils geforderten Einstellgenauigkeit stehen. Für hohe Einstellgenauigkeit soll der Bohrmeißel je Umdrehung der Einstellschraube

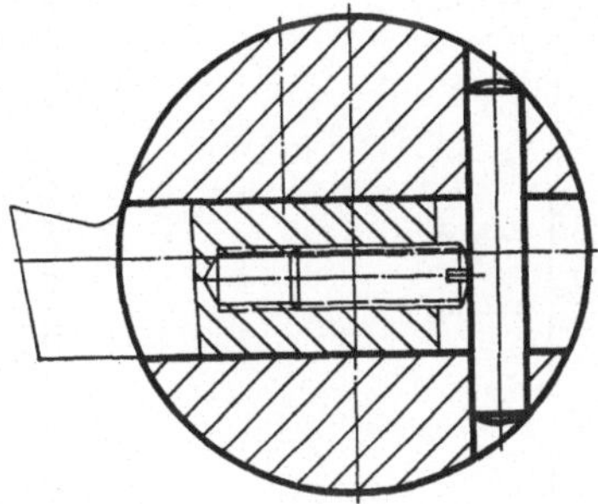

Bild 377. Zum Einstellen des Bohrmeißels dient ein Gewindestift, der im Bohrmeißel außerhalb der Bohrstange einzustellen ist.

nur um einen geringen Betrag verstellt werden. Feinverstellen ist besonders durch Schraube mit Keil (Bild 369) sowie durch Schrauben mit zwei verschieden gerichteten Gewindesteigungen erreichbar (Bild 376).

Die Bedienstelle für das Einstellteil muß gut zugänglich sein. Hierzu sind die in Maschine, Werkstückspanner und durch Verwendung einer Einstellehre gegebenen Raumverhältnisse zu berücksichtigen.

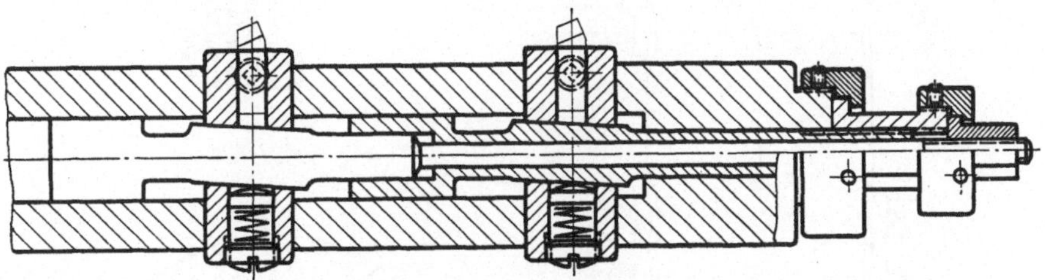

Bild 378. Bohrstange mit Keilstange für Zustellung und Rückzug der Bohrmeißel. Die Zustelltiefe ist an Teilstrichen ablesbar.

Wenn Bohrstangen zurückgeführt werden, während der Bohrmeißel noch auf den Ausbohrdurchmesser eingestellt ist, entstehen auf der Bearbeitungsfläche Markierungen. Falls diese vermieden werden müssen, ist der Bohrmeißel von der Bearbeitungsfläche abzuheben. Durch Abheben des Bohrmeißels werden insbesondere Diamant- und Hartmetallschneiden wesentlich geschont.

Zum Einstellen von Bohrmeißeln in Bohrstangen dienen Lehren nach Bild 381 bis 389. Einzelheiten zur Gestaltung von Einstellehren sind auf S. 16 angeführt.

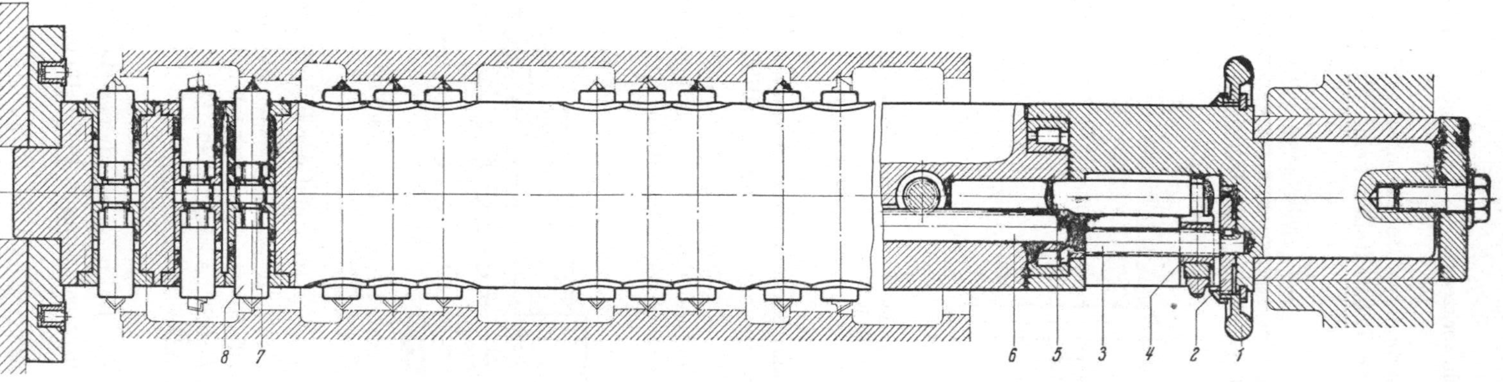
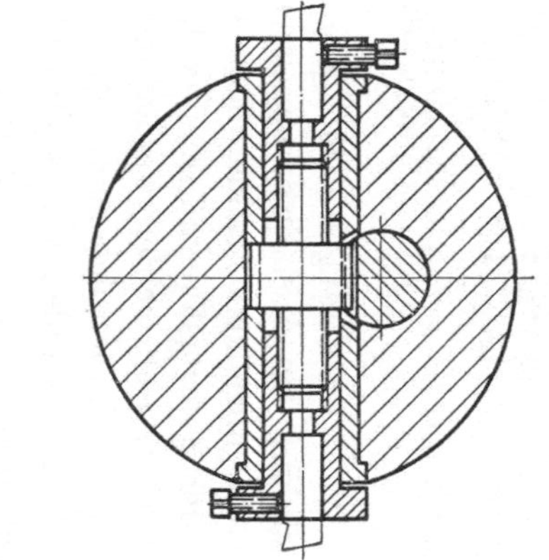

Bild 379. Umlaufende Bohrstange mit mehreren Bohrmeißeln, die von einer Bedienstelle aus in Arbeitsstellung gebracht und aus dieser zurückgezogen werden. Durch Drehen am Handrad *1* mit Innenverzahnung wird über Zahnrad *2*, Gewindespindel *3* und Mutter *4* der Bolzen *5* mit Zahnstange *6* in Längsrichtung verschoben. Durch Verschieben der Zahnstange werden über Zahnräder *7* mit Gewindespindeln die Aufnahmebuchsen *8* mit den Bohrmeißeln verstellt. Gegen unbeabsichtigtes Verstellen wird die Mutter *4* entkuppelt, die hierfür geteilt ist.

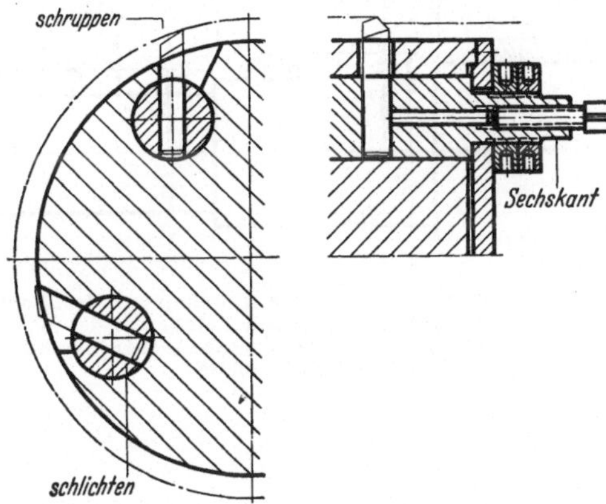


Bild 380. Teile einer umlaufenden Bohrstange mit ein- und ausschwenkbaren Bohrmeißeln, die in Rundstangen angeordnet sind. Die Meißel von z. B. drei Rundstangen dienen zum Schruppen, die Meißel einer Rundstange zum Schlichten. Zum Ein- oder Ausschwenken der Meißel ist die Bohrstange stillzusetzen. Geschwenkt wird mittels Schraubenschlüssel. Solche verhältnismäßig teuren Bohrstangen werden verwendet, wenn Werkstück oder Bohrstange schwierig zu wechseln sind.

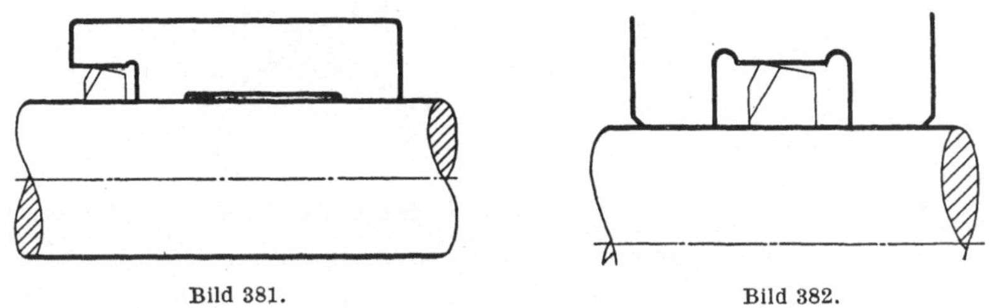

Bild 381.                                        Bild 382.

Bild 381. Feste Einstellehre für Bohrmeißel. Die einseitig aufliegende Lehre ist beim Einstellen fest gegen die Bohrstange zu halten, damit sie unter dem Druck der Einstellschraube nicht abgehoben wird. Das Einstellmaß kann auch erfühlt werden, indem mit der Lehre über die Stahlspitze hinweggestrichen wird.

Bild 382. Feste Einstellehre für Bohrmeißel. Die Lehre liegt auf der Bohrstange zu beiden Seiten des Meißels auf und liegt dadurch gegenüber dem Einstelldruck der Schraube sicherer als die einseitige Lehre nach Bild 381.

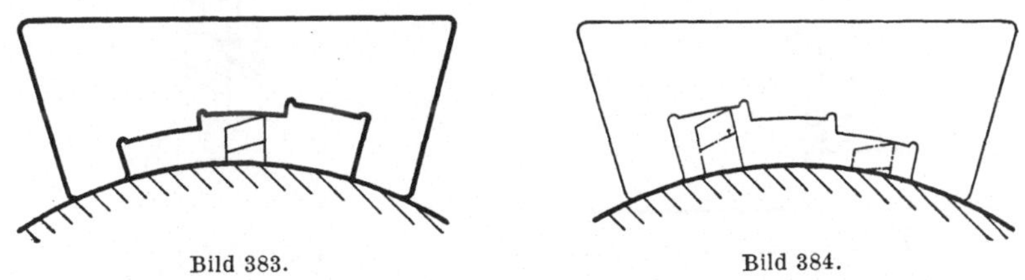

Bild 383.                                        Bild 384.

Bild 383 u. 384. Feste Einstellehre für Bohrmeißel mit verschiedenen Einstellmaßen. Vorzugsweise verwendet für Meißel, die in derselben Bohrstange untergebracht sind.

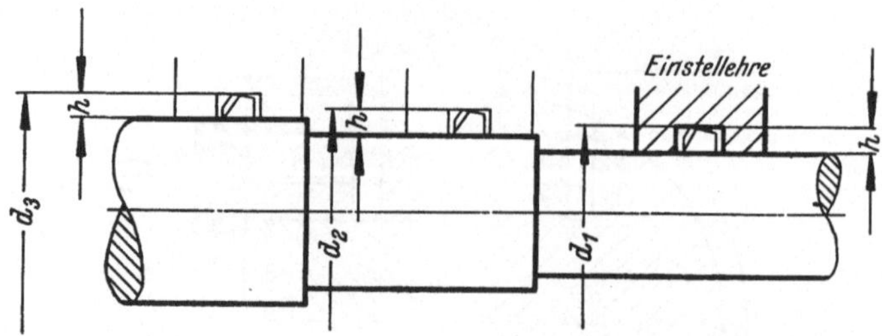



Bild 385. Feste Einstellehre für Bohrmeißel. Die Durchmesser der Bohrstange sind derart gestuft, daß die Bohrmeißel um jeweils den gleichen Betrag aus der Bohrstange herausragen. Hierdurch können die drei Meißel auf drei verschiedene Ausbohrdurchmesser nach derselben Lehre eingestellt werden.

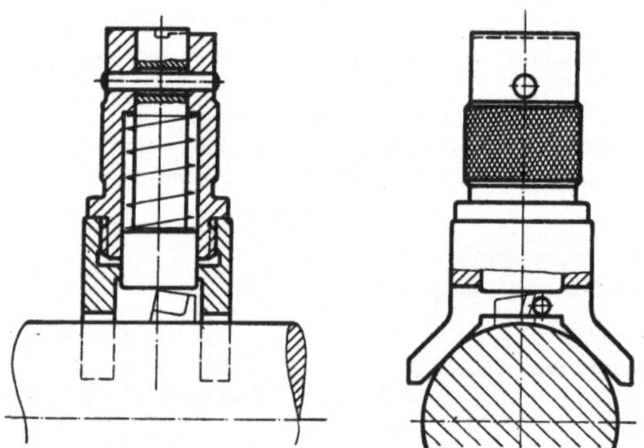

Bild 386. Fühllehre zum Einstellen von Bohrmeißeln. Das Einstellmaß wird durch Abfühlen der Stufe zwischen der Stirnfläche des federnden Tastbolzens und der Stirnfläche des auf die Bohrstange gesetzten Lehrenkörpers ermittelt.

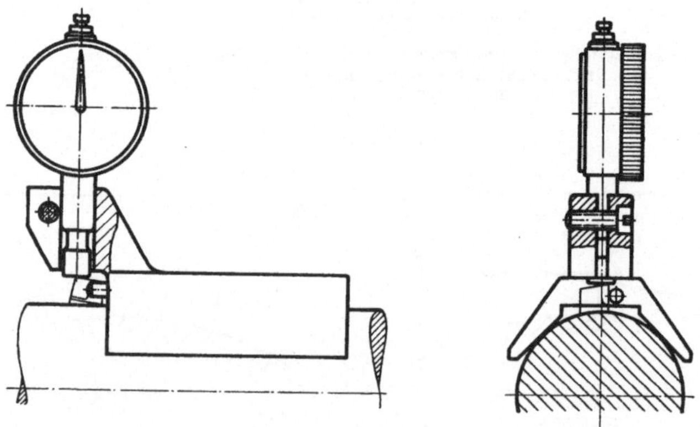

Bild 387. Lehre mit Meßuhr für das Einstellen von Bohrmeißeln. Die Meßuhr ist nach Gegenlehre einzustellen.

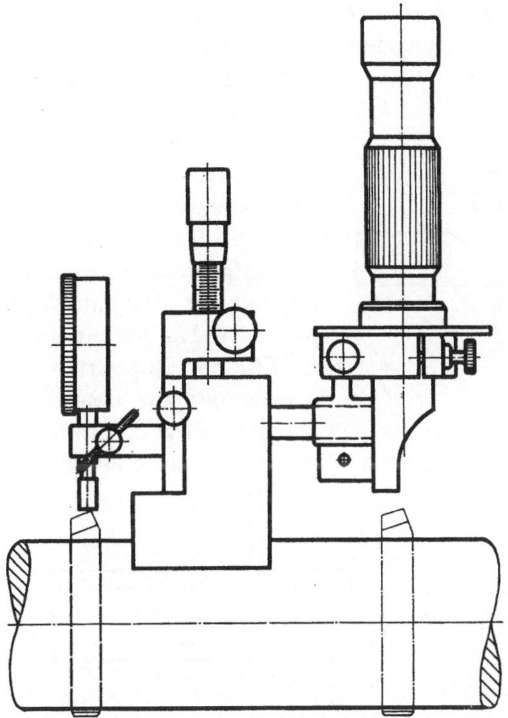

Bild 388. Einstellehre mit Meßuhr, die durch Mikrometerschraube an den Bohrmeißel angestellt wird. Der mit V-Prisma versehene Lehrenkörper ist als Dauermagnet ausgeführt und hält auf der Bohrstange selbsttätig fest. Hierdurch hat der Bedienende beide Hände frei. Zur Schonung der Werkzeugschneide ist die Tastfläche der Lehre aus Kunstharzpreßstoff gefertigt. Durch das Objektiv werden die Schneidwinkel geprüft. (Firma Winter & Sohn, Hamburg.)

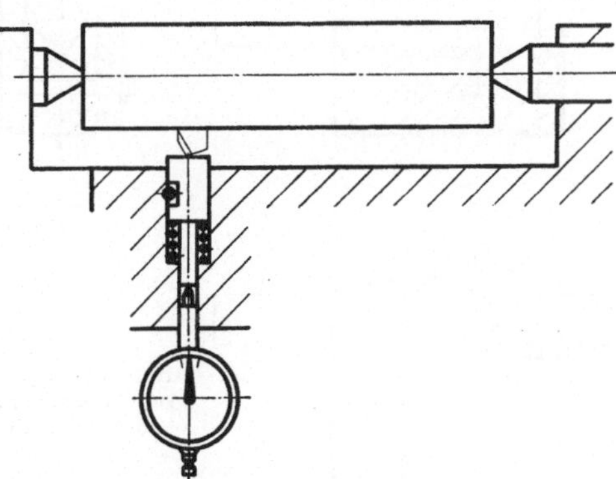

Bild 389. Einstellehre für Bohrmeißel. Die Bohrstange wird in der Lehre aufgenommen, das nach Gegenlehre ermittelte Einstellmaß an einer Meßuhr abgelesen.

## b) Spanner für nichtumlaufende Bohrstangen.

*Nichtumlaufende („feststehende“) Bohrstangen* werden vorzugsweise mit zylindrischem oder vierkantigem Spannschaft ausgeführt.

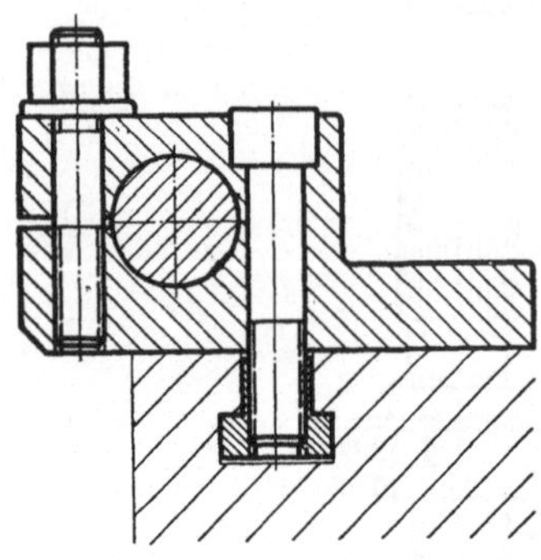

Bohrstangen mit Vierkantschaft werden z. B. auf dem Support von Spitzendrehmaschinen unmittelbar aufgenommen.

Bohrstangen, die auf dem Support oder im Revolverkopf nicht unmittelbar aufgenommen werden können, werden mit der Maschine durch einen Spanner mittelbar verbunden.

Für den Support werden Bohrstangenspanner zur Befestigung von Bohrstangen mit vorzugsweise rundem Schaft verwendet (Bild 390 bis 394).

Bild 390. Spanner für Bohrstangen, mit Klemmspannung, zur Verwendung auf dem Support von Drehmaschinen.

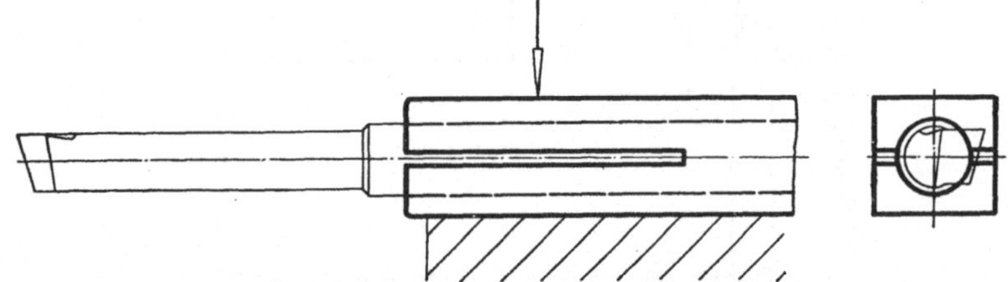

Bild 391. Aufnahme für Bohrstangen bzw. für Bohrmeißel. Gespannt wird durch Spannteile des Supports oder des Schwenk-Meißelspanners. (Firma Komet, Besigheim/Württ.)

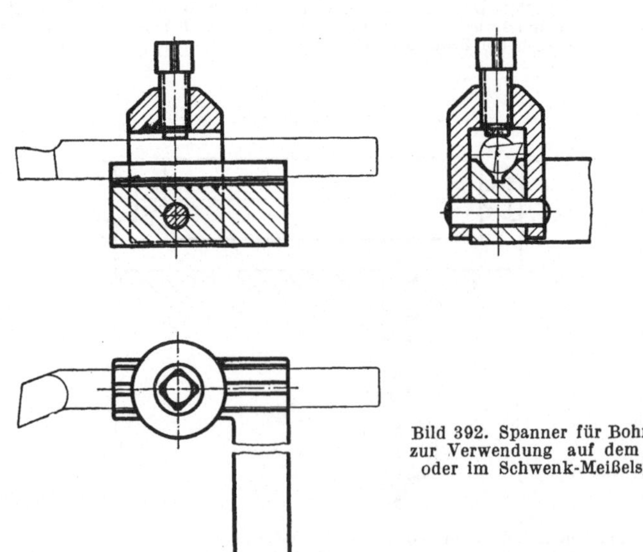

Bild 392. Spanner für Bohrstangen, zur Verwendung auf dem Support oder im Schwenk-Meißelspanner.

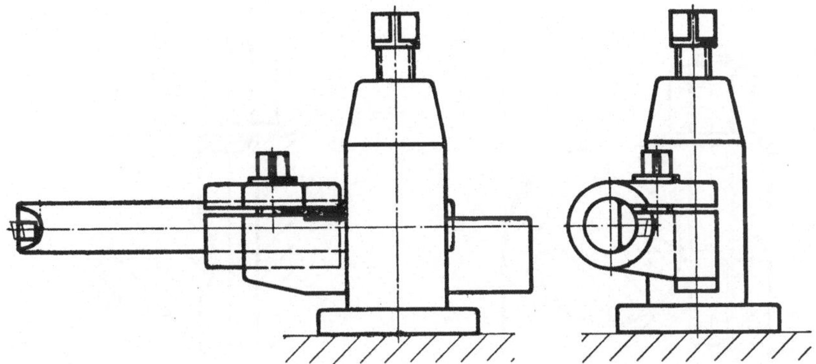

Bild 393. Spanner für Bohrstangen, zur Verwendung auf dem Support von Spitzendrehmaschinen, beispielsweise in einem runden Meißelspanner, einem sog. Stichelhaus, aufgenommen. (Firma Ludw. Loewe, Berlin.)

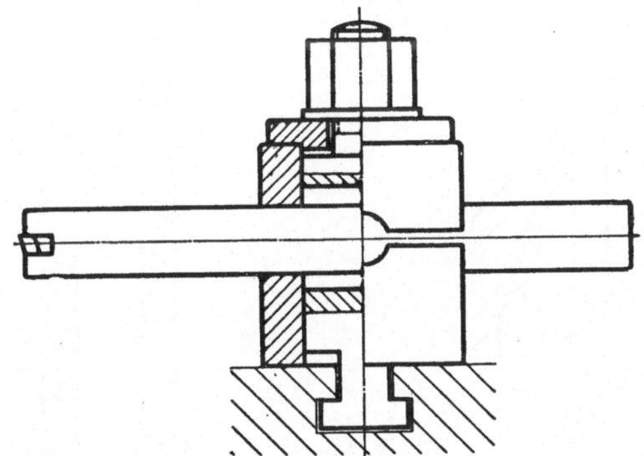

Bild 394. Spanner für Bohrstangen, zur Verwendung auf dem Support von Spitzendrehmaschinen. Die Bohrstange ist zwischen zwei Buchsenhälften aufgenommen und wird durch Mutter über Scheibe und die obere Buchsenhälfte gespannt. Bohrstangen von kleinerem Durchmesser können senkrecht zur Bildebene aufgenommen werden. Der Spanner wird hierfür um 90° versetzt. (Firma Ludw. Loewe, Berlin.)

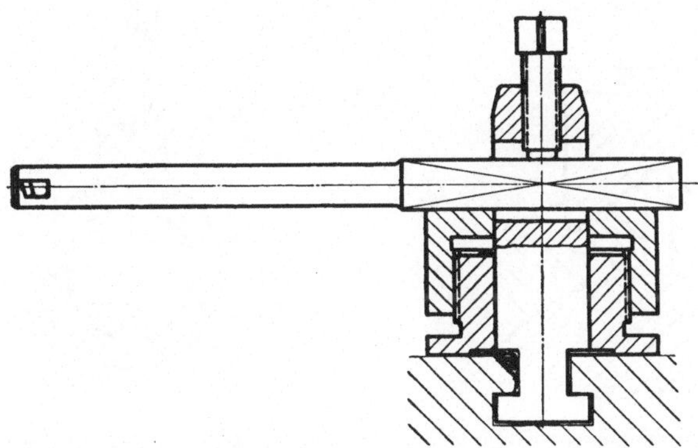

Bild 395. Spanner für Bohrstangen mit Höhenverstellung, zur Verwendung auf Drehmaschinen mit größeren Höhenunterschieden zwischen Supportauflage und Drehmitte.

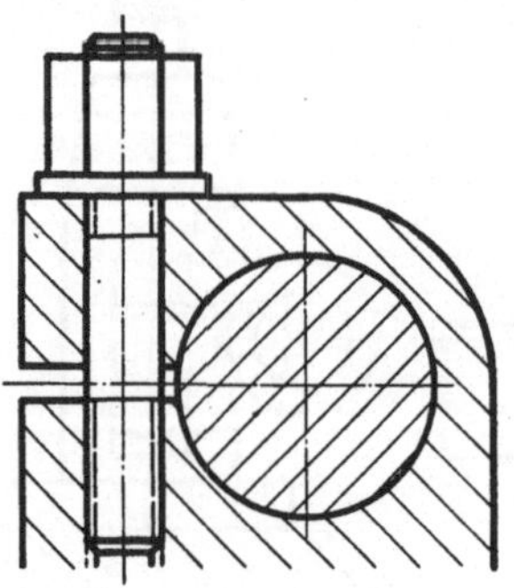

Bild 396.  Klemmspannung durch Schraube
über geschlitzten Aufnahmekörper.

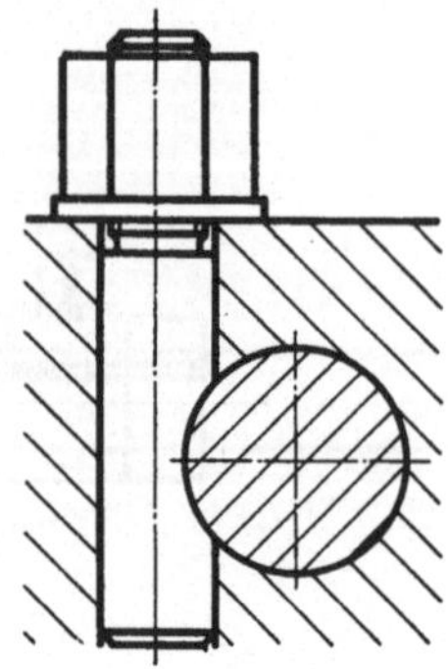

Bild 397.  Klemmspannung durch
Schaftschraube.

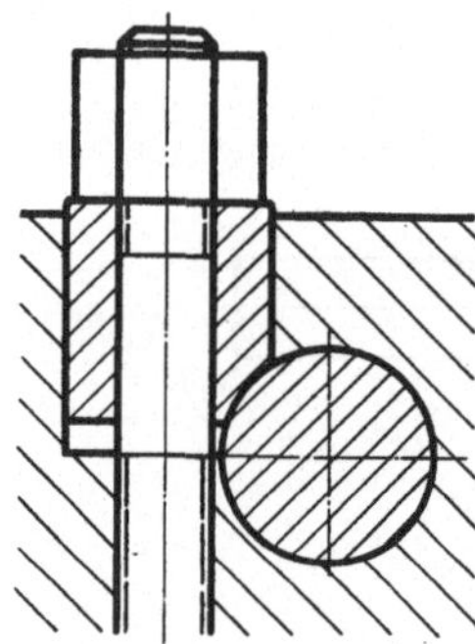

Bild 398.  Klemmspannung durch Schraube
über Klemmbuchse.

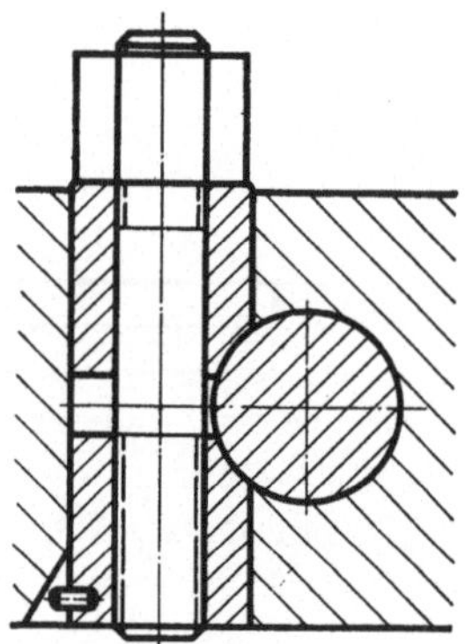

Bild 399.  Klemmspannung durch Schraube
über zwei Klemmbuchsen.

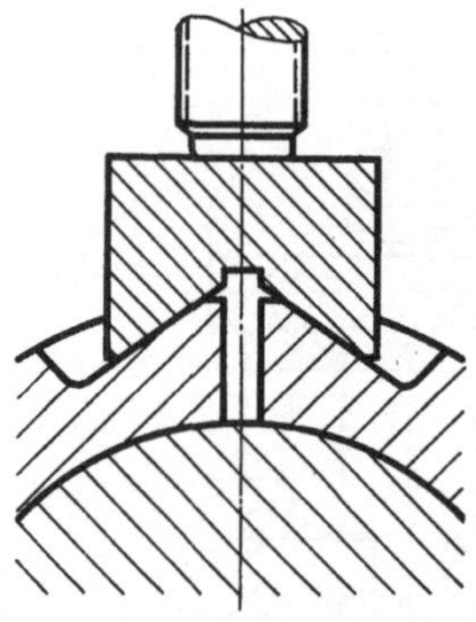

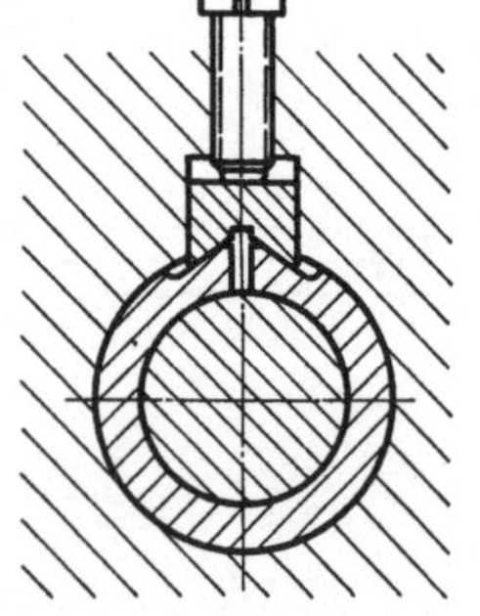

Bild 400.  Klemmspannung durch Schraube über Druckstück mit V-Prisma und über geschlitzte
Buchse. (Firma Scheu, Berlin.)

Bild 396 bis 400. *Klemmspannungen für Bohrstangen, verwendet in Revolverköpfen und in Spannern, die auf dem Support aufgenommen werden.*

Die Durchmesser der für Revolverköpfe bestimmten zylindrischen Spannschäfte sind entsprechend den Revolverkopfbohrungen DIN 1815 auszuführen, nämlich mit den Maßen 12, 16, 20, (25), 26, 32, 40, 50, 60, (70), 80, (90), 100 mm, mit Abmaßen nach ISA-Toleranz h6. Auch für die nicht in Revolverköpfen verwendeten Bohrstangen werden zweckmäßig dieselben Spanndurchmesser verwendet (Bild 396 bis 400).

Bild 401. Spanner für Bohrstangen, verwendet für Revolverköpfe, wenn der Durchmesser der Bohrstange kleiner ist als der Durchmesser der Aufnahmebohrung des Revolverkopfes. Außerdem wird hierbei die Bohrstange auf größere Länge gestützt.

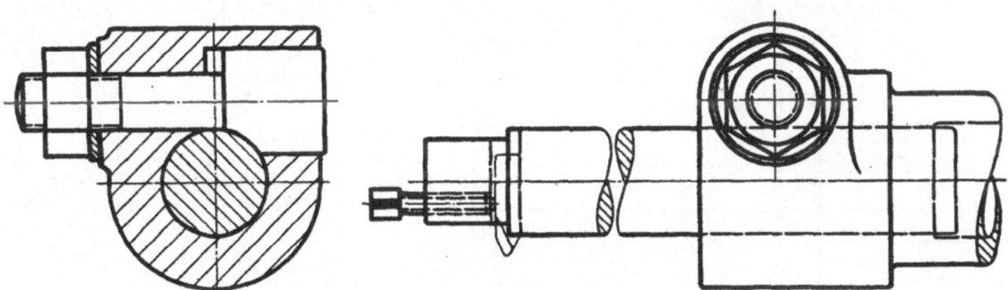

Bild 402. Spanner für Bohrstangen, zur Verwendung auf Revolverköpfen, um die Bohrstange auf größere Länge zu stützen

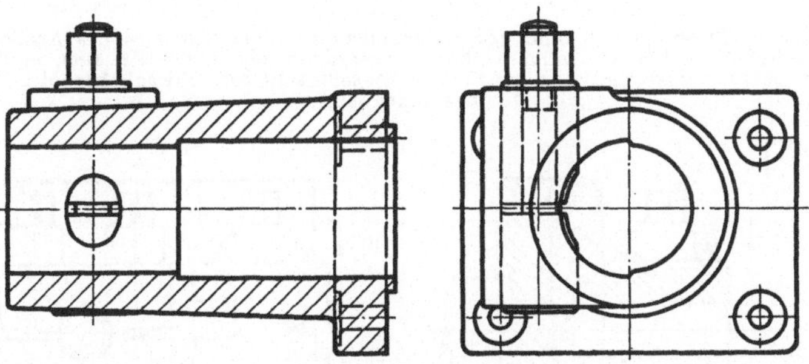

Bild 403. Spanner für Bohrstangen von größerem Durchmesser, verwendet für Revolverköpfe, um die Bohrstange zu stützen, falls nicht der Revolverkopf selbst näher an das Werkstück herangeführt werden kann.

In Revolverköpfen dienen Bohrstangenspanner zum Stützen von Bohrstangen (Bild 401 bis 403) oder bei Revolverköpfen ohne Querbewegung zum Einstellen der Bohrstange auf den Ausbohrdurchmesser (Bild 404 bis 406).

Bei Bohrstangen mit zylindrischem Spannschaft kann die Stellung der Bohrmeißelschneide durch Drehen der Bohrstange eingestellt werden. Der Ausbohrdurchmesser wird durch die Maschine oder den Bohrstangenspanner eingestellt.

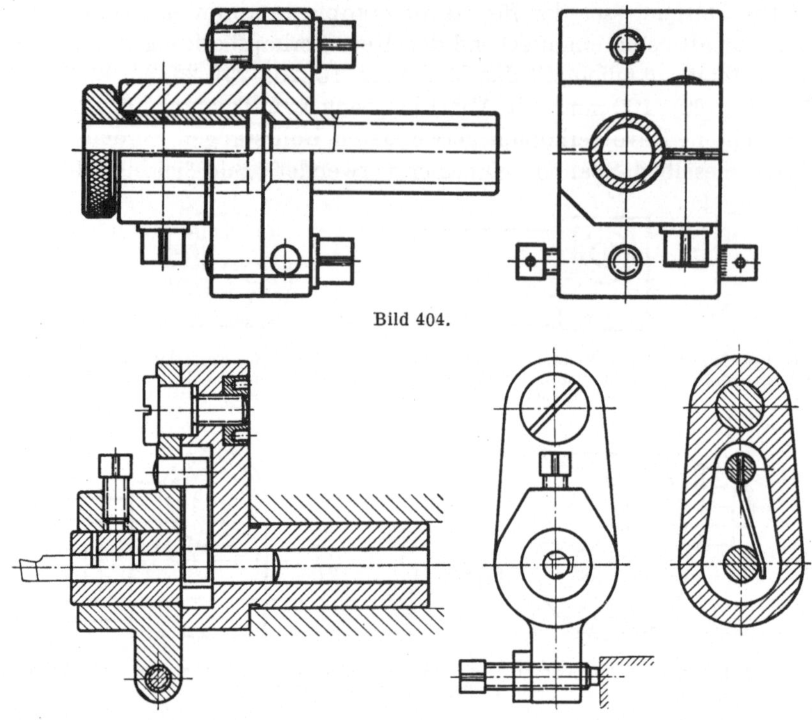

Bild 404.

Bild 405.

Bild 404 u. 405. Zweiteilige Spanner für Bohrstangen zum Feineinstellen des Ausbohrdurchmessers, verwendet auf Sternrevolvern ohne Querverschiebung, außerdem auch in Revolverköpfen mit Querverschiebung, wenn der Bohrmeißel senkrecht zur Schwenkebene des Revolvers
angeordnet ist.

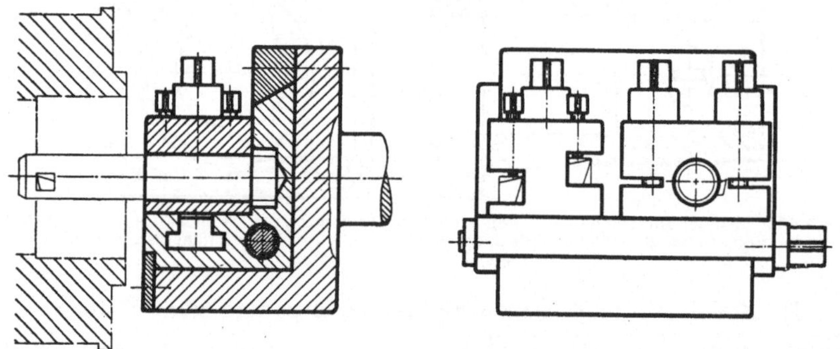

Bild 406. Spanner für Bohrstangen und Plandrehmeißel, angeordnet auf Querschlitten, zur
Verwendung auf Revolverköpfen ohne Querverschiebung. (Firma Ludw. Loewe, Berlin.)

Für Bohrstangen mit Vierkantschaft liegt die Winkelstellung der
Schneidflächen des Bohrmeißels zwangläufig fest. Die Höhenstellung
wird durch Unterlagen oder durch Verstellung des Bohrstangenspanners
der Ausbohrdurchmesser durch die Maschine eingerichtet.

## c) Ausbohrköpfe.

Die in diesem Abschnitt zusammengefaßten Ausbohrköpfe sind umlaufende Spanner für Ausbohrwerkzeuge und für Bohrstangen. Sie werden vorzugsweise auf Bohrmaschinen und Bohrwerken verwendet. Bei entsprechend gedrungener Bauform dienen sie für die Fertigung von Bohrungen mit hoher Lage- und Richtungsgenauigkeit.

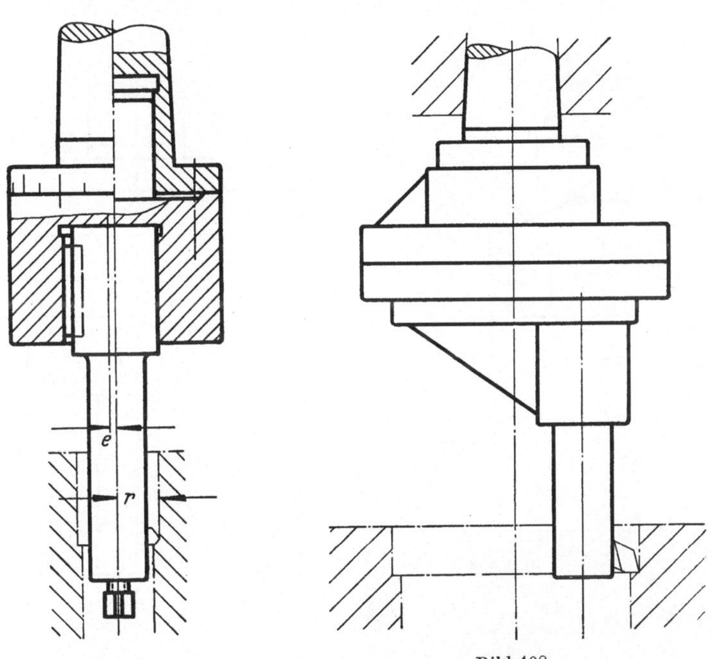

Bild 407.                    Bild 408.

Bild 407. Ausbohrkopf mit Feineinstellung des Ausbohrdurchmessers. Eingestellt wird durch Schwenken des außermittig gelagerten Bohrstangenträgers. Das Ausmaß der Verstellung ist an Teilstrichen ablesbar. (Stephan: „Das Radialbohren". Berlin: Springer 1941.)

Bild 408. Ausbohrkopf mit Feineinstellung durch Schwenken in exzentrischem Ansatz.

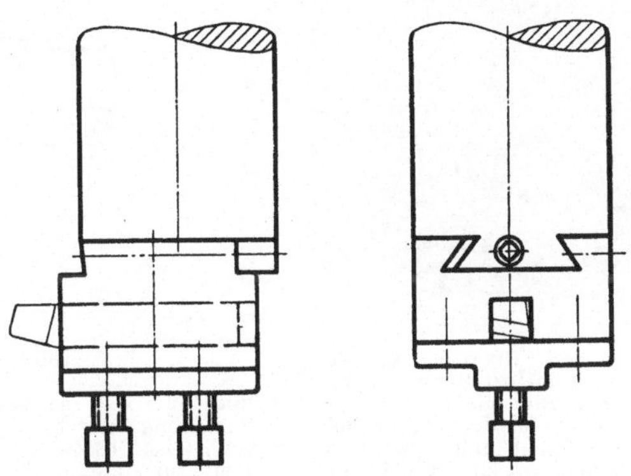

Bild 409. Ausbohrkopf mit Einstellschlitten für den Bohrmeißel.

Bei einteiligen Ausbohrköpfen wird der Ausbohrdurchmesser mittels derselben Teile eingestellt, die zum Einstellen des Bohrmeißels in Bohrstangen verwendet werden. Bei zweiteiligen Bohrköpfen wird der Werkzeugträger bzw. Bohrstangenträger um eine exzentrische Achse geschwenkt (Bild 407 u. 408) oder auf einer Schlittenführung verschoben (Bild 409 bis 413).

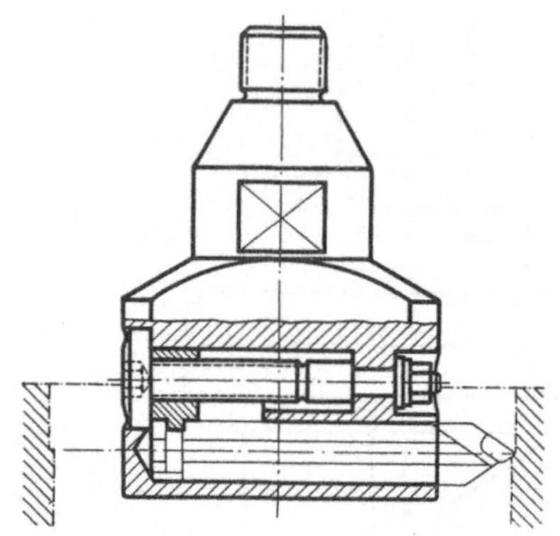

Bild 410. Ausbohrkopf für Feinstbohrungen, mit Bohrmeißeleinstellung durch Mikrometerschraube.

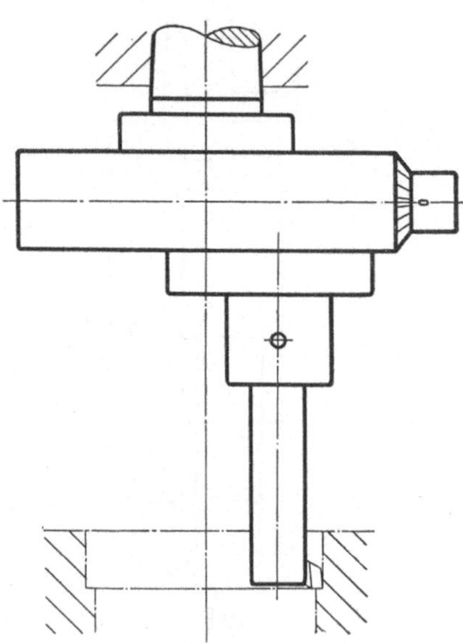

Bild 412.

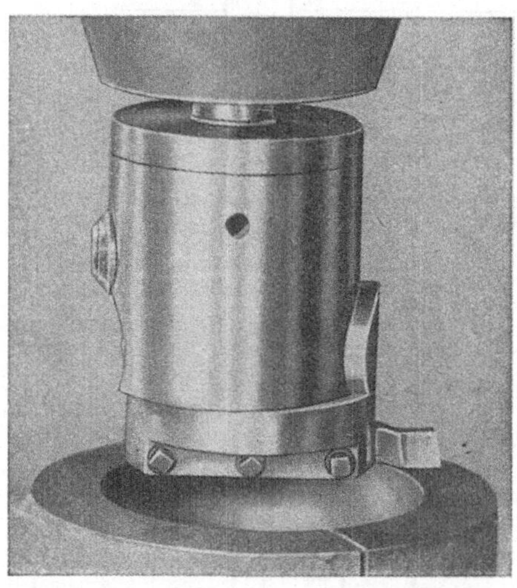

Bild 411. Ausbohrkopf mit Rundführung des Meißelschlittens, mit Feineinstellung durch Schraube nach Skala. Der Bohrmeißel liegt mit seiner Hauptschneide etwa in der Ebene der unteren Stirnfläche des Bohrkopfes, wodurch Sackbohrungen bis zur Bohrungsgrundfläche bearbeitbar sind.
(Firma Ernst Grob, München.)

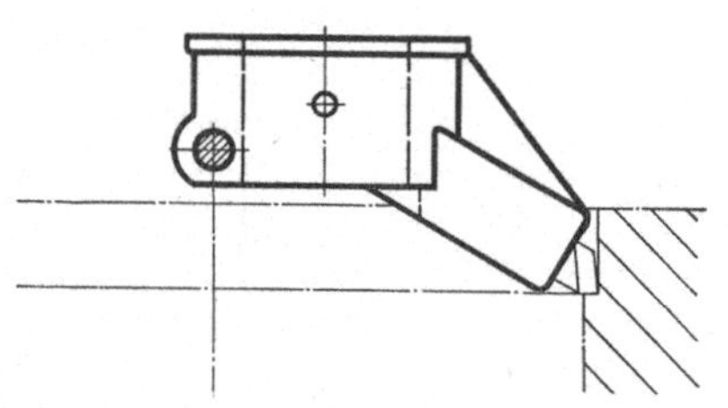

Bild 413.

Bild 412 u. 413. Ausbohrkopf mit Feineinstellung durch Verschieben eines Schlittens. Das Zwischenstück (Bild 413) dient zur steiferen Aufnahme des Ausbohrmeißels für die Fertigung von Bohrungen von größerem Durchmesser.

### d) Bohrköpfe und Bohrstangen mit Vorschubgetriebe

dienen zur Fertigung

von längeren, zylindrischen Bohrungen (Bild 414 u. 415),

von Kegelbohrungen (Bild 416 bis 421),

Kugelbohrungen (Bild 422 bis 425),

Formbohrungen (Bild 426) und

Planflächen (Bild 575 bis 578).

Bei den zu bearbeitenden Werkstücken handelt es sich in der Hauptsache um solche, die für die Aufnahme in Drehmaschinen ungeeignet, weil zu schwer oder zu sperrig, sind.

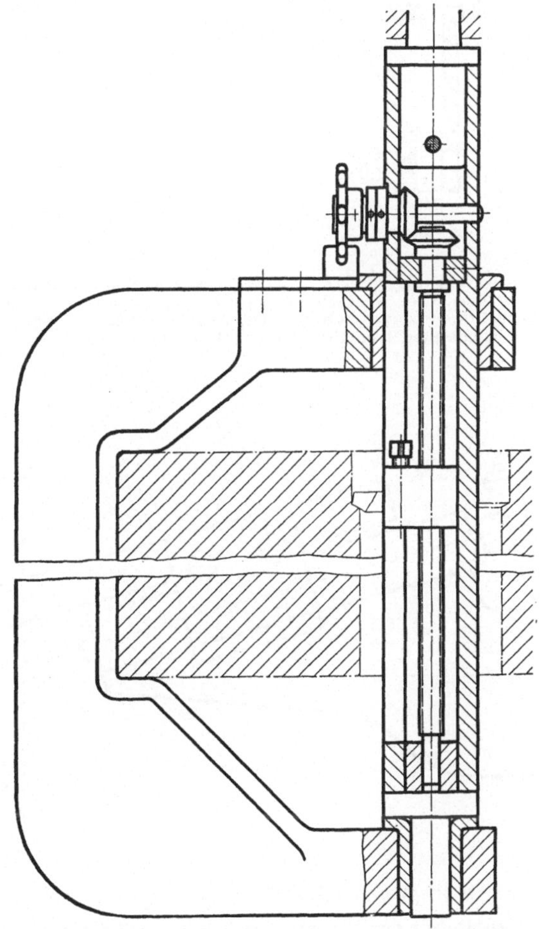

Bild 414. Ausbohreinrichtung für längere zylindrische Bohrung, verwendet auf Radialbohrmaschinen. Die Bohrstange ist zu beiden Seiten des Werkstückes geführt. (STEPHAN: „Das Radialbohren". Berlin: Springer 1941.)

10*

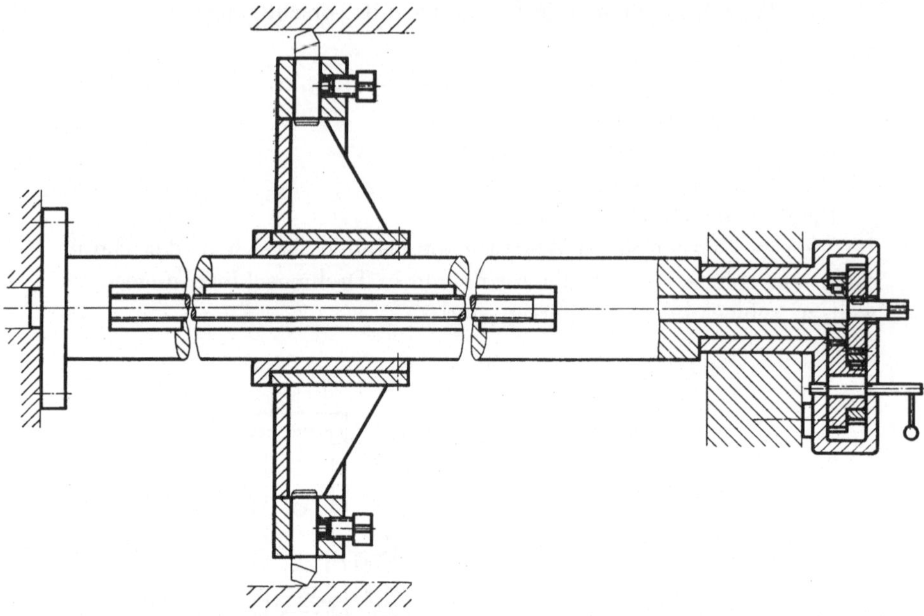

Bild 415. Ausbohreinrichtung für größere Zylinderbohrungen. Von der umlaufenden Führungssäule abgeleitet, wird über zwei Wechselräderpaare die Gewindespindel angetrieben und mit
der Mutter der Ausbohrkopf vorgeschoben. Nach Ausschwenken der Vorlegewelle kann die
Gewindespindel unmittelbar von Hand gedreht werden.

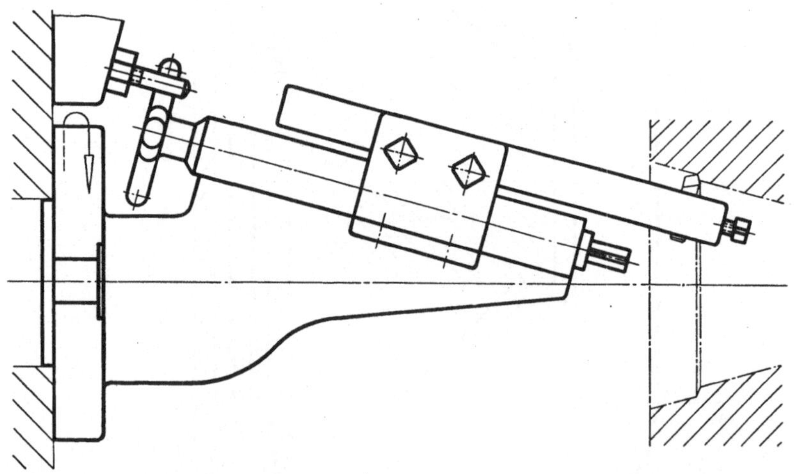

Bild 416. Ausbohreinrichtung für Kegelbohrungen, verwendet auf Bohrwerken.

*Bild 414 bis 419. Diesen Ausbohreinrichtungen ist gemeinsam, daß bei jeder Umdrehung der Bohrspindel ein Schaltrad auf einen ortsfesten Bolzen trifft und dadurch das Schaltrad um eine Zahnteilung gedreht wird. Hierdurch wird unmittelbar oder über ein Getriebe eine Gewindespindel angetrieben. Durch diese erhält eine Mutter und der mit dieser Mutter verbundene Werkzeugschlitten
die Vorschubbewegung.*

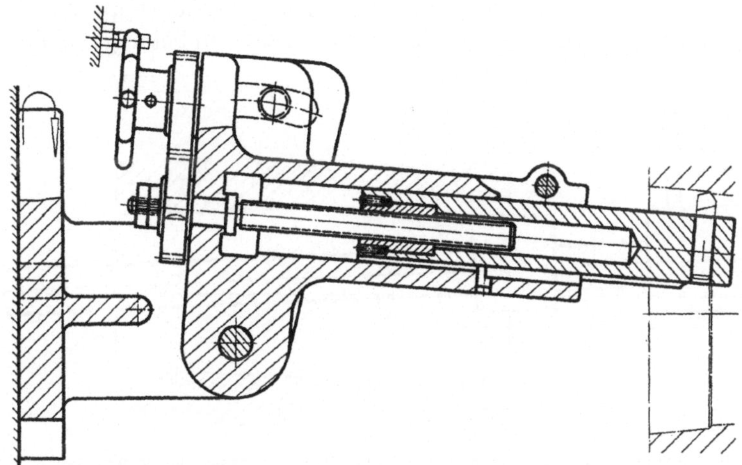

Bild 417. Ausbohreinrichtung für Kegelbohrungen, verwendet auf Bohrwerken. Die um einen Bolzen schwenkbare Bohrstangenführung kann unter verschiedenen Winkeln zur Bohrachse eingestellt und können dadurch Kegelbohrungen unter verschieden großen Winkeln gefertigt werden.

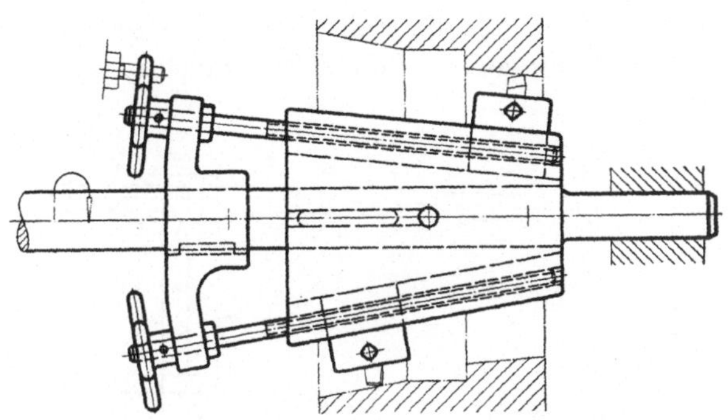

Bild 418. Ausbohreinrichtung für zwei Kegel mit verschieden großen Kegelwinkeln.

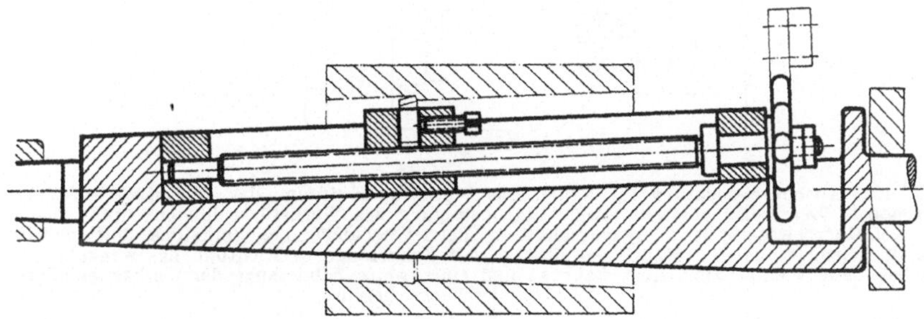

Bild 419. Ausbohreinrichtung für Kegel, verwendet auf Waagerechtbohrwerk, mit Stützung im Gegenlager.

Bei Verwendung sogenannter „wandernder" Ausbohrköpfe sind Bohrstange und Bohrtisch an der Vorschubbewegung unbeteiligt. Hierdurch

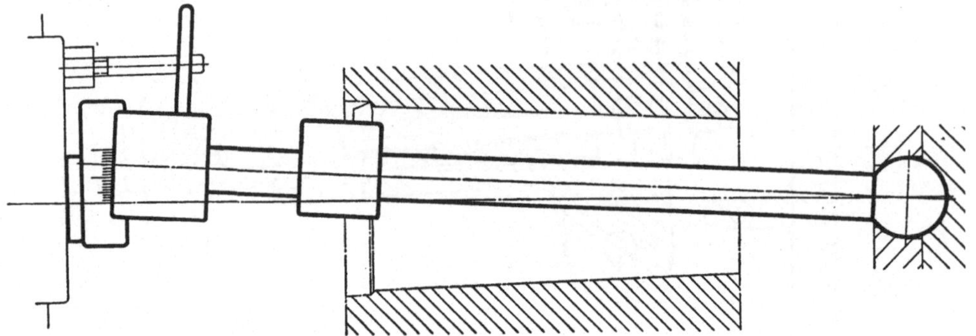

Bild 420. Ausbohreinrichtung für schlankere Kegel. Die Führungsstange für den Meißelschlitten ist in einem kleineren Winkelbereich verstellbar. Mit Rücksicht auf verschiedene Schrägstellungen ist die Stützlagerung des Stangenendes kugelig gestaltet.

genügen für dieselbe Ausbohrarbeit Bohrwerke und Bohrstangen, deren Baulänge nur wenig mehr als die Hälfte der Baulänge beträgt, die bei Verwendung von Bohrwerken mit Tischvorschub erforderlich ist.

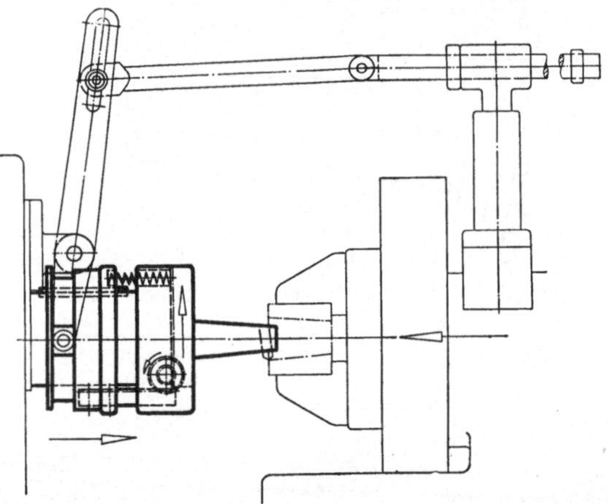

Bild 421. Ausbohreinrichtung für Kegel. Das Werkzeug läuft um, das Werkstück wird vorgeschoben. Der Kegel entsteht durch Längsbewegung des Werkstückschlittens unter gleichzeitiger Querbewegung des Werkzeugschlittens. Beim Vorschieben des Werkstückschlittens wird durch Gelenkstange und Hebel eine Buchse mit Zahnstange in Richtung des waagerechten Pfeiles bewegt und damit über Zahnrad und eine zweite Zahnstange der Werkzeugschlitten in Richtung Drehachse geführt.

Außerdem benötigt der Vorschub für einen Bohrkopf eine ungleich geringere Antriebsleistung als der Vorschub für einen Aufspanntisch mit Werkstück.

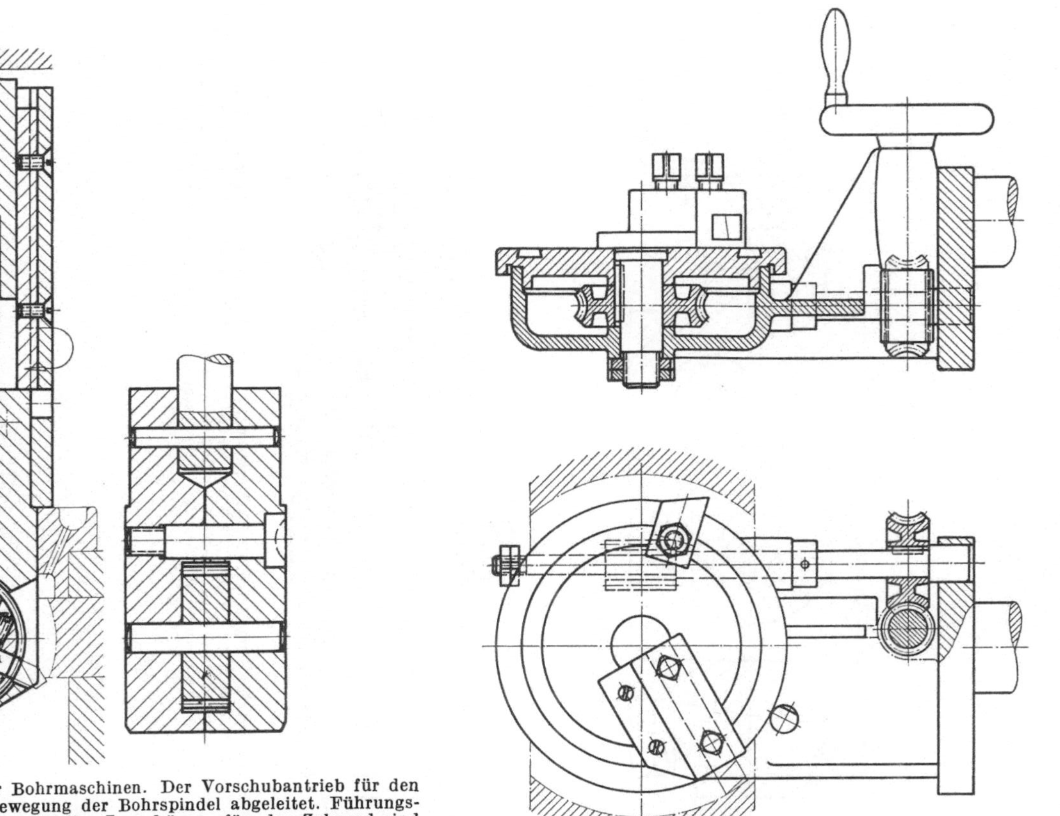

Bild 422. Kugelbohreinrichtung für Bohrmaschinen. Der Vorschubantrieb für den Bohrmeißel ist von der Vorschubbewegung der Bohrspindel abgeleitet. Führungshülse mit Führungsleiste und der zweiteilige Lagerkörper für das Zahnrad sind miteinander fest verbunden. Beim Bearbeiten liegt die Führungshülse auf dem Werkstückspanner auf. Beim Verschieben der Bohrspindel wird die Zahnstange nach abwärts bewegt und das Zahnrad mit dem Bohrmeißel angetrieben. Beim Zurückziehen der Bohrspindel werden unter der Federkraft Zahnstange und Zahnrad in die Ausgangsstellung zurückgeführt. Danach wird die gesamte Kugelbohreinrichtung vom Werkstück bzw. vom Werkstückspanner abgehoben. (Werkstattbücher Heft 35. KLAUTKE: „Vorrichtungsbau", S. 23. Berlin: Springer 1941.)

Bild 423. Kugelbohreinrichtung, verwendet auf Revolverdrehmaschine. Der Meißelspanner wird um einen Bolzen geschwenkt, dessen Achsmitte durch die Kugelmitte gerichtet ist. Antrieb der Vorschubbewegung durch Drehen des Handrades über zwei Schneckengetriebe. (H. E. SCHEIBE, München.)

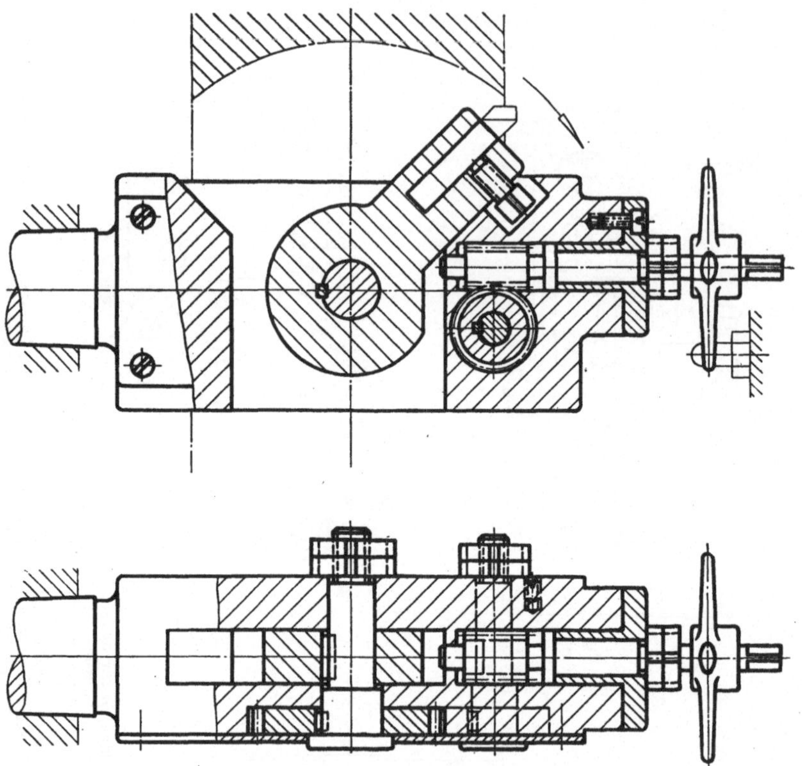

Bild 424. Ausbohrkopf für Kugelflächen, zur Verwendung auf Bohrwerken. Der Ausbohrkopf läuft um die festgehaltene Schnecke. Hierdurch werden das Schneckenrad, das auf der Schneckenradwelle sitzende Stirnrad und durch dieses das mit dem Werkzeugträger verbundene Stirnrad angetrieben. Durch Reibungskupplung zwischen dem festgehaltenen Teil und der Schneckenwelle wird Bruch des Getriebes vermieden.

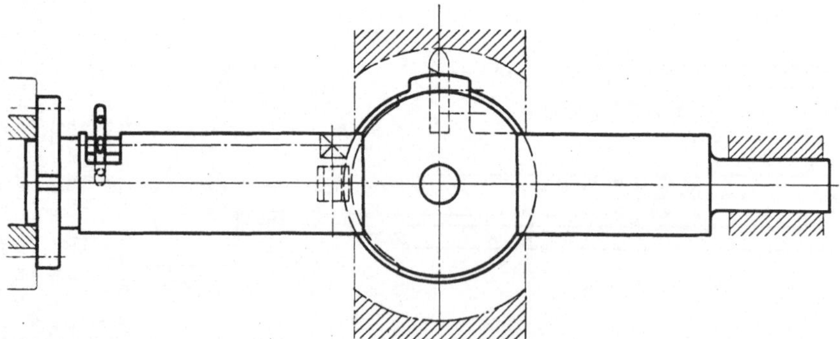

Bild 425. Kugelbohreinrichtung für Bohrwerke. Die durch Schaltstern eingeleitete Bewegung wird über Welle, Kegelräderpaar und Schneckengetriebe auf den Werkzeugträger übertragen, der um eine durch die Kugelmitte gehende Achse geschwenkt wird.

Bohrköpfe und Bohrstangen mit Eigenvorschub erhalten durch die Maschine die umlaufende Hauptbewegung, und von dieser abgeleitet, die Vorschubbewegung. Diese wird meist ruckartig ausgeführt, nämlich bei jeder Umdrehung der Bohrspindel um einen gleichen Betrag, z. B. durch Eingriff eines „Sternes" in einen ortsfesten Bolzen oder eines

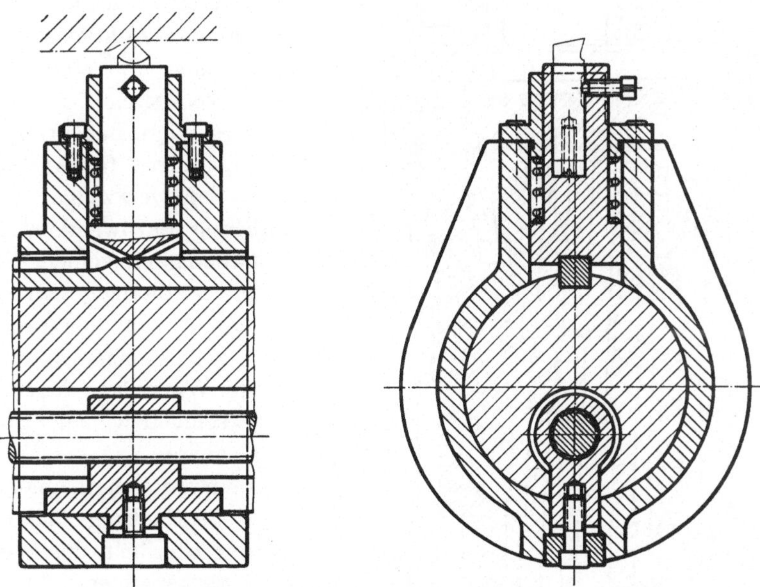

Bild 426. Ausbohreinrichtung für eine in Längsrichtung gekrümmte Innenform. Die durch Schaltstern angetriebene Gewindespindel bewegt eine Mutter samt dem Bohrkopf. Die Werkzeugaufnahme ist radial beweglich, wird durch Feder gegen das Formlineal gedrückt und durch dieses radial gesteuert.

Zahnrades in eine ortsfeste Zahnstange. Zahnrad und Zahnstange ergeben eine längere Eingriffsdauer, Stern und Bolzen sind jedoch durch Späne ungefährdet.

In stetem Eingriff verbleibende Getriebe (Bild 415) ergeben gleichmäßigen Vorschub, erfordern aber einen größeren Aufwand als Antriebsteile für ruckartigen Vorschub.

Ein *Vierkantbohrkopf* ist in Bild 427 wiedergegeben.

### 3. Spanner für Aufbohr- und Senkwerkzeuge.

#### a) Allgemeines.

Aufbohrwerkzeuge dienen vorzugsweise zum Vergrößern von Bohrungen im Durchmesser, Senkwerkzeuge vorzugsweise zum Bearbeiten von ebenen, kegeligen oder Formflächen, die eine Bohrung begrenzen.

Aufbohr- und Senkwerkzeuge werden auf Bohrmaschinen und auf Drehmaschinen verwendet.

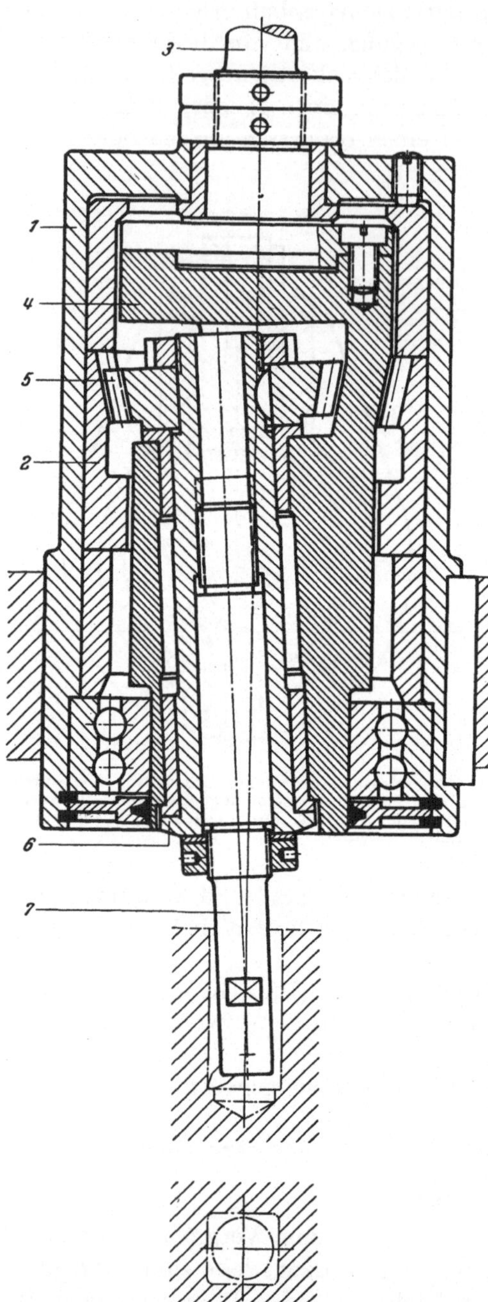

Der Aufbau der Werkzeuge und Spanner ist für Aufbohrer und für Senker grundsätzlich derselbe.

Spanner für Aufbohr- und Senkwerkzeuge werden mittig zur Bohrachse aufgenommen und sind radial nicht verstellbar.

Besondere Beachtung ist bei Spannern für Aufbohr- und Senkwerkzeuge deren Führung zuzuwenden. Die Notwendigkeit einer Führung ist abhängig von

der Anzahl der Werkzeugschneiden,

der Winkellage der Stirnschneiden zur Bohrachse,

dem radialen Ausmaß der Bearbeitungsfläche,

der Steifheit des Werkzeugspanners,

der für die zu fertigende Bohrung geforderten Lage- und Richtungsgenauigkeit.

Zweischneidige Aufbohr- und Senkwerkzeuge sind in jedem Falle zu führen. Mehrschneidige Aufbohrwerkzeuge erfordern nur dann eine Führung, wenn die

Bild 427. Vierkantbohrkopf zur Verwendung auf Bohrmaschinen. Gehäuse *1* und Buchse *2* mit Innenverzahnung stehen still. Kegelschaft *3* mit Anschlußflansch und Buchse *4* laufen mittig um. Kegelrad *5* mit Hohlspindel *6* und Bohrstange *7* liegen schräg und laufen außenmittig um. Da der Durchmesser des kleinen Kegelrades 0,75 mal dem Durchmesser des Innenkegelrades ist, beschreibt der umlaufende Bohrmeißel angenähert ein Quadrat. (Schröder: „Erfahrungen und Verbesserungen beim Bohren vierkantiger Löcher". Z. Werkstattechn. u. Werksleiter 1938, H. 24.)

vorgearbeitete Bohrung außermittig oder wenn die Lage der Bohrungsmitte mit hoher Genauigkeit einzuhalten ist. Bei umlaufendem Werkstück kann weitgehender ohne Führung gearbeitet werden als bei umlaufendem Werkzeug und ruhendem Werkstück.

Führungen für Spanner, Aufbohrer und Senker werden einseitig oder doppelseitig angeordnet. Jede Führung ist möglichst nahe an die Bearbeitungsstelle zu legen. Einseitige Führung kann, in Vorschubrichtung gesehen, *vor* oder *hinter* der Werkzeugschneide angeordnet werden. Anordnung *vor* der Schneide ergibt in der Regel die günstigere Führung, da hierbei der Spanner an beiden Enden aufgenommen ist, nämlich an der Spannstelle und an der Führungsstelle. Führung *vor* der Schneide kann jedoch bei senkrechter Bohrachse nachteilig sein, wenn das Werkstück für das Durchführen des Spanners in größerem Abstand von der Auflagefläche des Maschinentisches angeordnet werden muß oder wenn fallende Späne die Führungsflächen gefährden. Solche Gefährdung kann durch eine Laufbuchse weitgehend vermieden werden.

Spanner mit Führungszapfen werden meist in der Bohrung des Werkstückes, außerdem im Werkstückspanner oder in der Maschine geführt. Bei Führung im Werkstück kann die Führungsfläche durch Späne oder Kaltverschweißung beschädigt werden. Durch Führungsrolle werden Beschädigungen der Bohrungsfläche vermieden. Die Anordnung einer Führungsrolle setzt jedoch voraus, daß der Aufnahmezapfen für die Rolle nicht unzulässig schwach ausfällt. Bei Verwendung „fester" Führungszapfen ist die Führungsbohrung zum Führen des Werkzeuges erforderlichenfalls zunächst vorzureiben und nach dem Aufbohren oder Senken fertigzureiben.

### b) Spanner für einschneidige Senkwerkzeuge.

Einschneidige Senkmesser werden nach Bild 428 bis 432 aufgenommen. Für deren Aufnahme, Spannen und Einstellen gelten die gleichen Gesichtspunkte, die für Bohrmeißel auf S. 118 angeführt sind.

### c) Spanner für zweischneidige Aufbohr- und Senkwerkzeuge.

Zweischneidige Aufbohr- und Senkwerkzeuge (Bild 433 bis 448) haben als Vorteile:

> Ausgeglichenere Angriffsverhältnisse für die Schnittkräfte, dadurch keine einseitige Beanspruchung des Spanners sowie hohe Richtungsgenauigkeit für die zu fertigende Bohrung;
> höhere Zerspanleistungen und höhere Standzeit als einschneidige Werkzeuge;
> durch höhere Standzeit größere Eignung für Schlichtarbeiten als einschneidige Bohrmeißel;

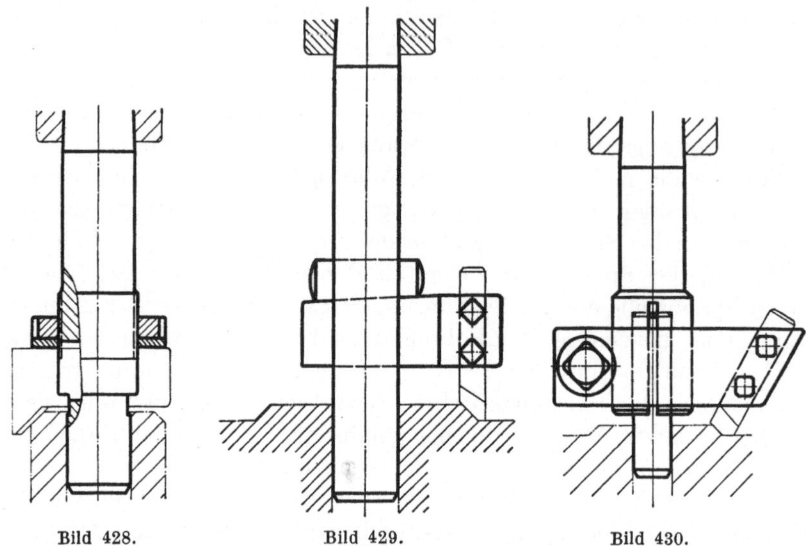

Bild 428.                Bild 429.                Bild 430.

Bild 428 u. 429. Spanner mit Führungszapfen für einschneidiges Messer zum Senken von Kegelflächen an Naben. Der Senkdurchmesser kann durch Verschieben des Senkmessers bzw. des Senkmesserhalters geändert werden.

Bild 430. Spanner für Vierkantmeißel zum Senken kegeliger Nabenübergänge. Führungszapfen und Aufnahmeteil für den Meißel sind mit dem Dorn lösbar verbunden und dadurch auswechselbar.

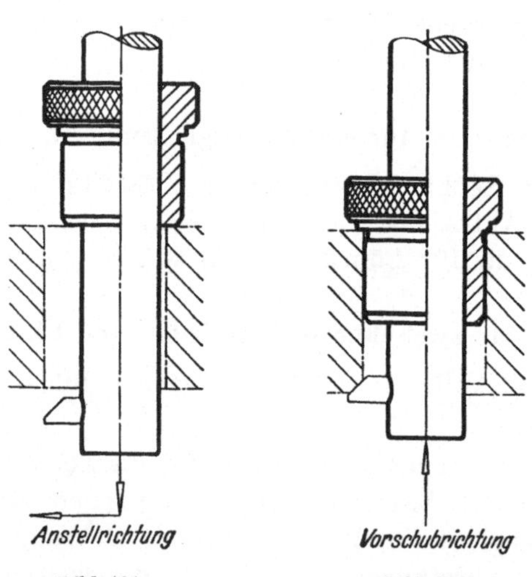


Bild 431.                Bild 432.

Bild 431 u. 432. Bohrstange mit Vierkantmeißel zum „Rückwärtssenken", vorzugsweise zur Verwendung auf Radialbohrmaschinen. Die Bohrstange wird außermittig in die Werkstückbohrung eingeführt (Bild 431), danach durch die Steckbuchse eingemittet (Bild 432).
(STEPHAN: „Das Radialbohren". Berlin: Springer 1941.)

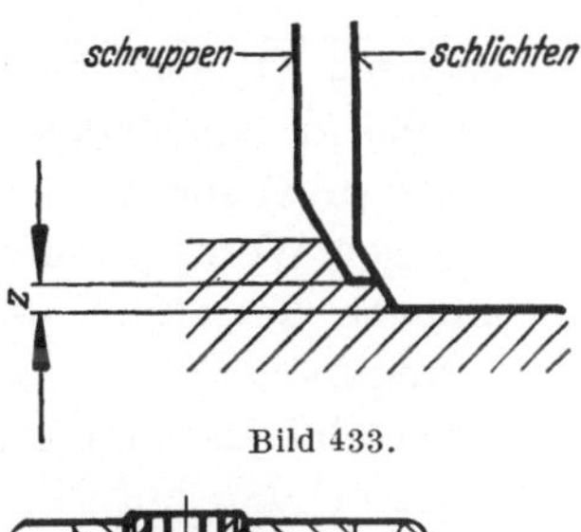

Bild 433.

Bild 433. Anordnung je eines Scnrupp- und Schlicht-
messers in demselben Spanner. Das Schlichtmesser steht
gegenüber dem Schruppmesser axial zurück und ist um
den Betrag z radial größer.

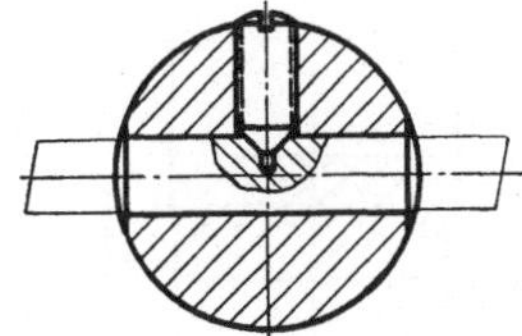

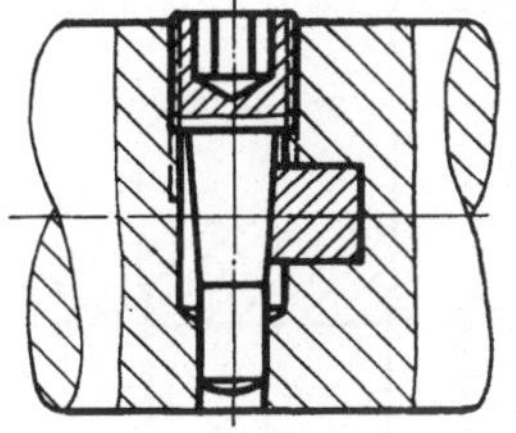

Bild 434.                                          Bild 435.

Bild 434. Zweischneidiger Bohrmeißel durch Druckschraube quer zur Bohrstangenachse gespannt. Abmessungen für Durchbruch und Spannschraubengewinde nach Tafel 10, S. 161.

Bild 435. Zweischneidiger Bohrmeißel durch Schraube mit Kegel gespannt. Für das Festlegen
in Querrichtung ist das Bohrmesser mit einer dem Spannkegel entsprechenden Kerbe versehen.
Die Spannrichtung ist der Vorschubrichtung gleichzuwählen. Hierzu Zahlentafel 11, S. 162.
(STEPHAN: „Das Radialbohren". Berlin: Springer 1941.)

Bild 434 u. 435. *Befestigungen für zweischneidige, vierkantige Bohrmeißel in längeren Bohrstangen.
Durch gleichartige Aufnahme in einem Dorn können diese Meißel außerhalb der Bohrstange mit
meist ausreichender Rundlaufgenauigkeit geschliffen werden.*

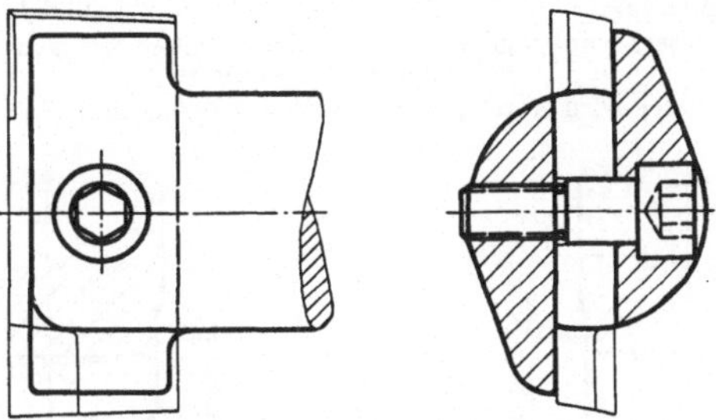

Bild 436. Hartmetallbestücktes Bohrmesser in freitragender Bohrstange durch Ansatzschraube
eingemittet und gespannt.

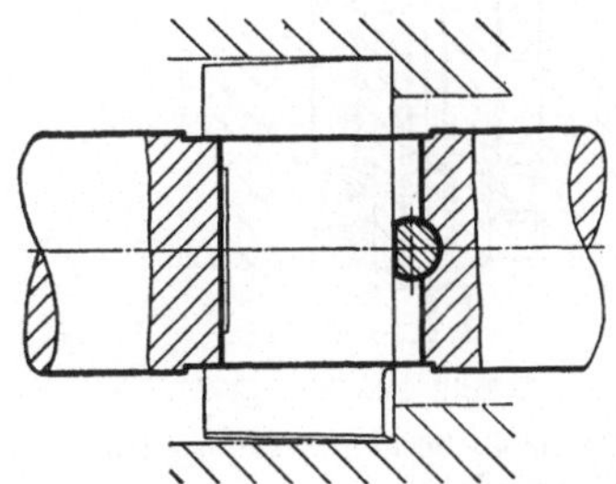

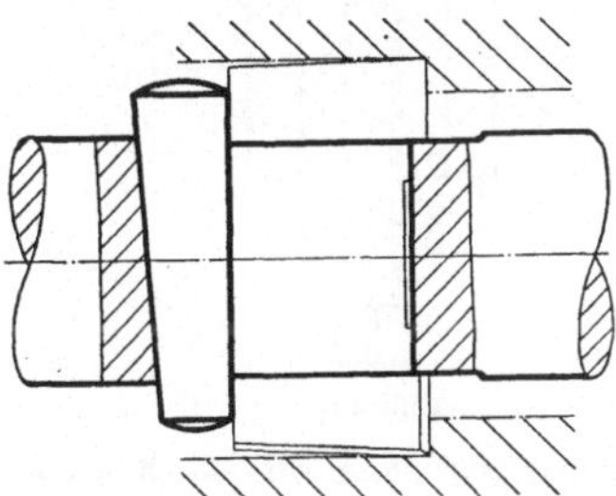

Bild 437 u. 438. Zweischneidige Bohrmesser in Bohrstange durch Keilstift bzw. Keil gespannt.
Steigung des Keiles 1 : 20, Keilwinkel 2° 52'. Geeignet für untergeordnetere Zwecke. Durch
Keilwirkung kann die Bohrstange verzogen, durch Hammerschläge die Rundlaufgenauigkeit
der Bohrstange außerdem beeinträchtigt werden.

größeren Querschnitt des Spanners an der Werkzeug-Aufnahmestelle als bei Werkzeugen mit Bohrung, z. B. bei Aufstecksenkern;

größeren Spanraum als mehrschneidige Werkzeuge;

geringen Werkstoffaufwand für das Werkzeug;

einfache Gestaltung des Werkzeuges und dadurch rasche Beschaffungsmöglichkeit sowie niedrige Anschaffungs- und Ersatzkosten;

durch einfache Bauform und großen Spanraum Eignung für die
Bestückung mit Hartmetall.

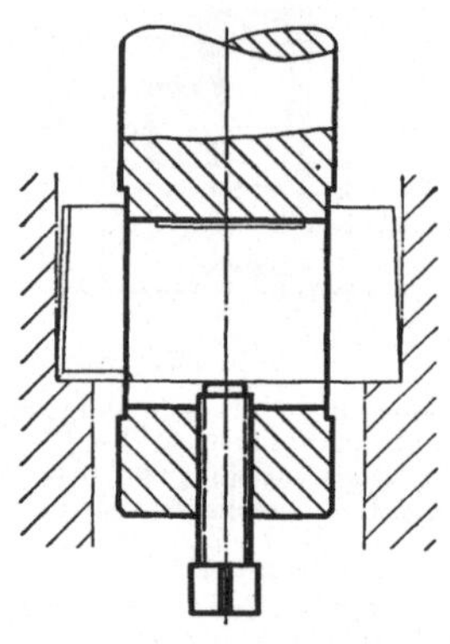 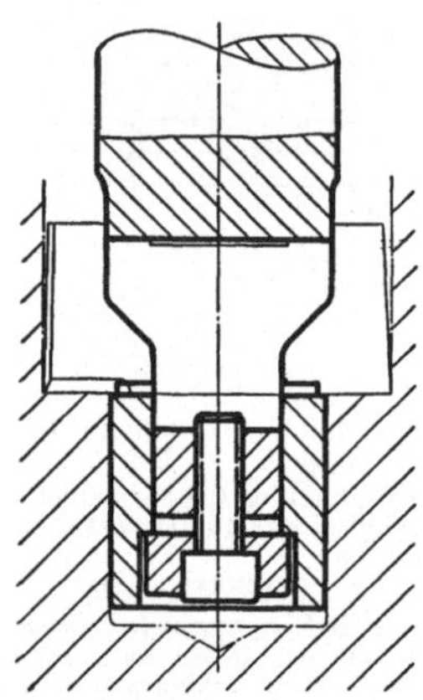

Bild 439.          Bild 440.

Bild 439. Das Bohrmesser wird durch Schraube unmittelbar gespannt. Das freie Ende der Bohrstange ist ungeführt.

Bild 440. Das Bohrmesser wird durch Schraube über Scheibe und Führungsbuchse gespannt.

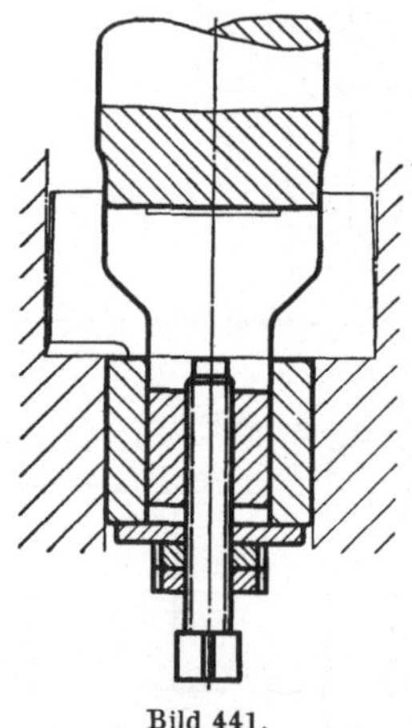 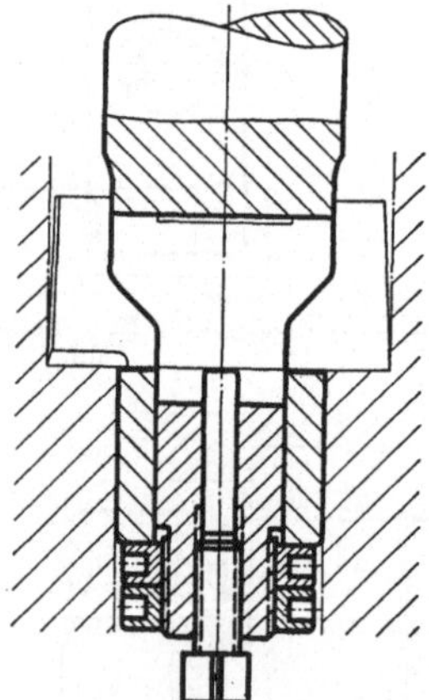

Bild 441.          Bild 442.

Bild 441. Das Bohrmesser wird durch Schraube gespannt. Durch Muttern auf derselben Schraube ist das Längsspiel der Führungsrolle einstellbar.

Bild 442. Das Bohrmesser wird durch Schraube gespannt. Das Längsseil der Führungsrolle ist durch Muttern einstellbar.

Bild 439 bis 442. *Spanner für zweischneidige Aufbohrmesser, die durch Außenflächen eingemittet und durch Schraube gespannt sind.*

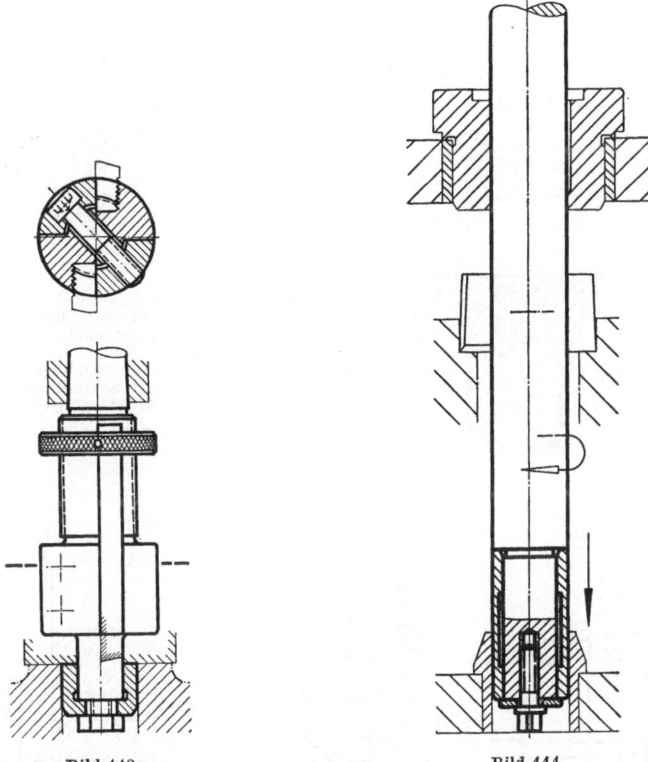

Bild 443.                    Bild 444.

Bild 443. Spanner für zwei parallel zur Bohrachse angeordnete Senkmesser. Die Auflagefläche für diese Messer ist in Längsrichtung verzahnt. In diesen Zähnen können die Messer radial versetzt werden, außerdem wird durch die Zähne die radiale Stellung der Messer gesichert. Die Messerschneiden kommen durch Anlage an der Führungsbuchse in eine gemeinsame Schneidebene zu liegen. Durch Stellmutter werden die Messer gegen Längsverschieben gesichert, durch Schrauben über Keilstück gespannt. (Firma Hermann Bilz, Zell-Eßlingen/Württ.)

Bild 444. Bohrstange für Radialbohrmaschine. Die am unteren Ende angeordnete Führungsbuchse dient zur Schonung der Führungsflächen. Die Bohrstange läuft in der Führungsbuchse um. Die Führungsbuchse selbst wird in der Aufnahmebuchse nur in Längsrichtung verschoben. Hierdurch wird vermieden, daß auf die Lauffläche von Bohrstange und Führungsbuchse Späne gelangen. (STEPHAN: „Das Radialbohren". Berlin: Springer 1941.)

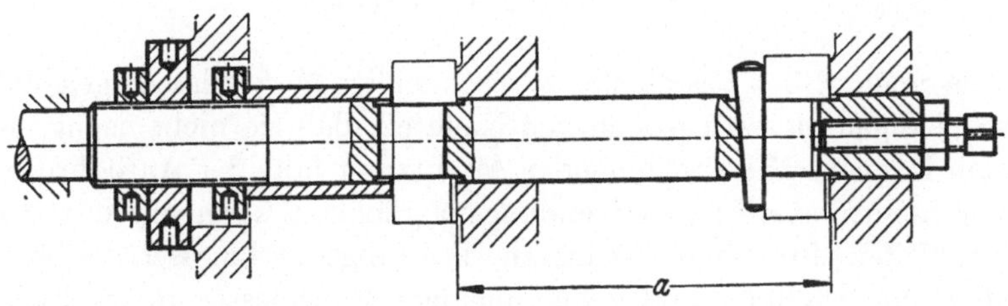

Bild 445. Bohrstange mit zweischneidigen Messern zum Senken von zwei Nebenflächen. Das links angeordnete Messer liegt in der Bohrstange in Längsrichtung „fest" an. Der Abstand des rechten Messers vom linken Messer ist durch Schraube einstellbar. Der Abstand beider Senkflächen von der äußeren Bezugsfläche des Werkstückes wird durch Stellmuttern bestimmt.

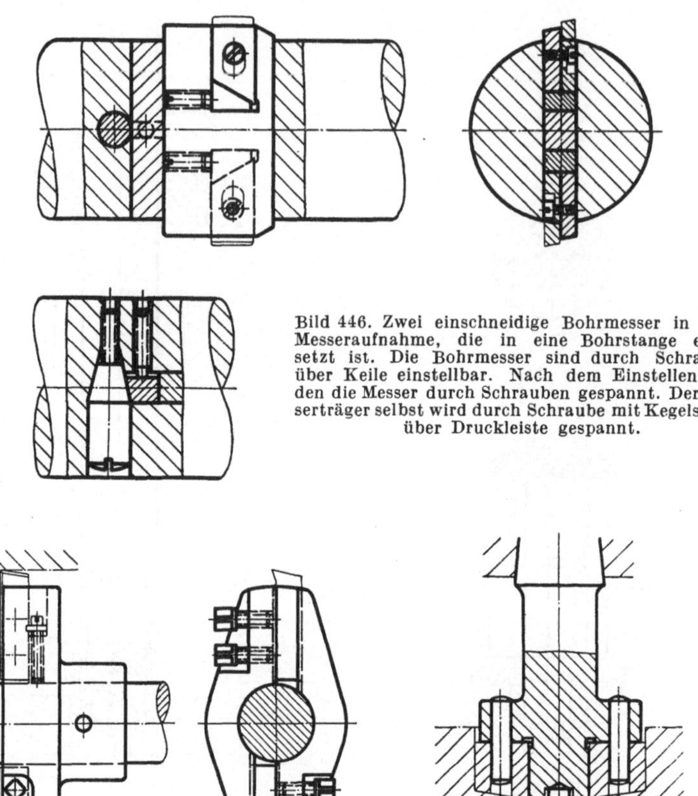

Bild 446. Zwei einschneidige Bohrmesser in einer Messeraufnahme, die in eine Bohrstange eingesetzt ist. Die Bohrmesser sind durch Schrauben über Keile einstellbar. Nach dem Einstellen werden die Messer durch Schrauben gespannt. Der Messerträger selbst wird durch Schraube mit Kegelschaft über Druckleiste gespannt.

Bild 447.    Bild 448.

Bild 447. Aufbohrkopf mit zwei Bohrmeißeln für größere Bohrungen mit verhältnismäßig geringer Spanabnahme. Der Kopf wird durch Stift oder Schraube mit der Bohrstange verbunden.

Bild 448. Spanner für sog. Spiralbohrmesser, einem Aufsteckwerkzeug, mit zwei Schneiden zum Aufbohren oder Senken mit hoher Zerspanleistung. Aufnahme durch Zylinderzapfen, Mitnahme durch zwei Zylinderstifte, Spannen durch Schraube über Führungsbuchse.
(Firma Sasse, Berlin-Spandau.)

Aus einem Stück bestehende zweischneidige Messer haben gegenüber einschneidigen Messern jedoch den Nachteil, daß sie nicht nachgestellt werden können. Mit zunehmender Abnutzung fällt der Aufbohrdurchmesser kleiner aus. Die Verwendungsmöglichkeit kann nur durch Zurechtschleifen für einen kleineren Bohrungsdurchmesser verlängert werden. Nachstellbar sind zweischneidige Bohrmesser in zweiteiliger Ausführung nach Bild 443, 446 u. 447. Ein weiterer Nachteil zweischneidiger Bohrmesser, die genau rundlaufen sollen, ist der Umstand, daß sie im Spanner nachgeschliffen werden müssen. Dazu sind in der Mengenfertigung mehrere, zumindest zwei Spanner zur Verfügung zu halten.

In jenen Fällen, in denen Aufbohrmesser im Spanner zu schleifen sind, ist darauf zu achten, daß der Spanner in der Rund- und Scharfschleifmaschine aufgenommen werden kann. Spanner mit Kegelschaft können in der Schleifmaschine unmittelbar oder mittels Kegelhülse zwischen Spitzen aufgenommen werden. Spanner mit Zylinderschaft können durch Futter gespannt werden. Weitgehend vorzusehen ist jedoch Aufnahme zwischen Spitzen. Hierzu sind vor allem Spanner mit Zylinderschaft mit Zentrierbohrungen zu versehen, oder ist der Spannzapfen zur Aufnahme in einem Hohlkörner unter 60° kegelig zu halten. Wenn in der Stirnfläche von Führungszapfen eine Spannschraube sitzt und nur diese zur Aufnahme einer Zentrierbohrung zur Verfügung steht, ist diese Schraube im Spanner durch Zylinder einzumitten. Für höhere Rundlaufgenauigkeiten ist Einmitten nach einer Schraube jedoch möglichst zu vermeiden. Längere Spanner sind beim Schleifen gegebenenfalls durch Setzstock zu stützen.

Messerstangen mit zwei Messern werden zum Unterteilen der Spanbreite, zum gleichzeitigen Bearbeiten von hintereinanderliegenden Bohrungen sowie zum gleichzeitigen oder aufeinanderfolgenden Schruppen und Schlichten (Bild 433) verwendet. Gleichzeitiges Schruppen und Schlichten ist nur für untergeordnetere Zwecke vorzusehen, da die Güte der Schlichtfläche durch die beim Schruppen auftretenden Schwingungen beeinträchtigt wird. Außerdem wird dabei für Schruppen und Schlichten mit gleichem Vorschub gearbeitet, was entweder verminderte Zerspanleistung beim Schruppen oder verminderte Oberflächengüte beim Schlichten bedeutet.

Für das Spannen von zweischneidigen Messern sowie für Zugänglichkeit des Spannteiles und Verzug der Bohrstange gilt sinngemäß das gleiche, wie für Spanner für Ausbohrwerkzeuge ab S. 115 angeführt. Beispiele für die Befestigung zweischneidiger Bohrmeißel sind außerdem in Zahlentafel 10, S. 161, und Zahlentafel 11, S. 162, wiedergegeben.

Zahlentafel 10. *Durchbrüche in Bohrstangen für vierkantige Bohrmeißel, mit Befestigungsgewinde.*

| $d_1$ | $d_2$ | $b$ |
|---|---|---|
| von 15—20 | M 4 | 6 |
| über 20—25 | M 5 | 8 |
| ,, 25—35 | M 6 | 10 |
| ,, 35—45 | M 8 | 12 |
| ,, 45—65 | M 10 | 16 |
| ,, 65—90 | M 12 | 20 |
| ,, 90 | M 14 | 25 |

Zahlentafel 11. *Durchbrüche in Bohrstangen, vierkantige Bohrmeißel, Schrauben für Befestigung nach Bild 435.*

| | Bohrstange | | | | | Bohrmeißel | | Morsekegel Nr. |
|---|---|---|---|---|---|---|---|---|
| $d_1$ h 6 | $d_2$ | $d_3$ | $a$ | $b_{\mathrm{H}7}$ | $t$ | $d_4$ | $f$ | |
| 16 | 4 | M 8·0,75 | 4,53 | 6 | 12 | 4,06 | 0,5 | 2 |
| 25 | 5 | M 10·1 | 5,78 | 8 | 17,5 | 5,06 | 0,75 | 3 |
| 40 | 7 | M 14·1,5 | 8,34 | 12 | 28 | 7,18 | 1,25 | 4 |
| 63 | 8 | M 16·1,5 | 10,6 | 16 | 42,5 | 8,2 | 1,5 | 5 |

| | Befestigungsschraube | | | | | | | | | Morsekegel Nr. |
|---|---|---|---|---|---|---|---|---|---|---|
| $d_3$ | $d_5$ h 6 | $d_6$ | $l_1$ | $l_2$ | $l_3$ | $l_4$ | $e$ | $s$ | $t$ | |
| M 8·0,75 | 4 | 5,72 | 3,5 | 7 | 4,5 | 15 | Schlitz nach DIN 551 | | | 2 |
| M 10·1 | 5 | 7,33 | 6,5 | 9,5 | 8 | 24 | 5,8 | 5,05 | 5 | 3 |
| M 14·1,5 | 7 | 10,56 | 11 | 14,5 | 13 | 38,5 | 9,4 | 8,1 | 7 | 4 |
| M 16·1,5 | 8 | 12,67 | 19 | 19 | 22 | 60 | 9,4 | 8,1 | 7 | 5 |

### d) Spanner für mehrschneidige Aufbohr- und Senkwerkzeuge.

Spanner für mehrschneidige Aufbohr- und Senkwerkzeuge (Bild 449 bis 478) sind zur Aufnahme des Werkzeuges mit Bohrung oder mit Zapfen versehen.

Spanner (Halter) mit Kegelzapfen, bestimmt für Aufstecksenker und Aufsteckreibahlen, sind unter DIN 217 genormt (Bild 452 u. 453).

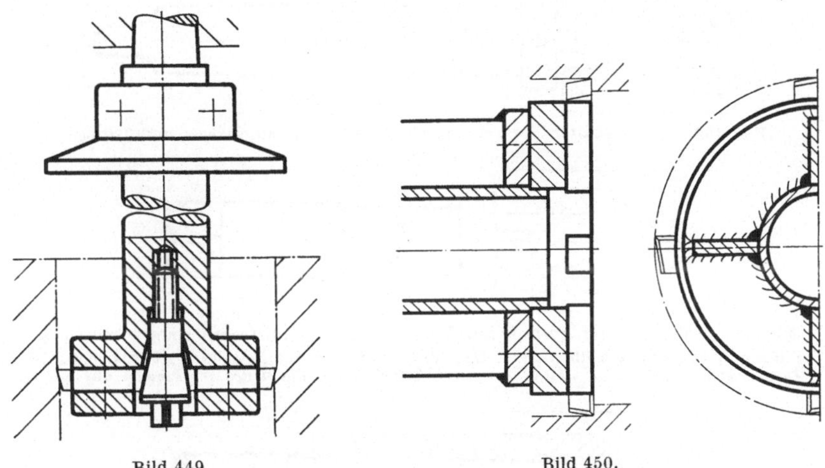

Bild 449.                Bild 450.

Bild 449. Aufbohrkopf mit mehreren hartmetallbestückten Bohrmeißeln, die durch Schraube mit Kegel auf den Aufbohrdurchmesser eingestellt und durch Schrauben über Deckplatte gespannt werden. (Firma Montanwerke Walter, Tübingen.)

Bild 450. Kurze, freitragende Bohrstange für Bohrungen von größerem Durchmesser, mit mehreren Bohrmeißeln. Der Bohrstangenkörper ist zur Gewichtsersparnis aus Rohr und mit Verrippung aufgebaut und verschweißt.

Auf Kegelzapfen festsitzende Werkzeuge werden unter Verwendung eines gabelförmigen Keiles oder zweier unter 180° angesetzter Keile durch Hammerschläge gelöst. Diese rohe Behandlung kann durch Abdrückmutter (Bild 454) vermieden werden.

Für schnellen Wechsel von Senkern für Nabenflächen dienen Halter nach Bild 473. Schneller Wechsel ist für die Bearbeitung innenliegender Naben angebracht, weil hierfür der Senker bei jedem Werkstück gewechselt werden muß.

Zum „Rückwärtssenken", d. h. zum Senken unter Vorschub in Richtung Bohrspindel, ist der Spanner gegebenenfalls durch Querkeil, Anzugstange oder Überwurfmutter gegen Herausziehen zu sichern.

Zur Fertigung von Zapfen werden in Sonderfällen sogenannte Hohlsenker (Bild 475 bis 478) verwendet. Diese Fertigung kommt in Betracht wenn das Werkstück zur Aufnahme in Drehmaschinen ungeeignet ist, der Zapfen für Drehwerkzeuge schwer oder nicht zugänglich ist bzw. ein Umspannen des Werkstückes erspart werden soll.

11*

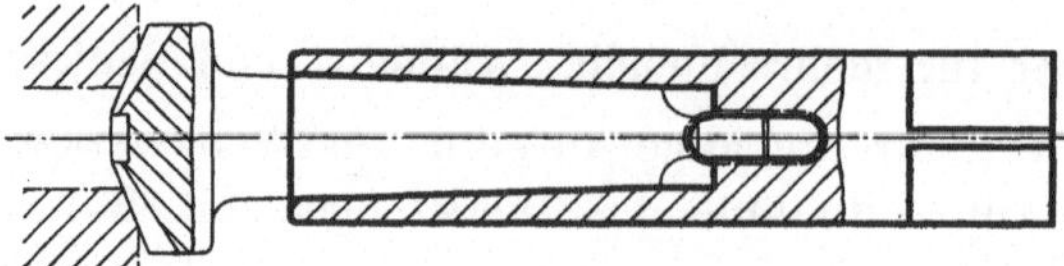

Bild 451. Kegelhülse mit Vierkant für Windeisen, verwendet für mehrschneidigen Spitzsenker.

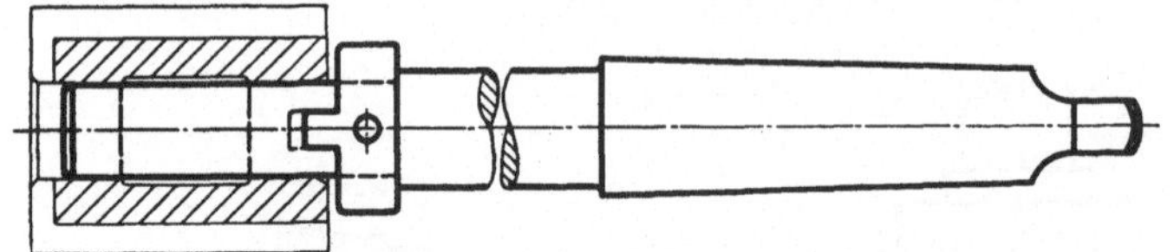

Bild 452. Aufsteckhalter Form A, maschinenseitig mit Morsekegel und Lappen.

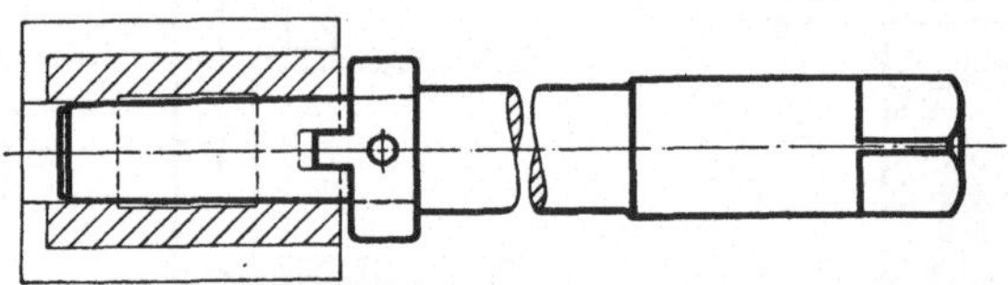

Bild 453. Aufsteckhalter Form B mit Vierkant für das Aufstecken eines Windeisens.

Bild 452 u. 453. *„Aufsteckhalter" nach DIN 217 für Senker und Reibahlen. Aufnahme des Werkzeuges durch Kegel 1 : 30, Mitnahme durch Stirnlappen, Lösen des Werkzeuges durch Keil.*

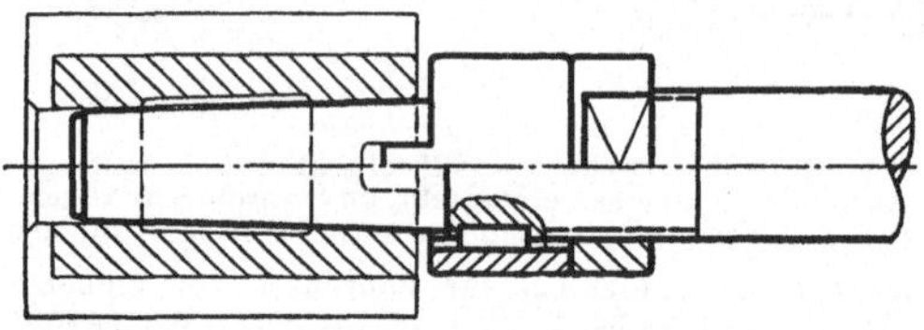

Bild 454. Aufsteckhalter entsprechend DIN 217, mit Mutter hinter dem Mitnehmer, durch die der Mitnehmer an das Werkzeug angestellt wird, bis die Mitnehmerlappen vollständig in Eingriff stehen. Durch die Mutter kann das Werkzeug außerdem vom Kegel abgedrückt werden.
(Firma Ludw. Loewe, Berlin.)

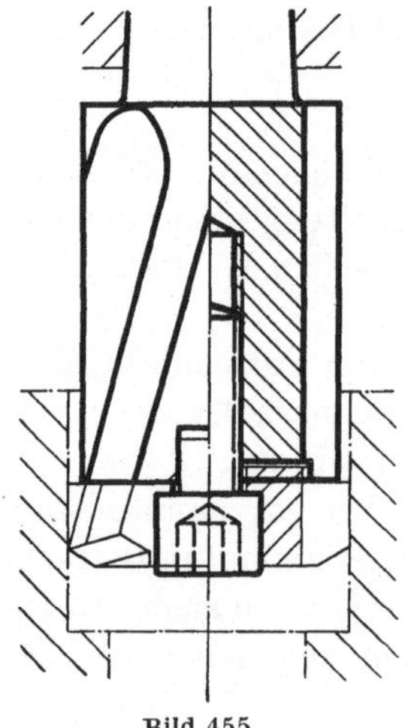

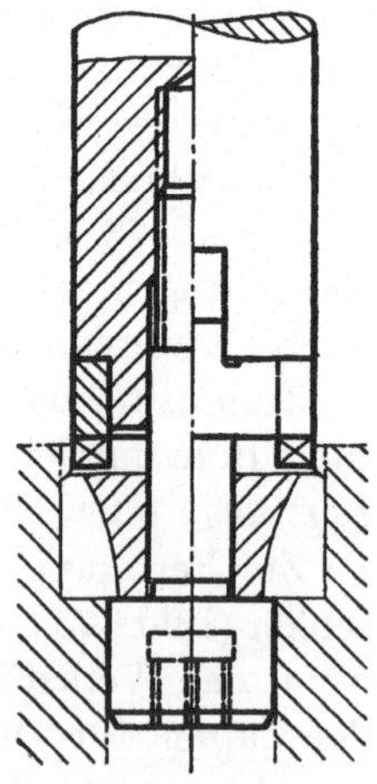

Bild 455. Spanner für Senker. Um an Werkstoff für das Werkzeug zu sparen, ist der schneidende Teil kurz gehalten. Die Spannuten sind im Spanner fortgesetzt. Diese Spannnuten sind gut hart auszuführen, da sie sonst schon nach kurzem Gebrauch durch Späne beschädigt werden.
(H. E. Scheibe, München.)

Bild 456. Spanner mit Aufstecksenker, mit Führungszapfen und Mitnehmerlappen. Der Führungszapfen ist im Spanner eingemittet und dient zugleich zur Aufnahme des Senkers. Diese Aufnahme mittet den Senker wenig sicher ein, ist gegen Seitenkräfte nachgiebig und deshalb vorzugsweise für leichtere Arbeiten geeignet.

Bild 455.                                                          Bild 456

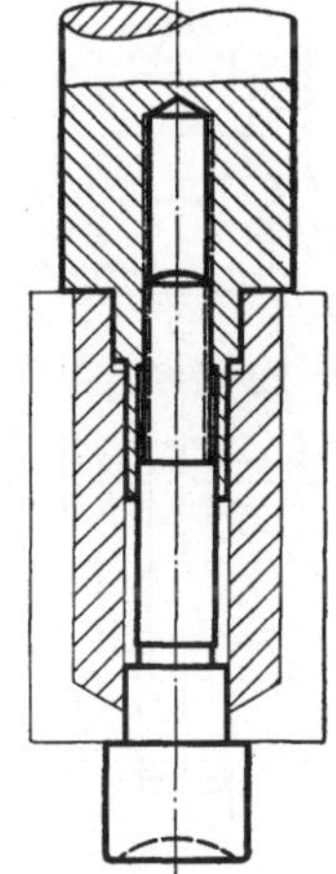

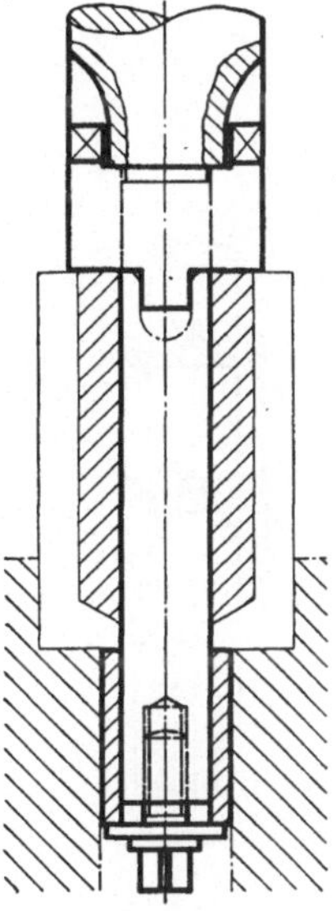

Bild 457. Der Aufstecksenker wird zum Teil durch den Aufnahmedorn, zum Teil durch den auswechselbaren Führungszapfen eingemittet. Diese Aufnahme ist ebenfalls nur für leichtere Arbeiten geeignet, da der Führungszapfen unter größeren Seitenkräften nachgibt.

Bild 458. Der Aufstecksenker wird durch einen „festen" Dorn eingemittet, durch Mitnehmerring mitgenommen und durch Schraube über Führungsbuchse gespannt.

Bild 457.

Bild 458.

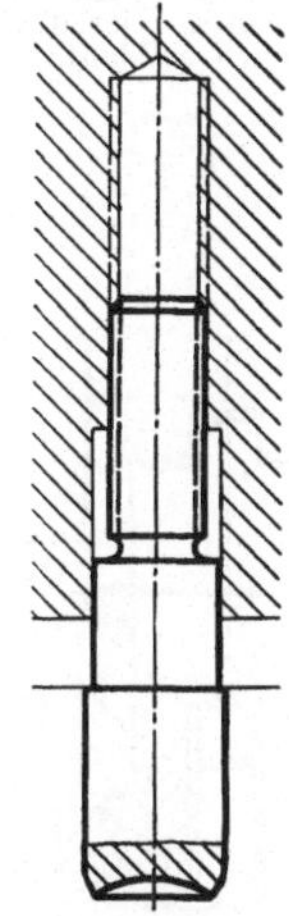

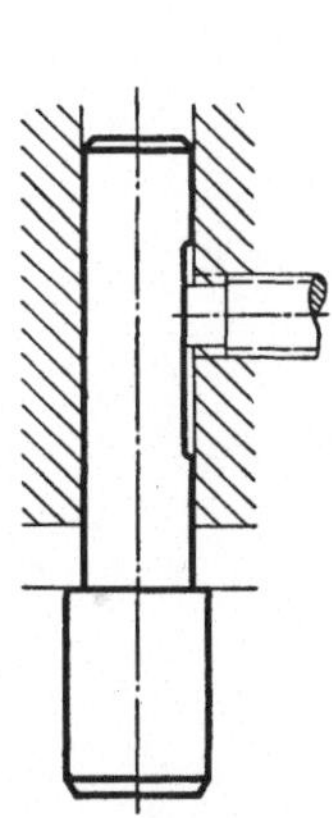

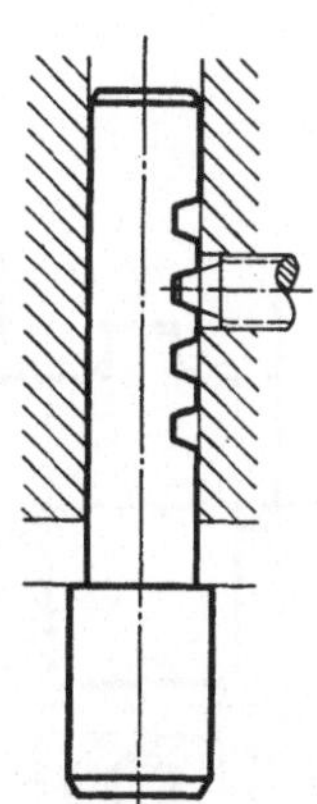

Bild 459.

Bild 460.

Bild 461.

Bild 459. Führungszapfen mit Befestigungsgewinde. Der Schraubenzieherschlitz ist nicht bis an die Führungsflächen des Zapfens durchgeführt, um Beschädigung der Werkstückbohrungen zu vermeiden.

Bild 460. Der Führungszapfen ist in Längsrichtung verstellbar und wird durch Druckschraube in Querrichtung gespannt.

Bild 461. Der Führungszapfen ist in Längsrichtung entsprechend der Zahnteilung verstellbar und wird durch Schraube in Querrichtung gespannt. Durch Eingriff der Schraube in die Zahnlücken wird der Zapfen gegen Verschieben vollständig gesichert.

Bild 459 bis 461. *Auswechselbare Führungszapfen für Zapfensenker und zapfengeführte Spanner.*

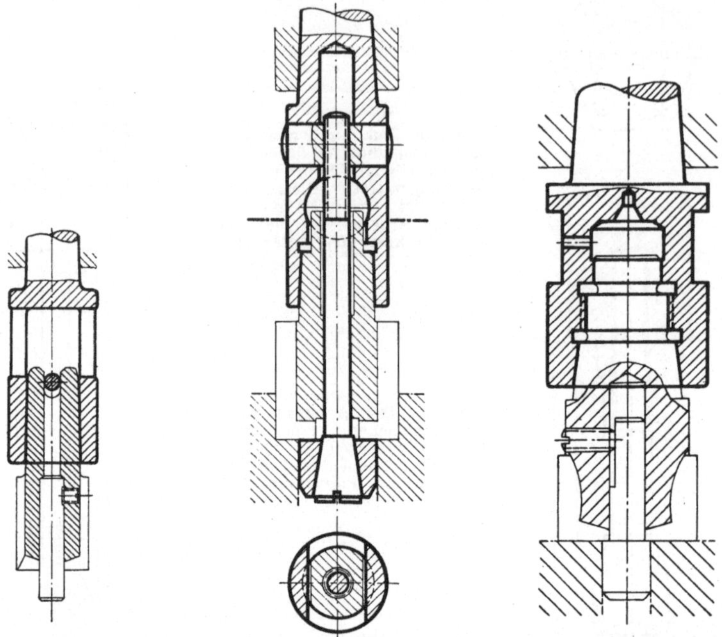

Bild 462. Bauart nach K. Seitter, Köln-Deutz.

Bild 463. Bauart der Firma Hermann Bilz, Zell-Eßlingen (Württ.).

Bild 464. Zapfensenker in Einsatzhülse mit Kurzkegel, Zylinder und Befestigungsgewinde. Hierzu Abmessungen nach Zahlentafel 6, S. 97.

Bild 462 u. 463. *Einsatzhülsen für Zapfensenker mit verkürztem Morsekegel.*

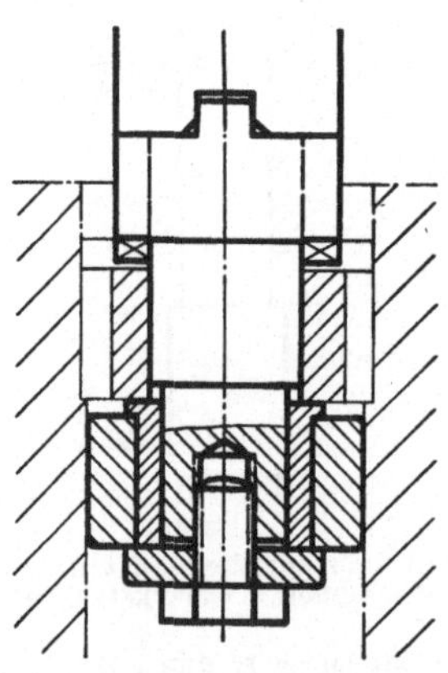

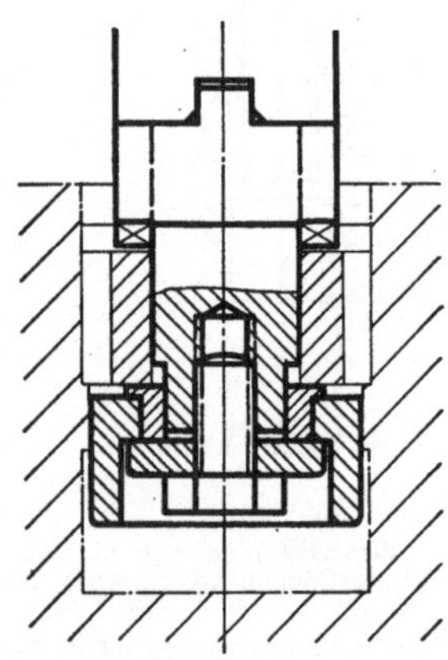

Bild 465. Ausführung für durchgehende Bohrung.

Bild 466. Ausführung für Sackbohrung.

Bild 465 u. 466. *Aufnahmedorne für Aufbohrer mit Führungsrolle. Das Werkzeug wird durch Buchse gespannt, auf der die Rolle umläuft.*

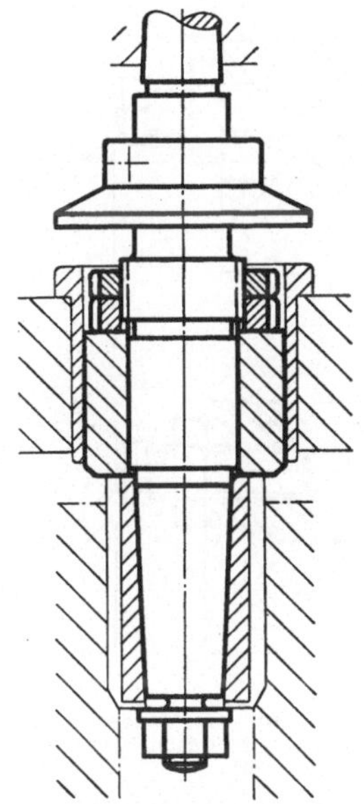

Bild 467. Der Halter ist hinter dem Werkzeug geführt.

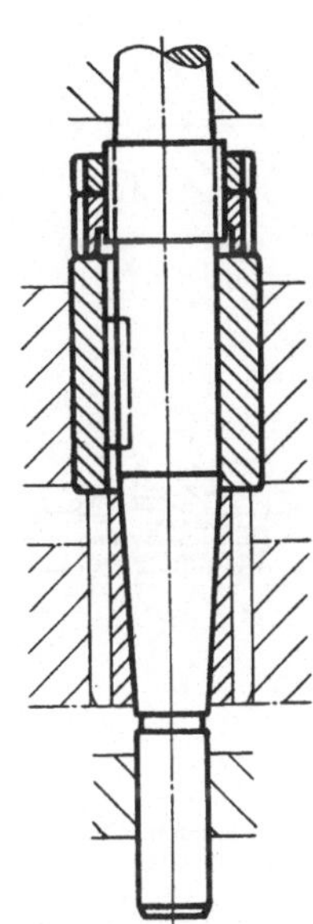

Bild 468. Der Halter ist vor und hinter dem Werkzeug geführt.

*Bild 467 u. 468. Die Aufbohrwerkzeuge sind durch einen Kegel 1:30 aufgenommen. Durch Mutter wird die Führungsbuchse an das Werkzeug angestellt und kann das Werkzeug vom Kegel gelöst werden.*

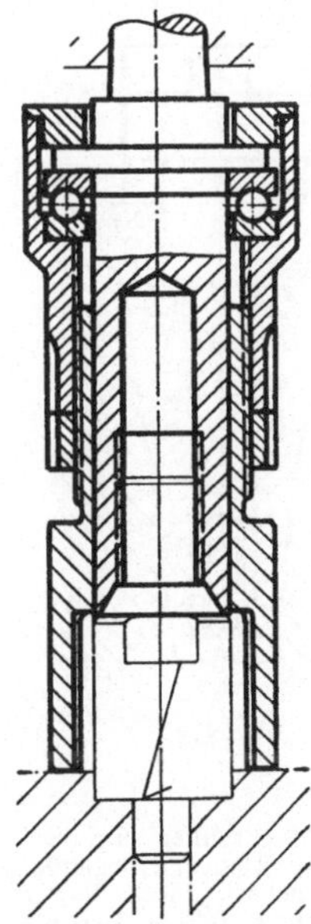

Bild 469. Halter für Zapfensenker mit umlaufendem Anschlag, der für verschiedene Senktiefen einstellbar ist.
(Firma Werner Roterberg, Düsseldorf.)

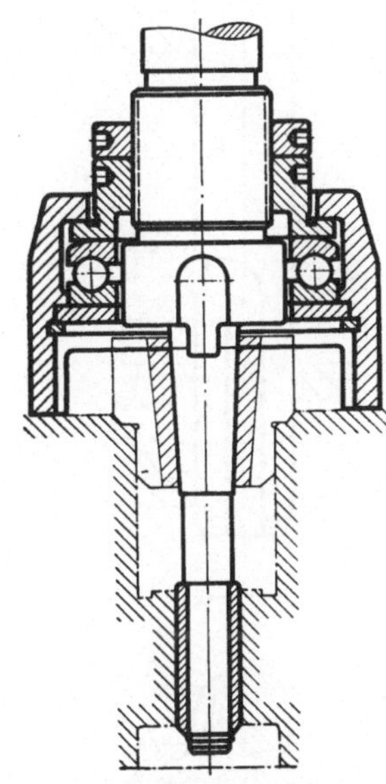

Bild 470. Halter für Senker mit Führungsbuchse vor dem Werkzeug und mit umlaufendem Anschlag, der in Längsrichtung verstellbar ist.

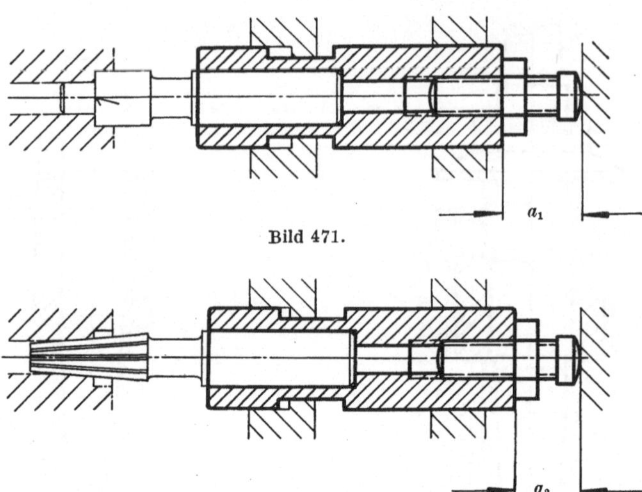

Bild 471.

Bild 472.

Bild 471 u. 472. Einsatzhülsen für Senker und Reibahlen, die für verschiedene Arbeitsstufen schnell gewechselt werden. Die jeweils erforderliche Arbeitstiefe wird durch Stellschraube entsprechend den Maßen $a_1$ und $a_2$ eingestellt.

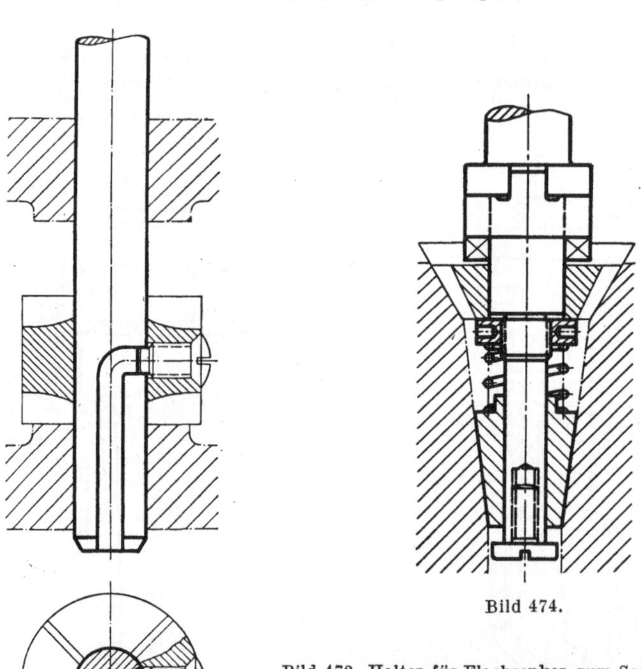

Bild 474.

Bild 473.

Bild 473. Halter für Flachsenker zum Senken von zwei nach entgegengesetzter Richtung liegende Innennaben. Schneller Werkzeugwechsel durch Bajonettverschluß. (Firma Ludw. Loewe, Berlin.)

Bild 474. Halter für Kegelsenker, durch den ein vorgearbeiteter Kegel fertiggestellt wird. Der Halter wird durch Zylinderzapfen in einer Buchse geführt, die im schlankeren Kegel des Werkstückes eingemittet ist.

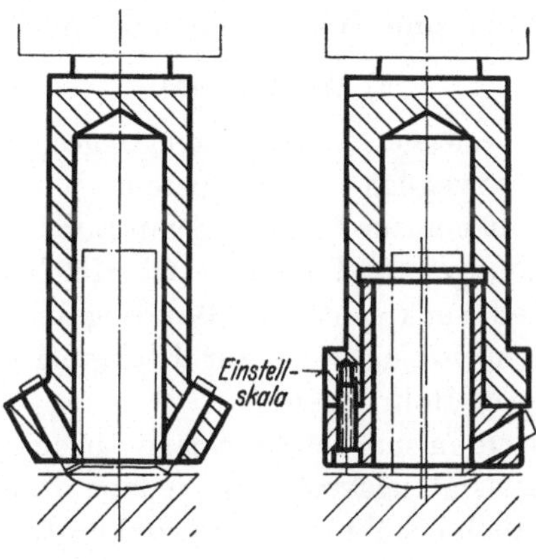

Bild 475.        Bild 476.

Bild 475. Ausführung zum Schruppen mit zwei Meißeln.

Bild 476. Ausführung zum Schlichten mit einem Meißel, der durch Schwenken der exzentrisch gelagerten Buchse auf genauen Zapfendurchmesser eingestellt werden kann.

Bild 475 u. 476. *Spanner für umlaufende Werkzeuge zur Fertigung von Zapfen an nichtumlaufenden Werkstücken.*

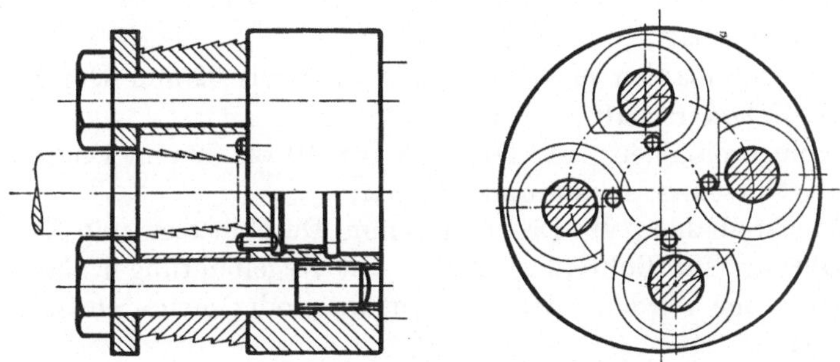

Bild 477. Spannkopf für vier Werkzeuge zur Fertigung eines Außenkegels bei nichtumlaufendem Werkstück. Die Messer sind durch je eine Paßschraube aufgenommen. Die Winkellage ihrer Spanfläche wird durch Anschlagstift am Spanner bestimmt. Die Schneiden der Messer sind zur Aufteilung der Spanfläche gerillt, die Rillen der vier Messer außerdem derart gegeneinander versetzt, daß die Bearbeitungsfläche des Werkstückes der einer Schruppfläche' entspricht.

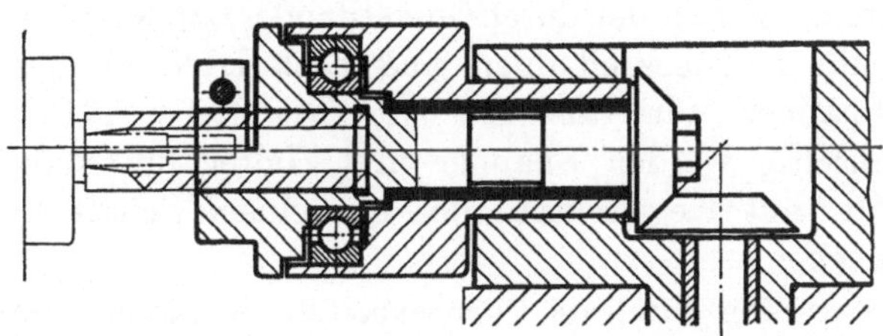

Bild 478. Zusatzeinrichtung für Revolverkopf, mit eigenem Hauptantrieb, für die Fertigung eines exzentrischen Zapfens. Die Arbeitsspindel wird hierfür stillgesetzt.

## 4. Spanner und Halter für Reibewerkzeuge.

### a) Allgemeines.

Durch Spanner werden Reibewerkzeuge gespannt, durch Halter mehr oder weniger beweglich mitgenommen.

Reibewerkzeuge dienen zur Fertigung von Bohrungen mit geringeren Durchmesserabweichungen und höherer Oberflächengüte. Sogenannte Stirnreibahlen haben senkrecht zur Bohrungsachse stehende Stirnschneiden und dienen vorzugsweise zur Fertigung genauer Mittenlage und Achsrichtung von Bohrungen.

Durch Reiben werden nur dünne Späne abgenommen. Die an den Schneiden wirksame Umfangskraft wird jedoch durch die Reibung der Schneidfasen wesentlich erhöht. Die Vorschubkraft ist verhältnismäßig gering.

Nebenbei bemerkt, kann die Benennung „Reibahlen“ vielleicht einmal durch die Benennung „Reiber“ ersetzt werden, sinngemäß den Benennungen Bohrer, Senker, Fräser.

Reibahlen werden mit folgenden Anschlußformen ausgeführt:

Handreibahlen mit Zylinderschaft und Vierkant (DIN 206);

Maschinenreibahlen nach DIN 212 bis etwa 12 mm Durchmesser mit Zylinderschaft, ohne Vierkant;

Maschinenreibahlen nach DIN 213 von 8 bis 32 mm Durchmesser mit Zylinderschaft und Vierkant;

Maschinenreibahlen nach DIN 208 von 10 bis 38 mm Durchmesser mit Morsekegelschaft und Lappen;

Aufsteckreibahlen ab 18 bis 100 mm Durchmesser mit Zylinderbohrung (für Bohrstangen) und mit Kegelbohrung 1 : 30.

Reibewerkzeuge werden mit einer, mit zwei oder mehreren Schneiden ausgeführt.

Einschneidige und zweischneidige Reibemesser werden im Spanner oder Halter durch Schlitz aufgenommen (Bild 479 u. 480). Zur Aufnahme von Reibahlen erhalten Spanner und Halter Zylinderbohrung bzw. Spannzange, außerdem Kegelbohrung, Zylinderzapfen oder Kegelzapfen.

Aufsteckreibahlen werden durch Querstift oder Lappen mitgenommen.

Spanner für Aufsteckreibahlen sind nach DIN 217 genormt und gleich den Spannern für Aufstecksenker (Bild 452 u. 453).

Maschinenseitig werden Spanner und Halter für Reibahlen mit Zylinderschaft, mit Kegelschaft oder mit einem Schaft für Pendelanschluß versehen.

Reibahlen werden durch die vorbearbeitete Werkstückbohrung oder durch Buchse im Werkstückspanner oder Buchse in der Maschine geführt.

Die Reibahlenachse muß zur Bohrungsachse möglichst genau fluchten. Anderenfalls entstehen Bohrungen von größerem Durchmesser, von kegeliger Form und mit Vorweite, oder werden in Buchse geführte Reibahlen durch Reibung an der Buchsenwand vorzeitig stumpf.

Fluchtfehler der Reibahlenachse zur Bohrungsachse können als achsparallele Verlagerung, als Winkelabweichungen oder als beide Fehler zusammen vorliegen. Fluchtfehler können entstehen durch

Ungeradheit der Reibahle, des Reibahlenspanners oder -halters; achsparallelen Versatz oder Winkelfehler der Aufnahme in Reitstock und vor allem der Aufnahme im Revolverkopf;

Einstellfehler und Winkelfehler auf Waagerecht-Bohrwerken.

Auf Senkrecht-Bohrmaschinen wird die zu reibende Bohrung durch die Reibahle eingemittet, wenn Werkstück bzw. Werkstückspanner beweglich und im Verhältnis zur Steifheit des Reibahlenschaftes nicht zu schwer sind. Schwerere Werkstückspanner können durch sorgfältiges Einfühlen der Reibahle in eine Führungsbuchse in Arbeitsstellung gebracht werden.

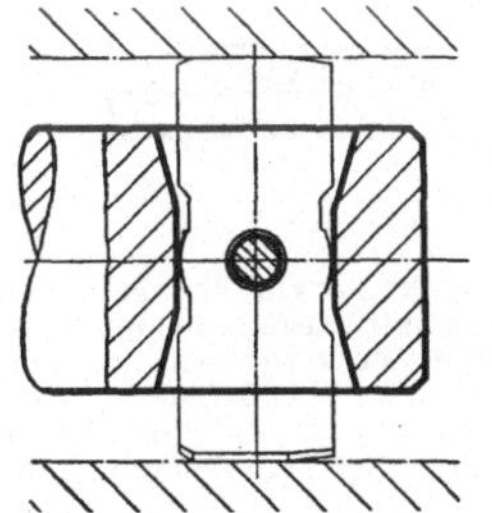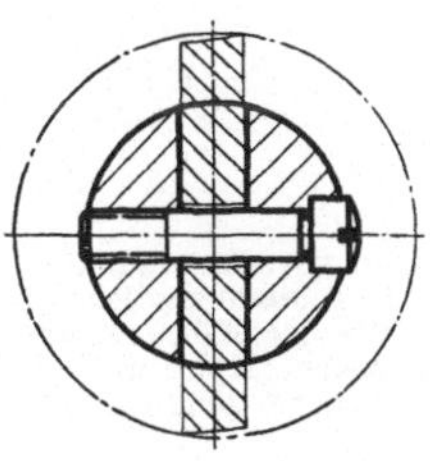

Bild 479. Halter für zweischneidiges, unverstellbares Reibmesser.

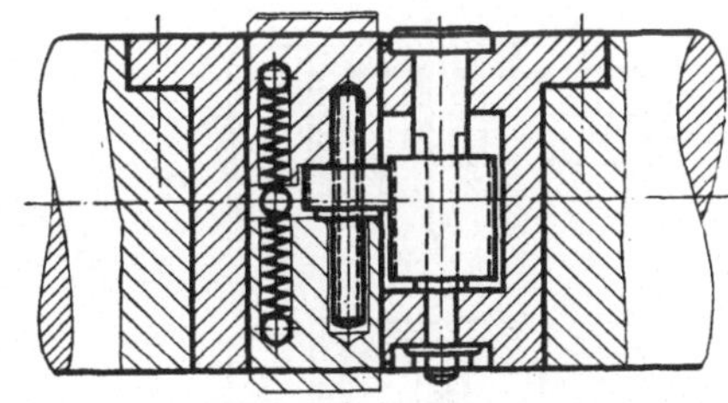

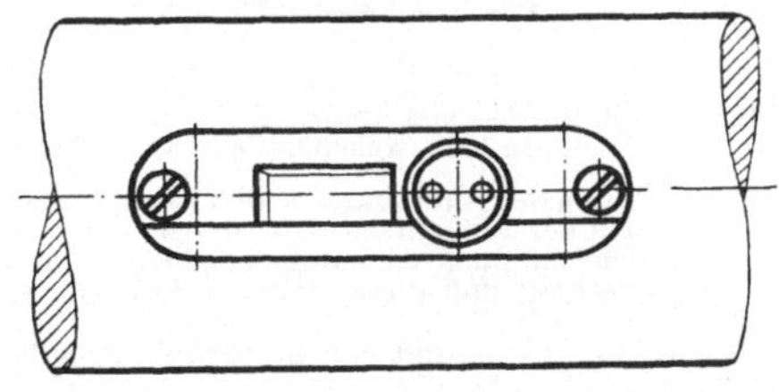

Bild 480. Halter für zweischneidiges, verstellbares Reibmesser. Verstellung der Messer durch Zahnräderpaar und Spindel mit Rechts- und Linksgewinde. (Firma Koyemann, Düsseldorf.)

Bild 479 u. 480. *Halter für zweischneidiges Reibmesser. Durch radiales Spiel nach zwei Richtungen kann sich das Messer nach der vorgearbeiteten Werkstückbohrung frei einstellen. Der Reibmesserhalter ist in der Werkstückbohrung ungeführt.*

In Drehmaschinen können Reibahlenaufnahmen durch Prüfdorn und schwenkbare Meßuhr oder mit Hilfe einer Zentrierspitze (Bild 481) eingemittet werden. Für genaues Reiben mit Reibahlen, die im Revolverkopf zwar genau eingemittet, aber nichtpendelnd aufgenommen sind,

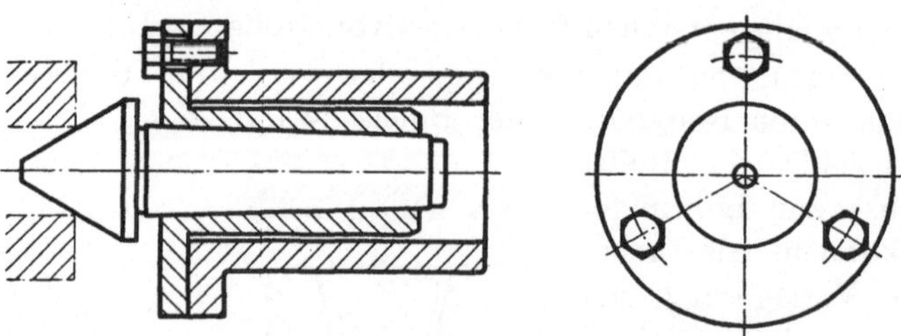

Bild 481. Einstellbarer Reibahlenhalter zur Verwendung in Revolverköpfen. Die zur Aufnahme der Reibahlen dienende Buchse mit Kegelbohrung wird nach dem Lösen der Schrauben mit Hilfe der Körnerspitze nach der Werkstückbohrung eingemittet, danach die Schrauben festgezogen. Hierdurch erübrigt sich ein Pendelhalter, vorausgesetzt, daß der Revolverschlitten genügend genau achsparalell geführt ist und der Revolverkopf nach jedem Durchschalten in genau dieselbe Winkelstellung kommt.

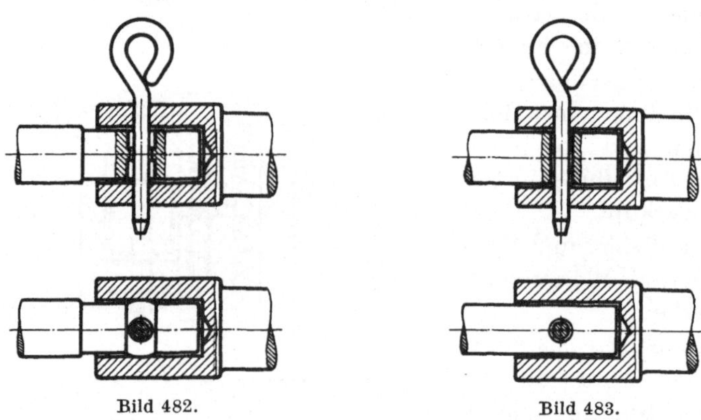

Bild 482.                                 Bild 483.

Bild 482. Die Reibahle kann um die Kugelform aus jeder Winkellage auf die Werkstückbohrung einpendeln. Achsparallele Einstellung ist jedoch nicht möglich.

Bild 483. Die Reibahle kann um den Steckstift in einer Ebene pendeln. In der dazu senkrechten Ebene kann sich der Reibahlenschaft so viel schräg stellen, wie es das Spiel in der Stiftbohrung zuläßt. Paralleleinstellung ist entsprechend dem Spiel des Reibahlenschaftes möglich, vorausgesetzt, daß dieser mit der Stiftbohrung nicht am Steckstift eckt.

Bild 482 u. 483. *Pendelhalter für Reibahlen.*

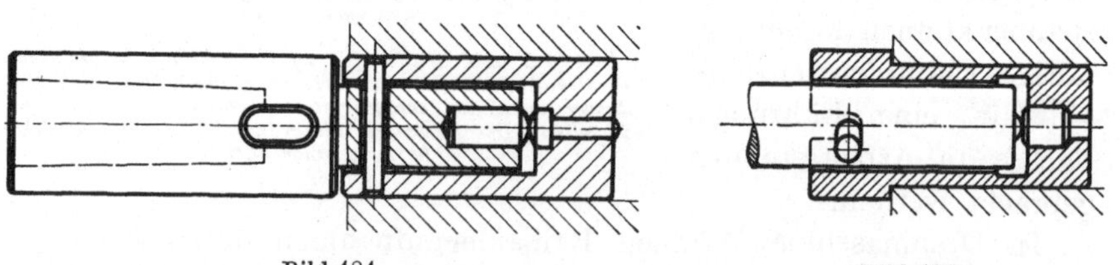

Bild 484.                                 Bild 485.

Bild 484 u. 485. Pendelhalter für Reibahlen. Etwa 0,3 mm Spiel in der Aufnahmebohrung und Anlage in Längsrichtung an Kugelfläche läßt die Reibahle in Winkellage frei pendeln. Nach Einführen der Reibahle in die Werkstückbohrung kann die Reibahle außerdem in Parallellage gezogen werden.

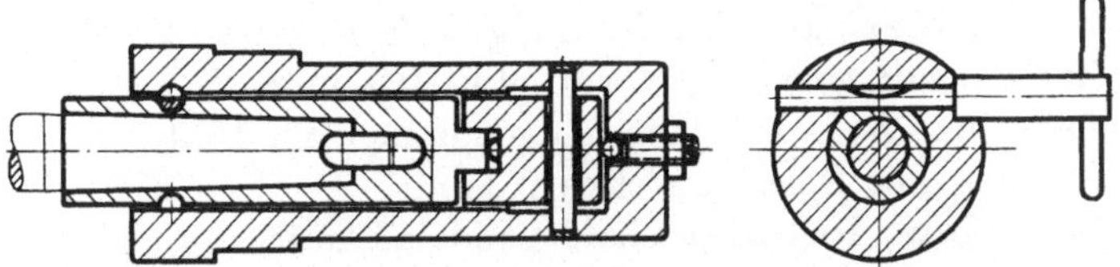

Bild 486. Pendelhalter mit Einsatzhülse zur Aufnahme von Kegelschäften mit Mitnehmerlappen.

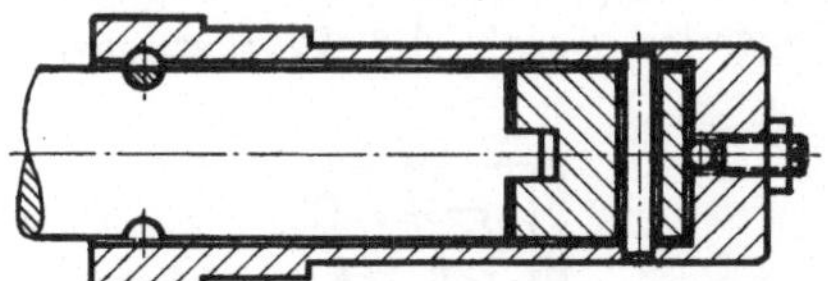

Bild 487. Pendelhalter mit Einsatzdorn.

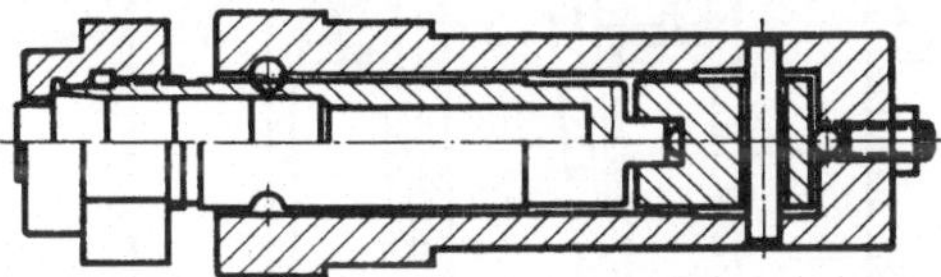

Bild 488. Pendelhalter mit Einsatzhülse mit Spannzange zur Aufnahme von Zylinderschäften.

*Bild 486 bis 488. Pendelhalter für Reibahlen zur Verwendung auf Revolverdrehmaschinen. Das Einsatzteil ist mit etwa 0,3 mm Spiel aufgenommen und liegt in Längsrichtung in einem Pendelstück an. Durch Pendelstück und Anlage zwischen zwei Kugelflächen kann sich die Reibahle winkelig und achsparallel, also mittig zur Bohrungsachse des Werkstückes, einstellen. Das Einsatzteil wird durch Lappen und Nut gegen Drehen gehalten, gegen Herausziehen durch Schwenkstift gesichert. Die einseitige Abflächung des Schwenkstiftes ermöglicht nach Drehen desselben schnellen Wechsel des Einsatzes. (Firma Ludw. Loewe, Berlin.)*

ist jedoch Voraussetzung, daß der Revolverkopf nach jedem Schalten wieder genau in dieselbe Winkelstellung kommt.

Bei unzulässig großen Fluchtfehlern sind Reibahlen nicht „fest" aufzunehmen, sondern radial beweglich zu halten. Für radiale Beweglichkeit von Reibewerkzeugen wurden folgende Bauformen entwickelt:

Zweischneidiges Reibmesser, das im Halter in Querrichtung beweglich ist, das „schwimmt" (Bild 479 u. 480). Geringe Mittenverlägerung senkrecht zur Bewegungsrichtung des Messers hat auf den Reibedurchmesser kaum meßbaren Einfluß;

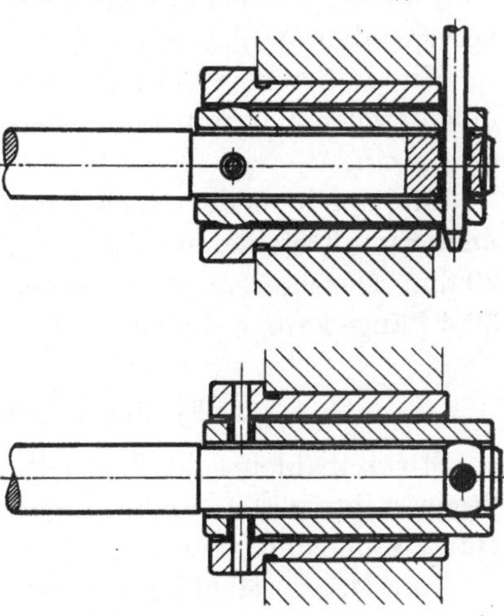

Bild 489. Pendelhalter für Reibahlen, mit Kreuzgelenk und Lagerung durch Kugelfläche. Die Reibahle kann sich achswinklig und achsparallel zur Werkstückbohrung einstellen.

Bild 489..

Reibahle mit zylindrischer Bohrung, aufgenommen auf dem Halter durch Zapfen, mit einem Spiel von etwa 0,3 mm;

Reibahle mit Zylinderschaft, aufgenommen im Halter in zylindrischer Bohrung mit Spiel von etwa 0,3 mm;

Reibahle bzw. Reibahlenschaft pendelnd aufgenommen (Bild 482 bis 492).

Bei nur in *einer* Ebene pendelnder Aufhängung wird zwar das freie Ende des Schneidenteiles durch die Werkstückbohrung eingemittet,

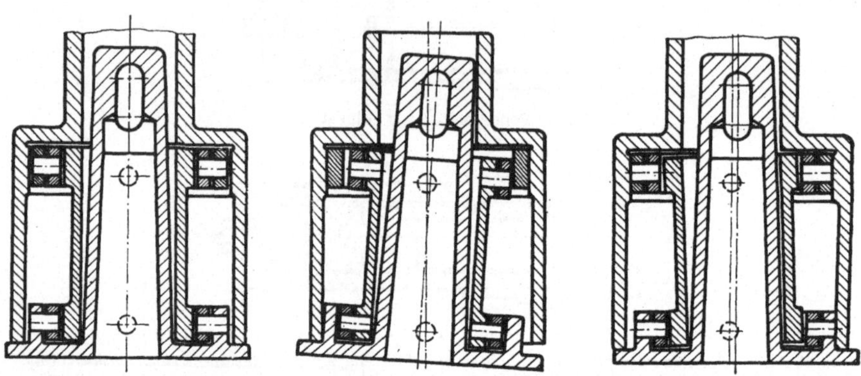

Bild 490. MAY-Pendelfutter in Ruhestellung.    Bild 491. MAY-Pendelfutter in achswinkeliger Verlagerung.    Bild 492. MAY-Pendelfutter in achsparalleler Verlagerung.

Bild 490 bis 492. MAY-*Pendelfutter, verwendbar auf Drehmaschinen, Waagerecht- und Senkrechtbohrmaschinen. Durch doppeltes Kreuzgelenk kann sich die Reibahle achswinkelig und achsparallel nach der Werkstückbohrung einstellen. Durch (nicht dargestellte) Federn wird der Werkzeugträger labil eingemittet.* (DRP., Firma Rohde & Dörrenberg, Düsseldorf-Oberkassel.)

doch liegt die Reibahlenachse nicht parallel zur Bohrungsachse. Deshalb müssen hierbei die Mantelschneiden der Reibahle unter einem entsprechenden Winkel nach dem Schaft zu verjüngt kegelig sein.

Mit größerem Spiel oder durch Kreuzgelenk aufgenommene Reibahlen stellen sich unter der Richtwirkung der Werkstückbohrung nach dieser ein.

Mit zunehmender Nachgiebigkeit der Reibahlenverlängerung kommen Einmittefehler weniger zur Auswirkung. Für Reibahlen bis etwa 30 mm Durchmesser und zugleich Reibahlenverlängerungen ab etwa 30 d Länge kann auf eine pendelnde Aufnahme meist verzichtet werden.

### b) Das Führen von Reibahlen.

Stirnreibahlen sind durch Buchse zu führen, denn Stirnschneiden liegen rechtwinklig zur Bohrungsachse und haben am Übergang zu den Mantelschneiden keinen Einführungsanschnitt.

Von Mantelreibahlen werden Lage zur Bohrungsmitte und Achsrichtung fast ausschließlich durch die vorgearbeitete Werkstückbohrung bestimmt. Die Schneiden von Mantelreibahlen werden bei Führung durch Buchse unter der Auswirkung von Seitenkräften vorzeitig gestumpft. Der Schneidenteil von Mantelreibahlen ist außerdem nach dem Schaftende zu stärker verjüngt, wodurch mit zunehmendem Heraustreten des Schneidenteiles aus der Führung das Führungsspiel zunimmt.

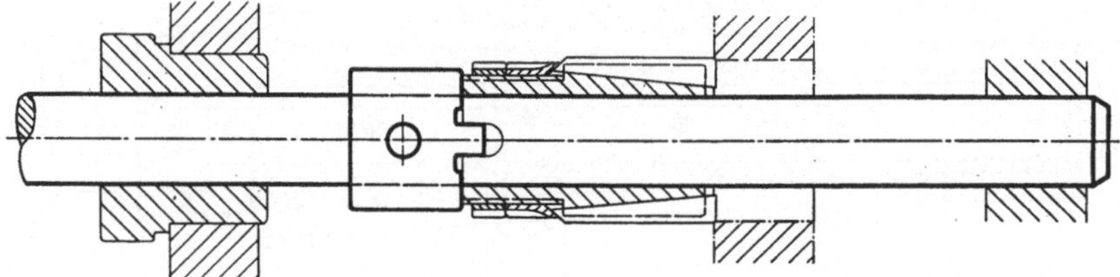

Bild 493. Reibahlenhalter, doppelseitig geführt.

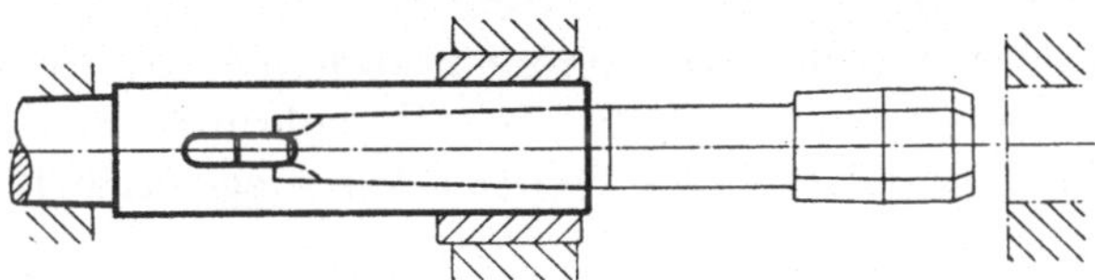

Bild 494. Einsatzhülse für Reibahle, durch Buchse hinter den Schneiden geführt.

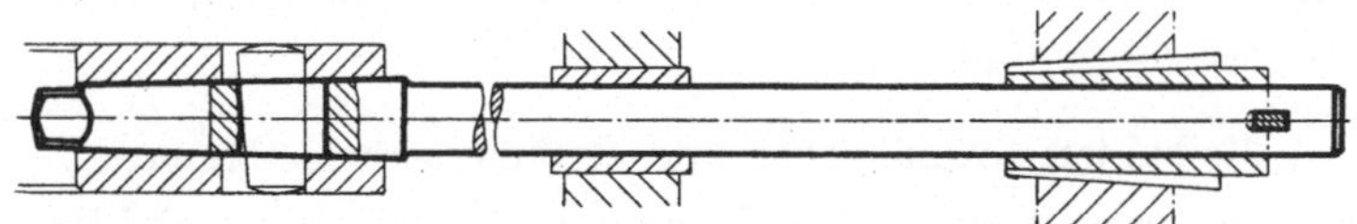

Bild 495. Reibahlenhalter, verwendet für Kegelreibahle, mit Vorschub in Richtung Spindelkasten. Durch Aufnahme der Reibahle am freien Ende des Halters ist rascher Reibahlenwechsel möglich.

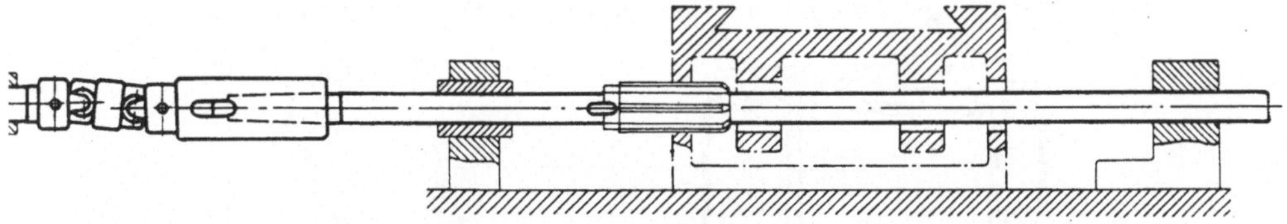

Bild 496. Reibahlenhalter auf Waagerechtbohrwerk doppelseitig geführt. Zum Ausgleich von Fluchtfehlern und zur Erleichterung beim Einrichten des Werkzeuges ist zwischen Halter und Bohrspindel ein Kreuzgelenk angeordnet.

Für hohe Genauigkeitsansprüche in bezug auf Lage und Richtung einer Bohrung sind Reibahlen deshalb durch Zylinder zu führen. Der Führungszylinder kann, in Vorschubrichtung betrachtet, vor den Schneiden (Bild 493), hinter den Schneiden (Bild 494) oder vor und hinter den Schneiden (Bild 495 u. 496) angeordnet sein. Bei senkrechter Reibspindel hat Führung vor dem Schneiden den Nachteil, daß für den aus dem Werkstück heraustretenden Führungszapfen das Werkstück höher gelegt werden muß und daß beim Zurückziehen der Reibahle in die Führung Späne fallen.

Bei ruhendem Werkstück darf die Verbindung zwischen Reibahle und Maschine nur dann nachgiebig gehalten werden, wenn die Reibahle sicher geführt ist. Durch pendelnde, ungeführte Reibahlen könnte bei ruhendem Werkstück die geriebene Bohrung unparallel zur Bohrungsachse zu liegen kommen.

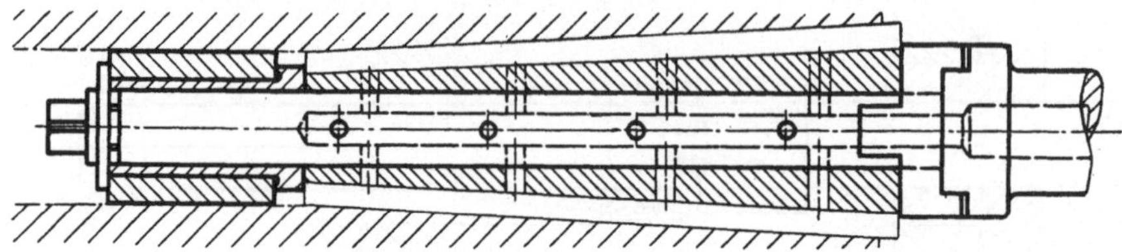

Bild 497. Halter für größere Kegelreibahle, verwendet auf Drehmaschine, geführt durch Rolle in der zylindrischen Bohrung. Kühlmittelzufuhr durch den Halter, Späneabfuhr entgegen der Vorschubrichtung.

Kegelreibahlen, für die eine Führung erforderlich ist, werden durch Zapfen oder Rolle in der zylindrischen Vorbohrung (Bild 497) oder durch eine in einem Kegel des Werkstückes eingesetzte Buchse geführt (Bild 474).

Führungsteile und Längsanschläge für Reibahlen sind möglichst dem Spanner zuzuordnen, damit die häufiger zu ersetzende Reibahle möglichst einfach ausfällt.

### c) Reibahlen-Grundkörper und Reibmesserbefestigung.

Im Durchmesser verstellbar ist die geschlitzte Reibahle nach Bild 498. Im allgemeinen sind verstellbare Reibahlen aus einem Grundkörper und Reibmessern zusammengesetzt. Im engeren Sinne sind nur die Reibmesser Werkzeuge und ist der Grundkörper Werkzeugspanner.

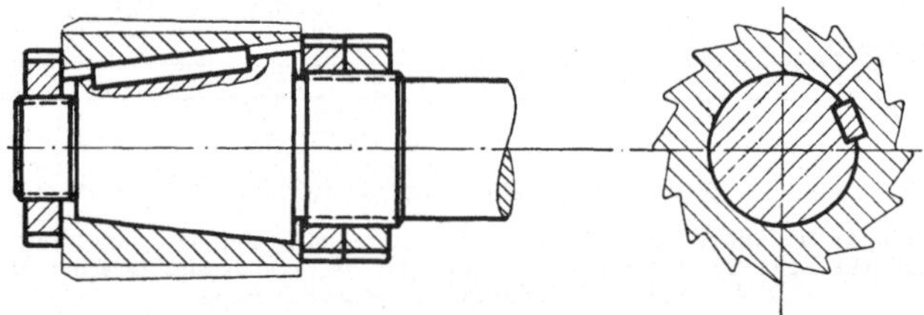

Bild 498. Spanner für geschlitzte Reibahle. Verstellt wird mittels Muttern, durch Verschieben der Reibahle auf dem Kegel. Die zur Mitnahme dienende Paßfeder ist, in Schneidrichtung der Reibahle betrachtet, in der Nähe der ersten Zähne neben dem Schlitz angeordnet, damit die Reibahle beim Reiben nicht auffedert. (H. E. SCHEIBE, München.)

Reibahlen mit verstellbaren Messern wurden vorzugsweise für das Fertigreiben entwickelt, damit die Schneidenabnutzung ausgeglichen werden kann. Zum Vorreiben hingegen werden zweckmäßiger „feste", d. h. aus einem Stück bestehende Reibahlen verwendet, weil diese robuster, außerdem wesentlich billiger sind als Reibahlen mit verstellbaren Messern.

Verstellt werden Reibmesser durch Unterlegen von Papier, Metallfolien, dünnem Blech (Bild 499) oder durch Längsverschieben auf einer zur Reibahlenachse etwa 3 : 100 schrägen Auflagefläche (Bild 500 bis 503).

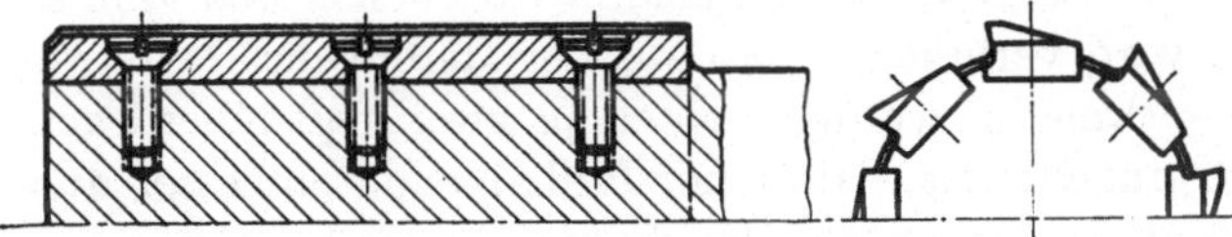

Bild 499. Reibmesserbefestigung nach DIN 209, 214, 220 und 8055 durch Schrauben. Verstellung des Reibdurchmessers durch Unterlagen aus Papier- oder Metallstreifen. Genormt für Reibahlen ab 20 bis 150 mm Durchmesser.

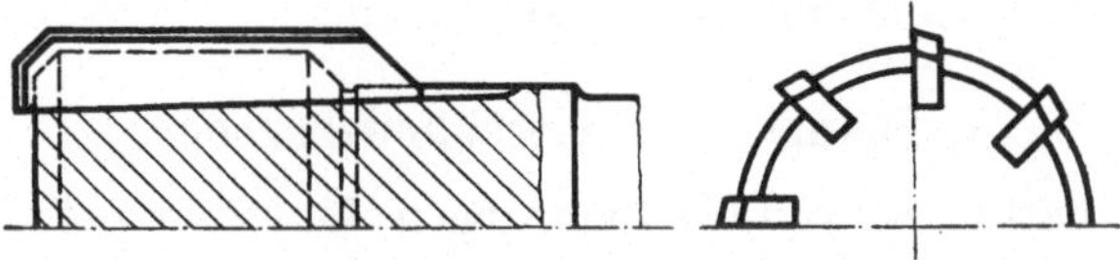

Bild 500. Reibahle mit verstellbaren Messern. Die Messer sind im Reibahlenkörper ausschließlich eingepreßt. Verstellung durch Verschieben auf der zur Reibahlenachse schrägen Grundfläche der Nuten. Handelsüblich für 14 bis 40 mm Durchmesser.

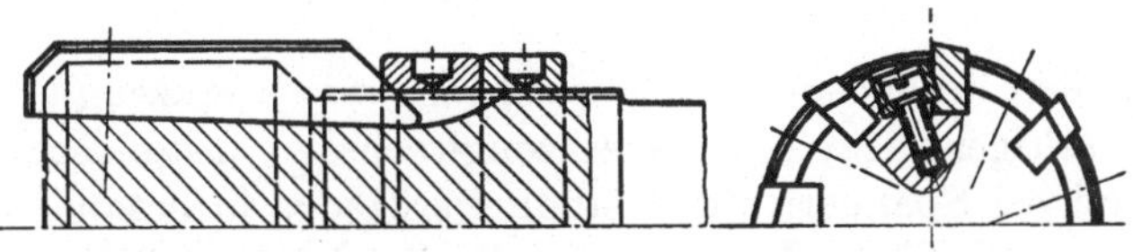

Bild 501. Reibmesserbefestigung nach DIN 211, 216 und 221, vorzugsweise für Grundreibahlen. Aufnahme der Messer in Schlitzen, Verstellung durch Verschieben auf schräger Nutfläche, Spannen durch Klemmstücke. Genormt für Reibahlen von 24 bis 100 mm Durchmesser.

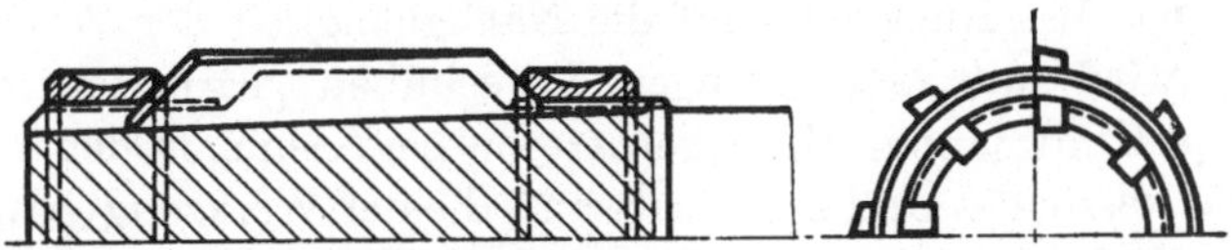

Bild 502. Reibmesserbefestigung nach DIN 210 für Reibahlen für durchgehende Bohrungen. Aufnahme der Messer in Schlitzen, Verstellen durch Verschieben in Längsrichtung auf schräger Nutfläche, Spannen durch Muttern. Genormt für 20 bis 100 mm Durchmesser.

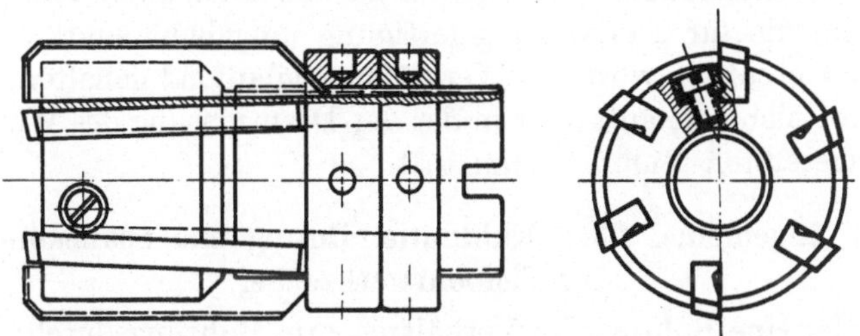

Bild 503. Messerbefestigung für kreuzverzahnte Reibahlen. Aufnahme und Verstellung der Messer wie nach Bild 501, Spannung durch Klemmstücke. Das Maß der Durchmesserverstellung ist an Teilstrichen der Stellmutter ablesbar. Schräglage der Messer in abwechselnd entgegengesetzter Richtung verhindert Rattermarken und ermöglicht einwandfreies Reiben genuteter Bohrungen. Die Messer mit Schräglage in Vorschubrichtung haben vorzugsweise Schneidwirkung, die Messer in Schräglage entgegen der Vorschubrichtung vorzugsweise Schabewirkung. Handelsüblich von 24 bis 100 mm Durchmesser.

Vorzugsweise sind die genormten Ausführungen zu verwenden und auch Sonderreibahlen möglichst danach zu gestalten.

Reibahlen werden bekanntlich ungleichmäßig geteilt, d. h. die Winkelteilung von Schneide zu Schneide wird verschieden groß ausgeführt. Hierdurch wird verhindert, daß auf der Reibfläche Rattermarken entstehen. Zweckmäßig werden jedoch je zwei gegenüberliegende Zähne unter 180° angeordnet, damit der Reibahlendurchmesser durch Mikrometerschraube gemessen werden kann[1].

Im übrigen werden Reibahlen nach einem Ring eingestellt und geprüft. Nach jedem größeren Verstellen der Reibmesser sind Reibahlen vor dem Wetzen rund und scharf zu schleifen.

## 5. Spanner für Tiefbohrwerkzeuge.

Die bei Fertigung von Tiefbohrungen für Bohr-, Aufbohr- und Reibewerkzeuge erforderlichen Spanner sind in diesem Abschnitt zusammengefaßt, da diesen Spannern Gestaltungseigenheiten gemeinsam sind, die von den Spannern für Werkzeuge für normal tiefe Bohrungen abweichen.

Außer den üblichen Gesichtspunkten, wie werkzeugseitiger und maschinenseitiger Anschluß, Werkzeugwechsel, -instandsetzung und -ersatz sind bei Spannern für Tiefbohrwerkzeuge in besonderem Maße zu beachten: Steifheit des Spanners gegen Schwingungen und gegen Ausknickung, Kühlmittelführung und Späneabfuhr.

Die beim Tiefbohren auftretenden Vorschubkräfte sind verhältnismäßig gering. Mit Rücksicht auf die Nachgiebigkeit der Werkzeugverlängerung wird mit sehr geringen Vorschüben gearbeitet, z. B. mit 0,02 mm je Umdrehung. Hingegen treten bei Klemmen der Führungsfasen des Werkzeuges Umfangskräfte auf, die den Werkzeug- bzw. Spannschaft verwinden oder auch abdrehen können.

Tiefbohrwerkzeuge werden vorzugsweise auf Tiefbohrmaschinen und auf Tiefreibemaschinen verwendet, in Behelfsfällen außerdem auf Drehmaschinen, die für Tiefbohrungsfertigung umgebaut sind.

Beim Tiefbohren wird das Werkstück umlaufend gehalten, während der Bohrer nicht umläuft oder in der der Drehrichtung des Werkstückes entgegengesetzten Richtung umläuft.

### a) Allgemeines über Kühlmittelführung und Späneabfuhr für Tiefbohrwerkzeuge.

Je tiefer eine Bohrung im Verhältnis zum Bohrungsdurchmesser ist, um so wichtiger ist die störungsfreie Abfuhr der Späne. Wenn die Späne nicht einwandfrei abgeführt werden, ist die betreffende Tiefbohrarbeit

---

[1] DINNEBIER: Senken und Reiben. Werkstattbücher H. 16. 4. Aufl. Berlin-Göttingen-Heidelberg: Springer 1950.

in Frage gestellt, sind Bohrungsflächen und Werkzeug gefährdet, insbesondere Werkzeuge, die mit Hartmetall bestückt sind.

Bei Tiefbohrarbeiten sind die Späne durch Kühlflüssigkeit aus der Bohrung hinauszubefördern.

Das Kühlmittel wird hierfür durch den Werkzeugschaft zugeführt und fließt zwischen Schaft und Werkstückbohrung zurück (Bild 504).

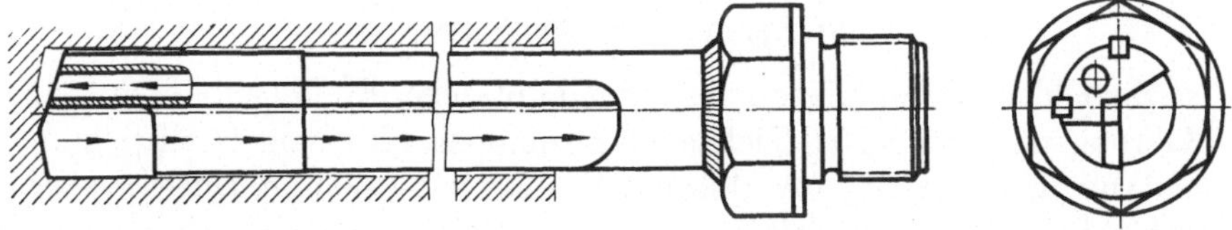

Bild 504. Kühlmittelführung beim Tiefbohren. Das Kühlmittel wird durch den hohlen Bohrerschaft zugeführt und mit den Spänen in der außen liegenden Spannut abgeführt.

Für dieses Verfahren sind Tiefbohrer bereits ab 5 mm Durchmesser herstellbar. Bei dem Verfahren nach Bild 505 wird das Kühlmittel zwischen Bohrerschaft und Wand der Bohrung zugeführt und fließt mit den Spänen im Inneren des Schaftes zurück. Dieses Verfahren ist für Bohrer ab etwa 20 mm Durchmesser anwendbar und hat den Vorteil höherer Bohrleistung. Diese wird durch den kreisförmigen Querschnitt des Schaftes ermöglicht, weil dieser schwingungs- und knickfester ist

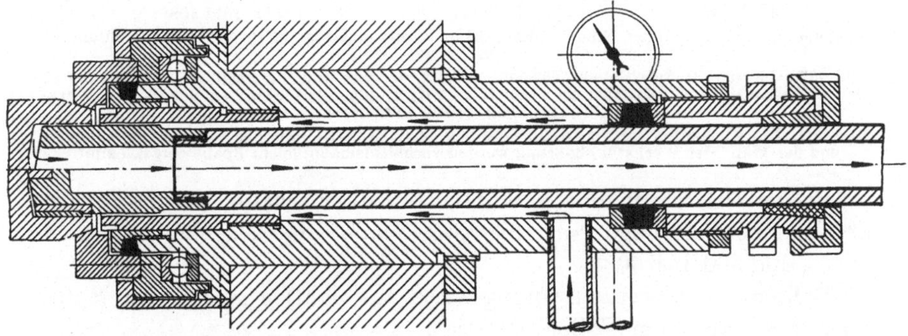

Bild 505. Kühlmittelführung beim Tiefbohren. Das Kühlmittel wird zwischen Bohrerschaft und Wand der Werkstückbohrung zugeführt und mit den Spänen durch den hohlen Schaft abgeführt.

als Schäfte mit einseitiger Lage der Spannut (Bild 506 bis 508). Die Anschaffungskosten für die Einrichtung zum Zuführen der Kühlflüssigkeit zwischen Werkzeugschaft und Bohrungswand liegen jedoch höher als die Anschaffungskosten für die Einrichtung zum Zuführen der Kühlflüssigkeit durch den Werkzeugschaft.

Bei Tiefbohrwerkzeugen dient das Kühlmittel außer zum Kühlen und zum Abführen der Späne auch zum Abreißen der Späne. Kurze Späne sind erheblich leichter abführbar als lange Späne und sind Voraussetzung für störungsfreie Späneabfuhr. Für das Abreißen des Spanes

ist hoher Flüssigkeitsdruck, für die Späneabfuhr sind große Flüssigkeits-
mengen wichtig. Bei kleinerem Querschnitt des Zuführungskanals für
das Kühlmittel ist ein höherer Flüssigkeitsdruck erforderlich als bei
größerem Querschnitt. Zum Beispiel wird bei Bohrdurchmesser von
8 mm mit einem Druck von etwa 40 atü, bei Bohrdurchmesser von 50 mm
mit einem Druck von etwa 10 atü gearbeitet.

### b) Spanner für Tiefbohrer.

Zum Tiefbohren dienen in der Hauptsache Einlippenbohrer; für
Bohrungen bis etwa 20 d Tiefe auch Zweilippenbohrer mit Drallsteigun-
gen von ungefähr 6°; für Bohrungen über rund 60 mm Durchmesser
Hohlbohrer (Kronenbohrer).

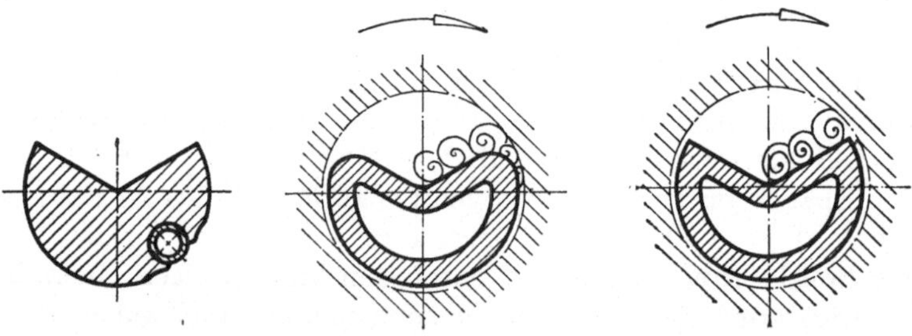

Bild 506.     Bild 507.     Bild 508.

Bild 506. Querschnitt durch einen Tiefbohrerschaft mit eingestemmtem Rohr für Kühlmittel-
zuführung.

Bild 507. Querschnitt durch einen Tiefbohrerschaft, der aus Rohr gefertigt ist. Die Nutkanten
sind scharfkantig, um möglichst zu vermeiden, daß in den Spalt zwischen Schaft und Werkstückbohrung hinein Späne mitgerissen werden.

Bild 508. Die Nutkanten sind rund. In dem keilförmigen Spalt zwischen der runden Nutkante
und der Wand der Werkstückbohrung werden verhältnismäßig leicht Späne eingeklemmt.

Bohrerschäfte mit innerer Kühlmittelzufuhr erhalten für die Späneabfuhr eine V-förmige Nut, die zweckmäßig obenliegend angeordnet
wird (Bild 506 bis 508).

Bohrerschäfte werden vorzugsweise aus nahtlos gezogenem Rohr,
im übrigen aus dem Vollen gefertigt.

Der Vorteil von Schäften mit vollem Querschnitt (Bild 506) liegt
darin, daß Rundstangen in der Regel in größerer Auswahl auf Lager
liegen bzw. in kürzerer Zeit lieferbar sind als nahtlos gezogene Rohre
bestimmter Durchmesser. Für die Fertigung der V-Nut liegen die Verhältnisse ähnlich. Bei Einzelfertigung von Schäften wird es meist leichter
sein, die Spannut zu fräsen, als eine V-Form zu ziehen oder einzurollen.

Schäfte mit vollem Querschnitt hängen hingegen durch ihr Gewicht
zwischen ihren Stützpunkten erheblich mehr durch als Schäfte aus
Rohr von gleichem Außendurchmesser.

Bei Schäften, die aus dem Vollen gefertigt werden, ist für die Kühlmittelzufuhr zusätzlich ein Rohr vorzusehen (Bild 506). Dieses Rohr ist

hart einzulöten oder durch Verstemmen zu befestigen. Weiches Lot ist ungeeignet. In weichem Lot haken Späne fest, durch die nachfolgende Späne am Abfließen behindert werden. Das gleiche gilt für Rohrschellen sowie alle Befestigungsteile, die quer zum Spänefluß liegen.

Wo für Bezug und Fertigung die angegebenen Schwierigkeiten nicht vorliegen, sind Schäfte für Tiefbohrer vorzugsweise aus Rohr zu fertigen (Bild 507 u. 508). In Zahlentafel 12, S. 182, sind Abmessungen von Profilrohren und ist die Zuordnung von Rohrdurchmessern zu Bohrungsdurchmessern angegeben.

Das Spiel zwischen Bohrerschaft und Bohrungswand ist entweder so klein zu halten, daß Späne möglichst nicht dazwischengeklemmt werden, oder so groß zu halten, daß dazwischenliegende Späne leicht fortgespült werden. Bei Auswahl des Rohres nach dem kleineren Spiel fällt der Rohrquerschnitt größer aus und wird damit der Bohrerschaft steifer. Dieses Spiel darf so klein sein, daß der Bohrerschaft die Wand der

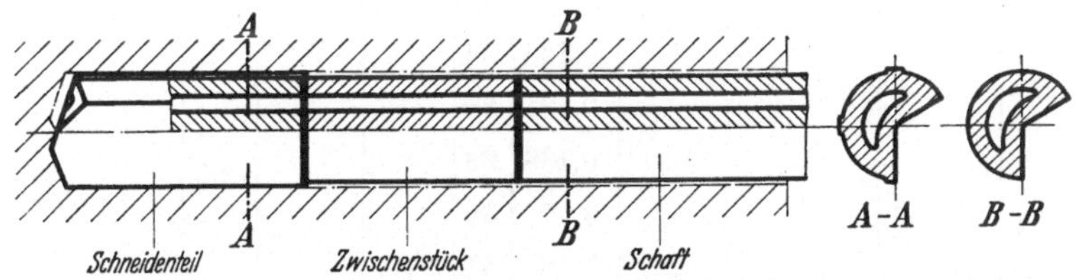



Bild 509. Zusammensetzung eines Tiefbohrers aus hochlegiertem Schneidstahl, mittellegiertem Zwischenstück und niedrig- oder unlegiertem Stahl.

Werkstückbohrung gerade nicht streift. Dabei ist zu berücksichtigen, daß der Schaft mit zunehmender Länge zunehmend mehr durchhängt.

Die Außenkanten der Spannut, namentlich die in Drehrichtung des Werkstückes liegende Kante, sind einigermaßen scharf zu halten, damit die Späne möglichst in der Spannut verbleiben (Bild 507). Durch stärker gerundete Kanten entsteht zwischen Rundkante und Bohrungswand ein keilförmiger Raum, in den Späne geklemmt werden (Bild 508).

Die Flächen der Spannut sind für leichten Spänefluß zu polieren.

Die Gestaltung des werkzeugseitigen Anschlusses von Spannern für Tiefbohrer ist von der Größe des Bohrerdurchmessers und vom Bohrerwerkstoff abhängig zu halten.

Aus Schnellstahl gefertigte Bohrer-Schneidenteile werden mit dem Bohrerschaft in der Regel verschweißt. Hierbei ist zwischen Schneidenteil und Schaft ein Zwischenstück aus legiertem Stahl vorzusehen (Bild 509), das sowohl mit dem hochlegierten Schneidstahl wie mit dem niedrig legierten oder unlegierten Stahl des Schaftes verschweißbar ist; denn der Schmelzpunkt des Schnellstahles liegt so sehr viel höher als der des Stahles für den Schaft, daß eine unmittelbare Schweißverbindung zwischen diesen beiden Teilen schwierig ist.

Zahlentafel 12. *Profilrohre für Tiefbohrer.*

| Außendurchmesser | | | r | Wanddicke | | Gewicht kg/m |
|---|---|---|---|---|---|---|
| d | Profil | zylindr. Einspann-ende[1] | | s | Zulässige Abweichung[2] | |
| 5 | | | | 0,75 | | 0,079 |
| 5,3 | | −0,03 | | | | 0,084 |
| 5,6 | | −0,105 | 0,4 | | ±0,15 | 0,114 |
| 6 | | | | 1 | | 0,123 |
| 6,3 | | | | | | 0,131 |
| 6,6 | | | | | | 0,138 |
| 7 | −0,1 | | | | | 0,17 |
| 7,3 | | | | 1,2 | ±0,18 | 0,18 |
| 7,6 | | −0,04 | | | | 0,19 |
| 8 | | −0,13 | 0,6 | | | 0,20 |
| 8,5 | | | | | | 0,26 |
| 9 | | | | 1,5 | ±0,15 | 0,28 |
| 9,5 | | | | | | 0,30 |
| 10 | | | | | | 0,32 |
| 10,5 | | | | | | 0,39 |
| 11 | | | | 1,8 | ±0,18 | 0,41 |
| 11,5 | −0,3 | | | | | 0,43 |
| 12 | | −0,05 | 1 | | | 0,45 |
| 13 | | −0,16 | | 2 | ±0,2 | 0,54 |
| 14 | | | | | | 0,59 |
| 15 | −0,5 | | | 2,5 | ±0,37 | 0,77 |
| 16 | | | | | | 0,83 |

| Außendurchmesser | | | r | Wanddicke | | Gewicht kg/m |
|---|---|---|---|---|---|---|
| d | Profil | zylindr. Einspann-ende[1] | | s | Zulässige Abweichung[2] | |
| 18 | | | | 3 | ±0,45 | 1,11 |
| 20 | | | 1,6 | | | 1,26 |
| 22 | −0,5 | | | | | 1,78 |
| 24 | | ±0,08 | | 4 | ±0,6 | 1,97 |
| 26 | | | | | | 2,17 |
| 28 | | | 2,5 | | | 2,84 |
| 30 | | | | 5 | ±0,75 | 3,08 |
| 32 | −1 | | | | | 3,33 |
| 34 | | | | | | 4,24 |
| 36 | | ±0,15 | | 6 | ±0,9 | 4,44 |
| 38 | | | | | | 4,74 |
| 40 | | | 4 | | | 5,70 |
| 42 | | | | 7 | ±1,05 | 6,04 |
| 45 | −1,5 | ±0,2 | | | | 6,57 |
| 48 | | | | | | 7,08 |
| 52 | | | 6 | 9 | ±1,35 | 9,54 |
| 55 | | ±0,25 | | | | 10,21 |
| 60 | | | | | | 11,32 |
| 65 | −2 | ±0,3 | | | | 13,57 |
| 70 | | | | 10 | ±1,5 | 14,80 |
| 75 | | ±0,35 | 10 | | | 16,03 |

* Die Länge *l* ist bei Bestellung anzugeben, Längen mit den Endziffern 00 sind zu bevorzugen, z. B. 1500 mm, 1800 mm.

[1] Zulässige Abweichung entspricht für $d = 5$ mm bis 16 mm der ISA-Toleranz $d\,11$, für $d = 18$ mm bis 75 mm der zulässigen Abweichung nach DIN 2391.

[2] Zulässige Abweichung entsprechend DIN 2391.

Hartmetallbestückte Schneidenteile über etwa 12 mm Durchmesser sind mit dem Bohrerschaft möglichst lösbar zu verbinden (Bild 510 bis 512). Der Schneidenteil bzw. Bohrkopf ist als Einzelteil bei Fertigung und Instandsetzung ungleich leichter zu handhaben als zusammen mit dem Schaft, dessen Länge bereits bei Bohrern von z. B. 30 mm Durchmesser möglicherweise 2 oder 3 m betragen kann.

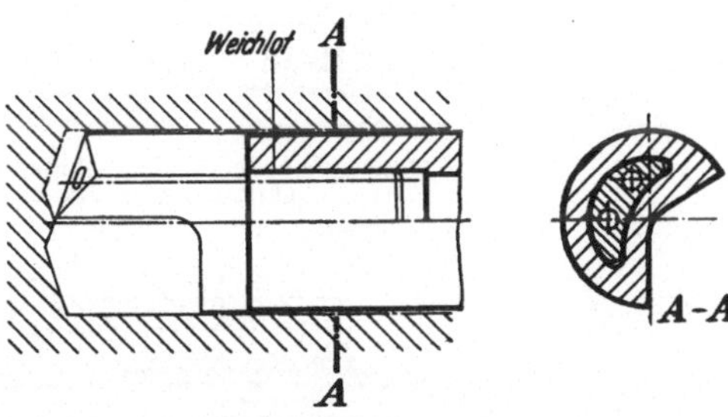


Bild 510. Befestigung eines Bohrkopfes ab etwa 13 mm Durchmesser, durch V-förmigen Ansatz, der im Bohrerschaft aufgenommen und weich verlötet ist.

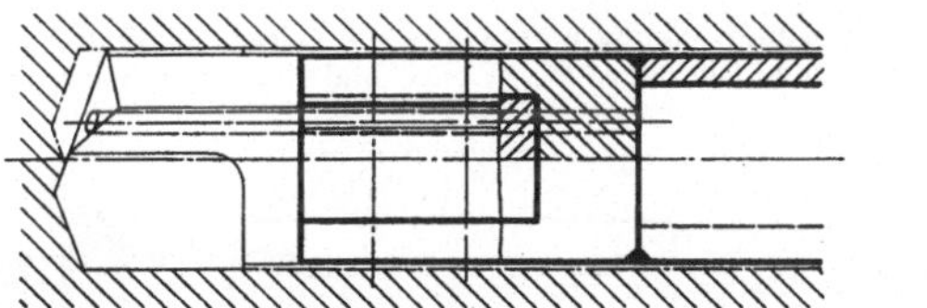

Bild 511. Befestigung für Bohrköpfe ab etwa 20 mm Durchmesser. Der Bohrkopf ist durch zylindrischen Ansatz im Bohrerschaft eingemittet und durch in Querrichtung angeordnete Schrauben gegen Drehen und Herausziehen gesichert. Dieser Anschluß ist verhältnismäßig leicht zu fertigen und hat sich gut bewährt.

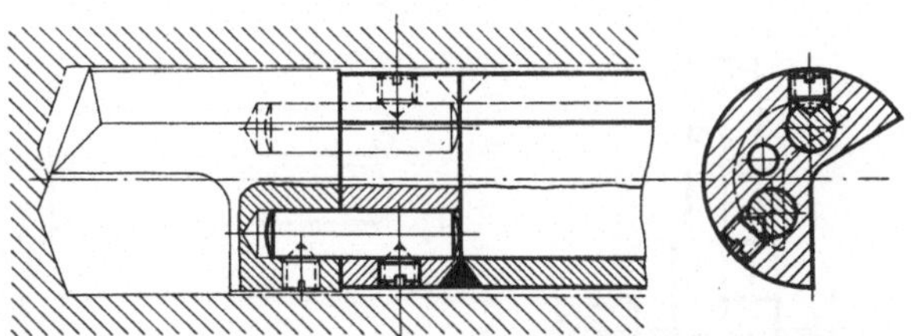

Bild 512. Befestigung für Bohrköpfe ab etwa 25 mm Durchmesser. Die Achslage des Bohrkopfes wird durch zwei achsparallele Zylinderstifte bestimmt. Gegen Herausziehen sichern Gewindestifte. Auch dieser Anschluß ist leicht zu fertigen und hat sich ebenfalls bewährt.

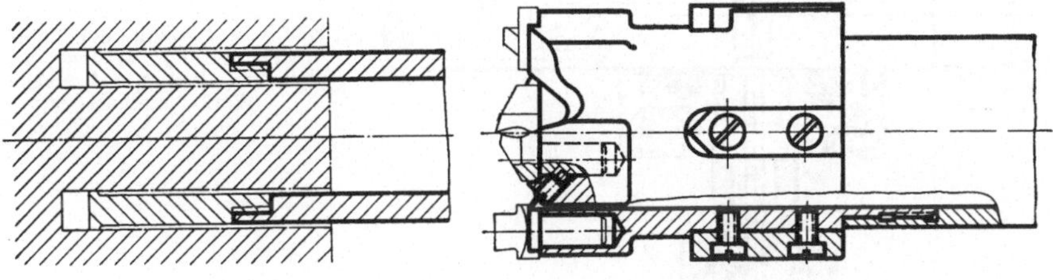

Bild 513.        Bild 514.

Bild 513. Befestigung für Hohlbohrer (Kronenbohrer) durch Gewinde. Für unbehinderte Späneabfuhr muß der Anschluß fugenfrei sein.

Bild 514. Hohlbohrkopf (Kronenbohrkopf) mit eingesetzten Schneidzähnen und Führungsleisten. Der Spanraum zwischen Schaft und Werkstückbohrung ist verhältnismäßig groß, der Querschnitt am Befestigungsgewinde verhältnismäßig schwach.

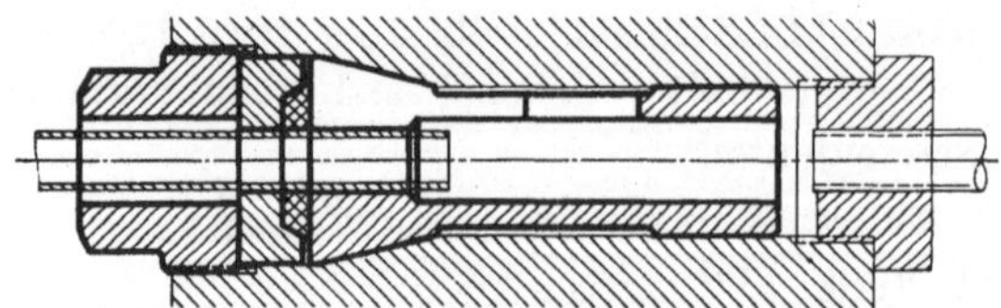

Bild 515. Zangenspannung für Tiefbohrer bis etwa 13 mm Durchmesser.
(Firma Ludw. Loewe, Berlin.)

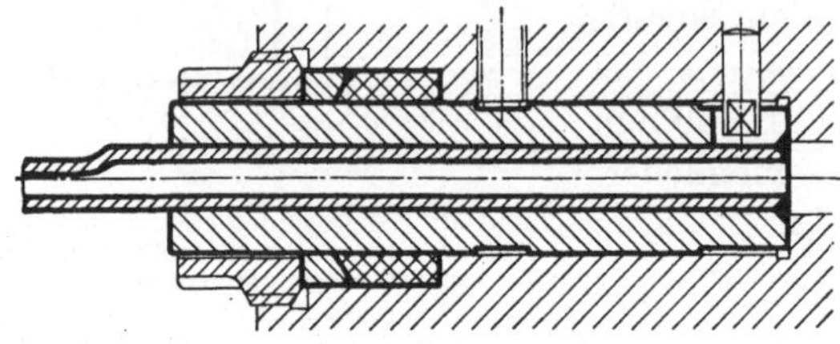

Bild 516. Befestigung eines Tiefbohrerschaftes in Waagerecht-Tiefbohrmaschine, vorzugsweise
für Bohrer über 13 mm Durchmesser. (Firma Ludw. Loewe, Berlin.)

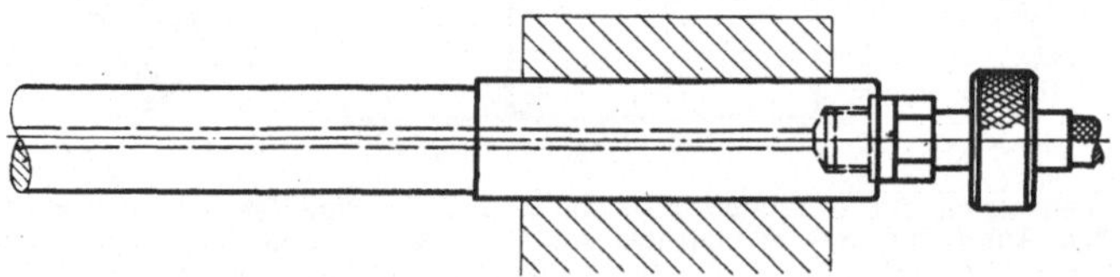

Bild 517. Anschluß der Kühlmittelzuleitung am Ende eines nichtumlaufenden Werkzeugschaftes.

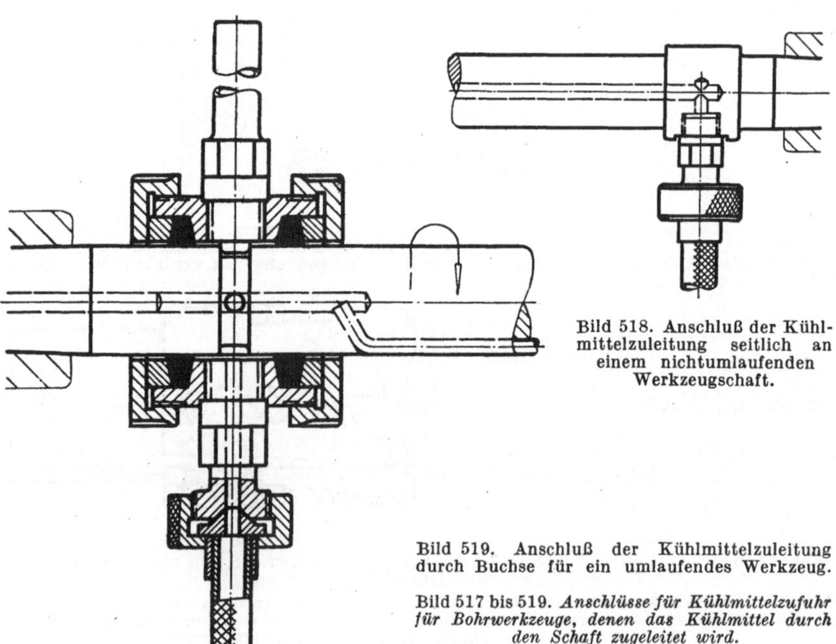

Bild 518. Anschluß der Kühlmittelzuleitung seitlich an
einem nichtumlaufenden
Werkzeugschaft.

Bild 519. Anschluß der Kühlmittelzuleitung
durch Buchse für ein umlaufendes Werkzeug.

Bild 517 bis 519. *Anschlüsse für Kühlmittelzufuhr
für Bohrwerkzeuge, denen das Kühlmittel durch
den Schaft zugeleitet wird.*

Zahlentafel 13. *Anschlußstücke mit Gewinde für Tiefbohrer.*

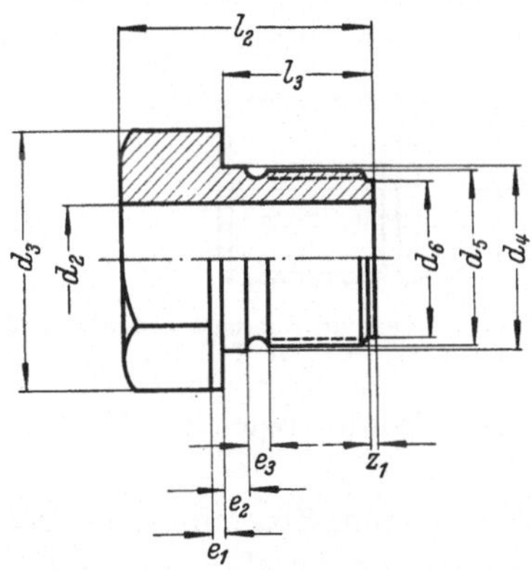

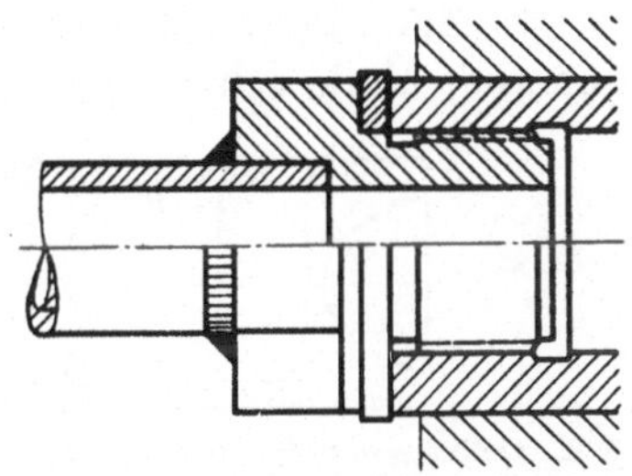

Bild 520. Tiefbohrerschaft mit Gewindeanschlußteil. Die Winkelstellung der Spannut wird durch Fräserdornringe DIN 2084 bestimmt. In der Regel wird die Spannut nach oben gelegt. Abmessungen für Gewindeanschlußteile nach Zahlentafel 13.

| Bohrerdurchmesser | $d_2$ | $d_3$ | $d_4$ h11 | $d_5$ | $d_6$ | $e_1$ | $e_2$ | $e_3$ | $l_2$ | $l_3$ | $z_1$ | Schlüsselweite |
|---|---|---|---|---|---|---|---|---|---|---|---|---|
| über 12,5 bis 13,5 | 12 | | | | | | | | | | | |
| „ 13,5 „ 14,5 | 13 | | | | | | | | | | | |
| „ 14,5 „ 15,5 | 14 | | | | | | | | | | | |
| „ 15,5 „ 16,5 | 15 | | | | | | | | | | | |
| „ 16,5 „ 17,5 | 16 | 37 | 27 | M 24×2 | 21 | 3 | 5 | 3 | 43 | 25 | 2 | 32 |
| „ 17,5 „ 18,5 | 16 | | | | | | | | | | | |
| „ 18,5 „ 19,5 | 18 | | | | | | | | | | | |
| „ 19,5 „ 21 | 18 | | | | | | | | | | | |
| „ 21 „ 23 | 20 | | | | | | | | | | | |
| „ 23 „ 25 | 22 | | | | | | | | | | | |

Zahlentafel 14. *Zwischenstücke mit Gewinde für Tiefbohrer.*

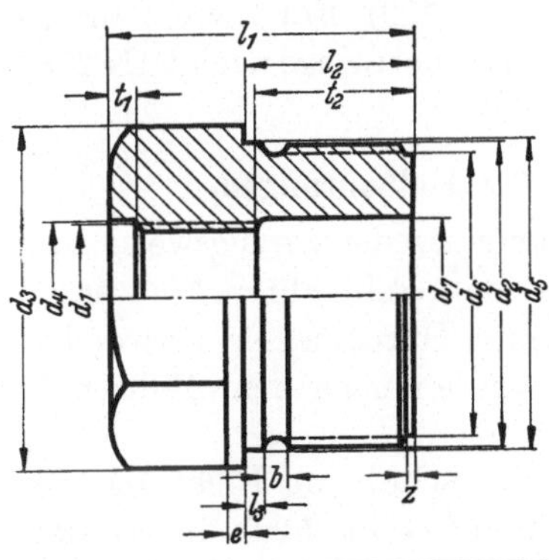

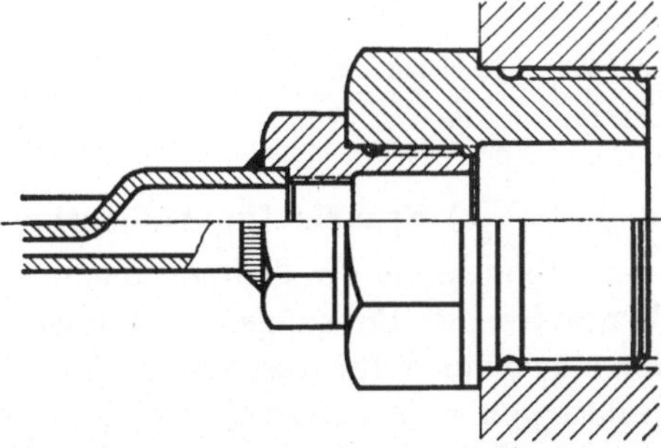

Bild 521. Tiefbohrerschaft mit Gewindeanschlußteil durch Zwischenstück aufgenommen. Abmessungen für Zwischenstücke nach Zahlentafel 14.

| Nennmaß | $d_1$ | $d_2$ | $d_3$ | $d_4$ | $d_5$ h11 | $d_6$ | $d_7$ | $b$ | $e$ | $l_1$ | $l_2$ | $l_3$ | $t_1$ | $t_2$ | $z$ |
|---|---|---|---|---|---|---|---|---|---|---|---|---|---|---|---|
| 24×39 | M 24×2 | M 39×3 | 57 | 27 | 40 | 34 | 25 | 5 | 3 | 57 | 34 | 5 | 7 | 32 | 2 |
| 39×80 | M 39×3 | M 80×4 | 90 | 40 | 80 | 74 | 40 | 8 | 5 | 81 | 45 | 5 | 7 | 46 | 2 |

Hohlbohrer (Kronenbohrer) werden vorzugsweise durch Gewinde befestigt (Bild 513 u. 514). Bei Hohlbohrern ist die Späneabfuhr in besonderem Maße schwierig, weil hierfür nur der Hohlraum zwischen

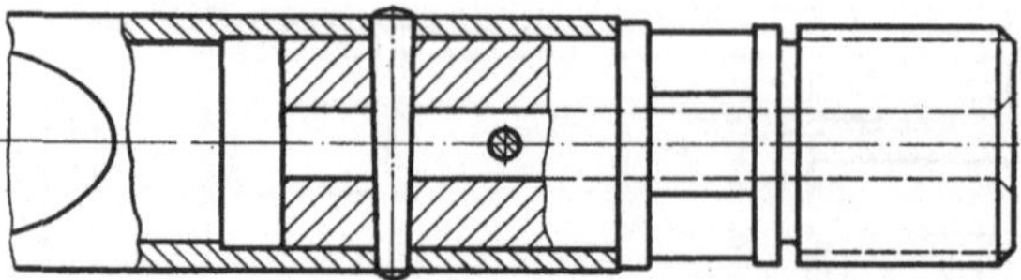

Bild 522. Tiefbohrerschaft mit Gewindeanschlußteil, das mit dem Bohrerschaft verstiftet und zum Abdichten gegen Austreten von Kühlflüssigkeit weich verlötet ist.

Werkstückbohrung und Außenwand des Bohrkopfes bzw. des Bohrerschaftes zur Verfügung steht.

Maschinenseitig werden Schäfte bis etwa 13 mm Spanndurchmesser durch Spannzange (Bild 515), mit größerem Spanndurchmesser durch Druckschraube (Bild 516) oder durch Klemmbacken gespannt. Bei Aufnahme durch Klemmbacken ist die Kühlmittelleitung an den Werkzeugschaft unmittelbar angeschlossen (Bild 517 bis 518). Für andere Maschinenausführungen ist die Werkzeugverlängerung mit einem Anschlußstück versehen (Bild 520 bis 523). Vorzugsweise haben sich Anschlußstücke mit Gewinde eingeführt (Bild 520, Zahlentafel 13, S. 185, und Bild 521, Zahlentafel 14, S. 185). Bei Gewindeanschluß ist die Lage der Spannut unbestimmt, ihre richtige Lage, d. h. obenliegend, ist durch Zwischenringe einzustellen (Bild 520). Für Zwischenringe sind hierfür Fräserdornringe nach DIN 2084 verwendbar.

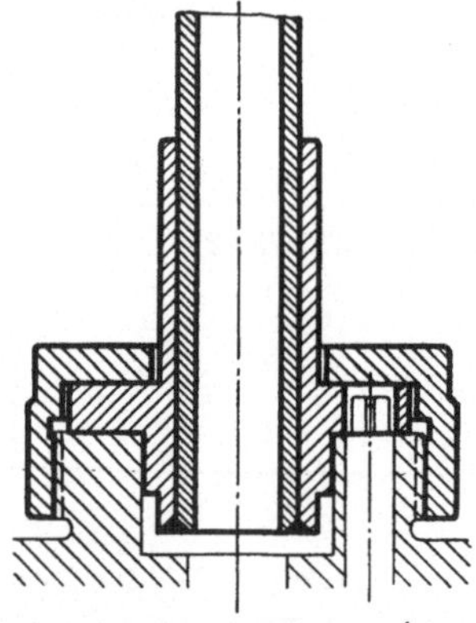

Bild 523. Befestigung eines Tiefbohrerschaftes in Senkrecht-Tiefbohrmaschine für Bohrtiefen bis etwa 400 mm.

### c) Spanner für Aufbohrköpfe für Tiefbohrungen.

Aufbohrköpfe für Tiefbohrungen dienen entweder vorzugsweise zum Vergrößern des Bohrungsdurchmessers oder zum Feinbohren. Sie werden im allgemeinen für Bohrungen über 30 mm Durchmesser verwendet. Bohrungen von kleinerem Durchmesser werden nach dem Bohren in der Regel durch Reiben weiterbearbeitet.

Aufgebohrt wird in der Regel mit Vorschub in Richtung des Maschinen-Spindelkastens („drückend", Bild 524 bis 529), in Sonderfällen mit Vorschub in Richtung des Werkzeugschlittens („ziehend", Bild 530).

Im Hinblick auf den verhältnismäßig langen Schaft des Spanners erscheint Vorschub unter Zug zweckmäßiger als Vorschub unter Druck, zumindest bei gefühlsmäßiger Beurteilung. Bei breiterem Span, z. B. bei einem Span von 5 mm Breite und Bohrungen unter etwa 50 mm Durchmesser, würde jedoch bei Vorschub unter Zug der Spannschaft verhältnismäßig schwach ausfallen. Bei geringerer Spanbreite, z. B. einer

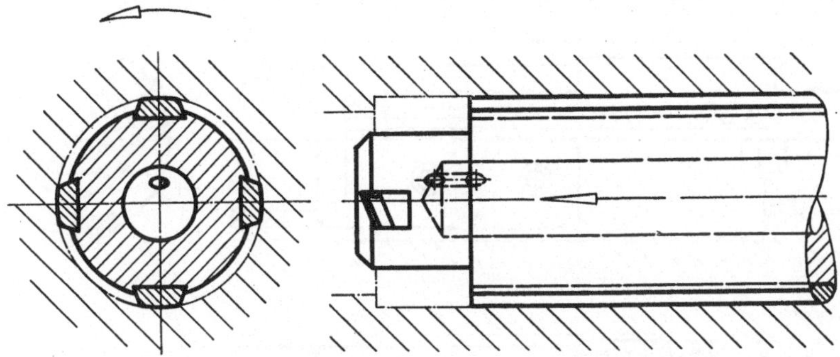

Bild 524. Aufbohrkopf für Vorschub unter Druck. Vor Beginn des Aufbohrens wird der Bohrkopf in das Werkstück eingeführt. Hierfür ist die Werkstückbohrung vorher auf etwa 1,5 d Länge gleich dem Ausbohrdurchmesser vorgearbeitet.

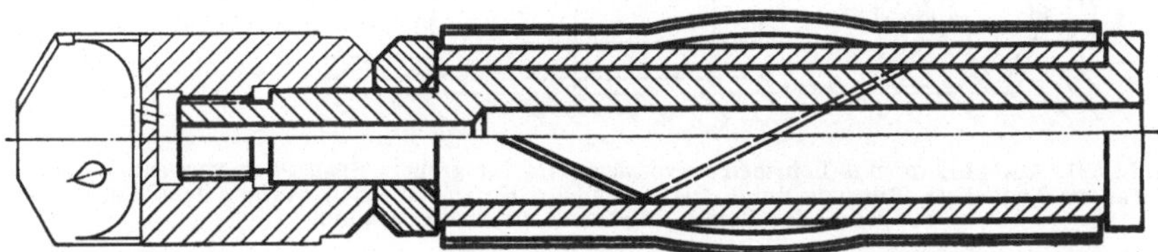

Bild 525. Schaftende für zweischneidigen Aufbohrer. Die Führungsbuchse ist mit federnden Bronzeleisten versehen und läuft mit dem Werkstück um. Zwischen Führungsbuchse und Aufbohrwerkzeug ist ein Kühlmittelverteiler angeordnet. Die Späne werden in Vorschubrichtung abgeführt.

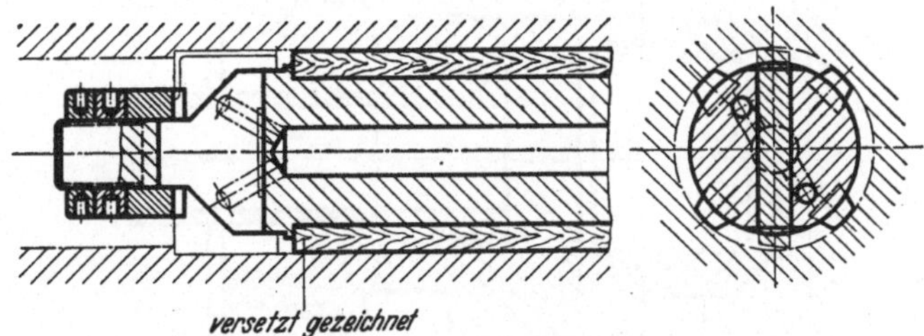


Bild 526. Aufbohrkopf mit zweischneidigem Messer, für Vorschub unter Druck.

Spanbreite von 0,3 mm, ist die Vorschubrichtung im Hinblick auf Arbeitsdauer und Arbeitsgüte hingegen belanglos. Vorschub unter Druck hat jedoch gegenüber Vorschub unter Zug folgende Vorteile:

Das Einführen des Bohrkopfes in die Bohrung kann unbehindert beobachtet werden;

bei Arbeitsstörungen ist das Werkzeug nach dem Herausziehen aus der Bohrung frei zugänglich;

bei geringerer Spanbreite können die Späne vor dem freien Bohrkopfende weggespült werden, während bei Vorschub unter Zug
die Bohrung zum größeren Teil durch die Bohrkopfverlängerung
ausgefüllt und dadurch der Späneabführraum ungleich kleiner ist.

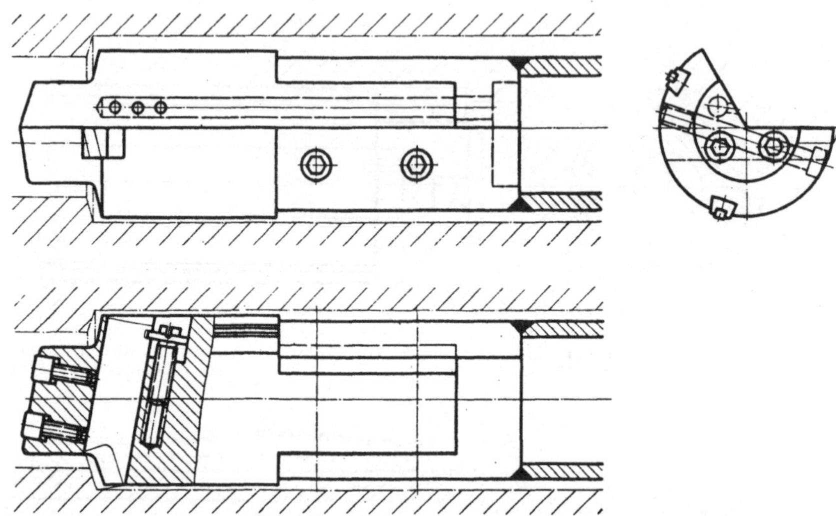

Bild 527. Aufbohrkopf mit Bohrmeißel, vorzugsweise für größere Spanstufen verwendet. Bauform wie Tiefbohrer. Führung durch auswechselbare Hartmetalleisten. Abfuhr der Späne entgegen der Vorschubrichtung durch die Spannut.

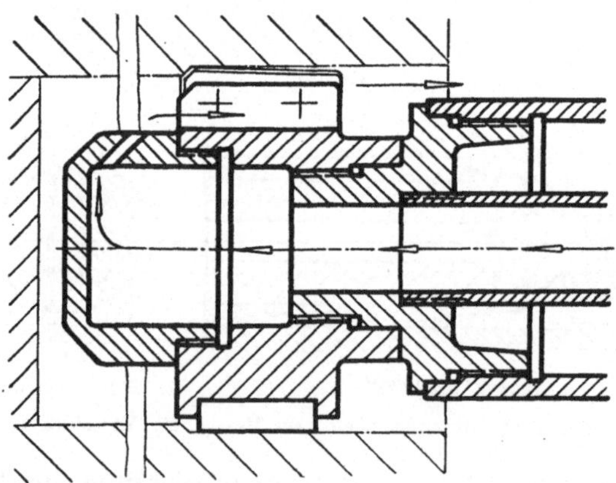

Bild 528. Aufbohrkopf für Sackbohrungen, mit Kühlmittelverteiler, mit Späneabfuhr entgegen
der Vorschubrichtung. Die Scheibe am Ende der Werkstückbohrung ist aus Pappe und wird
vor Beendigung des Aufbohrens vom Bohrkopf durchstoßen.

Mit Vorschub unter Zug wird deshalb im allgemeinen nur gearbeitet,
wenn der Spannerschaft im Verhältnis zur Vorschubkraft so nachgiebig
ist, daß Arbeitsleistung oder Arbeitsgüte beeinträchtigt werden.

Als Aufbohrwerkzeuge dienen für größere Spanabnahme ein- oder zweischneidige Messer, für Feinbohren vorzugsweise einschneidige Bohrmeißel. Messer und Meißel werden in der Regel mit Hartmetall bestückt.

### d) Das Führen von Aufbohrköpfen für Tiefbohrungen.

Aufbohrköpfe für Tiefbohrungen werden in der Bohrung des Werkstückes geführt, und zwar in dem Teil der Bohrung, der durch denselben

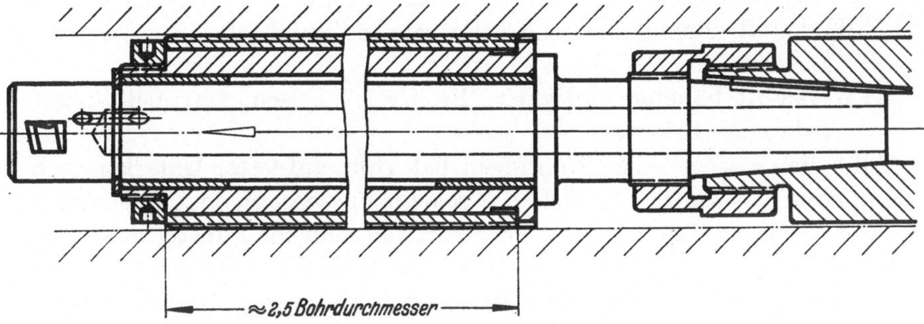


Bild 529. Aufbohrkopf mit Vorschub in Richtung Spindelkasten, d. h. mit Vorschub unter Druck. Diese Vorschubrichtung wird vorzugsweise verwendet. Der dargestellten Führung durch umlaufende Buchse wird jedoch die Führung nach Bild 530 in der Regel vorgezogen.

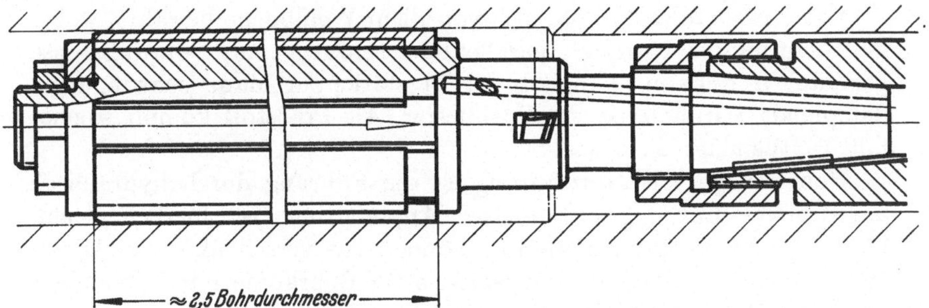


Bild 530. Aufbohrkopf mit Vorschub unter Zug. Führung durch eingepreßte Holzleisten. Diese Art der Führung wird vorzugsweise verwendet.

Bild 529 u. 530. *Aufbohrköpfe für Feinbohren. Der durch Kegel aufgenommene Bohrkopf wird durch Mutter mit Differentialgewinde gespannt. Kühlmittelzufuhr durch den Schaft.*

Bohrkopf gefertigt ist. Danach ist, in Vorschubrichtung gesehen, die Führung hinter der Werkzeugschneide anzuordnen. Vor Beginn des Aufbohrens wird der Aufbohrkopf durch eine mindestens 0,5 d lange Bohrung aufgenommen (Bild 524), die vorher z. B. auf einer Drehmaschine gefertigt wurde.

Bei Gestaltung der Führung und bei Wahl des Werkstoffes für die Führungsteile ist zu berücksichtigen, daß mit zunehmender Abnutzung der Werkzeugschneide die aufgebohrte Bohrung enger wird. Andererseits muß, insbesondere beim Feinbohren, die Bohrungsfläche weitestgehend geschont bleiben.

Führungen für Tiefbohr-Aufbohrköpfe werden 2,5 bis 3 d lang bemessen. Sie werden nicht vollrund, sondern als Leisten ausgeführt. Je nach Bohrkopfdurchmesser werden auf dem Umfang vier, sechs oder acht Leisten angeordnet. Durch Leisten wird die Reibung zwischen Führung und Bohrungswand verkleinert und wird weitgehend vermieden, daß sich Späne zwischen Führungsflächen und Bohrungswand festsetzen. Für Führungsleisten kommen in Betracht:

Nachgiebiger Werkstoff (Holz, Preßstoff) auf fester Unterlage;

Werkstoff höherer Festigkeit (Bronze) für durchgebogene, federnde Leisten;

Werkstoff höherer Festigkeit (Bronze, Gußeisen, Hartmetall) auf federnder Unterlage.

Unter den angegebenen Führungen hat Holz auf fester Unterlage sich am besten bewährt, da sich die schwingungsdämpfende Eigenschaft des Holzes auf die Standzeit der Werkzeugschneide günstig auswirkt. Durch Holz wird außerdem die Bohrungsfläche nicht angegriffen, auch nicht bei kleiner werdendem Bohrungsdurchmesser. Dieser Vorteile wegen werden hölzerne Führungsleisten weitgehend vorgezogen und dafür auch der Nachteil rascheren Verschleißes und laufender Instandsetzung in Kauf genommen.

Unter den Holzarten hat sich vor allem Weißbuche bewährt, wobei die Richtung der Holzfaser parallel oder senkrecht zur Bohrungsachse gerichtet sein kann. Langholz ist in stärkerem Maße schwingungsdämpfend; Stirnholz ist verschleißfester. Als Preßstoff kommt solcher mit Textileinlage in Frage.

Hochwertiger als Holzführung ist die Führung durch hydraulisch angedrückte Führungsleisten. Der Anpreßdruck ist hierbei gleichbleibend und die Führungsleisten können aus verschleißfestem Werkstoff bestehen. Die Anschaffungskosten für Bohrköpfe mit hydraulisch gelagerten Führungsleisten liegen jedoch erheblich höher.

Mit dem Werkstück umlaufende Führungsbuchsen (Bild 529) werden in der Werkstückbohrung in Längsrichtung nur geschoben und laufen im Bohrkopf um. Der Führungswerkstoff wird hierbei ungleich weniger abgenutzt als bei feststehender Führung. Nach den bisher bekanntgewordenen Erfahrungen haben sich umlaufende Buchsen für Feinbohren jedoch nicht bewährt, denn der Bohrkopf steht dabei weniger ruhig als bei Führung durch Holzleisten.

Führungsleisten sind durch Verschieben auf schräger Unterlage oder durch Unterlegen von Hartpapier oder Metallstreifen nachstellbar. Nach dem Verstellen sind die Führungsflächen rund zu schleifen. Die Verwendungsmöglichkeit für Holzführungen wird außerdem durch Aufquellen des Holzes vergrößert. Hierzu werden Bohrköpfe mehrere Stunden, etwa für die Dauer einer Arbeitsschicht, in Wasser oder Öl gestellt.

### e) Die Späneabfuhr beim Aufbohren von Tiefbohrungen.

Die Richtung, in der beim Aufbohren tiefer Bohrungen die Späne
abzuführen sind, ist zu bestimmen nach

Art der Bohrung (durchgehende oder Sackbohrung);

Breite der Spanstufe;

Vorschubrichtung für das Werkzeug (auf Druck oder Zug).

Im Bereich der Späneführung sind alle jene Formen sorgfältig zu
vermeiden, die den Spänefluß behindern können, z. B. vorspringende
Teile, scharfe Außenkanten, Spalten und keilförmige Einschnitte. Wie
bereits bemerkt, steht und fällt die Bearbeitung von Tiefbohrungen
mit der einwandfreien Späneabfuhr.

### f) Anschlußformen für Aufbohrköpfe für Tiefbohrungen.

Aufbohrköpfe für Tiefbohrungen werden mit dem Schaft weitgehend
lösbar verbunden. Falls es sich um häufig zu wechselnde Bohrköpfe
handelt, ist Schnellspannung vorzusehen. Die Forderung nach leicht
lösbarer Verbindung ist in der Regel durch die mit Aufbohrköpfen zu-
sammenhängende Arbeitsweise bedingt. Beim Aufbohren mit Vorschub
in Richtung Spindelkasten (Bild 529) wird nach Beendigung des Aufbohrens der Bohrkopf von der Verlängerung gelöst, denn Bohrköpfe mit
Hartmetallschneiden dürfen nicht durch die Werkstückbohrung zurückgezogen werden, weil die Werkstückbohrung dabei verletzt und die
Werkzeugschneide gefährdet werden würde. Beim Aufbohren mit Vorschub in Richtung des Werkzeugschlittens muß vor Arbeitsbeginn der
Werkzeugschaft durch die Werkstückbohrung eingeführt und danach
der Bohrkopf am Schaft befestigt werden. Wenn der Durchmesser
der Spindelbohrung der Maschine groß genug ist, können Schaft
samt Bohrkopf durch die Arbeitsspindel gesteckt werden, was aber
seltener der Fall ist.

### g) Halter für Breitschlicht- und Reibwerkzeuge<br>für Tiefbohrungen.

Zum sogenannten Breitschlichten werden zweischneidige, radial nach
zwei Richtungen frei bewegliche Messer verwendet (Bild 531 u. 532),
die denen für Reiben entsprechen. Durch Breitschlichten werden Bohrungen z. B. um 0,3 mm im Durchmesser vergrößert. Hierzu wird ein
Satz von Messern verwendet, deren Breite von Messer zu Messer um
z. B. 0,03 mm gestuft ist. Gearbeitet wird mit Vorschüben bis 8 mm
je Umdrehung. Nach jedem Arbeitsdurchgang wird das Messer der
Messerstange entnommen (Bild 533).

Tiefbohrungs-Reibahlen werden durch die Bohrung gezogen, wenn
der Schaft bei Vorschub unter Druck durch die Vorschubkraft un-

zulässig durchgebogen werden würde. Danach werden Reibahlen bis etwa 30 mm Durchmesser und zugleich Schaftlängen ab etwa 30 d gezogen, Reibahlen von größerem Durchmesser oder von kürzerem Schaft durch die Bohrung gedrückt.

Bei genügend nachgiebigem Reibahlenschaft kommen Fluchtfehler zwischen Reibahlenachse und Bohrungsachse nicht zur Auswirkung. So können Reibahlen bis etwa 20 mm Durchmesser mit Schäften über etwa 30 d Länge fest verbunden werden (Bild 534 bis 536). Reibahlen von größerem Durchmesser sowie Reibahlen auf steiferem Schaft sind radial beweglich zu halten (Bild 537).

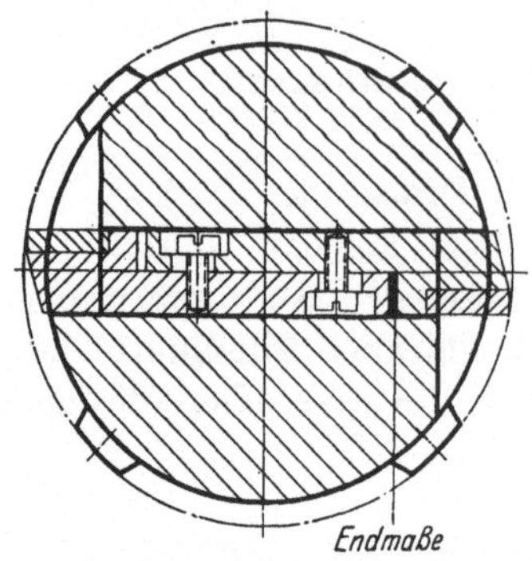


Bild 531. Zweiteiliges, hartmetallbestücktes Breitschlichtmesser. Der Arbeitsdurchmesser wird durch Endmaße eingestellt.

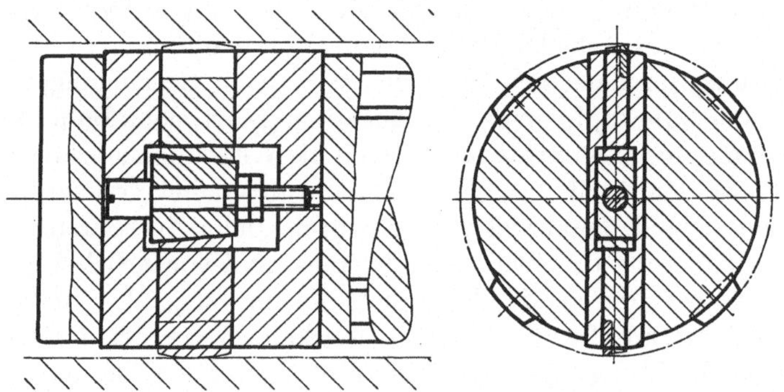

Bild 532. Aufnahme für Breitschlichtmesser, die durch Schraube über Keil verstellt werden.

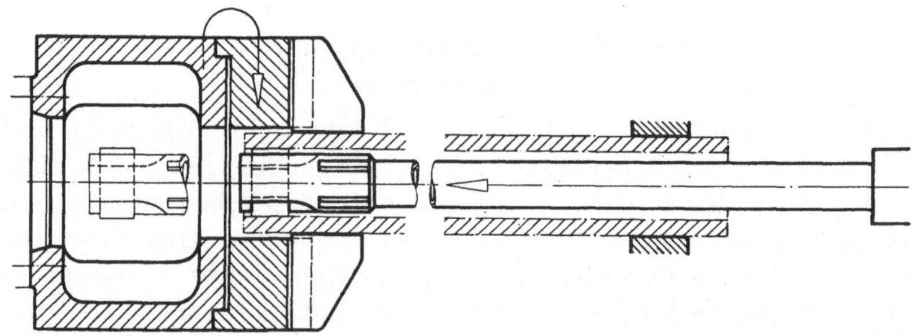

Bild 533. Fertigungsmittelanordnung für das Breitschlichten. Das Breitschlichtmesser bzw. die Breitschlichtmesseraufnahme ist in einem Schlitz des Halters in Querrichtung frei beweglich. Nachdem das Werkzeug durch die Werkstückbohrung hindurchgeschoben und in der angedeuteten Stellung angekommen ist, wird es dem Halter entnommen. Danach wird das nächstgrößere Breitschlichtmesser in den Halter eingesteckt. Für die Fertigstellung einer Bohrung sind z. B. etwa fünf Werkzeugdurchgänge erforderlich.

Schäfte von Reibahlen, die durch die Bohrung gedrückt und in der Bohrung zurückgezogen werden, können wie die Schäfte von Tiefbohrern gespannt werden (Bild 538). Schäfte von Reibahlen, die durch

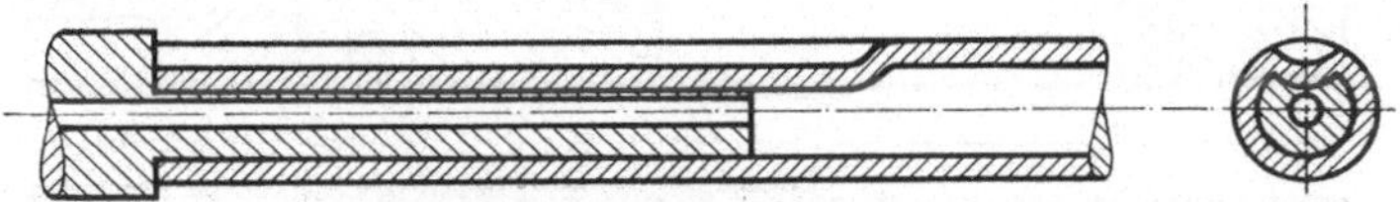

Bild 534. Verbindung einer Reibahle für Tiefbohrungen mit der Reibahlenverlängerung. Die Reibahle ist im Schaft eingemittet und durch Eindrücken des Rohrschaftes in eine Nut der Reibahle gegen Drehen gesichert. Ein Herausziehen der Reibahle wird durch Weichlöten verhindert. Diese Befestigung wird für Reibahlen bis etwa 10 mm Durchmesser verwendet. (Firma Ludw. Loewe, Berlin.)

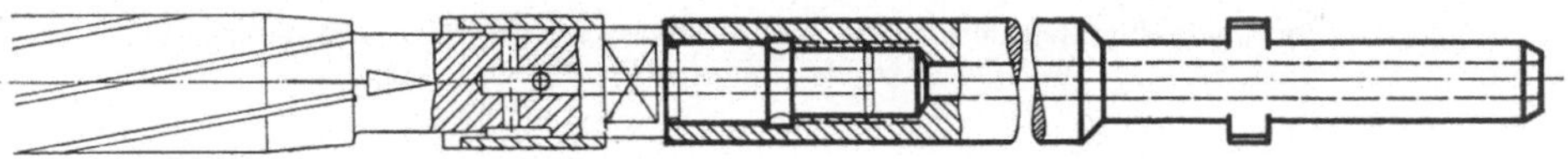

Bild 535. Schraubverbindung zwischen Reibahle und Schaft, für Reibahlen von etwa 10 bis etwa 30 mm Durchmesser. (Firma Ludw. Loewe, Berlin.)

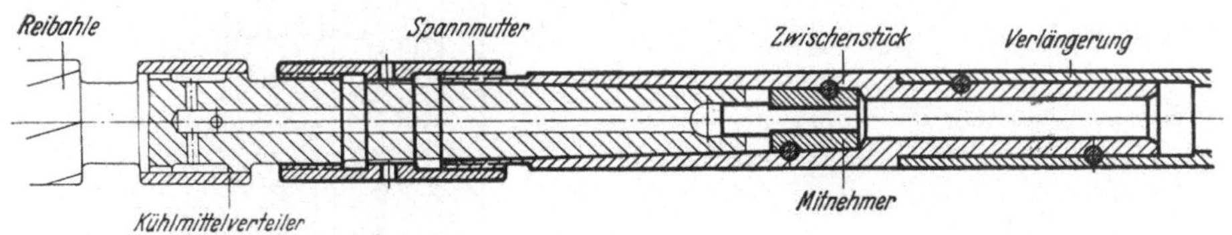


Bild 536. Lösbare Verbindung für Reibahlen mit der Reibahlenverlängerung, verwendet für Reibahlen über 20 bis etwa 30 mm Durchmesser. (Firma Ludw. Loewe, Berlin.)

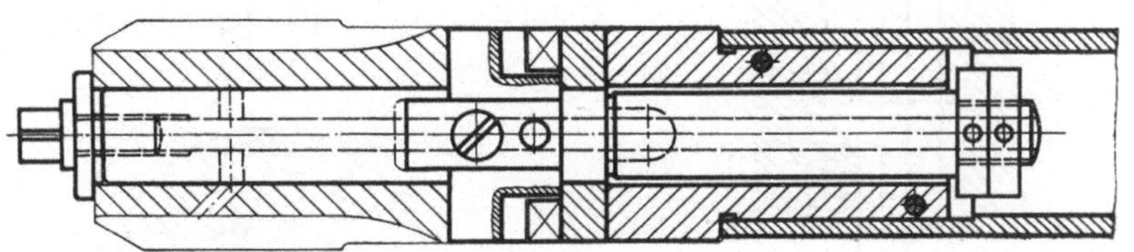

Bild 537. Pendelhalter für Reibahlen für Tiefbohrungen, verwendet für Reibahlen über etwa 30 mm Durchmesser. (Firma Ludw. Loewe, Berlin.)

die Bohrung gezogen werden und deshalb bei jedem Werkstück ein- und ausgespannt werden müssen, werden zweckmäßig durch Schnellspannung befestigt (Bild 539 u. 540).

Kühlmittel und Späne werden beim Reiben durchgehender Bohrungen in Richtung des Reibahlenvorschubes abgeführt, beim Reiben von Sackbohrungen durch Spannuten zurückgeleitet.

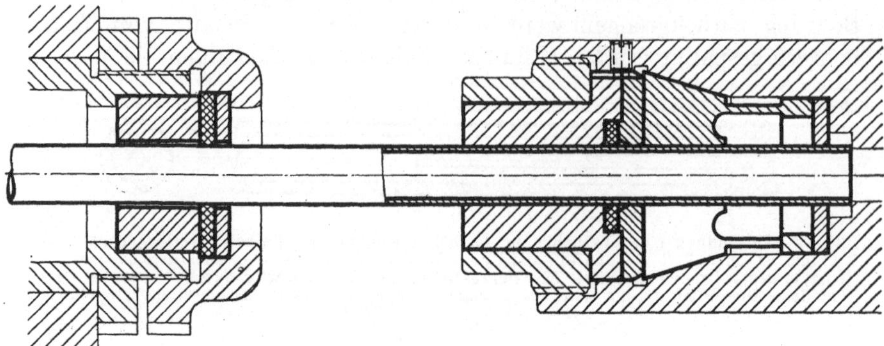

Bild 538. Spannung für Reibahlenschäfte im Werkzeugschlitten einer Tiefbohrungs-Reibe-
maschine. (Firma Ludw. Loewe, Berlin.)

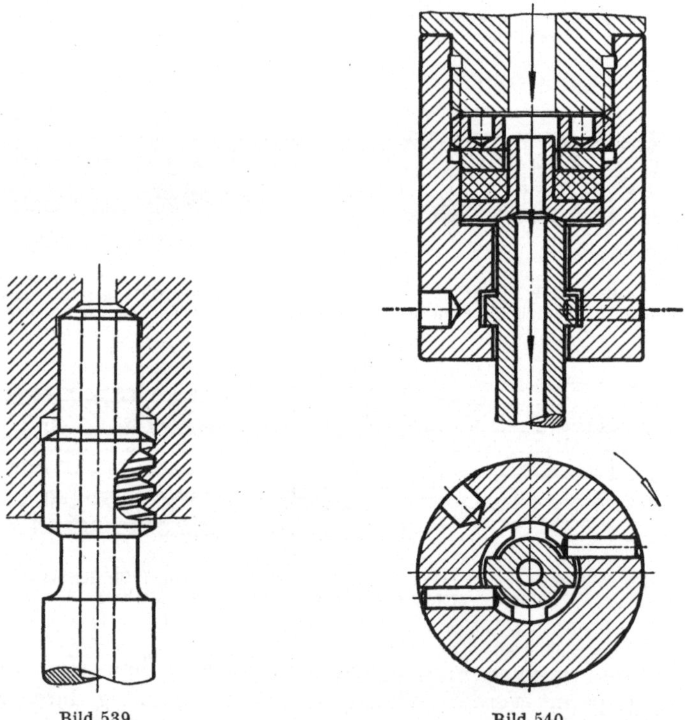

Bild 539.                                    Bild 540.

Bild 539. Befestigung eines Reibahlenschaftes durch zweigängiges Steilgewinde im Futter der
umlaufenden Spindel einer Senkrechtreibemaschine. Die Reibahle wird durch die Bohrung
gezogen. Der Außendurchmesser des Befestigungsgewindes muß kleiner sein als die zu reibende
Bohrung.

Bild 540. Futter mit pendelndem Reibahlenschaft, verwendet auf Senkrecht-Reibemaschinen. Die
Reibahle wird durch die Bohrung gezogen und kann durch Bajonettverschluß schnell gewechselt
werden. Gegen Austritt der Kühlflüssigkeit ist durch eine Scheibe aus Buna abgedichtet.

## 6. Spanner für Hinterstechwerkzeuge und Planwerkzeuge.

Nuten und längere Freistiche in Bohrungen werden bei umlaufendem *Werkstück* oder umlaufendem *Werkzeug* gefertigt.

Die auf Werkzeug und Spanner senkrecht zur Bohrachse wirkende Rückkraft nimmt mit der Breite des Einstiches zu. Fertigung bei umlaufendem Werkstück (Bild 541 bis 547) ermöglicht die Verwendung steiferer Spanner als Fertigung bei umlaufendem Werkzeug (Bild 548 bis 576). Wenn ein Werkzeug bzw. Spanner für das Einstechen einer vorgegebenen Nutbreite nicht ausreichend steif durchgebildet werden kann, ist diese Nutbreite in zwei oder mehrere Einstiche geringerer Breite zu unterteilen.

Weitgehend sind einfache Einstech- bzw. Ausbohrmeißel zu verwenden. Bohrungen von kleinerem Durchmesser können jedoch zur Ver-

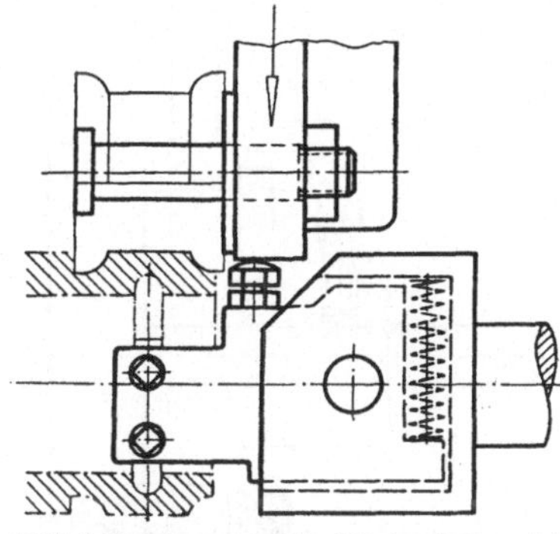

Bild 541. Spanner für Hinterstechwerkzeug, verwendet auf Revolverköpfen ohne Querbewegung Die Hinterstechbewegung wird durch den Quersupport ausgeführt, wobei der Spanner für den Formdrehmeißel den Hebel mit dem Stechmeißel gegen das Werkstück schwenkt.

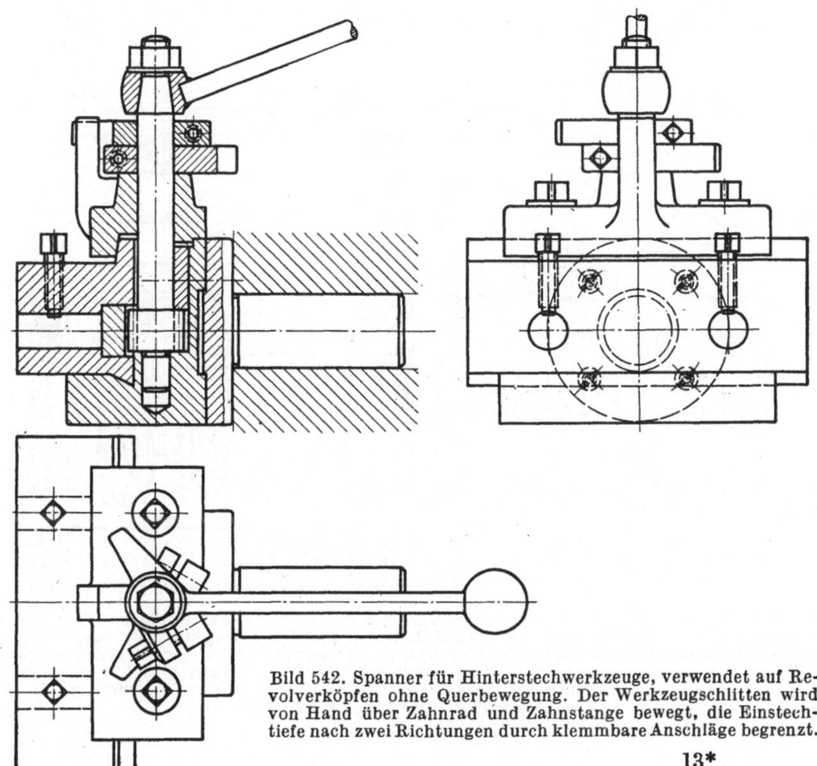

Bild 542. Spanner für Hinterstechwerkzeuge, verwendet auf Revolverköpfen ohne Querbewegung. Der Werkzeugschlitten wird von Hand über Zahnrad und Zahnstange bewegt, die Einstechtiefe nach zwei Richtungen durch klemmbare Anschläge begrenzt.

13*

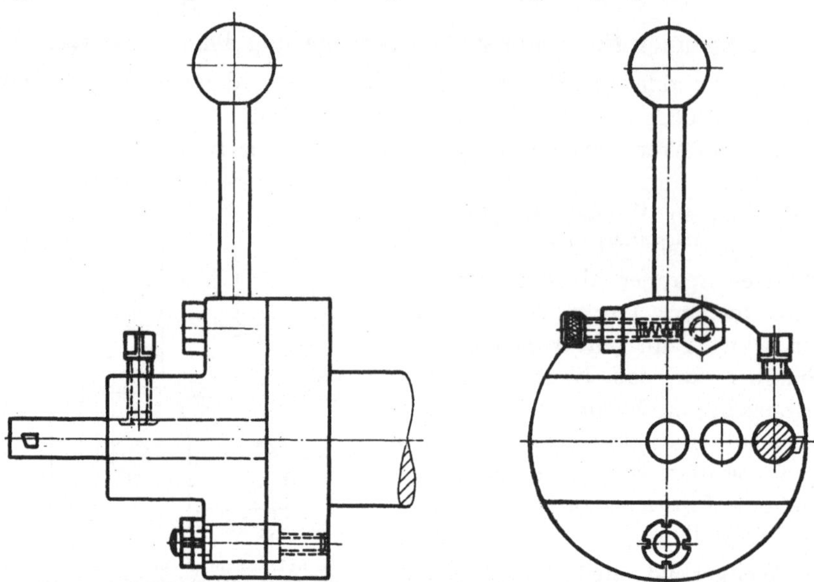

Bild 543. Spanner für Hinterstechwerkzeuge zur Verwendung auf Revolverköpfen ohne Querbewegung. Zum Einstechen wird der werkzeugtragende Teil von Hand um einen exzentrisch
liegenden Zapfen geschwenkt. Die Einstechtiefe ist durch Schraube einstellbar, der Rückzug
selbsttätig durch Feder. Ausgeführt für Werkstückbohrungen bis etwa 100 mm Durchmesser,
mit einem Hub von rund 10 mm. (Firma Magdeburger Werkzeugmaschinenfabrik.)

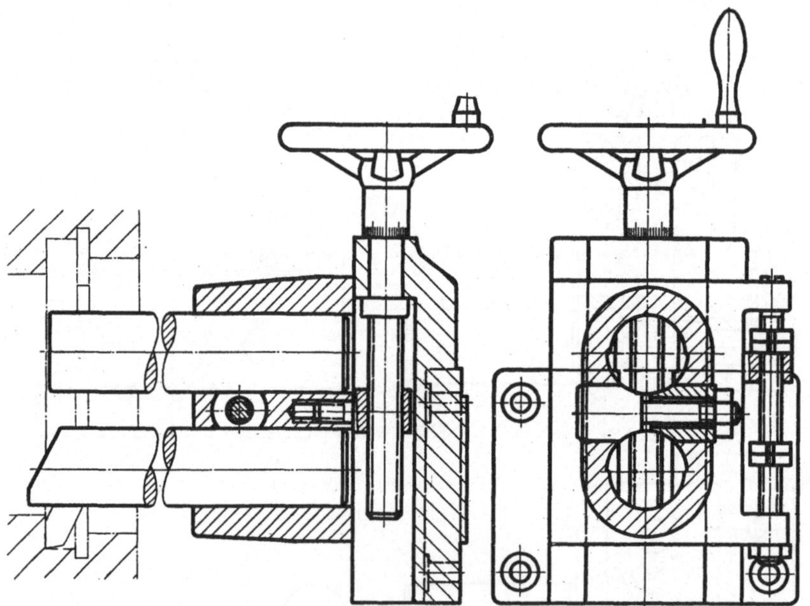

Bild 544. Spanner für Hinterstechwerkzeuge, verwendet auf Revolverköpfen ohne Querbewegung. Der Werkzeugschlitten wird durch Handrad über Gewindespindel und Mutter bewegt.
In einer Vorschubrichtung wird eingestochen, in der entgegengesetzten Vorschubrichtung plangedreht. Die Vorschubwege werden durch Stellmuttern begrenzt. Ausgeführt für Bohrstangen
bis etwa 50 mm Durchmesser, Werkstückbohrungen bis etwa 200 mm Durchmesser.
(Firma Magdeburger Werkzeugmaschinenfabrik.)

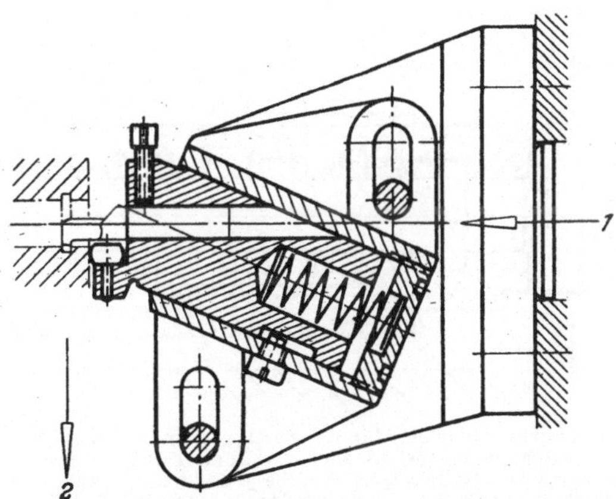

Bild 545. Spanner für Hinterstechwerkzeuge zur Verwendung auf Revolverköpfen ohne Querbewegung. Der Werkzeugträger ist zylindrisch und unter 30° schräg zur Achse der Werkstückbohrung geführt. Beim Zustellen des Revolverschlittens in Richtung *1* läuft die Rolle am Werkstück an. Danach kommt die Schrägführung zur Auswirkung, wodurch der Stechmeißel in Einstechrichtung *2* vorgeschoben wird. Der Führungsteil des Spanners ist auf einer Winkelplatte für Bohrungen von 10 bis 50 mm Durchmesser verstellbar. Die größte Einstechtiefe beträgt 3,5 mm, ablesbar an Teilstrichen auf der Pinole. (Firma Ludw. Loewe, Berlin.)

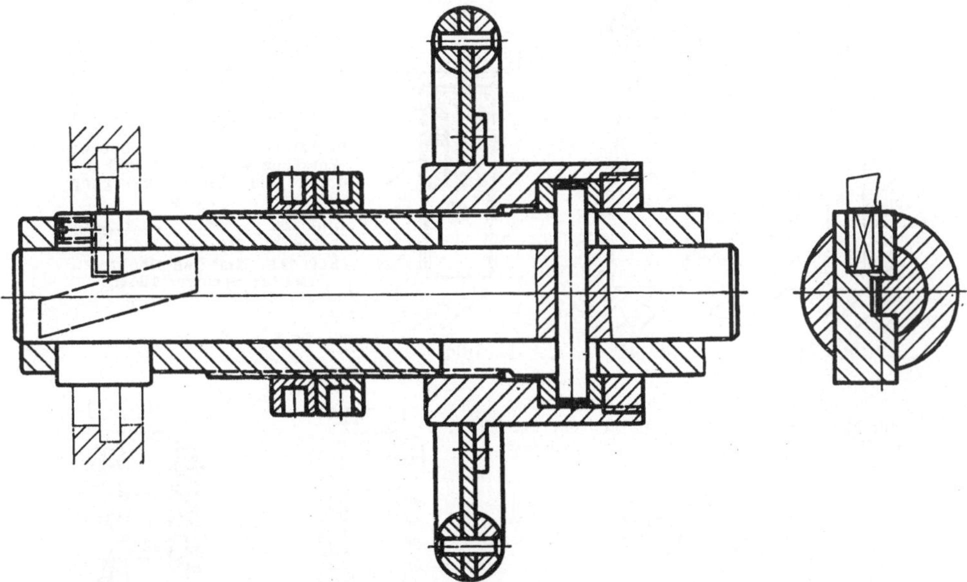

Bild 546. Spanner für Hinterstechwerkzeug, aufgenommen im Revolverkopf. Durch Drehen des Handrades wird über den Querstift die Stange mit der Keilfläche in Längsrichtung bewegt und dabei der Stechmeißel gesteuert. Die Einstechtiefe wird durch Muttern eingestellt.

wendung von verhältnismäßig teuren Formmessern zwingen (Bild 548 bis 555).

Die Einstechbewegung kann unmittelbar mit dem Werkzeug, mit Teilen des Werkzeugspanners oder der Werkzeugmaschine durchgeführt werden.

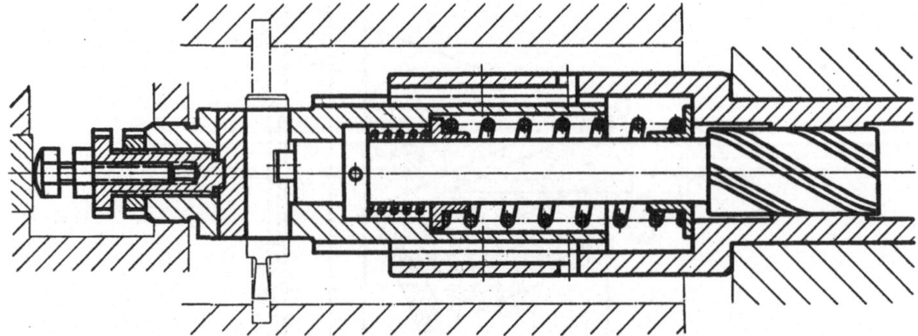

Bild 547. Spanner für Hinterstechmeißel, für die Fertigung von Nuten, die in größerer Tiefe
einer Bohrung liegen. Der Spanner ist deshalb am freien Ende gestützt. Unter der Längsbewegung
des Revolverschlittens wird die steilgängige Schraube gedreht und durch exzentrischen Zapfen
der Stechmeißel querbewegt. Die Einstechtiefe ist durch Schraube einstellbar. Nach dem Entfernen der Druckleiste kann der Stechmeißel ausgewechselt werden. Durch Feder wird der
Werkzeugträger zurückgezogen. (H. E. SCHEIBE, München.)

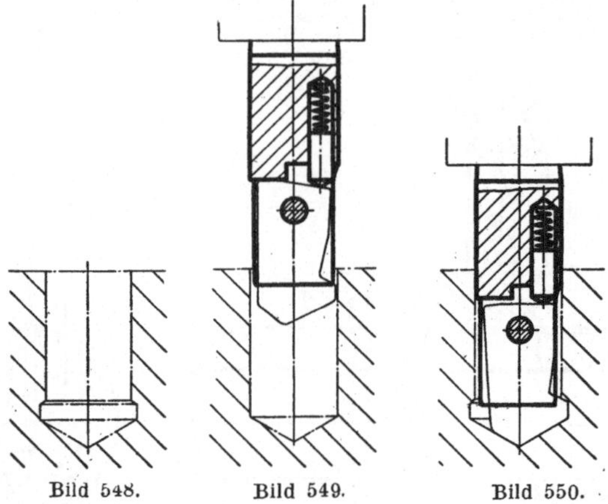

Bild 548. Zu fertigender Hinter-
stich.

Bild 549. Spanner mit Werkzeug beim Einführen in die
Bohrung.

Bild 550. Durch den Kegel am
Grunde der Bohrung wird das
in Achsrichtung vorgeschobene
Werkzeug geschwenkt und dadurch die Einstechbewegung
ausgeführt.

Bild 548 bis 550. *Umlaufender
Halter für Hinterstechwerkzeug.*
(STEPHAN: „Das Radialbohren".
Berlin: Springer 1941.)

Bild 548.          Bild 549.          Bild 550.

Bild 551. Zu fertigende Nut.

Bild 552. Der Halter ist in die Bohrung eingeführt, der werkzeugtragende Teil des Halters
liegt auf dem Grund der Bohrung auf.

Bild 553. Durch weiteren Vorschub der Bohrspindel wird das Werkzeug geschwenkt und
damit die Einstechbewegung durchgeführt.
Einstellung der Nuttiefe durch Mutter, Rückzug durch Feder.

Bild 551 bis 553. *Umlau-
fender Halter für Hinter-
stechwerkzeug, geeignet
für Nuten mit schrägen
Flanken, geringerer Nut-
tiefe und geringerer
Genauigkeit.* (STEPHAN:
„Das Radialbohren".
Berlin: Springer 1941.)

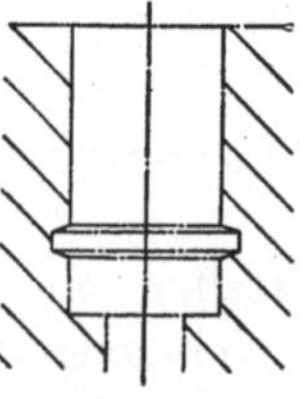

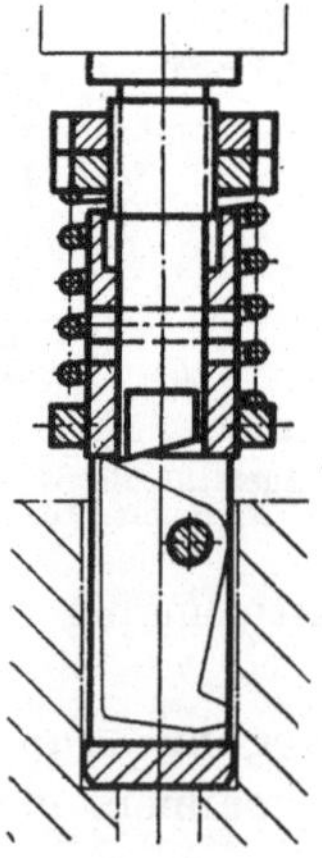

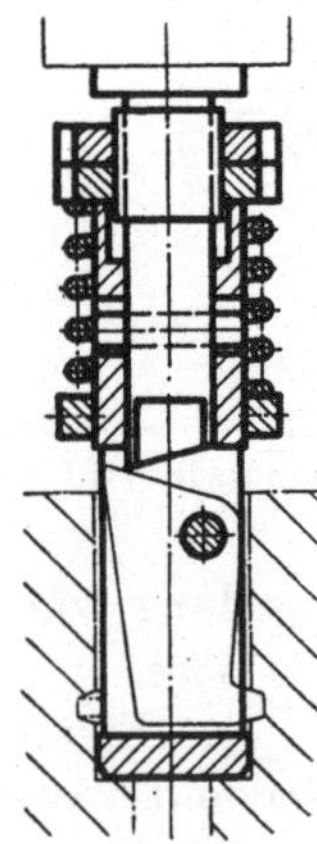

Bild 551.          Bild 552.          Bild 553.

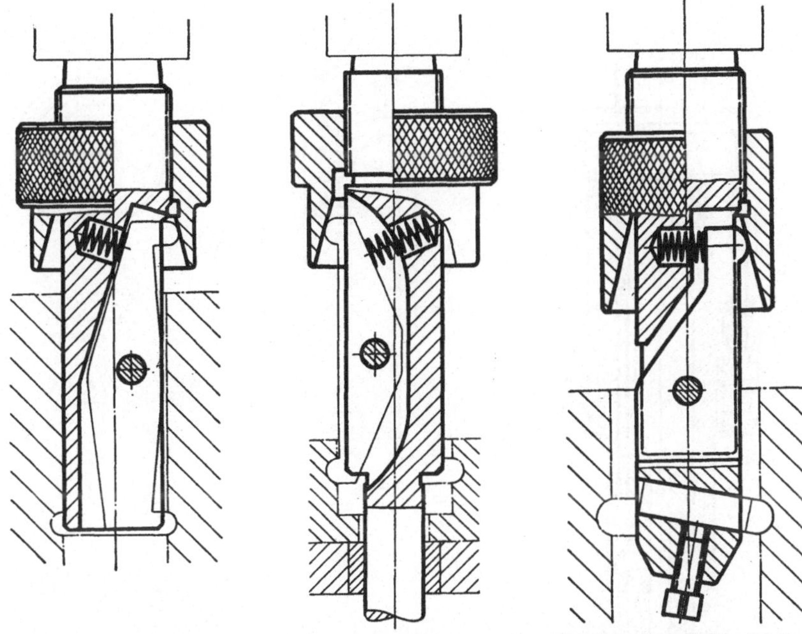

Bild 554. Der Halter ist in der Werkstückbohrung geführt.

Bild 555. Der Halter ist durch Buchse im Werkstückspanner geführt.

Bild 556. Der Halter ist ungeführt. Als Werkzeug dient ein einfacher Bohrmeißel.

Bild 554 bis 556. *Umlaufende Halter für Einstechwerkzeuge. Die Griffmutter wird durch Festhalten in Richtung Werkzeug geschraubt, dieses durch den Innenkegel geschwenkt und die Nut eingestochen. Bei Rechtsumlauf der Bohrspindel muß das Gewinde linksgängig sein. Geeignet für Nuten von kreisförmigem oder trapezförmigem Querschnitt. Die Lage der Nut in Längsrichtung wird durch Anschlag der Bohrspindel bestimmt. Die Tiefe der Nut kann z. B. durch eine Schraube begrenzt werden, die im Halter untergebracht ist und an der das Messer anschlägt. Der Werkstoff für das Werkzeug wird nach Bild 554 u. 555 verhältnismäßig wenig ausgenutzt.* (STEPHAN: „Das Radialbohren". Berlin: Springer 1941.)

Bild 557. Zu fertigende Freibohrung.

Bild 558. Der Halter ist in die Bohrung eingeführt. Durch Abgleiten der Nase des Werkzeuges an der Kante der Führungsbuchse wird der Hebel geschwenkt und damit die Meißelschneide auf den Freibohrdurchmesser gebracht. Die Späne können unbehindert nach unten fallen.

Bild 559. Der Halter in Stellung bei Beendigung des Freibohrens.

Bild 557 bis 559. *Umlaufender Halter für die Fertigung einer Freibohrung. Vorschub durch Bohrspindel. Die Einstechbewegung wird durch Führungsbuchse gesteuert.* (STEPHAN: „Das Radialbohren". Berlin: Springer 1941.)

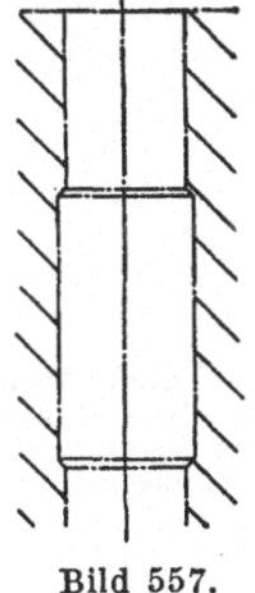

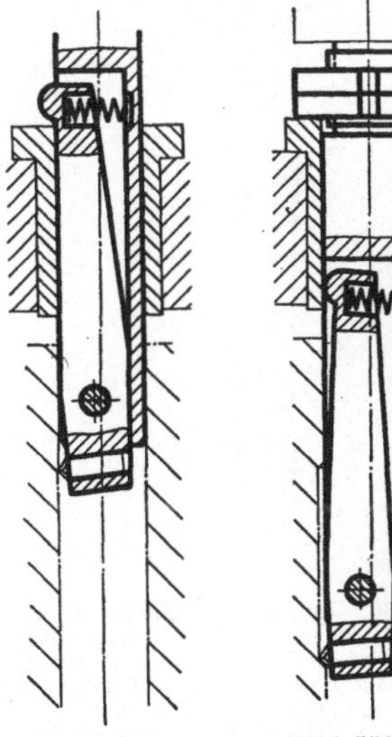

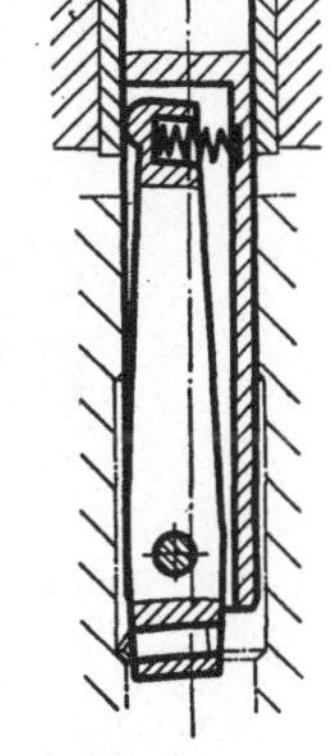

Bild 557.　　　　Bild 558.　　　　Bild 559.

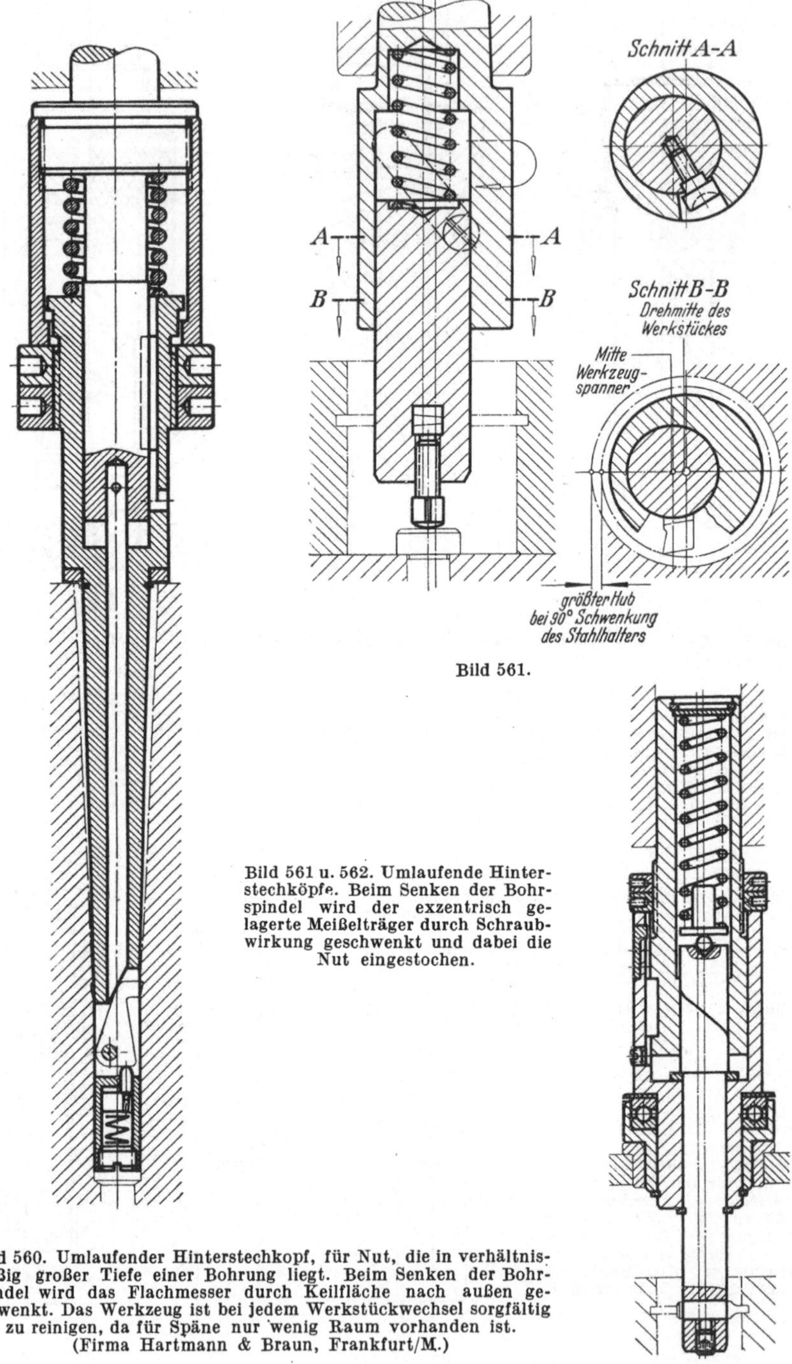



Bild 561.

Bild 561 u. 562. Umlaufende Hinter-
stechköpfe. Beim Senken der Bohrspindel wird der exzentrisch gelagerte Meißelträger durch Schraubwirkung geschwenkt und dabei die
Nut eingestochen.

Bild 560. Umlaufender Hinterstechkopf, für Nut, die in verhältnismäßig großer Tiefe einer Bohrung liegt. Beim Senken der Bohrspindel wird das Flachmesser durch Keilfläche nach außen geschwenkt. Das Werkzeug ist bei jedem Werkstückwechsel sorgfältig
zu reinigen, da für Späne nur wenig Raum vorhanden ist.
(Firma Hartmann & Braun, Frankfurt/M.)

Bild 562.

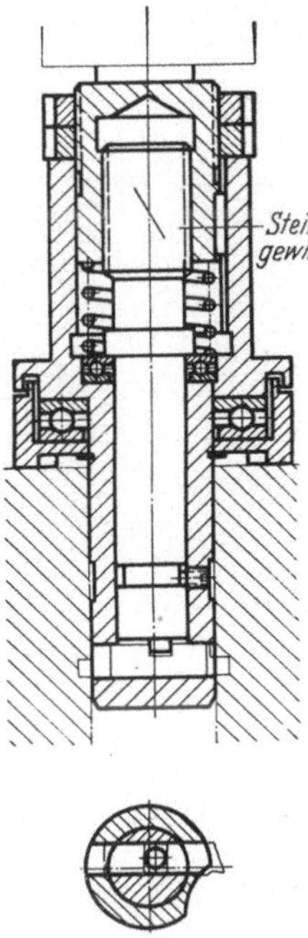

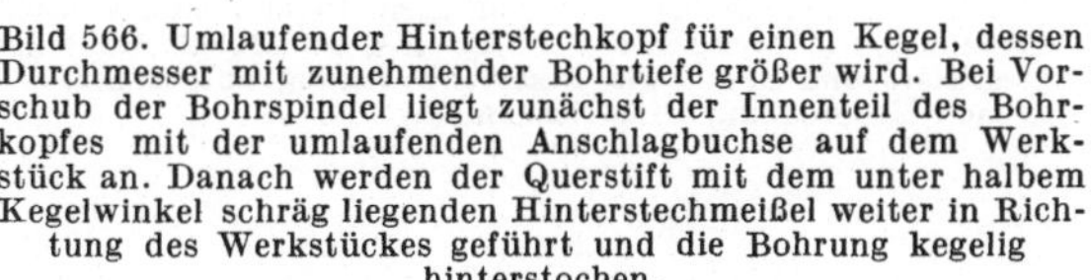

Bild 563. 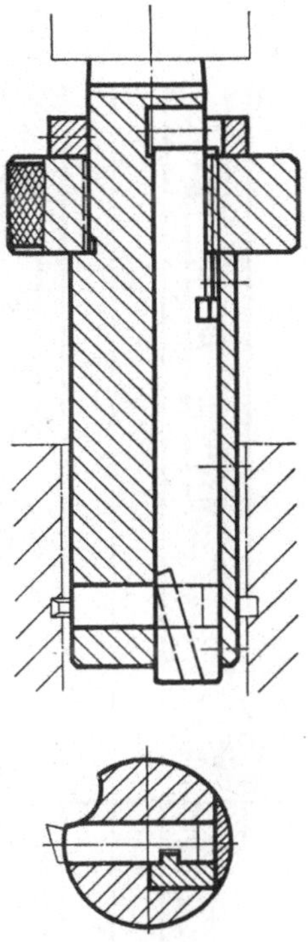　　　　　　　　　　Bild 564.

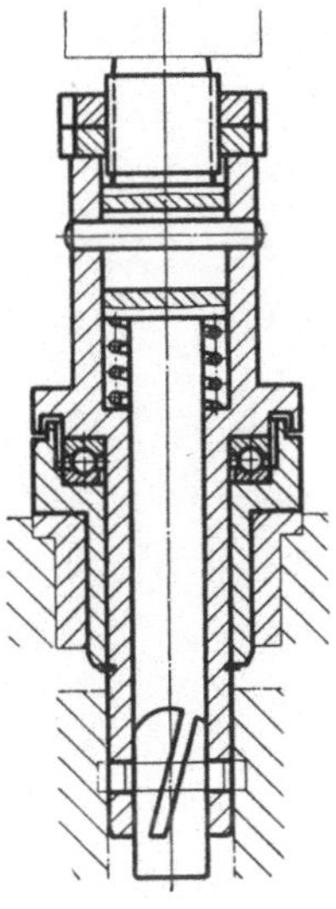

Bild 565.

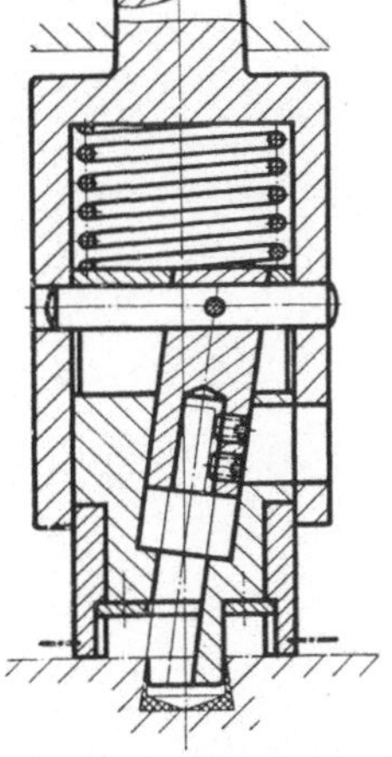

Bild 563. Umlaufender Hinterstechkopf. Beim Vorschieben der Bohrspindel wird der mittig gelagerte Dorn durch Schraubwirkung geschwenkt, wobei der Exzenterzapfen den Einstechmeißel geradlinig nach außen bewegt.

Bild 564. Umlaufender Hinterstechkopf. Durch Festhalten der Griffmutter wird der Schieber bewegt und durch eine schräg zur Bohrungsachse liegende Paßfeder der Einstechmeißel quer verschoben. Der Abstand der Nut von der Bezugsfläche ist durch Anschlag der Bohrspindel einzustellen.

Bild 565. Umlaufender Hinterstechkopf. Beim Senken der Bohrspindel wird durch schräg liegende Paßfeder der Stechmeißel in Querrichtung verschoben. Der Hub wird durch Stellmuttern begrenzt.

Bild 566. Umlaufender Hinterstechkopf für einen Kegel, dessen Durchmesser mit zunehmender Bohrtiefe größer wird. Bei Vorschub der Bohrspindel liegt zunächst der Innenteil des Bohrkopfes mit der umlaufenden Anschlagbuchse auf dem Werkstück an. Danach werden der Querstift mit dem unter halbem Kegelwinkel schräg liegenden Hinterstechmeißel weiter in Richtung des Werkstückes geführt und die Bohrung kegelig hinterstochen.

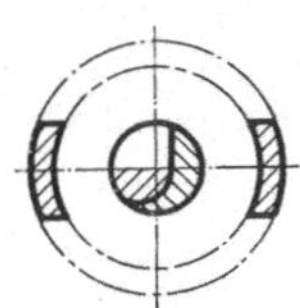

Bild 566.

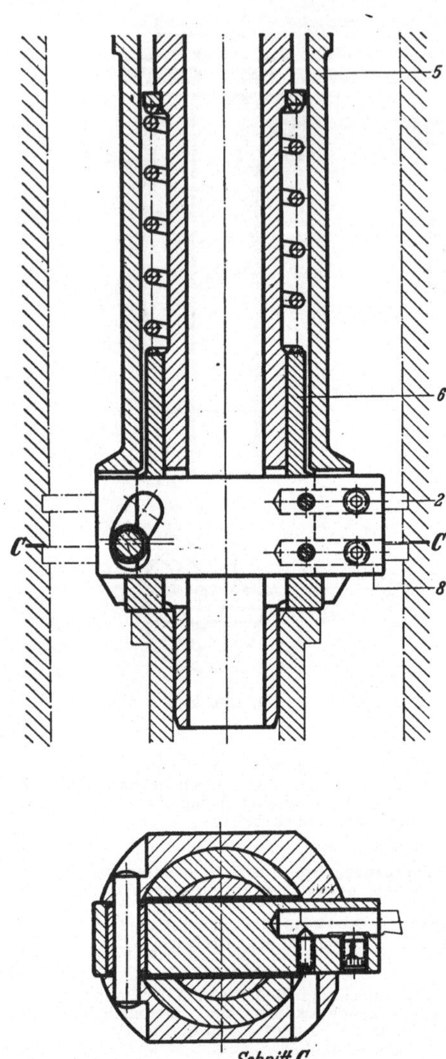



Bild 567. Teilansicht eines umlaufenden Ausbohr- und Hinterstechkopfes. Die Ausbohrmeißel sind im oberen (nicht dargestellten) Teil des Kopfes angeordnet. Der Schieber *8* mit den Stechmeißeln ist in Buchse *6* in Querrichtung geführt. Nach Beendigung des Ausbohrens kommt die Buchse *6* auf der Führungsbuchse des Werkstückspanners zum Aufliegen. Beim Weiterbewegen der Hülse *5* und der mit ihr fest verbundenen inneren Hülse wird durch Querstift mit Rolle der Schieber *8* durch die Kurve gesteuert und damit die Einstechbewegung ausgeführt.
(Firma Maybach Motorenbau, Friedrichshafen.)

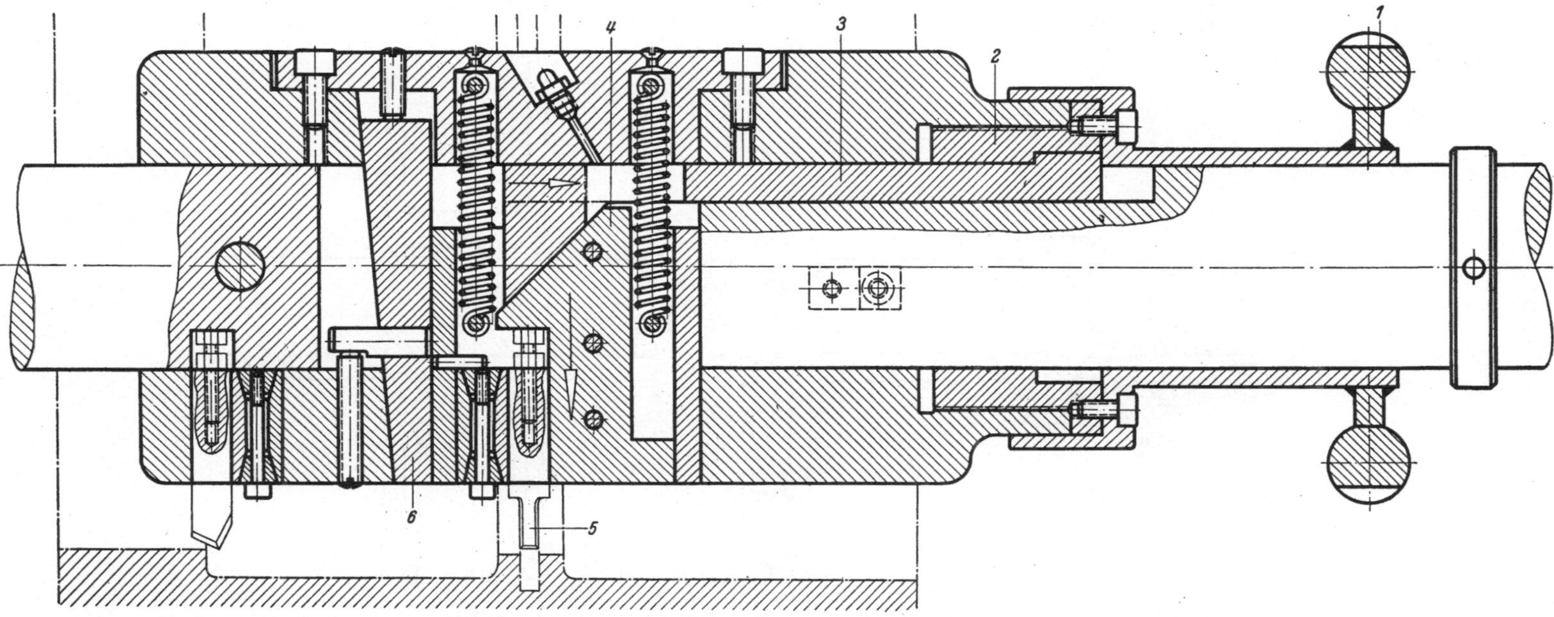

Bild 568. Umlaufende Bohrstange zum Ausbohren und Hinterstechen. Nach dem Ausbohren wird das Handrad *1* festgehalten, dadurch die Gewindebuchse *2* ausgeschraubt, die Keilstange *3* nach rechts gezogen, der Querkeil *4* mit dem Stechmeißel *5* nach außen geschoben und dabei der Einstich gefertigt. Keil *6* dient zum Einstellen des Führungsspieles für den Werkzeugträger. Für den Rückzug des Stechmeißels läuft die Bohrspindel entgegengesetzt.

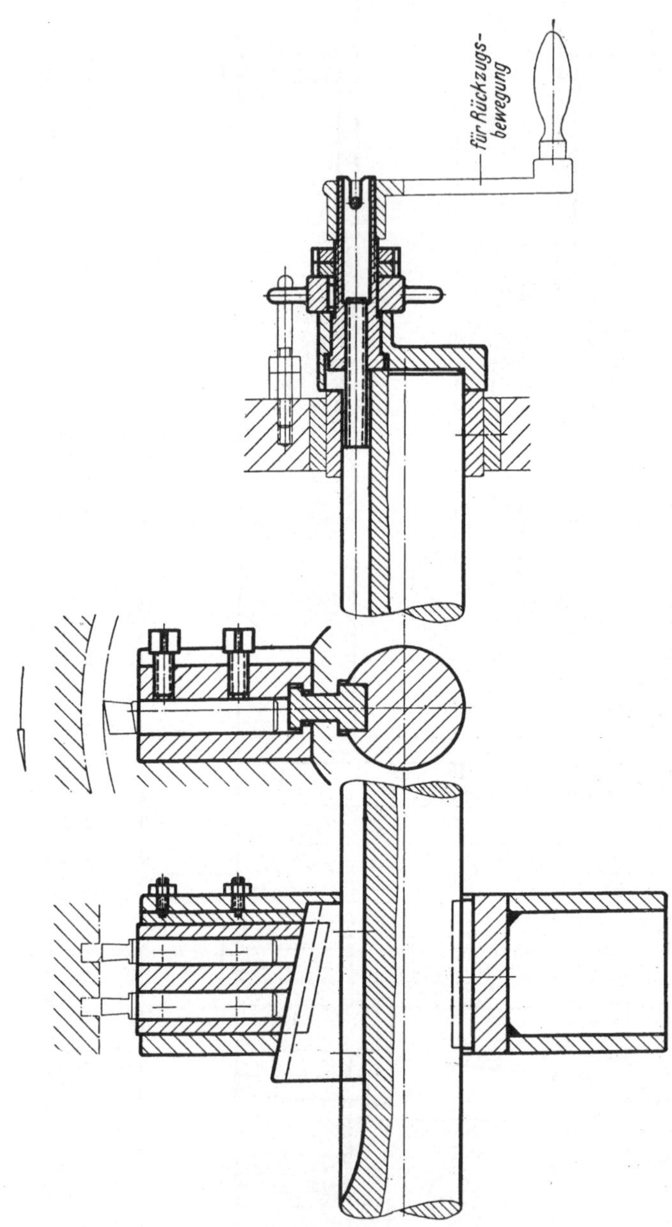



Bild 569. Bohrstange mit zwei Einstechmeißeln zur Verwendung auf Waagerecht-Bohrwerken. Die Vorschubbewegung wird durch Schaltstern eingeleitet, hierdurch die Mutter angetrieben, die Gewindespindel längs und durch den Keil der Meißelträger quer bewegt.

Bild 570. Mit diesem Ausbohr- und Planbearbeitungskopf können bei ruhendem Werkstück außer zylindrischen Innen- und Außenflächen auch Planflächen, Kegelflächen, Nachformflächen, Einstiche, Hinterstiche und, bei entsprechendem Vorschub der Arbeitsspindel, auch Gewinde gefertigt werden. Der Planzug des Querschlittens arbeitet selbsttätig mit Vor- und Rückwärtsgang und wird durch verstellbaren Anschlag ebenfalls selbsttätig ausgeschaltet. Sämtliche Teile sind gehärtet und geschliffen, gleitende Teile geläppt. Dieses Werkzeug wird in 7 Größen gebaut, wovon mit dem kleinsten Kopf Werkstückdurchmesser bis 55 mm, mit dem größten Kopf Werkstückdurchmesser bis 620 mm bearbeitet werden können. Die kleineren drei Köpfe haben einen Planvorschub von 0,05 mm je Umdrehung, die größeren Köpfe sind mit je vier Vorschüben von 0,02 bis 0,08 mm versehen. (Firma Wohlhaupter, Frickenhausen/Württ.)

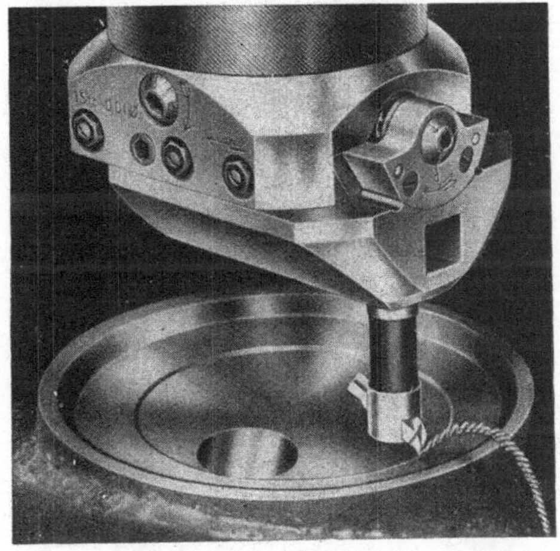

Bild 570.

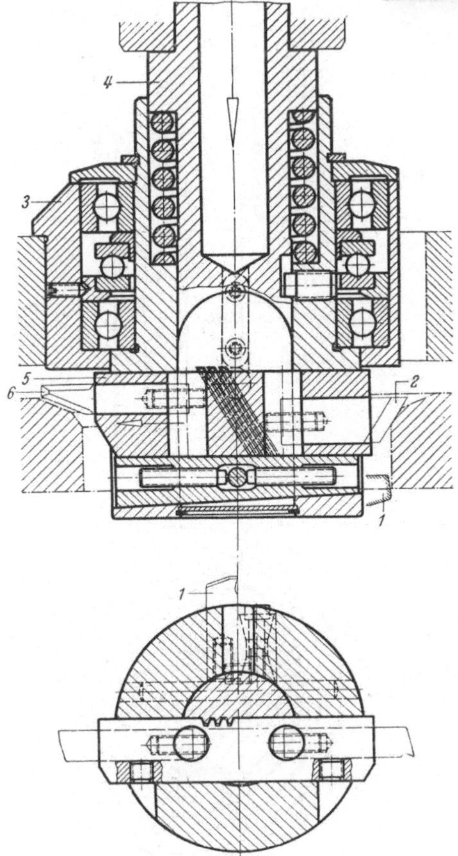

Bild 571.

Bild 571. Umlaufender Ausbohr- und Hinterstechkopf, im vorliegenden Beispiel zum Ausbohren und Fertigen von Kegelflächen verwendet. Nach Beendigung des Ausbohrens durch Bohrmeißel 1 und des Kegelsenkens durch Bohrmeißel 2 sitzt die Buchse 3 auf dem Werkstückspanner auf. Beim weiteren Abwärtsbewegen des Dornes 4 wird der Schieber 5 mit den Bohrmeißeln 2 und 6 nach links bewegt und dabei der stumpfe Kegel im Stechverfahren gefertigt. Bei radialem Vorschub arbeitet der Meißel 6 ruhiger als bei axialem Vorschub. Durch Anordnung im Schieber 5 wird der Bohrmeißel 2 von der gefertigten Kegelfläche abgehoben, während der flache Kegel durch Bohrmeißel 6 bearbeitet wird.

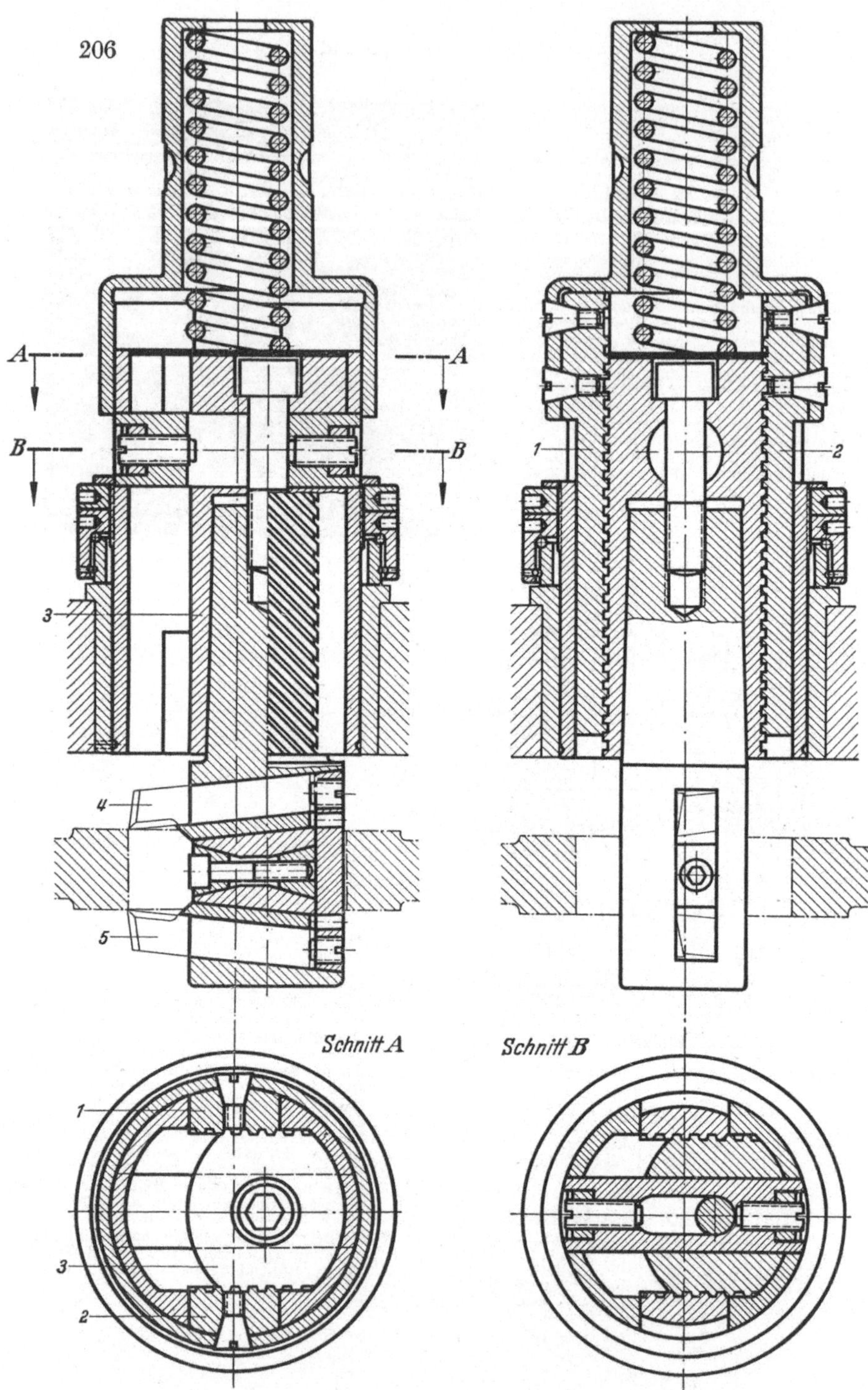



Bild 572. Umlaufender Hinterstech- und Planbearbeitungskopf. Beim Abwärtsbewegen der Zahnstangen *1* und *2* wird die Buchse *3* mit den Werkzeugen *4* und *5* radial nach außen bewegt. (Bauart K. Seitter, Köln-Deutz.)

Bild 573 u. 574. Ausbohr- und Planbearbeitungskopf, zur Verwendung auf Waagerechtbohrwerken. Während des Ausbohrens mit Bohrmeißel *1* ist Hülse *2* mit Stange *3* durch Federbolzen *4* gekuppelt (Bild 573). Nach Beendigung des Ausbohrens wird dieser Federbolzen *4* durch Kugel *5* nach innen gedrückt und dadurch Hülse *2* entkuppelt. Hülse *2* liegt sodann mit Lagerring *7* in Längsrichtung fest. Durch weiteres Verschieben des Dornes *3* nach rechts wird über Schrägverzahnung der Schieber *8* radial nach außen bewegt und dabei durch Meißel *9* die Planfläche bearbeitet.

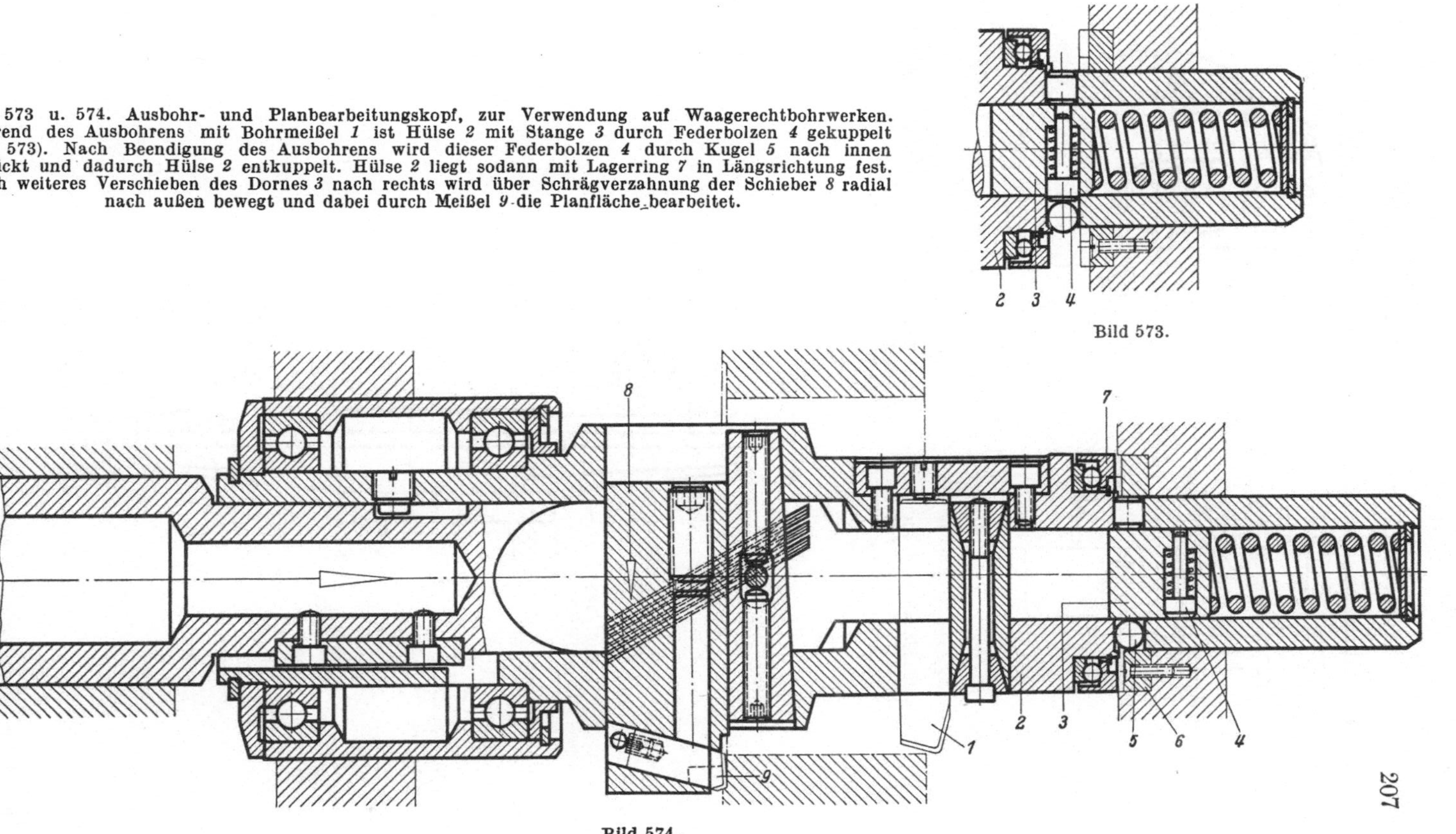

Bild 573.

Bild 574.

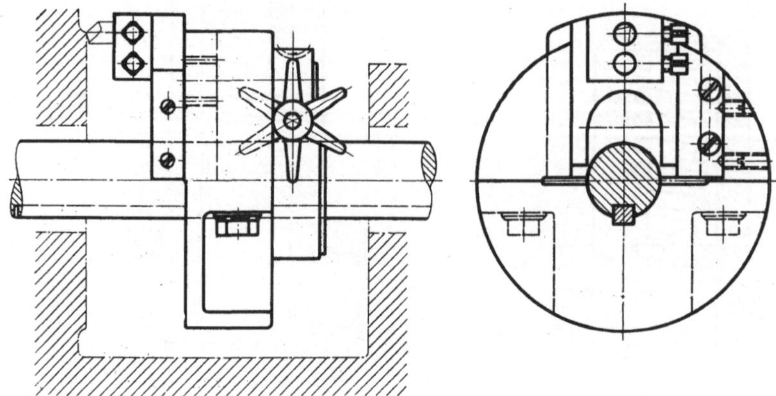

Bild 575. Umlaufender Support für die Bearbeitung innenliegender Planflächen. Vorschubantrieb durch Schaltstern über Schnecke, Schneckenrad, Zahnrad und Zahnstange. Für den
Ein- und Ausbau ist der Grundkörper zweiteilig ausgeführt.

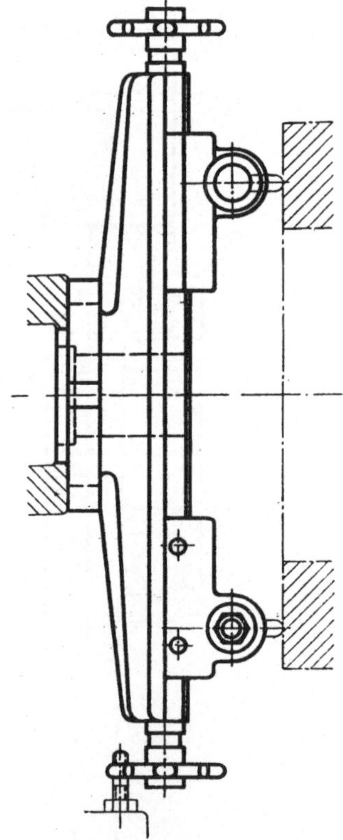

Bild 576. Zwei umlaufende Werkzeugschlitten auf zweiarmigem Grundkörper. Vorschubantrieb
durch Schaltstern über Gewindespindel und Mutter. Durch die zwei Werkzeuge kann die Schnitt-
fläche in zwei Abschnitte unterteilt oder in aufeinanderfolgenden Schnitten bearbeitet werden.

Bei umlaufendem *Werkzeug* wird dieses zum Ausführen der Vorschubbewegung im Spanner bewegt. Zum Einstechen wird das Werkzeug radial allein oder gemeinsam mit Teilen des Spanners geschoben

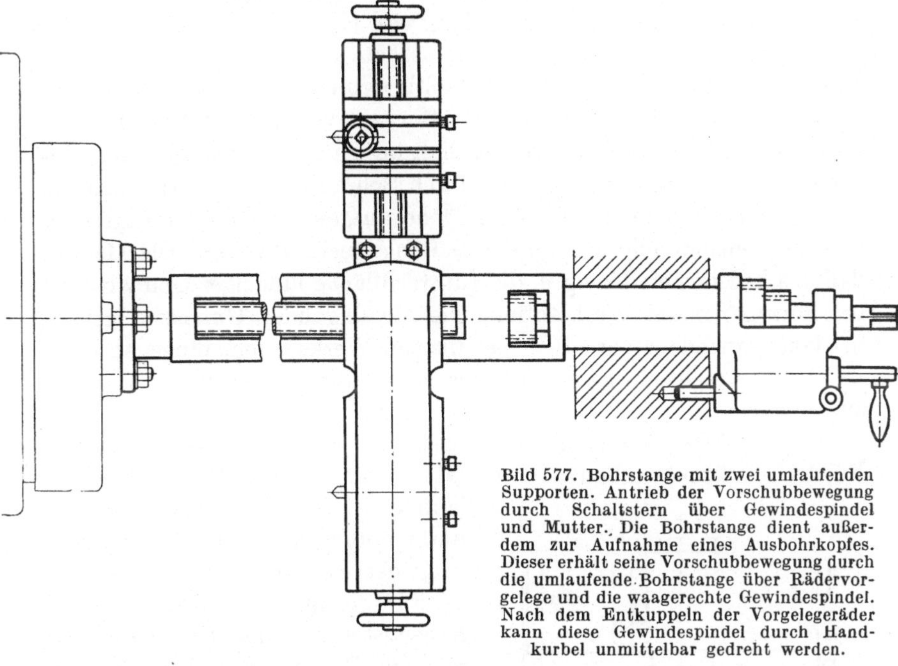

Bild 577. Bohrstange mit zwei umlaufenden Supporten. Antrieb der Vorschubbewegung durch Schaltstern über Gewindespindel und Mutter. Die Bohrstange dient außerdem zur Aufnahme eines Ausbohrkopfes. Dieser erhält seine Vorschubbewegung durch die umlaufende Bohrstange über Rädervorgelege und die waagerechte Gewindespindel. Nach dem Entkuppeln der Vorgelegeräder kann diese Gewindespindel durch Handkurbel unmittelbar gedreht werden.

Bild 575 bis 577. *Umlaufende („fliegende“) Supporte für Planbearbeitung, verwendet auf Waagerecht-Bohrwerken.*

oder um eine zur Bohrachse parallele oder senkrechte Achse geschwenkt. In einfacheren Fällen wird das Werkzeug von Hand zugestellt, vorzugsweise aber von der Vorschubbewegung der Bohrspindel abgeleitet.

Bei umlaufendem *Werkstück* steht für das Einstechen in der Regel ein Support zur Verfügung. Wenn das Einstechwerkzeug in einem Revolverkopf ohne Querbewegung aufgenommen ist, muß die Einstechbewegung dem Werkzeug oder dem Werkzeugspanner zugeordnet werden.

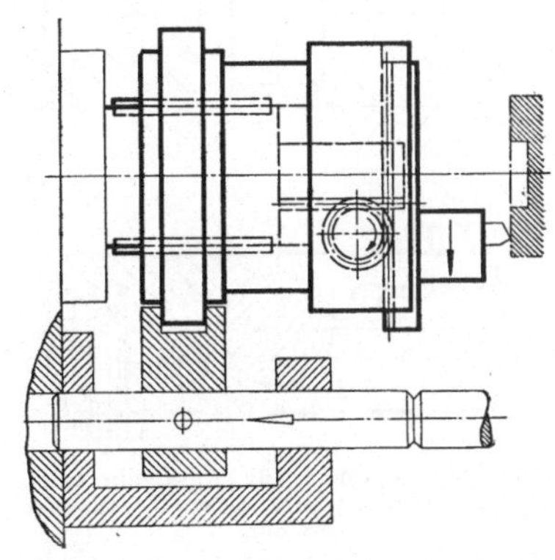

Bild 578. Planbearbeitungskopf für Mehrspindelautomaten mit umlaufenden Werkzeugspindeln. Durch Verschieben der Schaltstange und damit der Büchse des Planbearbeitungskopfes nach links wird durch Abrollen des Zahnrades an der waagerechten Zahnstange über die senkrechte Zahnstange der Werkzeugschlitten in Planrichtung bewegt.

Die Einstechbewegung wird entweder von Hand durchgeführt, andernfalls z. B. von der Längsbewegung des Werkzeugträgers der Maschine abgeleitet.

Bei Zustellung von Hand kommt Übersetzung durch Hebel, Keil oder Schraube in Betracht. Zustellung von Hand ist nur bei geringerer Breite und Tiefe des Einstiches vorzusehen, denn der Bedienende soll durch die Einstecharbeit nicht vorzeitig ermüden. Bei Zustellung unmittelbar durch Handhebel ist das Einstechwerkzeug mehr gefährdet als bei Zustellung unter Zwischenschaltung eines selbsthemmenden Getriebeteiles. Bei Zustellung, z. B. durch Schraube, ist ein Hineinziehen des Stechmeißels in die Einstechfläche ausgeschlossen, vorausgesetzt, daß die Gewindeteile kein größeres Längsspiel aufweisen. Die Gefahr, daß das Einstechwerkzeug in die Einstechfläche hineingezogen wird, ist bei kurzspanenden Werkstoffen, wie Messing oder Gußeisen, gering, bei langspanenden, vor allem bei filzigen Werkstoffen, hingegen groß.

Die Einstechtiefe ist nach Skala auszuführen oder durch Anschlag zu begrenzen.

Aus der Arbeitsstellung zurückgezogen werden von Hand zugestellte Einstechwerkzeuge ebenfalls von Hand oder durch Feder, bei umlaufenden Spannern gegebenenfalls unter entgegengesetzter Umlaufrichtung der Bohrspindel.

Für die anfallenden Späne ist in Arbeitsstellung des Spanners ausreichend Raum vorzusehen. Andernfalls kann die gesamte Einstecharbeit in Frage gestellt sein und das Einstechwerkzeug gefährdet werden.

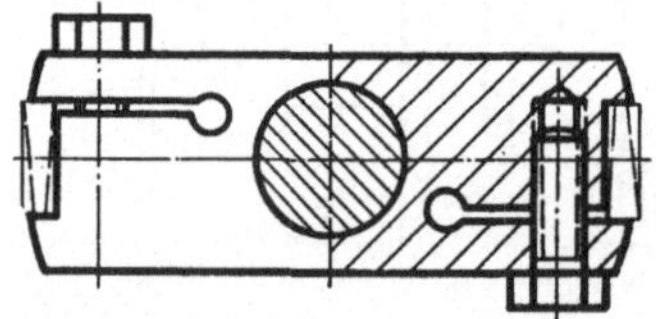

Bild 579. Spanner für Ausstechmeißel, mit unveränderlichem Mittenabstand der Meißel.

## 7. Spanner für umlaufende Ausstechwerkzeuge.

Umlaufende Ausstechwerkzeuge (Bild 579 bis 581) werden zum Ausstechen von Scheiben und Ringen aus Blechen verwendet. Dazu werden im Spanner meist zwei Stechstähle, und zwar entweder auf dem gleichen Schwenkhalbmesser oder zur Erzielung günstigerer Schneidverhältnisse, versetzt angeordnet.

Für das Ausstechen von Teilen verschieden großen Durchmessers werden Spanner für Stechstähle radial verstellbar gehalten (Bild 580 u. 581).

Weitgehend sind normale Stechstähle, d. h. mit durchgehend gleichem Querschnitt, zu verwenden.

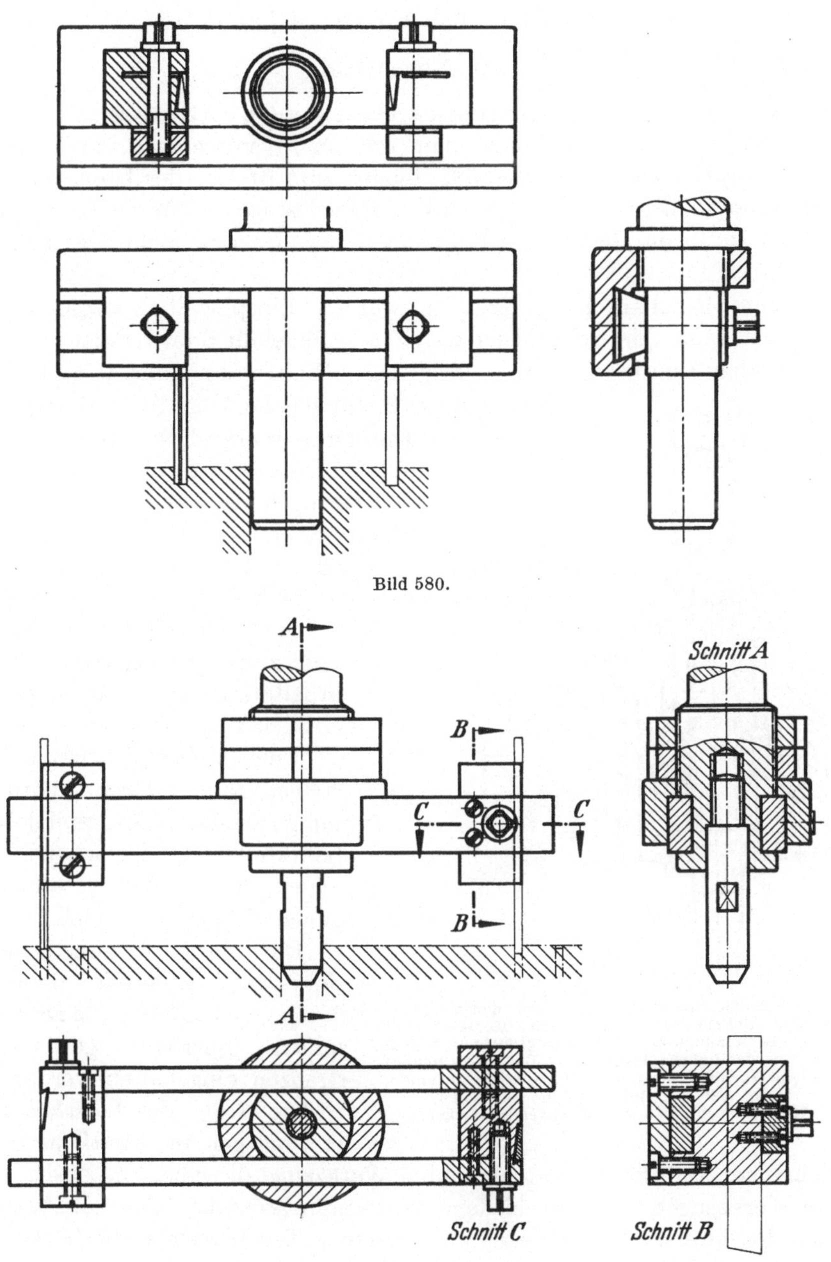

Bild 580.

Bild 581.

Bild 580 u. 581. Spanner für Ausstechmeißel, deren Abstand von der Mitte veränderlich ist.

Bild 579 bis 581. *Spanner für Ausstechmeißel. Für günstige Schneidverhältnisse wird zweckmäßig der eine Meißel für den äußeren, der andere Meißel für den inneren Durchmesser mit den für das Spanen günstigsten Schneidwinkeln versehen.*

14*

## 8. Einspindel- und Mehrspindelbohrköpfe.

### a) Allgemeines.

Einspindel- und Mehrspindelbohrköpfe werden als Zusatzeinrichtung zu Bohrmaschinen, Drehmaschinen und zu Fräsmaschinen verwendet.

*Einspindelbohrköpfe* (Bild 582) dienen zum Ändern der Drehzahl, in selteneren Fällen zum Ändern der Umlaufrichtung oder für die Fertigung von Bohrungen, die mit der Bohrspindel der Maschine nicht zugänglich sind.

Zum Erhöhen der Drehzahlen werden Einspindelbohrköpfe verwendet, wenn die Drehzahl der Maschinenspindel für Bohrwerkzeuge von kleinerem Durchmesser zu niedrig liegt. Die Herabsetzung von Drehzahlen kann z. B. für das Senken mit Werkzeugen von größerem Durchmesser erforderlich sein.

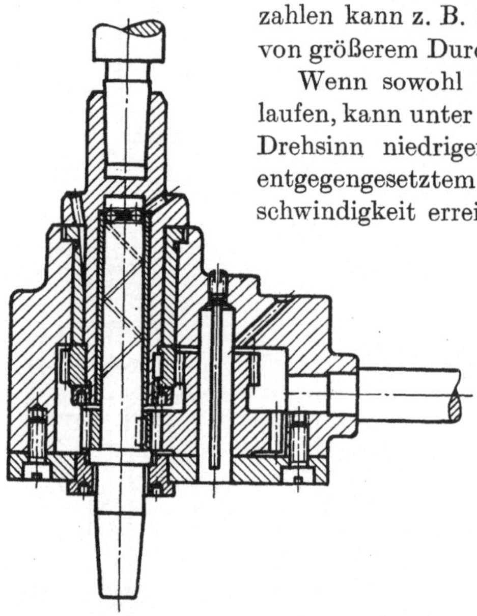

Wenn sowohl Werkstück wie Werkzeug umlaufen, kann unter geringem Aufwand bei gleichem Drehsinn niedrigere Schnittgeschwindigkeit, bei entgegengesetztem Drehsinn höhere Schnittgeschwindigkeit erreicht werden.

*Mehrspindelbohrköpfe* dienen zum gleichzeitigen Bearbeiten mehrerer Bohrungen (Bild 583 bis 586).

Eine weitere Leistungssteigerung ist durch Anordnung mehrerer Mehrspindelbohrköpfe, parallel nebeneinander oder unter verschiedenen Winkeln, möglich.

Die jeweils günstigste *Schnittgeschwindigkeit* kann durch verschieden große Drehzahlen innerhalb gewisser Grenzen eingehalten werden.

Bild 582. Einspindelbohrkopf, durch den die Drehzahl der Bohrpindel in das Schnelle übersetzt wird. Das Übersetzungsverhältnis beträgt etwa 1 : 3. Das Gehäuse des Bohrkopfes ist gegen Drehen zu sichern und hierzu die waagerechte Haltestange an einem festen Teil der Bohrmaschine anzulegen. (Firma Eugen Fahrion, Eßlingen-Mettingen.)

Die Größe des *Vorschubes* ist hingegen für sämtliche in demselben Bohrkopf untergebrachten Werkzeuge dieselbe, und deshalb bei Werkzeugen für verschiedene Verwendungszwecke oder von verschieden großem Durchmesser nur für einen Teil derselben die jeweils zweckmäßige.

In einem Bohrkopf sind deshalb möglichst nur solche Werkzeuge zusammenzufassen, für die Schnittgeschwindigkeit und Vorschub in wirtschaftlich tragbaren Grenzen liegen.

Die Antriebsleistung von Maschinen, auf denen Mehrspindelbohrköpfe verwendet werden, muß mindestens so groß sein, daß die mit
den betreffenden Werkzeugen mögliche Schnittleistung voll ausgenutzt wird.

Durch Verwendung von Mehrspindelbohrköpfen wird vor allem an
Hauptzeit gespart, denn die Hauptzeit für sämtliche Bohrungen eines
Bohrbildes ist gleich der Hauptzeit für die längste dieser Bohrungen.

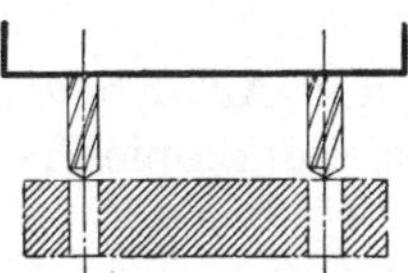

Bild 583. Die Anzahl der Bohrkopfspindeln
ist gleich der Anzahl der Werkstückbohrungen.

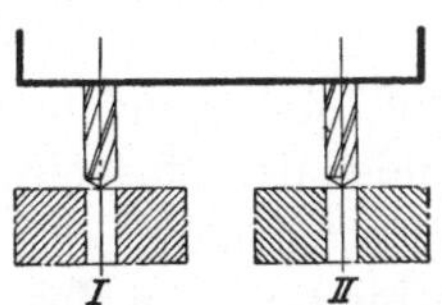


Bild 584. Die Anzahl der Bohrspindeln ist
doppelt so groß wie Anzahl der Bohrungen
in nur einem Werkstück. Durch denselben
Bohrkopf werden zwei gleiche oder zwei verschiedene Werkstücke bearbeitet.

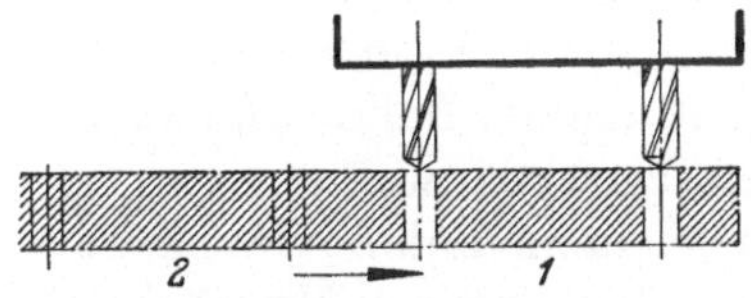


Bild 585. Die Anzahl der Bohrspindeln ist
z. B. nur halb so groß wie die Anzahl der in
einem Werkstück zu fertigenden Bohrungen.
Diese werden gruppenweise aufeinanderfolgend gefertigt.

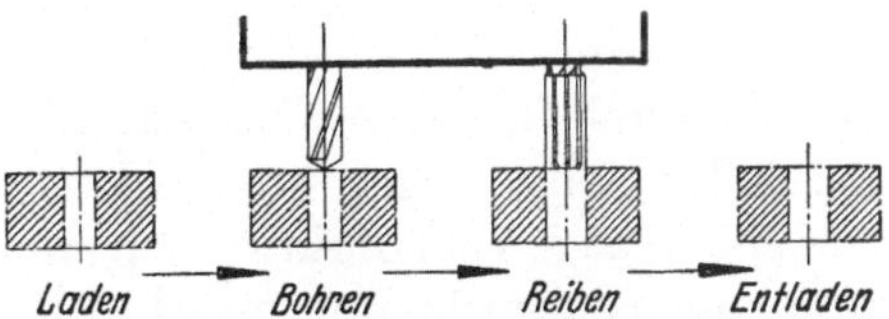


Bild 586. Die Bohrspindeln enthalten ver-
schiedenartige Werkzeuge, die für Fertigung
*einer* Bohrung dienen. Die Werkstücke werden hierbei den Werkzeugen fortlaufend
wechselnd zugeführt.

Bild 583 bis 586. *Anwendungsbeispiele für Mehrspindelbohrköpfe. Der Einfachheit wegen ist ein
Bohrkopf mit nur zwei Spindeln angenommen.*

Danach ist die Ersparnis an Hauptzeit am größten, wenn sämtliche
Bohrungen eines Bohrbildes gleich lang sind. Bei verschiedenen Bohrtiefen bleiben die kürzeren Werkzeuge um den Unterschied der Bohrtiefen ungenutzt.

Durch Mehrspindelbohrköpfe wird außerdem an Nebenzeit gespart,
nämlich an Zeit für das Schalten der Maschine, wie für das Anstellen
und Auslaufen der Werkzeuge.

Nachteile von Mehrspindelbohrköpfen sind:

Längere Dauer für das Einrichten des Werkzeugsatzes als für das
Einrichten einer gleich großen Anzahl von Werkzeugen in einzelnen
Bohrspindeln;

verhältnismäßig schlechter Wirkungsgrad des Getriebes;

zum Teil ungünstige Spindellagerung;

durch ungleichmäßige Werkzeugabnutzung häufigerer Stillstand der
Maschine und einer größeren Anzahl von Werkzeugen;

bei verschiedenen Arbeitsverfahren und verschieden großen Bohrungsdurchmessern nur zum Teil Bestwerte für Schnittgeschwindigkeit und Vorschub;
verhältnismäßig große Bauhöhe;
verhältnismäßig großes Gewicht;
verminderte Sicht auf die Bohrstelle.

### b) Verbindung von Ein- und Mehrspindelbohrköpfen mit der Maschine.

Ein- und Mehrspindelbohrköpfe erhalten ihren Antrieb durch die
Arbeitsspindel der Maschine. Das Gehäuse des Bohrkopfes ist gegen
Drehen festzulegen.

Zur Verbindung von Mehrspindelbohrköpfen mit Bohrspindeln dienen
Kegelschaft mit Lappen oder, für größere Bohrleistungen, Kegelschaft
mit Querkeil. Das Bohrkopfgehäuse wird in der Regel auf der Spindelpinole festgeklemmt. Größere Bohrköpfe werden außerdem durch Anschlag oder Führung gegen Drehen gesichert. Das um das Bohrkopf-
gewicht vergrößerte Gewicht der Bohrspindel erfordert meist einen Ausgleich durch Gegengewicht. Zur Niedrighaltung des Bohrkopfgewichtes
kann das Bohrkopfgehäuse aus Leichtmetall gefertigt werden.

Mit Waagerecht-Bohrwerken können leichtere Bohrköpfe ebenfalls
wie mit Senkrecht-Bohrmaschinen verbunden werden. Mittelschwere
und schwerere Bohrköpfe sind jedoch, wie bei Anordnung auf Drehmaschinen, auf dem Bett der Maschine zu befestigen (Bild 605). Die
Vorschubbewegung ist dabei dem Aufspanntisch zugeordnet.

### c) Mehrspindelbohrköpfe mit festem und mit veränderlichem Spindelabstand.

Ob im Einzelfall ein Mehrspindelbohrkopf mit „festem", d. h. unver-
stellbarem, oder mit verstellbarem Spindelabstand vorgesehen werden
soll, ist vorzugsweise eine wirtschaftliche Frage. Falls eine so große
Anzahl von Werkstücken vorliegt, daß der Kostenaufwand für einen
Sonderbohrkopf vertretbar ist, sind Bohrköpfe mit festem Spindelabstand vorzuziehen, denn diese sind technisch hochwertiger als Bohrköpfe mit verstellbaren Spindeln.
Vorteile der Mehrspindelbohrköpfe mit festem Spindelabstand sind:
Einbau der Getriebeteile in geschlossenem Gehäuse;
günstige Schmiermöglichkeit durch Ölbad;
durch reichliche, von der Wartung weitgehend unabhängige Schmierung geringerer Verschleiß der Getriebeteile und größere Betriebs-
sicherheit;
gegenüber Antrieb durch Gelenkwellen geringere Bruchgefahr, geringere Bauhöhe und geringeres Gewicht des Bohrkopfes;

Gewährleistung genauer Spindelabstände, dadurch Wegfall der Ausschußgefahr beim Arbeiten mit ungeführten Werkzeugen;

durch genaue Spindelabstände außerdem Schonung der Werkzeuge, die durch Buchse geführt sind, während ungenau eingestellte Werkzeuge in Buchsenführung vorzeitig verschleißen;

Wegfall der Zeit für das Einstellen der Spindeln.

Für Bohrspindeln mit festem Achsabstand kommen folgende Getriebearten in Betracht:

Vorzugsweise Stirnräder oder Schraubenräder (Bild 587 bis 591), in selteneren Fällen Kurbelantrieb,

bei größerem Achsabstand Kegelräder, Kettenantrieb oder Riemenantrieb.

Spindeln mit verstellbarem Achsabstand werden vorzugsweise durch Stirnräder oder Schraubenräder (Bild 587), im übrigen vor allem durch Gelenkwellen (Bild 603 u. 604) angetrieben, außerdem durch Kegelräder, die auf der Antriebswelle verstellbar sind.

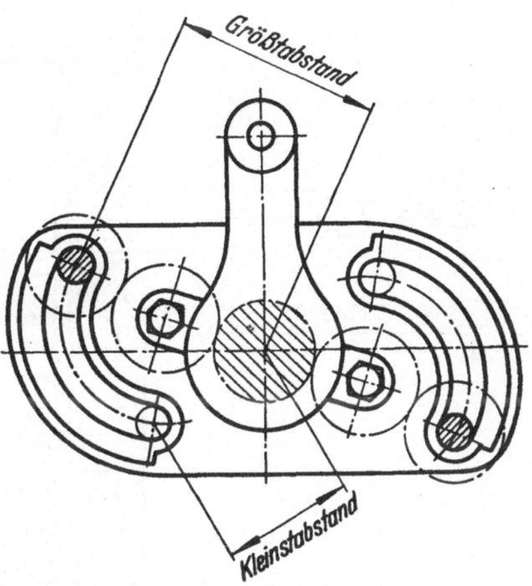


Bild 587. Bohrkopf mit zwei oder drei Spindeln, mit verstellbarem Spindelabstand. Jede der beiden außermittigen Spindeln ist für das Verstellen um ein Zwischenrad schwenkbar.

Antrieb durch Zahnräder ist betriebssicherer als Antrieb durch Gelenkwellen und ermöglicht geringere Bauhöhe des Bohrkopfes. Bei Antrieb durch Gelenkwellen sind die Bohrspindeln jedoch innerhalb eines größeren Bereiches nach dem Bohrbild einstellbar. Dieser Bereich wird, abgesehen von der Baugröße des Bohrkopfes, durch die Schrägstellung der Gelenkwellen begrenzt. Diese Schrägstellung soll nicht mehr als 15° betragen, denn mit der Schrägstellung nimmt für die Gelenke die Bruchgefahr zu. Das gilt insbesondere für Gelenkwellen, die mit höherer Drehzahl umlaufen.

### d) Spindellagerungen für Mehrspindelbohrköpfe.

Als Querlager können für Umfangsgeschwindigkeiten bis etwa 3 m/sek Gleitlager verwendet werden. Für höhere Umfangsgeschwindigkeiten sind Wälzlager vorzusehen, vorausgesetzt, daß der Spindelabstand den für Wälzlager größeren Durchmesser zuläßt.

Falls die Antriebskraft unmittelbar neben dem Querlager angesetzt werden kann, ist einseitige Lagerung zulässig (Bild 589). Bei größerem Abstand des Kraftangriffes vom Querlager sind Spindeln doppelseitig zu lagern (Bild 590 bis 596).

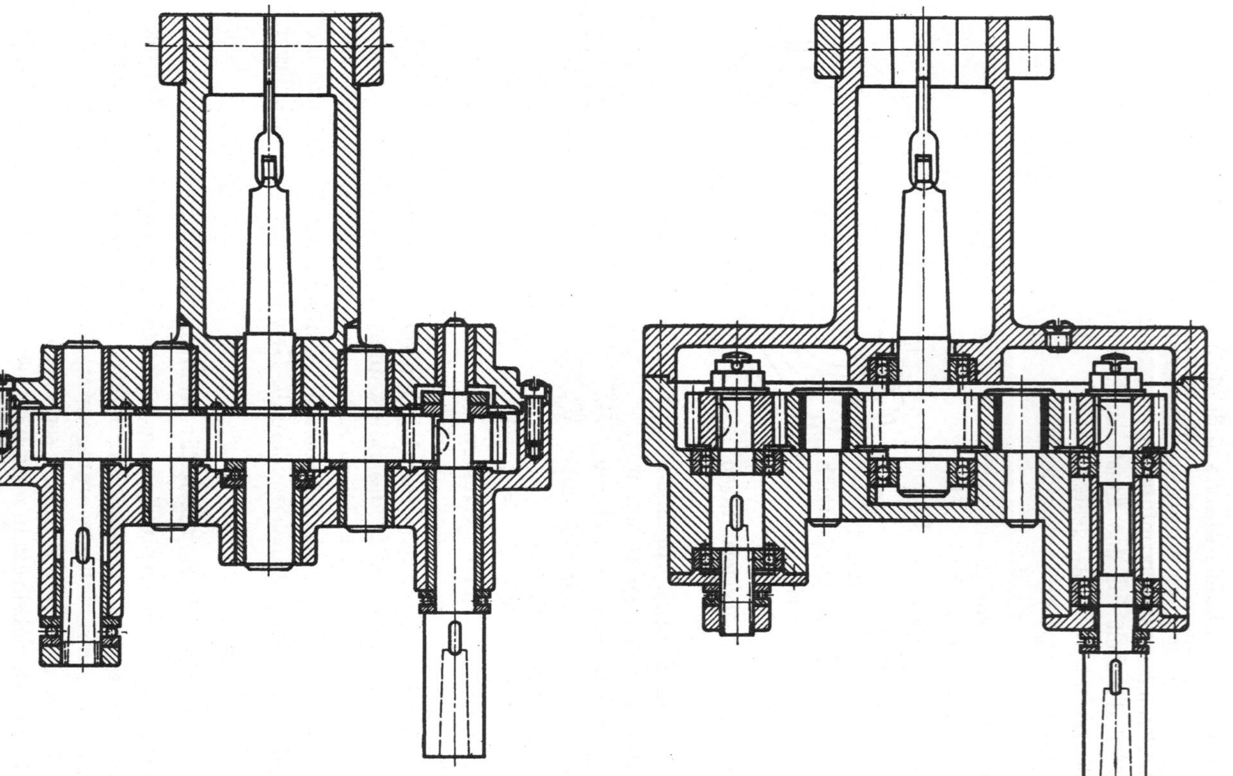

Bild 588. Mehrspindelbohrkopf mit Spindeln in Gleitlagern.     Bild 589. Mehrspindelbohrkopf mit Spindeln in Wälzlagern.

Bild 588 u. 589. *Mehrspindelbohrköpfe. Das Bohrkopfgehäuse wird an der Bohrspindelpinole festgeklemmt, der Kegelschaft in die Bohrspindel eingesetzt.* (MÜLLER: „Zeitsparende Vorrichtungen“. Berlin: Springer.)

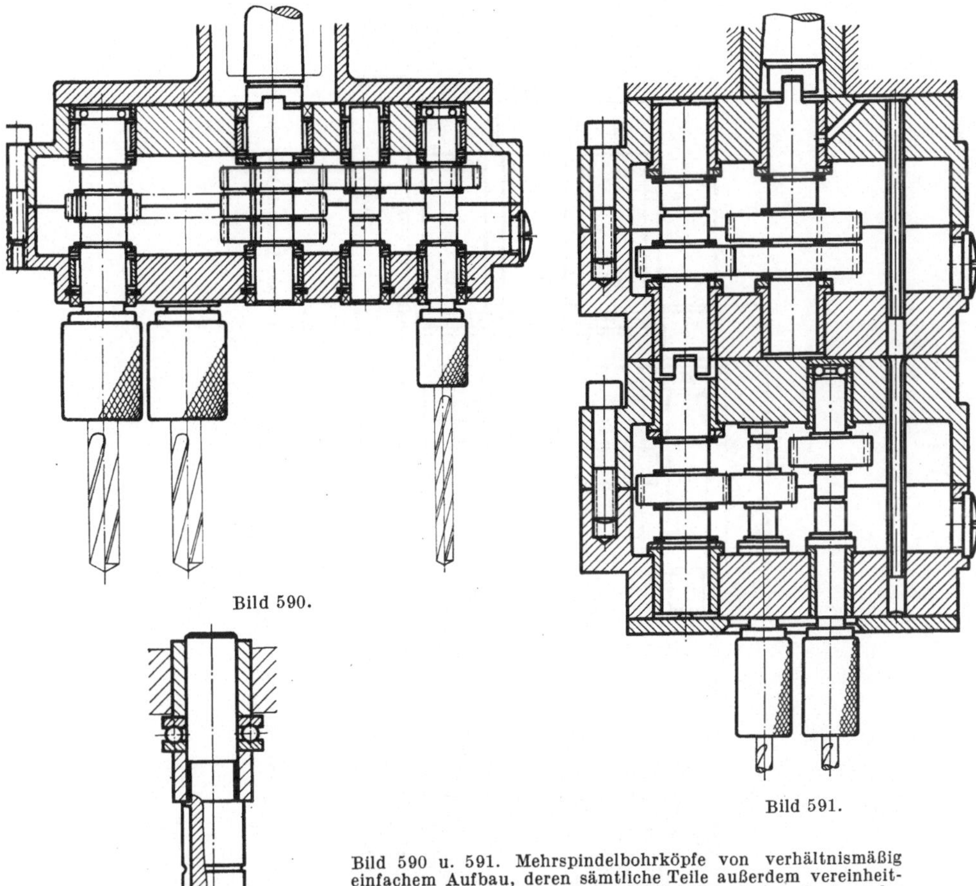

Bild 590.

Bild 591.

Bild 590 u. 591. Mehrspindelbohrköpfe von verhältnismäßig einfachem Aufbau, deren sämtliche Teile außerdem vereinheitlicht und handelsüblich sind. Die Gehäuse sind in kreisrunder und rechteckiger Form festgelegt und nach Normzahlen der Reihe R 10 gestuft. Durch Einstiche in den Wellen und Spindeln können die Zahnräder unter Verwendung von Sicherungsringen in mehreren Längsstellungen wahlweise angeordnet werden. Wellen und Spindeln können im Bohrkopfgehäuse unmittelbar, in Gleitlagerbuchsen, in STIEBER-Rollenlagern oder handelsüblichen Wälzlagern geführt werden. Die Spindeln sind mit STIEBER-Spannfutter, STIEBER-Spanndorn oder mit Spannzange beziehbar. Der kleinstmögliche Spindelabstand beträgt 7 mm. Die Hauptvorteile dieser vollständigen Werksnormung sind hohe Wirtschaftlichkeit durch verhältnismäßig geringe Gestaltungs- und Anschaffungskosten, kurze Lieferzeiten durch sofortigen Bezug der fertigen Bauteile und Wiederverwendbarkeit der Wellen, Zahnräder und Spindeln. Für die Erstellung dieser Mehrspindelköpfe sind nur die dem jeweiligen Bohrbild entsprechenden Bohrungen im Spindelkopfgehäuse einzuarbeiten. Nach den bisherigen Erfahrungen konnten mit diesen Mehrspindelköpfen rund 90% der anfallenden Bohraufgaben ausgeführt werden. (Firma Stieber-Rollkupplung, München.)

Bild 592. Bohrspindel für Mehrspindelbohrköpfe. Spannfutter mit Stieber-Rollkupplung.

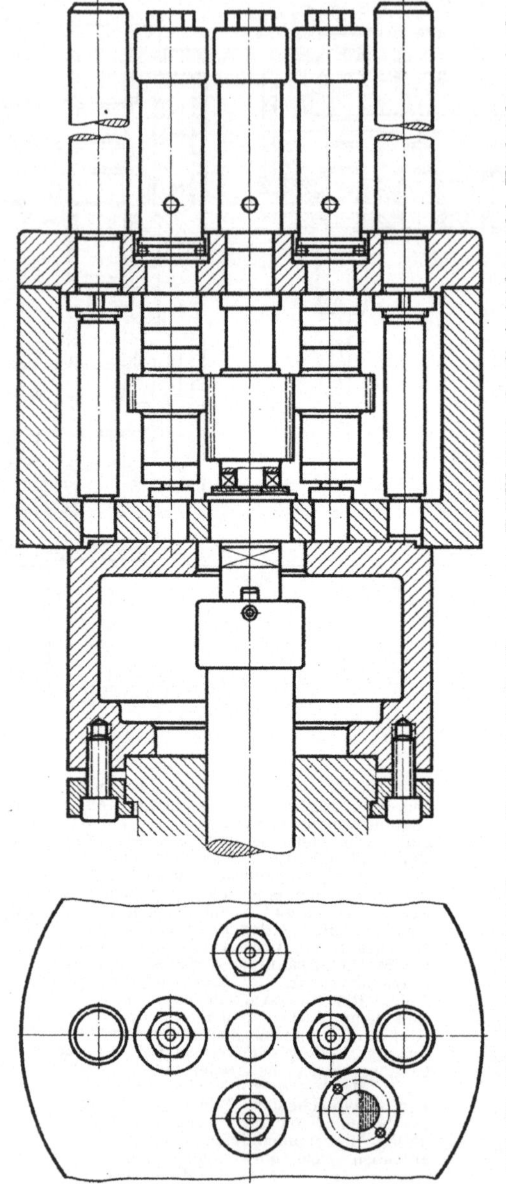

Bild 593. Mehrspindelbohrkopf K, mit Kupplung durch Klaueneinsatz K DIN 69003—6 mit Antriebsspindel. Hierbei kann in der Mitte des Bohrkopfes keine Spindel angeordnet werden.

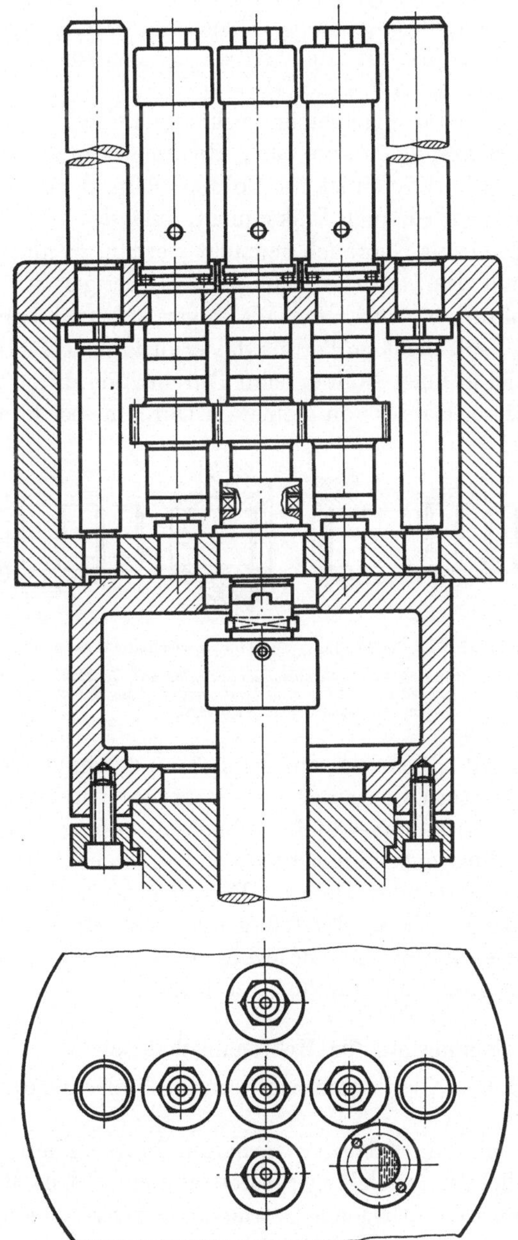

Bild 594. Mehrspindelbohrkopf E, mit einer Bohrspindel als Antriebsspindel, die im Bohrkopf mittig angeordnet ist. Die angetriebenen Spindeln laufen in entgegengesetztem Drehsinn zur antreibenden Spindel.

Bild 593 u. 594. *Mehrspindelbohrköpfe Reihe C nach DIN 69004—20.*

Bei einseitiger Lagerung soll die Lagerlänge mindestens 2,5 d betragen. Falls diese Mindestlänge aus baulichen Gründen nicht eingehalten werden kann, ist ebenfalls doppelseitige Lagerung vorzusehen, also auch dann, wenn die Antriebskraft unmittelbar neben dem Querlager angreift.

Bohrspindeln sind im allgemeinen rechtsumlaufend zu halten, insbesondere solche Bohrspindeln, die zur Aufnahme normaler Werkzeuge bestimmt sind. In Bohrköpfen ist für Bohrspindeln, denen ein Sonderwerkzeug zugeordnet wird, auch Linksumlauf zulässig. Von dieser Möglichkeit sollte jedoch nur Gebrauch gemacht werden, wenn für Rechtsumlauf der Aufbau des Getriebes sehr viel schwieriger ist.

Die Vorschubkraft ist durch ein Wälzlager aufzunehmen.

Das Längsspiel soll nicht größer als das erforderliche Laufspiel sein. Bei größerem Spiel können Bohrer beim Durchtreten durch die Werkstückfläche einhaken. Bohrer von kleinerem Durchmesser können dabei

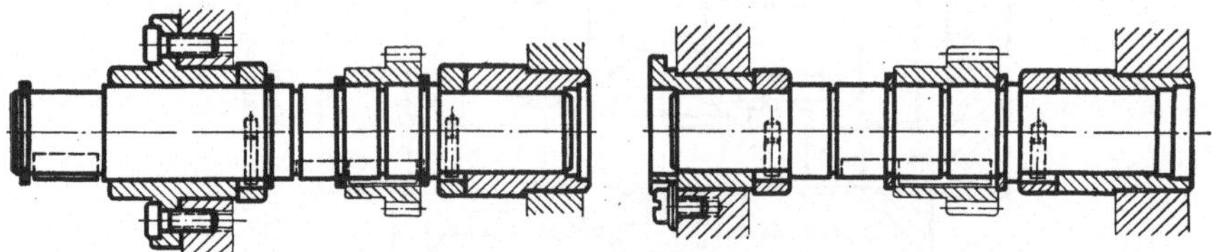

Bild 595. Antriebsspindel nach DIN 69004—33.     Bild 596. Zwischenspindel nach DIN 69004—32.

Bild 595 u. 596. *Genormte Spindeln für Mehrspindelbohrköpfe, mit Gleitlagerung und Zahnradantrieb. Die Spindeln können in jeder Stellung eingebaut werden. Die Schmierung der Lager ist in der Norm nicht festgelegt.*

zu Bruch gehen. Mit Rücksicht auf Einbau und Abnutzung ist das Längsspiel durch Muttern, Schrauben oder Paßteile einstellbar zu halten.

Bohrungen zur Aufnahme von Lagerbuchsen oder von Wälzlagern sind möglichst mit durchgehend gleichgroßem Durchmesser auszuführen. Abgesetzte, mit zunehmender Tiefe im Durchmesser kleiner werdende Bohrungen erfordern höhere Herstellkosten. Unvertretbar sind Gestaltungen, bei denen hinter einer Bohrung von kleinerem Durchmesser eine Bohrung von größerem Durchmesser liegt.

### e) Schmierung für Mehrspindelbohrköpfe.

Einzelne Spindeln in Gleitlagern erfordern Ölschmierung und ständige Wartung.

Einzelne Spindeln in Wälzlagern erhalten Fettschmierung, die je nach Güte der Abdichtung nach längeren Zeiträumen, z. B. nach Monaten, erneuert werden muß. Offen liegende Getriebeteile werden ebenfalls durch Fett geschmiert.

Spindellager und Getriebeteile in geschlossenem Gehäuse erhalten Tropfschmierung oder zweckmäßiger Schmierung aus einem Ölbad.

Schmierung aus einem Ölbad ist bei senkrechter Spindelanordnung und einseitiger Spindellagerung einfach durchführbar. Hierbei steht das Ölbad im Bereich der Getriebeteile und in den Nuten der Spindellager.

Bei senkrechter Spindelanordnung und doppelseitiger Lagerung ist das Öl möglichst von den oberen Lagern aus zuzuführen. Getriebeteile und untere Lager werden von dem durchsickernden Öl geschmiert.

Bei geschlossenem Gehäuse und waagerechten Spindeln wird Spritzschmierung verwendet. Das unten liegende Getriebeteil taucht hierbei in das Ölbad ein und spritzt beim Umlaufen das Öl durch das Gehäuseinnere, wobei durch Spritzer oder durch den Ölnebel sämtliche Teile vom Öl benetzt werden.

Für größere Bohrköpfe kommt gegebenenfalls der Einbau einer Pumpe für Umlaufschmierung in Betracht.

Der Drall schraubenförmiger Schmiernuten ist so zu richten, daß das Schmieröl unter der Drehbewegung der Spindeln in das Gehäuseinnere geführt wird.

Für das Ablassen verbrauchten Öles ist eine verschließbare Öffnung vorzusehen. Die Lage des Ölspiegels wird zweckmäßig durch Schauglas sichtbar gemacht. Bei wahlweiser Verwendung in senkrechter oder waagerechter Spindellage ist das Schauglas möglichst derart anzuordnen, daß der Ölstand an demselben Ölschauglas beobachtet werden kann.

### f) Werkzeugspanner für Mehrspindelbohrköpfe.

In Mehrspindelbohrköpfen müssen die Werkzeuge in Längsrichtung einstellbar sein, damit sie am Werkstück z. B. gleichzeitig oder in der sonst erforderlichen Folge zum Angriff gebracht werden können. Außerdem wird durch Einstellbarkeit den verschiedenen Werkzeuglängen Rechnung getragen.

Werkzeuge mit zylindrischem Schaft sind bei Spannung durch Zange (Bild 597 bis 599), STIEBER-Rollkupplung (Bild 592) oder Futter in

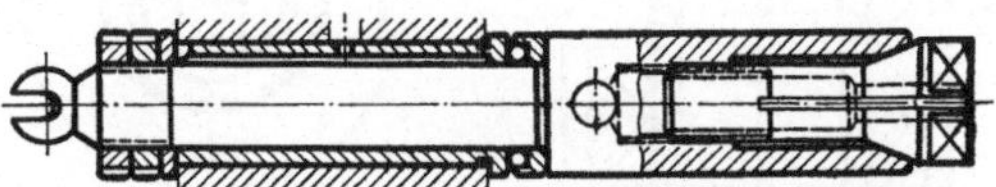

Bild 597. Bohrkopfspindel für Mehrspindelbohrköpfe, für sehr leichte Bohrarbeiten, nach DIN 69004—11, mit Gleitlagerung und Gelenkantrieb.

Längsrichtung ohne weiteres verstellbar. Hiervon werden in Mehrspindelbohrköpfen mit Rücksicht auf den geringeren Außendurchmesser vorzugsweise Zangenspannung oder STIEBER-Rollkupplung verwendet. Bohrerfutter mit Spannbacken sind wegen ihres größeren Außendurchmessers sowie der zwischen den Bohrspindeln beschränkten Zugänglichkeit nur begrenzt verwendbar.

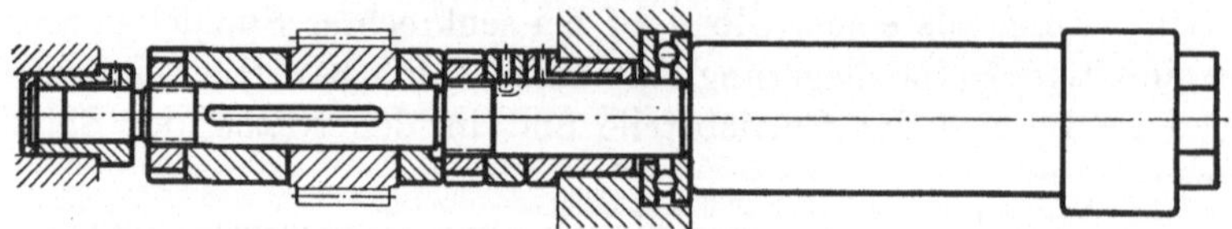

Bild 598. Bohrkopfspindel für Mehrspindelbohrköpfe, für leichtere Bohrarbeiten, nach DIN 69004—21, mit doppelseitiger Gleitlagerung, mit Zahnradantrieb.

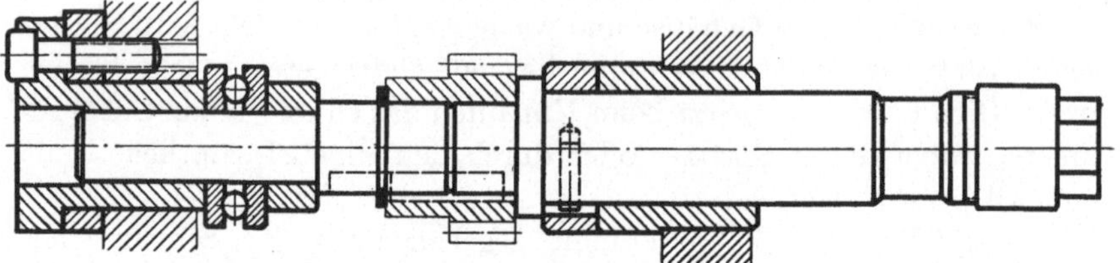

Bild 599. Bohrkopfspindel für Mehrspindelbohrköpfe, für mittelschwere und schwerere Bohrarbeiten, nach DIN 69004—31, mit doppelseitiger Gleitlagerung, mit Zahnradantrieb.

Zahlentafel 15. *Einsatzhülsen mit Kegelbohrung für Mehrspindelbohrköpfe.*

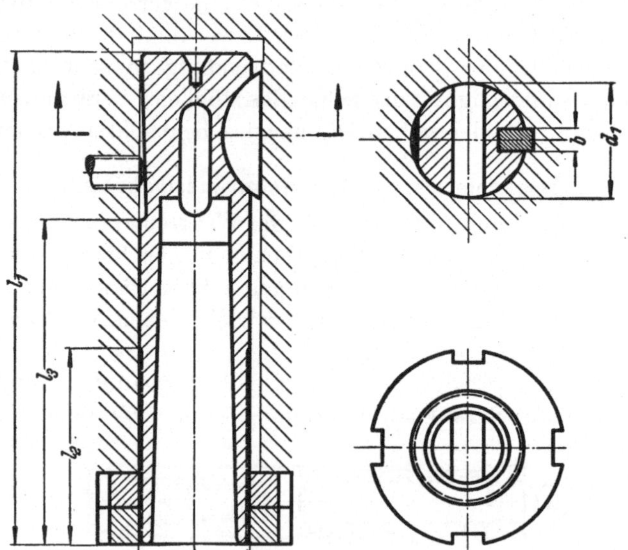

| Morsekegel | $d_1$g6 | $d_2$ | $b$H6 | $l_1$ | $l_2$ | $l_3$ | Scheibenfeder DIN 122 $b \times h$ |
|---|---|---|---|---|---|---|---|
| 1 | 16 | 16×1,5 | 4 | 85 | 38 | 45 | 4× 5 |
| 1—2 | 22 | 22×1,5 | 5 | 95 | 38 | 45 | 5× 7,5 |
| 1—3 | 32 | 32×1,5 | 6 | 120 | 45 | 50 | 6×11 |
| 2—4 | 42 | 42×1,5 | 8 | 145 | 60 | 65 | 8×15 |
| 2—5 | 45 | 45×1,5 | 10 | 145 | 60 | 65 | 10×16 |

Werkzeuge mit Kegelschaft können durch Einsatzhülsen verstellt werden, die außen zylindrisch sind (Bild 601 u. 602, Zahlentafel 15).

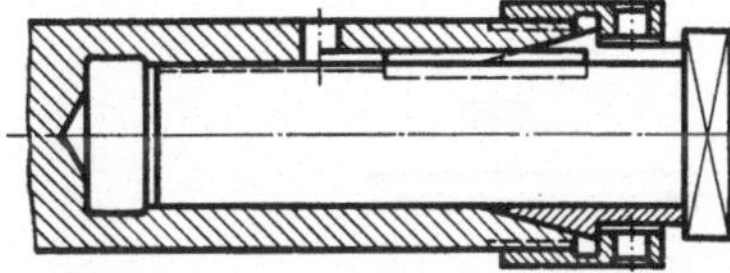

Bild 600. Kopf einer Spindel für den Antrieb eines Mehrspindelbohrkopfes. Der Einsatz mit Mitnehmer nach DIN 69003—6 wird durch Überwurfmutter über Zange gespannt.

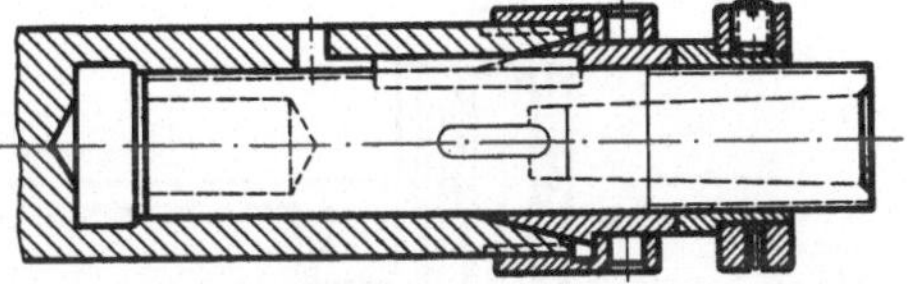

Bild 601. Kopf einer Bohrspindel für mittelschwere und schwerere Bohrarbeiten. Die Einsatzhülse nach DIN 69004—31, Zusammenstellung I, ist mit Morsekegelbohrung versehen, wird durch Mutter in Längsrichtung eingestellt und durch die Überwurfmutter über Zange gespannt.

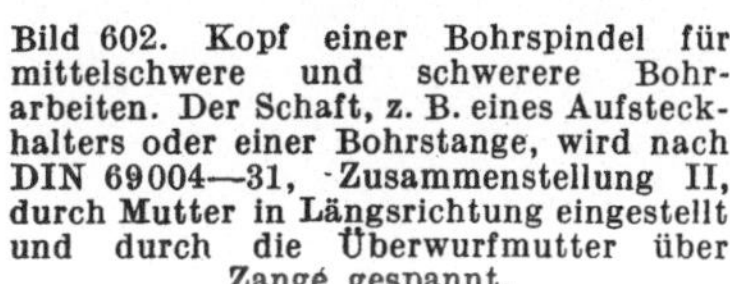

Bild 602. Kopf einer Bohrspindel für mittelschwere und schwerere Bohrarbeiten. Der Schaft, z. B. eines Aufsteckhalters oder einer Bohrstange, wird nach DIN 69004—31, Zusammenstellung II, durch Mutter in Längsrichtung eingestellt und durch die Überwurfmutter über Zange gespannt.

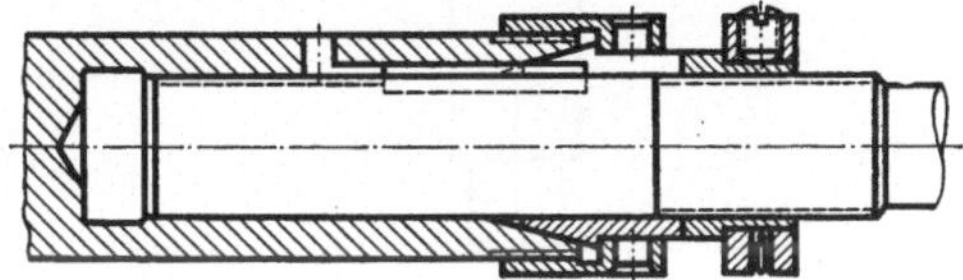

Bild. 602.

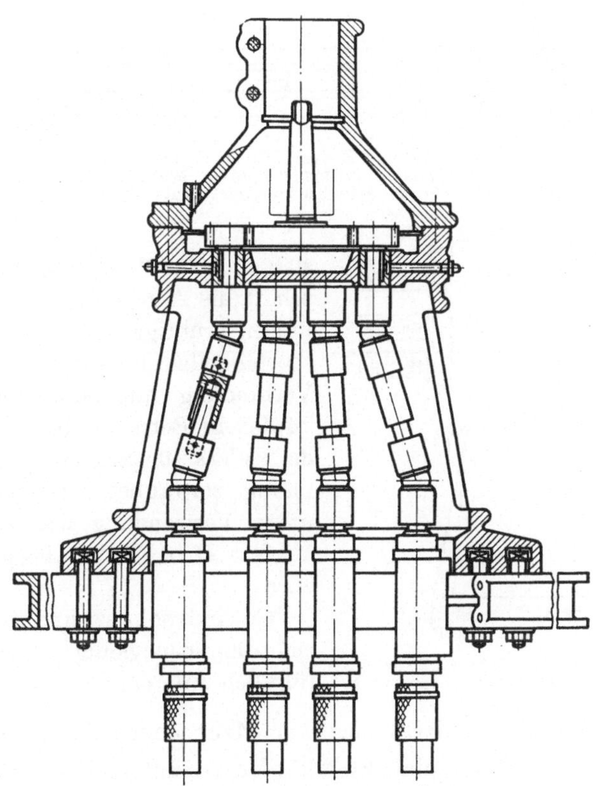

Bild 603. Mehrspindelbohrkopf mit Gelenkspindeln.

In Bohrköpfen mit Gelenkwellenantrieb (Bild 603) wird das gesamte Spindellager in Längsrichtung verstellbar gehalten (Bild 604), wodurch

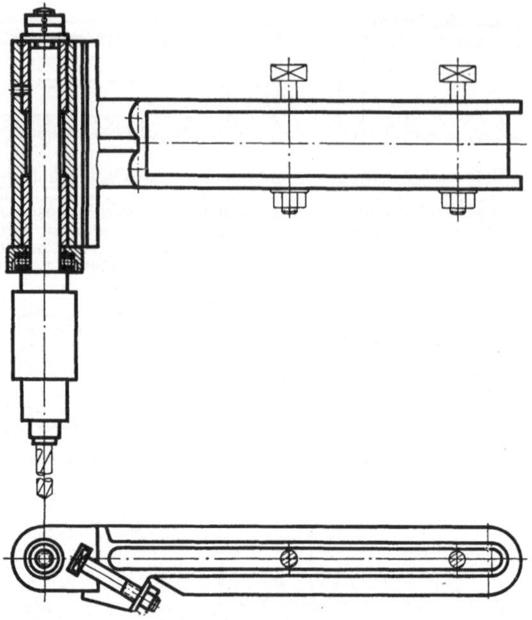

Bild 604. Lagerung einer Bohrspindel und Haltearm für einen Mehrspindelbohrkopf mit Gelenkwellenantrieb. Bohrspindellager samt Bohrspindel sind in Richtung Bohrachse verstellbar. Dadurch erübrigt sich eine in Achsrichtung verstellbare Werkzeugaufnahme.

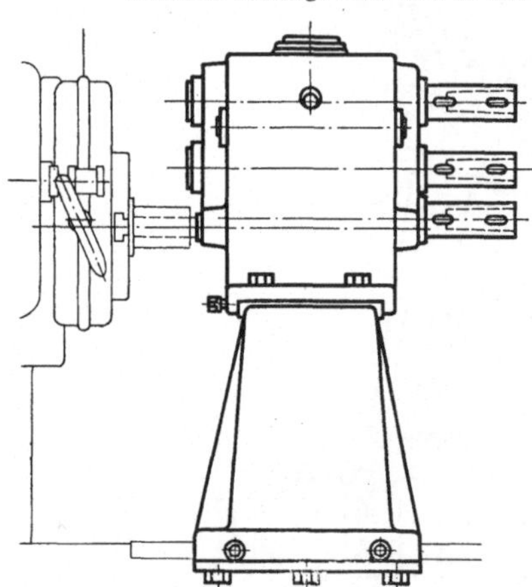

Bild 605. Mehrspindelbohrkopf auf Zwischenbock, verwendet auf Waagerechtbohrwerk.

sich auch für Werkzeuge mit Kegelschaft die Anordnung von Einsatzhülsen erübrigt.

Schnellwechselfutter können in Verbindung mit Mehrspindelbohrköpfen in Betracht kommen, wenn der Werkstückwechsel verhältnismäßig zeitraubend ist und nicht unter Verwendung weiterer Bohrköpfe, z. B. in Fließstraße, gearbeitet wird.

Gewindebohrer sind in Längsrichtung nachgiebig aufzunehmen (ähnlich Bild 650).

### g) Führung der Werkzeuge von Mehrspindelbohrköpfen.

Für Werkzeuge in Mehrspindelbohrköpfen kommt in Betracht:
Arbeiten ohne Führung (für geringere Einstellgenauigkeit),

Führung durch Buchsen des Werkstückspanners,
Führung durch Buchsen einer mitgehenden Bohrplatte, d. h. einer
Platte, die mit dem Mehrspindelkopf federnd verbunden ist.

### h) Normen für Mehrspindelbohrköpfe.

DINormen für Mehrspindelbohrköpfe sind im anhängenden Norm-
blattverzeichnis angegeben. Eine sehr weitgehende und in der Praxis
bereits bewährte Normung wurde außerdem durch die Firma Stieber-
Rollkupplung, München, durchgeführt (Bild 500 bis 502).

## 9. Längsanschläge für Werkzeuge für Bohrungsfertigung.

Der Vorschubweg von Werkzeugen für die Fertigung von Bohrungen
kann durch Anschlag in der Maschine oder einen Anschlag, der mit dem
Werkzeug oder dem Werkzeugspanner verbunden ist, begrenzt werden.

Mit dem Werkzeug zu verbindende Anschläge sind möglichst derart
zu gestalten, daß am Werkzeug keine zusätzlichen Arbeiten erforderlich

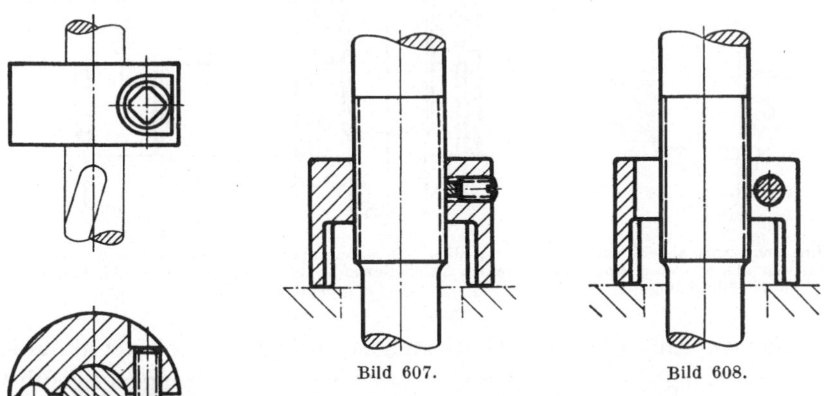

Bild 607.　　　　　　　　　　Bild 608.

Bild 606. Tiefenanschlag mit zylindrischer Bohrung, durch Bund-
schraube geklemmt.
Bild 607. Tiefenanschlag durch Gewinde aufgenommen, durch
Druckschraube über Druckbutzen gesichert.
Bild 608. Tiefenanschlag durch Gewinde aufgenommen, durch
Klemmspannung gesichert.

Bild 606.

sind, weil solche Arbeiten bei Ersatz des Werkzeuges jedesmal von neuem
geleistet werden müßten. Durch Verbindung des Anschlages mit dem
Werkzeugspanner fallen zusätzliche Arbeiten am Werkzeug zwangsläufig weg.

Für Vorschubbegrenzungen von geringerer Genauigkeit genügt
Klemmen des Anschlages auf einem Zylinderschaft (Bild 606). Im
übrigen ist Aufnahme von Anschlägen durch Gewinde vorzuziehen
(Bild 607 bis 610). Durch Gewinde wird genaues Einstellen des Anschlages erleichtert und die Anschlagkraft sicher aufgenommen. Für

Anschläge wird in der Regel Feingewinde verwendet. Der eingestellte Anschlag ist gegen unbeabsichtigtes Verstellen zu sichern.

Durch Entfernung der Anschlagfläche bis auf kleinere Teilflächen (Bild 610) bleibt die Anschlaggenauigkeit von der Auswirkung von Spänen weitgehend unbeeinflußt, da durch die Kanten der Anschlag-Teilflächen Späne beiseite geschoben werden. Bei vollrunder Anschlagfläche (Bild 606 u. 609) bleiben zwischen den Flächen Späne liegen und diese ergeben ungenaue Bearbeitungstiefen. Vollrunde Anschlagflächen sollen deshalb nur dann verwendet werden, wenn diese von Spänen frei bleiben oder wenn für die Anschlagtiefe entsprechend große Abweichungen belanglos sind. Falls die Anschlagfläche des Werkstückes unterbrochen ist, müssen die Anschlagflächen des Anschlagteiles so breit sein, daß die Unterbrechung überbrückt wird.

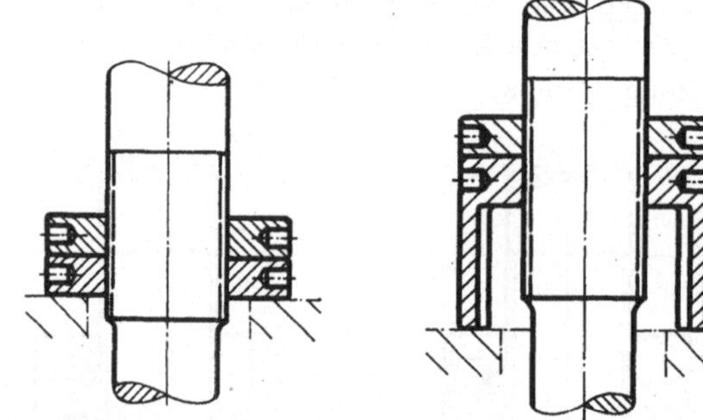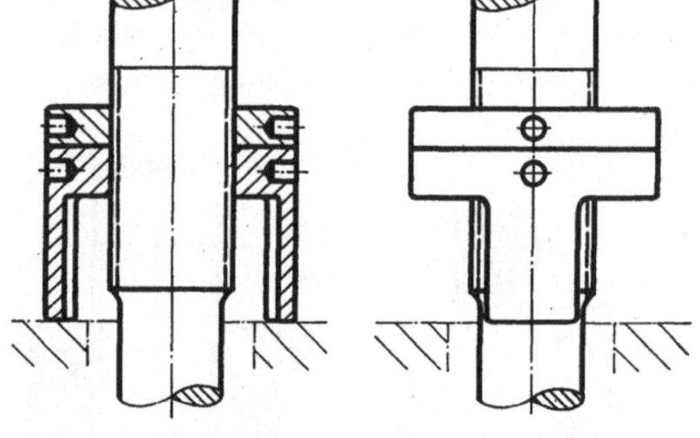

Bild 609. Normale Kreuzlochmuttern als Anschlag und zur Sicherung.

Bild 610. Tiefenanschlag mit gabelförmigen Anschlagteilen, durch Gewinde aufgenommen und durch Kreuzlochmutter gesichert.

Für das Abführen größerer Spanmengen quer zur Bohrachse durch den Anschlag hindurch werden Anschläge gabelförmig ausgeführt (Bild 610).

Wenn die Anschlagfläche des Werkstückes oder des Werkstückspanners in besonderem Maße geschont werden muß, sind Anschläge auf dem Spanner drehbar zu halten. Auf dem Spanner drehbare Anschläge führen gegenüber dem Werkstück keine Drehbewegung aus. Sie liegen bei ruhendem Werkstück auf diesem still bzw. laufen bei umlaufendem Werkstück mit diesem um (Bild 469 u. 470). Drehbare Anschläge werden vor allem benötigt, wenn der Anschlag für längere Zeitdauer oder unter größerem Druck zum Anliegen kommt, z. B. bei Werkzeugspannern mit selbsttätiger Querbewegung (Bild 571 bis 574).

Gewinde, die zur Aufnahme von Anschlägen dienen, sind frei von Richtungsfehlern auszuführen. Bei gehärtetem Spannerschaft und für genauere Zwecke ist deshalb der Gewindeteil für das Gewindeschneiden weich zu belassen oder das Gewinde zu schleifen.

# V. Halter und Spanner für Gewindeschneidwerkzeuge.

## 1. Allgemeines.

Dieser Abschnitt umfaßt Halter und Spanner für Gewindedrehmeißel, Gewindestrehler, -schneideisen, -bohrer und -schneidbacken.

Für Wahl oder Gestaltung von Gewindeschneidwerkzeugen und zum größeren Teil auch für die Wahl oder Gestaltung von Gewindewerkzeug-Haltern oder -Spannern sind in der Hauptsache folgende Punkte zu berücksichtigen:

In bezug auf das Werkstück:

Art des Gewindes (Spitz-, Trapez-, Rund-, Sägengewinde),

Rechts- oder Linksgewinde,

zylindrisches oder Kegelgewinde,

Außen- oder Innengewinde,

Gewindedurchmesser und Länge,

Gewindesteigung,

Genauigkeits- und Güteforderungen,

Werkstoff des Werkstückes,

Anzahl der Werkstücke.

In bezug auf das Werkzeug:

Anzahl der Schneiden auf dem Gewindeumfang,

Schneidzähne mit Freifläche (wenn das Werkzeug auf dem Gewinde
    nicht zurückgeführt wird),

Schneidzähne ohne Freifläche (wenn das Werkzeug auf dem Gewinde
    zurückgeführt wird),

Größe der Schneidwinkel,

Länge des Anschnittes,

fest oder verstellbar (zum Einstellen des Gewindedurchmessers bei
    gleichem Nennmaß des Gewindes, zum Einstellen auf verschiedene
    Gewindedurchmesser für Gewinde gleicher Steigung),

Verwendbarkeit für Rechts- und Linksgewinde,

Sicherung gegen Werkzeugbruch,

Spänebeseitigung,

Berücksichtigung von DINormen und Werksnormen.

In bezug auf die Maschine:

ohne Maschine (von Hand),

Gewindeschneiden auf Drehmaschinen, Bohrmaschinen,

Gewindeschneidmaschinen.

In bezug auf das Arbeitsverfahren:

Gewindefertigung bei umlaufendem Werkstück oder umlaufendem
    Werkzeug,

Gewindefertigung in *einem* Schnitt oder in mehreren Schnitten,

15*

Gewicht und Reibungswiderstand des Spannzeugträgers der Maschine (z. B. Revolverkopfes),

Führung des Gewindeschneidwerkzeuges durch das Werkstückgewinde oder durch ein Leitgewinde,

Werkzeugführung nur in Vorschubrichtung (z. B. beim Gewindeschneiden in Muttern),

Rückführung des Werkzeuges durch das Werkstückgewinde,

Rückzug des Werkzeuges ohne Berührung des Werkstückgewindes,

Rückführung bzw. Rückzug beschleunigt,

selbsttätige Beendigung des Schneidvorganges.

In bezug auf die Wirtschaftlichkeit:

Anschaffungskosten für Werkzeug und Spanner bzw. Halter,

Instandhaltungskosten für das Werkzeug,

Arbeitsleistung.

## 2. Spanner für Gewindedrehmeißel.

Durch Gewindedrehmeißel können alle Arten von Gewinde geschnitten und auch hohe Anforderungen an Genauigkeit und Oberflächengüte erfüllt werden. Gewindemeißel sind einfach gestaltet und bei gleicher Gewindeform für verschieden große Steigungen und verschieden große Durchmesser verwendbar. Nachteile von Gewindemeißeln sind die Abhängigkeit des Arbeitsergebnisses von dem die Maschine Bedienenden und damit die verhältnismäßig hohe Abhängigkeit von Facharbeitern, sowie die hohen Arbeitszeiten.

Gewindemeißel werden als Radial-, Tangential- und Rundmeißel ausgeführt. Eigenheiten dieser Stahlformen sind auf S. 33 angegeben.

Gewindemeißel für Steigungswinkel bis rund 4° werden mit ihren seitlichen Freiflächen senkrecht zur Drehachse angeordnet. Whitwortgewinde über $^5/_{16}''$ sowie sämtliche Metrischen Gewinde haben Steigungswinkel von nicht mehr als 3° 30'. Gewindemeißel für Gewinde mit Steigungswinkeln über 4°, also vor allem für mehrgängige Gewinde, werden in Richtung der Gewindesteigung schräg gestellt.

Gewindemeißel erhalten einen Spanwinkel von 0°, um Formverzerrungen und Einhaken des Meißels möglichst zu vermeiden.

Für Spanner für Gewindemeißel (Bild 611 bis 613) gilt grundsätzlich das gleiche wie für Spanner für Formdrehmeißel (S. 60).

## 3. Spanner für Gewindestrehler.

Bei Gewindestrehlern (Bild 620 u. 621) ist die Zerspanarbeit auf mehrere, in Vorschubrichtung gesehen, hintereinanderliegende Schneidzähne verteilt. Dadurch wird für das Werkstück an Haupt- und Nebenarbeit gespart, außerdem stumpft die Werkzeugschneide weniger rasch als bei einschneidigen Gewindemeißeln. Mit zunehmender Länge des

Anschnittes werden mehr Schneidzähne in die Zerspanarbeit einbezogen. Für Gewinde, die unmittelbar vor einem Ansatz liegen, ist jedoch nur ein kürzerer Anschnitt zulässig.

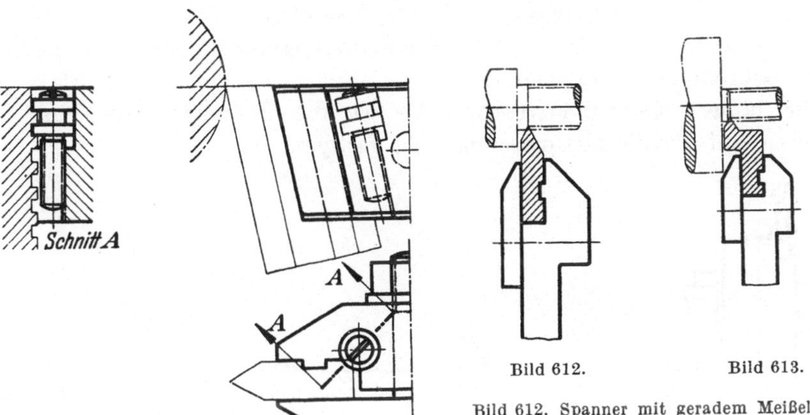



Bild 611. Spanner für Tangential-Gewindemeißel. Der Meißel wird in Nut durch Paßfeder aufgenommen, durch Bundschraube auf Drehmitte eingestellt und durch Mutter über Spanneisen gespannt.

Bild 612. Spanner mit geradem Meißel.

Bild 613. Spanner mit gekröpftem Meißel, durch den Gewinde bis nahe an einen größeren Ansatz heran geschnitten werden können.

Bild 612 u. 613. *Spanner für Tangential-Gewindemeißel.*

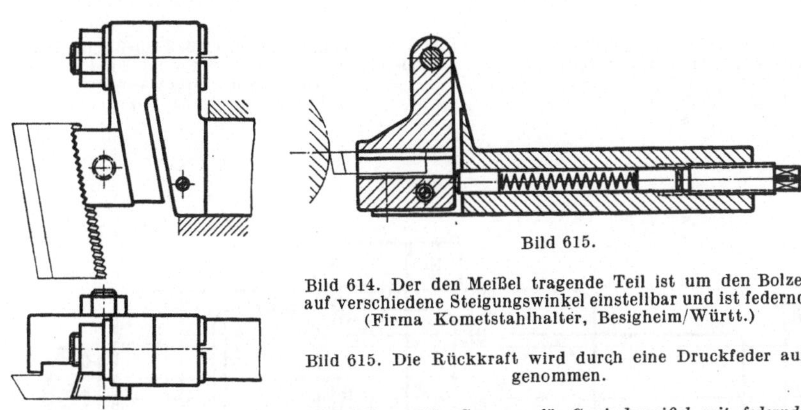



Bild 614. Der den Meißel tragende Teil ist um den Bolzen auf verschiedene Steigungswinkel einstellbar und ist federnd. (Firma Kometstahlhalter, Besigheim/Württ.)

Bild 615. Die Rückkraft wird durch eine Druckfeder aufgenommen.

Bild 614 u. 615. *Spanner für Gewindemeißel mit federnder Aufnahme der Schnittkräfte. Hierdurch kann Einhaken des Meißels und Beschädigung der Gewindeflanken vermieden werden. Federnde Meißelspanner werden insbesondere bei zähem, filzigem Werkstoff verwendet, um Gewindeflanken von höherer Oberflächengüte zu erhalten als bei starrer Meißelaufnahme. Für höhere Genauigkeitsansprüche an Gewinde sind diese Stahlspanner jedoch ungeeignet.*

Außengewindestrehler werden vorzugsweise als Tangentialmeißel, außerdem als Rundmeißel, für geringere Werkstückzahlen auch als Radialmeißel ausgeführt. Bei scheibenförmigen Strehlern werden die Strehlzähne schraubenförmig gehalten. Die Steigungsrichtungen sind hierbei folgende:

Außengewinde rechtsgängig: Strehler linksgängig,
Außengewinde linksgängig: Strehler rechtsgängig,
Innengewinde rechtsgängig: Strehler rechtsgängig,
Innengewinde linksgängig: Strehler linksgängig.

Strehler sind bei gleicher Gewindeform und -steigung für verschiedene Gewindedurchmesser verwendbar.

Für höhere Genauigkeitsansprüche ist die Schneidenform von Strehlern auf Profilschleifmaschinen zu fertigen.

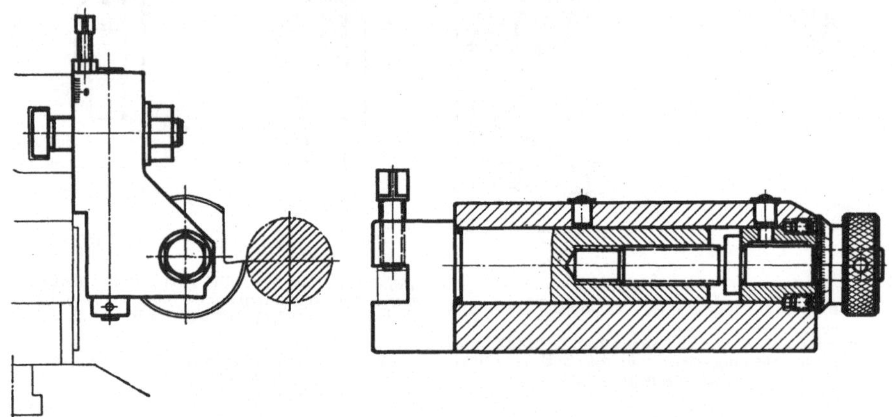

Bild 616. Spanner für scheibenförmige Außengewindestrehler, zur Verwendung auf Drehautomaten, mit Höheneinstellung. (Firma Indexwerke.)

Bild 617. Spanner für Gewindemeißel mit axialer Feinzustellung, z. B. zur Verwendung auf dem Quersupport von Revolverdrehmaschinen. (Firma Scheu, Berlin.)

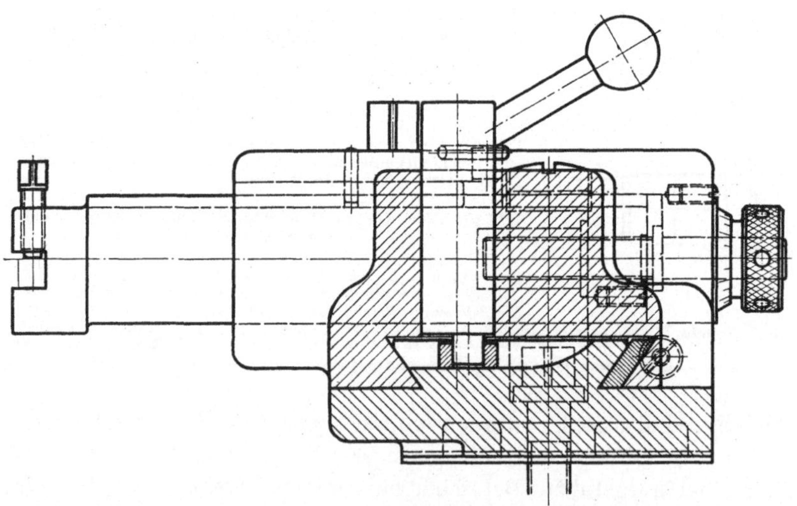

Bild 618. Spanner für Gewindemeißel für Flachtischrevolver, verwendbar für Außen- und Innengewinde. In Achsrichtung Feinzustellung durch Schraube, in Querrichtung mit Schnellrückzug durch Handhebel. (Firma Scheu, Berlin.)

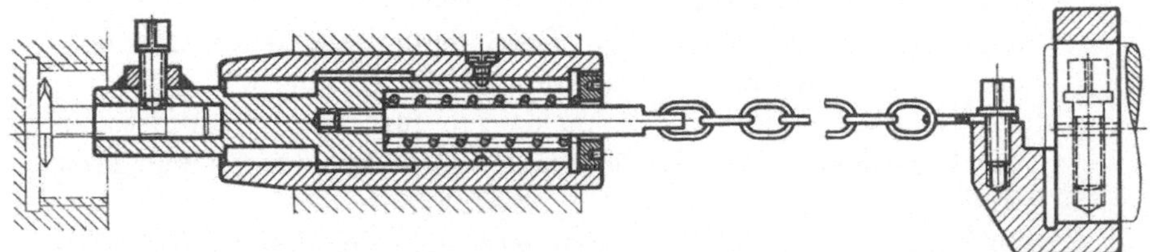

Bild 619. Einrichtung für Innengewindemeißel für das Schneiden von Gewinden in Sackbohrungen, zur Verwendung auf Spitzendrehmaschinen. Durch diese Einrichtung wird vermieden, daß der Meißel auf dem Grund der Sackbohrung anstößt. Hierzu wird die in der Bohrung tiefste Stellung des Meißels durch Verbindung mit dem Reitstock bestimmt. Als Verbindung dient hierbei, wie in der Darstellung, eine Kette oder ein ausziehbares Gestänge. Sobald durch den Meißel die erforderliche Gewindetiefe erreicht ist, bleibt er, unabhängig vom Weg des Supports, stehen, während der Support unbeschadet um eine geringe Weglänge weitergeführt werden kann. (Firma Kärger, Berlin.)

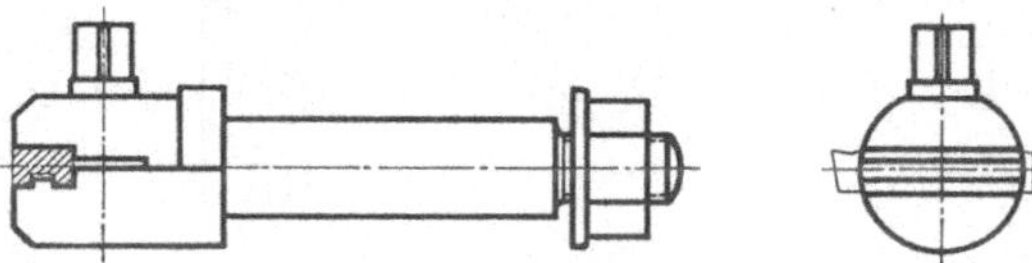

Bild 620. Spanner für radiale Strehler, für das Schneiden von Außengewinden in Werkstoffe mit größerem Zerspanungswiderstand, wie Gußstahl, Hartguß, Nickelstahl; zur Aufnahme in Trommelrevolvern. (Firma Pittler, Langen.)

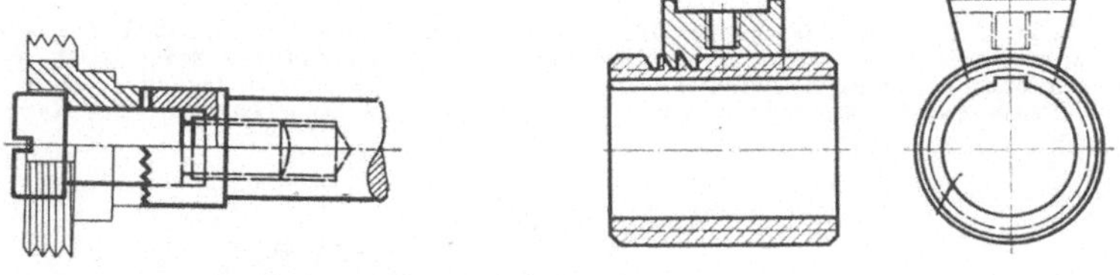

Bild 621.                                    Bild 622.

Bild 621. Spanner für scheibenförmige Gewindestrehler, verwendbar für Außengewinde und für Innengewinde über etwa 30 mm Durchmesser. Einstellung der Strehler-Schneide auf Drehmitte durch Drehen des Dornes in der maschinenseitigen Aufnahme. Gegen Drehen ist der Strehler durch Zahnkupplung gesichert. An Stelle dieser verhältnismäßig teuren Zahnkupplung ist eine Sicherung durch Scheibe und Stift, wie für runde Formmeißel (z. B. Bild 132) in Betracht zu ziehen. (Firma Pittler, Langen.)

Bild 622. Gewinde-Leitbuchse und Gewinde-Leitpatrone für Gewindestrehleinrichtung. Zur sicheren Mitnahme wird Sägengewinde verwendet. Die Richtung des Leitgewindes ist gleich der Richtung des zu strehlenden Gewindes zu halten. Die Steigung des Leitpatronengewindes hängt vom Übersetzungsverhältnis zwischen Arbeitsspindel und Leitspindel ab, ist aber im allgemeinen 1 : 1. Durch kegelige Leitgewinde können kegelige Gewinde geschnitten werden.

## 4. Spanner für Gewindeschneideisen.

Gewindeschneideisen haben als *Vorteile*:

    Geringen Raumbedarf und geringes Gewicht,

    einfaches Rüsten (Einrichten) und Handhaben,

    niedrige Anschaffungskosten,

    Verwendbarkeit von zwei Seiten.

Diesen Vorteilen stehen gegenüber die *Nachteile*:

Für·jede Gewindesteigung, jede Gewinderichtung, jeden Gewindedurchmesser ist ein anderes Schneideisen erforderlich;

starke Flankenreibung bei Schneideisen, für deren Schneidstollen mit Rücksicht auf das Zurückdrehen des Schneideisens kein Freiwinkel zulässig ist;

beim Zurückdrehen des Schneideisens Gefahr der Gewindebeschädigung;

hoher Verschleiß;

geringe Ausnutzbarkeit, da nur in geringem Bereich verstellbar.

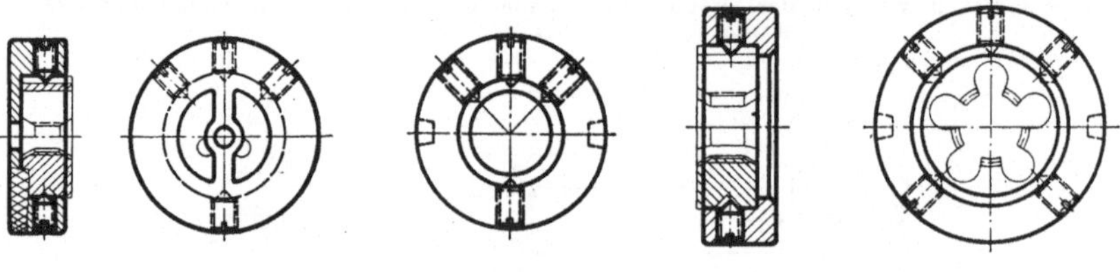

Bild 623.              Bild 624.              Bild 625.

Bild 623. Schneideisenkapsel für Gewinde bis 3,5 mm Durchmesser. Diese Kapsel wird ohne Schneideisenhalter verwendet. Die Grifffläche ist deshalb gekordelt. Die Bohrung kann als Führung verwendet werden.

Bild 624. Schneideisenkapsel mit Aufnahmebohrungen 16 und 20 mm.

Bild 625. Schneideisenkapsel mit Aufnahmebohrungen von 25 bis 90 mm.

Bild 624 u. 625. *Schneideisenkapsel DIN 224 für runde Schneideisen DIN 223. Die obere, mittlere Schraube dient zum Einstellen des Gewindedurchmessers geschlitzter Schneideisen, die beiden danebenliegenden Schrauben sichern gegen weiteres Aufspreizen des eingestellten Schneideisens und dienen mit den unteren Schrauben zum Befestigen des Schneideisens in der Kapsel.*

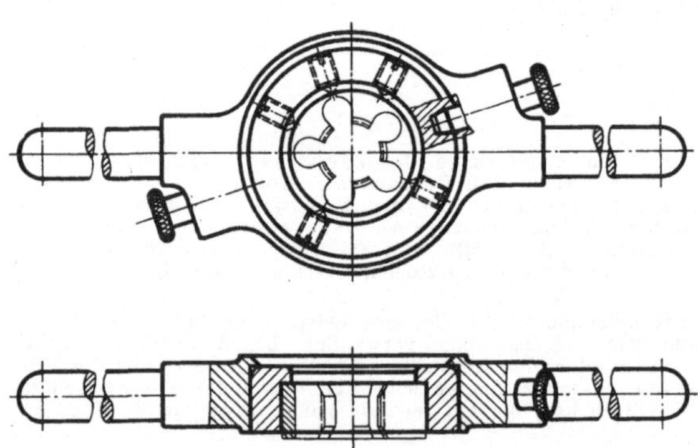

Bild 626. Schneideisenhalter DIN 225 für Schneideisenkapseln DIN 224 mit runden Schneideisen DIN 323. Die Kapsel wird durch zwei unter Federdruck stehende Haltestifte gegen Drehen gesichert. Die Haltestifte sind in Rückzugstellung nach Drehung feststellbar, wodurch das Einlegen und Herausnehmen der Kapsel erleichtert wird.

Schneideisen werden im Neuzustand in der Regel ungeschlitzt verwendet, nach Überschreitung der zulässigen Abnutzung geschlitzt und auf den erforderlichen Gewindedurchmesser eingestellt.

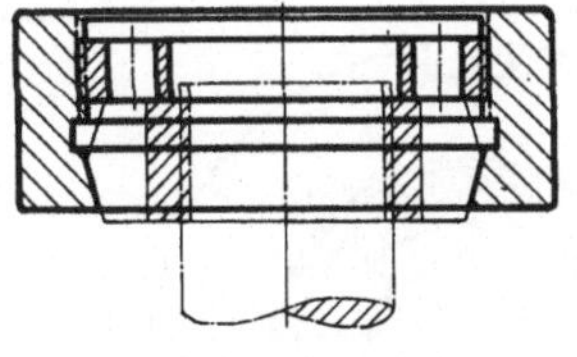

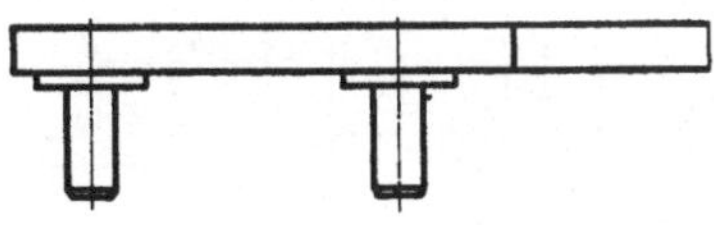

Bild 627.          Bild 628.

Bild 627 u. 628. Schneideisenkapsel für sog. elastische Schneideisen (DRP.). Das Schneideisen ist geschlossen, durch dünne Wände und durch Schlitze jedoch sehr nachgiebig. Jedem Schneidstollen ist am Umfang eine Druckstelle zugeordnet. Durch Einpressen in den Kegel der Schneideisenkapsel wird der Schneiddurchmesser kleiner.

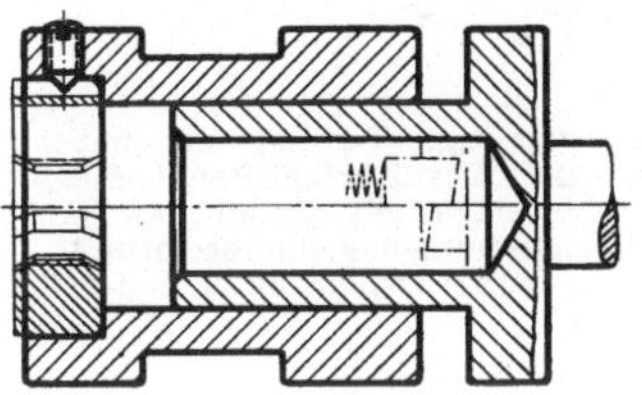 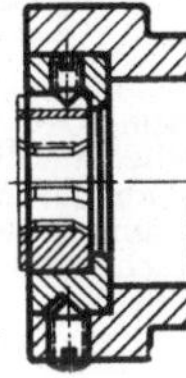 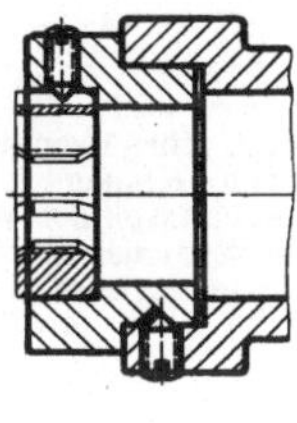 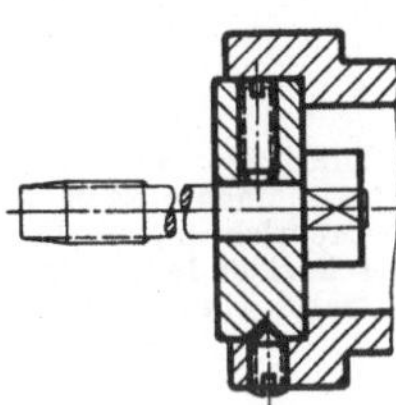

Bild 629.      Bild 630.      Bild 631.      Bild 632.

Bild 629. Das Schneideisen ist im Schneideisenkopf unmittelbar aufgenommen. Der Durchmesser des Schneideisenkopfes fällt hierbei kleiner aus als bei Verwendung einer Schneideisenkapsel.

Bild 630. Das Schneideisen ist in einer Kapsel und die Kapsel im Schneideisenkopf aufgenommen.

Bild 631. Kapsel für geschlitzte Schneideisen, deren Aufnahmedurchmesser kleiner oder größer als der Aufnahmedurchmesser im Schneideisenkopf ist. Die Stellschrauben für das Schneideisen sind frei zugänglich, d. h. ohne daß die Schneideisenkapsel dem Schneideisenkopf entnommen werden muß.

Bild 632. In Schneideisenkopf aufgenommenes Zwischenstück für Gewindebohrer.

Bild 629 bis 632. *Aufnahmen für Schneideisen und Gewindebohrer in Schneideisenköpfen, die in Revolverköpfen verwendet werden.*

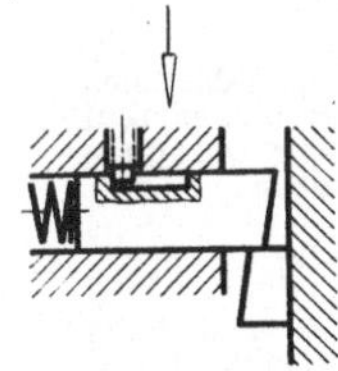 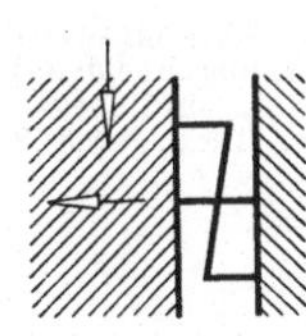 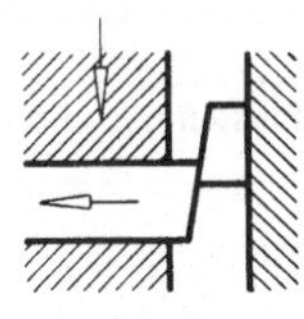 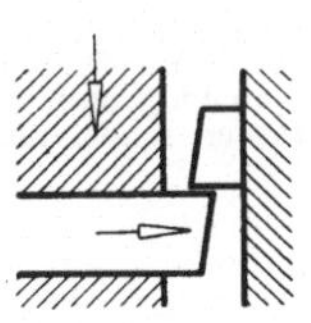 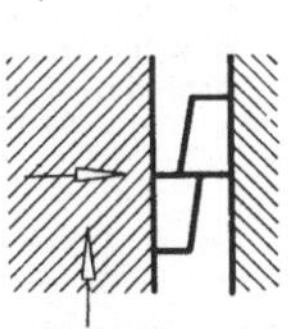



Bild 633.     Bild 634.     Bild 635.     Bild 636.     Bild 637.

Bild 633. Der Revolverschlitten wird vor dem Ende des zu schneidenden Gewindes angehalten. Die Schneideisenaufnahme wird unter der Schraubwirkung des Werkstückgewindes weiter nach links bewegt.

Bild 634. Die Schneideisenaufnahme ist vom maschinenseitigen Teil so weit abgezogen, daß das Entkuppeln einsetzt. Der Schneidvorgang ist damit beendet.

Bild 635. Die Schneideisenaufnahme wird vom Werkstückgewinde mitgenommen und läuft um. Durch die Schrägflächen der Kupplungsstifte wird der unter Federdruck stehende Stift zurückgeschoben.

Bild 636. Die Schneideisenaufnahme läuft so lange um, bis die Umlaufrichtung der Arbeitsspindel geändert wird.

Bild 637. Nach dem Wechsel der Umlaufrichtung schlagen die rückseitigen Flächen der Kupplungsstifte aneinander und wird die danach gegen Drehen gesicherte Schneideisenaufnahme unter der Schraubwirkung des Werkstückgewindes nach rechts geführt.

Bild 633 bis 637. *Kupplungsstellungen für Schneideisenköpfe nach Bild 629. Der im Bild rechte Teil des Schneideisenkopfes ist mit der Maschine verbunden; der linke Teil dient zur Aufnahme des Gewindeschneid-Werkzeuges. Für Rechts- und Linksgewinde sind die Kupplungsstifte um jeweils 180° umzusetzen.*

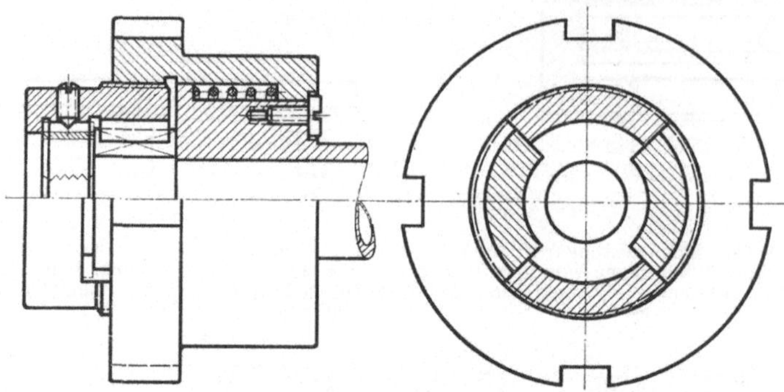

Bild 638. Gewindeschneidkopf für Drehautomaten. Der werkzeugseitige Teil ist mit dem maschinenseitigen Teil durch Klauen gekuppelt. Weglänge des Revolverschlittens und Drehrichtungswechsel der Arbeitsspindel werden an der Maschine eingestellt. Damit das zu schneidende Gewinde von der zeitlichen Übereinstimmung dieser Schaltbewegungen unbeeinflußt bleibt, sind die beiden Hauptteile dieses Gewindeschneidkopfes in Längsrichtung unter Federkraft nachgiebig.

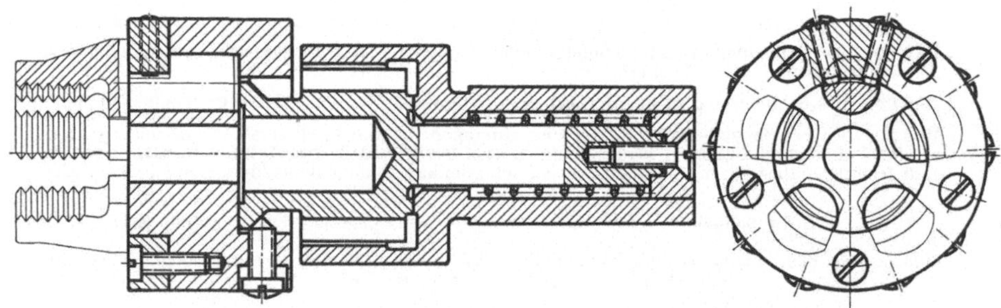

Bild 639. Gewindeschneidkopf für Drehautomaten. Dessen Wirkungsweise ist grundsätzlich dieselbe wie die des Schneidkopfes nach Bild 638. Als Gewindeschneidwerkzeuge dienen fünf Strehler, deren Schneiddurchmesser veränderlich ist. Hierfür sind diese Strehler um ihren Zylinderzapfen schwenkbar. Einstellung und Feststellung durch Schrauben.

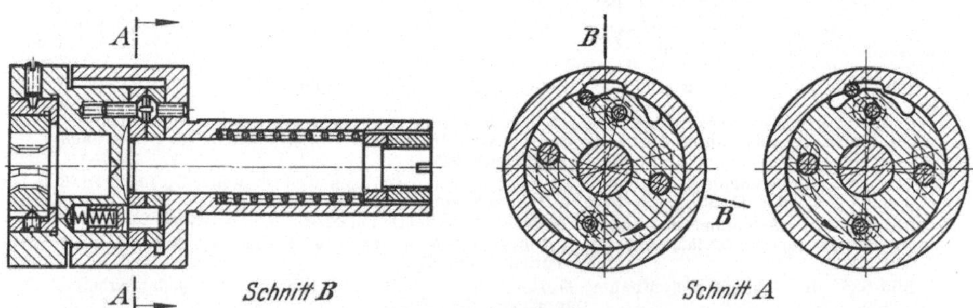


Bild 640. Gewindeschneidkopf für Revolverdrehmaschinen. Beim Gewindeschneiden ist der werkzeugseitige Teil mit dem maschinenseitigen Teil durch zwei Federbolzen gekuppelt. Kurz vor Beendigung des Gewindeschneidens wird der werkzeugseitige Teil durch Abziehen nach rechts entkuppelt und läuft leer um. Beim Umschalten der Drehspindel auf Linkslauf kommt die am Umfang liegende Zylinderrolle gegen die Innenwand des maschinenseitigen Teiles zu liegen, wodurch beide Teile miteinander verklemmt werden. Diese Freilaufkupplung wirkt langsamer und damit sanfter als z. B. eine Klauenkupplung.

Ungeschlitzte Schneideisen ergeben genauere Gewinde als geschlitzte Schneideisen, da bei den letzteren die Gewindegänge versetzt sein können.

Schneideisen sind ohne Feinbearbeitung der Gewindeflanken, außerdem mit hinterschliffenen oder geläppten Gewindeflanken handelsüblich.

Runde Schneideisen sind nach DIN 223 für Metrische Gewinde, Metrische Feingewinde und Whitworth-Gewinde genormt.

Schneideisen werden in sogenannten Schneideisenkapseln (Bild 623 bis 625), in einem Schneideisenhalter oder -spanner (Bild 626 bis 628) oder Schneideisenkopf (Bild 629) aufgenommen. Durch Auswechseln von Kapseln samt Schneideisen können geschlitzte Schneideisen eingestellt bleiben, wodurch an Rüstzeit gespart wird.

Für Revolverdrehmaschinen und Drehautomaten werden zweiteilige Schneideisenköpfe (Bild 629 bis 640) verwendet, durch die die Länge des zu schneidenden Gewindes von der Genauigkeit des Drehrichtungswechsels der Arbeitsspindel unabhängig ist. Schneideisenköpfe benötigen für gleichen Gewindedurchmesser einen im Durchmesser geringeren Bauraum als selbstöffnende Gewindeschneidköpfe.

## 5. Halter und Spanner für Gewindebohrer.

Gewindebohrer haben im wesentlichen dieselben Vor- und Nachteile wie Gewindeschneideisen (S. 231).

Grundsätzlich kann zwischen Gewindebohrern unterschieden werden, mit denen in nur *einem* Drehsinn, und solchen, mit denen in abwechselndem Drehsinn gearbeitet wird.

In nur *einem* Drehsinn wird mit sogenannten Muttergewindebohrern gearbeitet. Die Werkstücke werden nach dem Durchgang des Gewindebohrer-Schneidenteiles über den Gewindebohrerschaft abgeführt. Muttergewindebohrer werden mit etwa 5 d langem Anschnitt und den für das Schneiden günstigsten Freiflächen versehen. Für das Schneiden des vollständigen Gewindes ist hierbei nur *ein* Gewindebohrer erforderlich.

Unter wechselndem Drehsinn werden Gewinde in Sackbohrungen und durchgehende Bohrungen geschnitten. Insbesondere an Gewindebohrern für Sackbohrungen ist nur ein kurzer Anschnitt zulässig. Die Schneidstollen werden ohne Freiwinkel ausgeführt. Bei Ausführung der Schneidstollen mit Freiwinkel würden beim Zurückdrehen des Gewindebohrers zwischen diesen und das Werkstückgewinde Späne gelangen, durch die das Werkstückgewinde beschädigt und das Zurückschrauben des Gewindebohrers erschwert wird. Für das Schneiden von durchgehenden Gewinden wird im allgemeinen ein Satz von zwei Gewindebohrern, für das Schneiden von Sackgewinden ein Satz von drei Gewindebohrern benötigt. Durch Schälanschnitt kann in der Regel je ein Bohrer eingespart werden.

Gewindebohrer von größerem Durchmesser oder Gewindebohrer zum Berichtigen genauerer Gewinde werden auch verstellbar ausgeführt (Bild 641).

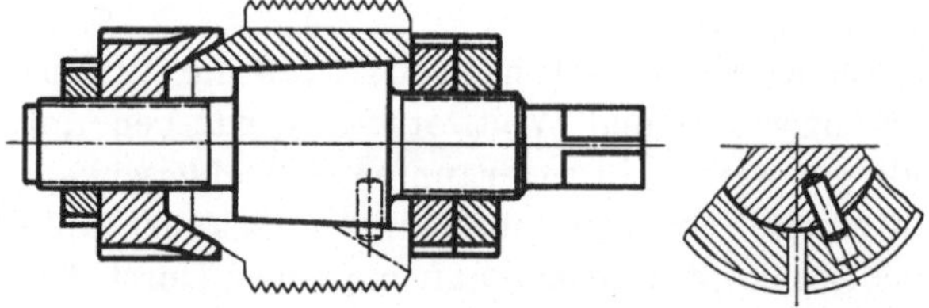

Bild 641. Spanner für verstellbaren Gewindebohrer. Dieser wird vorzugsweise zum Berichtigen vorgeschnittener Gewinde verwendet. Die im Bilde linke Mutter dient zum Spreizen, die rechte Mutter zum Abdrücken des Gewindebohrers. Durch den Innenkegel der linksseitigen Mutter wird unzulässiges Aufspreizen des Bohrers verhindert.

Der Schaft von Gewindebohrern ist in der Regel und auch bei sämtlichen genormten Gewindebohrern zylindrisch und am äußeren Ende vierkantig, zur Aufnahme in Gewindeschneidköpfen in manchen Fällen außerdem genutet (Zahlentafel 16).

Mit Gewindebohrern werden Gewinde von Hand (Bild 642 bis 644) oder in Bohr-, Gewindebohr- oder Drehmaschinen geschnitten.

Beim Schneiden von Hand kann die Achsrichtung des Gewindebohrers durch eine Führungsbuchse bestimmt werden.

Durch Leitgewinde (Bild 645) können Gewinderichtung, Gewindesteigung und erforderlichenfalls auch Gewindemeßpunktlage genau eingehalten werden.

Zahlentafel 16. *Schäfte für Gewindebohrer zu Gewindeschneidköpfen.*

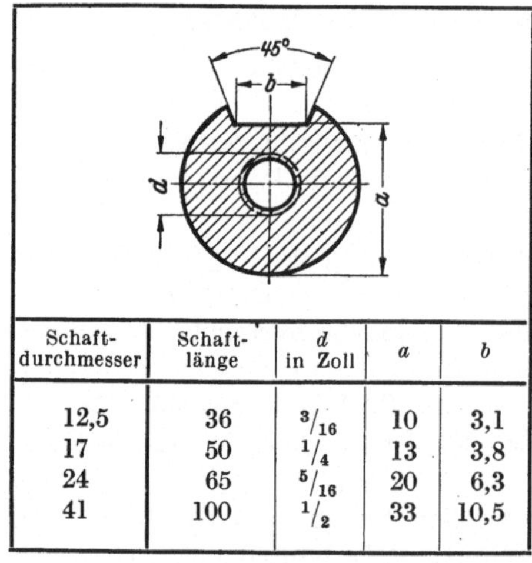

| Schaft-durchmesser | Schaft-länge | $d$ in Zoll | $a$ | $b$ |
|---|---|---|---|---|
| 12,5 | 36 | $^3/_{16}$ | 10 | 3,1 |
| 17 | 50 | $^1/_4$ | 13 | 3,8 |
| 24 | 65 | $^5/_{16}$ | 20 | 6,3 |
| 41 | 100 | $^1/_2$ | 33 | 10,5 |

Für die Gestaltung von Spannern oder Haltern für das maschinelle Gewindebohren kommen in der Hauptsache folgende Gesichtspunkte in Betracht:

Fest einmittende oder radial bewegliche (schwimmende) Aufnahme des Gewindebohrers (Bild 646 u. 649);
Entlastung des Gewindebohrers vom Gewicht der Werkstückspindel und vom Reibungswiderstand der Spindelpinole (Bild 650 u. 651);

gleichzeitiger Schnittbeginn bei Verwendung mehrerer Gewindebohrer in Mehrspindelbohrköpfen;

Sicherung des Gewindebohrers gegen Bruch, vorzugsweise bei Fertigung von Gewinde-Sackbohrungen und von kegeligen Gewinden
(Bild 652 u. 653);

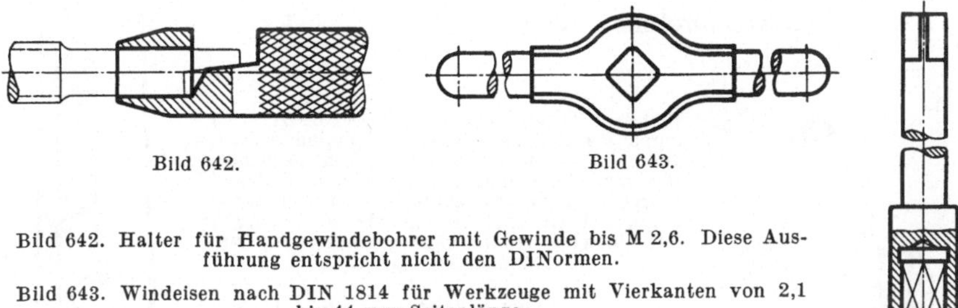

Bild 642.                          Bild 643.

Bild 642. Halter für Handgewindebohrer mit Gewinde bis M 2,6. Diese Ausführung entspricht nicht den DINormen.

Bild 643. Windeisen nach DIN 1814 für Werkzeuge mit Vierkanten von 2,1
bis 44 mm Seitenlänge.

Bild 644. Verlängerer nach DIN 377 für Gewindebohrer, Reibahlen usw. mit
Vierkant.

Bild 644.

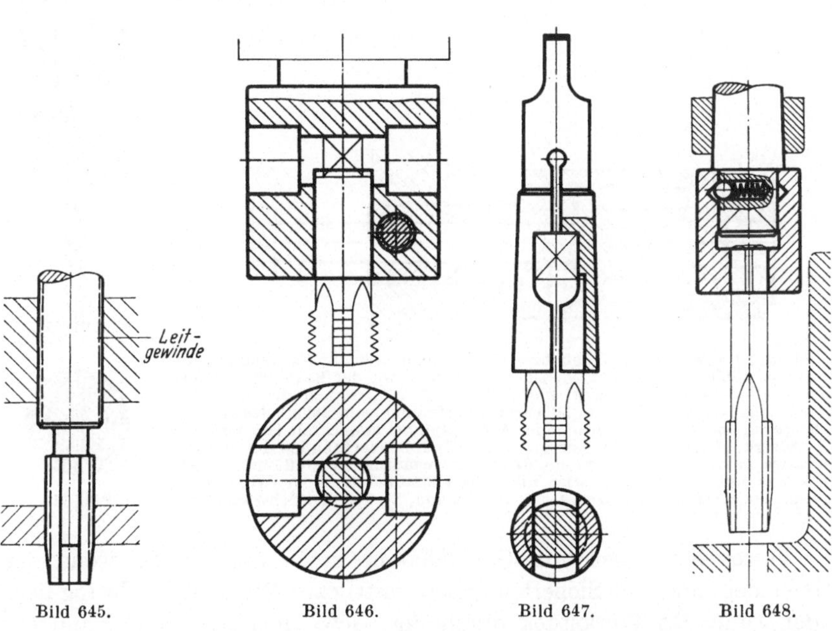

Bild 645.            Bild 646.            Bild 647.            Bild 648.

Bild 645. Leitgewinde in einem Gewindebohrerhalter oder einem Werkstückspanner zum sicheren
Einhalten des Gewindequerschnittes, der Gewindesteigung oder einer Gewinde-Meßpunktlage.

Bild 646. Gewindebohrerfutter für Bohrmaschine. Der Gewindebohrer ist durch Zylinderbohrung eingemittet, durch zwei Flächen mitgenommen, durch Klemmspannung gehalten.
(STEPHAN, E.: „Das Radialbohren". Berlin: Springer 1941.)

Bild 647. Kegelige Klemmhülse für Gewindebohrer zur Aufnahme in Bohrmaschinen. Für
diese Hülsen ist eine DINorm in Vorbereitung.

Bild 648. Kegeldorn mit Aufnahmebuchse für Gewindebohrer für schnellen Werkzeugwechsel,
Der Gewindebohrer ist in der Buchse durch Schraube gegen Herausfallen gesichert.

Rückzug des Gewindebohrers unter Wechsel der
    Umlaufrichtung der Arbeitsspindel;
Rückzug des Gewindebohrers ohne Wechsel der Um-
    laufrichtung der Arbeitsspindel (Bild 654);
beschleunigter Rücklauf des Gewindebohrers (Bild 654);
Verwendung auf Bohrmaschinen, in Mehrspindelbohr-
    köpfen, auf Drehmaschinen.

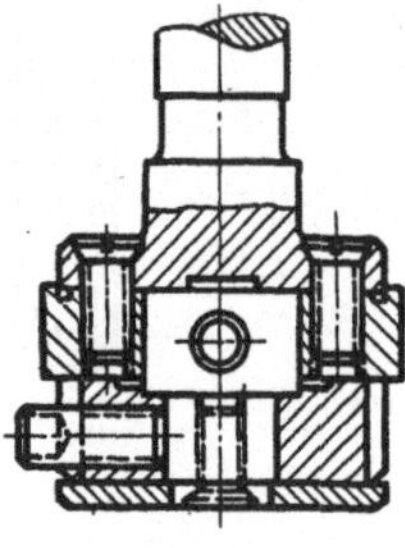

Bild 649.

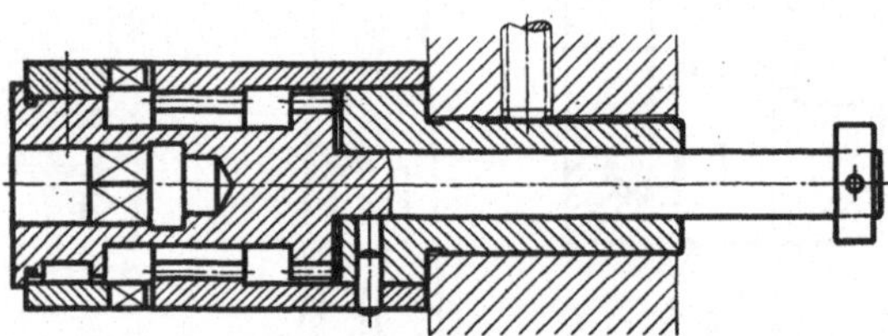

Bild 649. Gewindebohrerfutter. Der Bohrer wird
durch die unteren Backen am Zylinderschaft,
durch die oberen Backen am Vierkant gespannt.
Der gesamte Spannsatz ist um einen geringen
Betrag quer zur Bohrachse beweglich, wodurch
sich der Gewindebohrer nach der Kernbohrung
frei einstellen kann. (Firma Eugen Fahrion,
Eßlingen-Mettingen.)

Bild 650. Gewindebohrerfutter mit federnder
Längslagerung des Gewindebohrers, zum Schneiden kleinerer Gewinde in Werkstoffe geringerer
Festigkeit. Der Gewindebohrer wird zum An-
schneiden unter Federdruck am Werkstück angesetzt und schraubt sich danach in die Werkstückbohrung ein. (STEPHAN, E : „Das Radialbohren". Berlin: Springer 1941.)

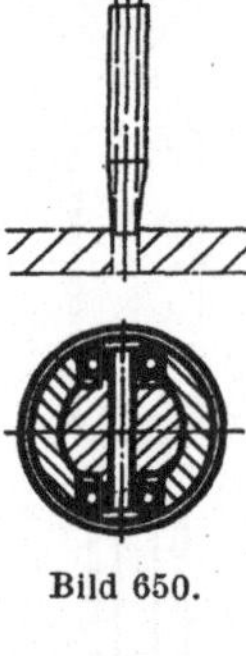

Bild 650.

Bild 651. Halter für Gewindebohrer oder Schneideisen zur Verwendung auf
Revolverköpfen. Beim Schneiden des Gewindes wird der Revolverkopf mit
dem Halter nach links bewegt und kurz vor dem Erreichen der Gewinde-
länge angehalten. Nachdem die Werkzeugaufnahme vom Schaft des Halters
abgezogen und die Drehrichtung der Arbeitsspindel gewechselt ist, wird der
Revolverkopf nach rechts bewegt, wobei die Innenverzahnung des Halter-
schaftes in die Außenverzahnung der Werkzeugaufnahme greift und dessen
Drehung aufhebt. Danach wird die Werkzeugaufnahme vom Werkstückgewinde abgeschraubt. (Firma Gebr. Heinemann, St. Georgen/Schwarzwald.)

Festes Einmitten von Gewindebohrern ist angebracht, wenn der
Gewindebohrer mit Sicherheit genau mittig zur Werkstückbohrung liegt
oder wenn das Werkstück durch den Gewindebohrer in Bohrmitten-
stellung gebracht werden kann, ohne daß der Gewindebohrer senkrecht
zur Bohrungsachse unzulässig beansprucht wird.

Entlastung des Gewindebohrers vom Spindelgewicht bzw. vom
Reibungswiderstand der Spindelpinole kann erforderlich sein, wenn
Gewinde von kleinerem Durchmesser oder mit geringerer Steigung oder
z. B. in weiches Messing oder in Leichtmetall, zu schneiden sind.

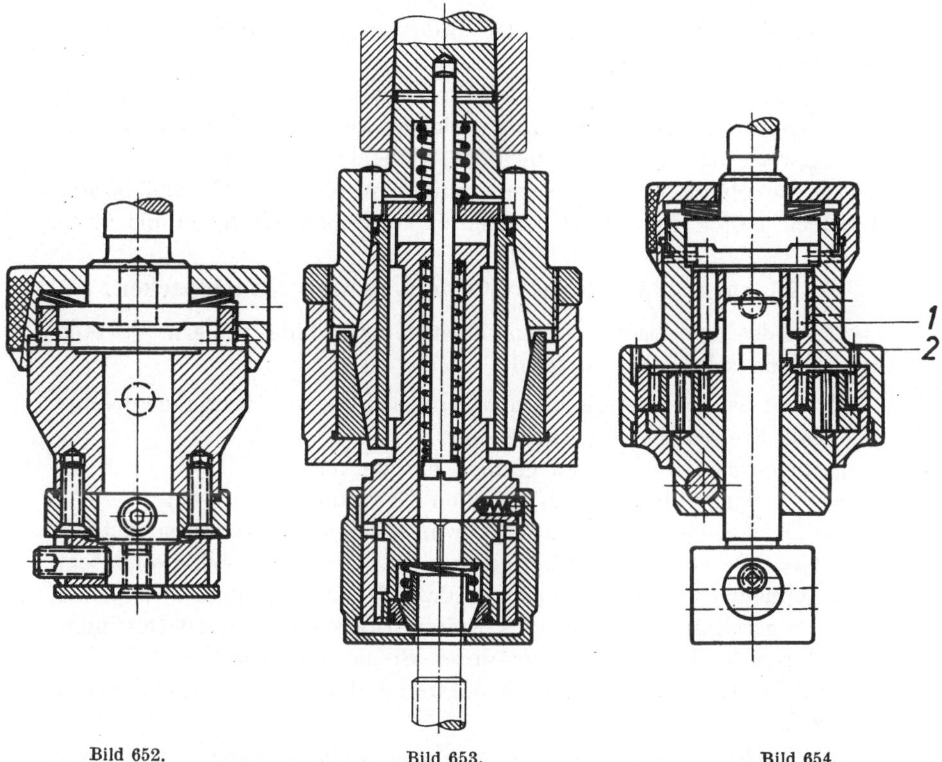

Bild 652.                    Bild 653.                    Bild 654.

Bild 652. Gewindebohrkopf mit Sicherheitskupplung. Dieser Bohrkopf besteht in der Hauptsache aus einem Schaftteil und dem werkzeugseitigen Teil, die durch Tellerfeder und Nocken-
scheibe gekuppelt sind. Beim Aufstoßen des Bohrers auf dem Grund einer Sackbohrung oder
bei sonst zu großem Schnittwiderstand bleibt der Gewindebohrer stehen, und der Schaft läuft
leer um, bis die Umlaufrichtung geändert wird. (Firma Eugen Fahrion, Eßlingen-Mettingen.)

Bild 653. May-Sicherheitsfutter für Gewindebohrer. Die Werkzeugaufnahme ist axial federnd
aufgehängt. Hierdurch ist der Vorschub der Maschinenspindel ohne Einfluß auf die Steigung
des zu schneidenden Gewindes. Die Überlastungssicherung besteht aus einer Kegelbuchse. Bei
unzulässig großem Schnittwiderstand bleibt der Gewindebohrer stehen und der Schaftteil läuft
leer um. Die Größe des Drehmomentes ist durch Schraubhülse einstellbar. Der Gewindebohrer
wird durch Spannbacken gehalten. Durch Aufstoßen der Spannbacken auf dem Werkstück
oder dem Werkstückspanner bzw. durch Zurückziehen der Griffhülse wird der Gewindebohrer
          freigegeben. (Firma Rohde & Dörrenberg, Düsseldorf-Oberkassel.)

Bild 654. Gewindebohrkopf mit Sicherheitskupplung und beschleunigtem Bohrerrücklauf ohne
Wechsel der Umlaufrichtung der Bohrspindel. Kegelschaft, äußere Hülse, innere Buchse mit
den Kupplungsbolzen 1 und das innenverzahnte Rad laufen um. Die untere Führungsbuchse
mit den Zwischenrädern und dem mittleren Zahnrad 2 stehen still, da sie durch die Querstange
am Drehen gehindert sind. Beim Senken der Bohrspindel erfassen die Kupplungsbolzen 1 den
Mitnehmer der Gewindebohrerspindel. Wird das nach Skalaring eingestellte Drehmoment
überschritten, überwinden die Nocken der Kupplungsscheibe die Kraft der Tellerfedern, wodurch
der Kegelschaft leer umläuft und der Gewindebohrer stillsteht. Beim Rückzug der Bohrspindel
werden die Kupplungsbolzen vom Mitnehmer der Gewindebohrerspindel abgezogen und danach
das mittlere, bisher leer umlaufende Zahnrad mit dem Mitnehmer der Gewindebohrerspindel
gekuppelt. Bei einem Drehzahlenverhältnis von 1 : 2 wird die Gewindebohrerspindel mit doppelter
Umlaufzahl aus dem Gewinde herausgeschraubt. Die Bohrspindel läuft dabei in unverändertem
                              Drehsinn weiter.
Entkupplung und Umsteuerung tritt auch ein, wenn der Längsweg der unteren Führungsbuchse
z. B. durch Tiefenanschlag begrenzt wird. Durch die Schraubwirkung des geschnittenen Gewindes
gleitet dann der Mitnehmer der Gewindebohrerspindel aus den Kupplungsbolzen 1 heraus und
in den Mitnehmer 2 des mittleren Zahnrades hinein. (Firma Eugen Fahrion, Eßlingen-Mettingen.)

Rückzug des Gewindebohrers aus dem geschnittenen Gewinde ohne Wechsel der Umlaufrichtung der Bohrspindel ermöglicht erhebliche Ersparnis an Nebenzeit.

Gegen Bohrerbruch kann auf Bohrmaschinen durch loses Einstellen des Antriebsriemens behelfsmäßig gesichert werden. Im übrigen werden vorzugsweise nachgiebige Zahn- oder Klauenkupplungen verwendet.

Im Revolverkopf von Drehmaschinen werden für Gewindebohrer dieselben Köpfe wie für Schneideisen verwendet (Bild 629 bis 638).

## 6. Kluppen und Schneidköpfe mit Gewindeschneidbacken.

Gewindeschneidbacken entsprechen den Gewindestrehlern. Vorteile der Gewindeschneidbacken sind:

Höhere Schneidleistung als mit Schneideisen, weil die Schneidzähne mit Freiwinkel ausgeführt sind;

geringe Erwärmung, weil geringe Flankenreibung;

leichte Einstellbarkeit auf genauen Gewindedurchmesser;

bei gleicher Gewindeform und Gewindesteigung Verwendbarkeit für Gewinde von verschieden großem Durchmesser; nach beendetem Schneidvorgang Rückführung des Werkzeuges ohne Berührung des geschnittenen Gewindes, wodurch Beschädigung des Gewindes durch Nachschneiden oder durch Späne vermieden wird;

schneller Rückzug des Werkzeuges und dadurch Ersparnis an Nebenzeit;

leichte Instandsetzung der Schneidbacken, deren Schneidflächen für das Nachschleifen leicht zugänglich sind;

Bedienungsmöglichkeit durch angelernte Kräfte.

Schneidbacken werden zum Gewindeschneiden von Hand, vor allem aber zum maschinellen Gewindeschneiden verwendet. Als Werkzeughalter dienen für das Gewindeschneiden von Hand die sogenannten Schneidkluppen, für das Schneiden auf der Maschine die sogenannten selbstauslösenden Gewindeschneidköpfe.

### a) Gewindeschneidkluppen.

In Gewindeschneidkluppen werden vorzugsweise zwei Schneidbacken mit je zwei Schneidstollen (Bild 655), aber auch drei oder vier Einzelbacken verwendet.

Gewindeschneidkluppen haben vor allem für das Schneiden von Rohrgewinden größere Bedeutung.

An Gewindeschneidkluppen werden in der Hauptsache folgende Anforderungen gestellt:

Einfache Anschlußform für die Schneidbacken;

leichtes Verstellen der Schneidbacken;

rascher Schneidbackenwechsel;

leichtes Reinigen der Schneidbacken;

möglichst geringes Gewicht der Schneidkluppe;

Schwerpunkt möglichst Mitte Gewindeachse.

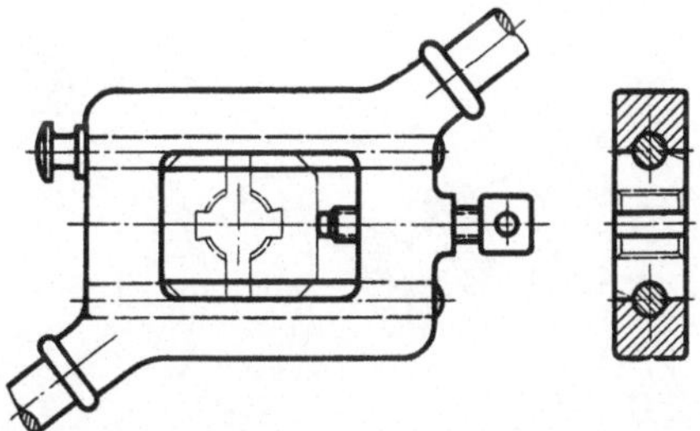

Bild 655. Gewindeschneidkluppe für zwei Schneidbacken, die durch zwei Zylinderstifte aufgenommen sind. Nach dem Herausziehen des einen Stiftes sind die Backen ausschwenkbar. Der Schwerpunkt dieser Gewindeschneidkluppe liegt nahe der Mitte der Gewindeachse. Zur Gewichtsersparnis sind die Handgriffe größerer Kluppen aus Rohr gefertigt. (Firma Ludw, Loewe, Berlin.)

Zusätzlich können folgende Anforderungen vorliegen:

Einstellen des Gewindedurchmessers nach Teilstrichen;

Anschläge für Schruppen und Schlichten;

axiale Führung der Schneidkluppen durch Führungsbuchse;

Einhebelgriff und Sperrgetriebe für schwer zugängliche Bearbeitungsstellen.

## b) Selbstauslösende Gewindeschneidköpfe.

Bei den selbstauslösenden Gewindeschneidköpfen werden die Schneidbacken aus dem Gewinde zwangläufig radial zurückgezogen. Anschließend kann der Schneidkopf ohne Stillsetzen der Arbeitsspindel und ohne Wechsel der Umlaufrichtung in Ausgangsstellung zurückgeführt werden. Auf den Schneiddurchmesser werden die Backen von Hand oder durch ein Steuerteil der Maschine zurückgestellt.

Selbstauslösende Gewindeschneidköpfe wurden für das Schneiden von Außengewinden wie für das Schneiden von Innengewinden entwickelt. Bei Steuerung durch Leitlineal können auch kegelige Gewinde geschnitten werden.

Der jeweils gleiche Gewindeschneidkopf ist nach Backenwechsel für Rechts- oder für Linksgewinde verwendbar.

Gewindeschneidköpfe werden stillstehend sowie umlaufend ausgeführt. Stillstehende Gewindeschneidköpfe werden auf Revolverdrehmaschinen und Drehautomaten, außerdem auch auf Spitzendrehmaschinen verwendet, umlaufende Gewindeschneidköpfe vorzugsweise auf Gewindeschneidmaschinen.

Falls ein Revolverschlitten im Verhältnis zur Steigung des zu
schneidenden Gewindes schwer ist, werden Schneidköpfe zweckmäßig
auf einem ausziehbaren Schaft (Bild 659) angeordnet, um das ge-
schnittene Gewinde zu schonen.

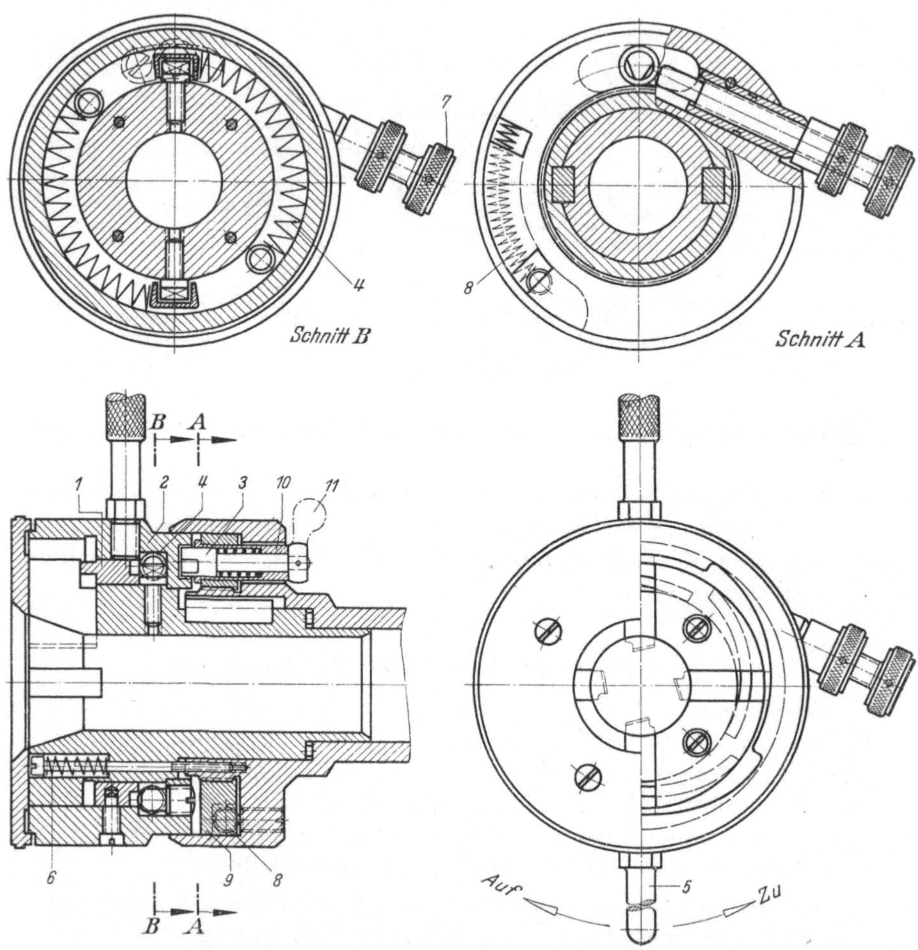


Bild 656. Selbstöffnender Gewindeschneidkopf für Außengewinde. Beim Gewindeschneiden wird
der vollständige Schneidkopf gegen das Werkstück geführt. Beim Anhalten des mit der Maschine
fest verbundenen Teiles des Schneidkopfes werden Kurvenring *1* und Außenbuchse *2* unter der
Schraubwirkung des Werkstückgewindes so weit abgezogen, bis sie gegenüber Haltestift *3* entkuppelt sind. Danach wird der Kurvenring *1* durch die Druckfedern *4* geschwenkt und werden
die Schneidbacken radial nach außen gezogen. Geschlossen wird der Schneidkopf von Hand
durch Betätigen des gekordelten Griffes oder selbsttätig durch Steuerung des Führungsbolzens *5*
mittels Leitlineal. Durch die Schließbetätigung werden die Druckfedern *4* gespannt, Kurvenring *1* und Außenbuchse *2* unter der Wirkung der Federn *6* und ebenfalls die Schneidbacken
in ihre Ausgangsstellung zurückgeführt. Der Gewindedurchmesser wird durch Veränderung des
Schwenkweges der Kurvenscheibe eingestellt, wofür Schraube *7* vorgesehen ist. Schraube *7*
wirkt entgegen der Feder *8* auf die im Lagerring *9* angeordnete Führungshülse *10* mit dem Kupplungsbolzen *3*. Für Gewinde, die vor- und nachgeschnitten werden, ist durch Griff *11* der Kupp-
lungsstift *3* um 180° zu schwenken, wobei die zwei verschieden großen Abflächungen verschieden
große Schließwege ergeben.

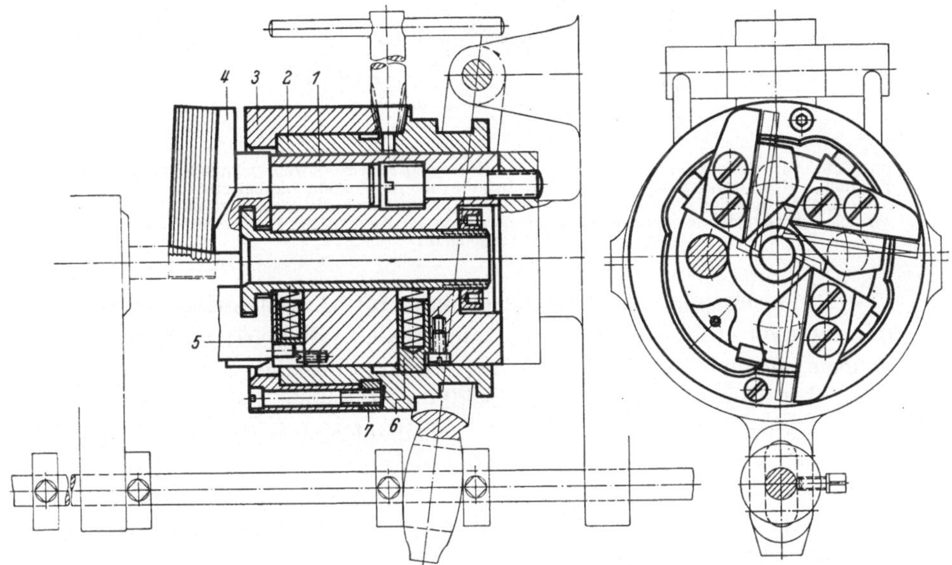

Bild 657. Selbstauslösender Gewindeschneidkopf für Außengewinde, in umlaufender Ausführung. Gewindeschneidkopf mit Strehlerbacken. Der Schneidkopf läuft um, der Werkstückschlitten ist verschiebbar. Die im Grundkörper *1* schwenkbaren Strehlerhalter *4* werden durch die Kurven des Ringes *3* auf den jeweiligen Gewindedurchmesser eingestellt. Nachdem das Gewinde auf die erforderliche Länge geschnitten ist, wird Führungsring *2* mit Kupplungsring *3* nach rechts zurückgeschoben, wonach die Strehler unter der Wirkung der in Buchse *5* angeordneten Federn vom geschnittenen Gewinde abgehoben werden. Das Verschieben des Führungsringes mit dem Kupplungsring für das Schließen und Öffnen des Kopfes kann erfolgen:

1. Von Hand durch Verschieben der Anschlagstange mittels rechts angeordnetem (nicht dargestelltem) Hebel.

2. Selbsttätig durch den Werkstückschlitten über Anschlagknaggen und Schalthebel (wie dargestellt).

3. Durch Anschlag des Werkstückes an einer durch die Bohrung des Gewindeschneidkopfes ragende (nicht dargestellte) Stange, die am rechten Ende des Spindelkopfes mit der äußeren Anschlagstange verbunden ist und den Schalthebel betätigt.

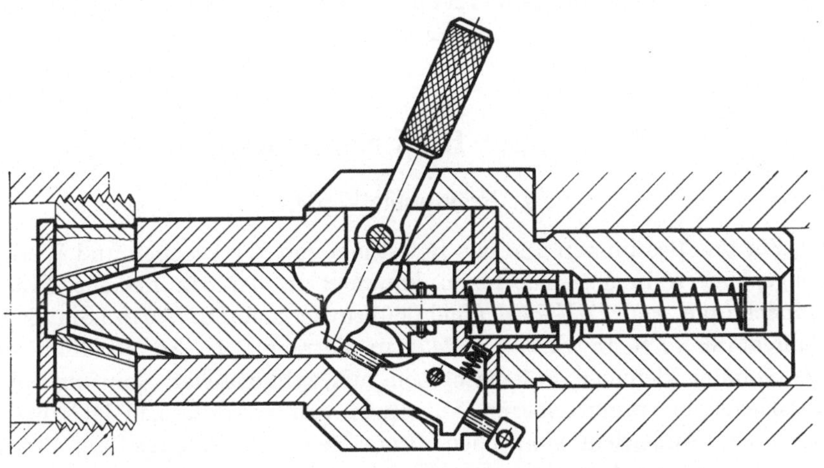

Bild 658. Selbstauslösender Gewindeschneidkopf für Innenfeingewinde.

16*

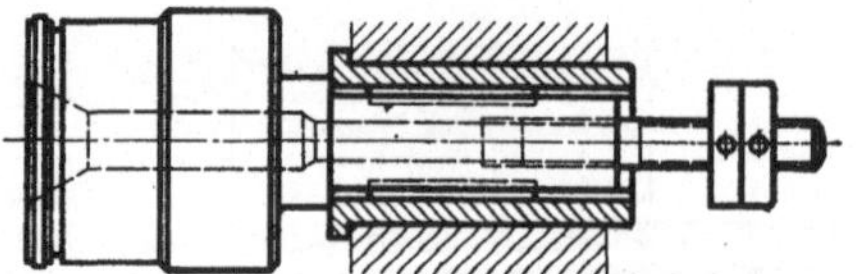

Bild 659. Aufnahmebuchse und Schaft mit selbstauslösendem Gewindeschneidkopf, zur Verwendung auf schwereren Revolverköpfen. Der Revolverkopf steht hierbei still und Gewindeschneidkopf mit Schaft werden beim Gewindeschneiden durch die Buchse geführt. Hierdurch wird das zu schneidende Gewinde geschont, da es von der Reibung der Revolverschlittenführung entlastet bleibt.

**Selbstauslösende Gewindeschneidköpfe für Außengewinde** werden mit radialen (Bild 656) oder mit tangentialen (Bild 657) bzw. runden Schneidbacken ausgeführt. Bei Verwendung radialer Schneidbacken kann der Durchmesser von Schneidköpfen kleiner gehalten werden als bei Verwendung tangentialer oder scheibenförmiger Backen. Tangentiale und scheibenförmige Schneidbacken sind hingegen wirtschaftlicher als radiale Schneidbacken. Bei tangentialen Schneidbacken können Gewinde bis unmittelbar an eine Planfläche geschnitten werden, außerdem können die Späne freier abfließen.

**Selbstauslösende Gewindeschneidköpfe für Innengewinde** sind mit Rücksicht auf die Raumbeschränkung meist nur mit radialen Schneidbacken ausführbar (Bild 658). Für Backen normaler Ausführung ist bei Sackbohrungen zu beachten, daß, in Vorschubrichtung gesehen, vor den Schneidbacken eine Deckplatte liegt. Deshalb ist in der Bohrung des Werkstückes für Gewinde bis 40 mm Durchmesser ein Freistich von mindestens 6 mm, für Gewinde von 100 mm Durchmesser ein Freistich von etwa 12 mm Breite erforderlich. Falls Freistiche dieser Breite nicht zulässig sind, können für Gewinde von über etwa 40 mm Durchmesser Sonderschneidbacken verwendet werden, deren gekröpfte Form über den Verschlußdeckel hinausragt.

# VI. Spanner für Fräswerkzeuge.

## 1. Frässpindelköpfe.

Für das Bestimmen und das Befestigen von Werkzeugen und Werkzeugspannern in Fräsmaschinen kommen in der Hauptsache Frässpindelköpfe nach DIN 2201 (Bild 660) sowie nach DIN 2079 (Bild 662, Zahlentafel 17 u. 18, S. 246 u. 247) in Betracht. In Sonderfällen ist die Spindel kleinerer Fräsmaschinen mit zylindrischer Bohrung und 40°-Kegel zur unmittelbaren Aufnahme von Spannzangen DIN 6341 versehen. Außerdem sind noch ältere Maschinen anzutreffen, deren Spindelkopf zur Aufnahme von Messerköpfen ein Außengewinde aufweist. Ältere amerikanische Maschinen können außerdem in der Spindelbohrung mit einem Brown & Sharp-Kegel ausgeführt sein.

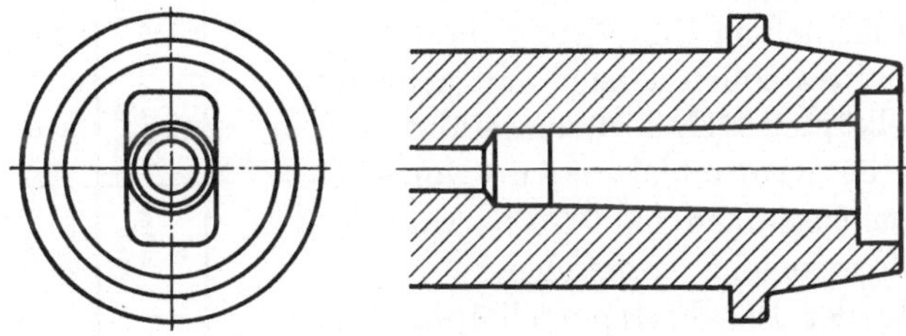

Bild 660. Frässpindelkopf nach DIN 2201.

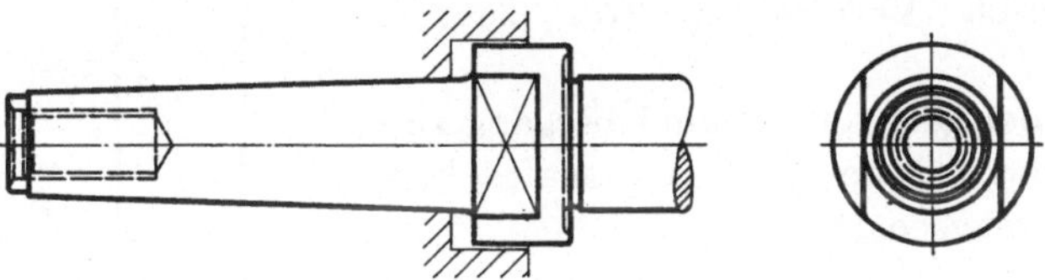

Bild 661. Fräserdornschaft nach DIN 2207.

Frässpindelköpfe nach DIN 2201 mit Morsekegel oder Metrischem Kegel bestehen seit 1927 als Vornorm, und die überwiegende Anzahl der Werkzeugmaschinen deutscher Hersteller ist mit diesem Spindelkopf ausgeführt. Der Spindelkopf DIN 2201 hat folgende Nachteile:

Verbindungen durch Morsekegel oder Metrischen Kegel sind verhältnismäßig schwer lösbar.

Für das Übertragen größerer Drehmomente liegen die Mitnahmeflächen in verhältnismäßig geringem Abstand von der Spindelachse.

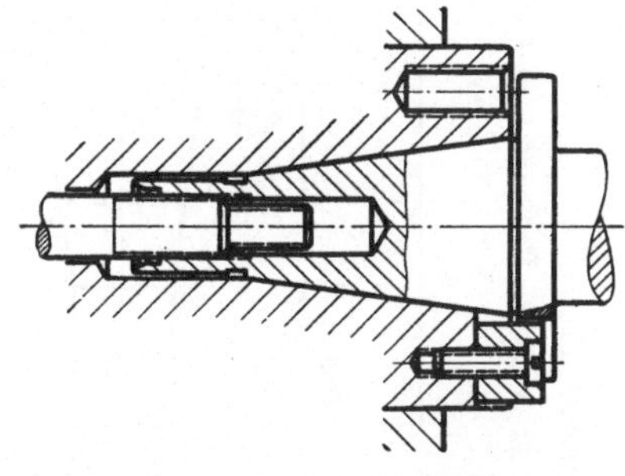

Bild 662. Frässpindelkopf DIN 2079 mit Kegelschaft DIN 2080.

Die Mitnahmeflächen sind schwierig mit der erforderlichen Genauigkeit und zulässigen Außermittigkeit herstellbar.

Der Außenkegel ist für die Aufnahme von Seitenkräften verhältnismäßig schwach.

Der Frässpindelkopf DIN 2079 mit ISA-Kegel wird in den Vereinigten Staaten seit etwa 1927 verwendet und ist seit etwa 1936 unter ASA B 5.18 amerikanische Norm. Seit 1936 ist dieser Spindelkopf durch die ISA auch international anerkannt. DIN 2079 wurde in den DIN-Mitteilungen der Zeitschrift Maschinenbau/Der Betrieb 1941, S. 495 als

Entwurf veröffentlicht, die Einführung dieser Norm des Krieges wegen jedoch zurückgestellt. Seit 1950 ist diese Norm in Deutschland zur allgemeinen Einführung empfohlen. Neue Maschinen sollen danach nur mehr mit Frässpindelköpfen DIN 2079 ausgeführt werden. Nach dem Normblattentwurf von 1941 ist für Fräsmaschinen bis 0,5 PS Antriebsleistung Morsekegel 2 vorgesehen.

Vorteile der ISA-Frässpindelköpfe sind:

1. Für Messerköpfe und größere Werkzeugspanner Anlage an großer Stirnfläche und dadurch Vermeidung von Taumelschlag.

2. Großer Querschnitt am Übergang zum freitragenden Teil des Werkzeugschaftes bzw. des Spannzeugschaftes.

Zahlentafel 17.

*ISA-Frässpindelköpfe. Nach DIN 2079, Entwurf 1, gekürzt*[1].

| Nenn-größe | $D_1$ | $D_2 h_5$ | $d_1$ H 12 | $d_2$ Kleinstmaß | $b_1$ M 6 | $c$ Kleinstmaß | $e$ | $f$ | $g_1$ | $g_2$ | $k$ Größtmaß | $l$ Kleinstmaß | $m$ Kleinstmaß | $n$ Größtmaß | $o$ Kleinstmaß | $v$ |
|---|---|---|---|---|---|---|---|---|---|---|---|---|---|---|---|---|
| 32 | 31,750 | 69,832 | 17,40 | 17 | 15,888 | 8 | 25 ±0,100 | 54 ±0,150 | M 10 | M 6 | 17 | 73 | 12,5 | 8 | 16,5 | 0±0,030 |
| 44 | 44,450 | 88,882 | 25,32 | 17 | 15,888 | 8 | 33 ±0,125 | 66,7±0,150 | M 12 | M 6 | 20 | 100 | 16 | 8 | 23 | 0±0,030 |
| 70 | 69,850 | 128,570 | 39,60 | 27 | 25,415 | 12,5 | 49,5±0,125 | 101,6±0,175 | M 16 | M 12 | 27 | 140 | 19 | 12,5 | 36 | 0±0,040 |
| 108 | 107,950 | 221,440 | 60,20 | 35 | 25,415 | 12,5 | 73 ±0,150 | 177,8±0,200 | M 20 | M 12 | 46 | 220 | 38 | 12,5 | 61 | 0±0,040 |

[1] Entnommen den DIN-Mitteilungen aus der Zeitschrift Maschinenbau/Der Betrieb, Bd. 24 (November 1941), Heft 11, S. 496.

Zahlentafel 18. *Kegelschäfte DIN 2080 für Fräswerkzeuge und Fräswerkzeugspanner für ISA-Frässpindelköpfe* [1].

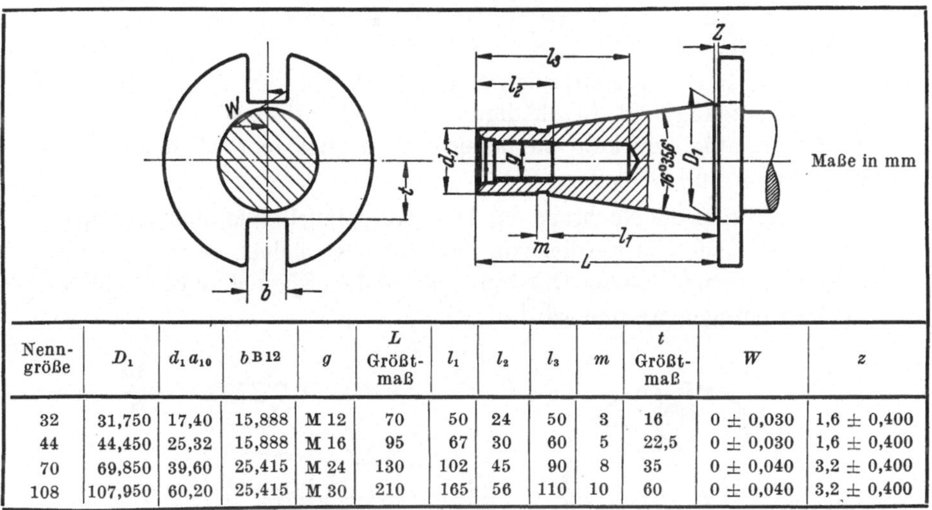


| Nenn-größe | $D_1$ | $d_1 a_{10}$ | $b$ B 12 | $g$ | $L$ Größt-maß | $l_1$ | $l_2$ | $l_3$ | $m$ | $t$ Größt-maß | $W$ | $z$ |
|---|---|---|---|---|---|---|---|---|---|---|---|---|
| 32 | 31,750 | 17,40 | 15,888 | M 12 | 70 | 50 | 24 | 50 | 3 | 16 | 0 ± 0,030 | 1,6 ± 0,400 |
| 44 | 44,450 | 25,32 | 15,888 | M 16 | 95 | 67 | 30 | 60 | 5 | 22,5 | 0 ± 0,030 | 1,6 ± 0,400 |
| 70 | 69,850 | 39,60 | 25,415 | M 24 | 130 | 102 | 45 | 90 | 8 | 35 | 0 ± 0,040 | 3,2 ± 0,400 |
| 108 | 107,950 | 60,20 | 25,415 | M 30 | 210 | 165 | 56 | 110 | 10 | 60 | 0 ± 0,040 | 3,2 ± 0,400 |

[1] Entnommen den DIN-Mitteilungen aus der Zeitschrift Maschinenbau/Der Betrieb, Bd. 24 (November 1941), Heft 11, S. 497.

3. Günstige Kraftübertragung durch großen Abstand der Mitnahmeflächen von der Drehmitte.

4. Durch größere Schwingungsfestigkeit Erhöhung der Standzeit der Werkzeugschneiden.

5. Für Fräserfutter meist kürzere Baulänge als bei Aufnahme im Morsekegel.

6. Leicht lösbare Kegelverbindung, da Kegel nicht selbsthemmend.

7. Eignung des Kegels 1 : 3,4286 als Kegel für Spannzangen.

8. Verhältnismäßig leichte Bearbeitbarkeit der kurzen Kegelbohrung, die insbesondere leichter schleifbar ist als Morsekegelbohrungen.

9. Verhältnismäßig leichte Herstellbarkeit für die Mitnahmeflächen.

10. Durch Schleifbarkeit der Mitnahmeflächen können diese gehärtet werden.

11. Geringere Anzahl von Spindelkopfgrößen, nämlich 6 (ab 0,625″) anstatt 13 (ab Morsekegel 2).

12. Die internationale Verbreitung dieses Frässpindelkopfes.

Nachteile der ISA-Frässpindelköpfe sind:

1. Durch den größeren Kegelwinkel geringere Einmittewirkung als durch den schlankeren Morsekegel.

2. Verhältnismäßig großer Werkstoffbedarf für Werkzeuge und Spannzeuge mit Mitnehmerflansch.

3. Durch zylindrische Aufnahme schwierigeres Aufbringen der Messerköpfe auf den Spindelkopf.

4. Für das Aufbringen schwerer Messerköpfe auf den Fräserspindelkopf ist Hilfsdorn erforderlich.

5. Die zylindrische Messerkopfaufnahme wird stärker abgenutzt als Aufnahme durch einen Kegel.

6. Spiel in der zylindrischen Aufnahme verursacht Rundlauffehler.

7. Abnutzung und Beschädigung der zylindrischen Aufnahme ist verhältnismäßig schwierig zu beseitigen. In Betracht kommen dafür Aufchromen und Schleifen.

Danach sind die Nachteile der ISA-Frässpindelköpfe nicht unerheblich. Diese Nachteile werden von den Vorteilen jedoch so sehr an Bedeutung überragt, daß der ISA-Spindelkopf dem Spindelkopf mit Morsekegel vorgezogen werden wird.

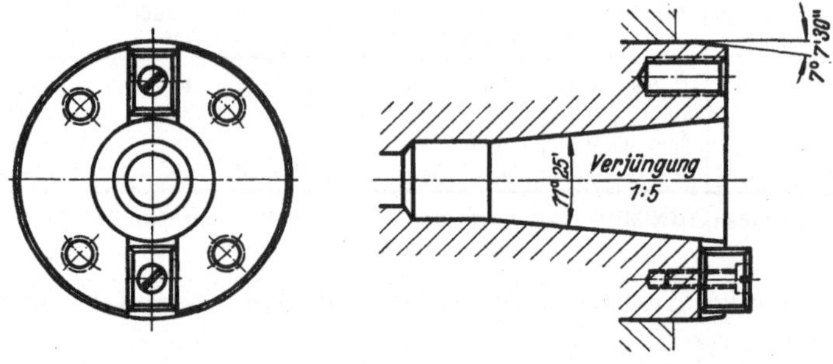


Bild 663. Frässpindelkopf mit Innenkegel 1 : 5 oder gegebenfalls 1 : 3,4286 (ISA - Kegel), Außenkegel wie für Spindelköpfe für Drehmaschinen, z. B. 14° 15′ nach amerikanischer Norm ASA B 5.9.

Unter der Annahme von Gestaltungsmöglichkeiten, die von Rücksichtnahme auf internationale Verhältnisse noch völlig frei sind, wäre zwar denkbar, daß nicht der ISA-Frässpindelkopf gewählt werden würde. Vor allem wäre zu überlegen, für die Außenaufnahme nicht einen Zylinder, sondern einen Kurzkegel mit Plananlage wie für Drehmaschinen zu verwenden (Bild 663). Der Kegelwinkel beträgt hierbei 14°15′. Die Fertigung dieses Kegels zuzüglich der Plananlage ist zwar erheblich schwieriger als die Fertigung des Zylinders. Außerdem müßten sämtliche Messerköpfe mit diesem Kegel versehen werden. Auf Kegel können Messerköpfe jedoch sehr viel leichter aufgebracht und von diesen abgenommen werden als auf bzw. von Zylindern, ein Vorteil, der mit dem Gewicht der Messerköpfe zunimmt.

Die Kosten einer Umstellung vom Frässpindelkopf mit Morsekegel auf den ISA-Frässpindelkopf sind mit Rücksicht auf die große Anzahl vorhandener Werkzeuge, Spannzeuge und Meßzeuge ganz beträchtlich. Insbesondere für die Übergangszeit sind Spanner erforderlich, die maschinenseitig mit ISA-Kegel, werkzeugseitig mit Morsekegel bzw. Metrischem Kegel ausgeführt sind.

## 2. Schneidrichtungen von Fräswerkzeugen.

Schneidrichtungen von Fräswerkzeugen werden von der Antriebsseite aus gesehen bezeichnet. Im Uhrzeigersinne umlaufende Fräser gelten als rechtsschneidend, entgegen dem Uhrzeiger umlaufende Fräser als linksschneidend (DIN 857).

Auf Waagerecht-Fräsmaschinen wird vorzugsweise linksumlaufend, auf Senkrecht- und Langloch-Fräsmaschinen vorzugsweise rechtsumlaufend gearbeitet.

## 3. Drallrichtung von Fräsernuten und Längskraft.

Die durch Drallnuten in Richtung Frässpindelachse wirkende Längskraft soll gegen den Fräsmaschinenständer gerichtet sein. Dies gilt

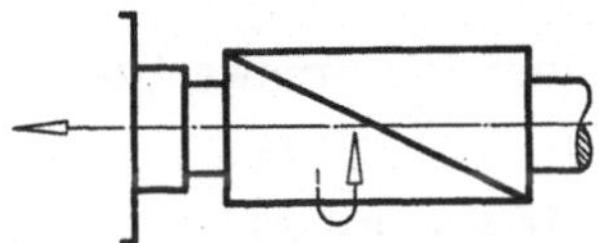

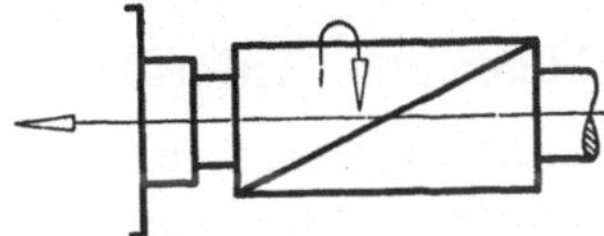

Bild 664. Linksschneidender Walzenfräser mit Rechtsdrall.

Bild 665. Rechtsschneidender Walzenfräser mit Linksdrall.

Bild 664 u. 665. *Schneidrichtungen von Walzenfräsern. Die Achskraft ist gegen die Antriebsseite gerichtet.*

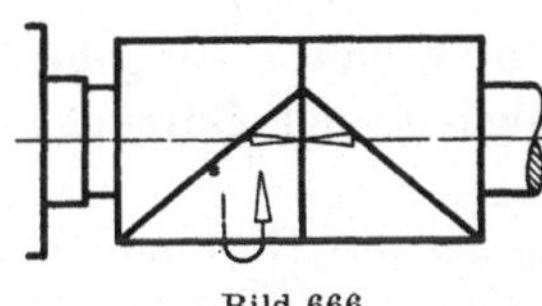

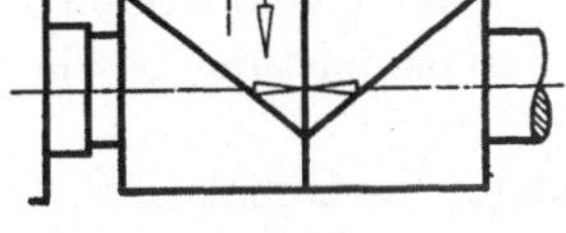

Bild 666.

Bild 667.

Bild 666 u. 667. Schneidrichtungen von kreuzverzahnten Walzenfräsern. Je ein Fräser mit Linksdrall und mit Rechtsdrall. Die Achskräfte werden dadurch aufgehoben. Die Späne werden dabei nach den äußeren Fräserenden hin abgeführt. Die Fräserzähne brechen an der Innenseite verhältnismäßig leicht aus.

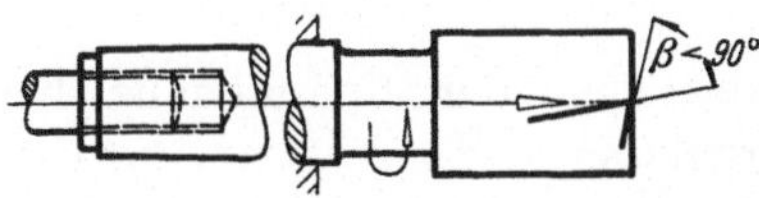

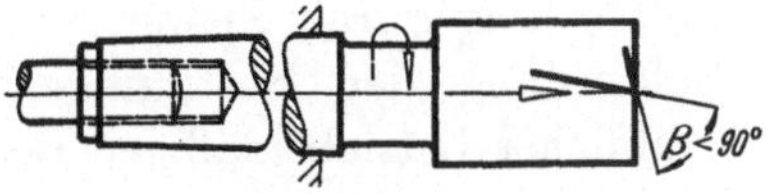

Bild 668. Linksschneidender Schaftfräser mit Linksdrall.

Bild 669. Rechtsschneidender Schaftfräser mit Rechtsdrall.

Bild 668 u. 669. *Schneidrichtungen von Schaftfräsern, die zugleich mit den Stirnzähnen arbeiten. Die Achskraft ist der Antriebsseite entgegengerichtet. Diese Fräser sind deshalb durch Anzugdorn oder durch Mutter zu spannen.*

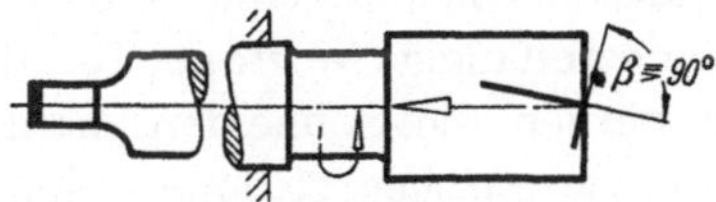

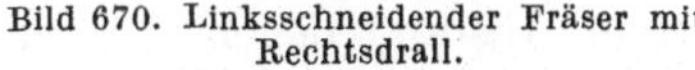

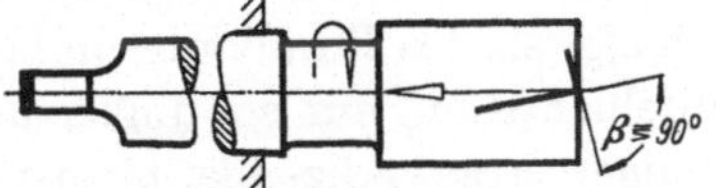

Bild 670. Linksschneidender Fräser mit Rechtsdrall.

Bild 671. Rechtsschneidender Fräser mit Linksdrall.

Bild 670 u. 671. *Schneidrichtungen von Schaftfräsern, mit denen vorzugsweise mit den Mantelzähnen gearbeitet wird. Die Achskraft ist gegen die Antriebsseite gerichtet. Diese Fräser sind durch Lappen mitgenommen. Spannen in Achsrichtung nicht erforderlich.*

insbesondere für Maschinen älterer Bauart. Deshalb sind linksschneidende Walzenfräser mit Rechtsdrall (Bild 664), rechtsschneidende Walzenfräser mit Linksdrall (Bild 665) zu versehen. Das gleiche trifft für Schaftfräser zu, die vorzugsweise mit den Mantelzähnen schneiden. Durch Kupplung von Fräsern mit entgegengesetztem Drall, sogenannten kreuzverzahnten Fräsern (Bild 666 u. 667), wird die Längskraft aufgehoben.

Für Schaftfräser, die vorzugsweise mit den Stirnzähnen schneiden, wird die Drallrichtung gleich der Schneidrichtung gehalten, damit der Keilwinkel der Stirnzähne kleiner als 90° ist (Bild 668 u. 669). Falls die Drallrichtung der Schneidrichtung entgegengesetzt ist, entstehen Stirnzähne mit einem für das Schneiden ungünstigen Keilwinkel von mehr als 90° (Bild 670 u. 671).

## 4. Allgemeine Anforderungen an Spanner für Fräswerkzeuge.

Die mit Spannern für Fräswerkzeuge zu lösende Aufgabe besteht im Einmitten, Mitnehmen, Spannen und Lösen des Fräswerkzeuges.

Für die Bewertung von Spannern für Fräswerkzeuge sind zu berücksichtigen:

Rundlaufgenauigkeit;

Stirnlaufgenauigkeit (Taumelschlag);

Festigkeit gegen Biegen und Verdrehen im Verhältnis zur geforderten Zerspanleistung sowie zur Maßgenauigkeit und Güte der Fräsfläche;

Länge des Hebelarmes für die Übertragung des Drehmomentes;

Sicherheit des Spannens;

Leichtigkeit des Lösens;

Zugänglichkeit der Spannstelle;

Zeitdauer des Werkzeug- und Spannzeugwechsels;

Gefährdung durch Späne;

Gefährdung der Bestimmgenauigkeit und der Spannfläche bei üblicher betriebsmäßiger Beanspruchung;

fertigungsgerechte Gestaltung;

Unfallgefahr;

Anschaffungskosten.

Fräswerkzeuge sind sorgfältig einzumitten, denn Fräsleistung, Güte der Fräsfläche und Standzeit der Werkzeugschneiden sind von der Genauigkeit des Rundlaufes in hohem Grade abhängig. Je größer Rundlauffehler sind, um so ungleichmäßiger werden die Schneiden mehrzahniger Fräswerkzeuge beansprucht, um so rascher stumpfen jene Zähne, die von der Drehmitte in größerem Abstand liegen. Bei einzahnigen Fräswerkzeugen, z. B. bei sogenannten Schlagzahnfräsern, spielen hingegen Rundlauffehler keine Rolle.

Damit die Beanspruchung auf Biegen und Drehen möglichst gering ist, sind Fräswerkzeugspanner möglichst kurz und im Durchmesser möglichst groß zu halten. Fräswerkzeuge sind außerdem in möglichst geringem Abstand vom Frässpindellager oder zumindest von einer Frässpindelstütze anzuordnen. Durch geringen Abstand von einem Lager wird das Biegemoment gering gehalten. Mit zunehmendem Abstand vom Spindellager wächst außerdem die Möglichkeit des Verdrehens. Abgebogene bzw. durchgebogene Dorne beeinträchtigen Form- und Maßgenauigkeit der Fräsflächen. Durch verdrehte Dorne entstehen Rattermarken.

Mit hohen Drehzahlen umlaufende Fräswerkzeugspanner sind sorgfältig auszuwuchten.

## 5. Anzuggewinde für Kegelschäfte.

Für Anzuggewinde zum Befestigen von Schaftfräsern und Fräserdornen in Frässpindeln (z. B. Bild 673) wird zum Teil Whitworth-Gewinde, zum Teil Metrisches Gewinde verwendet.

Die Normen
DIN 231 Morsekegel,
DIN 233 Metrische Kegel,
DIN 2203 Mitnehmerbolzen für Messerköpfe,
DIN 2204 Aufnahmedorne für Messerköpfe und
DIN 2207 Fräserdorne

weisen ab Morsekegel 3 bzw. ab Metrischem Kegel 24 noch Whitworth-Gewinde auf. Nur für Morsekegel 1 und 2 bzw. Metrische Kegel 9, 12 und 18 ist in DIN 231 und DIN 233 Metrisches Gewinde vorgesehen.

Die Ausgaben 1943 der Normen
DIN 228 Kegelschäfte und Hülsen für Werkzeuge,
DIN 853 Aufsteckdorne für Gewindefräser und
DIN 886 Aufsteckfräserdorne mit Mitnehmer

sehen nur noch Metrisches Gewinde vor. Für DIN 228 wurde die Wahl zwischen Metrischem und Whitworth-Gewinde zunächst noch freigestellt. 1949 wurde vom Deutschen Normenausschuß empfohlen, für sämtliche Anzuggewinde nur Metrisches Gewinde zu verwenden, und bei Neuausgaben werden sämtliche einschlägigen Normen auf Metrische Anzuggewinde umgestellt. Bei Gestaltung von Schaftfräsern und Fräserspannern ist deshalb für Neukonstruktion weitgehend Metrisches Gewinde zu verwenden.

Zur Unterscheidung von Kegelschäften mit Whitworth-Gewinde sind Kegelschäfte mit Metrischem Gewinde nach DIN 228 bis auf weiteres an der Stirnfläche des Schaftendes durch einen Schlitz zu kennzeichnen (Bild 672).

Für Schäfte mit Morsekegel 0 sowie für Metrische Kegel 4, 6 und 9 ist kein Anzuggewinde vorgesehen.

Anzuggewinde für Fräswerkzeuge und Fräswerkzeugspanner sind sämtliche Rechtsgewinde.

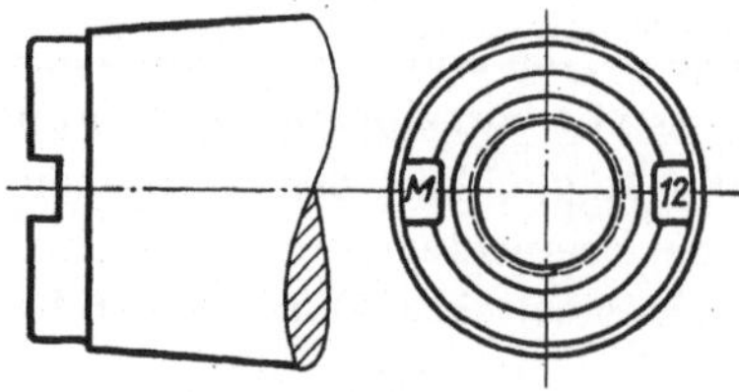

Bild 672. Fräserdorn-Ende mit Quernut für die Beschriftung, durch die gekennzeichnet wird, daß das Anzuggewinde Metrisches Gewinde ist. Diese Kennzeichnung ist in DIN 228 festgelegt.

Anzugdorne von Frässpindeln mit Morsekegel und Metrischem Kegel dienen nicht nur zum Spannen, sondern auch zum Lösen der Fräswerkzeuge und Fräserspanner. Hierzu liegt der Anzugdorn mit seiner hinteren Bundfläche in der Frässpindel (Bild 673) bzw. an einer in der Frässpindel sitzenden Gewindebuchse (Bild 674) an. Für das Lösen von ISA-Kegeln ist kein Herausdrücken erforderlich, da diese nicht selbsthemmend sind (Bild 675).

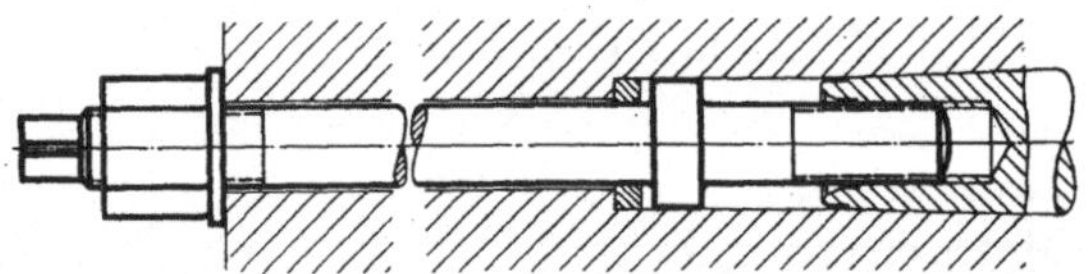

Bild 673. Anzugdorn mit Bund auf der Seite des Fräserdornes. Zum Spannen wird der Anzugdorn in den Kegelschaft eingeschraubt. Durch die Mutter wird gespannt. Zum Herausdrücken des Kegelschaftes aus der Spindelbohrung ist der Dorn mit der linken Bundfläche gegen die Grundfläche der Bohrung zu schrauben.

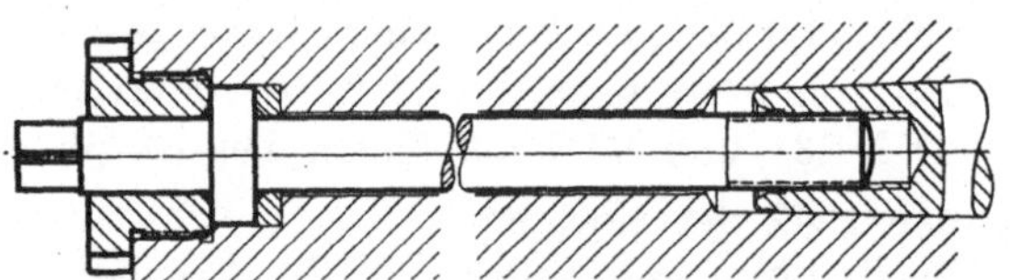

Bild 674. Anzugdorn mit Bund am hinteren Ende der Frässpindel. Spannen, Lösen der Spannung und Herausdrücken des Kegelschaftes durch Drehen des Anzugdornes, der in beiden Längsrichtungen an Bundflächen anliegt. Nach Ausschrauben der Gewindebuchse ist der Anzugdorn rückziehbar und kann aus dem Bereich des Aufnahmekegels gebracht werden. Damit ist der Vorteil gegeben, den Aufnahmekegel der Frässpindel unbehindert vom Anzugdorn zu reinigen und den Kegelschaft bis zum Tragen der Kegelflächen von Hand einzuführen.

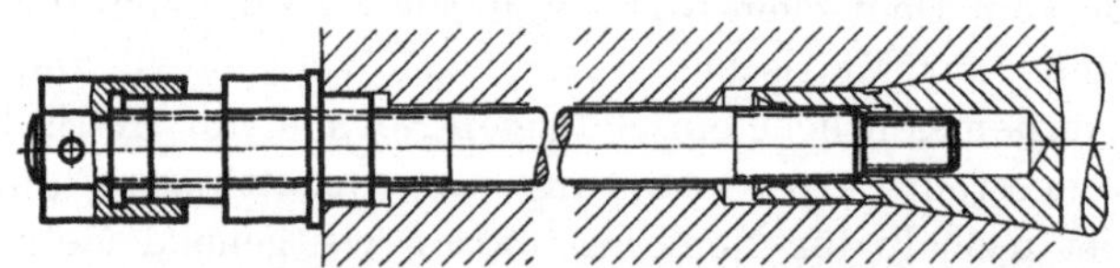

Bild 675. Anzugdorn mit zwei Anzuggewinden für Fräswerkzeuge und Fräswerkzeugspanner mit ISA-Kegel. Der Dorn wird in das Muttergewinde eingeschraubt, danach am freien Ende gegen Drehen gehalten und samt Kegelschaft durch die innere Mutter gespannt. Beim Lösen der Spannung ist für die Spannmutter kein Widerlager erforderlich, weil der ISA-Kegel nicht selbsthemmend ist. In Längsrichtung ist größere Verstellmöglichkeit vorgesehen.

Bild 673 bis 675. *Anzugdorne zum Spannen von Fräsern, Fräserdornen usw. mit Kegelschaft und Anzuggewinde.*

Anzugdorne für ISA-Kegelschäfte werden auch mit zwei Gewinden von verschieden großem Durchmesser ausgeführt (Bild 676 u. 677 und Zahlentafel 19), wodurch die Anzahl der erforderlichen Dorne vermindert wird. Dem steht jedoch der Nachteil entgegen, daß die

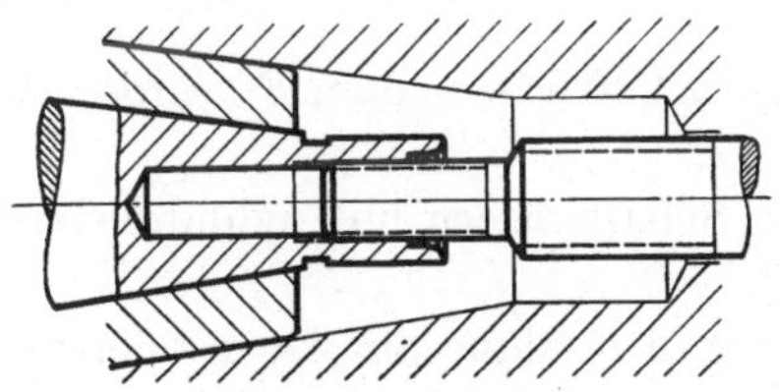 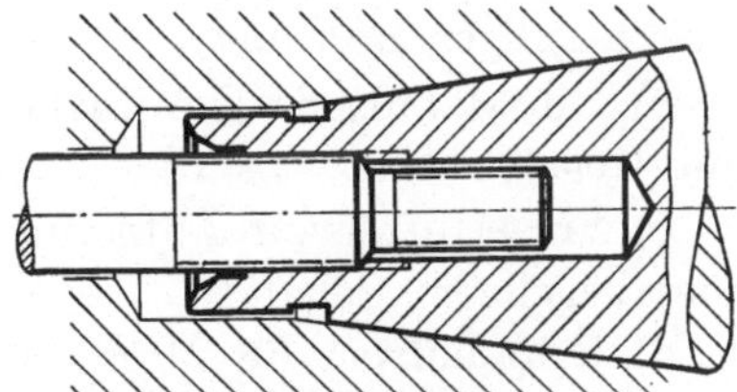

Bild 676. Anzugdorn bei Verwendung des kleineren Gewindes.

Bild 677. Anzugdorn bei Verwendung des größeren Gewindes.

Bild 676 u. 677. *Anzugdorn mit zwei Gewinden verschiedener Größe.*

Gewindebohrung der zum größeren Gewinde gehörigen Kegelschäfte entsprechend tiefer auszuführen ist (Bild 677).

Anzugdorne haben den Nachteil, daß ihre Schlüsselfläche am Ende der Frässpindel liegt. Bei Waagerecht-Fräsmaschinen nimmt das Un-

Zahlentafel 19. *Anzugdorne für ISA-Frässpindelköpfe. Gewindeenden*[1].

| Nenngröße | $d_1$ | $d_2$ | $l_1$ | $l_2$ | $l_3$ |
|---|---|---|---|---|---|
| 32 | M 12 | M 10 | 27 | 19 | 19 |
| 44 | M 16 | M 12 | 17 | 17 | 29 |
| 70 | M 24 | M 16 | 38 | 32 | 35 |
| 108 | M 30 | M 24 | 44 | 35 | 51 |

[1] Entnommen der amerikanischen Norm ASA B 5.18-1943 Spindle Noses and Arbors for Milling Machines. Die in Millimetern angegebenen Längenmaße sind bei der Aufstellung einer DINorm den Normzahlen nach DIN 3 anzugleichen.

angenehme dieses Umstandes mit der Größe der Maschine zu. Noch ungünstiger liegen die Verhältnisse für Senkrecht-Fräsmaschinen, bei denen an Maschinen ab mittlerer Größe der Bedienende gezwungen ist, zum Betätigen des Anzugdornes auf einen Schemel oder sonstigen Unterbau zu steigen. Für häufigen Fräserwechsel ist deshalb insbesondere an Senkrecht-Fräsmaschinen ein Spannen durch Futter gegebenenfalls zweckmäßiger, weil dieses von der Kopfseite der Spindel aus bedient wird.

## 6. Arten von Spannern für Fräswerkzeuge.

Aus den Anschlußformen für Fräsmaschine und Fräswerkzeug ergeben sich für Fräswerkzeugspanner folgende Grundformen:

a) Fräserdorne zur Aufnahme von Fräswerkzeugen mit zylindrischer oder kegeliger Bohrung;

b) Einsatzhülsen zur Aufnahme von Schaftfräsern oder Fräserdornen mit Kegel;

c) Fräserfutter zur Aufnahme von Schaftfräsern mit zylindrischem oder kegeligem Schaft;

d) Grundkörper für Messerköpfe zur Aufnahme auf Dorn oder auf Frässpindelköpfen.

Benennungen wie „*Fräser*dorne", „*Fräser*futter" sind sprachlich einwandfreier als die entsprechenden Benennungen „*Fräs*dorne", „*Fräs*futter". Bestehende DINormen mit der weniger richtigen Benennung werden bei Neuausgabe in Fräserdorne usw. geändert werden.

### a) Fräserdorne

dienen zur Aufnahme von Fräsern mit Bohrung. Sie sind meist das schwächste Glied der Kraftübertragung zwischen Antriebsmotor und Fräswerkzeug. Deshalb sind, der jeweiligen Zerspanleistung entsprechend, Fräserdorne von möglichst großem Durchmesser und möglichst geringer Länge zu wählen und möglichst nahe der Frässtelle zu unterstützen.

In der Frässpindel werden Fräserdorne durch Kegel eingemittet. Fräserdornschäfte mit Morsekegel sind in DIN 2207, Schäfte mit ISA-Kegel in dem zunächst zurückgezogenen DIN-Blatt 2080 (Zahlentafel 18, S. 247) festgelegt.

Für leichtere Arbeiten genügt zur Kraftübertragung die Flächenpressung.des in Achsrichtung gespannten Morsekegels. Nach DIN 2081 werden Fräserdornschäfte mit Morsekegel 2 ohne Mitnahmeflächen ausgeführt. Im übrigen sind Fräserdorne unmittelbar mitzunehmen. Fräserdorne mit Morsekegel erhalten hierzu zwei Flächen, Fräserdorne mit ISA-Kegel zwei Schlitze.

Gespannt werden Fräserdorne in Achsrichtung durch Anzugdorn (Bild 673 bis 677), bei den für Dorne mit ISA-Kegel entwickelten Schnellspannern durch Mutter (Bild 726 u. 727).

Zur Aufnahme von Fräsern werden Fräserdorne vorzugsweise mit Zylinderzapfen, in Sonderfällen mit Kegelzapfen oder mit Gewindezapfen versehen.

Die Zapfendurchmesser für *Fräserdorne mit Zylinderzapfen* sind in DIN 138 festgelegt. Ausführungsbeispiele und Gestaltungshinweise für Fräserdorne mit Zylinderzapfen sind ab S. 256 angeführt.

**Fräserdorne mit Kegelzapfen** (Bild 678 bis 680) werden verwendet, wenn die mit zylindrischem Zapfen erreichbare Genauigkeit nicht genügt oder wenn bei freitragendem Fräserdorn ein Zapfen gleicher Festigkeit angestrebt wird. Besonders hohe Ansprüche an Rundlaufgenauigkeit werden z. B. für Abwälzfräser gestellt, und für diese wurden

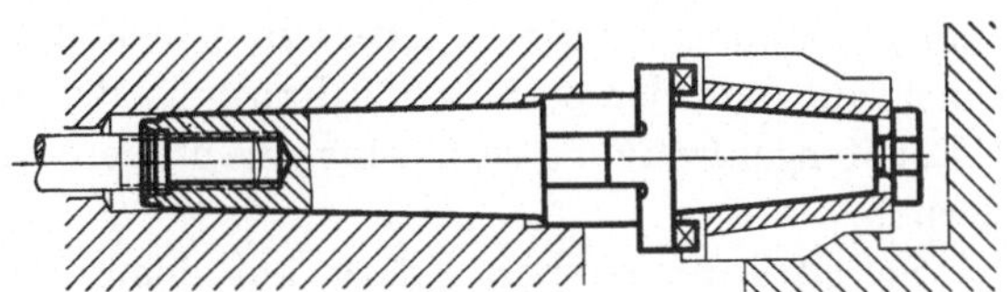

Bild 678. Freitragender Fräserdorn mit Kegelzapfen. Durch den Kegel sind hierbei günstigere Zapfenquerschnitte möglich als durch Zylinderzapfen.

Fräserdorne mit Kegelzapfen vorzugsweise entwickelt. Diese Entwicklung dürfte aber durch Dehndorne überholt sein, denn mit Dehndornen ist hohe Rundlaufgenauigkeit sicherer erreichbar als durch Kegel. Außerdem erhalten die auf Dehndornen aufzunehmenden Fräser die leichter zu fertigende *zylindrische* Bohrung.

Für Fräser-Aufnahmekegel kommt eine Verjüngung von etwa 1 : 5 in Betracht. Fräser mit dünner Wandung können durch Aufpressen auf

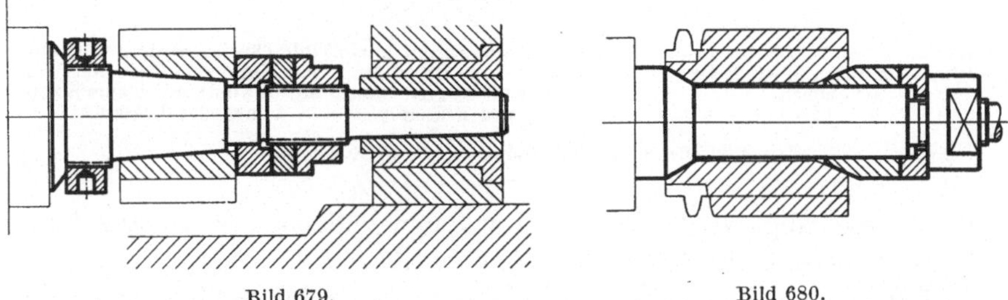

Bild 679.          Bild 680.

Bild 679. Fräserdorn mit Kegelzapfen zur Aufnahme des Fräsers und mit Laufzapfen. Kegelige Aufnahme wird hierbei verwendet, um den Fräser möglichst spielfrei einzumitten. Die linksseitige Mutter dient zum Lösen des Fräsers.

Bild 680. Der Fräser wird durch zwei Kegel aufgenommen, um möglichst spielfreies Einmitten zu erreichen. Hierfür muß aber auch die auf der Mutterseite angeordnete Kegelhülse spielfrei aufgenommen werden.

Kegel gesprengt werden. Für geringere Schnittleistungen reicht die Flächenpressung im Kegel zur Mitnahme des Fräsers in Sonderfällen aus. Wenn unmittelbare Mitnahme erforderlich ist, wird zweckmäßig Stirnmitnahme am großen Kegeldurchmesser vorgesehen, zunächst wegen der auf S. 262 angeführten allgemeinen Vorteile der Stirnmitnahme, außerdem deshalb, weil durch Längsnut in der Kegelbohrung die Festigkeit von Fräsern gegen Auseinandersprengen erheblich vermindert wird.

**Fräserdorne mit Gewindezapfen** (Bild 681 bis 683) werden verwendet, wenn der verfügbare Bauraum nicht ausreicht, um den Fräser durch Schraube, Mutter oder Zugbolzen zu befestigen. Im übrigen hat die Aufnahme durch Gewinde nur Nachteile, wie auf S. 15 angeführt.

Da Gewinde ungenau einmittet, sind durch Gewinde aufgenommene Fräser auf dem Fräserdorn rund und scharf zu schleifen, und zwar auf demselben Dorn, auf dem der betreffende Fräser in der Maschine verwendet wird. Bei Mengenfertigung ist hierfür eine größere Anzahl Fräserdorne erforderlich.

Durch die Schnittkraft können Fräser auf dem Dorngewinde so festgezogen werden, daß ihr Lösen Schwierigkeiten macht, wobei Fräser-

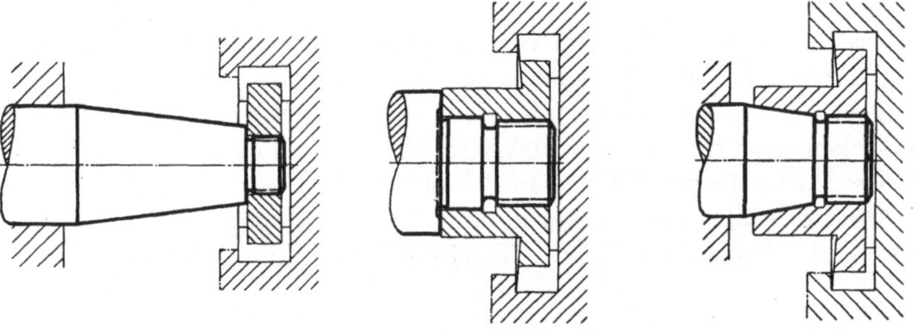

Bild 681. Der Fräser ist ausschließlich durch Gewinde aufgenommen.

Bild 682. Fräserdorn mit kurzem Zylinder zum Einmitten und mit Gewindezapfen zum Spannen des Fräsers.

Bild 683. Fräserdorn mit kurzem Kegel zum Einmitten und mit Gewindezapfen zum Spannen des Fräsers.

Bild 681 bis 683. *Fräserdorne mit Gewindezapfen.*

zähne beschädigt werden können. Für Schlüsselflächen ist bei denselben Fräsern meist keine Unterbringmöglichkeit.

Für linksschneidende Fräser ist Linksgewinde, für rechtsschneidende Fräser Rechtsgewinde vorzusehen.

Wenn der Fräser breit genug ist, sollte er durch zylindrischen oder kegeligen Ansatz eingemittet und das Gewinde nur zum Spannen verwendet werden (Bild 682 u. 683). Aber auch diese Ausführungen sind nur als Zwangslösungen zu betrachten. Durch Zylinder- und Kegelansatz sind zwar die Rundlauffehler geringer, jedoch verbleiben sämtliche übrigen Nachteile der Gewindezapfen. Außerdem ist die genaue Fertigung so kurzer abgesetzter Bohrungen, wie sie hierbei für Fräser erforderlich sind, verhältnismäßig schwierig.

**Freitragende Fräserdorne.** Freitragende, sogenannte Aufsteck-Fräserdorne (Bild 684 bis 689), dienen in der Hauptsache zur Aufnahme von Walzenstirn- und Winkelstirnfräsern sowie von Gewindefräsern. Genormt sind unter

DIN 843 Aufsteckdorne für Walzen- und Winkelstirnfräser (Bild 684).
DIN 853 Aufsteckdorne für Gewindefräser (Bild 685),
DIN 886 Aufsteck-Fräserdorne mit Mitnehmer (Bild 686).

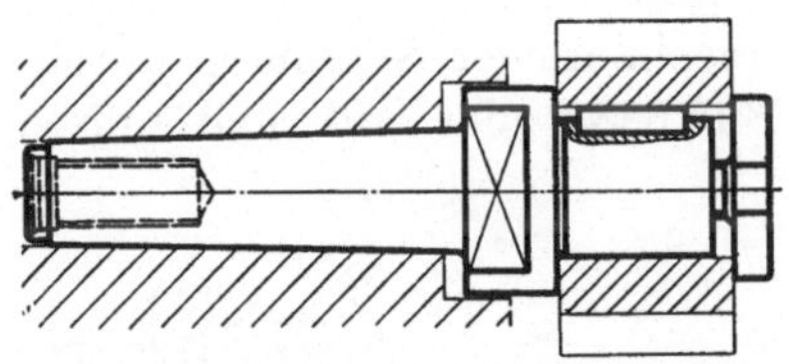

Bild 684. Aufsteckfräserdorn DIN 843

| Zapfendurchmesser | 10 | 13 | 16 | 16 | 22 | 27 | 27 | 32 | 40 |
| Zapfenlängen | 7 | 24 | 11 | 29 | 37 | 20 | 60 | 23 | 30 |

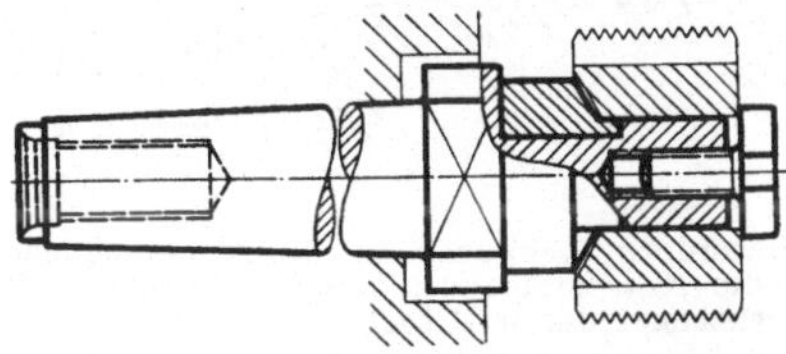

Bild 685. Aufsteckfräserdorn DIN 853 für Aufsteckgewindefräser DIN 852. Mitnehmersteine eingesetzt, Fräseranzugschraube nach DIN 886

| Zapfendurchmesser | 13 | Zapfenlängen | 7 | 10 | 14 | 19 |
| ,, | 16 | ,, | 12 | 16 | 23 | 31 |
| ,, | 22 | ,, | 23 | 30 | 35 | — |

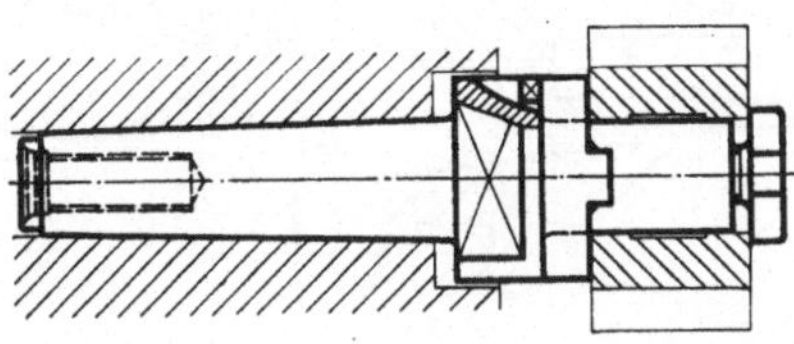

Bild 686. Aufsteckfräserdorn DIN 886, mit Stirnmitnahme durch Mitnehmerring für den Fräser. Für Aufsteckfräser ist dieser Dorn vorzugsweise zu verwenden. Fräseranzugschrauben nach DIN 886, Blatt 2, Schraubenschlüssel nach DIN 886, Blatt 3.

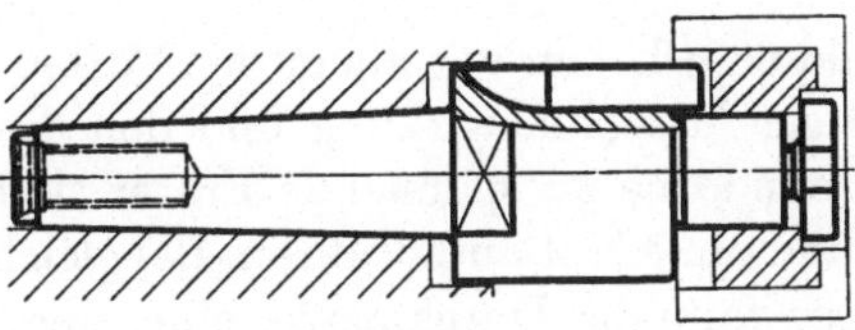

Bild 687. Aufsteckfräserdorn DIN 886, mit Stirnmitnahme für den Fräser. Als Mitnehmer dienen eingesetzte Paßfedern.

Bild 684 bis 687. *Genormte Aufsteckfräserdorne. Kegelschaft nach DIN 2207, Fräserdornzapfen nach DIN 138. Für Linkslauf Spannschraube mit Linksgewinde, für Rechtslauf mit Rechtsgewinde.*

Vorzugsweise sind Aufsteck-Fräserdorne DIN 886 mit Stirnmitnehmer (Querfeder) zu verwenden. Bestrebungen gehen dahin, Aufsteck-Fräserdorne mit Längsfeder (DIN 843) als Norm fallenzulassen.

Aufsteck-Fräserdorne mit Morsekegel 2 werden maschinenseitig ohne Mitnahmeflächen ausgeführt.

Für die Fräseranzugschrauben ist die Gewinderichtung gleich der Schneidrichtung zu wählen.

Dehndorne mit mechanischer Spannung durch Rollkupplung nach STIEBER (Patent, Bild 688) oder mit hydraulischer Spannung nach

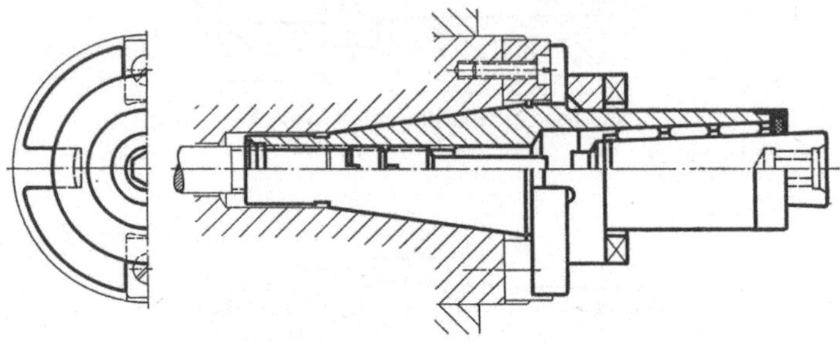

Bild 688. Freitragender Fräserdorn. Dehndorn mit Rollkupplung nach STIEBER (DRP.). Mitnahme des Dornes durch die Nutensteine des Frässpindelkopfes. Stirnseitige Mitnahme des Werkzeuges durch Mitnehmerring mit Lappen.

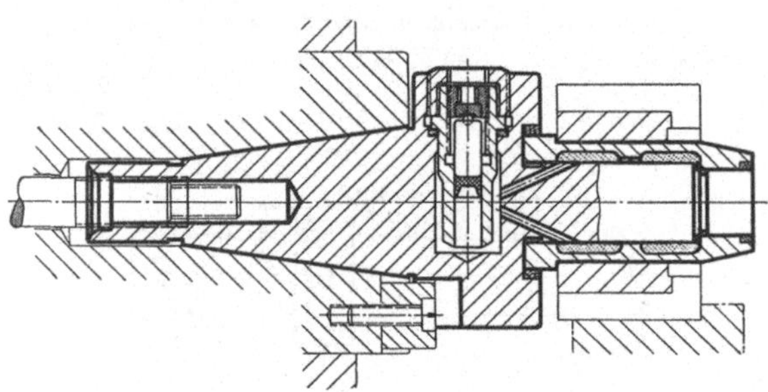

Bild 689. Freitragender Fräserdorn. Dehndorn mit Hydraulikspannung nach HOFER (DRP.). Fräser wird nur durch lösbaren Preßsitz in der Bohrung mitgenommen, ohne Verwendung einer Paßfeder oder eines Stirnlappens.

HOFER (Patent, Bild 689) haben vor allem den Vorteil hoher Rundlaufgenauigkeit, günstiger Mitnahmewirkung und den des raschen Fräserwechsels. Durch Dehndorne zu spannende Fräser sind in der Bohrung ohne Freisparung und ohne Nut auszuführen. Bei gleichem Außendurchmesser zweier Fräser kann der Durchmesser einer ungenuteten Bohrung um den Betrag der doppelten Nuttiefe größer gehalten werden. Das Widerstandsmoment des zu dieser Bohrung gehörigen Fräserdornzapfens ist beträchtlich größer als das eines Zapfens für den entsprechenden Fräser mit genutetem Dorn.

**Gestützte Fräserdorne** (Bild 690 bis 694) werden auf Waagerecht-Fräsmaschinen verwendet und dienen in der Hauptsache zur Aufnahme von Walzenfräsern, Scheibenfräsern und Formfräsern.

Für das Stützen sind diese Fräserdorne mit Laufzapfen oder Laufbuchse versehen.

Fräserdorne mit Laufzapfen (Bild 690) kommen im allgemeinen für kleinere Fräsmaschinen und auch dabei vorwiegend nur für Maschinen

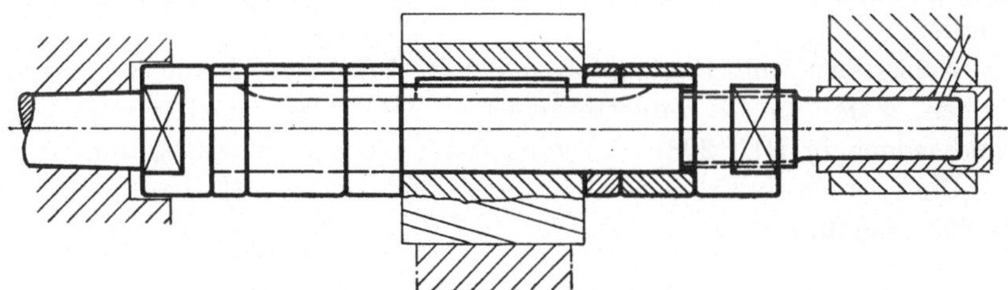

Bild 690. Fräserdorn mit Laufzapfen, der im Stützlager der Fräsmaschine aufgenommen ist.

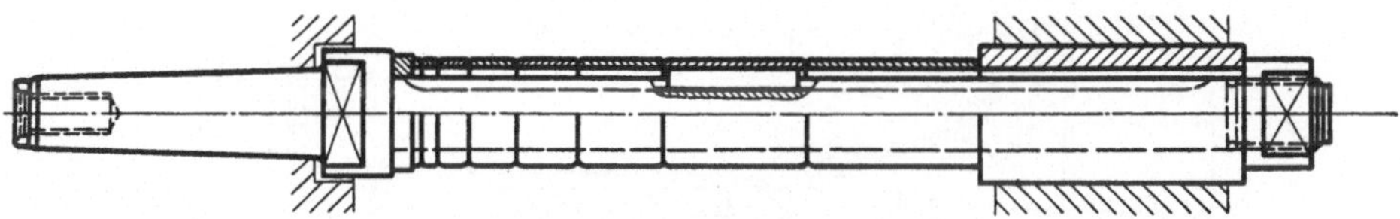

Bild 691. Fräserdorn DIN 2081, mit Morsekegelschaft, mit einer Laufbuchse, gestützt durch Gegenlager der Fräsmaschine.

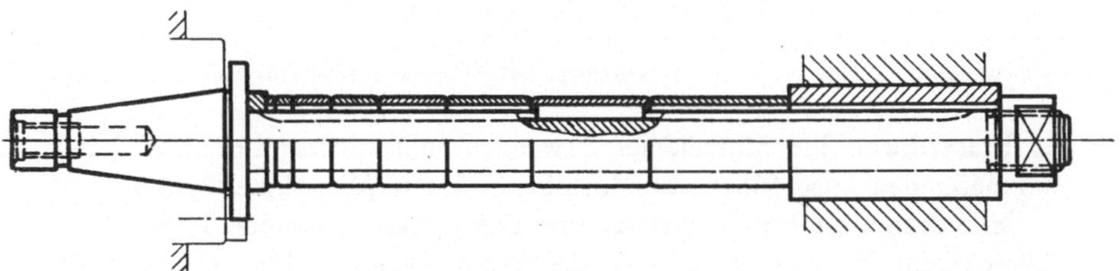

Bild 692. Fräserdorn mit ISA-Kegelschaft, mit einer Laufbuchse, gestützt durch Gegenlager der Fräsmaschine. Normung in Vorbereitung.

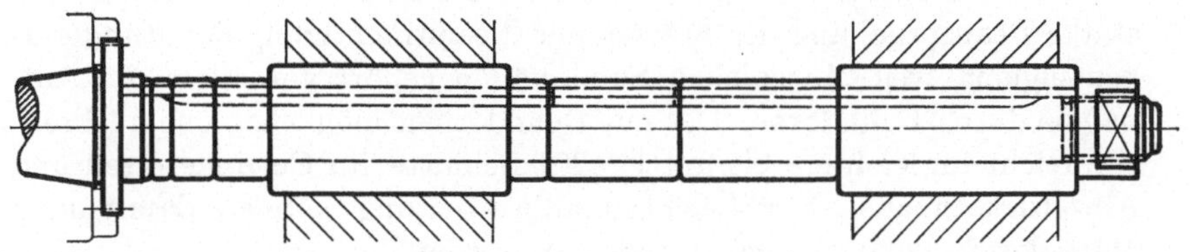

Bild 693. Fräserdorn mit ISA-Kegelschaft, mit zwei Laufbuchsen, gestützt durch zwei Gegenlager. Normung in Vorbereitung.

Bild 691 bis 693. *Gestützte Fräserdorne mit Laufbuchse.*

älterer Bauform in Betracht. Laufzapfen haben den Vorteil, daß der Abstand von Fräserdornmitte bis Unterkante Stützlager nicht größer als etwa der halbe Durchmesser der Fräserdornringe ist, was bei Verwendung von Fräsern kleineren Durchmessers wichtig sein kann. Lauf-

17*

zapfen haben jedoch folgende Nachteile. Der Zapfendurchmesser ist klein, denn er kann nicht größer sein als der Kerndurchmesser des Spanngewindes. Der an sich schon ungünstige Fräserdornquerschnitt wird dadurch noch mehr geschwächt. Fräserdorne mit Laufzapfen können nur am äußeren Ende, also nicht unmittelbar neben dem Fräser gestützt werden.

Fräserdorne mit Laufzapfen sind mit Morsekegel 2 und 3 handelsüblich, waren im Normblattentwurf zu DIN 2081[1] noch vorgesehen, sind jedoch in DIN 2081, Ausgabe 1947, nicht mehr enthalten.

Die Vorteile der Fräserdornstützung sind im Abschnitt „Laufbuchsen" S. 265 angeführt.

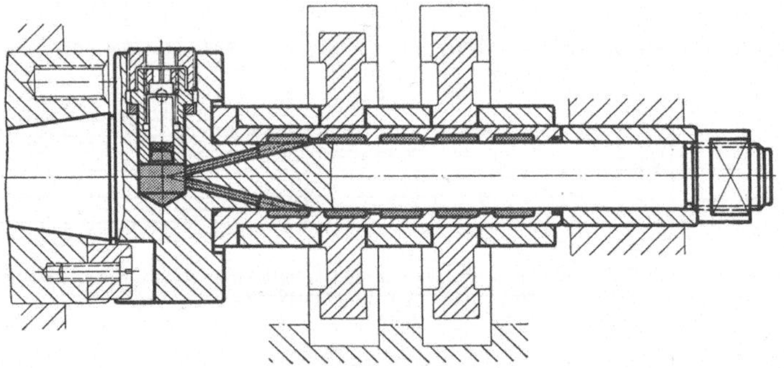

Bild 694. Hydraulischer Dehndorn, Bauart HOFER (DRP.), als gestützter Fräserdorn ausgeführt.

Fräserdorne bis Morsekegel 2 werden maschinenseitig ohne Mitnahmeflächen ausgeführt, ab Morsekegel 3 mit Mitnahmeflächen.

**Mitnahmen für Fräswerkzeuge und Fräswerkzeugspanner.** In Sonderfällen reicht für das Mitnehmen des Fräswerkzeuges Flächenpressung aus, sind also keine besonderen Mitnahmeteile erforderlich. Damit fallen die mit unmittelbarer Mitnahme verbundenen Nachteile, wie stellenweise starke Beanspruchung des Fräsers und Beeinträchtigung der Rundlaufgenauigkeit, weg. Zu solchen Sonderfällen gehört vor allem die Aufnahme durch Dehndorne. Der mit Dehndornen mögliche, lösbare Preßsitz reicht für leichtere bis mittlere Frässchnitte, für Gewindefräsen und Abwälzfräsen aus. Für Leichtmetallbearbeitung können damit auch Messerköpfe noch genügend befestigt werden.

Fräserdorne von sehr kleinem Durchmesser, d. h. nach DIN 138 bis 8 mm Durchmesser, erhalten wegen der geringen Drehmomente ebenfalls keine unmittelbare Mitnahme. Für das Mitnehmen reicht die Anpreßkraft der Fräserdornmutter aus.

Außerdem werden auch Kreissägen ohne Nut ausgeführt und gleichfalls nur durch Anpreßkraft der Mutter mitgenommen (Bild 695 u. 696).

---

[1] DIN-Mitt. in Zeitschrift Maschinenbau/Der Betrieb. November 1941, S. 498.

Mitnahme durch Paßfeder in einer Nut der Sägenbohrung würde übrigens bei stärkerer Beanspruchung leicht ein Zerspringen der Kreissäge verursachen. In Fällen, in denen die Anpreßkraft der Fräserdornmutter für die Mitnahme nicht ausreicht, werden Kreissägen zweckmäßig durch Stifte mitgenommen, die in Sonder-Fräserdornringe in

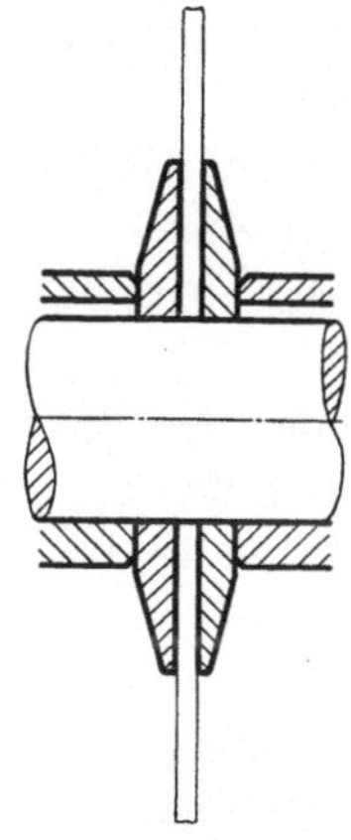

Bild 695. Fräserdornflansche ohne Mitnehmer, zum seitlichen Stützen von Kreissägen und besonders schmalen Scheibenfräsern.

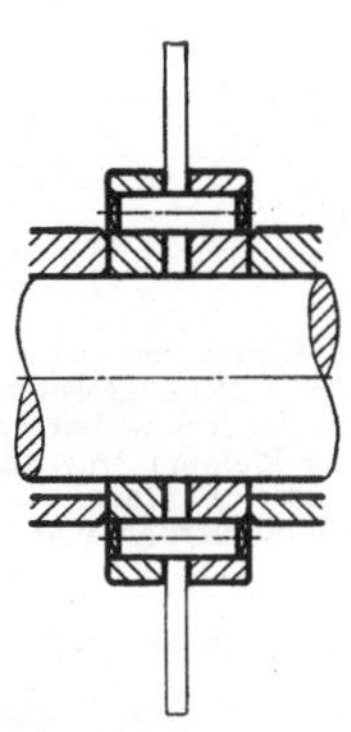

Bild 696. Flansche ohne Nut für Paßfeder des Fräserdornes, jedoch mit axial angeordneten Zylinderstiften zur Mitnahme von Kreissägen. Durchmesser und Anordnung der Zylinderstifte möglichst nach DIN 55 084.

größerem Abstand von der Dornmitte eingesetzt sind (Bild 696). Durch Fräserdornringe mit Flansch werden Kreissägen und schmale Scheibenfräser außerdem gegen Seitenkräfte abgestützt.

Zur Mitnahme der Fräswerkzeuge dienen nach DIN 138 (Zahlentafel 2 u. 3, S. 11 u. 12) Paßfedern in Längsrichtung zur Fräserdornachse oder Mitnehmer in Querrichtung zur Fräserdornachse.

Die Mitnahme durch achsparallele Paßfeder hat den wesentlichen Nachteil, daß der Aufnahmezapfen für den Fräser sowie die Fräserbohrung durch eine Nut unterbrochen werden. Dadurch werden Dorn und Fräser geschwächt, und durch die Nutkanten entsteht Kerbwirkung. Außerdem wird die Arbeitskraft einseitig und an verhältnismäßig kleinem Hebelarm übertragen. An den Stellen der Kraftübertragung werden Dorn, Paßfeder und Fräser stark beansprucht, wodurch bei schweren Schnitten die Nut im Dorn geweitet, die Paßfeder verquetscht und gelockert, der Fräser zu Bruch gehen kann.

Um ein Verquetschen von Paßfedern möglichst zu vermeiden, sind diese zumindest für größere Zerspanleistungen aus Gußstahl zu fertigen und zu härten.

Fräserdornzapfen von kleinerem Durchmesser, die verhältnismäßig hoch beansprucht werden, sind gegebenenfalls mit angearbeiteter Paßfeder auszuführen (Bild 697). Diese Ausführung ist jedoch kostspielig, denn es ist schwierig, den zylindrischen Teil solcher Dorne mit der erforderlichen Genauigkeit herzustellen.

Trotz dieser verschiedenen Nachteile der Mitnahme durch Längsfeder wird die größere Anzahl der Fräserdorne mit Längsfeder ausgeführt, weil für breitere Fräser eine einseitige Mitnahme durch Querfeder nicht ausreicht. Bei doppelseitiger Mitnahme (Patent, Bild 698) werden die angeführten Nachteile für die Fräser, jedoch nicht für den Fräserdornzapfen, vermieden.

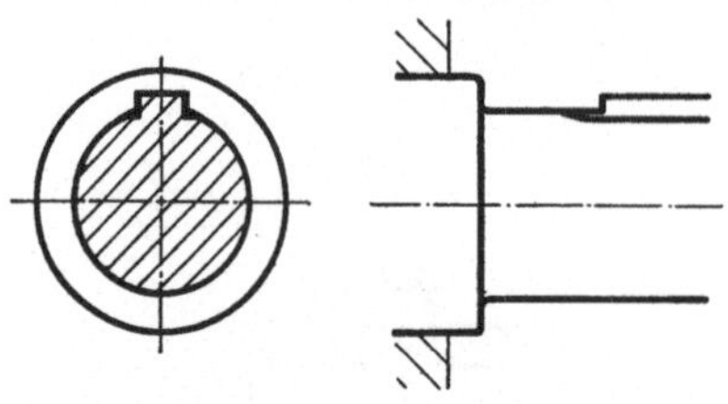

Bild 697. Fräserdornzapfen mit angearbeiteter Paßfeder. Diese fertigungstechnisch ungünstige Gestaltung ist vertretbar, wenn Fräserdornzapfen von kleinem Durchmesser durch Längsnut für eine Paßfeder unzulässig geschwächt werden würden.

Mitnehmer in Querrichtung (DIN 138, Bild 685 bis 688) haben den Vorteil, daß weder im Fräserdornzapfen noch in der Fräserbohrung eine Nut erforderlich ist. Außerdem wird die Arbeitskraft durch zwei um 180° versetzte Mitnehmerlappen übertragen. Zudem erfolgt die Übertragung an einem größeren Durchmesser als bei Paßfedern in Längsrichtung.

Bei gleichem Zapfendurchmesser sind Widerstandsmoment und damit Schwingungs- und Dauerbruchfestigkeit von Zapfen mit vollrundem

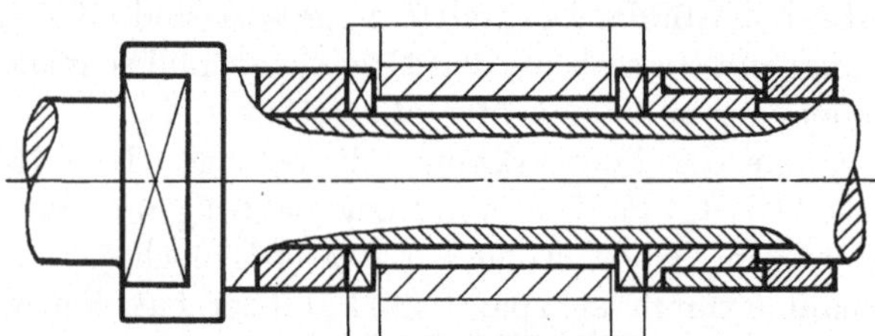

Bild 698. Zweiseitige Stirnmitnahme für Walzenfräser (DRP.). Hierdurch Wegfall einer Längsnut im Fräser und damit Wegfall der von dieser Nut ausgehenden Kerbwirkung. Der Fräserdurchmesser kann außerdem um den Betrag der doppelten Nuttiefe kleiner gehalten werden.

Querschnitt erheblich höher als von Zapfen mit Nut. Bei gleichem Zapfendurchmesser ist bei Stirnmitnahme mindestens die doppelte Zerspanleistung erreichbar wie bei Mitnahme in der Bohrung; bzw. für gleiche Leistung sind bei Stirnmitnahme kleinere Fräserdorndurchmesser und Fräserdurchmesser verwendbar.

Die Innenkanten am Übergang vom Lappen zum Ringteil des Stirnmitnehmers und am Grund der Fräsernut (Zahlentafel 2 u. 3) sind gut auszurunden. Es dürfte zweckmäßig sein, die in DIN 138 angegebenen Werte $r_3$ zu vergrößern.

Für Stirnmitnahme dienen vorzugsweise Mitnehmerringe mit Lappen (DIN 886, Bild 686) und Nutensteine (DIN 2079, Bild 662). Weniger eingeführt hat sich die Ausführung mit eingesetzten Mitnehmerfedern (DIN 886, Bild 687), weil die eingepaßten Federn gelockert werden können. Im übrigen liegen die Herstellkosten für die Ausführung mit Mitnehmersteinen niedriger. Vor allem ist die Stirnfläche für die Anlage des Fräsers durch Planschleifen einwandfrei herstellbar. Bei Mitnehmerringen mit Lappen muß die zu beiden Seiten der Lappen liegende

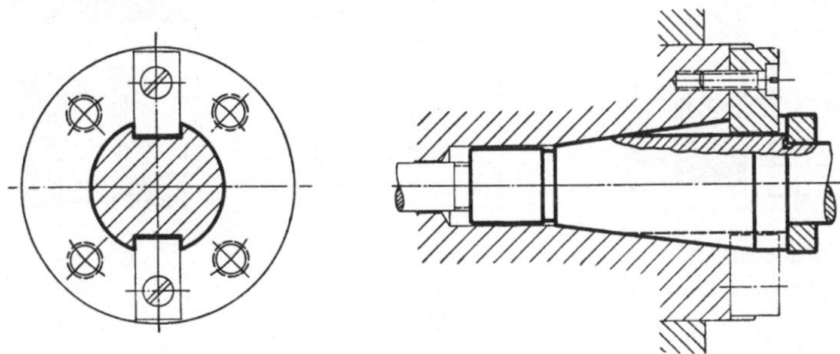

Bild 699. ISA-Kegelschaft für Fräswerkzeuge mit geringer Zerspanleistung, mit Mitnahmenuten, jedoch ohne Flansch. Die Nutensteine des Spindelkopfes sind Sondersteine, sie sind in Richtung Drehmitte länger als die dem genormten Frässpindelkopf zugeordneten Steine. Durch die auslaufenden Nuten wird die tragende Kegelfläche des Schaftes unterbrochen.

Fläche auf der Flächenschleifmaschine gefertigt werden. Über die Mitnahme von Messerköpfen sind Angaben im gleichnamigen Abschnitt enthalten.

In Bohrwerksspindeln und Fräswerksspindeln werden Fräserdorne durch Querkeil befestigt (z. B. Bild 230). Für ISA-Kegel ist in Bild 237 außerdem eine Spannung durch Gewindespindel und Backen dargestellt.

**Fräserdornringe** (DIN 2084 Bild 700 u. 701, außerdem Bild 702 bis 704) dienen zum Einstellen des Fräserabstandes vom Frässpindelkopf bzw. des Abstandes mehrerer Fräser untereinander und zum Übertragen der durch die Fräserdornmutter ausgeübten Spannkraft.

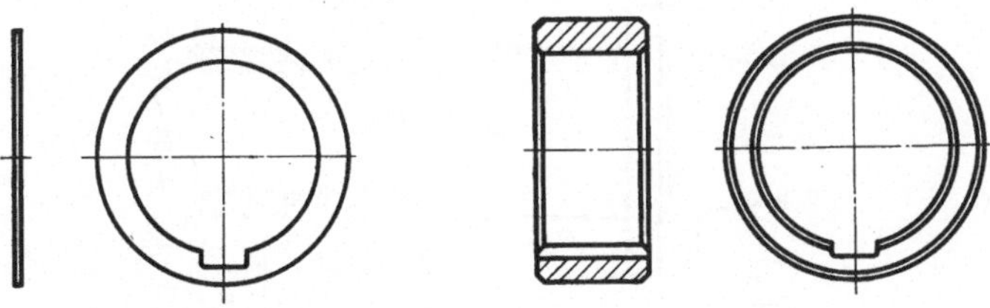

Bild 700.  Bild 701.

Bild 700. Gestanzte Ausführung für Breiten von 0,02 bis 1 mm. Werkstoff: Kunststoff für Breiten von 0,02 bis 0,2 mm, Bandstahl für Breiten von 0,05 bis 1 mm.

Bild 701. Gedrehte Ausführung für Breiten von 0,6 bis 160 mm.

Bild 700 u. 701. *Fräserdornringe nach DIN 2084. Größtzulässige Abweichung der Planparallelität nach IT 5, bezogen auf den Bohrungsdurchmesser.*

Fräserdornringe von 0,02 bis 0,5 mm Dicke werden gestanzt, von 0,6 bis 1 mm Dicke gestanzt oder gedreht und geschliffen, über 1 mm

Dicke gedreht und geschliffen. Die Innen- und Außenkanten der gestanzten Ringe sind entgratet, die der gedrehten Ringe stark gebrochen, damit die Planflächen von Kantenbeschädigungen frei bleiben.

Die Stirnflächen von Fräserdornringen müssen zu ihrer Bohrung möglichst genau laufen, anderenfalls wird der Fräserdorn beim Spannen

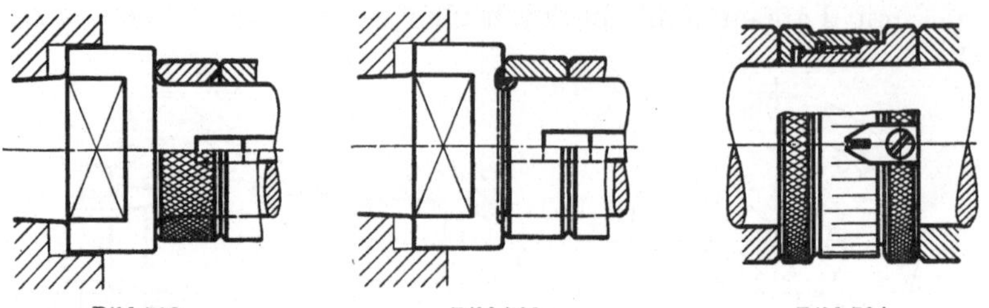

Bild 702.                    Bild 703.                    Bild 704.

Bild 702. Fräserdornring für Fräserdorne mit Rundung am Übergang des Zapfens in den Schaftteil.

Bild 703. Fräserdornring für Fräserdorne, deren Übergangsrundung in die Stirnfläche des Schaftteiles eingearbeitet. ist.

Bild 704. Verstellbarer Fräserdornring, dessen Breite nach Teilstrichen einstellbar ist.

krumm gezogen. Diese Flächen sind also in hohem Grade mitbestimmend für den Rundlauf der Fräswerkzeuge.

Für die Planparallelität von Fräserdornringen ist nach DIN 2084 eine größte Abweichung von IT 5, bezogen auf den Bohrungsdurchmesser „d“, zulässig, das entspricht z. B. bei Ringen mit Bohrungsdurchmesser 32 einer Abweichung von 11 $\mu$. Im ungünstigsten Falle kann die Summe der Abweichungen sämtlicher auf demselben Fräserdorn sitzenden Fräserdornringe einseitig zur Auswirkung kommen.

Sätze von Fräserdornringen sind in DIN 2085 zusammengestellt. Grundsätzlich sollte zum Einstellen von Fräsern eine möglichst geringe

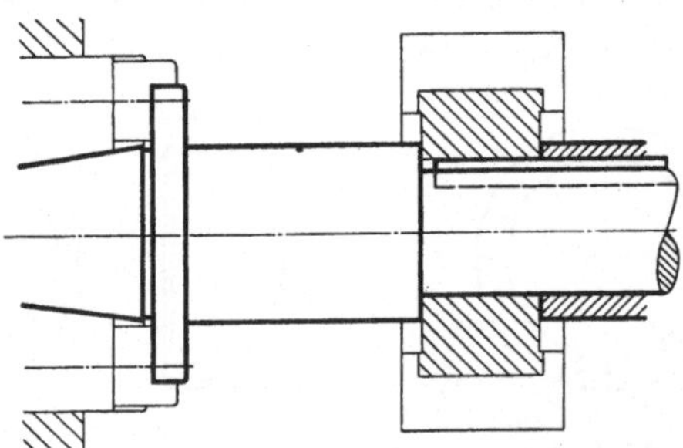

Bild 705. Sonderfräserdorn, der bis an den Fräser heran verstärkt und dadurch biegungsfester ist. Durch Wegfall von Fräserdornringen ist außerdem die Möglichkeit von Fehlern in der Planparallelität geringer.

Anzahl von Fräserdornringen verwendet werden, damit die Summe der Abweichungen von der Planparallelität möglichst gering ist.

Für Mengenfertigung unter zugleich hohen Anforderungen an das Rundlaufen von Fräsern werden zweckmäßig Sonderdorne (Bild 705)

verwendet, bei denen der Fräser nicht an Fräserdornringen, sondern an festem Bund des Fräserdornes anliegt.

Fräserdornringe sind so zusammenzustellen, daß die Fräserdornmutter über das äußere Dornende übersteht. Dadurch wird das Gewinde des Fräserdornzapfens gegen Beschädigung geschützt.

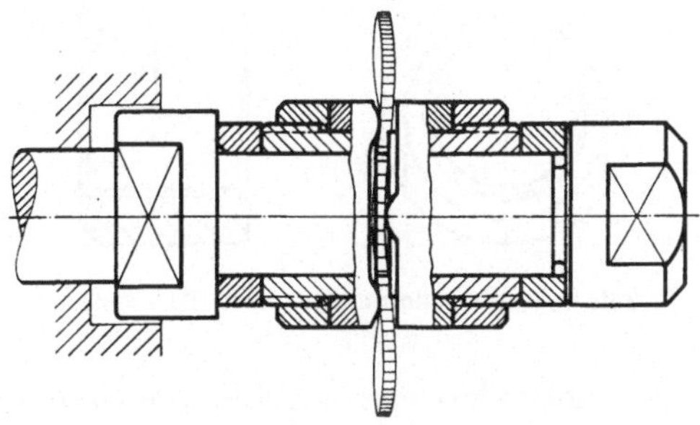

Bild 706. Sogenannter Kreissägensparer, bestehend aus je einem Zwischenring mit Druckring und Mutter. Die drei Erhöhungen des einen Druckringes sind gegenüber den drei Aussparungen des anderen Druckringes wechselseitig angeordnet. Durch Anziehen der Muttern wird die Kreissäge wellenförmig verspannt. Daraus ergeben sich folgende Vorteile: Die Breite des zu fertigenden Schlitzes ist einstellbar; die Säge schneidet sich frei; Sägeblätter, die in planparallelem Zustand bereits klemmen, sind noch verwendbar. (Firma Ludwig Hunger, München-Großhadern.)

**Laufbuchsen** nach DIN 2083 (Bild 707) dienen zum Stützen von Fräserdornen. Sie werden durch die Fräserdornmutter zusammen mit den Fräserdornringen gespannt, laufen mit dem Fräserdorn um und werden im Fräserdorn-Stützlager geführt.

Laufbuchsen können an jeder Stelle des Fräserdornzapfens angeordnet und dadurch der Fräserdorn unmittelbar neben dem Fräser

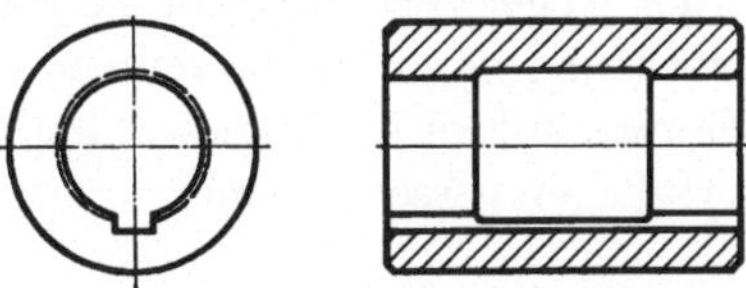

Bild 707. Laufbuchse nach DIN 2083 läuft mit dem Fräserdorn um und wird im Stützlager der Fräsmaschine aufgenommen, um den Fräserdorn zu stützen.

gestützt werden. Auch können auf demselben Dorn zwei Laufbuchsen aufgebracht und der Fräserdorn durch zwei Lager gestützt werden (Bild 693).

Der Führungsdurchmesser der Laufbuchsen ist größer als der Außendurchmesser der Fräserdornringe und der Fräserdornmutter, wodurch das Fräserdorn-Stützlager über Ringe und Mutter hinweggeschoben werden kann, ohne die Fräserdornmutter zu lösen.

Bei entsprechendem Abstand der Laufbuchse vom äußeren Ende des Dornes kann die Fräserdornmutter gespannt werden, ohne daß die Gegenhalterstütze gelöst werden muß.

**Fräserdornmuttern** sind als Zweiflächenmuttern (Bild 708) unter DIN 2082 mit Metrischem Feingewinde von 1,5 mm Steigung, und zwar mit Linkssteigung und mit Rechtssteigung, genormt. Die Gewindesteigung ist der Schneidrichtung des Fräsers gleichgerichtet zu wählen.

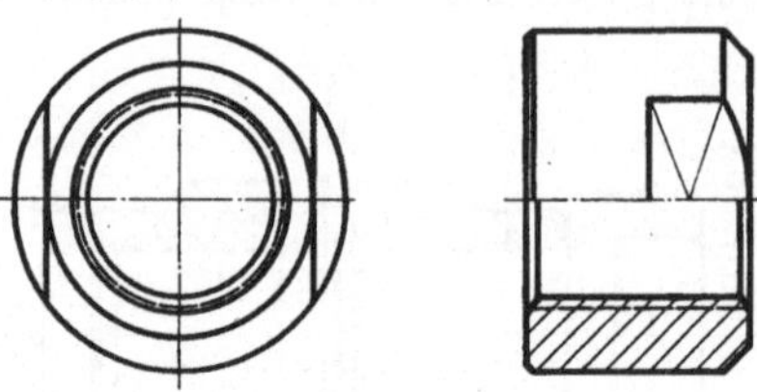

Bild 708. Fräserdornmutter nach DIN 2082.

Fräserdorne werden normalerweise mit Linksgewinde geliefert, da auf Waagerecht-Fräsmaschinen in der Regel linksschneidend gearbeitet wird. Fräserdorne mit Rechtsgewinde bedingen Sonderfertigung. Die Spannfläche von Fräserdornmuttern muß zum Gewinde möglichst genau laufen.

### b) Einsatzhülsen

(Bild 709 bis 723, Zahlentafel 20 u. 21) werden verwendet, wenn der Schaftkegel eines Fräsers nicht gleich ist dem Aufnahmekegel der Fräsespindel, oder wenn der Abstand von Frässpindelkopf bis zur Frässtelle vergrößert werden muß.

Unterschiede zwischen Spindel- und Fräserkegel können durch Kegel verschiedener Größe oder Kegel verschiedener Verjüngung gegeben sein. Mit zunehmender Einführung von Frässpindeln mit ISA-Kegel werden in steigendem Maße Einsatzhülsen benötigt werden, die außen mit ISA-Kegel, innen mit Morsekegel versehen sind.

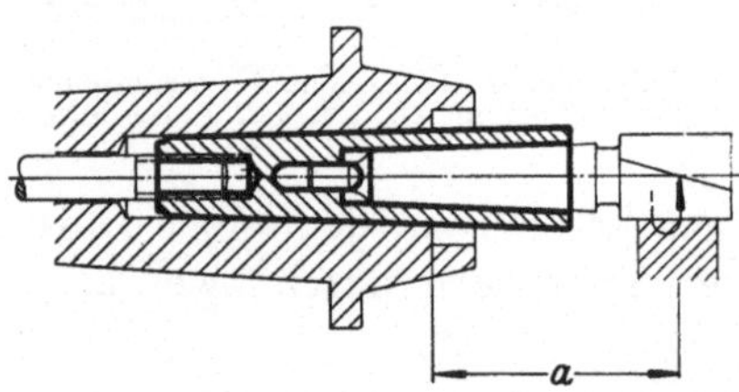

Bild 709. Kurze Einsatzhülse nach DIN 2186. Mit Zunahme der frei tragenden Länge $a$ werden Zerspanleistung und Güte der Bearbeitungsfläche geringer.

Einsatzhülsen werden in der Maschinenspindel vorzugsweise durch Anzuggewinde befestigt (Bild 709 bis 719). Bei Aufnahme im ISA-Kegel kommt außerdem Befestigung durch die Schrauben in der Stirnfläche der Frässpindel in Betracht (Bild 720).

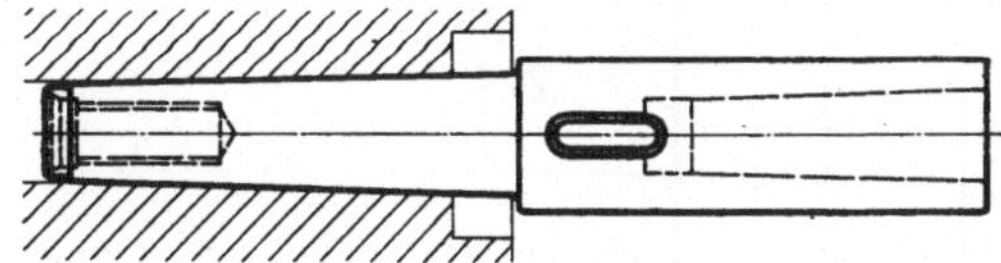

Bild 710. Verlängerte Einsatzhülse mit Anzuggewinde, DIN 2188 Form A.

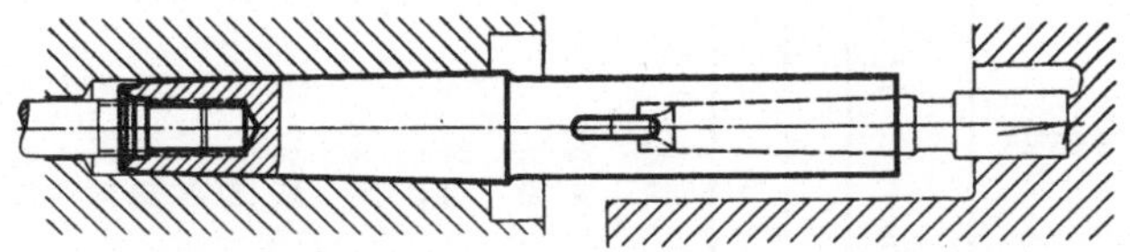

Bild 711. Verlängerte Einsatzhülse mit Anzuggewinde, DIN 2188 Form B.

Bild 710 u. 711. *Einsatzhülsen mit Anzuggewinde, für Fräser mit Mitnehmerlappen.*

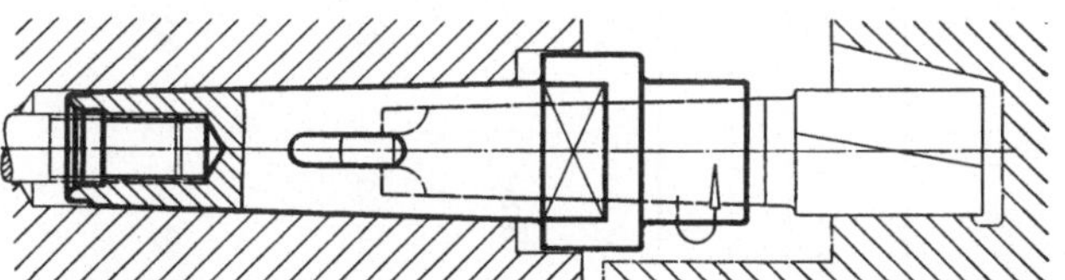

Bild 712. Einsatzhülse mit Anzuggewinde und Mitnehmerflächen. Fräser mit Mitnehmerlappen.

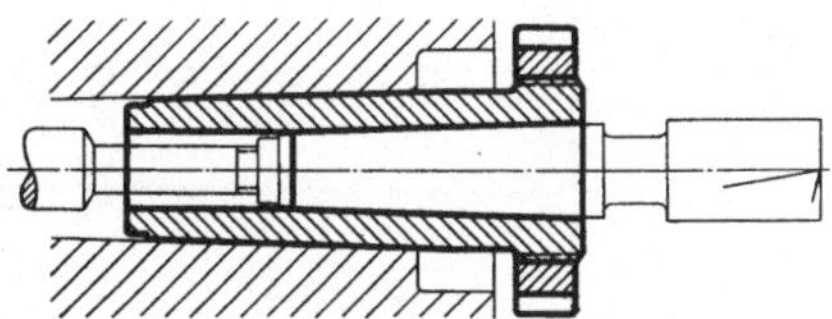

Bild 713. Einsatzhülse ohne Mitnahmeflächen, mit Abdrückmutter. Fräser ohne Mitnehmer.

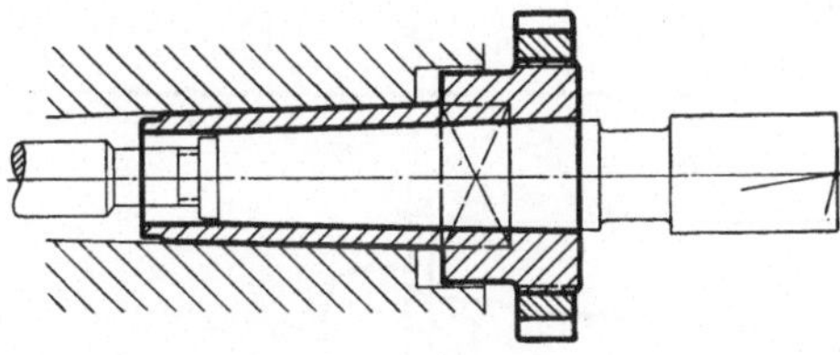

Bild 714. Einsatzhülse mit Mitnehmerflächen, mit Abdrückmutter, Fräser ohne Mitnehmerflächen.

Bild 713 u. 714. *Einsatzhülsen ohne Anzuggewinde. Gespannt wird unter Verwendung des Anzuggewindes des Fräsers. Verwendet für linksschneidende Fräser mit Linksdrall oder rechtsschneidende
Fräser mit Rechtsdrall, um den Fräser gegen Lösen zu sichern. Die frei tragende Länge des Fräsers
ist bei diesen Einsatzhülsen geringer als bei Hülsen mit Anzuggewinde (Bild 709 u. 712).*

Zahlentafel 20. *Lange Kegelschäfte* 1:5.

| $d_1$ | $d_2$ | $d_3$ | $l_1$ | $l_2$ | $l_3$ | $l_4$ | $r$ |
|---|---|---|---|---|---|---|---|
| 40 | 23 | M 22 | 120 | 85 | 30 | 5 | 20 |
| 45 | 28 | M 27 | 125 | 85 | 35 | 5 | 25 |
| 50 | 31 | M 27 | 135 | 95 | 35 | 5 | 25 |
| 55 | 35 | M 33 | 145 | 100 | 35 | 10 | 30 |
| 63 | 42 | M 39 | 150 | 105 | 35 | 10 | 35 |

Zahlentafel 21. *Einsatzhülsen mit langer Kegelbohrung* 1:5.

| Werkzeugkegel in der Maschinenspindel | Zwischenhülse | | | | | | | | |
|---|---|---|---|---|---|---|---|---|---|
| | $d_1$ | $d_2$ | $d_3$ | $d_4$ | $d_5$ | $d_6$ | $d_7$ | $h$ | $k$ |
| Morsekegel 5 | 40 | 23 | M 20 | 60 | 37,574 | M 22 | — | 50 | 18 |
| Metr. Kegel 50 | 40 | 23 | M 20 | 60 | 42,9 | M 22 | — | 30 | 22 |
| | (45) | 28 | | | | M 27 | — | 55 | 22 |
| Morsekegel 6 | 40 | 23 | M 24 | 80 | 53,905 | M 22 | 58 | 25 | — |
| | (45) | 28 | | | | M 27 | 57 | | |
| | 50 | 31 | | | | M 27 | 57 | | |
| Metr. Kegel 80 | 40 | 23 | M 30 | 90 | 70,2 | M 22 | 75 | 28 | — |
| | (45) | 28 | | | | M 27 | 74 | | |
| | 50 | 31 | | | | M 27 | 74 | | |
| | (55) | 35 | | | | M 33 | 74 | | |
| | 63 | 42 | | | | M 39 | 73 | | |
| Metr. Kegel 100 | 40 | 23 | M 36 | 120 | 88,4 | M 22 | 95 | 20 | — |
| | (45) | 28 | | | | M 27 | 95 | | |
| | 50 | 31 | | | | M 27 | 94 | | |
| | (55) | 35 | | | | M 33 | 94 | | |
| | 63 | 42 | | | | M 39 | 94 | | |

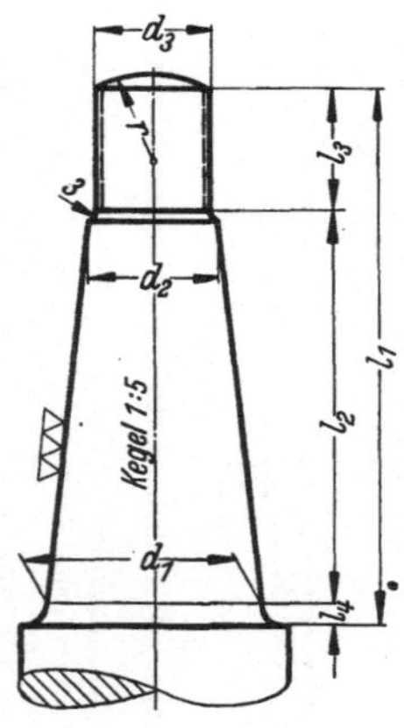

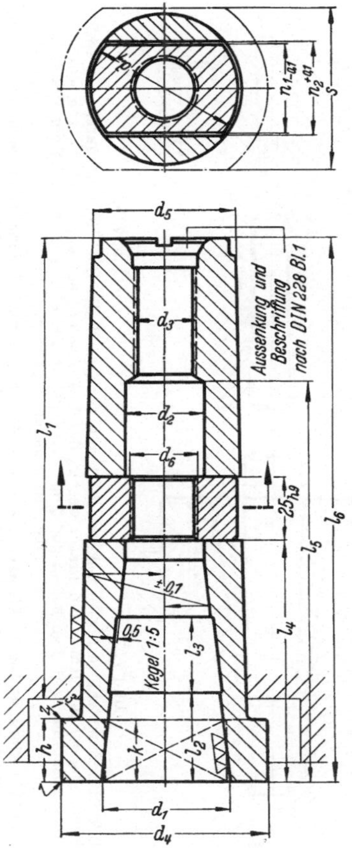

| Werkzeugkegel in der Maschinenspindel | Zwischenhülse | | | | | | | | | | Stein |
| --- | --- | --- | --- | --- | --- | --- | --- | --- | --- | --- | --- |
| | $d_1$ | $l_1$ | $l_2$ | $l_3$ | $l_4$ | $l_5$ | $l_6$ | $n_2\,{+0,1}$ | $s$ | $z$ | $n_1\,{-0,1}$ |
| Morsekegel 5 | 40 | 129,7 | 30 | 25 | 95 | 143 | 186 | — | 45 | 6,3 | — |
| Metr. Kegel 50 | 40 | 142 | 30 | 25 | 95 | 135 | 177 | — | 50 | 5 | — |
| | (45) | | 30 | 25 | 95 | 150 | 202 | — | | 5 | — |
| Morsekegel 6 | 40 | 181,1 | 30 | 25 | 95 | 157 | 214 | 37 | 65 | 7,9 | 36 |
| | (45) | | 30 | 25 | 100 | | | | | | |
| | 50 | | 35 | 30 | 110 | | | | | | |
| Metr. Kegel 80 | 40 | 196 | 30 | 25 | 95 | 157 | 232 | 47 | 80 | 8 | 46 |
| | (45) | | 30 | 25 | 100 | | | | | | |
| | 50 | | 35 | 30 | 110 | | | | | | |
| | (55) | | 33 | 34 | 115 | | | | | | |
| | 63 | | 35 | 35 | 120 | | | | | | |
| Metr. Kegel 100 | 40 | 232 | 30 | 25 | 95 | 192 | 272 | 47 | 100 | 10 | 46 |
| | (45) | | 30 | 25 | 100 | | | | | | |
| | 50 | | 35 | 30 | 110 | | | | | | |
| | (55) | | 33 | 34 | 115 | | | | | | |
| | 63 | | 35 | 35 | 120 | | | | | | |

Einsatzhülsen z. B. nach DIN 2186 (Bild 709) und DIN 2188 (Bild 710 u. 711) werden nur durch Flächenpressung im Kegel mitgenommen. Falls diese zum Übertragen der Schnittkraft nicht ausreicht, sind an der Einsatzhülse Mitnahmeflächen vorzusehen (z. B. nach Bild 712). Durch Mitnahmeflächen sind Einsatzhülsen außerdem beim Anziehen und Lösen des Anzuggewindes gegen Drehen gesichert.

Für die fräserseitige Gestaltung von Einsatzhülsen gelten für Mitnehmen und Spannen sinngemäß die gleichen Gesichtspunkte wie für die maschinenseitige Gestaltung Zudem ist die Anschlußform durch den

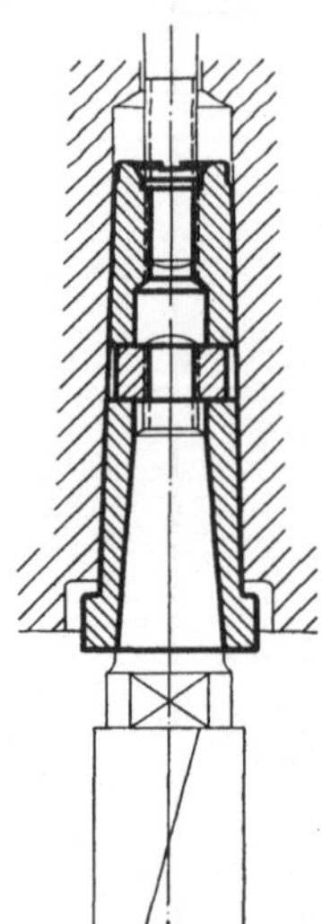

Bild 715. Einsatzhülse mit Anzuggewinde, mit Mitnehmerflächen und Innenkegel 1 : 5. Spannen und Lösen des Fräsers durch Gewindezapfen am Fräser. Hierzu sind am Fräser Schlüsselflächen erforderlich. Die Schäfte ab Morsekegel 6 erhalten in der Hülse die dargestellte Flachmutter, damit bei außermittigem Gewinde der Kegelsitz des Schaftes nicht beeinträchtigt wird. Vorteilhaft ist die Bedienmöglichkeit von der Spindelkopfseite aus. Nachteilig sind die Mehrkosten für die Schlüsselflächen. Abmessungen nach Zahlentafel 20 u. 21, S. 268.

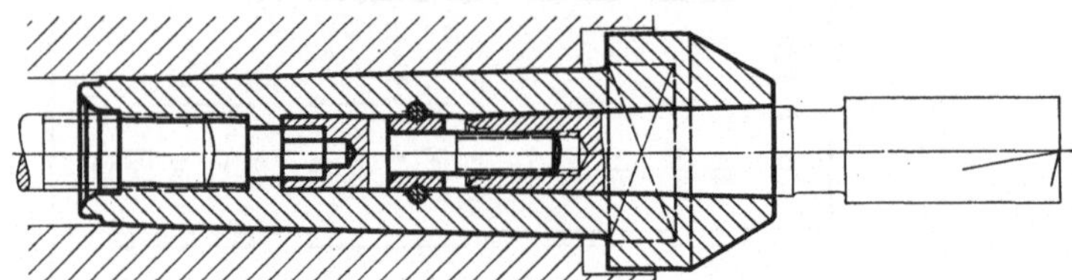

Bild 716. Einsatzhülse mit Anzuggewinde und Mitnehmerflächen, vorzugsweise für kleinere Fräser. Der Fräser mit Anzuggewinde wird durch Schraube mit Innensechskant gespannt und gelöst. Nachteile hiervon sind: Kleiner Querschnitt für den Spannschlüssel zur Schaftschraube; erschwertes Reinigen des Aufnahmekegels für den Fräser; keine Möglichkeit, den Kegelschaft des Fräsers von Hand in Kegelsitz zu bringen.

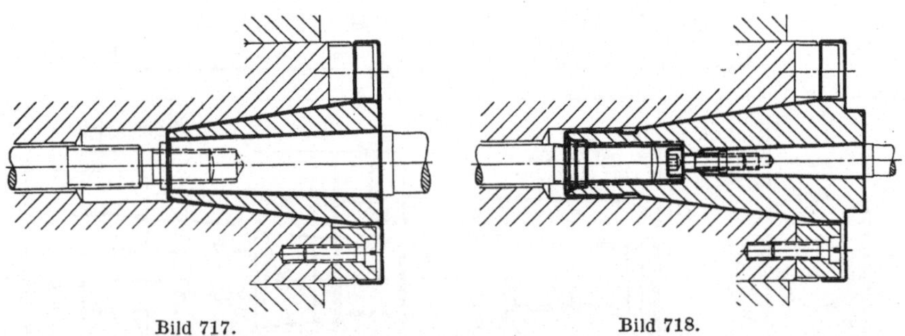

Bild 717.             Bild 718.

Bild 717. Einsatzhülse für Morsekegelschaft mit Anzuggewinde. Die Hülse ist durch den ISA-Kegel eingemittet. Hülse und Fräser werden durch Anzugdorn gespannt. Beim Lösen wird die Hülse zusammen mit dem Fräser aus dem ISA-Kegel herausgeführt. Danach ist der Fräser aus der Hülse herauszupressen.

Bild 718. Einsatzhülse für kleinere Fräser mit Morsekegelschaft, für die das Gewinde normaler Anzugdorne zu groß ist. Der Fräser wird durch eine zusätzliche Schraube gespannt.

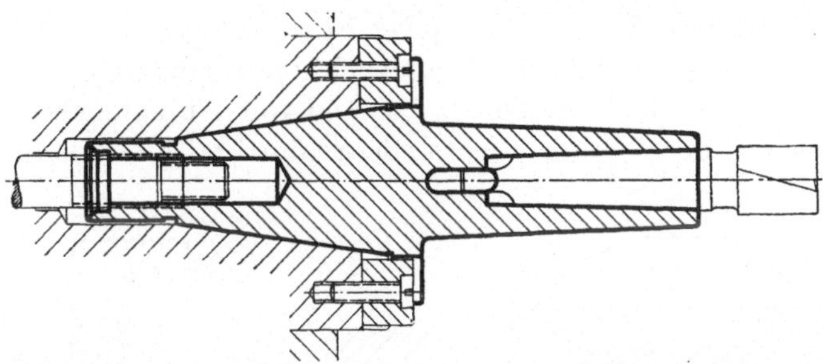

Bild 719. Einsatzhülse für Morsekegelschaft mit Lappen. Der Mitnehmerschlitz ist für den Austreiber zum Lösen des Werkzeugkegels bei eingespannter Einsatzhülse zugänglich. Der Abstand zwischen Spindellager und Bearbeitungsstelle ist dadurch verhältnismäßig groß.

Fräser bestimmt Danach werden Fräser mit Morsekegel bzw. Metrischem Kegel durch Endlappen (Bild 709) oder durch Flächen am größeren Kegeldurchmesser mitgenommen. Diese Mitnahmen reichen aus, wenn in Richtung des größeren Kegeldurchmessers keine größeren Kräfte wirken. Andernfalls ist der Kegelsitz durch Spannen in Richtung Kegelspitze zu sichern. Solches Spannen ist danach erforderlich für linksschneidende Fräser mit Rechtsdrall wie für rechtsschneidende Fräser mit Linksdrall. Die Gefahr des Lösens wächst bei diesen Fräsern mit der Größe des Drallwinkels und der Größe der Schnittkräfte. Spannen ist außerdem erforderlich, falls mit Stirn- oder Winkelfräsern vor-

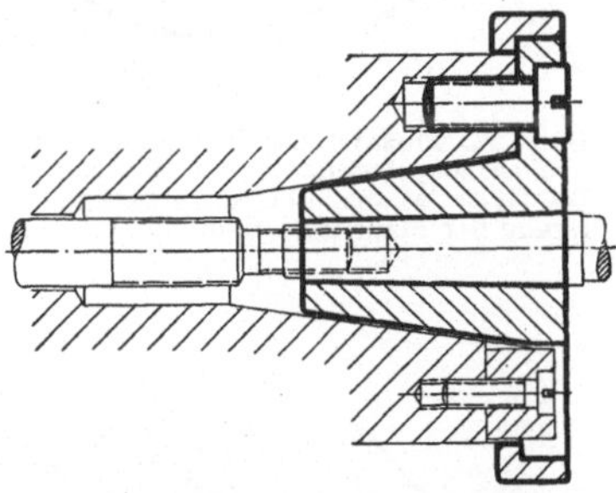

Bild 720. Die Einsatzhülse für Werkzeuge mit Morsekegelschaft ist durch die Zylinderfläche der Frässpindel eingemittet, liegt an der Stirnfläche der Frässpindel an und wird durch Befestigungsschrauben gespannt. Der Fräser wird durch Anzugdorn gespannt und gelöst.

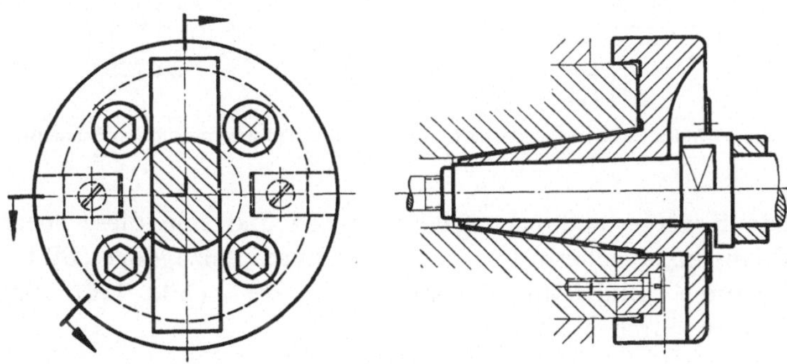

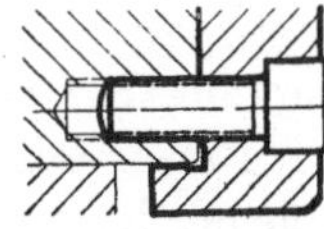

Bild 721. Einsatzhülse für Morsekegelschaft mit Mitnahmeflächen. Die Einsatzhülse ist durch die Zylinderfläche der Frässpindel eingemittet, liegt an der Stirnfläche der Frässpindel an und wird durch Befestigungsschrauben gespannt. Durch Gestaltung der Hülse aus einem Stück ist die Fertigung der Planfläche und vor allem die der Zylinderfläche verhältnismäßig schwierig. Bauart Cincinnati.

zugsweise oder ausschließlich mit jener Stirnseite gearbeitet wird, die
dem Aufnahmekegel zugekehrt liegt. Auch durch größere Seitenkräfte,
namentlich solche, die in größerem Abstand vom Aufnahmekegel wirksam sind sowie durch stark wechselnde Schnittkraftgröße können un-

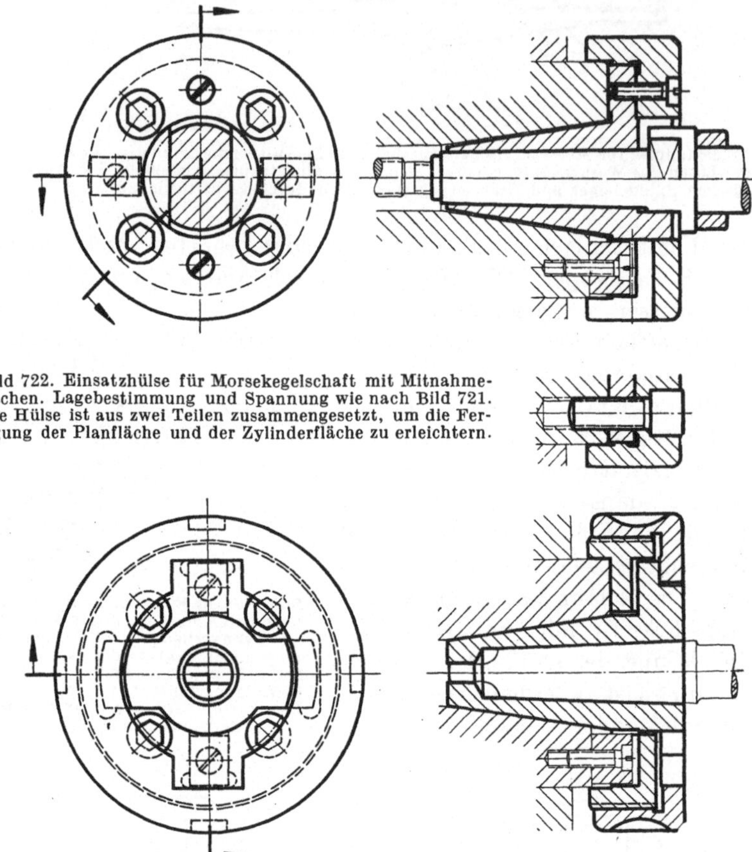

Bild 722. Einsatzhülse für Morsekegelschaft mit Mitnahmeflächen. Lagebestimmung und Spannung wie nach Bild 721.
Die Hülse ist aus zwei Teilen zusammengesetzt, um die Fertigung der Planfläche und der Zylinderfläche zu erleichtern.

Bild 723. Einsatzhülse für Morsekegelschaft, aufgenommen und gespannt durch Schnellwechselfutter. Bauart Cincinnati.

gesicherte Kegelverbindungen gelöst werden und sind diese ebenfalls
durch Spannen zu sichern. Gespannt wird durch Anzugdorn (Bild 713),
Gewindezapfen (Bild 715), Befestigungsschraube (Bild 716) oder in
Fräserfuttern durch Mutter.

### c) Fräserfutter.

**Fräserfutter für Fräser mit Kegelschaft** (Bild 724 u. 725) werden
verwendet, um Fräser mit Kegelschaft von der Spindelkopfseite aus zu
spannen und gegen Lösen der Kegelverbindung zu sichern. Wie bereits

unter Einsatzhülsen angeführt, ist Sicherung gegen Lösen erforderlich, wenn die Drallrichtung der Fräsernuten der Schneidrichtung gleichgerichtet ist.

*Schnellwechselfutter für Fräser und Fräserdorne mit Kegelschaft* wurden für ISA-Spindelköpfe entwickelt (Bild 726 u. 727). Hierbei ist die

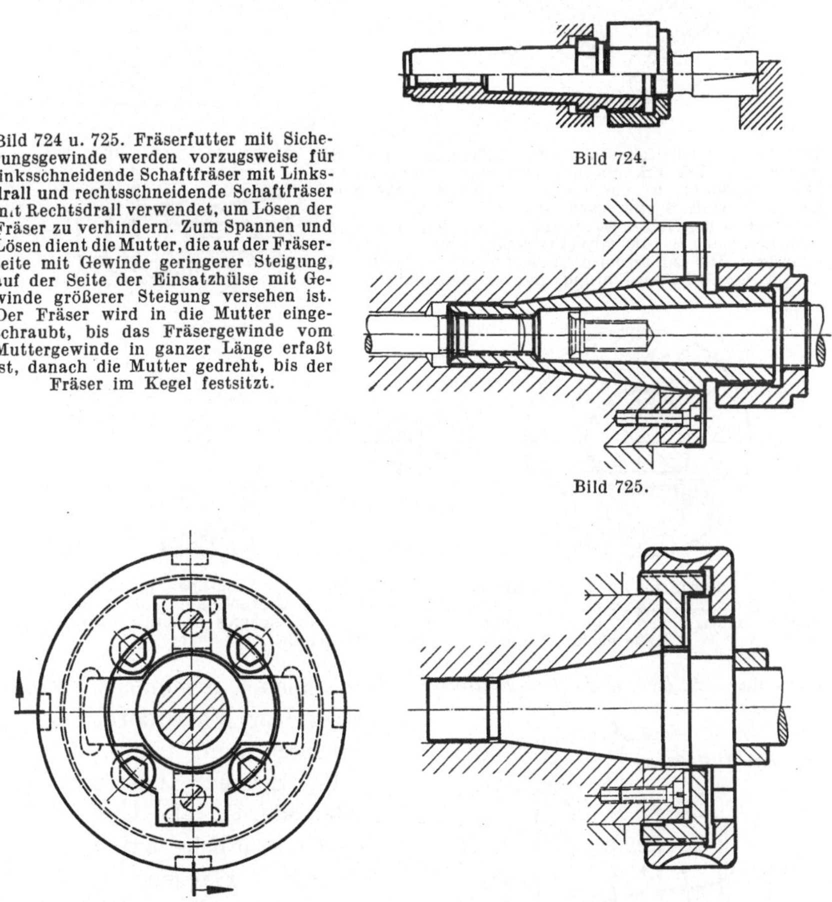

Bild 724 u. 725. Fräserfutter mit Sicherungsgewinde werden vorzugsweise für linksschneidende Schaftfräser mit Linksdrall und rechtsschneidende Schaftfräser mit Rechtsdrall verwendet, um Lösen der Fräser zu verhindern. Zum Spannen und Lösen dient die Mutter, die auf der Fräserseite mit Gewinde geringerer Steigung, auf der Seite der Einsatzhülse mit Gewinde größerer Steigung versehen ist. Der Fräser wird in die Mutter eingeschraubt, bis das Fräsergewinde vom Muttergewinde in ganzer Länge erfaßt ist, danach die Mutter gedreht, bis der Fräser im Kegel festsitzt.

Bild 724.

Bild 725.

Bild 726. Schnellwechselfutter für Fräserdorne mit ISA-Kegelschaft. Der Kegelschaft ist unmittelbar in der Frässpindel aufgenommen und hat breite Mitnahmelappen, die in entsprechende Ausfräsungen des Futterkörpers passen. Diese Ausführung des Mitnahmeflansches entspricht nicht der genormten Ausführung. Bauart Cincinnati.

Spannfläche einer Spannmutter zu einem mehr oder weniger großen Teil entfernt. Davon sind Bauformen vorzuziehen, bei denen der Mitnehmerflansch des Fräsers bzw. Fräserdornes die normale Form beibehält (Bild 727). Die Verwendung derartiger Schnellwechselfutter ist

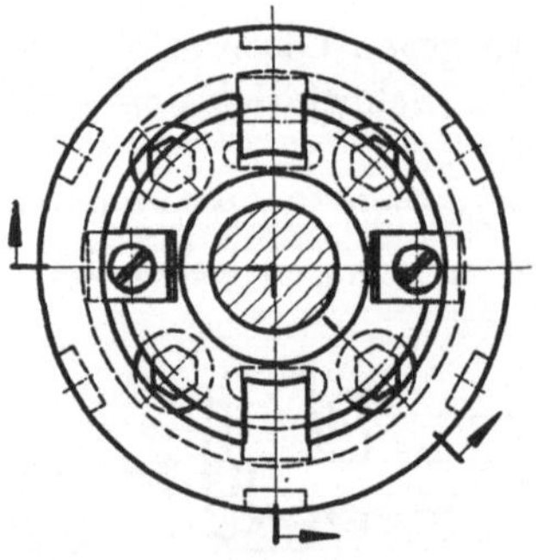

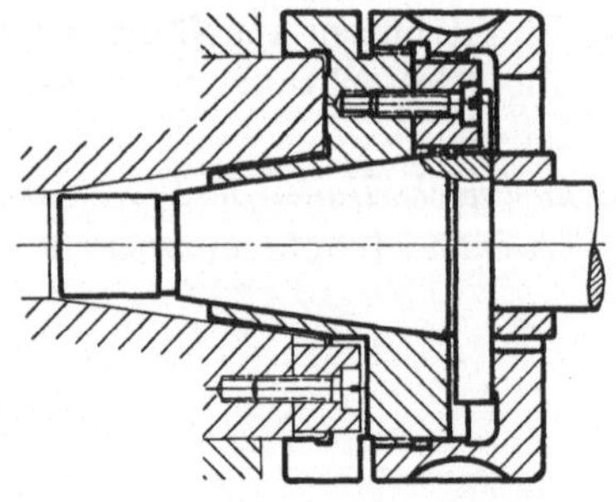

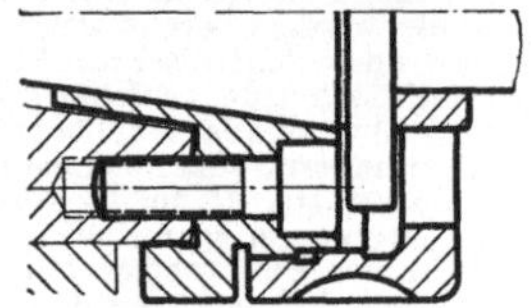

Bild 727. Schnellwechselfutter für Fräserdorne mit ISA-Kegelschaft. Der Fräserdorn ist im Futter aufgenommen. Der Futterkörper ist durch den Zylinder des Frässpindelkopfes eingemittet und gegen die Stirnfläche gespannt. Die Spannfläche der Mutter ist bis auf zwei Lappen entfernt, die schmäler sind als die Mitnehmerschlitze des Fräserdornflansches. Der Fräserdornflansch entspricht hierbei der normalen Ausführung. Bauart Cincinnati.

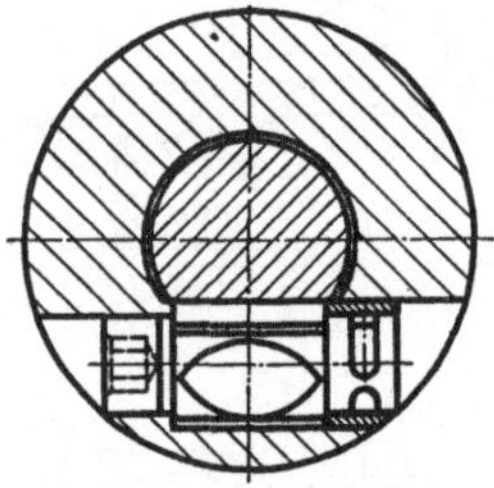

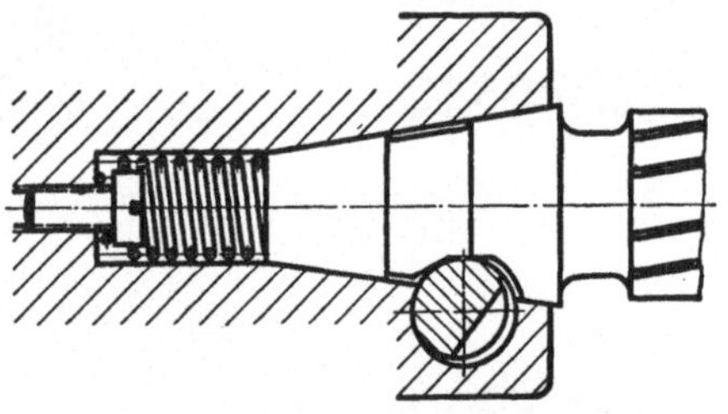

Bild 728. Fräserfutter für Schaftfräser mit ISA-Kegel, mit „Cam Lock-Spannung". Die Spannwelle hat exzentrische oder besser spiralförmige Spannfläche. Sämtliche am Spannen beteiligten Flächen müssen verhältnismäßig genau gefertigt sein, um sicheres Spannen zu erreichen. Maße nach Zahlentafel 22 bis 24. Bauart Brown & Sharpe.

Zahlentafel 22. *ISA-Kegel für Schaftfräser.*

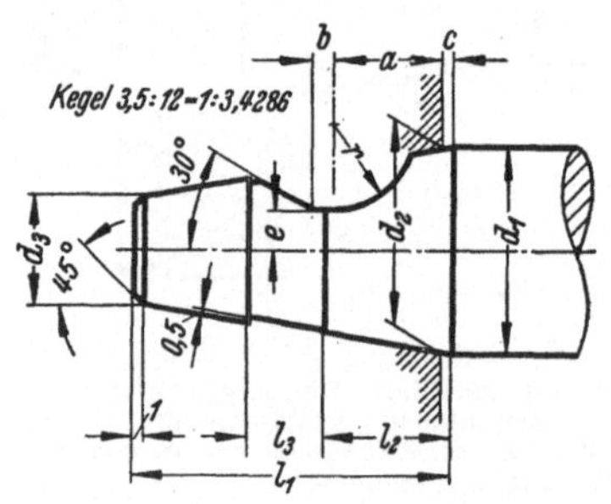



vor allem angebracht, wenn Fräser bzw. Fräserdorne häufig gewechselt werden müssen.

Für Schnellspanner mit Exzenter oder Spirale „Cam Lock" müssen sämtliche am Spannen beteiligten Flächen, das sind Kegelfläche und Spannfläche des

| Nenngröße | $d_1$ | $d_2$ | $d_3$ | $a$ | $b$ | $c$ | $e \pm 0,1$ | $l_1 \pm 0,5$ | $l_2$ | $l_3$ | $r$ |
|---|---|---|---|---|---|---|---|---|---|---|---|
| 16 | 16,08 | 15,88 | 8,80 | 10,28 | 2,4 | 0,7 | 2,65 | 25 | 10 | 6 | 6,5 |
| 22 | 22,46 | 22,23 | 12,54 | 12,68 | 3,2 | 0,8 | 4,24 | 34 | 12 | 10 | 8 |
| 32 | 32,01 | 31,75 | 17,72 | 15,85 | 3,2 | 0,9 | 7,94 | 49 | 19 | 13 | 11 |
| 44 | 44,74 | 44,45 | 24,61 | 19,03 | 3,2 | 1,0 | 11,11 | 69 | 21 | 19 | 13 |

Zahlentafel 23. *Futter für Schaftfräser mit ISA-Kegel.*

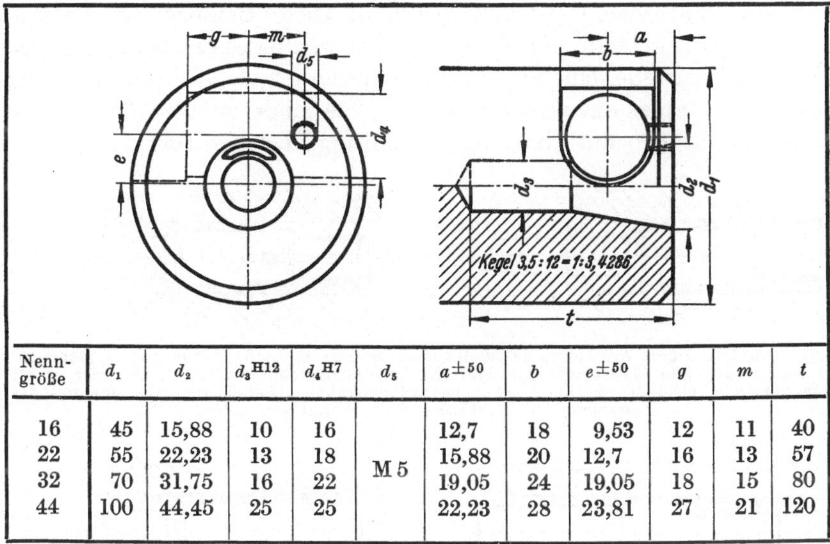

| Nenn-größe | $d_1$ | $d_2$ | $d_3^{\text{H12}}$ | $d_4^{\text{H7}}$ | $d_5$ | $a\pm 50$ | $b$ | $e\pm 50$ | $g$ | $m$ | $t$ |
|---|---|---|---|---|---|---|---|---|---|---|---|
| 16 | 45 | 15,88 | 10 | 16 | | 12,7 | 18 | 9,53 | 12 | 11 | 40 |
| 22 | 55 | 22,23 | 13 | 18 | M 5 | 15,88 | 20 | 12,7 | 16 | 13 | 57 |
| 32 | 70 | 31,75 | 16 | 22 | | 19,05 | 24 | 19,05 | 18 | 15 | 80 |
| 44 | 100 | 44,45 | 25 | 25 | | 22,23 | 28 | 23,81 | 27 | 21 | 120 |

Zahlentafel 24. *Spannbolzen zum Futter für Schaftfräser mit ISA-Kegel.*

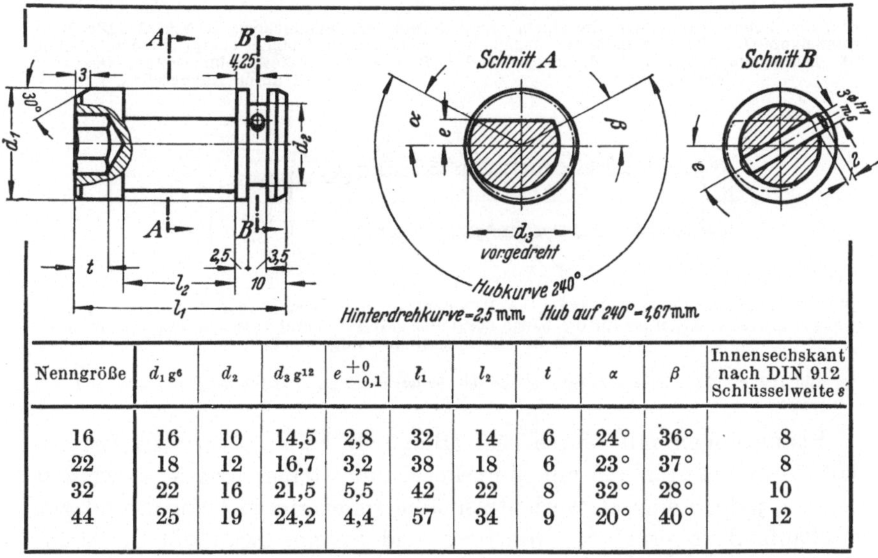

| Nenngröße | $d_1\,\text{g}^6$ | $d_2$ | $d_3\,\text{g}^{12}$ | $e\,{}^{+0}_{-0,1}$ | $l_1$ | $l_2$ | $t$ | $\alpha$ | $\beta$ | Innensechskant nach DIN 912 Schlüsselweite $s$ |
|---|---|---|---|---|---|---|---|---|---|---|
| 16 | 16 | 10 | 14,5 | 2,8 | 32 | 14 | 6 | 24° | 36° | 8 |
| 22 | 18 | 12 | 16,7 | 3,2 | 38 | 18 | 6 | 23° | 37° | 8 |
| 32 | 22 | 16 | 21,5 | 5,5 | 42 | 22 | 8 | 32° | 28° | 10 |
| 44 | 25 | 19 | 24,2 | 4,4 | 57 | 34 | 9 | 20° | 40° | 12 |

Futters und des Fräsers, genau gefertigt werden (Bild 728, Zahlentafel 22 bis 24, S. 274 u. 275).

**Fräserfutter für Fräser mit Zylinderschaft.** Zum Spannen von Fräsern mit Zylinderschaft werden weitgehend *Spannzangen* verwendet (Bild 729 bis 745).

Wenn irgend möglich, sind Spannzangen in die Frässpindel unmittelbar einzusetzen (Bild 729 bis 735). Diese Bauform ist einfach, und die Spannstelle für den Fräser liegt innerhalb des Frässpindelkopfes. Hierfür ist entweder eine Spannzange erforderlich, die der Kegelbohrung des Spindelkopfes entspricht, oder die Frässpindel muß zur Aufnahme einer Spannzange mit einer Sonderbohrung versehen sein.

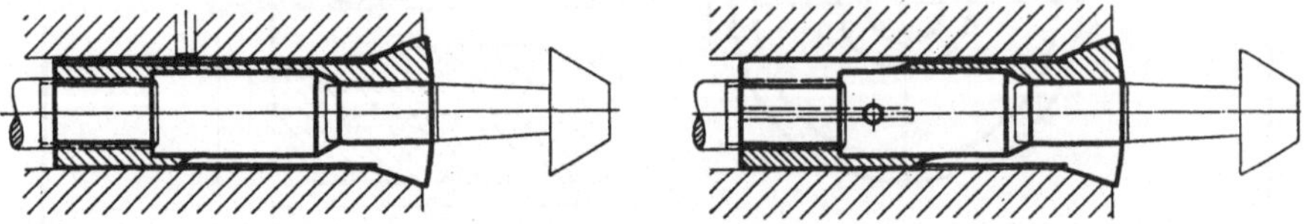

Bild 730 u. 731. Durch Anzugdorn gespannte Sonderzangen in Sonderbohrung der Frässpindel. Die Zange nach Bild 731 ist auch vom hinteren Ende aus geschlitzt. Dadurch wird der Schaft beim Spannen unter der Wirkung der Spitzgewindeflanken ebenfalls gespreizt und mit der Frässpindel kraftschlüssig, also spielfrei verbunden.

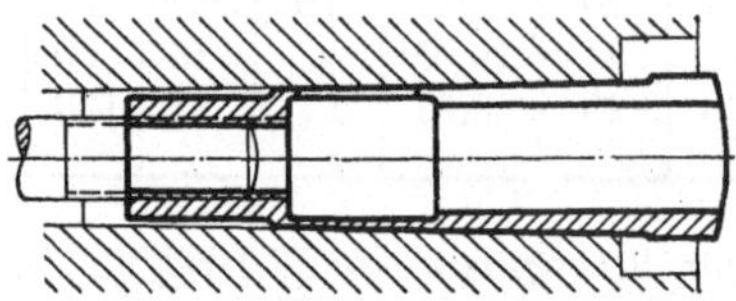

Bild 729. Sonderspannzange, die einem Frässpindelkopf DIN 2201 vollständig angepaßt ist. Die Zange hat danach Morsekegel und Anzuggewinde.

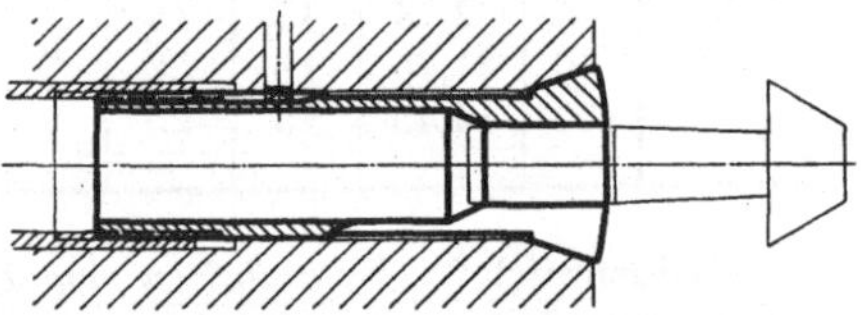

Bild 732. Spannzange DIN 6341. Die Bohrung der Frässpindel entspricht der Bohrung für sog. Mechaniker-Drehmaschinen. Gespannt wird durch Anzugrohr.

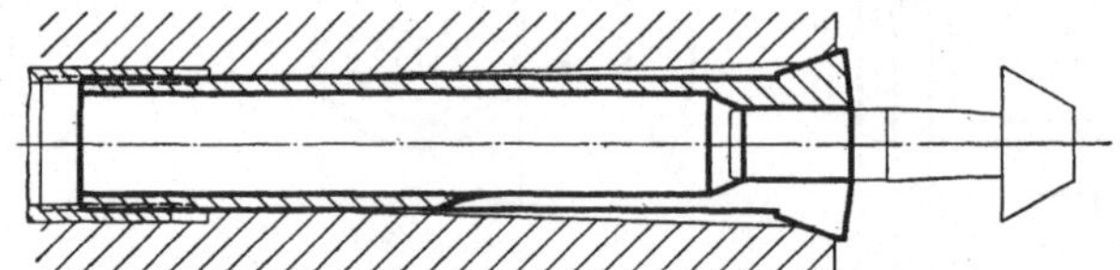

Bild 733. Spannzange, in Anlehnung an DIN 6341 in verlängerter Ausführung. Die Spindelbohrung mit Morsekegel ist für die Zange zusätzlich mit 40°-Kegel versehen und vom Spindelende aus für die Spannhülse aufgebohrt.

Bild 729 bis 733. *Spannzangen, die in der Frässpindel unmittelbar aufgenommen sind.*

Spannzangen mit Morsekegel (Bild 729) haben zwar den Vorteil, daß sie in Frässpindeln mit Morsekegel unmittelbar eingesetzt werden können, jedoch sind sie verhältnismäßig schwierig zu fertigen und gut rundlaufend zu erhalten. Günstiger sind Spannzangen mit größerem Kegelwinkel und zusätzlich zylindrischem Führungsteil. Hierfür kommen vorzugsweise Spannzangen für Zugspannung DIN 6341 (Bild 732) und Spannzangen nach Bild 737 bis 742 in Betracht. Der Kegelwinkel der letzteren Spannzangen ist ähnlich dem Winkel des ISA-Kegels und bei einer Normung dieser Zangen ist zu erwägen, den ISA-Kegel zugrunde zu legen.

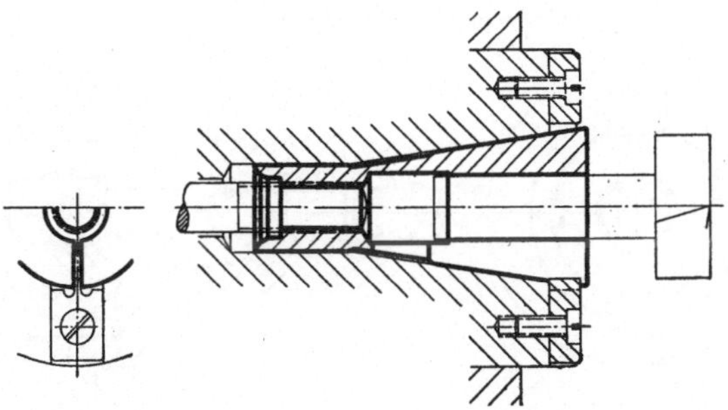

Bild 734. Spannzange mit Langkegel und Zylinder, im ISA-Kegel der Frässpindel unmittelbar
aufgenommen, durch Anzugdorn gespannt.

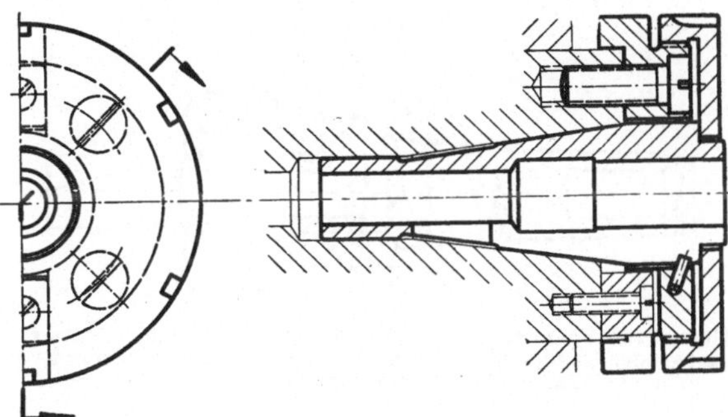

Bild 735. Spannzange mit Langkegel und Zylinder, im ISA-Kegel der Frässpindel unmittelbar
aufgenommen, durch Mutter gespannt.

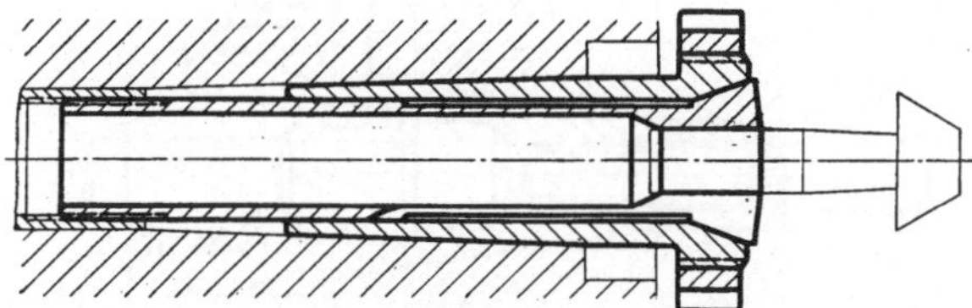

Bild 736. Spannzange ähnlich der nach DIN 6341, jedoch in längerer Ausführung, in Einsatzhülse. Einsatzhülse außen mit Morsekegel, innen mit Zylinder und Kurzkegel. Gespannt wird
durch Anzugrohr. Zum Lösen der Einsatzhülse dient eine Mutter.

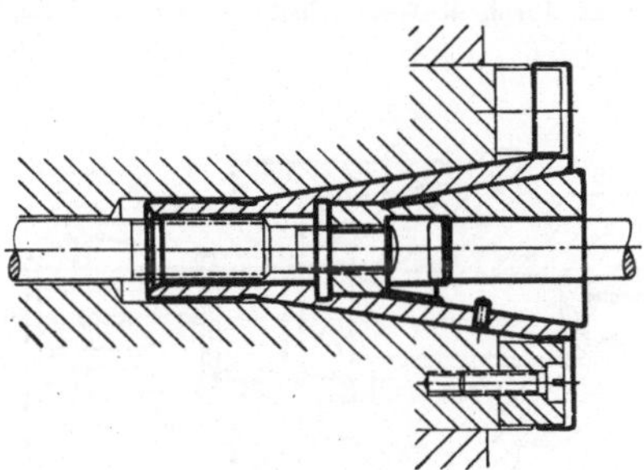

Bild 737. Fräserfutter mit handelsüblicher Spannzange mit Langkegel und Zylinder, mit
Anzuggewinde.

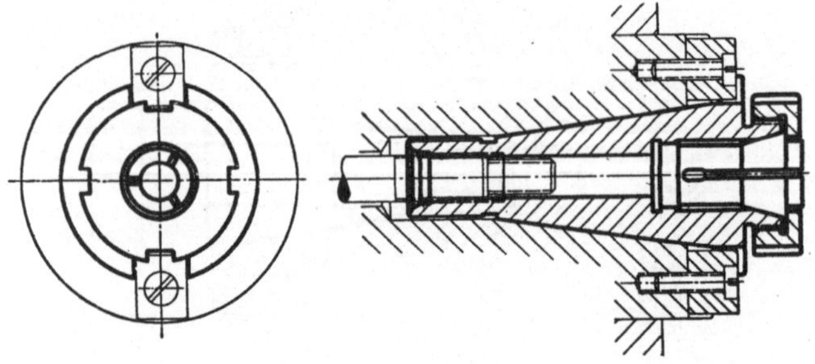

Bild 738. Fräserfutter mit handelsüblicher Spannzange mit Kurzkegel und Zylinder, sog.
Schulterzange.

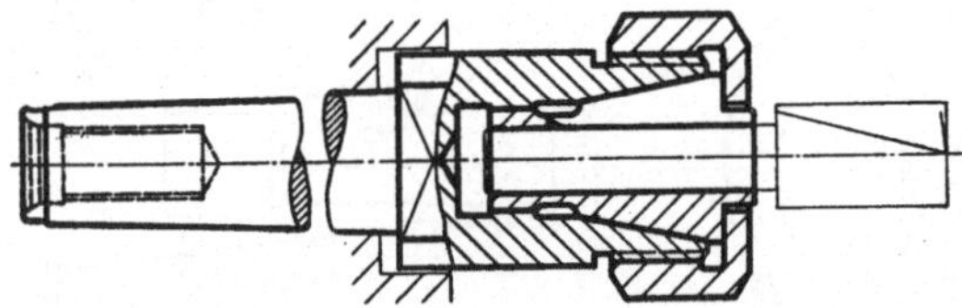

Bild 739. Fräserfutter für Spannzange mit Langkegel und Zylinder. Futter mit Morsekegelschaft und Anzuggewinde. Ungünstig ist der verhältnismäßig große Abstand von der Aufnahme
in der Frässpindel bis zur Stirnschneide des Fräsers.

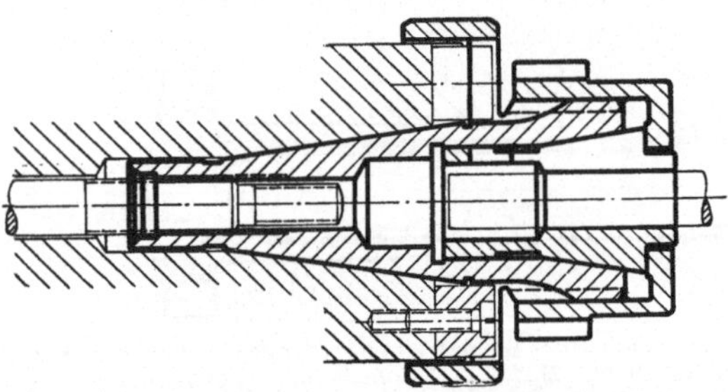

Bild 740. Fräserfutter mit handelsüblicher Spannzange. Spannzange mit Langkegel und Zylinder,
gespannt durch Mutter. (Firma C. Hurth, München.)

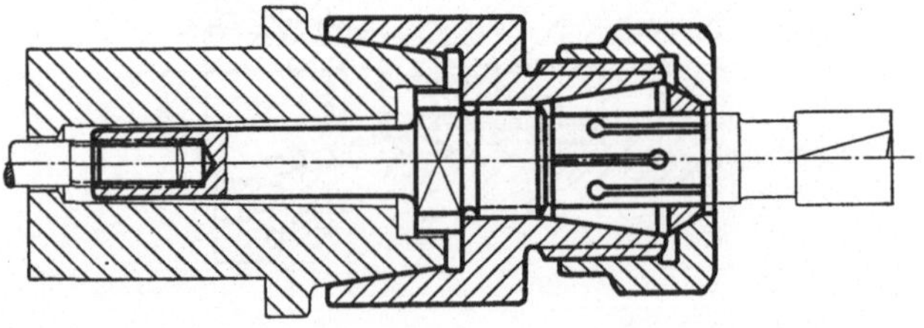

Bild 741. Fräserfutter mit Spannzange. Bauform nach DIN 2200.

Für Langlochfräser mit nur einer Schneide, z. B. für Holzbearbeitung, wird die Aufnahmebohrung von Spannzangen exzentrisch angeordnet (Bild 744 u. 745).

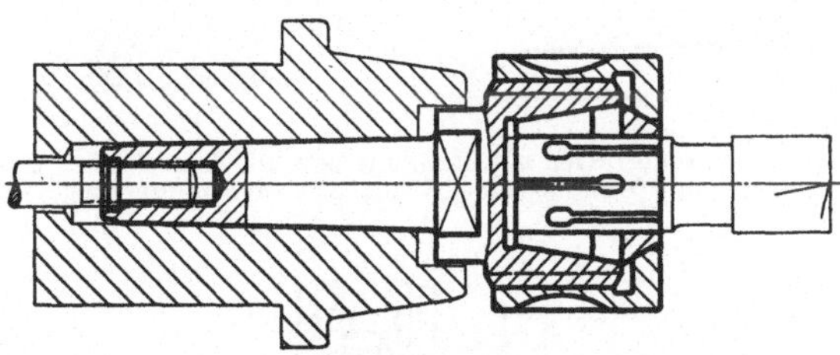

Bild 742. Fräserfutter mit Spannzange. Futter mit Morsekegelschaft. Spannzange in Anlehnung an DIN 2200.

Wenn Spannzangen in der jeweils zur Verfügung stehenden Frässpindel nicht unmittelbar aufgenommen werden können, kommen Kegelhülsen oder Fräserfutter mit Spannzangen in Betracht.

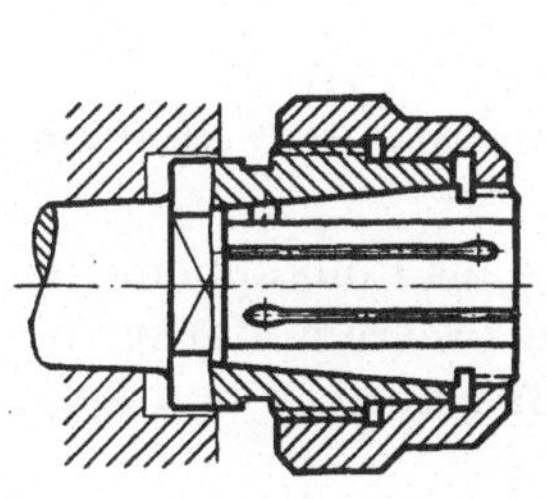

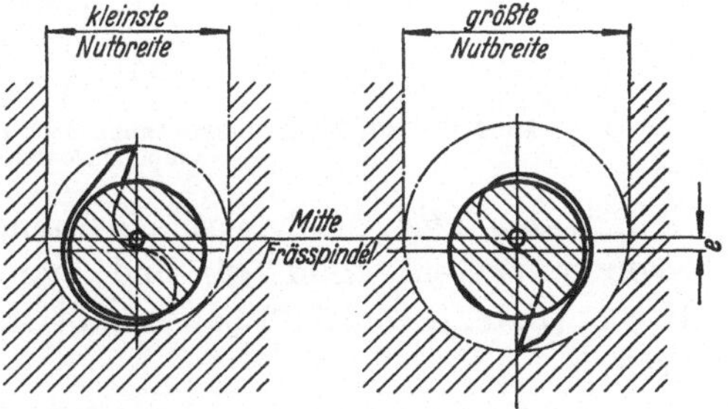


Bild 743.

Bild 744

Bild 745.

Bild 743. Fräserfutter mit Spannzange mit Gewinde. Gespannt und gelöst wird durch Mutter. („Eska"-Fräserfutter der Firma Svensson & Kühler, Wuppertal-Elberfeld.)

Bild 744. Fräserschneide auf kleinsten Umlaufdurchmesser eingestellt.

Bild 745. Fräserschneide auf größten Umlaufdurchmesser eingestellt.

Bild 744 u. 745. *Spannzangen mit exzentrischer Bohrung zum Einstellen des Fräserdurchmessers einschneidiger Langlochfräser, z. B. von Fräsern für Holzbearbeitung.*

Bei Verwendung von Kegelhülsen (Bild 736 u. 737) wird der Fräserschaft ebenfalls in nur geringem Abstand vom Frässpindelkopf aufgenommen, der größtmögliche Spanndurchmesser jedoch um den Betrag der doppelten Hülsenwand verkleinert.

*Fräserfutter* (Bild 738 bis 743) haben den Vorteil, daß ihre Bedienungsseite auf der Kopfseite der Frässpindel liegt. Sie haben jedoch den Nachteil, daß der Abstand der Fräserschneiden vom Spindelkopf verhältnismäßig groß ausfällt. Dadurch werden Zerspanleistung und Fräsflächengüte beeinträchtigt. Bei Aufnahme von Fräserfuttern in einem ISA-Kegel kann bei gleichem Spanndurchmesser der Überhang des Fräserfutters kleiner gehalten werden.

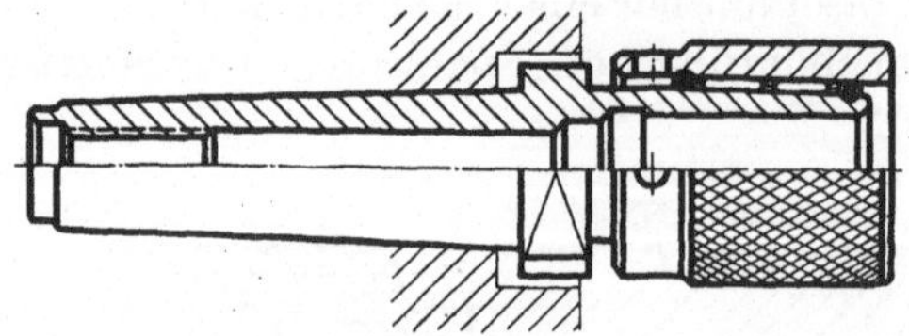

Bild 746. Mechanisches Schrumpffutter mit Rollkupplung als Fräserfutter. Handelsüblich für Spanndurchmesser von 10 bis 40 mm. (Firma Stieber-Rollkupplung, München.)

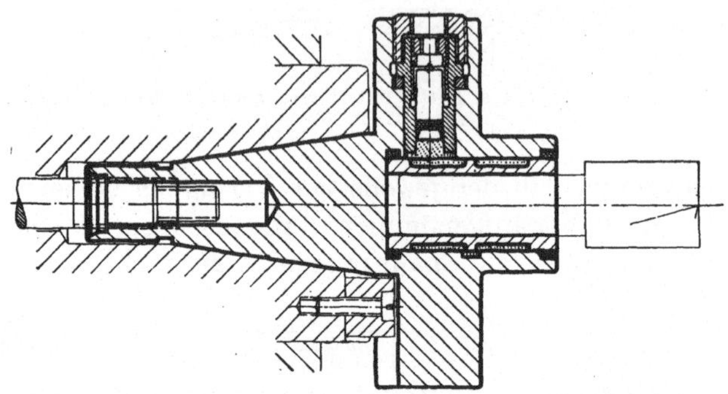

Bild 747. Fräserfutter mit Hydraulikspannung nach HOFER. Ausführbar für Zylinderschäfte ab 8 mm Durchmesser.

*Schrumpffutter.* Mechanische Schrumpffutter mit Rollkupplung nach STIEBER (Patent, Bild 746) und hydraulische Schrumpffutter nach HOFER (Patent, Bild 747) haben hohe Rundlaufgenauigkeit und Spannkraft.

### d) Messerköpfe.

**Messerkopfkörper und Fräsmesserbefestigung.** Messerkopfkörper dienen zum Bestimmen und Spannen von Fräsmessern.

Die Form von Messerkopfkörpern ergibt sich in der Hauptsache aus Größe und Verwendungszweck des Messerkopfes sowie aus der Art der Messerbefestigung und der des Anschlusses an die Frässpindel.

Genormt sind Messerköpfe unter DIN 1830 (Bild 748 u. 749), Scheibenfräser unter DIN 1831 (Bild 750).

Bei Gestaltung von Messerköpfen sind folgende Anforderungen zu berücksichtigen:

Messerköpfe durch die Frässpindel an möglichst großem Durchmesser aufnehmen und an möglichst großem Durchmesser mitnehmen;

die Messerschneiden unter kleinstmöglichem Abstand vom Frässpindellager anordnen;

die Messer gut abstützen, d. h. die Messerauflage bis nahe an die Freiflächen des Messers heranführen;

vor der Spanfläche der Messer ausreichend Raum für das Abrollen
der Späne vorsehen;

Messer einfach gestalten und sicher befestigen;

einfacher Messereinbau und einfache Verstellmöglichkeit für die
Messer;

Messerbefestigung derart gestalten, daß möglichst keine oder möglichst nur wenig Paßarbeit erforderlich ist;

Messeraufnahme möglichst derart gestalten, daß der Messerkopfkörper für Rechtslauf und Linkslauf verwendbar ist.

Fräsmesser aus Schnellstahl sind unter DIN 1832 genormt.

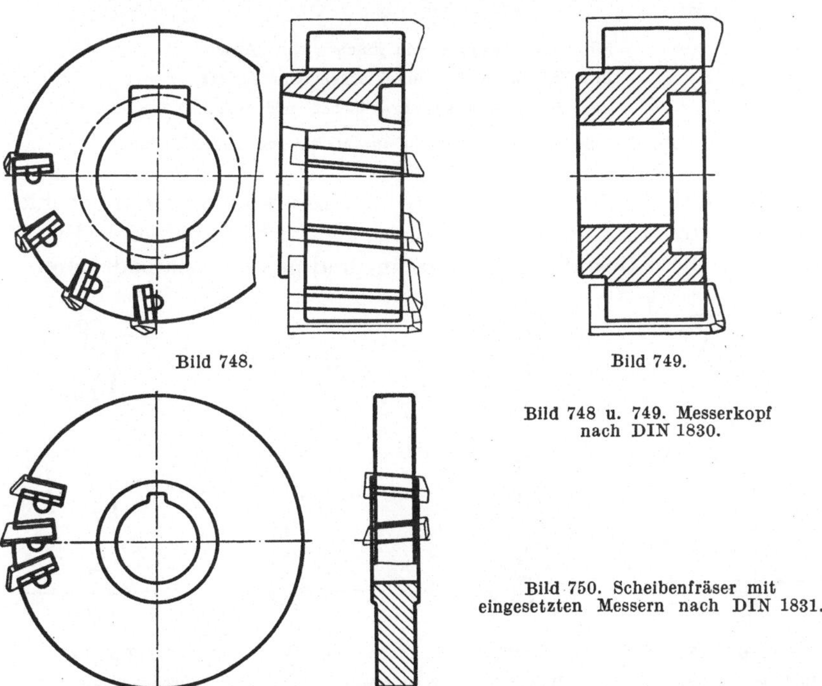

Bild 748.     Bild 749.

Bild 748 u. 749. Messerkopf
nach DIN 1830.

Bild 750. Scheibenfräser mit
eingesetzten Messern nach DIN 1831.

Für Messerköpfe ab etwa 160 mm Durchmesser werden Messer
zweckmäßig aus Baustahl mit aufgeschweißten Schnellstahlplättchen
zusammengesetzt.

Für Messerköpfe für größere Zerspanleistungen, insbesondere als
Träger von Hartmetall, sind Messer mit kräftigem Querschnitt vor-
zusehen, vorzugsweise entsprechend den Querschnitten für Dreh- und
Hobelmeißel nach DIN 770.

Die zur Aufnahme der Messer dienenden Schlitze in den Messerkopfkörpern sind möglichst in Richtung der Spanfläche anzuordnen, wodurch sich das Anschleifen der Spanfläche erübrigt.

Der Einstellwinkel $\varkappa$ ist entsprechend dem Verwendungszweck zu halten, wie Schruppen, Schlichten, Fräsen durchgehender Flächen oder Fräsen von Ansatzflächen (Bild 751 bis 753).

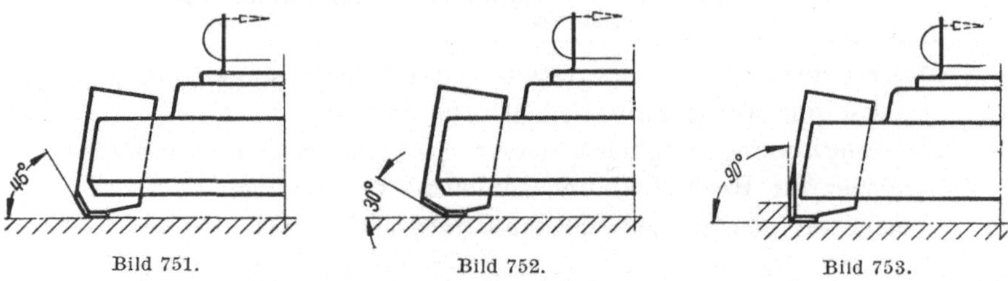

Bild 751.                 Bild 752.                 Bild 753.

Bild 751. Schruppen von Flächen ohne Ansatz.
Bild 752. Schlichten von Flächen ohne Ansatz.
Bild 753. Bearbeiten von Flächen mit Ansatz.

Bild 751 bis 753. *Einstellwinkel für Messer von Messerköpfen.*

Vierkantige Fräsmesser werden im Messerkopfkörper in Schlitzen bzw. in Nuten aufgenommen und durch Keilwirkung befestigt (Bild 754 bis 769). Diese Gestaltung baut raum- und gewichtssparend, denn der

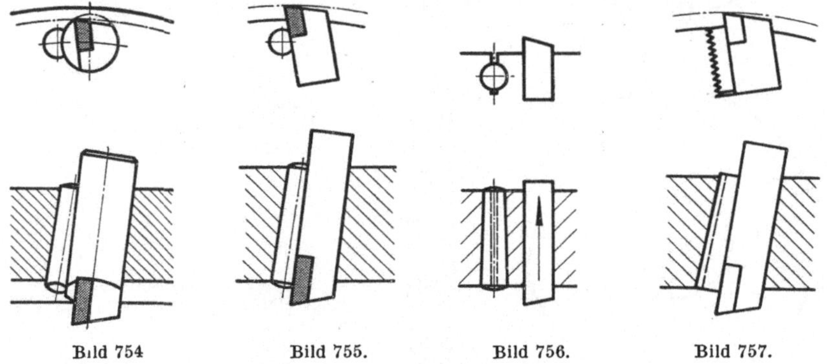

Bild 754           Bild 755.           Bild 756.           Bild 757.

Bild 754. Befestigung eines Messers mit kreisförmigem Querschnitt durch Zylinderstift mit keilförmiger Spannfläche. Haltekraft 3100 kg.

Bild 755. Befestigung eines Messers von rechteckigem Querschnitt durch keilförmig angeflächten Zylinderstift. Haltekraft 2500 kg.

Bild 756. Messerbefestigung durch Kegelstift in Schlitz. Haltekraft 1400 kg.

Bild 757. Messerbefestigung durch Keil, der gegen Hochgehen durch Verzahnung gesichert ist. Baut raumsparend; Fertigung, insbesondere des Messerkopfkörpers, jedoch schwieriger.

größte Durchmesser des hierbei erforderlichen Messerkopfkörpers ist kleiner als der Schneiddurchmesser des Kopfes. Schlitze und insbesondere breitere Nuten sind außerdem fertigungstechnisch günstiger als kantige Durchbrüche. Auflagefläche und Anlagefläche für das Messer müssen einwandfrei eben sein, die Keilflächen müssen genau passen. Einwandfrei unterstützte und sicher gespannte Messer sind für hohe Zerspanleistung und hohe Oberflächengüte Voraussetzung. Außerdem ist davon die Standzeit der Messerschneiden, vor allem die von Hartmetallschneiden, in hohem Grade abhängig. Bei mangelhafter Unter-

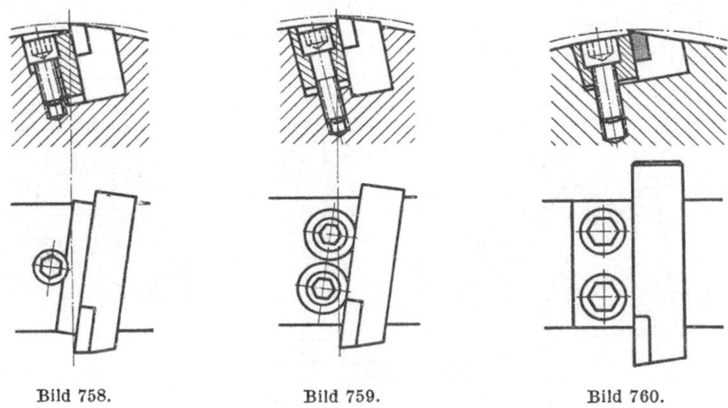

Bild 758.       Bild 759.       Bild 760.

Bild 758. Messerbefestigung durch Schraube über Querkeil.

Bild 759. Messerbefestigung durch Schrauben über keilförmig angeflächte Buchsen. Haltekraft 2300 kg.

Bild 760. Messerbefestigung durch Schrauben über Querkeil.

*Bild 754 bis 760. Befestigungsarten für Messer in Messerkopfkörpern. Die angeführte Anzahl von Kilogramm war erforderlich, um das betreffende Messer einer Versuchsreihe in Pfeilrichtung um 1 mm zu verschieben.*

stützung werden Hartmetallplatten von ihrem Grundkörper gelöst oder gehen zu Bruch.

Die verschiedenen Messerbefestigungen sind in der Hauptsache nach ihrer Haltekraft und nach den Herstellkosten zu beurteilen. Zur Er-

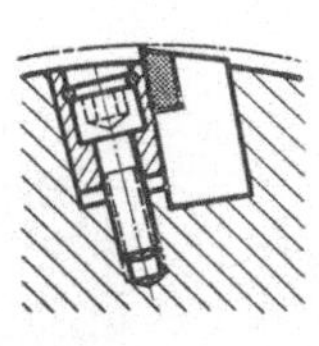
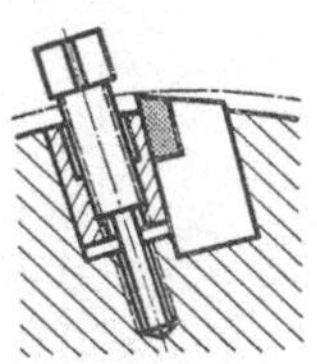

Bild 761.       Bild 762.

Bild 761. Klemmbuchse mit Federring, der als Widerlager für die Schraube zum Lösen der Buchse dient.

Bild 762. Klemmbuchse mit Gewinde in der Durchgangsbohrung. Diese dient zur Aufnahme einer Schraube zum Herausziehen der Klemmbuchse. (Der Zapfen der Schraube braucht nicht so lang zu sein.)

mittlung der Haltekraft wurden für die Befestigungen nach Bild 754 bis 756 u. 759 Versuche angestellt[1]. Nach diesen Ermittlungen ist die Haltekraft für die angeführten Arten der Messerbefestigung bis zum Verhältnis von etwa 1 : 3 verschieden groß. Werden die Messer mit

---

[1] Durch Montanwerke Walter, Tübingen.

rundem Querschnitt außer Betracht gelassen, verbleibt für die Messer
mit rechteckigem Querschnitt immer noch ein Haltekraftunterschied
von rund 1 : 2,5. Die größere Haltekraft für Messer mit kreisförmigem
Querschnitt ist vor allem auf die größere Steifheit des ungeschlitzten
Messerkopfkörpers, im übrigen auf die zylindrische Spannfläche des
Spannstiftes zurückzuführen.

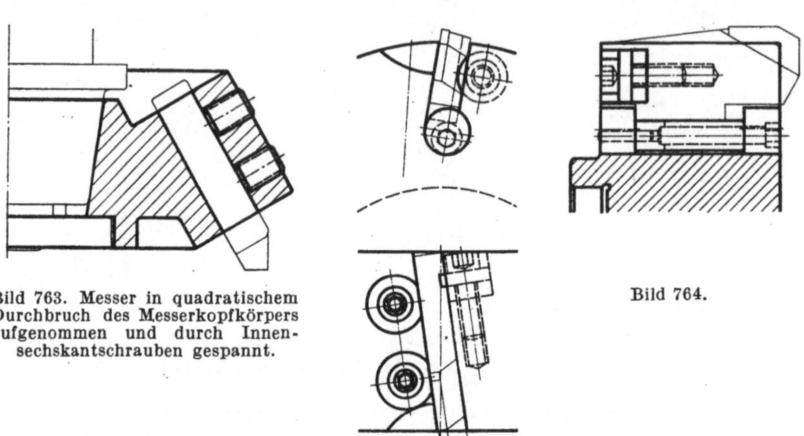

Bild 763. Messer in quadratischem
Durchbruch des Messerkopfkörpers
aufgenommen und durch Innen-
sechskantschrauben gespannt.

Bild 764.

Bild 764. Verstellbares Messer für Messerköpfe. Verstellung in Achsrichtung durch Bundschraube, in radialer Richtung durch Exzenterbolzen. Vorteile: 1. Die Fräsmesser sind bei auf-
gespanntem Messerkopf nachstellbar, wodurch das Auf- und Abbauen vollständiger Messerköpfe auf die Maschine weitgehend vermeidbar ist. 2. Die Hartmetallplatte des Fräsmessers
kann nahezu restlos aufgebraucht werden. 3. Der Abstand der Messerschneiden von der Spindelmitte sowie die Längslage der Messerschneiden kann unverändert beibehalten werden. 4. Die
Spanlücken bleiben ebenfalls unverändert groß, ohne den Messerkopf-Grundkörper nachzu-
arbeiten. 5. Vorzeitig verbrauchte oder zu Bruch gegangene Messer sind leicht ersetzbar.
(Firma Rhode & Dörrenberg, Düsseldorf-Oberkassel.)

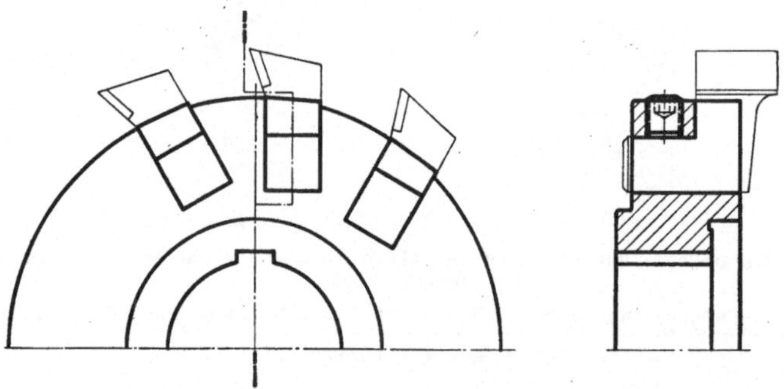

Bild 765. Messerkopf mit Messern mit vorgelagerter Schneidzone (DRP.). Vorteile: Die Lage
der Messeraufnahme im Messerkopfkörper ist unabhängig von der Winkellage der Spanfläche;
durch raumsparende Befestigungsmöglichkeit kann eine verhältnismäßig große Anzahl von
Messern untergebracht werden; der Messerkopfkörper ist ohne weiteres für Rechts- und Linkslauf verwendbar; die Spanfläche ist für die Schleifscheibe frei zugänglich. Nachteile: Die kantigen
Durchbrüche im Messerkopfkörper müssen mit hoher Genauigkeit gefertigt werden, wenn die
Messer auswechselbar sein sollen; die Messer sind weniger gut abgestützt als z. B. nach Bild 760;
die Anschaffungskosten für die Messer liegen verhältnismäßig hoch.
(Schaumann u. Müller: Masch.-Bau Betrieb 1941, S. 465.)

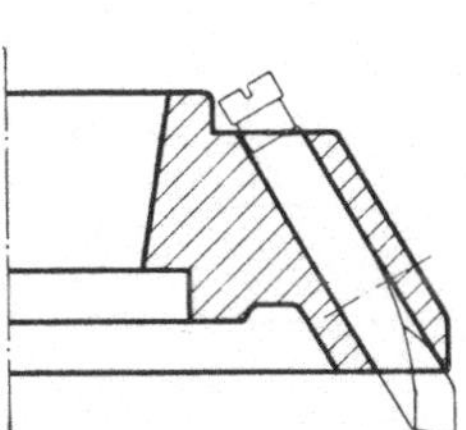

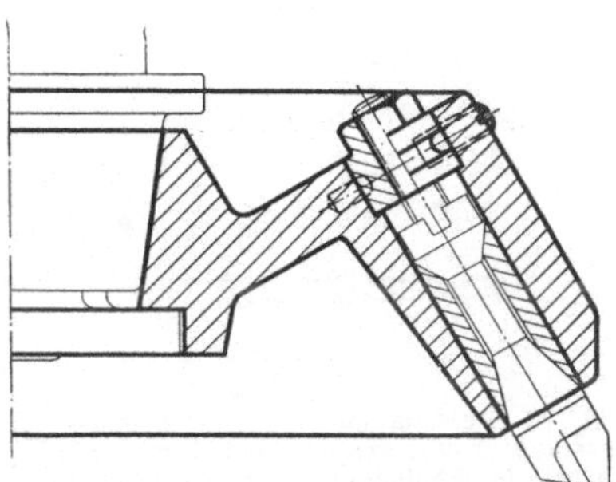

Bild 766. Messerkopf mit runden Messern mit Drallnuten. Der radiale Spanwinkel ist von 40 bis 90° verstellbar. Durch die Spiralnut gleichbleibende Schnittwinkel, durch die gerundete Spannut günstiger Spanablauf. (DRP. der Firma Oekonom.)

Bild 767. Messerkopf mit Hartmetallmesser in WINTER-Spreizfassung. Einzelheiten über diese Spreizfassung S. 120.

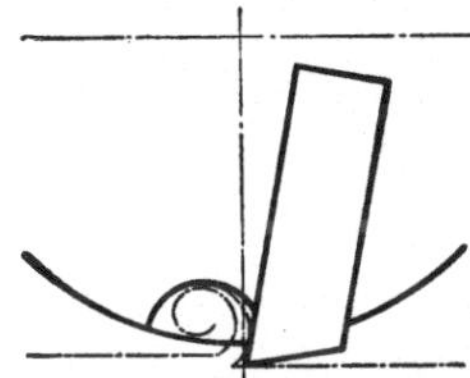

Bild 768.

Bild 769.

Bild 768. Messerkopfkörper mit zylindrischer Grundform, in die vor der Spanfläche der Messer je ein Spanraum eingearbeitet ist.

Bild 769. Stirnfläche eines Messerkopfkörpers mit Ansätzen zum Stützen der Messer.

Bild 768 u. 769. *Abstützung und Spanraum für Messer in Messerköpfen.*

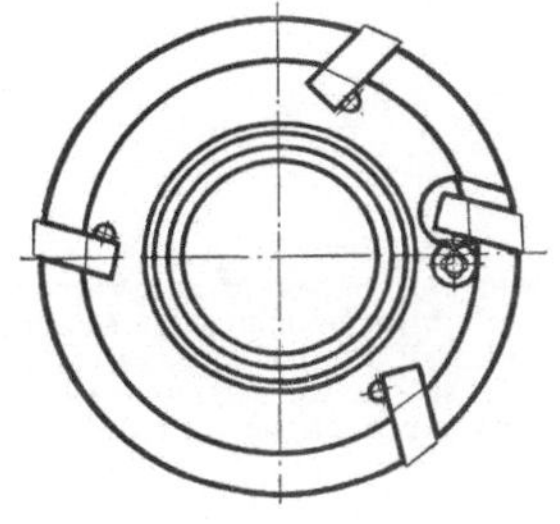

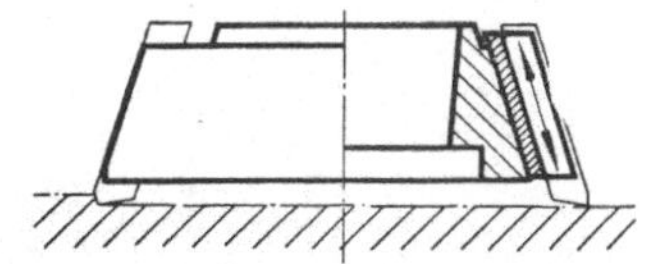

Bild 770.

Bild 771.

Bild 770. Sogenannter „Starr-Wälzfräser", bestehend aus einem kräftigen Dorn mit angearbeitetem Schaft und angearbeitetem Stützzapfen, und mit leistenförmigen Schneidenteilen, die in Achsrichtung gespannt sind. Dieser Fräser wird in zusammengebautem Zustand rund-, scharf- und nachgeschliffen. Der Durchmesser dieser Fräser ist etwas größer als bei Fertigung aus *einem* Stück. Durch die große Steifheit bleibt die für Abwälzfräser hohe Herstellgenauigkeit auch im Betriebszustand weitgehend erhalten und sind größere Fräsleistungen erreichbar.

Bild 771. Messerkopf, vorzugsweise für die Bearbeitung von Leichtmetall, mit vier Messern, davon drei Messer zum Schruppen, ein Messer zum Schlichten. Die Schruppmesser sind durch Zylinderstifte befestigt; das Schlichtmesser ist in einer Buchse aufgenommen, die durch Schraube in Pfeilrichtung verstellbar ist. Für das Schruppen ist das Schlichtmesser um etwa 1 mm zurückgezogen, für das Schlichten wird es gegenüber den Schruppspanschneiden vorgestellt. Durch Schlichten mit nur einem Messer bei geringem Vorschub werden spiegelblanke Flächen erreicht, da kein Nachschneiden durch andere Messer eintreten kann. (Firma Ludw. Loewe, Berlin.)

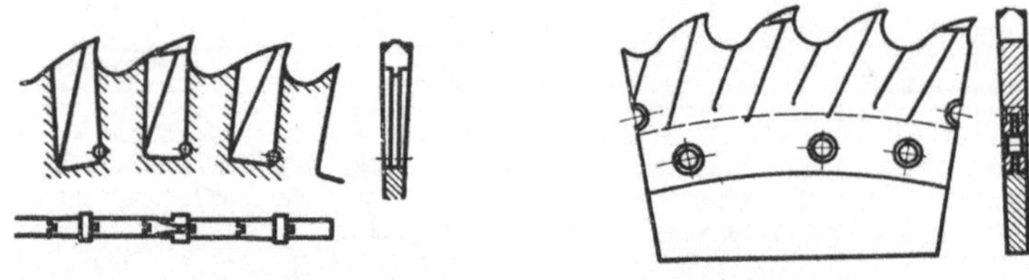

Bild 772.                                   Bild 773.

Bild 772. Befestigung eingesetzter Messer in Kreissägenkörper. Gegen Seitenkräfte sind die
einzelnen Messer genutet und durch radial gerichtete, in den Schlitzen des Sägenkörpers aus-
gearbeitete Paßfedern aufgenommen. Gegen radiales Herausziehen sichert ein Querstift.
(Firma Gustav Wagner, Reutlingen/Württ.)

Bild 773. Befestigung von Zahnsegmenten auf Kreissägenkörpern. Die Segmente sind kreis-
bogenförmig geschlitzt und werden in entsprechenden Schlitzen durch den Kreissägenkörper
aufgenommen. Befestigung durch Niete, von denen zwei in geringerem Abstand in der Nähe der
vorderen Zähne angeordnet sind. (Firma Gustav Wagner, Reutlingen/Württ.)

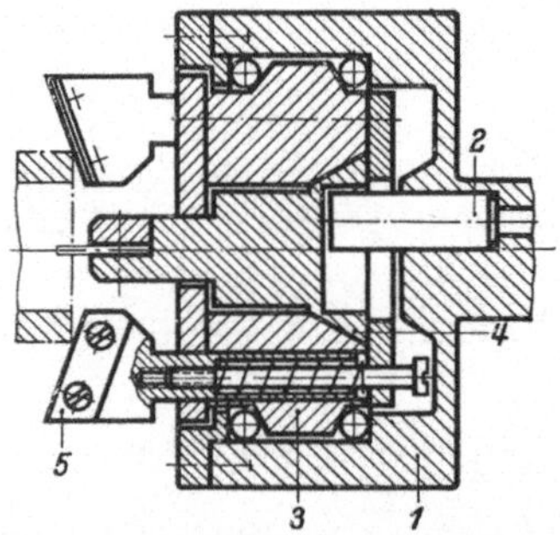

Bild 774. Sägekopf zur Verwendung auf Revolverdrehmaschinen. Der Kopf wird im Revolverkopf aufgenommen. Der Grundkörper *1* mit dem exzentrisch angeordneten Zylinderstift *2* steht
still, Teil *3* mit dem Sägeschlitten *4* läuft mit dem Werkstück um. Die Mitnehmer *5* sind auf der
Werkstückseite scharfkantig. Durch Kreisen um den exzentrisch angeordneten Zylinderstift
wird der Schlitten mit der Schlitzsäge geradlinig hin und her bewegt. (Firma C. Zeiss, Jena.)

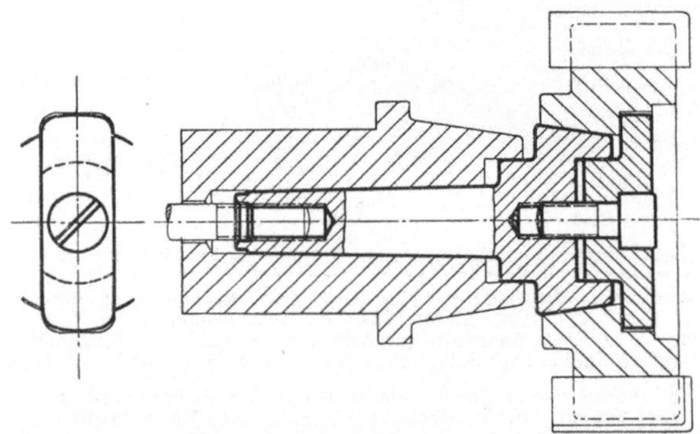

Bild 775. Messerkopfdorn DIN 2204 mit Morsekegelschaft und Mitnehmer. Mitnehmer nach
DIN 2205, Mitnehmerschraube nach DIN 2206. Möglichst nur verwenden, wenn der Messerkopf
für unmittelbare Aufnahme auf dem Frässpindelkopf zu ungeeignet ist, denn der Durchmesser
des Morsekegelschaftes ist im Verhältnis zum Arbeitsdurchmesser des Werkzeuges sehr klein.

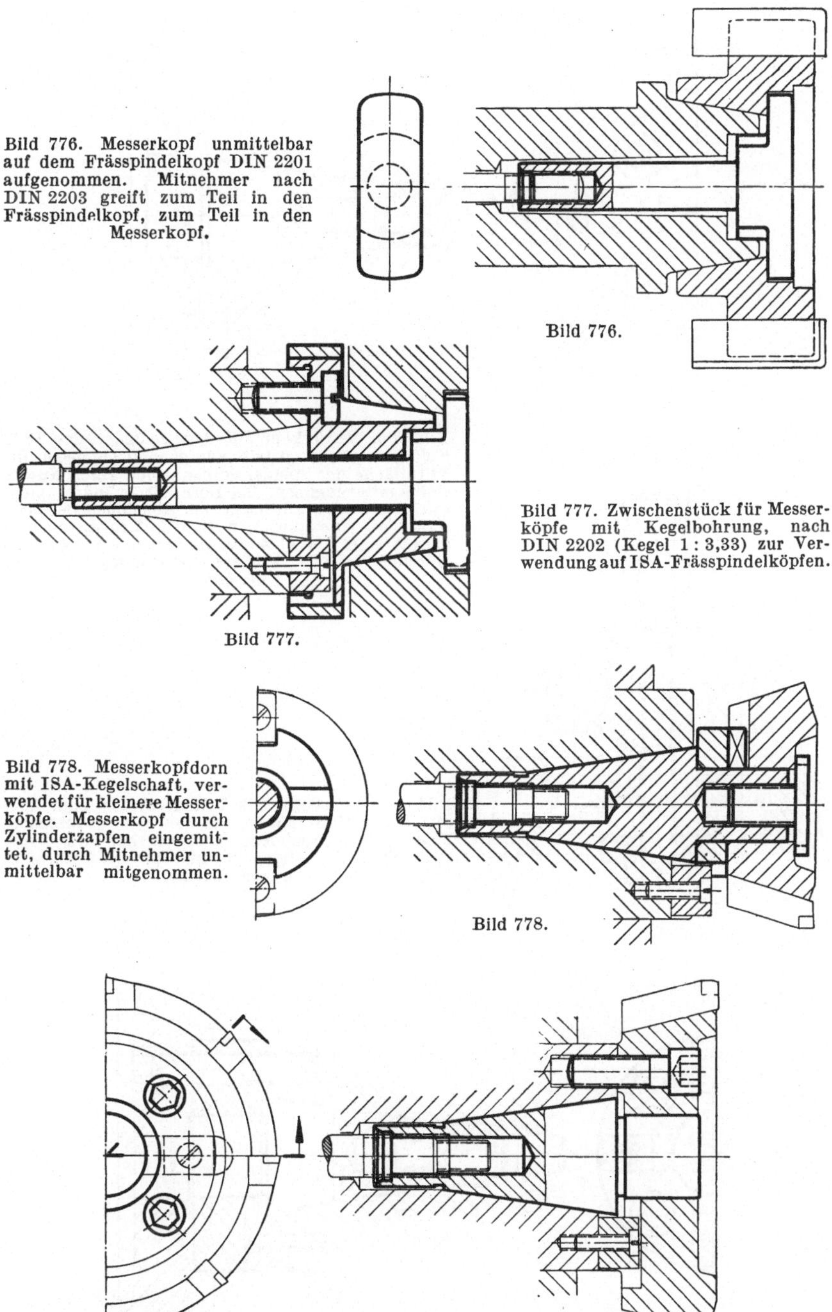

Bild 776. Messerkopf unmittelbar auf dem Frässpindelkopf DIN 2201 aufgenommen. Mitnehmer nach DIN 2203 greift zum Teil in den Frässpindelkopf, zum Teil in den Messerkopf.

Bild 776.

Bild 777. Zwischenstück für Messerköpfe mit Kegelbohrung, nach DIN 2202 (Kegel 1 : 3,33) zur Verwendung auf ISA-Frässpindelköpfen.

Bild 777.

Bild 778. Messerkopfdorn mit ISA-Kegelschaft, verwendet für kleinere Messerköpfe. Messerkopf durch Zylinderzapfen eingemittet, durch Mitnehmer unmittelbar mitgenommen.

Bild 778.

Bild 779. Messerkopfdorn mit ISA-Kegelschaft, bestimmt für kleinere und mittelgroße Messerköpfe. Der Messerkopf ist durch Zylinderzapfen eingemittet, gegen die Stirnfläche der Frässpindel gespannt und durch die Nutensteine der Frässpindel mitgenommen.

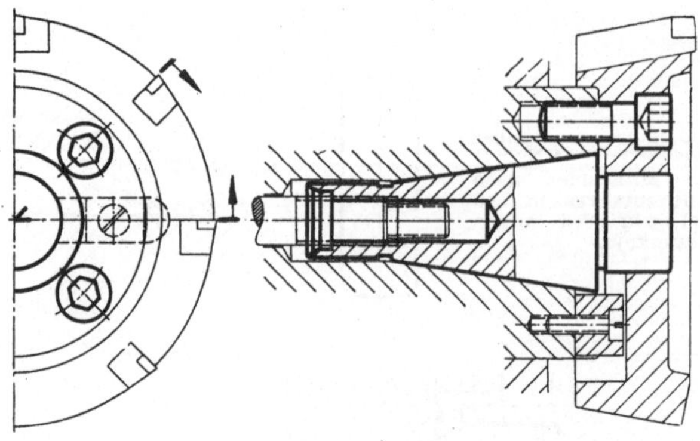

Bild 780. Messerkopf auf dem Zylinder des ISA-
Spindelkopfes unmittelbar aufgenommen, gegen die
Stirnfläche der Spindel gespannt und durch Nutensteine mitgenommen. Der Dorn mit Zylinderzapfen-
erleichtert das Aufbringen und Abnehmen des Messerkopfes. Die günstigen Bauverhältnisse machen
diese Art der Aufnahme für Messerköpfe von großem
Durchmesser für größere Zerspanungsleistungen
geeignet.

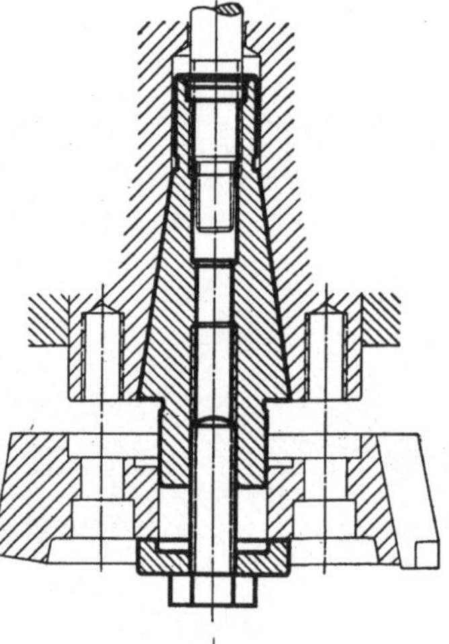

Bild 781. Hilfsdorn mit Zylinderzapfen zum Auf-
setzen von Messerköpfen auf den Kopf senkrechter
Frässpindeln. Nachdem der Messerkopf am Frässpindelkopf befestigt ist, muß die Hilfsschraube
entfernt werden.

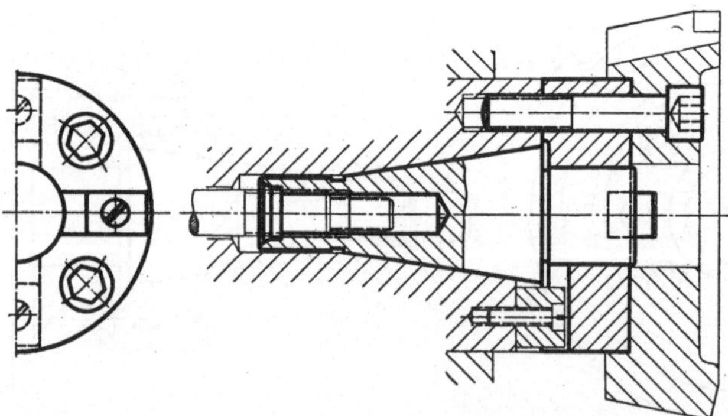

Bild 782. Zwischenstück für Messerköpfe, die durch Zylinder aufgenommen werden und in
größerem Abstand vom Maschinenständer anzuordnen sind. Das Zwischenstück ist durch
Zylinderzapfen des Dornes eingemittet.

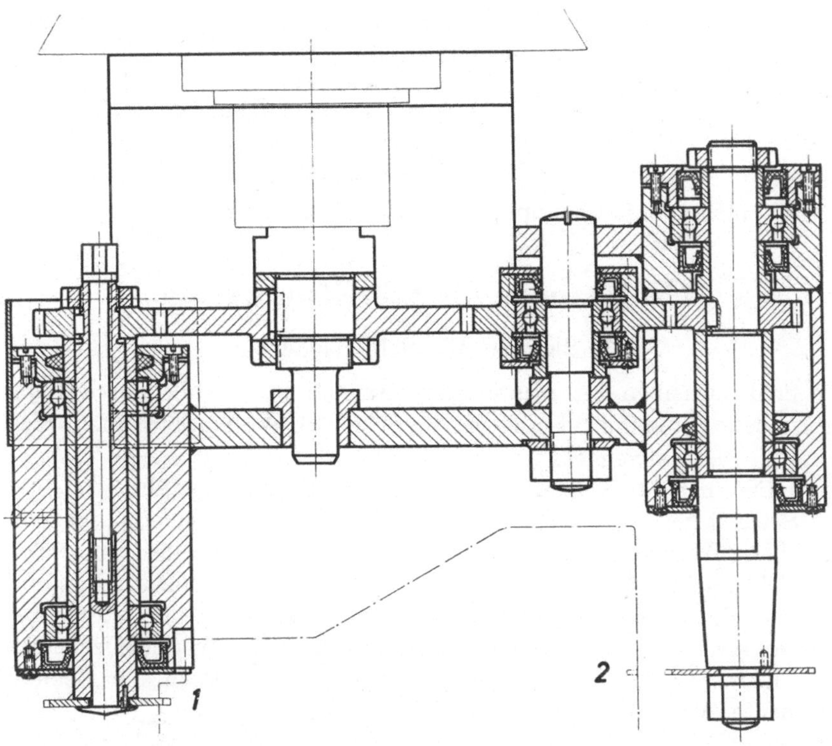

Bild 783. Zweispindliger Fräskopf zum aufeinanderfolgenden Fertigen von Schlitzen in einem Gehäuse. (Adlerwerk vorm. Kleyer, Frankfurt/Main.)

Die Herstellkosten werden unter anderem vor allem durch den Aufwand für Paßarbeiten ungünstig beeinflußt.

Vorzugsweise haben sich Messerbefestigungen durch Zylinderstift mit Keilfläche (Bild 755) und für schwerere Schnitte Messerbefestigung durch keilförmiges Klemmstück (Bild 760) eingeführt.

In *Kreissägen* von größerem Durchmesser werden Zähne aus Schnellstahl in eine Scheibe aus federhartem Gußstahl einzeln eingesetzt (Bild 772) oder als Segmente auf eine Scheibe aufgesetzt (Bild 773).

**Verbindung von Messerköpfen mit Frässpindeln.** Messerköpfe sind weitgehend unmittelbar auf die Frässpindel zu setzen (Bild 776 u. 780), damit der Abstand zwischen Messerkopf und Frässpindellager möglichst klein ist und senkrecht zur Frässpindelachse wirkende Biegekräfte durch möglichst großen Querschnitt aufgenommen werden.

Durch Dorn sollen Messerköpfe nur aufgenommen werden, wenn der Frässpindelkopf für den betreffenden Messerkopf eine unmittelbare Aufnahme nicht zuläßt (Bild 775, 778 u. 779).

Messerkopfdorne mit Kegelzapfen zur Aufnahme von Messerköpfen DIN 2202 auf ISA-Frässpindelköpfen (Bild 777) sind als Behelfslösung zu betrachten. Wenn möglich, sind Messerköpfe älterer Ausführung zur unmittelbaren Aufnahme auf ISA-Frässpindelköpfen umzuarbeiten.

### e) Mehrspindelfräsköpfe.

Ein Mehrspindelfräskopf ist in Bild 783 dargestellt.

# VII. Spanner für Schleifwerkzeuge.

## 1. Spanner für Schleifscheiben.

Schleifscheiben für maschinellen Antrieb werden als durchgängig gebundene Schleifmittel in Form von Scheiben, Walzen, Kegeln, Töpfen und Ringen verwendet.

DINormen für Schleifscheiben sind auf S. 323 angeführt.

Schleifscheiben werden auf Außen- und Innenrundschleifmaschinen, Flächen-, Werkzeug- und Sonderschleifmaschinen verwendet. Sie werden auf Schleifspindeln unmittelbar aufgenommen oder durch Dorn, Flanschbuchse oder Futter mit der Schleifspindel verbunden. Außer diesen lösbaren, mechanischen Verbindungen kommt z. B. für Schleifscheiben von kleinerem Durchmesser Verkitten mit einem Dorn, für Schleifsegmente Verkitten mit einer Metallscheibe in Betracht.

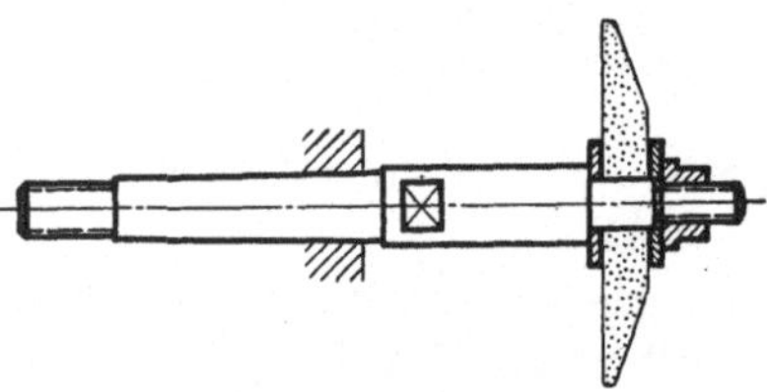

Bild 784. Spanndorn für Schleifscheiben, mit Morsekegelschaft und Anzuggewinde, zur Verwendung auf Werkzeugschleifmaschinen.

Bild 785.

Bild 785. Spannflansche für Schleifscheiben nach DIN 190. Durch die in Richtung zur Spindelmitte zunehmende Breite der Schleifscheiben ist bei diesen die Gefahr des Zerspringens geringer als bei Scheiben gleicher Dicke.

Die beim Schleifen auftretenden Arbeitskräfte sind verhältnismäßig gering, verglichen z. B. mit den beim Fräsen auftretenden Kräften. Hoch ist hingegen die an Schleifscheiben wirksame Fliehkraft, da Schleifscheiben mit etwa 25 m/sek. Umfangsgeschwindigkeit umlaufen.

Verglichen mit metallischen Werkzeugen sind Schleifscheiben verhältnismäßig spröde, ihre Anschlußflächen weniger genau kreisrund und weniger genau planparallel. Deshalb dürfen Schleifenscheiben auf

stählerne Aufnahmedorne nicht aufgezwängt werden und sind auf Stirnflächen von Schleifscheiben ausgeübte Spannkräfte möglichst gleichmäßig zu verteilen. Auch dann, wenn die Bohrung einer Schleifscheibe
einen Stahlzapfen gleichmäßig umschließt, ist spielfreies Passen unzweck-
mäßig, weil bei Erwärmung Stahl sich mehr ausdehnt als der Schleifkörper und dadurch im Schleifkörper Spannungen entstehen. In Bohrung aufgenommene Schleifscheiben sollen deshalb gegenüber dem Aufnahmezapfen etwa 0,1 bis 0,2 mm Spiel aufweisen. Größere Spiele sind
wiederum zu vermeiden, denn die Scheibe läuft dadurch entsprechend
unrund. Für das Rundlaufen muß von der Scheibe ein größerer Betrag
abgedreht werden; auch die zu beseitigende Unwucht ist größer, und
unter dem Schleifdruck kann die Schleifscheibe radial um einen größeren
Betrag nachgeben.

Schleifscheibenbohrungen werden auch ausgefüttert; kleinere Scheiben, z. B. mit einem bituminösen Stoff, größere Scheiben mit Blei,
Weißmetall oder Zementkitt. Der Bohrungsdurchmesser der Schleifscheiben wird dazu um einige Millimeter größer gehalten als der Aufnahmezapfen.

Spannflansche für Schleifscheiben sind im Durchmesser mindestens
gleich dem halben Schleifscheibendurchmesser zu halten. Bei größeren
Scheiben sollten die Flansche radial möglichst nur 100 mm kleiner sein
als der Scheibendurchmesser. Je näher die Spannflächen der Flansche
am Außendurchmesser der Schleifscheibe liegen, um so weniger brauchen
die Fliehkräfte vom Scheibenwerkstoff aufgenommen zu werden.

Die Durchmesser zusammengehöriger Schleifscheibenflansche müssen
gleich groß sein, andernfalls die Scheibe auf Biegung beansprucht wird.

Die Spannseite der Flansche ist von der Mitte ausgehend frei-
zusparen. Die Breite der danach verbleibenden Spannflächen ist radial
etwa 5% des Schleifscheibendurchmessers zu halten, außerdem nicht
genau plan, sondern unter etwa einem halben Grad kegelig (hohl) auszuführen, damit die Flansche auf jeden Fall mit ihrem größten Durchmesser anliegen.

Spannflansche müssen so steif sein, daß sie unter der Spannkraft
nicht unzulässig durchgebogen werden. Sie müssen also auch im gespannten Zustand mit dem äußeren Durchmesser ihrer Spannfläche
an der Schleifscheibe anliegen.

Zwischen die Spannflanschen und die Schleifscheibe sind zum Ver-
teilen der Spannkraft 1 mm bis 2 mm dicke Scheiben aus nachgiebigem
Stoff zu legen, z. B. aus Weichgummi, Weichgummi mit Textileinlage,
Leder, Leinen, Pappe, Preßspan oder Weichblei.

Diese Forderungen ergeben sich nicht nur aus Rücksicht auf die
Schonung der Schleifscheibe, sondern sind auch in den Vorschriften für
Unfallverhütung enthalten.

Die Steigungsrichtung von Spanngewinden ist gleich der Umlaufrichtung der Schleifscheibe zu halten, also Linksgewinde für linksumlaufende Scheiben, Rechtsgewinde für rechtsumlaufende Scheiben.
Im allgemeinen laufen Außen-Rundschleifmaschinen und Waagerecht-
Flächenschleifmaschinen linksum, Innen-Rundschleifmaschinen und

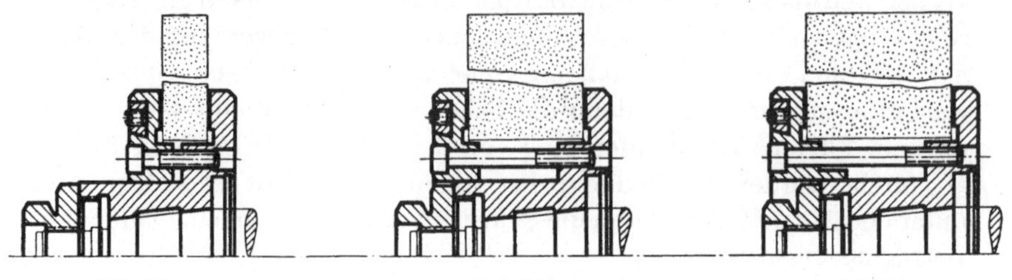

Bild 786.                     Bild 787.                     Bild 788.

Bild 786. Für schmale Schleifscheiben (Breite rd. 0,05 Scheibendurchmesser).

Bild 787. Für mittelbreite Schleifscheiben (Breite rd. 0,1 Scheibendurchmesser).

Bild 788. Für breitere Schleifscheiben (Breite rd. 0,2 Scheibendurchmesser).

Bild 786 bis 788. *Schleifscheibenaufnahmen DIN 6375, Größen 1 bis 4 (Schleifscheibendurchmesser
250 bis 400 mm).*

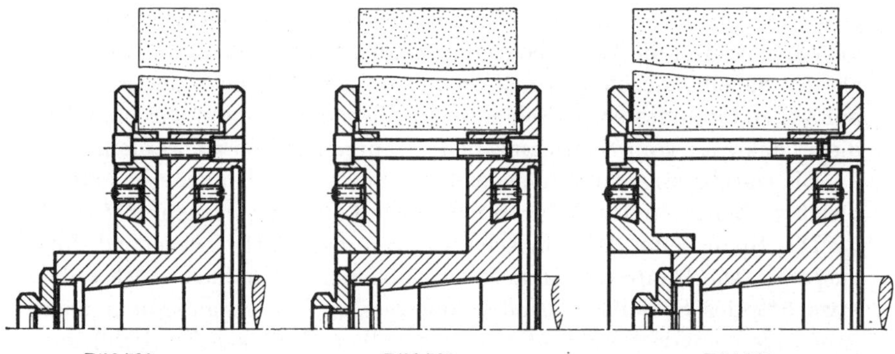

Bild 789.                     Bild 790.                     Bild 791.

Bild 789 bis 791. Schleifscheibenaufnahmen DIN 6375, Größen 5 bis 9 (Schleifscheibendurchmesser über 400 bis 900 mm).

Bild 786 bis 791. *Schleifscheibenaufnahmen DIN 6375, vorzugsweise für Außenrundschleifmaschinen, bestehend aus Aufnahmeflansch, Gegenflansch, elastischen Zwischenscheiben, Spannschrauben und Gegengewicht.*

Senkrecht-Flächenschleifmaschinen rechtsum, wobei die Umlaufrichtung
von der Antriebsseite aus zu betrachten ist.

Aufnahmen für Schleifscheiben zum Außenrundschleifen sind in
DIN 6375 (Bild 786 bis 791) festgelegt. Die Normung von Aufnahmen
für Schleifscheiben zum Innenrundschleifen (Bild 794 bis 804) ist in
Vorbereitung.

Topfscheiben von größerem Durchmesser werden an der Mantelfläche durch Futter aufgenommen (Bild 805).

Bild 792. Auswuchtgewicht für Schleifscheibenaufnahmen DIN 6375. Dieses Gewicht besteht aus zwei Hälften, die aufeinanderfolgend in die Ringnut der Schleifscheibenflansche eingeführt werden. Nach dem Einschrauben des Gewindestiftes sind beide Hälften des Auswuchtgewichtes gegen Herausfallen gesichert. Bei Schleifscheibenaufnahmen DIN 6375, Größe 1 bis 4 (Bild 786 bis 788) ist eine Ringnut im Gegenflansch, bei den Größen 5 bis 9 (Bild 789 bis 791) je eine Ringnut im Aufnahmeflansch und im Gegenflansch vorgesehen.

Bild 793. Abdrückschraube nach DIN 6375. Diese Schraube dient zum Abziehen von Schleifscheibenaufnahmen, falls diese auf dem Kegel 1 : 5 festsitzen. Die Abdrückschraube wird dazu in den Aufnahmeflansch eingeschraubt, bis sie mit der inneren Planfläche an der Stirnfläche der Schleifspindel anliegt, wonach die Schleifscheibenaufnahme vom Aufnahmekegel gelöst wird.

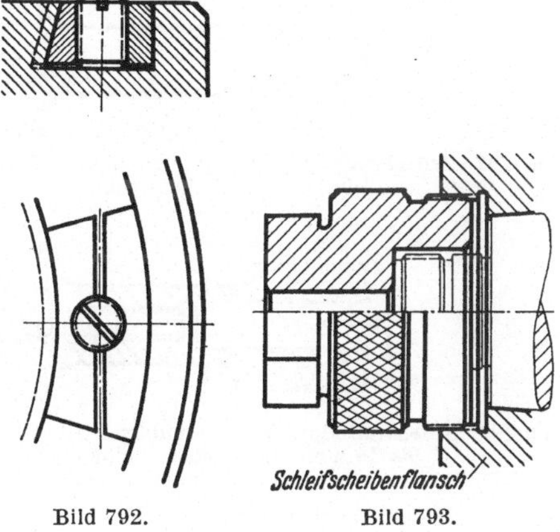


Bild 792.     Bild 793.

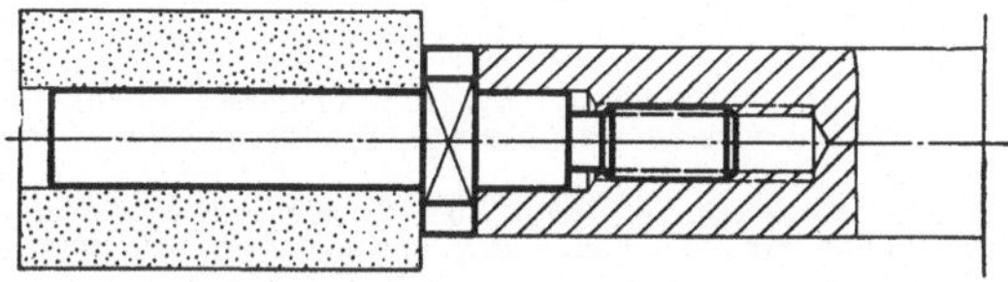

Bild 794. Schleifscheibendorn mit aufgekitteter Schleifscheibe, Zapfendurchmesser 2 bis 10 mm für Schleifscheiben von 5 bis 32 mm Außendurchmesser.

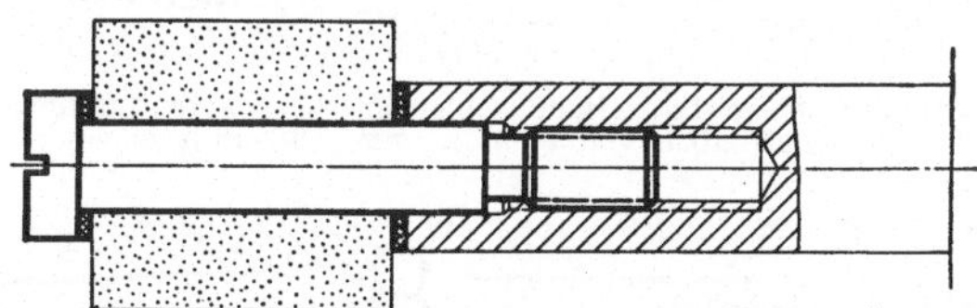

Bild 795. Schleifscheibendorn mit Zylinderpaßschraube, Schrauben mit Schaftdurchmesser von 2 bis 10 mm, für Schleifscheiben von 6 bis 32 mm Außendurchmesser.

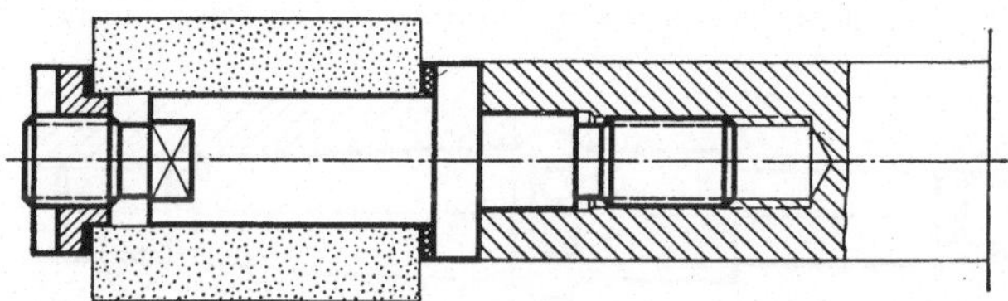

Bild 796. Schleifscheibendorn mit Schlitzmutter. Zapfendurchmesser 13 bis 25 mm, für Schleifscheiben von 36 bis 65 mm Außendurchmesser.

Bild 794 bis 796. *Schleifscheibendorne für Innen-Rundschleifmaschinen, mit Zylinderschaft und Gewindeansatz.*

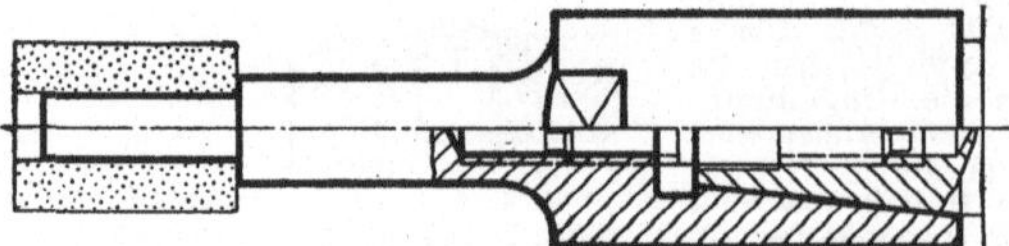

Bild 797. Aufschraubdorn mit aufgekitteter Schleifscheibe. Zapfendurchmesser 2 bis 10 mm,
für Schleifscheiben von 5 bis 32 mm Außendurchmesser.

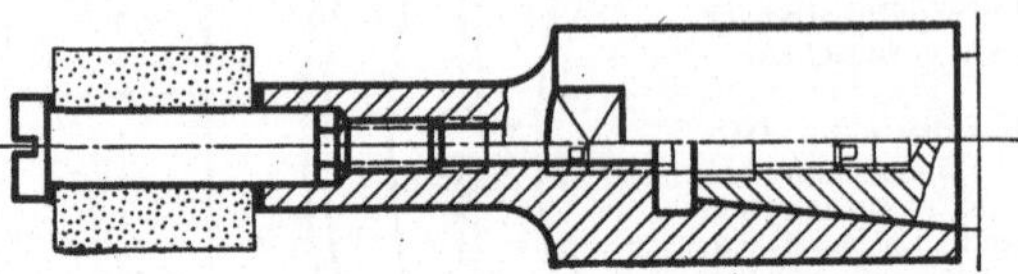

Bild 798. Aufschraubdorn mit Zylinderschaftschraube. Schrauben mit Schaftdurchmesser von
2 bis 10 mm, für Schleifscheiben von 6 bis 32 mm Außendurchmesser.

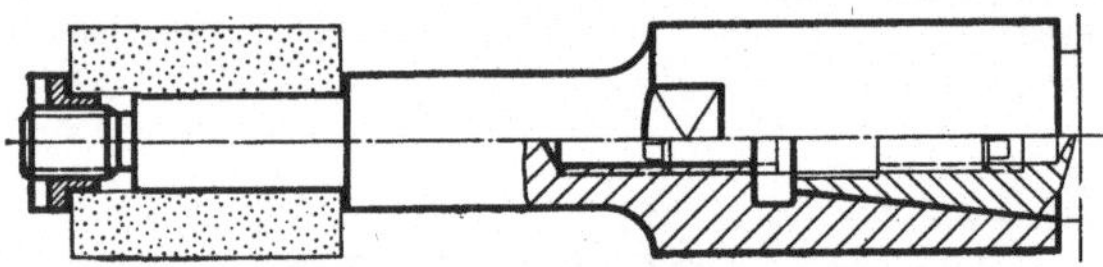

Bild 799. Aufschraubdorn mit Schlitzmutter. Zapfendurchmesser 10 bis 16 mm, für Schleifscheiben von 36 bis 50 mm Außendurchmesser.

Bild 797 bis 799. *Aufschraubdorne mit Innenkegel. Zum Befestigen dieser Dorne wird in der Schleifspindel eine Stiftschraube mit Schlitz eingesetzt und der Dorn auf diese aufgeschraubt.*

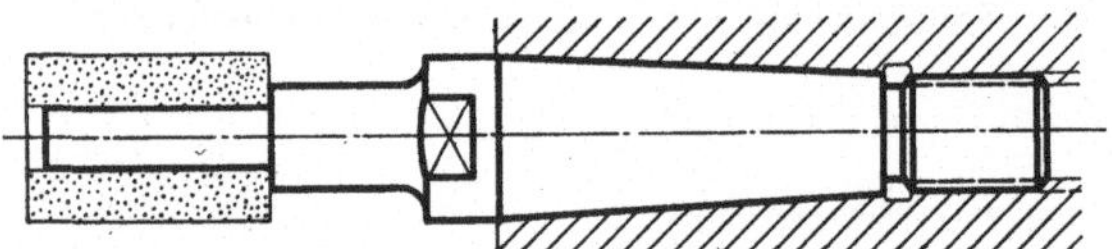

Bild 800. Einschraubdorn mit aufgekitteter Schleifscheibe. Zapfendurchmesser 2 bis 10 mm,
für Schleifscheiben von 5 bis 32 mm Außendurchmesser.

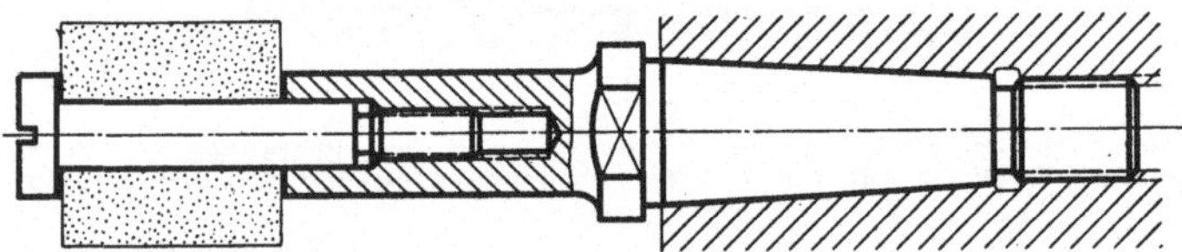

Bild 801. Einschraubdorn mit Zylinderpaßschraube. Schrauben mit Schaftdurchmesser von
2 bis 10 mm, für Schleifscheiben von 6 bis 32 mm Außendurchmesser.

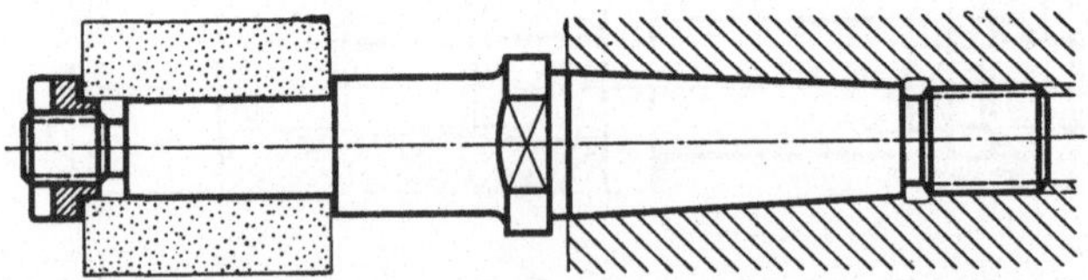

Bild 802. Einschraubdorn mit Schlitzmutter. Zapfendurchmesser 13 bis 25 mm, für Schleifscheiben von 36 bis 65 mm Außendurchmesser.

Bild 800 bis 802. *Einschraubdorne mit Kegelschaft und Gewindeansatz.*

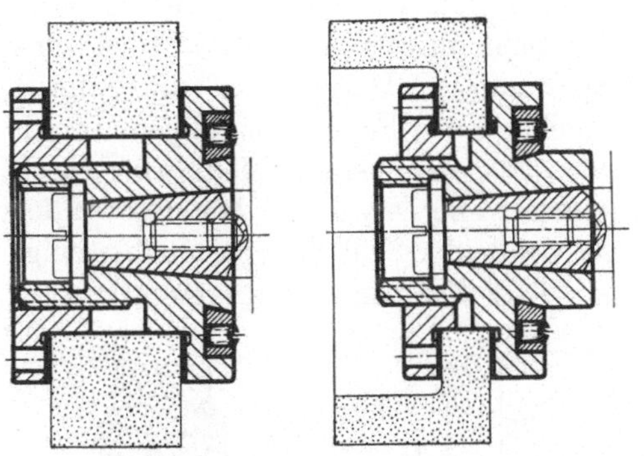

Bild 803.     Bild 804.

Bild 803. Aufnahmeflansch für Schleifscheiben mit Umfangsschliff.

Bild 804. Aufnahmeflansch für Topfscheiben.

Bild 805. Aufnahmeflansch für Topfscheibe, für Flächenschleifmaschine.

*Bild 803 u. 804. Aufnahmeflansche für Schleifscheiben, mit Innenkegel, zur Verwendung auf Innenschleifspindeln.*

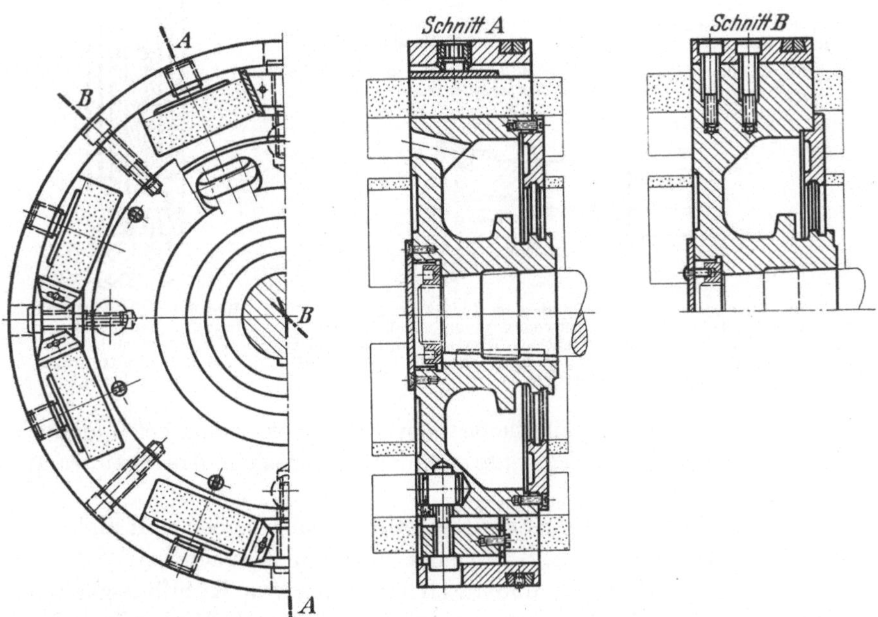


Bild 806. Aufnahmescheibe für Schleifsegmente. Die Segmente werden durch die Innenfläche des Außenringes und durch die radialen Stege in ihrer Lage bestimmt und durch Schraube über Keilstück gespannt.

Für Planschliff werden Schleifwerkzeuge von größerem Durchmesser zu Schleifrädern (Bild 806 bis 808) zusammengesetzt. Diese bestehen in der Hauptsache aus einer Scheibe aus Flußstahl oder Gußstahl mit

auf- oder eingesetzten kreis- oder segmentförmigen Schleifkörpern.
Durch die geringen Ausmaße der Schleifkörper sind diese sowie das
Schleifrad praktisch frei von Spannungen. Die vielen, zum Angriff
kommenden Schleifkanten ermöglichen hohe Schneidleistungen. Durch
den unterbrochenen Schnitt werden ausgebrochene Schleifkörner rasch
abgeführt und wird das Werkstück wenig erwärmt. Die Größe des
Schleifraddurchmessers ist von der Größe der Schleifkörper unabhängig.
Die Anschaffungskosten für einen Satz Segmente sind wesentlich ge-

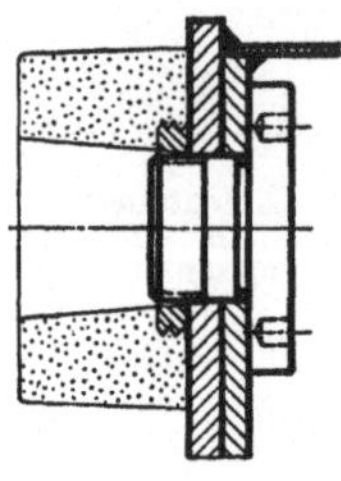

Bild 807. Befestigung eines
topfförmigen Schleifkörpers.

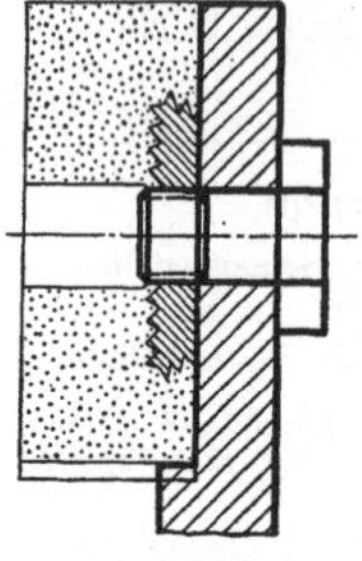

Bild 808. Befestigung eines
Schleifsegmentes.

Bild 807 u. 808. *Befestigungen für Schleifkörper auf der Trag-
scheibe von Schleifrädern.*

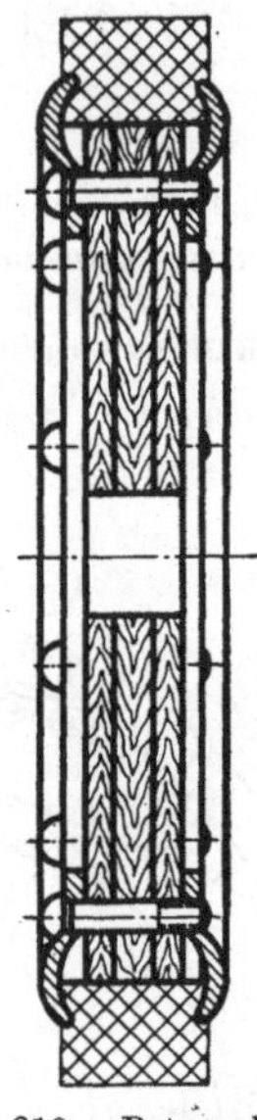

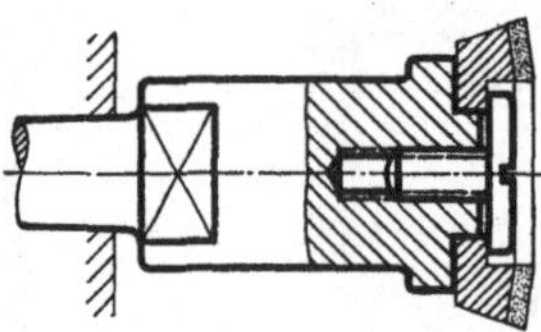

Bild 809. Spanndorn für Feinschleif- oder für Läppscheiben, mit
Morsekegelschaft, z. B. zur Verwendung auf Reibahlenwetz-
maschinen. Der Schleifstoff besteht aus Diamantstaub in Kunst-
harz-, Bronze- oder Hartmetallbindung, die mit der Metallscheibe verbunden ist.

Bild 810. Polierscheibe,
bestehend aus Holzschei-
ben und Blechflanschen.
Als Schleifmittelträger
dient Leder.

ringer als für eine Schleifscheibe vom Durchmesser des betreffenden
Schleifrades. Einzelne Segmente sind unter geringem Kostenaufwand
ersetzbar.

Für das Aufkitten und Einkitten von Schleifscheiben und anderen
Schleifkörpern kommen z. B. folgende Mittel in Betracht[1].

Schwefel bindet leicht und rasch und wird von Kühlflüssigkeiten
nicht angegriffen. Zum Vorkitten werden die zu verbindenden Teile bis
etwa 120° erhitzt, der Schwefel aufgestreut und die Teile bis zum Er-
starren des Schwefels gegeneinandergedrückt. Schwefel ist jedoch wegen
seiner Sprödigkeit und seiner geringen Haftfähigkeit an Steinmassen
nur für geringere Beanspruchungen geeignet.

[1] WERKMEISTER, O.: Das Schleifen und Polieren der Metalle (Werkstattbücher H. 5). 4. Aufl. Berlin-Göttingen-Heidelberg: Springer 1948.

Schellack bindet besser als Schwefel, schmilzt jedoch bereits bei 90° und wird von alkalischen Flüssigkeiten angegriffen.

Magnesiummischung (MgO + MgCI$_2$) ergibt festere Bindungen als Schwefel oder Schellack, wird von den Kühlflüssigkeiten nicht angegriffen, verträgt jedoch weniger Wärme. Magnesiummischung ist außerdem schwieriger anzuwenden, denn das Mischverhältnis muß genau eingehalten werden, die Verbindungsflächen müssen einwandfrei gereinigt sein, und für das Abbinden sind mindestens 48 Stunden erforderlich.

Wasserglas mit Schlämmkreide ergibt eine dauerhafte Bindung, ist aber nur für Trockenschliff geeignet. Durch Trocknung bei 100° kann die Bindezeit auf 12 Stunden gekürzt werden.

„Höchst SWD" ist ähnlich dem Wasserglaskitt, kann aber auch bei Naßschliff verwendet werden. Handelsüblich sind z. B. außerdem die Kitte Asplit, der leicht vergießbare Metallzement „Cefa", der Kunstharzkitt „Vinnapas" u. a.

Für genaues Rundlaufen wird die Schleiffläche von Schleifscheiben abgedreht (abgerichtet). Halter und Spanner für Schleifscheiben-Abrichtwerkzeuge sind unter dem gleichnamigen Abschnitt untenstehend angeführt.

Schleifscheiben ab etwa 100 mm Außendurchmesser sind sorgfältig auszuwuchten, um so sorgfältiger, je größer Scheibendurchmesser und Scheibenbreite sind und je höhere Anforderungen an die Schliffgüte gestellt werden. Für schmalere Scheiben wird meist statisches Auswuchten genügen. Breitere Scheiben erfordern hingegen dynamisches Auswuchten. Zum Auswuchten werden Schleifscheibenaufnahmen nach DIN 6375 auf einen Dorn gesetzt. Zum Aufheben der Unwucht dienen nach DIN 6375 in Ringnut verschiebbare Auswuchtgewichte (Bild 792). Die Unwucht sollte nicht mehr als ein Tausendstel des Schleifscheibengewichtes betragen.

## 2. Halter für Schleifscheiben-Abrichtwerkzeuge.

Zum Abrichten (Drehen) von Schleifscheiben dienen Diamanten, außerdem umlaufende Scheiben aus keramischem Stoff oder aus gehärtetem Stahl.

Diamanteinsätze sind mit verkürztem Morsekegelschaft und mit Zylinderschaft unter DIN 1820 Blatt 1 (Bild 811 bis 817), Diamanthalter mit rundem und mit sechskantigem Schaft in DIN 1820, Blatt 2 festgelegt (Bild 819 u. 820).

Halter mit rundem Schaft können durch Bohrung aufgenommen werden. Durch Drehen um ihre Achse kann die jeweils schärfste Diamantkante in Schneidstellung gebracht werden. Halter mit sechskantigem Schaft dienen vorzugsweise zum Aufspannen auf ebener Fläche.

Mit Diamanten ist beim Abziehen nicht eigentlich zu schneiden, sondern zu schaben, um die Spitze des Diamanten zu schonen und um die Gefahr, daß der Diamant aus der Fassung ausbricht, zu vermindern.

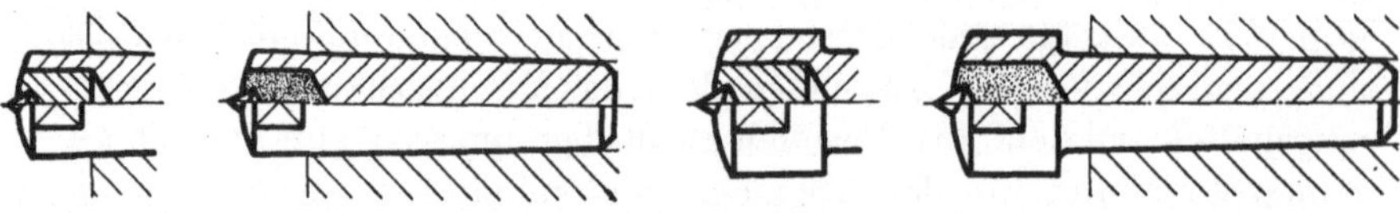

Bild 811.            Bild 812.              Bild 813.            Bild 814.

Bild 811. Diamant in Kupfer eingestemmt.      Bild 813.   Diamant in Kupfer eingestemmt.

Bild 812. Diamant mit silber- oder kupfer-    Bild 814.   Diamant mit silber- oder kupfer-
haltigem Sonderlot vergossen.                  haltigem Sonderlot vergossen.

Bild 811 u. 812. *Diamanteinsätze Form A,*    Bild 813 u. 814. *Diamanteinsätze Form B, mit*
*mit Kegelschaft und ohne Bund, für mittel-*   *Kegelschaft und mit Bund, für größere Diamanten.*
*große Diamanten.*

Bild 811 bis 814. *Diamanteinsätze DIN 1820, Blatt 1, mit Diamant für Schleifscheiben über 100 mm*
*Durchmesser.*

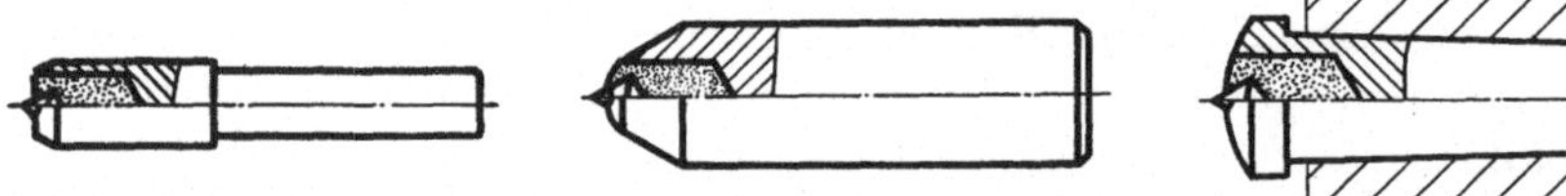

Bild 815.                    Bild 816.                    Bild 817.
Diamanteinsatz Form C.      Diamanteinsatz Form D.      Diamanteinsatz Form E.

Bild 815 bis 817. *Diamanteinsätze DIN 1820, Blatt 1, mit Diamant für Schleifscheiben bis 100 mm*
*Durchmesser und für Sonderzwecke, z. B. im Lehrenbau.*

Diamanthalter sind deshalb gegenüber der Schleifscheibe unter negativem Winkel anzusetzen (Bild 821 bis 823).

Für genaues Formgeben von Schleifscheiben sind Diamanthalter unter den entsprechenden Winkeln bzw. auf den entsprechenden Halbmessern zu führen (Bild 824 bis 826). Für genaues Einstellen von Diamanten sind erforderlichenfalls Meßflächen vorzusehen, von denen aus die Lage des Diamanten durch normale Meßzeuge oder durch Sonderlehren bestimmt wird.

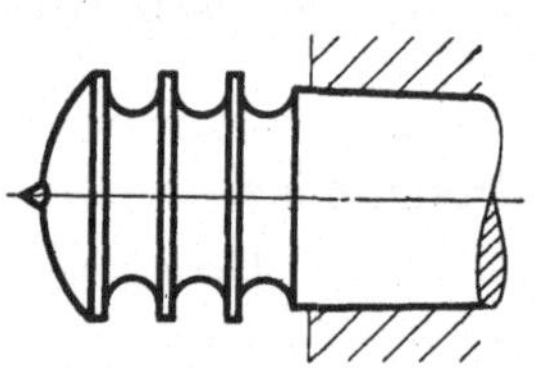

Bild 818.   Diamanteinsatz mit
Kühlrippen.

In diamantfreien Abrichtern mit Scheiben (Bild 827 bis 831) ist die Scheibenwelle mit für das Umlaufen kleinstzulässigem Spiel zu lagern. Für hochwertige Ausführungen solcher Abrichter kommen nur Wälzlager in Betracht. Diese sind staubsicher zu dichten.

Zum Abrichten von Schleifscheiben, an die zu schleifende Werkstücke von Hand angedrückt werden, genügt auch für das Abrichtwerkzeug unmittelbares Andrücken von Hand. Handabrichter werden auch auf Rundschleifmaschinen verwendet, wobei durch eine Leiste die

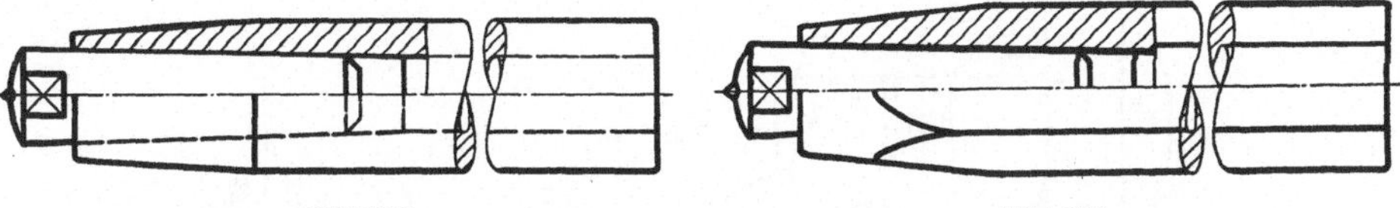

Bild 819.             Bild 820.

Bild 819. Halter mit rundem Schaft, vorzugsweise zu verwendende Ausführung.

Bild 820. Halter mit sechskantigem Schaft, geeignet zum Aufspannen auf ebenen Flächen.

Bild 819 u. 820. *Diamanthalter nach DIN 1820, Blatt 2.*

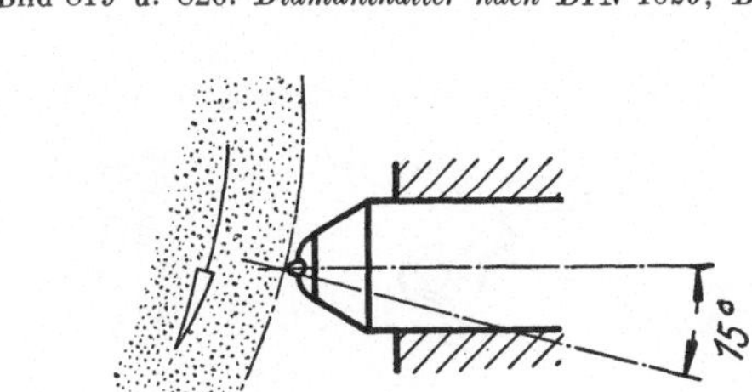

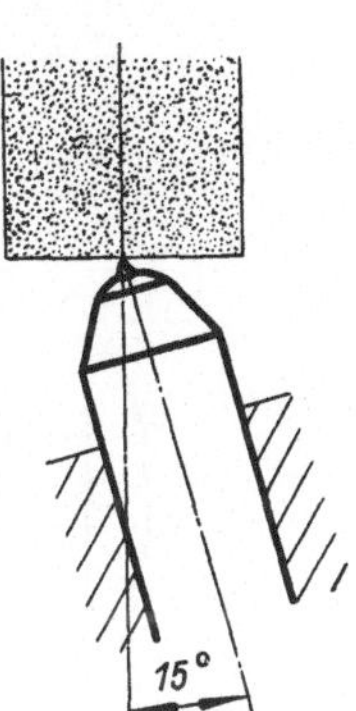

Bild 821.

Bild 821 u. 822. Zweckmäßige Stellungen des Diamanthalters zur Schleifscheibe. Die Diamantspitze bleibt geschonter, die Befestigung des Diamanten ist weniger gefährdet.

Bild 822.

Bild 823. Diamanthalter mit exzentrischer Aufnahme des Diamanteinsatzes. Durch Drehen des Halters kann die Diamantspitze mit größerer Wahrscheinlichkeit in andere Schneidstellung gebracht werden als bei Aufnahme des Einsatzes in mittiger Bohrung.

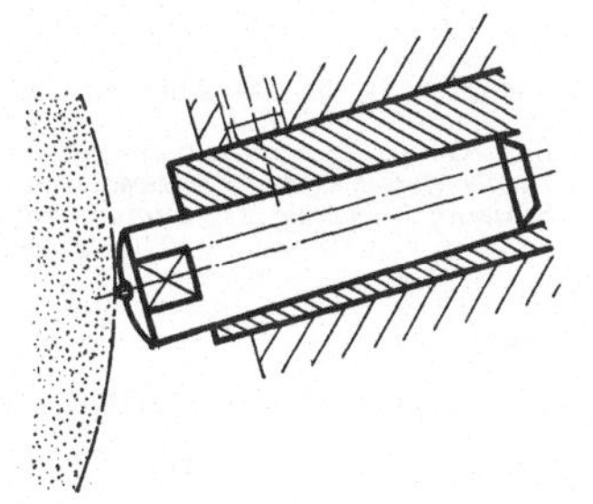

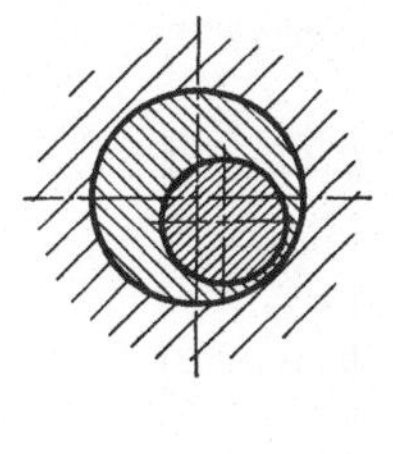

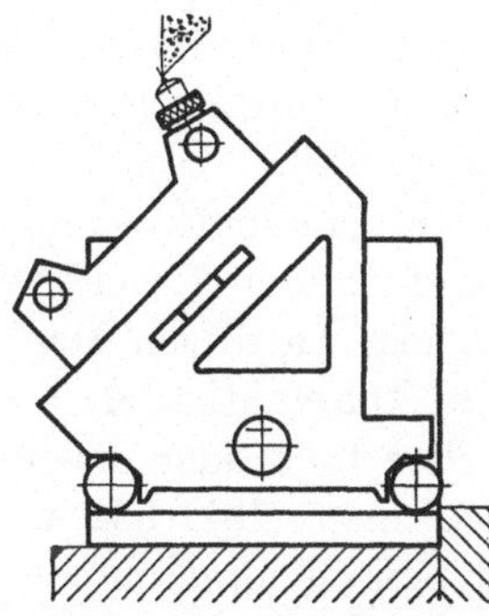

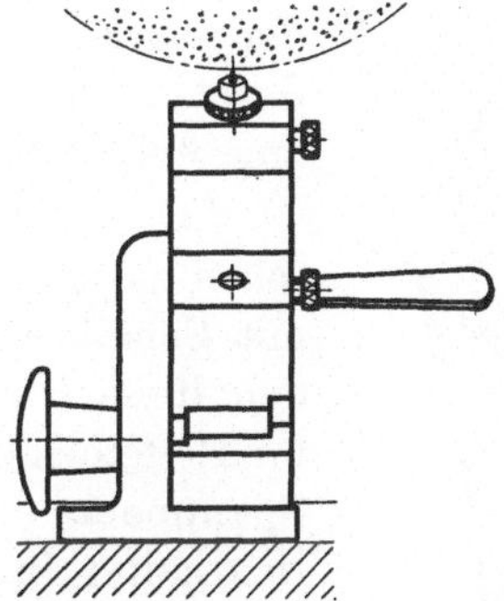

Bild 824. Abrichteinrichtung mit Diamanteinsatz zum Abrichten von Schleifscheiben unter verschiedenen Winkeln. In der Grundstellung der Einrichtung beträgt der Abrichtwinkel 45°. Durch Unterlegen eines Endmaßes unter den linken oder rechten Zylinderbolzen wird der Abrichtwinkel verändert. Die Abmessung des Endmaßes ist gleich dem Sinus des geforderten Winkels mal dem Abstand der zylindrischen Auflagebolzen. Zur vereinfachten Errechnung wird der Bolzenabstand z. B. 100 mm gehalten. Für genaues Einhalten des eingestellten Winkels ist die Abrichteinrichtung nach dem Aufspanntisch bzw. nach der Magnetplatte auszurichten und der Abrichtdiamant genau unter die Schleifspindelmitte zu setzen.

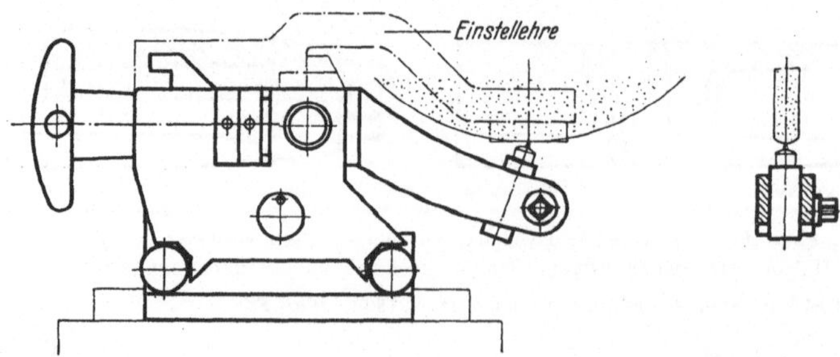



Bild 825. Einrichtung eingestellt für das Abrichten konvexer (balliger) Formflächen.

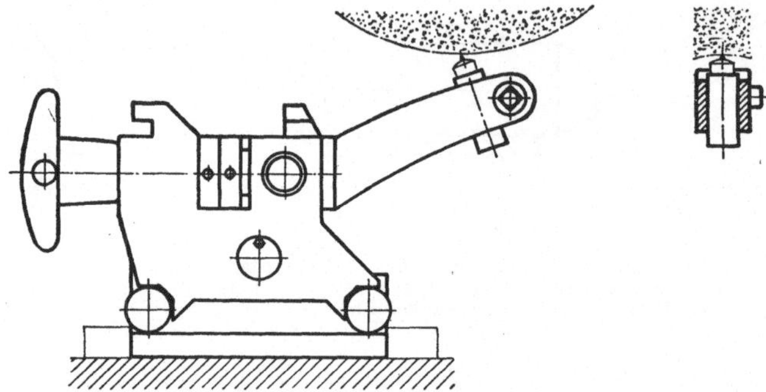

Bild 826   Einrichtung eingestellt für das Abrichten konkaver (hohler) Formflächen.

*Bild 825 u. 826. Abrichteinrichtung für konvexe und konkave Schleif-scheibenformen zur Verwendung auf Rundschleifmaschinen. Der Schwenkhalbmesser der Diamantspitze wird durch Lehre und Endmaße eingestellt.*

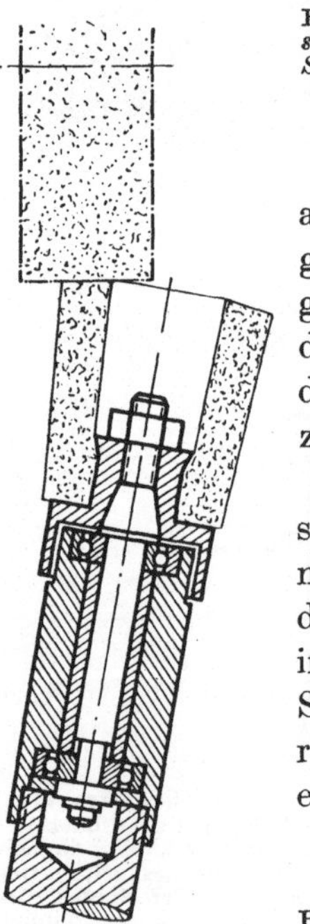

Bild 827.

auf den Abrichthalter wirkende Rückkraft auf-genommen und der Abrichter in Vorschubrichtung geführt werden kann. Für genauere Zwecke wird der Abrichthalter durch den Maschinentisch oder durch eine im Halter vorgesehene Einrichtung zugestellt (Bild 832 u. 835).

Zur Aufnahme in Spitzenlos- und in Rund-schleifmaschinen sind in der Regel Abrichthalter mit Schaft erforderlich. In diesen Maschinen wer-den diese Halter im Diamanthalter der Maschine, im Reitstock oder Setzstock oder in einem eigenen Spannbock aufgenommen (Bild 832 u. 833). Ab-richthalter für Flächenschleifmaschinen werden in eine Grundplatte gesetzt (Bild 834).

Bild 827. Freihandabrichter für dünnwandige Scheiben. Als Abricht-werkzeug dient eine Siliziumkarbidscheibe. Bauform Rondo der Firma Dilumit-Werk GmbH., Düsseldorf.

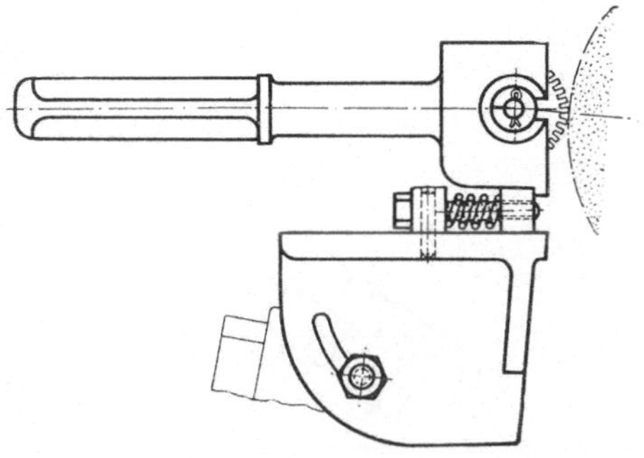

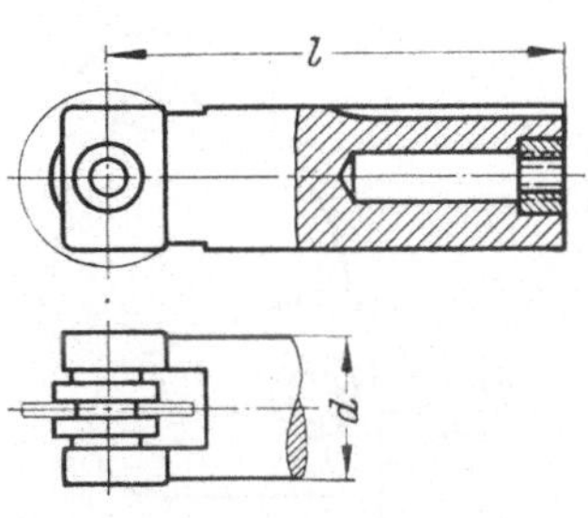

Bild 829. Diamantfreies Abrichtgerät nach DIN 1822. Anschlußmaße in mm:

| Größe | 0 | d | 38 | l | 140 |
|---|---|---|---|---|---|
| ,, | 1 | d | 50 | l | 160 |
| ,, | 2 | d | 50 | l | 200 |
| ,, | 3 | d | 50 | l | 250 |

Bild 828. Freihandabrichter mit Stahlscheiben, mit Geradführung durch federnde Leiste.

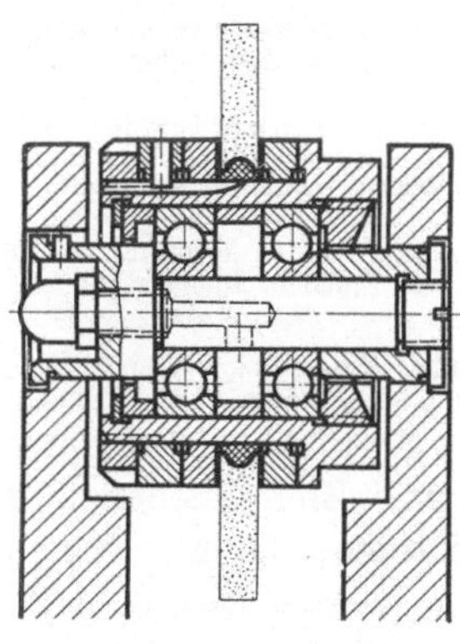

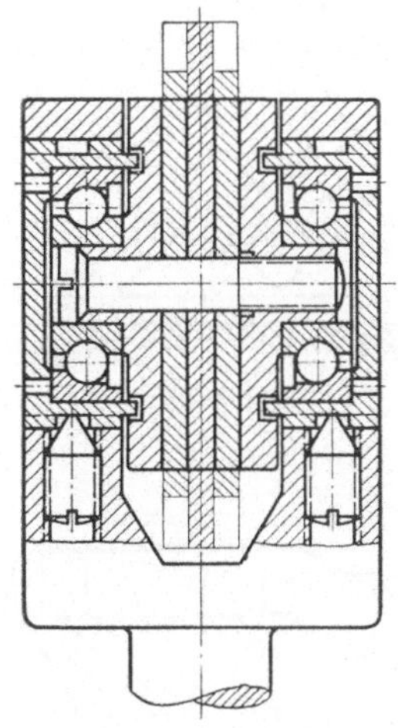

Bild 830. Aufnahme und Lagerung für keramisches Abrichtrad. Digussit-Abrichter der Firma Korfix, Frankfurt a. M.

Bild 831. Aufnahme und Lagerung für metallische Abrichträder. (Firma Korfix, Frankfurt a. M.)

## 3. Halter für Ziehschleifwerkzeuge.

Beim Ziehschleifen (Honen) wird das umlaufende Werkzeug in Längsrichtung hin und her bewegt, wodurch Kreuzschliff entsteht.

Ziehschleifen wird vorzugsweise zum Feinstbearbeiten von Bohrungen verwendet, in selteneren Fällen zum Feinstbearbeiten von Außenflächen. Für das Ziehschleifen sind vor allem durchgehende Bohrungen geeignet, jedoch werden auch Sackbohrungen und gestufte Bohrungen ziehgeschliffen.

Für das Ziehschleifen wurden Waagerecht- und Senkrechtmaschinen entwickelt. Behelfsweise kann auch auf Senkrecht-Bohrmaschinen oder auf Drehmaschinen ziehgeschliffen werden.

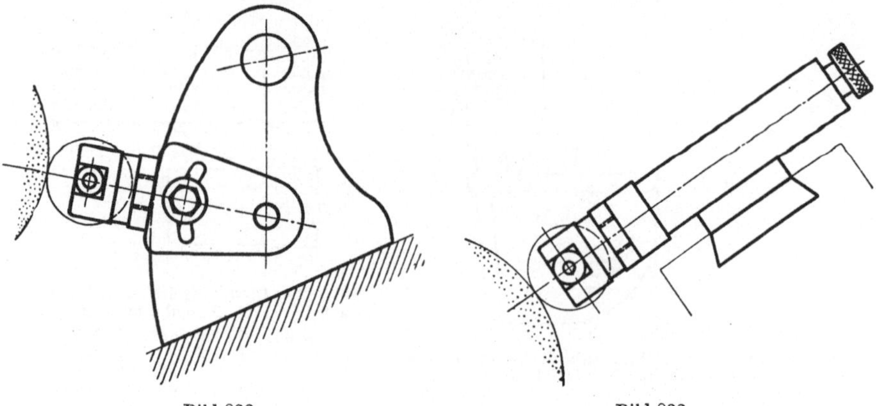

Bild 832.                                    Bild 833.

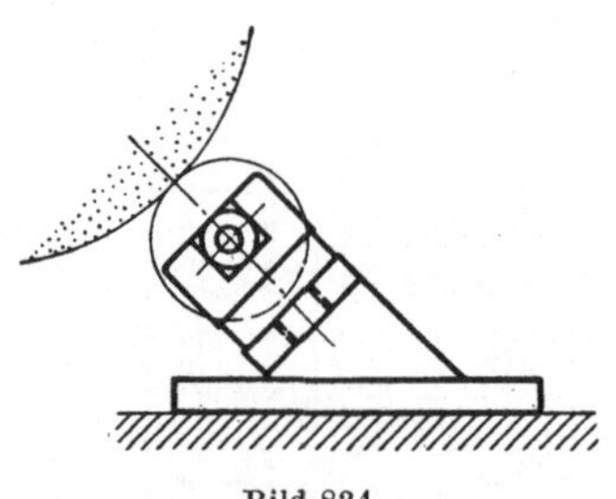

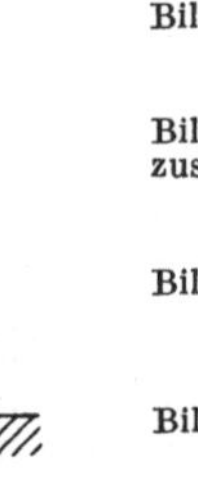

Bild 834.

Bild 832. Abrichter, schwenkbar auf Winkelstück, zur Verwendung auf Rundschleifmaschine.

Bild 833. Abrichter, in Schaftrichtung unter Feinzustellung verschiebbar, zur Verwendung auf Spitzenlos-Schleifmaschinen.

Bild 834. Abrichter auf Grundplatte, zur Verwendung auf Flächenschleifmaschinen.

Bild 832 bis 834. *Anwendungsbeispiele für Abrichtköpfe.*

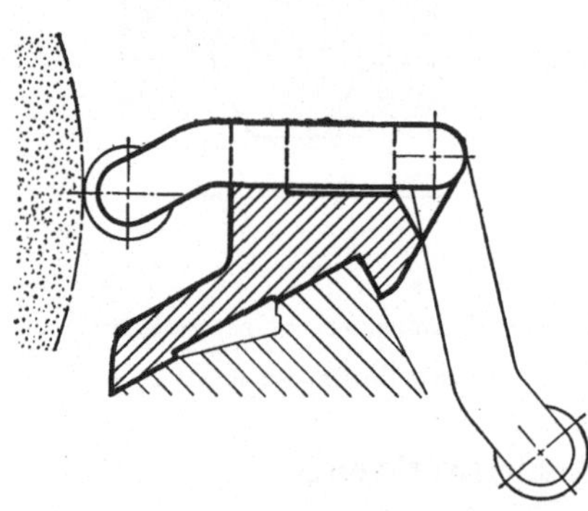

Bild 835. Ausschwenkbarer Schleifscheibenabrichter mit Lagerbock für den Tisch einer Rundschleifmaschine.

Zum Ziehschleifen dienen Schleifahlen, die aus den Werkzeugen in Form von Schleifleisten und dem Werkzeughalter bestehen.

Ziehschleifahlen sind von etwa 30 bis 300 mm Durchmesser handelsüblich, werden aber in Sonderfällen mit kleineren oder noch erheblich größeren Durchmessern ausgeführt.

Die Anzahl der in einer Ahle anzuordnenden Schleifleisten ist von der Größe des Ziehahlendurchmessers abhängig.

Als Richtlinie kann hierbei angenommen werden:

| Durchmesser der Ziehschleifahle | Anzahl der Schleifleisten |
|---|---|
| über   12 mm bis   16 mm | 3 |
| über   16 mm bis   50 mm | 4 |
| über   50 mm bis 200 mm | 6 |
| über 200 mm bis 400 mm | 8 |
| über 400 mm bis 800 mm | 10 |

Schleifleisten werden in Nuten der Aufnahmeteile von Ziehschleifahlen eingekittet oder mit verflüssigtem Blei eingesetzt. Geeignete
Kitte sind unter „Spanner für Schleifscheiben" auf S. 296 angegeben.

Der Mittenabstand der Schleifleisten-Aufnahmeteile muß verstellbar sein. Verstellbarkeit ist erforderlich

für das Einstellen des Schleifdruckes und zum Ausgleichen der Schleifleistenabnutzung;

für das Anstellen der Schleifleisten, nach dem die Schleifahle in die Bohrung eingeführt ist;

für das Zurückziehen der Schleifleisten nach Beendigung des Schleifens;

zur Vergrößerung des Arbeitsbereiches der Ziehschleifahlen.

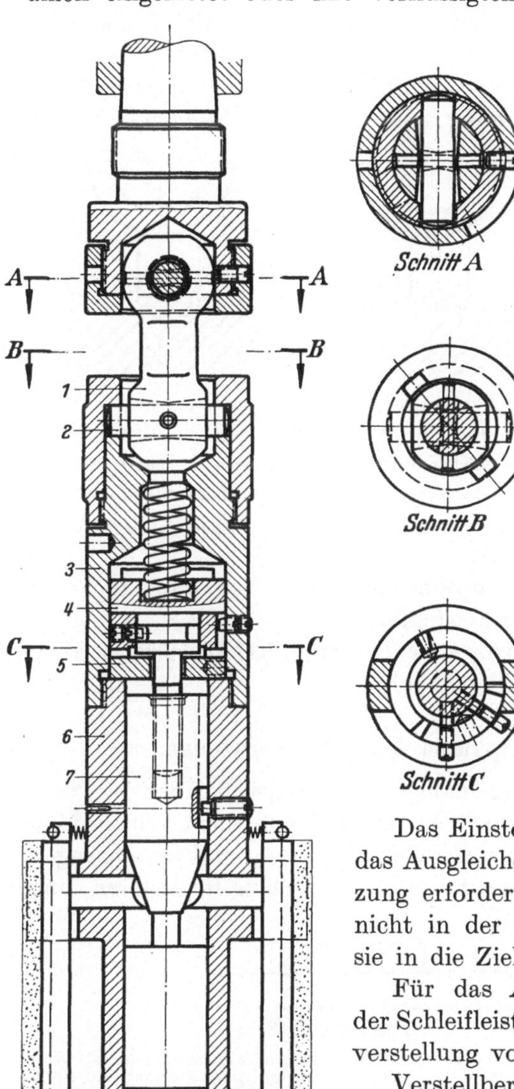



Das Einstellen des Schleifdruckes und das Ausgleichen der Schleifscheibenabnutzung erfordert Feinzustellung. Falls diese nicht in der Maschine vorgesehen ist, ist sie in die Ziehschleifahle einzubauen.

Für das Anstellen und Zurückziehen der Schleifleisten wird zweckmäßig Schnellverstellung vorgesehen.

Verstellbereiche für Ziehschleifahlen sind etwa folgende:

| Durchmesser der Ziehschleifahle | Verstellbereich | Durchmesser der Ziehschleifahle | Verstellbereich |
|---|---|---|---|
| 16 mm | 2 mm | 100 mm | 15 mm |
| 40 mm | 6 mm | 250 mm | 20 mm |

Bild 836. Ziehschleifahle mit Handzustellung der Ziehschleifleisten. Durch Drehen der Schraube *4* wird Zylinderbolzen *7* in Längsrichtung verschoben und durch die Kegel über die radialen Stifte der Durchmesser der Ziehschleifleisten geändert. Durch Drehen der Kurvenscheibe *5* (Schnitt *C*) werden die Ziehschleifleisten an die Werkstückbohrung angestellt.
(Firma Meyer & Schmidt, Offenbach a. M.)

Zum Verstellen der Schleifleistenaufnahmen werden in der Regel zwei Kegel verwendet (Bild 836) oder die Schleifleistenaufnahmen schwenkbar gelagert. Die Schleifleisten müssen in jeder Stellung zueinander parallel stehen.

. Ziehschleifahlen sind mit der Ziehstange der Maschine pendelnd zu verbinden, damit sie sich nach der zu bearbeitenden Bohrung einstellen

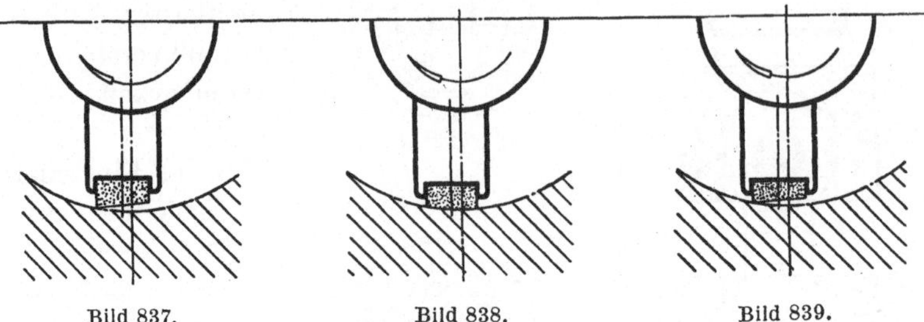

Bild 837.               Bild 838.               Bild 839.

Bild 837. Der Schneidrücken der Ziehschleifleiste liegt frei.

Bild 838. Die Außenfläche der Ziehschleifleiste liegt nach Abnutzung in ganzer Breite an.

Bild 839. Nach dem Wenden der Ziehschleifleiste um 180° liegt der Schneidrücken wieder frei.

Bild 837 bis 839. *Unsymmetrische Anordnung von Ziehschleifleisten zur Erzielung eines Freiwinkels.*

können. Andernfalls entsteht am Bohrungseingang Vorweite und werden die Ziehsteine ungleichmäßig abgenutzt.

Durch einen Freiwinkel von etwa 10° (Bild 837 bis 839) wird die Schneidwirkung von Ziehsteinen erhöht.

## 4. Halter und Spanner für Läppwerkzeuge.

Läppen ist Polieren unter mäßigem Druck, wobei das Werkzeug gleich der Sollform des Werkstückes ist und außerdem genaue Maße angestrebt werden. Die Grenze zwischen Werkzeug und Spannzeug ist hierbei unscharf. Zum Läppen dienen als Werkzeug im engeren Sinne

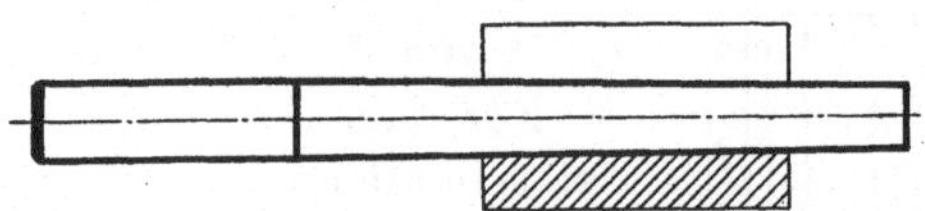

Bild 840. Einfacher Läppdorn für Innenläppen von Hand, bestehend aus Läppbuchse als Werkzeug und aus Kegeldorn. Durch Verschieben der Buchse in Längsrichtung wird der Läppdurchmesser geändert.

die sogenannten Läppmittel wie Chromoxyd, Polierrot, Korund-, Glas-, Rubin- und Diamantstaub. Diese „Werkzeuge" liegen während des Läppens zwischen Werkstück und Läppmittelträger, sitzen aber zum Teil auch in der Oberfläche des Läppmittelträgers. In gleichem Maße ist der Läppmittelträger ebenfalls Werkzeug. Dieser ist außerdem Werkzeug durch seine formgebende Wirkung.

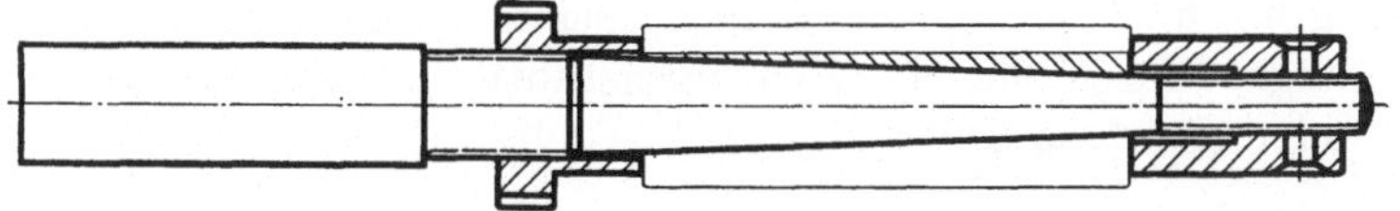

Bild 841. Läppdorn für Läppbuchse mit Kegelbohrung. Spreizen und Lösen der Läppbuchse durch je eine Mutter.

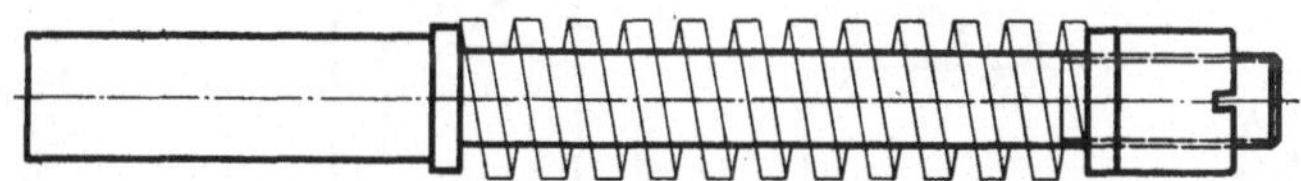

Bild 842. Läppdorn mit Schraubenfeder als Läppwerkzeug. Der Durchmesser dieser Feder wird durch Stellmutter geändert. Mit Vergrößerung des Außendurchmessers wird jedoch auch der Innendurchmesser der Feder vergrößert, wodurch die Abstützung der Feder quer zur Achse und die zylindrische Form der Feder verlorengeht.

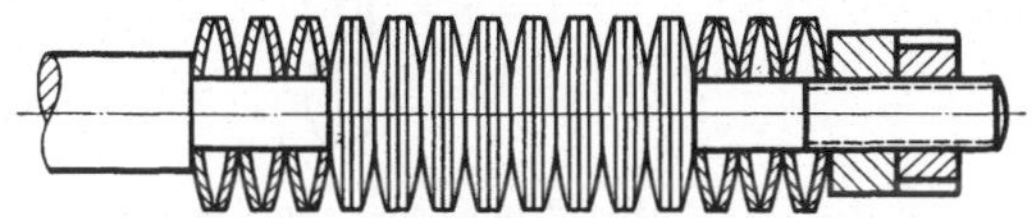

Bild 843. Läppdorn mit Tellerfedern als Läppwerkzeug.

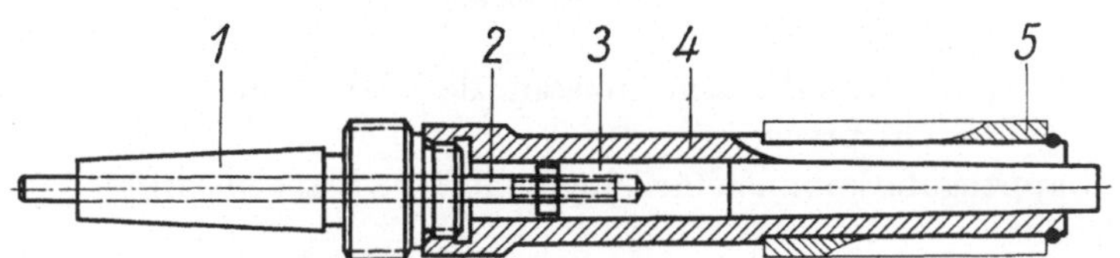


Bild 844. Maschinenläppdorn zum Innenläppen. Durch Schaft *1* wird der Läppdorn in der Maschine aufgenommen. Über Stange *2* und Kegeldorn *3* werden Hülse *4* und Läppbuchse *5* gespreizt. (Firma Peter Wolters, Mettmann.)

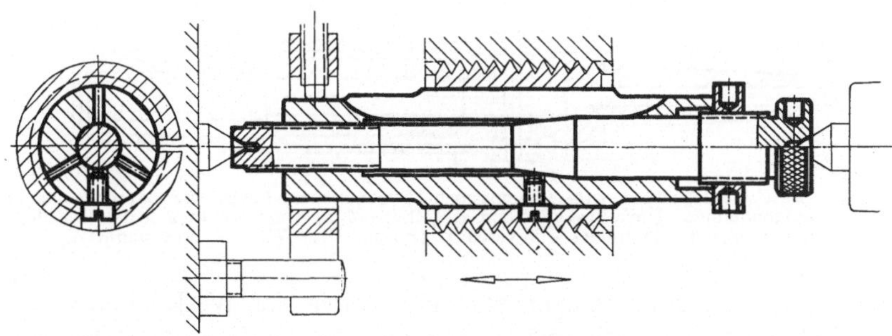

Bild 845. Spreizdorn für Läppbuchsen, z. B. zum Handläppen von Bohrungen und Innengewinden.

Geläppt werden Bohrungs- und Außenflächen, einschließlich der Gewinde, außerdem ebene Flächen.

Beim Läppen von Hand laufen Werkstück oder Werkzeug um, und wird das Werkzeug bzw. Werkstück von Hand gehalten und in Längs-

richtung hin und her geführt. Beim maschinellen Läppen werden diese
Bewegungen durch die Maschine ausgeführt, das Läppwerkzeug von
Hand oder ebenfalls selbsttätig nachgestellt.

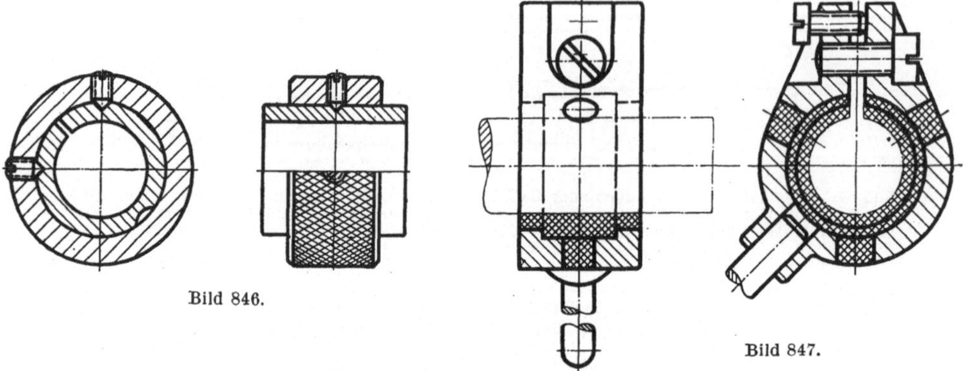

Bild 846.

Bild 847.

Bild 846. Fester Haltering mit verstellbarer Läppbuchse zum Handläppen von zylindrischen
Außenflächen bzw. Außengewinden.

Bild 847. Läppkluppe mit Läppbuchse zum Handläppen von zylindrischen Außenflächen bzw.
von Außengewinden.

Die Läppmitteltragflächen müssen der Form der zu läppenden
Flächen genau entsprechen.

Als Läppzugabe kommen für feingeschliffene Flächen 0,01 bis 0,02 mm
in Betracht.

Halter und Spanner für Läppwerkzeuge sind möglichst verstellbar
auszuführen, damit der Läppdruck eingestellt werden kann. Die Ab-

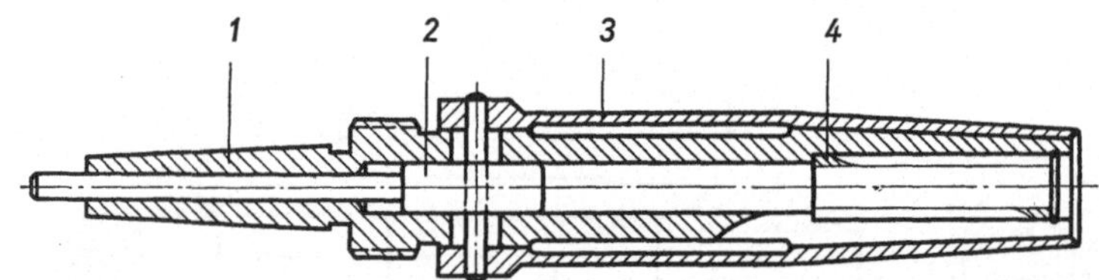


Bild 848. Maschinenläpphülse zum Außenläppen. Durch Schaft *1* wird die Läpphülse in der
Maschine aufgenommen. Über Stange *2* und Kegelhülse *3* wird der rechte Teil der Kegelhülse
und damit die Läppbuchse *4* verengt. (Firma Peter Wolters, Mettmann.)

nutzung von Läppwerkzeugen entspricht etwa der Werkstoffabnahme
am Werkstück. Bei weicheren Werkstück-Werkstoffen etwas weniger,
bei gehärteten etwas mehr. Der solch starker Abnutzung unterworfene
Teil muß deshalb so einfach wie möglich gestaltet sein, damit er unter
geringstmöglichem Kostenaufwand ersetzt werden kann.

Für zylindrische Läppflächen und für Gewinde werden als Läppwerkzeuge feste, außerdem verstellbare Dorne und Buchsen verwendet
(Bild 840 bis 848).

# VIII. Spanner für Hobel- und Stoßwerkzeuge.

Die für *Hobel- und Stoßwerkzeuge* erforderlichen Spanner (Bild 849 bis 860) sind in der Regel einfach, sind für die beim Hobeln und

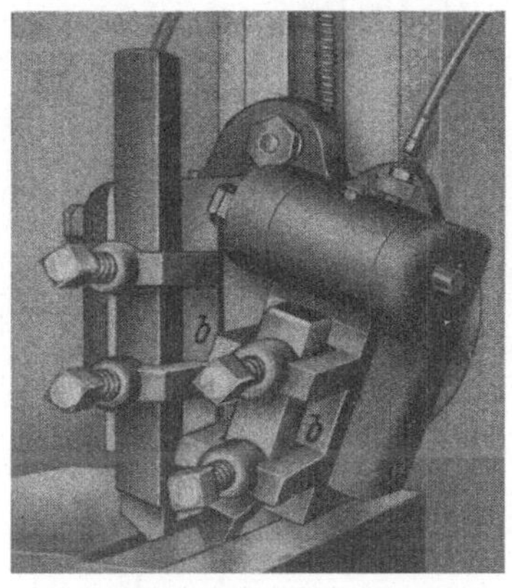

Bild 849.

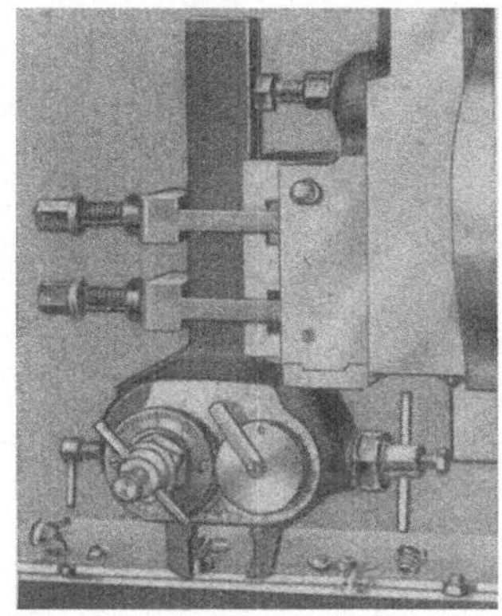

Bild 850.

Bild 849. „Vor- und Rückwärtshobler" der Firma Friedrich Klopp, Solingen-Wald.

Bild 850. „Vor- und Rückwärtshobler" der Firma Lange & Geilen, Halle (Saale).

*Bild 849 u. 850. Spanner für zwei Meißel zum Hobeln oder Waagerechtstoßen. Davon schneidet ein Meißel beim Vorwärtsgang, der zweite Meißel beim Rückwärtsgang des Hobeltisches bzw. des Stößels.*

Stoßen vorkommenden Arbeiten weitgehend allgemein verwendbar und in der Regel im normalen Zubehör der Maschine enthalten.

Sonderformen von Hobel- und Stoßwerkzeugspannern sind in folgenden Fällen erforderlich:

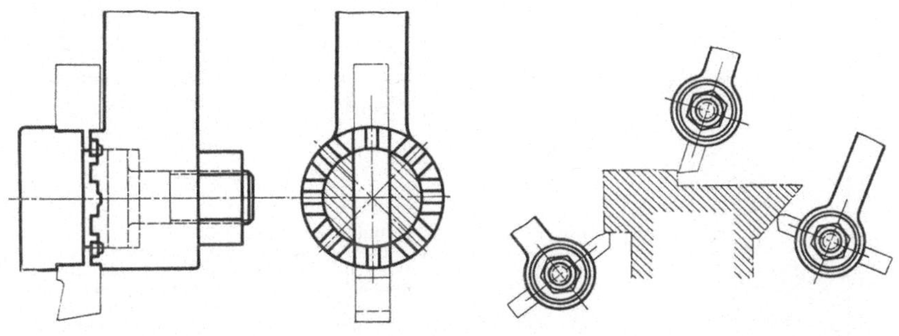

Bild 851.											Bild 852.

Bild 851 u. 852. Spanner für Meißel zum Hobeln oder Waagerechtstoßen, für schwieriger zugängliche Bearbeitungsflächen. Der Meißel wird in Nuten in verschiedenen Winkelstellungen aufgenommen und durch Kopfschraube gespannt. (Firma Kometstahlhalter, Besigheim, Württ.)

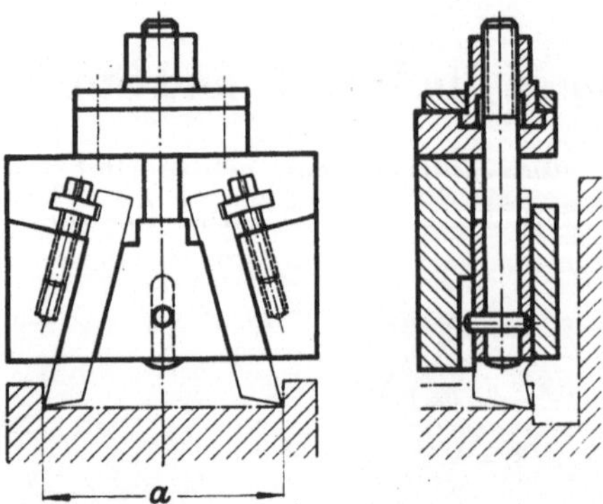

Bild 853. Spanner für zwei Meißel für Waagerechtstoßen, mit Feineinstellung für die Stoßbreite *a*.

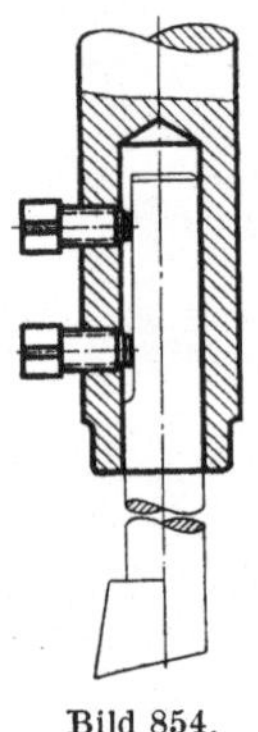

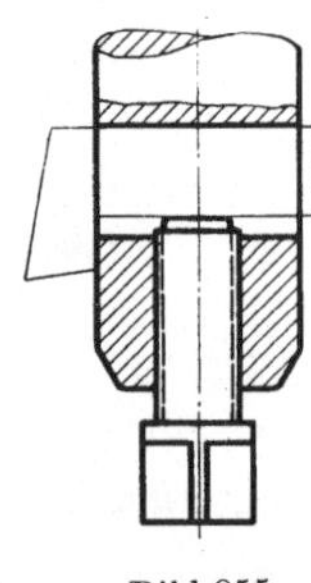

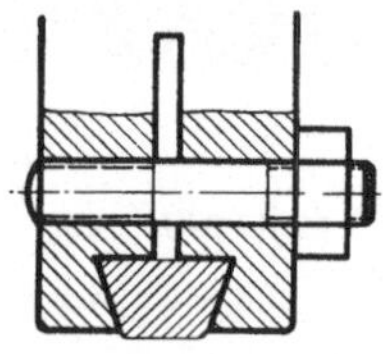

Bild 854.           Bild 855.           Bild 856.

Bild 854 bis 856. Spanner für Stoßmeißel.

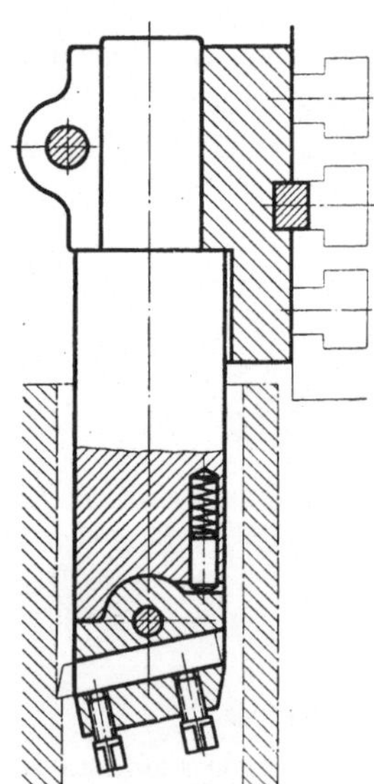

An Werkstoff für das Werkzeug ist in besonderem Maße zu sparen (Bild 854 bis 856);

das Werkzeug ist zur Vermeidung vorzeitiger Stumpfung von der Bearbeitungsfläche abzuheben (Bild 857);

zur Leistungssteigerung werden Werkzeuge hinter- oder nebeneinander angeordnet (Bild 849 u. 850);

Bild 857. Meißelspanner für Senkrechtstoßmaschinen. Der Stoßmeißelspanner ist schwenkbar und liegt beim Rückzug nur unter Federkraft an der Bearbeitungsfläche an. Hierdurch bleibt die Meißelschneide weitgehend geschont. Bei unnachgiebiger Aufnahme würde die Meißelschneide vorzeitig verschleißen. Nachgiebige Meißelaufnahme ist vorzusehen, wenn längere Flächen zu stoßen sind und der Stößel der Maschine keine Abhebeeinrichtung für den Meißel aufweist oder diese durch die Lage der Bearbeitungsfläche des Werkstückes nicht ausgenutzt werden kann.

Bild 857.

Bearbeitungsflächen sind bei Verwendung normaler Spanner nicht
   zugänglich (Bild 852);

das Werkzeug muß gegen ein anderes rasch gewechselt werden
   können, wobei die Stellung dieser Werkzeuge im Spanner unverändert sein muß (Bild 858 u. 859);

der Abstand zwischen zwei Bearbeitungsflächen ist genau einzuhalten
   (Bild 853).

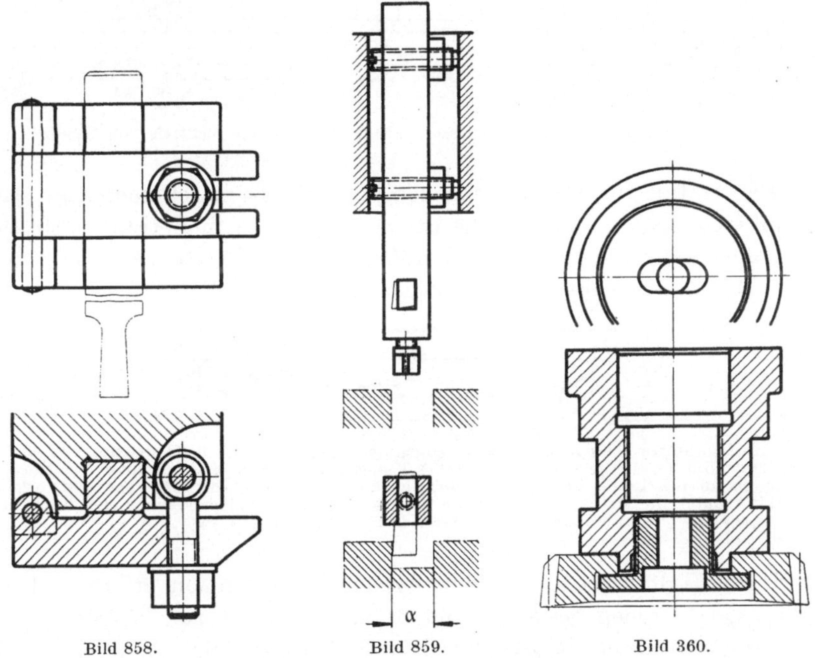


Bild 858.                Bild 859.               Bild 360.

Bild 858. Spanner mit Klappe für Stoßmeißel für raschen Meißelwechsel, z. B. zum Schruppen
und Schlichten oder für verschiedene Formen.

Bild 859. Spanner für Stoßmeißel, für häufigen Wechsel, z. B. für Wechsel bei jedem Werkstück.
Die seitliche Stellung des Meißels für das Einhalten der Breite a wird durch Schrauben eingestellt.

Bild 860. Spanner für Stoßräder, zur Verwendung auf Zahnradstoßmaschinen.
(Firma Zahnradfabrik Friedrichshafen a. Bodensee.)

Für die Fertigung von Formflächen werden Hobel- und Stoßmeißel
gleich den Drehmeißeln gesteuert. Querschnitte für Hobel- und Stoßmeißel sind in DIN 770 festgelegt.

Spanner für Stoßmeißel sind so steif wie möglich zu gestalten, da
bei nachgiebigen Spannern das Werkzeug von der Bearbeitungsfläche
abgedrückt wird, wodurch für die Bearbeitungsfläche Richtungsfehler
entstehen.

# IX. Halter für Räumwerkzeuge.

Räumwerkzeugschäfte sind genormt unter DIN E 1415. Schäfte unter 4 mm Breite werden mit Langloch versehen (Bild 863). Für schnellen Werkzeugwechsel werden runde Schäfte mit Nasen für Bajonettverschluß ausgeführt.

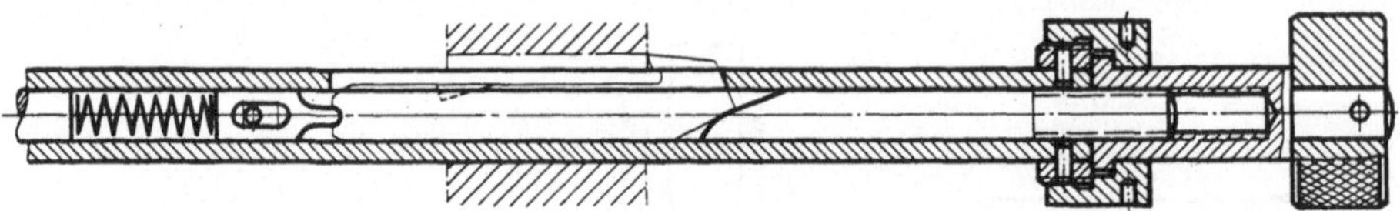

Bild 861. Halter für Nutenziehmesser, mit Einstellung der Ziehtiefe von Hand.

Für Halter für Räumwerkzeuge kommt als maschinenseitige Anschlußform in der Hauptsache die nach Bild 864 in Betracht. Sobald auch die maschinenseitigen Anschlußformen vereinheitlicht sind, könnten auch Räumwerkzeugspanner genormt werden.

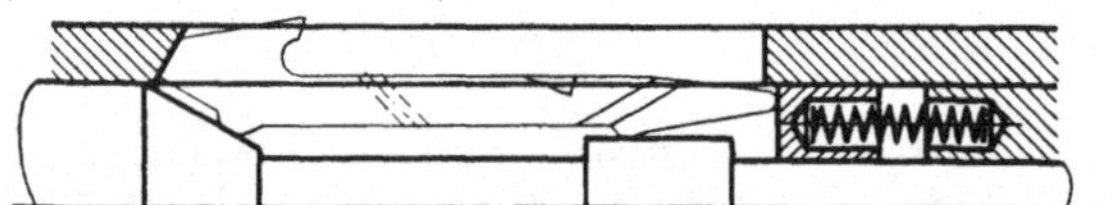

Bild 862. Anordnung eines Ziehmessers in einem sog. Ziehkolben für die Fertigung von Nuten in längeren Rohren. Bei jedem Doppelhub des Kolbens wird das Ziehmesser durch Verschieben des Kegels um den Betrag der Spanzustellung nach außen bewegt. Die Zustellbewegung erfolgt selbsttätig durch die Maschine. Das Kühlmittel wird durch die Kolbenbohrung und durch eine Bohrung im Ziehmesser der Schneide zugeführt.

Durch Halter werden Räumwerkzeuge aufgenommen, erforderlichenfalls gegen Drehen gesichert und durch senkrecht zur Räumrichtung angeordnetes Querteil bzw. durch zwei Querteile mitgenommen.

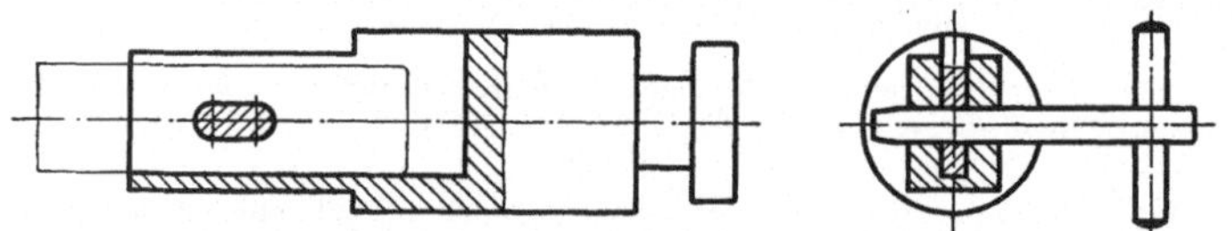

Bild 863. Halter für ein Räumwerkzeug mit flachem Schaft.

Mitnehmer werden von Hand betätigt oder selbsttätig durch Maschine gesteuert (Bild 864). Verriegelung und Entriegelung sind nach jedem Räumzug, also verhältnismäßig oft, durchzuführen, weshalb selbsttätige Steuerung weitgehend anzustreben ist.

Sonderformen von Räumwerkzeughaltern ergeben sich z. B. aus der Aufnahme von zwei oder mehreren Räumwerkzeugen in einem gemeinsamen Halter oder aus der Aufnahme von Außenräumwerkzeugen (Bild 865).

Schwerere Räumwerkzeuge werden erforderlichenfalls zwischen Räumwerkzeugmitnahme und Schneidenteil durch eine Buchse oder hinter dem Schneidenteil durch einen Bock gestützt.

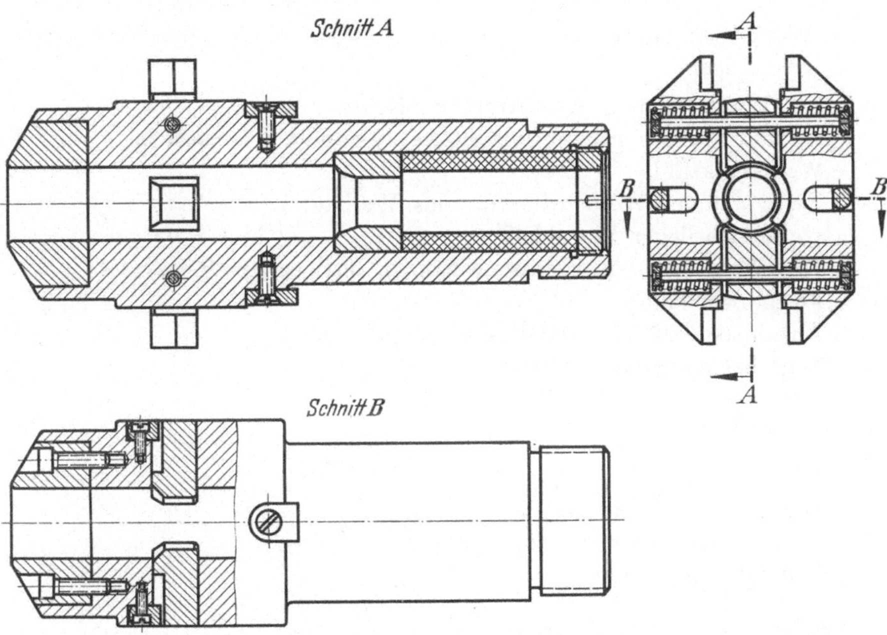



Bild 864. Halter für Räumwerkzeuge mit Schäften nach DIN 1415. Die Haltebacken werden nach Beendigung des Räumzuges durch die Maschine auseinandergeschoben, wonach das Räumwerkzeug zum Herausnehmen freiliegt. (Firma Forst, Solingen.)

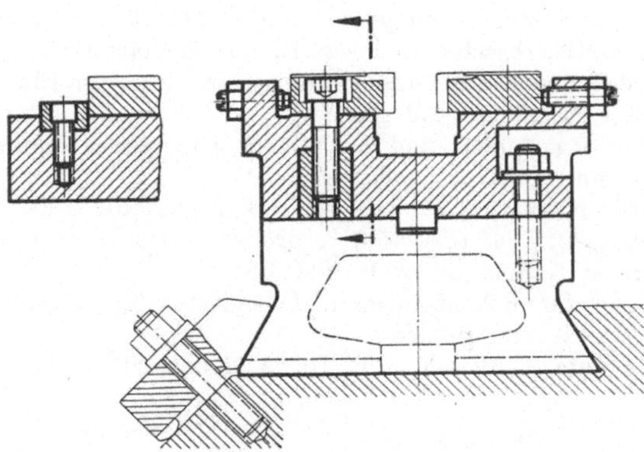

Bild 865. Spanner für Räumwerkzeuge zum Außenräumen. Die Werkzeuge liegen in Längsrichtung an und sind in Querrichtung auf die Räumbreite durch Schrauben einstellbar.

# X. Werkstoffe für Werkzeugspanner.

Bei der Wahl der Werkstoffe für Werkzeugspanner und der Wahl der Wärmebehandlung für diese Werkstoffe sind im allgemeinen zu berücksichtigen:

Am Werkzeugspanner auftretende Kräfte,
an den Werkzeugspanner gestellte Genauigkeitsansprüche,
Werkstückzahl,
Festigkeit des Werkstoffes für das Werkstück,
voraussichtlicher Verschleiß,
Eigenheit des den Werkzeugspanner fertigenden Betriebes,
Fertigungskosten,
Anzahl der zu fertigenden Werkzeugspanner,
Lagerhaltung und Beschaffungsmöglichkeit,
Lieferzeit.

In Sonderfällen sind außerdem unter anderem zu beachten:

Laufeigenschaften,
Wärmeleitfähigkeit,
Verhalten bei Wärmebehandlung,
Korrosionsfestigkeit.

## Richtlinien und Beispiele für die Wahl des Werkstoffes und der Wärmebehandlung für Werkzeugspannerteile.

**Anschlagkloben,** die zur Aufnahme eines Anschlagteiles bestimmt sind, aus Flußstahl, ungehärtet.

**Anschlagteile.** Kleinere aus unlegiertem Werkzeugstahl, gehärtet, größere aus unlegiertem Einsatzstahl, eingesetzt und gehärtet, oder aus Vergütungsstahl C 45 (StC 45.61), Anschlagfläche z. B. brenngehärtet.

**Aufsteckfräserdorne.** Einsatzstahl, vorzugsweise legierter Einsatzstahl, z. B. 16 MnCr3 (EC 80), eingesetzt und gehärtet.

**Aufsteckhalter** für Senker und Reibahlen. Unlegierter Einsatzstahl, z. B. C 15 (StC 16.61), eingesetzt und gehärtet.

**Ausbohrköpfe.** Kleinere Grundkörper aus Flußstahl, z. B. St 50.11 oder Vergütungsstahl, z. B. C 45 (StC 45.61); größere Grundkörper aus Gußeisen, z. B. Ge 22.91 oder Temperguß, z. B. TeG 92.

**Auswuchtdorne** für Schleifscheiben. Unlegierter Einsatzstahl, z. B. C 15 (StC 16.61), eingesetzt und gehärtet.

**Auswuchtgewichte.** Gußeisen, z. B. Ge 14.91 oder Blei, vorzugsweise Hartblei.

**Ballengriffe.** Flußstahl, gegebenenfalls Automatenstahl, da dieser gut zerspanbar.

**Bohrspindeln** bei geringerer Beanspruchung aus unlegiertem Einsatzstahl, bei stärkerer Beanspruchung aus legiertem Einsatzstahl; eingesetzt und gehärtet.

**Bohrstangen.** Ungeführte Bohrstangen aus Flußstahl, z. B. St 60.11 oder Vergütungsstahl, z. B. C 45 (StC 45.61). Geführte Bohrstangen bei geringerer Beanspruchung aus unlegiertem Einsatzstahl, bei höherer Beanspruchung aus legiertem Einsatzstahl, eingesetzt und gehärtet, HRc 64 $\pm$ 1.

**Diamanthalter.** Flußstahl, ungehärtet.

**Einsatzhülsen** und **Einsatzdorne** für Schnellwechselfutter. Unlegierter Einsatzstahl, eingesetzt und gehärtet. Längsverstellbare Einsatzhülsen für Mehrspindelbohrköpfe aus Vergütungsstahl, z. B. C 45 (StC 45.61), vergütet. Einsatzhülsen (Kegelhülsen) aus unlegiertem Einsatzstahl, vorzugsweise C 15 (StC 16.61), eingesetzt und gehärtet.

**Einstellkeile** für Drehmeißel. Unlegierter Einsatzstahl, eingesetzt und gehärtet.

**Einstellehren.** Unlegierter Einsatzstahl, eingesetzt und gehärtet.

**Federn.** Federstahl, gehärtet, federhart (HRc 58—60).

**Feststeller.** Kleinere aus Werkzeugstahl, gehärtet. Größere aus Einsatzstahl, eingesetzt und gehärtet.

**Fräseranzugschrauben.** Legierter Einsatzstahl, eingesetzt und gehärtet, oder Vergütungsstahl, vergütet auf etwa 100 kg/mm² Zugfestigkeit.

**Fräserdorne.** Legierter Einsatzstahl, z. B. 16 MnCr 3 (EC 80), eingesetzt und gehärtet.

**Fräserdornmuttern.** Unlegierter Einsatzstahl, eingesetzt und gehärtet.

**Fräserdornringe.** Gestanzte Fräserdornringe von Breite 0,02 bis 0,2 mm aus Kunststoff, von Breite 0,05 bis 1 mm aus Bandstahl. Gedrehte Fräserdornringe aus unlegiertem Einsatzstahl, z. B. C 15 (StC 16.61) oder St 34.11, eingesetzt und gehärtet.

**Fräserfutter.** Flußstahl von mindestens 60 kg/mm² Festigkeit oder Vergütungsstahl, z. B. C 45 (StC 45.61) oder C 60 (StC 60.61).

**Führungsbuchsen** zum Führen von Bohrstangen, Zapfensenkern u. ä., vorzugsweise aus Stahl, gehärtet, HRc 64 $\pm$ 1. Führungsbuchsen für Setzstöcke, zum Führen des Drehteiles, aus Bronze, Gußeisen, Stahl gehärtet oder Hartmetall.

**Führungsleisten** für Tiefbohrköpfe. Weißbuche, Preßstoff, Bronze, weiches Sondergußeisen, Hartmetall.

**Führungsstangen** für Ausbohrwerkzeuge. Bei geringerer Beanspruchung aus unlegiertem Einsatzstahl, bei höherer Beanspruchung aus legiertem Einsatzstahl; eingesetzt und gehärtet, HRc 64 $\pm$ 1.

**Führungszapfen** für Ausbohr-, Aufbohr-, Senk- und Reibewerkzeuge. Unlegierter Einsatzstahl, bei höherer Beanspruchung legierter Einsatzstahl; eingesetzt und gehärtet HRc 64 $\pm$ 1.

**Gegengewichte.** Flußstahl, Gußeisen, Blei oder Beton.

**Getriebeteile.** Zahnräder für Umfangsgeschwindigkeiten bis etwa 2 m/sek im allgemeinen aus Flußstahl, z. B. St 60.11 oder aus Vergütungsstahl C 45 (StC 45.61) unvergütet oder Werkzeugstahl mit bis 0,9% C und etwa 1% Si, ungehärtet. Zweckmäßig werden für Zahnräder, die paarweise zusammenarbeiten, Stähle verschiedener Festigkeit verwendet, da zwischen diesen die Gleitverhältnisse günstiger sind als zwischen Teilen aus gleichem Werkstoff. Bei Verwendung verschiedener Werkstoffe für ein Getriebepaar ist der verschleißfestere Werkstoff für das höher beanspruchte oder das teurere Getriebeteil vorzusehen. Schnecken und auch Schneckenräder für Schaltzwecke oder sonst niedrigere Umfangsgeschwindigkeiten ebenfalls aus Flußstahl, z. B. aus St 50.11 oder St 60.11 oder Vergütungsstahl, z. B. C 45 (StC 45.61). Schneckenräder für höhere Umlaufzahlen oder größere Zahndrücke aus dichtem Gußeisen oder Bronze. Zahnräder und Schnecken für besonders hohe Genauigkeiten oder für hohe Beanspruchungen, aus Einsatzstahl, gegebenenfalls aus legiertem Einsatzstahl; eingesetzt und gehärtet und geschliffen. In Sonderfällen ist zur Geräuschminderung ein Teil eines Getriebepaares aus Hartgewebe zu fertigen.

**Gewinde,** für die hohe Laufgenauigkeit gefordert werden muß, sind erst nach der letzten Wärmebehandlung des betreffenden Teiles zu fertigen, also entweder zu schneiden oder zu schleifen. Zur Weichhaltung für das Schneiden wird der Gewindeteil vor dem Zementieren mit Zugabe versehen, die nach dem Zementieren entfernt wird. Diese Zugabe soll je Fläche mindestens 3 mm betragen. Für das Schleifen ist vor Ansätzen ein ausreichend breiter Auslauf für die Schleifscheibe vorzusehen.

**Gewinde-Leitbuchsen** und Gewinde-Leitpatronen, vorzugsweise Bronze, in Ausnahmefällen Gußeisen.

**Griffe.** Aus dem Vollen gearbeitete Griffe aus Flußstahl. Im Gesenk geschlagene Griffe ebenfalls aus Flußstahl, z. B. St 34.11. Gegossene Griffe aus Gußeisen, z. B. Ge 18.91 oder aus Leichtmetall. Aus Blech gefertigte Griffe aus Flußstahl. Gepreßte Griffe aus Kunstharzpreßstoff; wenn als Mutter verwendet, zweckmäßig mit eingepreßter Buchse aus Flußstahl versehen. Holzgriffe aus Weißbuche, Rotbuche oder ähnlichem Holz.

**Halter für Rändel- und Kordelräder.** Flußstahl von etwa 50 kg/mm² Zugfestigkeit.

**Handräder.** Gußeisen oder Kunstharzpreßstoff mit Flußstahlgerippe.

**Kegeldorne für Bohrerfutter.** Unlegierter Einsatzstahl, eingesetzt und gehärtet.

**Kegelpfannen.** Flußstahl, z. B. St 42.11, eingesetzt und gehärtet.

**Keilleisten.** Flußstahl von etwa 60 kg/mm² Zugfestigkeit.

**Keilleistenmuttern.** Messing oder Bronze, um ein Festrosten der Keilleistenschraube zu verhindern.

**Keilleistenschrauben.** Flußstahl, Schraubenkopf aus dem Zyanbad gehärtet oder mit Kali abgebrannt.

**Klemmbuchsen für Pinolen.** Gußeisen oder Flußstahl.

**Klemmhülsen,** z. B. kegelige für Spiralbohrer oder Gewindebohrer. Mangan-Silizium-Stahl gehärtet HRc 60 ± 1.

**Klemmleisten für Führungsschlitten.** Flußstahl.

**Kordelmuttern.** Flußstahl, z. B. St 50.11.

**Kühlmittel-Führungsrohre.** Kupfer oder Stahl.

**Kugelknöpfe.** Preßstoff, vorzugsweise mit eingepreßter Gewindebuchse aus Flußstahl. Wenn Preßstoff unter den Betriebsverhältnissen zu sehr gefährdet ist, dann Kugelknöpfe aus Leichtmetall oder Gußeisen.

**Kugelscheiben.** Flußstahl, z. B. St 42.11, eingesetzt und gehärtet.

**Lagerbuchsen.** In Abhängigkeit von der Umfangsgeschwindigkeit aus Flußstahl ungehärtet, Gußeisen, Bronze, Preßstoff oder gehärtetem Stahl.

**Läppbuchsen und Läppdorne.** Kupfer oder weiches Gußeisen.

**Laufbuchsen für Fräserdorne.** Unlegierter Einsatzstahl, eingesetzt und gehärtet, HRc 64 ± 1.

**Laufringe.** Unlegierter Werkzeugstahl mit 1 bis 1,1% Kohlenstoff gehärtet.

**Laufrollen** für Aufbohr-, Senk- und Reibewerkzeuge. Bronze, Gußeisen oder unlegierter Einsatzstahl, eingesetzt und gehärtet.

**Mehrspindelbohrköpfe.** Gehäuse aus Gußeisen, z. B. Ge 18.91 oder Leichtmetall, vorzugsweise Silumin.

**Meißelspanner** für Dreh-, Hobel-, Stoßmeißel. Flußstahl, aus dem Vollen oder geschmiedet, außerdem Temperguß oder Gußeisen, z. B. Ge 18.91.

**Messerkopf-Aufnahmedorne.** Flußstahl, z. B. St 60.11 oder Vergütungsstahl, z. B. C 45 (StC 45.61).

**Messerkopf-Grundkörper.** Vorzugsweise Vergütungsstahl C 45 (StC 45.61)
oder C 60 (StC 60.61), außerdem Flußstahl St 60.11 oder St 50.11. Große Messerköpfe für Leichtmetallbearbeitung auch aus Leichtmetall, z. B. Silumin.

**Messerkopf-Mitnehmer.** Flußstahl St 60.11.

**Messerkopf-Mitnehmerbolzen.** Flußstahl St 60.11.

**Messerkopf-Mitnehmerschrauben.** Flußstahl St 60.11.

**Meßstücke.** Kleinere aus Werkzeugstahl, gehärtet; größere aus Einsatzstahl,
eingesetzt und gehärtet. In Sonderfällen für sehr hohe Genauigkeiten und große
Meßhäufigkeit Hartmetall.

**Mitnehmerringe** mit Nasen. Bei geringerer Beanspruchung, z. B. für Senker,
Reibahlen u. ä., unlegierter Einsatzstahl; bei höherer Beanspruchung, z. B. für
Fräser, legierter Vergütungs- und Einsatzstahl.

**Mitnehmersteine,** z. B. für Fräser. Unlegierter Einsatzstahl, eingesetzt und
gehärtet.

**Muttern.** Für Teile mit Muttergewinde, die häufiger angezogen werden,
möglichst nicht Gußeisen verwenden. Im allgemeinen Flußstahl von etwa 50 mm²
Zugfestigkeit. Schlüsselflächen mit Kali abgebrannt oder im Zyanbad eingesetzt
und gehärtet. Für besonders hohe Beanspruchung legierten Vergütungsstahl,
vergütet, z. B. auf 120 bis 140 kg/mm² Zugfestigkeit. Siehe außerdem Technische
Lieferbedingungen nach DIN 267.

**Nachformschablonen.** Kleinere, die geschliffen werden können, aus Werkzeugstahl; größere aus legiertem Einsatzstahl, eingesetzt und gehärtet. Bei
Fertigung aus Einsatzstahl kann Härteverzug durch Richten verhältnismäßig
leicht ausgeglichen werden.

**Nutensteine.** Kleinere aus Werkzeugstahl gehärtet; größere aus unlegiertem
Einsatzstahl, eingesetzt und gehärtet.

**Oberführungsstangen** zum Stützen größerer Meißelspanner, die durch den
Revolverkopf aufgenommen sind. Flußstahl von etwa 60 kg/mm² Zugfestigkeit
oder Vergütungsstahl, z. B. C 45 (StC 45.61).

**Paßfedern.** Flußstahl von mindestens 80 kg/mm² Zugfestigkeit, möglichst
blank gezogen.

**Paßstifte.** Ungehärtete aus Flußstahl St 60.11 oder Werkzeugstahl mit
1% C und 1% W. Gehärtete und geschliffene Paßstifte aus Stahl von mindestens
60 kg/mm² Festigkeit, HRc 60 ± 1.

**Pinolen.** Flußstahl von etwa 70 kg/mm² Zugfestigkeit.

**Querkeile.** Unlegierter Werkzeugstahl mit 0,8 bis 0,9% Kohlenstoff, gehärtet,
federhart.

**Reibahlen-Grundkörper** für nachstellbare Reibahlen. Flußstahl von mindestens 60 kg/mm² Zugfestigkeit oder Vergütungsstahl, z. B. C 45 (StC 45.61).

**Scheibenfedern.** Flußstahl, gezogen von mindestens 70 kg/mm² Zugfestigkeit.

**Scheibenfräser-Grundkörper.** Vorzugsweise Vergütungsstahl C 45 (StC 45.61)
oder C 60 (StC 60.61), außerdem Flußstahl St 60.11 oder St 50.11.

**Schleifrad-Grundkörper.** Gußeisen, z. B. Ge 22.91 oder Flußstahl.

**Schleifscheiben-Aufnahmen** (Schleifscheiben-Flansche). Vergütungsstahl C 45
(StC 45.61), außerdem unlegierter Einsatzstahl, eingesetzt und gehärtet, oder
St 60.11.

**Schlüssel.** Kleinere Einsteckschlüssel aus unlegiertem Werkzeugstahl, gehärtet und federhart angelassen; größere Einsteckschlüssel aus unlegiertem oder
legiertem Vergütungsstahl, vergütet auf etwa 150 kg/mm² Zugfestigkeit. Schraubenschlüssel bis etwa 80 mm Schlüsselweite und Hakenschlüssel bis etwa 80 mm

Schlüssel-Halbmesser aus Einsatzstahl, im Gesenk geschlagen, eingesetzt und gehärtet. Größere Schrauben und Hakenschlüssel aus Temperguß.

**Schlüsselflächen an Schrauben** und Muttern sind zu härten, vor allem die Schlüsselflächen von Spannschrauben und -muttern. Zweckmäßig werden aber auch die Schlüsselflächen von Befestigungsschrauben und -muttern gehärtet, denn bis zur Fertigstellung eines Werkzeugspanners werden diese in der Regel mehrere Male angezogen und gelöst, wodurch das Aussehen ungehärteter Schlüsselflächen verschlechtert wird.

**Schlüssel mit Nasen,** z. B. für Fräseranzugschrauben. Vergütungsstahl C 35 (StC 35.61) vergütet, auf 120 bis 160 kg/mm² Zugfestigkeit.

**Schnecken** s. unter Getriebeteile.

**Schneckenräder** s. unter Getriebeteile.

**Schneideisenkapseln.** Vergütungsstahl, z. B. C 45 (StC 45.61), außerdem Flußstahl St 60.11 oder St 50.11.

**Setzstockbacken.** Bronze, weiches Sondergußeisen, unlegierter Einsatzstahl (eingesetzt und gehärtet). Wenn die Lauffläche des Werkstückes in besonderem Maße zu schonen ist, sind für niedrigere Umfangsgeschwindigkeiten und Flächendruck Backen aus Pockholz, Hartgewebe oder Kupfer geeignet. Für hohe Umfangsgeschwindigkeiten und zugleich hohe Genauigkeiten kommen hartmetallbestückte Backen in Betracht.

**Setzstock-Führungsbuchsen** s. unter Führungsbuchsen.

**Spannschrauben.** Flußstahl von mindestens 50 kg/mm² Zugfestigkeit. Schraubenkopf mit Kali abgebrannt oder aus dem Zyanbad gehärtet. Für besonders hohe Beanspruchung legierter Vergütungsstahl, vergütet auf etwa 120 bis 150 kg/mm² Zugfestigkeit. Siehe außerdem Technische Lieferbedingungen nach DIN 267.

**Spannzangen.** Mangan-Silizium-Stahl, gehärtet, HRc 60 ± 1.

**Stangenanschläge.** Unlegierter Einsatzstahl oder unlegierter Werkzeugstahl mit höchstens 0,9% Kohlenstoff. Anschlagfläche und Schlüsselflächen gehärtet.

**Stellmuttern.** Flußstahl, ungehärtet, um Verzug des Gewindes und damit Verzug der Stellspindel zu vermeiden.

**Stellringe.** Flußstahl von etwa 50 kg/mm² Zugfestigkeit, ungehärtet.

**Stellschrauben.** Flußstahl, Druckfläche und Schraubenschlitz bzw. Schlüsselflächen aus dem Zyanbad gehärtet oder mit Kali abgebrannt.

**Stiftschrauben.** Flußstahl, Automatenstahl von etwa 50 kg/mm² Zugfestigkeit.

**Tastrollen-Steine** und -Stifte. Unlegierter Einsatzstahl, eingesetzt und gehärtet; außerdem unlegierter Werkzeugstahl, gehärtet.

**Teilringe** zur Aufnahme von Teilstrichen. Flußstahl, ungehärtet.

**Teilscheiben.** Wenn die Rasten schleifbar sind, Einsatzstahl, eingesetzt und gehärtet. Kleinere Teilscheiben mit Teillöchern, die nicht schleifbar sind, aus legiertem Werkzeugstahl; größere aus legiertem Einsatzstahl. Für Teilscheiben mit eingesetzten Buchsen den Grundkörper aus Flußstahl, ungehärtet; die eingesetzten Buchsen aus Werkzeugstahl, gehärtet.

**Tiefbohrköpfe** mit Hartmetallbestückung. Grundkörper aus Flußstahl von mindestens 70 kg/mm² Zugfestigkeit, zum Schutze gegen vorzeitigen Verschleiß durch den Angriff der Späne gegebenenfalls hartverchromt.

**Tiefbohrer-Schäfte** aus Rohr. Bis 13 mm Durchmesser legierter Vergütungsstahl, z. B. VC 125, vergütet. Über 12 bis 25 mm Durchmesser Flußstahl von mindestens 80 kg/mm² Zugfestigkeit. Über 25 mm Durchmesser Flußstahl von 60 kg/mm² Zugfestigkeit.

**Unterlagen für Drehmeißel.** Bis 3 mm Dicke Federstahlblech. Über 3 mm Dicke unlegierter Einsatzstahl, z. B. C 15 (StC 16.61), eingesetzt und gehärtet.

**Windeisen.** Vergütungsstahl C 45 (StC 45.61) oder Flußstahl St 60.11.

**Zahnräder** s. unter Getriebeteile.

**Zahnstangen.** Flußstahl St 60.11 oder St 50.11, außerdem Vergütungsstahl C 45 (StC 45.61).

**Zangenfutter-Grundkörper.** Vergütungsstahl C 60 (StC 60.61) oder Flußstahl St 60.11, unvergütet bzw. ungehärtet.

**Ziehkolben-Grundkörper.** Legierter Einsatzstahl, z. B. 16 MnCr 3 (EC 80), eingesetzt und gehärtet, HRc 64 _ 1.

**Zylinderstifte** s. unter Paßstifte.

**Zwischenstücke für Meißelspanner.** Plattenförmige Zwischenstücke mit einfachen Umrißformen aus Flußstahl, im übrigen aus Gußeisen, z. B. Ge 18.91.

# XI. Verzeichnis von Normblättern und Zahlentafeln.

In diesem Verzeichnis sind die Zahlentafeln dieses Buches und jene DINormen angeführt, mit denen der Spannzeugkonstrukteur im allgemeinen auskommt. Nicht angeführt sind die Normblätter über Befestigungsschrauben, Passungen und Werkstoffe.

Dieses Verzeichnis ist gegliedert in Normen und Zahlentafeln für

1. Zeichnungen
2. Technische Grundnormen
3. Schrauben und Muttern
4. Scheiben, Stifte, Paßfedern
5. Bedienteile und Schrauben-schlüssel
6. Drehwerkzeuge
7. Bohrer
8. Senker
9. Reibahlen
10. Gewindeschneid- und Verzahn-werkzeuge
11. Fräser und Kreissägen
12. Schleifwerkzeuge
13. Räumwerkzeuge
14. Werkzeugspanner
15. Werkstückspanner (Vorrichtungen)
16. Werkzeugmaschinen

## 1. Zeichnungen.

Ansichten und Schnitte, Anordnung der . . . . . . . . . . . . . DIN 6
Blattgrößen, Maßstäbe . . . . . . . . . . . . . . . . . . . DIN 823
Bruchlinien, Schnittverlauf, Schnittflächen . . . . . . . . . . DIN 36
Faltung auf A 4 für Ordner . . . . . . . . . . . . . . . . . DIN 824
Linien . . . . . . . . . . . . . . . . . . . . . . . . . . DIN 15
Maßeintragung, Toleranzen, Passungen . . . . . . . . . . . . DIN 406
Normschriften. Eng-, Mittel-, Breitschrift . . . . . . . . . . . DIN 1451
Normschrift für Zeichnungen, schräge . . . . . . . . . . . . DIN 16
Oberflächenbeschaffenheit . . . . . . . . . . . . . . . . . DIN 140
Schraffuren und Farben für Kennzeichnung von Werkstoffen . . . . DIN 201
Schriftfeld und Stückliste . . . . . . . . . . . . . . . . . DIN 28
Sinnbilder für Federn . . . . . . . . . . . . . . . . . . . DIN 29
Sinnbilder für Schrauben . . . . . . . . . . . . . . . . . . DIN 27
Sinnbilder für Wälzlager . . . . . . . . . . . . . . . . . . DIN 612
Sinnbilder für Zahnräder . . . . . . . . . . . . . . . . . . DIN 37
Zeichnungen, exonometrische Projektion . . . . . . . . . . . . DIN 5
Zeichnungen, Vordrucke, Zeichnungsschriftfeld mit anschließender Stück-
liste . . . . . . . . . . . . . . . . . . . . . . . . . . DIN 6781
Zeichnungsarten . . . . . . . . . . . . . . . . . . . . . . DIN 199
Zeichnungssystem mit getrennter Stückliste . . . . . . . . . . . DIN 6771

## 2. Technische Grundnormen.



## 3. Schrauben und Muttern.

## 4. Scheiben, Stifte, Paßfedern.



## 5. Bedienteile und Schraubenschlüssel.

## 6. Drehwerkzeuge.

## 7. Bohrer.



## 8. Senker.



## 9. Reibahlen.

## 10. Gewindeschneid- und Verzahnwerkzeuge.

## 11. Fräser und Kreissägen.



## 12. Schleifwerkzeuge.



## 13. Räumwerkzeuge.

## 14. Werkzeugspanner.

## 15. Werkstückspanner (Vorrichtungen).



## 16. Werkzeugmaschinen.

# Schrifttum.

## 1. Bücher.


Bussien und Friedrichs: Vorrichtungsbau. Berlin: Verlag M. Krayn 1920.

Brödner: Fräser. Werkstattbücher, Heft 22, 4. Aufl. Berlin/Göttingen/Heidelberg: Springer 1948.

Dinnebier: Bohren. Werkstattbücher, Heft.15, 4. Aufl. Berlin/Göttingen/Heidelberg: Springer 1950.

— Senken und Reiben. Werkstattbücher, Heft 16, 4. Aufl. Berlin/Göttingen/Heidelberg: Springer 1949.

Finkelnburg: Werkzeuge. Leipzig: Verlag Teubner 1949.

Kelle: Werkzeuge und Einrichtung der selbsttätigen Drehbänke. Berlin: Springer 1929.

Klein: Das Fräsen. Werkstattbücher, Heft 88, 2. Aufl. Berlin/Göttingen/Heidelberg: Springer 1948.

Klautke: Der Vorrichtungsbau I. Werkstattbücher, Heft 33. Berlin: Springer 1942.

— Der Vorrichtungsbau II. Werkstattbücher, Heft 35. Berlin: Springer 1941.

Lich: Vorrichtungen im Maschinenbau. Berlin: Springer 1927.

Mauri: Der Vorrichtungsbau III. Werkstattbücher, Heft 42, 3. Aufl. Berlin/Göttingen/Heidelberg: Springer 1946.

Müller: Zeitsparende Vorrichtungen im Maschinen- u. Apparatebau. Berlin: Springer 1926.

Scheibe und Tuloschinski: Neuzeitliche Arbeitsvorrichtungen unter Berücksichtigung des Motorenbaues. Berlin: Verlag R. C. Schmitt & Co. 1925.

Schreyer: Normungsarbeit für Spannzeuge. Berlin und Köln: Beuth-Vertrieb G.m.b.H. (in Vorbereitung).

Stephan: Das Radialbohren. Berlin: Springer 1940.

Werkmeister: Das Schleifen und Polieren der Metalle. Werkstattbücher, Heft 5, 4. Aufl. Berlin/Göttingen/Heidelberg: Springer 1947.


## 2. Technische Hilfsbücher.


Betriebshütte. Berlin: W. Ernst u. Sohn.

Betriebstechnisches Taschenbuch. München: Carl Hauser-Verlag.

DIN Normblatt-Verzeichnis. Berlin und Köln: Beuth-Vertrieb G.m.b.H.

Dubbel: Taschenbuch für den Fabrikbetrieb. Berlin: Springer 1923.

Klingelnberg: Technisches Hilfsbuch, 12. Auflage. Berlin: Springer 1944.


## 3. Zeitschriften.


Werkstattstechnik und Maschinenbau. Gemeinschaftsverlag Springer-Verlag, Berlin/Göttingen/Heidelberg, und Deutscher Ingenieur-Verlag, Düsseldorf.

Die Werkzeugmaschine. Berlin: Carl Heyemann-Verlag.

Maschinenbau/Der Betrieb. Berlin: VDI-Verlag.

Werkstatt und Betrieb. München: Carl Hauser-Verlag.

Die Technik. Berlin: Verlag Technik G.m.b.H.

TZ für praktische Metallbearbeitung. Berlin: Union Deutsche Verlagsgesellschaft Roth & Co.

VDI-Zeitschrift. Düsseldorf: Deutscher Ingenieur-Verlag.

# Sachverzeichnis.